ISBN 978-0-282-65678-2
PIBN 10457372

English
Français
Deutsche
Italiano
Español
Português

www.forgottenbooks.com

Mythology Photography **Fiction**
Fishing Christianity **Art** Cooking
Essays Buddhism Freemasonry
Medicine **Biology** Music **Ancient
Egypt** Evolution Carpentry Physics
Dance Geology **Mathematics** Fitness
Shakespeare **Folklore** Yoga Marketing
Confidence Immortality Biographies
Poetry **Psychology** Witchcraft
Electronics Chemistry History **Law**
Accounting **Philosophy** Anthropology
Alchemy Drama Quantum Mechanics
Atheism Sexual Health **Ancient History**
Entrepreneurship Languages Sport
Paleontology Needlework Islam
Metaphysics Investment Archaeology
Parenting Statistics Criminology
Motivational

22615. — PARIS, TYPOGRAPHIE A. LAHURE
Rue de Fleurus, 9

Strabo.

GÉOGRAPHIE

DE STRABON

TRADUCTION NOUVELLE

PAR AMÉDÉE TARDIEU

BIBLIOTHÉCAIRE DE L'INSTITUT

TOME TROISIÈME

PARIS

LIBRAIRIE HACHETTE ET Cⁱᵉ

79, BOULEVARD SAINT-GERMAIN, 79

1880

GÉOGRAPHIE

DE

STRABON.

LIVRE XIII.

Le treizième livre comprend toute la portion de l'Asie qui s'étend
au-dessous de la Propontide. L'auteur part de Cyzique et décrit au
fur et à mesure, non-seulement la côte elle-même, mais encore les
différentes îles qui la bordent. Bien que déserte, Troie l'arrête plus
longtemps qu'aucune autre ville, à cause de son ancienne splendeur
et de la grande illustration que la guerre [de Troie] a attachée à
son nom.

CHAPITRE PREMIER.

1. Nous avons atteint, au point où nous sommes parvenu, la limite extrême de la Phrygie; revenons maintenant à la Propontide et à la portion du littoral qui fait
suite à [l'embouchure de] l'Æsépus, et achevons, toujours
dans le même ordre, le périple commencé. Passé l'Æsépus,
la Troade se présente à nous la première. Or, malgré
l'état de ruine et d'abandon dans lequel elle se trouve
aujourd'hui, cette contrée, par les mille souvenirs que son
nom éveille, prête à une description particulièrement
ample et détaillée. C'est là un avis préliminaire que nous
croyons devoir au lecteur pour le désarmer et l'empêcher

de mettre à notre charge certaines longueurs, motivées
bien plutôt par l'extrême curiosité du public pour tout
ce qui est glorieux et ancien. Deux choses d'ailleurs
auront encore contribué à allonger outre mesure notre
description de la Troade : le grand nombre des nations,
d'abord, des nations grecques et barbares, qui s'y sont
succédé et y ont formé des établissements; puis cette
autre circonstance, que les historiens non-seulement parlent des mêmes faits de manière très-différente, mais ne
s'expliquent pas toujours clairement, Homère tout le premier, de qui le témoignage, dans la plupart des cas,
donne lieu à des interprétations purement conjecturales.
Cela étant, commençons par esquisser dans ses traits
principaux l'état actuel des lieux; après quoi, nous de-
vrons discuter en règle tout ce qui a été dit de la Troade
et par Homère et par les auteurs qui ont suivi.

2. Une première division, partant des confins de la Cyzicène et du district arrosé par l'Æsépus et le Granique
et s'étendant jusqu'à la hauteur d'Abydos et de Sestos [1],
se trouve former la côte même de la Propontide; puis,
entre Abydos et le promontoire Lectum, est comprise une
seconde division, de laquelle dépendent Ilion, Ténédos et
Alexandria Troas. Juste au-dessus de l'une et de l'autre
règne la chaîne de l'Ida, qui finit, comme on sait, au Lectum. Du Lectum, maintenant, part une troisième division, dans laquelle on rencontre successivement Assus,
Adramyttium, Atarnée, Pitané et le golfe Élaïtique, et
qui se termine au fleuve Caïcus et au [cap] Canées, correspondant exactement, entre ces limites, aux deux extrémités de l'île de Lesbos. Enfin le canton de Cymé, qui suit
immédiatement, [forme une dernière division] limitée au
cours de l'Hermus et à la ville de Phocée, point extrême
où commence l'Ionie, où finit l'Æolide.

3. Cela dit sur l'état actuel de la Troade, [examinons le

---

1. Sur le maintien du nom de Sestos dans ce passage, où il semble qu'il n'ait
que faire, voyez une excellente remarque de Meineke, p. 199-200 de ses *Vindiciæ
Strabon.*, et une citation très-opportune du II° livre de l'*Iliade*, v. 835.

témoignage d'Homère] : ce qu'on en peut inférer, c'est que la domination des anciens Troyens, ou Troyens proprement dits, se trouvait resserrée entre les confins de la Cyzicène et du district qu'arrose l'Æsépus, d'une part, et le cours du Caïcus, de l'autre, formant en dedans de ces limites huit ou neuf provinces distinctes, sous autant de *dynastes* ou de chefs nationaux, qu'il ne faut pas confondre avec les différents princes venus au secours de Troie et que le poète range sous la dénomination commune d'*alliés*.

3. Quant aux écrivains postérieurs à Homère, ils n'assignent plus les mêmes limites à la Troade : ils la partagent en un plus grand nombre de provinces[1] et naturellement remanient toute la nomenclature homérique. C'est qu'en effet de grands changements avaient eu lieu dans l'intervalle, par suite surtout de l'arrivée des colonies grecques, non pas tant des colonies ioniennes, lesquelles s'étaient toujours ténues plus éloignées de la Troade, que des æoliennes, lesquelles, en se répandant dans tout l'espace compris entre la Cyzicène et le Caïcus, et en débordant même par delà sur la contrée qui se prolonge du Caïcus à l'Hermus, avaient tout bouleversé dans le pays.

Partie quatre générations, dit-on, avant la colonie ionienne, la colonie æolienne avait, en revanche, éprouvé plus de retards et mis plus de temps à consommer son établissement. Oreste, premier chef de l'expédition, étant mort dès son arrivée en Arcadie, le commandement avait alors passé aux mains de Penthilus, son fils, qui, poussant en avant, atteignit la Thrace précisément comme s'effectuait, soixante ans après la prise de Troie, la rentrée des Héraclides dans le Péloponnèse. Plus tard, Archélaüs[2], fils de Penthilus, fit passer le Détroit à la colonie æolienne et vint s'établir avec elle dans la partie de la Cyzicène actuelle qui avoisine Dascylium. Le plus jeune

---

1. διαιρέσεις, au lieu de αἱρέσεις, correction de Coray, approuvée par Groskurd et par Meineke (*Vind. Strabon.*, p. 201). Cf. Müller, *Ind. var. lect.*, p. 1023, col. 2. — 2. Ce fils de Penthilus est appelé Echélas dans Pausanias, 3, 2, 1.

des fils de Penthilus, Graüs, s'avança à son tour jusqu'au
Granique, et, mieux pourvu de toute chose, transporta la
majeure partie de l'armée æolienne dans l'île de Lesbos,
dont il s'empara. Deux autres descendants d'Agamemnon,
Cleuas et Malaüs (le premier, fils de Dorus)[1], avaient,
dans le même temps que Penthilus rassemblait ses compagnons, entrepris une semblable expédition ; mais ils
avaient laissé l'armée de Penthilus prendre les devants
et passer la première de Thrace en Asie ; et eux-mêmes,
s'attardant en Locride, y étaient restés longtemps campés
autour du mont Phricius, jusqu'à ce qu'enfin, passant
aussi la mer, ils vinrent fonder en Troade la ville de Cymé
dite *Phriconide*, en souvenir apparemment du Phricius
de Locride.

4. Déroutés naturellement par cette dissémination de la
nation æolienne dans toute l'étendue de la contrée qu'Homère appelle, avons-nous dit, le *Pays des Troyens*, les
écrivains postérieurs à Homère donnent le nom d'*Æolide*
tantôt à l'ensemble, tantôt à une partie seulement de
cette contrée ; et le nom de *Troade* pareillement, tantôt
à cette contrée tout entière, tantôt à une partie seulement, les limites assignées à cette partie variant, qui
plus est, du tout au tout d'un auteur à l'autre. Car, tandis
qu'Homère faisait commencer la Troade, sur le littoral
de la Propontide, dès l'embouchure de l'Æsépus, Eudoxe
ne la fait plus partir que de Priapus et de la petite localité d'Artacé, sise dans l'île de Cyzique, juste en face de
Priapus, resserrant par là sensiblement ses limites, que
Damastès resserre encore davantage, puisqu'il fait commencer la Troade à Parium seulement, sans la prolonger,
comme d'autres ont fait, au delà du promontoire Lectum[2]. Avec Charon de Lampsaque, la Troade perd encore
trois cents stades, car cet auteur ne la fait plus partir
que du fleuve Practius, et c'est exactement trois cents

---

1. Sur ces deux noms, voyez Meineke, *Vind. Strabon.*, p. 201. — 2. Au lieu
de καὶ γὰρ οὗτος μὲν ἕως Λεκτοῦ κ., Meineke propose de lire οὗτος μόνον (*ibid.*,
p. 202).

stades que l'on compte entre Parium et le Practius; mais
au moins porte-t-il la limite opposée jusqu'à Adramyttium[1]. Enfin, pour Scylax de Caryande, la Troade ne
commence plus qu'à Abydos. Et la même diversité
s'observe en ce qui concerne l'*Æolide*, qu'Éphore, par
exemple, fera partir d'Abydos et prolongera jusqu'à
Cymé, tandis que d'autres auteurs lui assignent des limites très-différentes.

5. Rien du reste n'est plus propre à déterminer ce qu'il
faut entendre au vrai sous le nom de *Troade* que la
situation de l'Ida, montagne très-haute, et qui, tout en
regardant principalement le couchant et la mer occidentale, se replie quelque peu dans la direction du nord et
de la côte *septentrionale*, le nom de côte septentrionale
désignant pour nous la portion du littoral de la Propontide qui s'étend du détroit d'Abydos à l'Æsépus et à la
Cyzicène, tandis que celui de *mer occidentale* comprend
à la fois l'Hellespont extérieur et la mer Égée. Or l'Ida
projette en avant de soi un grand nombre de contre-forts,
qu'on prendrait pour les *pieds* d'une immense scolo-
pendre : deux figurent ses extrémités antérieure et postérieure, le promontoire de Zélia, qui vient finir dans
l'intérieur des terres un peu au-dessus de la Cyzicène (si
même aujourd'hui Zélia ne se trouve comprise dans le
territoire des Cyzicéniens) et le promontoire du Lectum,
lequel s'avance, au contraire, jusque dans la mer Égée,
de manière à se trouver placé sur le passage des navires
allant de Ténédos à Lesbos :

« Ils eurent bientôt atteint l'Ida aux mille sources, refuge
« des bêtes féroces; et, avec l'Ida, le Lectum, où[2] d'abord ils
« quittèrent la mer[3]. »

Homère parle là du Sommeil et de Junon, et, en ce qui
concerne le Lectum, il ne pouvait rien dire de plus conforme à l'état vrai des lieux, car c'était rattacher en fait

---

1. Adramyttium, au lieu d'Atramyttium, correction de Meineke. (Voy. *Vind.
Strabon.*, p. 202). — 2. κ6ι, au lieu d'ετι, correction de Xylander. — 3. *Iliade*,
XIV, 283.

le Lectum à l'Ida comme en formant une partie intégrante et représenter ce cap au sortir de la mer en quelque sorte comme la première marche de la montée de l'Ida[1].

Ajoutons qu'avec la même exactitude qu'il avait fait[2] du Lectum et du promontoire de Zélia les extrémités antérieure et postérieure de l'Ida[3], Homère en détermine le point culminant, quand il donne au Gargarum[4] le nom de *pic*[5] : il est notoire, en effet, que, même de nos jours, on montre dans la région supérieure de l'Ida un lieu appelé Gargarum, duquel évidemment a dû tirer son nom la ville æolienne de Gargara, encore debout aujourd'hui.

Mais de tout ce qui précède il résulte que, dans l'intervalle compris entre Zélia et le Lectum, on doit distinguer soigneusement deux parties, la première qui borde la Propontide jusqu'au détroit d'Abydos, et l'autre qui s'étend en dehors de la Propontide jusqu'au Lectum.

6. Une fois qu'on a doublé le Lectum, on voit s'ouvrir devant soi un grand golfe que l'Ida, en remontant brusquement[6] depuis le cap Lectum vers l'intérieur des terres, forme avec les Canées, autre cap situé juste à l'opposite du Lectum. Ce golfe est appelé tantôt golfe de l'Ida, tantôt golfe d'Adramytte ; et, comme nous l'avons dit plus haut, c'est sur ses bords surtout qu'on trouve échelonnées les villes des Æoliens. Une autre remarque faite par nous précédemment, c'est qu'en naviguant toujours au midi, à partir de Byzance, on suit une ligne droite passant par le milieu de la Propontide et aboutissant d'abord à Sestos et à Abydos, pour longer au delà toute la côte de l'Asie jusqu'à la Carie : or c'est là une donnée qu'il importe de ne pas perdre de vue pour bien entendre la suite de notre description ; car, dans le cas où nous aurions à signaler

---

1. A l'imitation de Meineke, nous avons rejeté comme une interpolation évidente le passage commençant à καὶ τὸ πολυπίδακον et finissant à ὁρᾶν. (Voy. Meineke, *Vind. Strabon.*, p. 202. Cf. Müller, *Index var. lect.*, p. 1023, col. 2.) — 2. εἰρηκώς, au lieu de ὁρᾷ οὕτως, correction de Muller. (Voy. *Index var. lect.*, p. 1023, col. 2, et p. 1024, col. 1.) — 3. *Iliade*, II, 824. — 4. *Ibid.*, XIV, 292. — 5. ἄκρον γ' ἱρῶν, au lieu de ἄκρον λέγων, autre correction de Müller. Voy. *ibid.* — 6. ἀναχωροῦσα, au lieu de ἀποχωροῦσα, leçon fournie par le ms. 482 du Vatican, et recommandée par Müller.

quelques golfes sur cette partie du littoral, il faudrait concevoir que les pointes qui les forment sont situées sur une même ligne et comme qui dirait sous un même méridien.

7. Des paroles d'Homère les auteurs qui se sont plus particulièrement occupés de ces questions infèrent que cette portion du littoral appartenait tout entière aux Troyens : ils la montrent en effet, d'après le poète, bien que divisée en neuf ou dix principautés distinctes, soumise, au temps de la guerre de Troie, à l'autorité de Priam et portant un nom unique, celui de *Troia*. Et c'est ce qui ressort avec évidence de l'examen de certains passages détachés, de celui-ci, par exemple : Achille, voyant que les habitants d'Ilion, au début de la guerre, se tiennent renfermés au dedans de leurs murailles, a entrepris de ravager les dehors de la place, d'en faire tout le tour et d'en enlever une à une toutes les dépendances,

« Monté sur mes vaisseaux, dit-il, j'ai assailli et pillé douze « cités populeuses ; j'en ai forcé onze autres à la tête de mes « braves fantassins dans les plaines de la fertile Troie [1]. »

Mais, ici, sous ce nom de *Troie*, Achille apparemment désigne toute la partie du continent dévastée par ses armes : or, entre autres lieux, il avait dévasté tout ce qui fait face à Lesbos, et Thébé, et Lyrnesse, et Pédase, l'une des villes des Léléges, voire même tout le pays d'Eurypyle, fils de Télèphe :

« Ainsi déjà sous son fer (le fer de Néoptolème) était tombé « le Téléphide, le héros Eurypyle [2]. »

Tels sont les lieux qu'Homère dit formellement avoir été dévastés par Achille, et auxquels on peut joindre Lesbos même, d'après ce passage :

« Quand il eut pris [3] la riche et populeuse Lesbos [4]. »

---

1. *Iliade*, IX, 328. — 2. *Odyssée*, XI, 519, 520. — 3. Πλεν, au lieu de ἕλες, correction de Xylander. — 4. *Iliade*, IX, 129.

On lit, en effet, dans l'*Iliade* (XX, 92) :

« Il détruisit et Lyrnesse et Pédase, »

et (*ibid.*, II, 691) :

« Ayant saccagé Lyrnesse et forcé l'enceinte de Thébé. »

Mais c'est dans Lyrnesse que Briséis était tombée au pouvoir d'Achille, Homère le dit expressément (*Iliade*, II, 690) :

« Il l'avait enlevée dans Lyrnesse ; »

c'est là aussi, et au même moment, que Mynès trouve la mort[1], Homère le dit encore, ou du moins l'indique par la bouche de Briséis, quand, parmi les plaintes que lui inspire la mort de Patrocle, celle-ci s'écrie[2] :

« Jamais, non, jamais, même au lendemain du jour où le
« fougueux Achille avait tué mon époux et mis à sac la ville
« du divin Mynès, tu ne me laissas me noyer dans mes lar-
« mes ; »

car, en appelant Lyrnesse, comme il fait, « *la ville du divin Mynès* » (ce qui revient à dire apparemment qu'elle avait Mynès pour roi), il donne bien aussi à entendre que c'était dans Lyrnesse, et en voulant la défendre, que Mynès avait succombé. C'est dans Thébé, maintenant, que fut prise Chryséis : témoin cet autre passage de l'*Iliade*[3] :

« Nous allons à Thébé, la ville sacrée d'Éétion, »

dans lequel Achille, parlant du butin ramené par lui de Thébé, mentionne expressément Chryséis. Or de ce premier passage [et de celui-ci qui se rapporte à Andromaque, « la fille du magnanime Éétion »[4]],

« Éétion habitait au pied des forêts du Placos, dans Thébé
« Ypoplacie, et de là régnait sur le peuple cilicien[5], »

---

1. Avec Meineke, nous avons rejeté les mots και τον Ἐπίστροφον qui suivent le nom de Mynès. (Voy. *Vindic. Strabon.*, p. 203.) « In tota hac disputatione, ajoute Meineke, multa turbata sunt, præsertim in versibus Homericis, quorum alii loco suo moti, alii non ab ipso Strabone adscripti videntur. » — 2. *Iliade*, XIX, 295. — 3. I, 366. — 4. Müller, après Coray et Groskurd, et sur l'autorité de l'*Epitomé*, a introduit dans le texte, après le nom de Chryséis, les mots ἐνθένδ᾽ δ᾽ ἦν και ἡ Ἀνδρομάχη. Meineke n'a pas jugé cette intercalation nécessaire. — 5. *Iliade*, VI, 396, 397.

il résulte que nous avons là un second État troyen à ajouter au royaume de Mynès ; et le fait serait encore confirmé par cette exclamation d'Andromaque[1] :

« Hector, Hector, que je suis malheureuse ! Ah ! nous som-
« mes nés tous deux pour le même destin : toi *dans Troie*, en
« la demeure de Priam ; moi à Thèbes, [au pied des forêts du
« Placos sous le toit d'Éétion], »

s'il est vrai, comme certains grammairiens le prétendent, qu'il faille entendre ici les paroles du poète, non
pas suivant leur ordre direct ou naturel[2], mais en les
transposant, ce qui donne :

« Ah ! nous sommes nés tous deux DANS TROIE pour le même
« destin, toi en la demeure de Priam, moi à Thèbes, etc. »

Un troisième État, celui des Léléges, dépendait également
de la Troade, témoin le passage dans lequel, parlant
d'Altée[3],

« D'Altée, qui commande aux valeureux Léléges, »

Homère rappelle que sa fille, unie à Priam par les liens
de l'hyménée, en avait eu deux fils, Lycaon et Polydore.
Ajoutons que les peuples qui figurent dans le *Catalogue*
comme rangés sous les ordres immédiats d'Hector sont
qualifiés de *Troyens* par le poète :

« Les Troyens marchaient sous la conduite du grand
« Hector au casque étincelant[4]. »

On ne peut voir aussi que des *Troyens* dans ceux qui
suivent, et que commandait Énée,

« Suivaient les Dardaniens aux ordres du bouillant fils
« d'Anchise[5] ; »

1. *Iliade*, XXII, 477. — 2. Cette phrase, dans les mss., précède immédiatement la citation Ἀνδρομάχη θυγάτηρ, etc. C'est à Coray qu'en est due l'heureuse transposition. Coray, de plus, et Meineke avec lui, l'ont, *haud improbabiliter*, allegée des mots οὐ μίν.... θήξηθεν. Cf. Müller, *Index var. lect.*, p. 1024, col. 1. — 3. *Iliade*, XXI, 86. — 4. *Ibid.*, II, 816. — 5. *Ibid.*, II, 819.

d'autant plus qu'ailleurs encore Homère [fait dire à Apollon] :

« Énée, toi qui siégés dans le conseil des Troyens [1]. »

Puis viennent les Lyciens de Pandarus, à qui Homère donne cette même dénomination de *Troyens* [2] :

« Les Aphnii leur succèdent, les Troyens Aphnii, qui ha-
« bitent Zélia à l'extrémité la plus reculée de l'Ida et qui
« boivent l'eau noire de l'Æsépus. Ils ont pour chef le fils
« illustre de Lycaon, Pandarus. »

Tel est donc le sixième État ou royaume de la Troade. Mais ce ne sont pas là tous les peuples troyens : les populations comprises entre l'Æsépus et la ville d'Abydos avaient droit au même nom; car, si Asius régnait sur Abydos, comme le prouve ce passage de l'*Iliade* [3],

« Et les habitants de Percoté, et les riverains de Practius,
« et ceux qui occupaient Sestos et Abydos et la divine Arisbé,
« marchaient ensemble sous les ordres d'Asius fils d'Hyrtace, »

nous savons d'autre part qu'Abydos servait de résidence habituelle à l'un des fils de Priam, préposé là à la garde d'un parc ou d'un troupeau de cavales, dépendant apparemment du domaine de son père [4] :

« Le fer du héros atteint Démocoon, fils naturel de Priam,
« qui, pour venir, avait dû quitter Abydos [et cesser de veil-
« ler] sur les rapides cavales [confiées à sa garde] ».

Le fils d'Hikétaon, préposé, dans Percoté, à la garde des étables, ne gardait sans doute pas davantage le bien de l'étranger,

« Le premier qu'[Hector] appelle à son aide est le fils
« d'Hikétaon, le vaillant Mélanippe, qui naguère encore fai-
« sait paître dans Percoté les belles vaches aux pas lents et
« contournés [5]. »

Il s'ensuit donc que Percoté, elle aussi, dépendait de la

---

1. *Iliade*, XX, 83. — 2. *Ibid.*, II, 824. — 3. *Ibid.*, II, 835. — 4. *Ibid.*, IV, 499,
— 5. *Ibid.*, XV, 546.

Troade ; et non-seulement Percoté, mais tout le pays à
la suite jusqu'à Adrastée, puisque ce pays reconnaissait
pour chefs

« Les deux fils de Mérops, de Mérops le Percosien [1] ».

Le nom de *Troyens*, on le voit, s'étendait à tous les
peuples compris entre Abydos et Adrastée : seulement
ces peuples formaient deux Etats distincts, obéissant
l'un à Asius, l'autre aux fils de Mérops, tout comme le
territoire cilicien se divisait en deux, comprenant d'une
part la Thébaïque et de l'autre la Lyrnesside. Enfin
l'on peut considérer comme le neuvième [2] État troyen le
royaume d'Eurypyle, lequel faisait suite immédiatement
à la Lyrnesside. Que tous ces États, maintenant, aient
reconnu l'autorité de Priam, la réponse d'Achille à Priam
le donne assez à entendre [3] :

« Ton sort est le même, ô vieillard, et nous savons
« combien naguère tu fus riche et prospère, quand tu pos-
« sédais tout ce qu'enserrent et la cité de Macar [4], la haute
« île de Lesbos, et, derrière Lesbos, la Phrygie et l'immense
« Hellespont. »

8. Telle était la division de la Troade [au temps d'Ho-
mère] ; mais plus tard différents événements survinrent,
qui changèrent complétement l'état politique du pays.
Les Phrygiens envahirent le territoire de Cyzique jusqu'au
Practius, et les Thraces le territoire d'Abydos, succédant
les uns et les autres à des envahisseurs plus anciens,
aux Bébryces, aux Dryopes ; d'autres Thraces, connus
sous le nom de Trères, occupèrent de même le pays
qui fait suite à Abydos ; enfin la plaine de Thébé reçut
des colons lydiens (ou, comme on disait alors, méoniens),
joints aux derniers survivants des compagnons mysiens
de Télèphe et de Teuthras.

---

1. *Iliade*, II, 831. — 2. Madvig a évidemment trouvé la vraie leçon : ἐνάτη δ' ἂν
λε/θείη, au lieu de ἐν αὐτῇ, que Coray n'avait pu rendre intelligible qu'en ajoutant
le mot [καὶ] devant ἡ ὑπὸ Εὐρυπύλῳ. (Voy. Madvigii *Advers. critica*. Havniæ, 1871,
vol. I, p. 559). — 3. *Iliade*, XXIV, 543. — 4. Voy. Muller, *Index var. lect.*,
p. 1024, col. 1.

Du moment donc qu'Homère n'a fait qu'un seul et
même pays de l'Æolide et de Troie, et que les Æoliens
ont notoirement occupé tout le territoire compris entre
l'Hermus et la côte de Cyzique et y ont fondé des villes,
on ne saurait trouver étrange qu'à notre tour, dans la
présente description, nous ayons réuni l'Æolide actuelle,
comprise entre l'Hermus et le Lectum, au territoire qui
lui fait suite jusqu'à l'Æsépus, d'autant qu'il nous sera
facile, quand nous en viendrons au détail et que nous
comparerons l'état actuel de chaque localité avec ce qu'ont
pu dire Homère et les autres écrivains, de rétablir la
distinction entre les deux pays.

9. C'est donc immédiatement après Cyzique et après
l'Æsépus que commençait la Troade, au jugement d'Homère. Mais reprenons et commentons les propres paroles
du poète[1] :

« Puis venaient les Aphnii qui habitent Zélia, à l'extrémité
« la plus reculée de l'Ida, les Troyens Aphnii, qui boivent
« l'eau noire de l'Æsépus ; ils avaient pour chef le fils illustre
« de Lycaon, Pandarus. »

Homère appelle ici *Troyens* le même peuple qu'il
nommera ailleurs « *les Lyciens de Pandarus* ». Quant
à cet autre nom d'*Aphnii* qu'il leur donne, on croit
qu'il a trait à leur voisinage du lac Dascylitis, connu
pour s'être aussi appelé l'*Aphnitis*.

10. De Zélia ce qu'il y a à dire, c'est qu'elle est située
sur les dernières pentes de l'Ida, tout à l'extrémité de
la chaîne, à 190 stades de distance de Cyzique et à
[1]80 stades environ de l'embouchure de l'Æsépus, qui
est le point de la côte le plus rapproché. Homère, cependant, poursuit son énumération, et, par le fait, il se
trouve avoir relevé une à une et dans l'ordre les principales localités de la côte qui succède à l'Æsépus :

« Ceux qui habitent Adrastée, ceux du dème d'Apæsos et de
« la ville de Pitya, ceux qui occupent la montagne escarpée

1. *Iliade*, II, 824.

« de Térée, marchaient sous les ordres d'Adraste et sous les
« ordres aussi d'Amphios, bien reconnaissable à sa cuirasse de
« lin : ces deux chefs sont frères, tous deux ils ont reçu le jour
« de Mérops le Percosien [1]. »

Ces différentes localités sont situées, en effet, au-
dessous de Zélia, mais dépendent aujourd'hui (côte comprise) du territoire de Cyzique et de celui de Priapus.
Dans le voisinage immédiat de Zélia coule une rivière,
le Tarsius, que la même route rencontre et franchit
vingt fois, ce qui rappelle l'*Heptaporos* dont parle le
poète [2].

11. Au-dessus des bouches de l'Æsépus, à une distance de [20] stades environ [3], on rencontre une éminence que couronne le tombeau de Memnon, fils de
Tithon, et qu'avoisine un bourg dit aussi *de Memnon*.
Dans l'intervalle qui sépare Priapus de l'Æsépus, coule
le Granique. Une bonne partie du cours de ce fleuve se
trouve enfermée dans la plaine d'Adrastée, et c'est sur
ses bords qu'Alexandre, qui rencontrait pour la première
fois les satrapes de Darius, remporta cette pleine et entière victoire qui le rendit maître de toute la portion de
l'Asie sise en deçà du Taurus et de l'Euphrate. Sur ses
bords également s'élevait la ville de Sidène [4]; mais cette
ville, qui possédait un territoire considérable, appelé de
même du nom de *Sidène*, est aujourd'hui complétement
détruite. Plus loin, sur les frontières mêmes de la Cyzicène et de la Priapène, est la localité dite *des Harpagia* [5],
où eut lieu, suivant la Fable, l'enlèvement de Ganymède.
Il faut dire que d'autres mythographes placent cette scène
au promontoire Dardanium dans les environs de Dardanus.

---

1. *Iliade*, II, 828. — 2. *Ibid.*, XII, 20. Voy. Müller, *Index var. lect.*, p. 1024,
col. 1. Suit une longue interpolation, ὁ δ' ἐκ.... Ταυρου, dénoncée et éliminée par
Kramer et Meineke (*Vind. Strabon.*, p. 203-204). Müller, tout en discutant et
en amendant le passage, y reconnaît aussi une annotation marginale évidente qui
s'est glissée dans le texte. — 3. Seul le manuscrit de l'Escurial comble cette lacune;
on y lit : ἐν εἰκοσι. (Voy. Müller, *Index var. lect.*, p. 1024, col. 1.) — 4. Sur l'accen-
tuation de ce nom, voy. Müller, *ibid.*, p. 1024, col. 1, et Meineke, p. III de la pré-
face du t. III de son édition. — 5. Voy. Müller, *Index var. lect.*, p. 1024, col. 1.

12. Priapus a le rang de ville, elle est bâtie sur le bord même de la mer, et possède un port [de même nom]. Fondée, suivant les uns, par les Milésiens, dans le même temps apparemment où ceux-ci bâtissaient et Abydos et Proconnèse, elle l'aurait été, suivant d'autres, par les Cyzicéniens. Quant à son nom, c'est celui même du dieu Priape, lequel est, pour ses habitants, l'objet d'un culte spécial, soit que les Ornéates de la Corinthie l'aient importé parmi eux, soit que la tradition qui nous représente Priape comme né des amours de Bacchus et d'une nymphe ait tout naturellement attiré à ce dieu les hommages des populations, dans un pays où la vigne est d'une richesse incomparable : or tel est le cas, non-seulement du territoire de Priapus, mais encore des cantons limitrophes[1] de Parium et de Lampsaque; et chacun sait que la ville attribuée par Xerxès à Thémistocle pour le vin de sa table n'était autre que Lampsaque. Pour en revenir à Priape, disons qu'il ne compte parmi les dieux que depuis une époque relativement moderne : il n'est point connu d'Hésiode, mais rappelle par certains traits les divinités de l'Attique, telles que Orthanès, Cônisalos, Tychôn, et autres semblables.

13. Les anciens auteurs appellent tout ce canton, indifféremment, *Adrastée* et *plaine d'Adrastée*, se conformant en cela à l'usage, qui n'est pas rare, de donner deux noms au même lieu et de dire, par exemple, aussi bien « *Thébé* » que « *plaine de Thébé* », aussi bien « *Mygdonie* » que « *plaine de Mygdonie* ». Callisthène[2] ajoute que ce nom d'Adrastée lui fut donné en l'honneur du roi Adraste, qui le premier érigea un temple à Némésis. La ville même d'Adrastée est située entre Priapus et Parium, au-dessus de la plaine précisément dont elle porte le nom[3], et qui contenait, indépendamment du temple

1. ἡ χώρα καὶ αὕτη καὶ [ἡ] Ἰραΐης ὅμορος, addition nécessaire due à Meineke. — 2. φησὶ δὲ Καλλισθένης. au lieu de φησὶ δὲ καὶ K., suppression de Coray et de Meineke. — 3. ἐπώνυμον, au lieu de ὁμώνυμον, correction excellente qui a pour elle l'autorité du manuscrit de l'*Épitome* de la *Vaticane*. (Voy. Meineke, *Vind. Strabon.*, p. 197 et 204.)

de Némésis, juste en face de Pactyé[1], un *mantéum* ou oracle commun à Apollon Actæus et à Artémis. Le temple de Némésis fut détruit de fond en comble, et tous les matériaux, toutes les pierres, en furent transportés à Parium où ils servirent à bâtir un autel (œuvre d'Hermocréon), qui, par ses dimensions colossales et sa magnificence, mérite de demeurer à jamais célèbre. Quant à l'oracle, il s'est vu, comme celui de Zélia, délaisser[2] complétement avec le temps. On chercherait donc vainement, dans tout ce canton, un temple, soit d'Adrastée, soit de Némésis ; mais, aux environs de Cyzique, il existe encore un temple ou sanctuaire d'Adrastée, le même apparemment dont il est fait mention dans les vers suivants d'Antimaque :

« Il est une puissante déesse, Némésis, qui a reçu tous ces « dons de la main des immortels. Adraste le premier lui bâtit « un autel sur les bords du fleuve Æsépus. C'est là surtout « qu'on l'honore : seulement on ne l'y invoque que sous le « nom d'ADRASTÉE[3]. »

14. Comme Priapus, Parium est bâtie sur le bord de la mer ; mais son port est plus grand. Ajoutons qu'elle s'est accrue aux dépens de Priapus. En faisant la cour habilement aux Attales qui se trouvaient posséder la Priapène, les Pariens réussirent (et du consentement

---

1. κατὰ τὴν Παατύην, au lieu de κ. τ. Πυλέτην, correction de Meineke, qui nous paraît préférable à toutes celles qui ont été proposées d'autre part, et dont on trouvera l'énumération dans l'*Index var. lect.* de Müller, p. 1024, col. 1. Müller l'a admise dans sa traduction latine, mais il paraît s'être ravisé depuis et s'être rangé de préférence à la conjecture de Coray, κατὰ τὴν Πιτυάτιν, qui a quelque chose aussi de spécieux. Cf. *Vind. Strabon.*, p. 204-205. Pour nous, ce qui a décidé notre choix, c'est d'une part le surnom d'Apollon (*Actæus*), surnom qui indique pour le *mantéum* une situation élevée et avancée sur la mer plutôt qu'une situation *méditerranée*, et, d'autre part, l'habitude de Strabon, dans sa description de l'Hellespont, d'opposer les unes aux autres les localités des deux rives du Détroit. Voy. plus bas (c. 18) comme il oppose Callipolis à Lampsaque, sans compter l'opposition consacrée de Sestos et d'Abydos. — 2. ἐξελίφθη, au lieu de ἐξηλίφθη, excellente correction de Meineke. Voy. *Vindic. Strabon.*, p. 112 et 205. — 3. Cobet voit dans cette longue citation d'Antimaque, qu'il retrouve textuellement dans le *Lexique* d'Harpocration, au mot Ἀδράστιιαν, etc., une de ces annotations marginales qui ont passé en si grand nombre dans le texte de Strabon, et dont beaucoup ont encore échappé au travail d'élimination, si rigoureux pourtant, des Kramer et des Meineke. (Voy. *Miscell. critica.* Lugd. Batav., 1876, p. 188.)

même de ces princes) à empiéter considérablement sur
les limites de ladite province. C'est ici, à Parium, que
la Fable fait naître la famille des Ophiogènes, ainsi
nommée de sa parenté avec les *Ophidiens*, les Serpents.
Dans cette famille, tous les mâles, à ce qu'on assure,
guérissent les morsures de vipère par l'apposition prolongée des mains sur la plaie (moyen qu'emploient aussi
du reste les enchanteurs ordinaires) : ils commencent
ainsi par attirer sur eux-mêmes la tache livide de la
piqûre, et arrivent ensuite peu à peu à en calmer l'in-
flammation et la douleur. Les mythographes ajoutent
que la famille avait eu pour auteur ou *archégète* un
héros, de serpent fait homme. Peut-être était-ce simplement un de ces Psylles de Libye, auquel cas son secret
aurait pu se conserver aisément parmi ses descendants
pendant un certain nombre de générations. Quant à la
fondation de Parium, elle fut l'œuvre commune, paraît-
il, des Milésiens, des Érythréens et des Pariens [de l'île
de Paros].

15. Pitya[1] est une ville du canton de Pityûs, lequel
dépend du territoire de Parium ; elle renferme dans ses
murs une montagne couronnée de pins (πιτυῶδες) et est
située entre Parium et Priapus. Linum qui l'avoisine
est une petite localité maritime où l'on pêche ces coquillages dits *linusiens*, les plus friands que l'on connaisse.

16. En rangeant la côte, de Parium à Priapus, on rencontre l'ancienne et la nouvelle Proconnèse, celle-ci
avec une ville [de même nom][2] et une vaste carrière,
très-renommée pour le marbre blanc qu'on en extrait :
naturellement c'est avec ce marbre qu'ont été bâtis les
plus beaux édifices des villes de toute la côte, ceux de
Cyzique notamment. Proconnèse a donné le jour à Aristée, l'auteur du poème des *Arimaspées*, et le plus grand
charlatan qui ait jamais existé.

17. Pour ce qui est de la montagne de Térée, les uns

---

1. L'*Épitomé* donne la forme Πιτύεια. — 2. Groskurd supplée ici non sans raison
le mot ὁμώνυμον.

la reconnaissent dans cette suite de hauteurs du canton de Pirossus [1], voisines de Zélia, mais dépendantes du territoire de Cyzique, où les rois de Lydie, et plus tard ceux de Perse, entretenaient un parc pour leurs chasses; suivant d'autres, ce serait plutôt la colline qu'on aperçoit de Lampsaque à une distance de près de 40 stades, et que couronne un temple, dédié à la Mère des dieux, mais connu dans le pays sous le nom de *temple de Térée*.

18. La ville de Lampsaque, située, comme les précédentes, sur la côte même, possède un port excellent et présente une superficie considérable. Comme Abydos aussi, dont elle n'est guère éloignée que de 170 stades, elle n'a rien perdu de sa prospérité. Primitivement, elle portait le nom de *Pityusa* [2], ce qui est aussi le cas, assure-t-on, de l'île de Chios. Sur le rivage opposé de la Chersonnèse s'élève la petite ville de Callipolis : située, comme elle est, à l'extrémité d'un cap, elle semble s'avancer vers la côte d'Asie à la rencontre de Lampsaque. Ajoutons que le trajet entre deux n'excède pas 40 stades.

19. Dans l'intervalle de Lampsaque à Parium, la côte offrait naguère une ville et un fleuve du nom de Pæsos; mais la ville est depuis longtemps détruite, et ses habitants, d'origine milésienne comme les Lampsacéniens, ont transporté leur demeure à Lampsaque. On trouve dans Homère deux formes pour ce même nom, suivant que le poète ajoute une syllabe au commencement du mot, comme dans ce vers [3],

« Et le dème d'Apæsos, »

soit qu'il la retranche, comme dans cet autre [4],

« Il habitait dans Pæsos et y possédait de grands biens. »

Mais aujourd'hui on n'appelle plus le fleuve autrement

---

1. Müller a recueilli pour ce nom les variantes *Pirosus* et *Pirassus*. — 2. Tous les manuscrits, sauf un, portent Πιτύουσα au lieu de Πιτυόεσσα. — 3. *Iliade*, II, 828. — 4. *Iliade*, V, 612.

que *Pæsos*. Ce sont encore les Milésiens qui ont fondé
Colonæ au-dessus de Lampsaque dans l'intérieur de la
Lampsacène. Une autre ville du même nom se trouve sur
les rivages de l'Hellespont, mais en dehors du détroit, à
140 stades d'Ilion : c'est dans cette dernière que la tradition fait naître Cycnus. Anaximène signale plusieurs
autres Colonæ, une dans l'Érythrée, une seconde en
Phocide, une troisième en Thessalie. Ajoutons qu'il
existe dans le territoire de Parium une localité appelée
Iliocoloné. On connaît dans la Lampsacène actuelle le
riche vignoble de Gergithium ; mais il s'y trouvait aussi
anciennement une ville de Gergithe, laquelle devait son
origine à une colonie venue de Gergithes dans le territoire de Cume (car là aussi le même nom se retrouve,
seulement sous la forme d'un féminin pluriel), et c'est de
cette Gergithes cuméenne qu'était originaire Céphalon
dit le *Gergithien*. Aujourd'hui même il existe dans le territoire de Cumes, non loin de Larisse, une localité appelée
Gergithium.

Si Parium a vu naître un écrivain justement célèbre,
Néoptolème dit *le Glossographe*, Lampsaque, à son tour,
peut se glorifier d'avoir donné le jour à l'historien Charon, à Adimante, au rhéteur Anaximène, et à Métrodore,
l'ami d'Épicure. A la rigueur même, Épicure peut passer pour un Lampsacénien, vu le long séjour qu'il fit
à Lampsaque et l'étroite amitié qui l'unissait aux principaux citoyens de cette ville, Idoménée et Léontée.
Enfin c'est de Lampsaque que provient cette belle
œuvre de Lysippe, *le Lion abattu*, qu'Agrippa a fait
transporter à Rome pour l'y placer dans le Bois sacré
situé entre la pièce d'eau [qui porte son nom] et le canal ou Euripe [1].

20. A Lampsaque succèdent Abydos et ces localités
intermédiaires qu'Homère a réunies dans l'énumération

---

[1]. Voyez, dans les *Vindiciæ Strabon.* de Meineke, p. 205, une note très-inté-
ressante et très-probante.

suivante et qui se trouvent correspondre à la Lampsacène et à une partie du territoire de Parium (ni Lampsaque ni Parium n'existaient encore à l'époque de la guerre de Troie) :

« Et les habitants de Percoté et les riverains du Practius ;
« et ceux qui occupaient Sestos, Abydos et la divine Arisbé,
« marchaient ensemble sous les ordres d'Asius, fils d'Hyr-
« tace [1], »

d'Asius, ajoute Homère, qui arrivait d'Arisbé et qu'un char attelé de grands chevaux noirs avait amené des bords du Selléis [2], ce qui donnerait à croire (disons-le en passant) qu'Homère regardait Arisbé comme la capitale ou la résidence habituelle du héros, autrement l'eût-il fait venir précisément d'Arisbé ?

« Il arrivait d'Arisbé : un char attelé de grands chevaux
« noirs l'avait amené des bords du Selléis. »

Toutes ces localités, du reste, sont si obscures, que les commentateurs d'Homère qui se sont occupés d'en re-chercher les emplacements ne s'accordent qu'en un point, à savoir, qu'elles devaient se trouver dans les environs d'Abydos, de Lampsaque et de Parium, et qu'en ce qui concerne la ville de Percoté il a pu y avoir un léger changement de nom (*Palæpercoté* au lieu de Percoté), mais que la ville, à coup sûr, n'a nullement changé de place [3].

21. En fait de fleuves, outre le Selléis, qu'il nous montre coulant près d'Arisbé, lorsqu'il fait venir Asius d'Arisbé et des bords du Selléis, Homère nomme aussi le Practius. Ce nom, en effet, ne peut être que celui d'un fleuve, et d'un fleuve coulant, comme le Selléis, entre Abydos et Lampsaque, puisque, en dépit de ce que certains auteurs ont pu dire, on ne trouve nulle part de ville appelée ainsi : il faut donc entendre du voisinage d'un

1. *Iliade.*, II, 835. — 2. *Ibid.*, 839. — 3. Voy. Meineke, *Vind. Strabon.*, p. 206 et ad *Steph.*, v. Περκώτη. Cf. Müller, *Ind. var. lect.*, p. 1024, col. 2.

fleuve la phrase « καὶ Πράκτιον ἀμφενέμοντο », ni plus ni
moins que ces autres expressions :

« Et ceux qui habitaient auprès des bords du divin Cé-
« phise [1], »
« Et ceux qui cultivaient d'heureux champs dans le voisi-
« nage du fleuve Parthénius [2]. »

On connaît dans Lesbos une autre ville du nom d'A-
risbà dont le territoire dépend aujourd'hui de Méthymne ;
on connaît de même, en Thrace, un fleuve Arisbus [3] : il
en a été parlé plus haut, et les Thraces [4] Cébrènes habitent dans son voisinage. Au surplus, on retrouve fréquemment les mêmes noms en Thrace et en Troade : citons,
par exemple, les Scæi, l'un des principaux peuples de la
Thrace, le fleuve Scæus, le Scæontichos ; et, en Troade, les
portes Scées ; de même, en regard des Thraces Xanthii,
citons le fleuve Xanthus de la Troade ; en regard de
l'Arisbus, affluent de l'Hèbre, la ville d'Arisbé en Troade ;
en regard du fleuve Rhésus, qui passe près de Troie, le
fameux Rhésus, roi des Thraces. Asius d'Arisbé n'est
pas non plus le seul héros de ce nom que mentionne
Homère : il parle d'un autre Asius,

« oncle maternel du bouillant Hector, frère germain d'Hé-
« cube et fils de Dymas, lequel habitait en Phrygie, sur les
« bords mêmes du Sangarius [5]. »

22. Abydos fut fondée par les Milésiens avec l'autorisation de Gygès, roi de Lydie. Tout ce canton, en effet,
comme le reste de la Troade, était rangé sous la domination de ce prince : le nom de Gygas est même resté attaché à un cap voisin de Dardanus. Abydos commande le

---

1. *Iliade*, II, 522. — 2. *Ibid.*, II, 854. Strabon cite le vers de mémoire et se
trompe en le citant. Dans le livre précédent, c. III, § 5, il avait cité le même vers
exactement. Meineke s'est donc trop pressé d'écrire, à propos des nombreuses
citations d'Homère que fait Strabon, que « nusquam eum negligentem vel præ
festinatione labentem deprehendas. » (*Vindic. Strabon.*, p. 210.) — 3. Vrai-
semblablement dans la partie du VII° livre qui est perdue. — 4. Groskurd, après
le mot Θρᾷκις, supplée [τοῖς ἐν Τροίᾳ ὁμώνυμοι]. — 5. *Iliade*, XVI, 717.

détroit qui donne accès, d'une part, dans la Propontide, de l'autre, dans l'Hellespont, et elle se trouve à égale distance (170 stades environ) de Lampsaque et d'Ilion. Ici même est l'*Heptastade* que Xerxès franchit naguère sur un pont de bateaux et qui sépare l'Europe de l'Asie. L'extrémité du continent d'Europe qui forme l'étroit canal sur lequel fut jeté ce pont a reçu le nom de *Chersonnèse* à cause de sa configuration. Sestos, la ville la plus forte[1] de ladite Chersonnèse, est située en face d'Abydos[2], et, par suite de sa proximité, a souvent appartenu au même maître, dans un temps où la délimitation des États ne se faisait pas encore d'après la division naturelle des continents. A mesurer le trajet du port d'Abydos à celui de Sestos, la distance entre les deux villes est de 30 stades environ ; quant à la ligne même du *Zeugma*, elle s'écarte un peu de l'une et de l'autre ville, inclinant plus vers la Propontide du côté d'Abydos, et plus vers l'Hellespont du côté de Sestos. On donne le nom d'*Apobathra* au lieu voisin d'Abydos où l'une des deux extrémités du pont était attachée. Située comme elle est en deçà d'Abydos par rapport à la Propontide, Sestos se trouve au-dessus du courant qui sort de cette mer ; aussi la traversée est-elle plus facile quand on vient de Sestos : on commence par s'écarter un peu en gouvernant droit sur la tour d'Héro; puis, à la hauteur de ce point, on abandonne l'embarcation à elle-même, et, avec l'aide du courant, on atteint promptement Abydos. En partant d'Abydos, au contraire, il faut remonter le long de la côte, l'espace de 8 stades, jusqu'à une certaine tour qui fait face juste à Sestos, et, de ce point, traverser, mais en biais, de manière à n'aller jamais droit à l'encontre du courant.

Abydos, postérieurement à la guerre de Troie, fut habitée par des Thraces d'abord, puis par des Milésiens. Lors

---

1. χρατίστη, au lieu d'ἀρίστη, correction de Meineke (*Vind. Strabon.*, p. 206), approuvée par Madvig (*Advers. crit.*, vol. I, p. 559). — 2. Au lieu de ἀντίχειται δὲ τὸ ζεῦγμα τῇ Ἀβύδῳ. Σηστὸς δὲ, nous lisons, avec Madvig, ἀντίχειται δὲ τῇ Ἀβύδῳ Σηστὸς χρατίστη. Voyez, dans les *Adversaria critica* (vol. I, p. 559), comment est motivée la suppression des mots τὸ ζεῦγμα.

de l'incendie des villes de la Propontide ordonné par
Darius, père de Xerxès, Abydos partagea l'infortune commune. Darius avait appris, depuis son retour de l'expédition contre les Scythes, que ces peuples nomades se pré-
paraient à franchir le détroit pour tirer vengeance de tout
ce qu'il leur avait fait souffrir, et il avait donné ordre
qu'on brûlât les villes de la Propontide, dans la crainte
qu'elles ne fournissent aux barbares les moyens de passer
la mer. S'ajoutant aux révolutions antérieures et aux effets
désastreux du temps, cette catastrophe acheva de porter
la confusion dans la géographie de cette contrée. Nous
avons déjà parlé de Sestos et du reste de la Chersonnèse
dans notre chorographie de la Thrace [1], rappelons cependant encore, d'après Théopompe, que Sestos, malgré son
peu d'étendue, est munie d'une forte enceinte et qu'elle se
trouve reliée à son port par un *skélos* ou long mur de
2 plèthres, et que ce double avantage, joint à ce qu'elle
est située juste au-dessus du courant, la rend absolument maîtresse du passage.

23. En arrière du territoire d'Abydos, et en pleine
Troade, est la ville d'Astyra : cette ville, aujourd'hui en
ruines et dépendante des Abydéniens, jouissait anciennement de son autonomie et possédait de riches mines d'or;
mais celles-ci, avec le temps, sont devenues rares, les
gisements s'étant épuisés là, comme dans le Tmolus aux
environs du Pactole. — D'Abydos à l'Æsépus on compte
environ 700 stades, mais moins, naturellement, si le
trajet est direct.

24. Au delà d'Abydos, nous aurons à décrire Ilion et
ses environs, la côte jusqu'au Lectum, puis différentes
localités de la plaine troyenne et finalement toute la région basse de l'Ida, laquelle formait anciennement le
royaume d'Énée.

---

1. ἐν τοῖς περὶ τῆς Θράκης λόγοις, au lieu de τόποις, correction proposée par
Meineke (*Vind. Strabon.*, p. 207). Cette expression est l'équivalent du ἐν τοῖς Θρᾳ-
κίοις du § 31.

Homère a deux noms pour désigner les habitants de ce dernier canton, tantôt il dira[1] :

« A la tête des Dardanii marchait le noble fils d'Anchise, »

les appelant, comme on le voit, *Dardanii ;* tantôt c'est le nom de *Dardani* qu'il leur donne, témoin le vers suivant[2] :

« Les Troyens, les Lyciens, joints aux belliqueux Dardani. »

Il y a lieu de penser que c'est aussi dans ce canton qu'était située cette *Dardanie* que mentionne Homère[3] :

« Dardanus, le premier-né de Jupiter qui assemble les nua-
« ges, et le fondateur de Dardanie. »

Mais on n'y trouve point trace aujourd'hui de l'antique cité.

25. Platon[4] conjecture qu'après les déluges ou *cataclysmes* les hommes ont dû passer par trois formes de sociétés très-tranchées : une première société, simple et sauvage, composée d'hommes que la peur des eaux qui couvrent encore les plaines a refoulés vers les plus hauts sommets ; une seconde société fixée sur les dernières pentes des montagnes, et qui s'est rassurée peu à peu en voyant que les plaines commençaient à se sécher ; une troisième enfin qui a pris possession des plaines mêmes. A la rigueur, on pourrait supposer une quatrième forme, une cinquième, voire davantage, et, en tout cas, considérer comme la dernière la société que les hommes, une fois délivrés de toute terreur de ce genre, viennent former sur le bord de la mer et dans les îles. Car le plus ou moins de hardiesse que mettent les hommes à s'approcher de la mer semble dénoter parmi eux des différences sensibles sous le rapport des mœurs et du gouvernement ; et, de même[5] qu'il a fallu déjà une certaine gradation[6] pour

---

1. *Iliade*, II, 819. — 2. *Ibid.*, XV, 425. — 3. *Ibid.*, XX, 215, 216. — 4. *De legibus*, l. III, p. 677-679. — 5. Au lieu de καὶ ἅπερ, nous lisons, avec Coray, καὶ καθάπερ... ὑποδεδηκότων, ἔστι τις. — 6. ἤδη πως, au lieu de ἔτι πῶς, correction de Groskurd.

passer de cette première vie simple[1] et sauvage à la civilisation relative du second état, de même ce second état implique différents genres de vie qu'on peut appeler des noms de *vie rustique*, de *vie semi-rustique* et de *vie politique*, la vie politique n'atteignant pas non plus d'emblée la perfection et cette urbanité suprême à laquelle elle tend, mais n'y arrivant que par de lentes modifications attestées par autant de noms nouveaux, qui correspondent soit au progrès des mœurs, soit aux changements d'habitation et de manière de vivre. Platon ajoute qu'on retrouve dans Homère l'indication expresse de ces différents états : ainsi, suivant lui, la forme primitive de la société humaine serait représentée dans le tableau qu'Homère a tracé de la vie des Cyclopes, lorsqu'il nous montre ceux-ci se nourrissant des produits spontanés de la terre et habitant au sommet des montagnes, dans les creux de quelques rochers :

« Tout chez eux, dit Homère, croît sans semence, sans « labour[2] »,

et ailleurs[3],

« Chez eux, point d'assemblées pour délibérer en commun, « point de lois, point de règlements généraux : ils habitent au « faîte des plus hautes montagnes dans le creux des rochers ; « et là chacun à sa guise gouverne ses enfants et ses femmes. »

L'établissement de Dardanus[4], à son tour, figurerait le deuxième état :

« C'est lui qui édifia Dardanie, et la sacrée Ilios, appelée à « devenir la plus populeuse des cités, n'était pas encore bâtie « dans la plaine : les hommes n'avaient pas encore dépassé les « dernières pentes de l'Ida si abondantes en sources[5]. »

Enfin le troisième état serait représenté par l'établissement d'Ilus dans la plaine même ; car c'est bien Ilus que

---

1. ἁπλῶν, au lieu d'ἀγαθῶν, correction de Groskurd. — 2. *Odyssée*, IX, 109. — 3. *Ibid.*, IX, 112. — 4. ἐπὶ τοῦ Δαρδάνου, au lieu de ἐκ, correction de Coray. — 5. *Iliade*, XX, 216.

la tradition nous donne pour le fondateur (et le fondateur éponyme) d'Ilion. Il est même probable qu'en ensevelissant, comme on avait fait, ce héros tout au milieu de la plaine, on avait voulu rappeler qu'il avait, lui le premier, osé quitter la montagne pour venir s'établir dans la plaine :

« Ils précipitaient leur course à travers la plaine vers l'an« tique tombeau du Dardanide Ilus, qu'ombrage ce figuier « sauvage (Érinée)[1]. »

Encore Ilus n'avait-il osé qu'à demi, puisqu'il n'avait point bâti sa ville sur l'emplacement occupé aujourd'hui par la moderne Ilion, mais bien à une trentaine de stades plus à l'est, en remontant vers l'Ida et vers Dardanie, dans le lieu actuellement connu sous le nom d'*Iliéôn-Kômé* ou de *Bourg des Iliéens*. Les habitants de la moderne Ilion, à vrai dire, et cela par vanité nationale, veulent à toute force que leur ville soit l'antique Ilion, mais les commentateurs d'Homère en ont pris occasion pour examiner sur ce point le témoignage du poète ; et, d'après Homère, il ne paraît point que ce soit la même ville. Ajoutons qu'au dire de maint historien, Ilion se serait déplacée plus d'une fois avant de se fixer (vers l'époque de Crésus à peu près) dans les lieux qu'elle occupe aujourd'hui. Or, je le répète, à chacun de ces déplacements, qui, partant des lieux hauts, entraînaient les populations vers la plaine, correspondait probablement un changement marqué dans le genre de vie de ces populations et dans leur gouvernement. Mais ces questions demanderaient à être discutées plus longuement ailleurs [2].

26. La moderne Ilion n'était encore, à ce qu'on assure, qu'un simple bourg, avec un *Athénæum* petit et mesquin, lorsque Alexandre, après sa victoire du Granique, voulut monter jusque-là : il décora le temple de pieuses offrandes, et gratifia le bourg lui-même du nom de *ville*.

---

1. *Iliade*, XI, 166. — 2. ἄλλοτι, au lieu de καὶ ἄλλοτι, correction de Coray.

Puis, ayant chargé les propres intendants de son armée
de l'agrandir par de nouvelles constructions[1], il déclara
Ilion autonome et exempte de tout impôt. Il ne s'en tint
pas là : mais, plus tard, à ce qu'on assure, quand il eut
achevé de détruire l'empire perse, il adressa aux habitants la lettre la plus amicale, leur promettant de faire
de leur ville une grande cité et de leur temple un des
principaux sanctuaires, voire de fonder chez eux des jeux
sacrés. Alexandre mort, Lysimaque prit un soin tout particulier d'Ilion : il l'enrichit d'un second temple, l'entoura
d'un mur d'enceinte qui pouvait bien mesurer 40 stades
et y réunit les populations des villes environnantes, toutes
villes anciennes et déjà à moitié ruinées. Dans le même
temps aussi il s'intéressait à la ville d'Alexandria [Troas],
la même qu'Antigone avait récemment fondée, mais fondée sous le nom d'*Antigonie*, tandis que lui, Lysimaque,
voulut changer son nom, jugeant que les successeurs
d'Alexandre devaient avoir le pieux scrupule de donner
aux villes qu'ils fondaient le nom du héros, avant de leur
donner le leur. Et, par le fait, c'est sous ce nom d'A-
lexandria que la ville a subsisté et grandi ; et aujourd'hui,
qu'elle a reçu dans ses murs une colonie romaine, elle
figure au nombre des principales villes de l'empire.

27. Quant à la moderne Ilion, elle ne méritait encore
qu'à moitié le nom de ville lorsque les Romains mirent
le pied pour la première fois en Asie et chassèrent Antiochus le Grand de toute la contrée sise en deçà du Taurus. Cela est si vrai que Démétrius de Scepsis qui, dans
sa jeunesse et précisément à cette époque, eut occasion de
visiter Ilion, fut frappé de l'état misérable des habitations,
lesquelles n'étaient pas même couvertes en tuiles. Hégé-
sianax, à son tour, raconte comment les Galates, après
leur passage d'Europe en Asie, montèrent jusqu'à Ilion,
dans l'espoir d'y trouver l'abri fortifié dont ils avaient
besoin, mais s'en éloignèrent aussitôt, n'y ayant même

[1]. Cf. Eustathe, *ad Iliad.* δ', 163.

pas trouvé de mur d'enceinte. Dans la suite, il est vrai, l'état de la ville fut sensiblement changé et amélioré. Cependant elle eut encore beaucoup à souffrir des Romains de Fimbria, qui, dans leur guerre contre Mithridate, en firent le siége et l'enlevèrent de vive force. Fimbria avait accompagné comme questeur en Asie le consul Valerius Flaccus désigné pour combattre Mithridate; puis, une fois en Bithynie, il avait soulevé l'armée et tué de sa main le consul, s'était ensuite emparé du commandement, avait poussé jusqu'à Ilion, et, sur le refus des habitants de recevoir un brigand tel que lui, avait formé le siége de la ville[1], et l'avait prise après dix jours[2]. En fanfaron qu'il était, il se glorifiait bien haut qu'une ville, qu'Agamemnon, avec ses mille vaisseaux et le secours de la Grèce entière confédérée, avait eu de la peine à prendre en dix ans, eût été réduite par lui en dix jours; mais un Iliéen l'interrompant : « Hector n'était plus là, dit-il, pour défendre la ville[3]! » Sur ces entrefaites, Sylla débarqua en Asie; il fit mettre à mort Fimbria, et, ayant conclu avec Mithridate une convention qui forçait ce prince à rentrer dans ses États, il indemnisa les Iliéens en accordant à leur ville d'importantes réparations. On ne s'en tint pas là pourtant, et de nos jours le divin César voulut faire plus encore, par intérêt pour les Iliéens assurément, mais en même temps aussi par émulation à l'endroit d'Alexandre. Alexandre avait eu, pour s'intéresser à ce peuple, un double motif: le désir, d'abord, de renouveler avec lui certain lien d'antique parenté, puis son propre culte pour Homère. On connaît la fameuse *diorthose* ou révision des poésies d'Homère, dite *de la cassette*, et due à Alexandre, qui, après avoir lu de suite les poèmes entiers d'Homère en compagnie de Callisthène et

---

1. βίαν τι προσφέρει, au lieu de μάντι, excellente conjecture de Casaubon. Voyez les autres restitutions proposées dans l'*Index var. lect.* de Müller, p. 1024, col 2. — 2. Coray, d'après l'*Épitomé*, propose de lire δικαταίους, au lieu de ἰνδικαταίους. Meineke a admis la correction dans son édition. — 3. Voyez, sur cette paraphrase un peu lourde du vers de l'*Andromaque* : οὐ γὰρ ἐσθ᾽ Ἕκτωρ τάδι, une remarque très fine de M. Bernardakis (*Symb. crit. in Strabonem*, p. 52).

d'Anaxarque et avoir consigné par écrit certaines remar-
ques, avait serré le tout dans une cassette d'un travail
magnifique trouvée parmi les dépouilles des Perses. C'é-
tait donc à la fois, je le répète, et par amour pour le poète
et par respect de sa propre parenté avec les Æacides, anciens rois de ce peuple Molosse sur lequel l'histoire fait
aussi régner Andromaque, veuve d'Hector, qu'Alexandre
avait voulu donner aux Iliéens des preuves éclatantes de
sa bienveillance. Mais César, outre sa passion pour la
mémoire d'Alexandre, avait un autre mobile qui le porta,
d'une ardeur toute juvénile, à combler les Iliéens de ses
bienfaits : il était personnellement uni à ce peuple par des
liens de parenté, et d'une parenté même mieux établie,
plus notoire [1], que celle du héros macédonien ; oui certes,
plus notoire, car d'abord il était Romain (et les Romains,
on le sait, regardent Énée comme l'auteur de leur race) ;
puis, il portait le nom de *Julius*, et ce nom lui venait
d'un de ses ancêtres appelé Jule ou Iule apparemment
en l'honneur du fils d'Énée, étant du nombre des descendants directs du héros troyen. César attribua donc aux
Iliéens tout un territoire, et, non content de cela, il leur
assura, avec le maintien de leur autonomie, une exemption pleine et entière de toutes les charges publiques,
avantages qu'ils ont conservés jusqu'à présent. Voici
maintenant sur quoi se fondent ceux qui nient, Homère
en main, que l'antique Ilion ait jamais occupé l'emplacement sur lequel s'élève aujourd'hui la Nouvelle. [Nous
allons rappeler leurs principaux arguments], mais auparavant décrivons l'état actuel des lieux, en commençant
par le littoral, que nous reprendrons juste au point où
nous nous étions arrêté.

28. Or nous dirons qu'immédiatement après Abydos,
on rencontre et la pointe Dardanis, dont nous parlions
il n'y a qu'un moment, et la ville de Dardanus, dis-

---

1. γνωριμωτερα, au lieu de γνωριμώτατα, correction de Coray.

tante d'Abydos de 70 stades. Entre deux est l'embouchure du fleuve Rhodius à laquelle correspond, sur la côte de Chersonnèse, le *Cynossêma*, monument qu'on dit être le tombeau d'Hécube. D'autres auteurs font du Rhodius un affluent de l'Æsépus. Quoi qu'il en soit, il figure au nombre des cours d'eau mentionnés par Homère[1] :

« Et le Rhésus, et l'Heptaporus, et le Carésus et le « Rhodius. »

La ville de Dardanus, d'origine très-ancienne, a toujours été comptée pour si peu, qu'à plusieurs reprises les rois [de Perse] en déplacèrent la population tout entière, la transférant à Abydos pour la ramener plus tard aux lieux qu'elle occupait d'abord. C'est à Dardanus que Cornélius Sylla, le général romain, et Mithridate Eupator, eurent l'entrevue dans laquelle fut conclu le traité qui mettait fin à la guerre.

29. Tout près de là est Ophrynium et tout près d'Ophrynium, dans un lieu bien en vue, est le bois sacré d'Hector, suivi immédiatement d'un port, le port de Ptéléus[2].

30. La ville de Rhœtéum, qui succède à ces localités, est bâtie sur une éminence, mais touche à une plage très basse, sur laquelle s'élèvent le tombeau, le temple et la statue d'Ajax[3]. La statue avait été enlevée par Antoine et transportée en Égypte; elle fut restituée parmi d'autres morceaux précieux[4] aux Rhœtéens par César Auguste. Et en effet, tandis qu'Antoine avait partout sur son passage, et à l'intention de son Égyptienne, dépouillé les principaux sanctuaires des chefs-d'œuvre d'art offerts et consacrés par la piété des populations, partout Auguste rendit aux dieux ce qui leur appartenait.

31. Passé Rhœtéum, la côte présente successivement Sigée, ville aujourd'hui en ruines, le *Naustathme*, le

---

1. *Iliade*, XII, 20. — 2. λιμὴν Πτελιός, au lieu de λίμνη Πτελιός, correction très-vraisemblable proposée par Meineke. (Voy. *Vindic. Strabon.*, p. 207. Cf. Müller, *Index var. lect.*, p. 1024, col. 2). — 3. Voy. Müller, *ibid.* — 4. κατάπερ καὶ ἄλλους, au lieu de ἄλλοις, correction de Kramer.

Port et le Camp des Achéens, le *Stomalimné* et les
Bouches du Scamandre : je dis les bouches, car on sait
qu'après s'être réunis dans la plaine, le Simoïs et le
Scamandre, qui charrient tous deux une grande masse de
limon, vont former en avant du rivage maint atterrisse-
ment et sur le rivage même plusieurs fausses ʼembou-
chures, ainsi que des lagunes et des marécages. A la
hauteur du cap Sigée, dans la Chersonnèse, on aperçoit
le Protésilaüm et la ville d'Eléüssa, dont nous avons
parlé dans notre description de la Thrace.

32. Cette partie de la côte, depuis Rhœtéum jusqu'au
cap Sigée et jusqu'au tombeau d'Achille, mesure 60 stades en ligne droite. Elle s'étend exactement au-dessous
d'Ilion, tant de la Nouvelle Ilion (dont elle n'est distante,
au port des Achéens, que de 12 stades environ) que
de l'*Ilium Vetus*, dont 30 stades de plus la séparent,
30 stades à faire en montant dans la direction de l'Ida.
Achille a son temple et son tombeau auprès de Sigée,
qu'avoisinent également les tombeaux de Patrocle et
d'Antiloque. Ces trois héros, ainsi qu'Ajax, sont l'objet
d'un véritable culte de la part des Iliéens, qui, en revanche, ne rendent nul honneur à Hercule, lui reprochant
le sac de leur ville. Ne pourrait-on pas cependant prendre
contre eux la défense d'Hercule et leur dire que, s'il a
saccagé Ilion, il a laissé du moins quelque chose à faire
aux dévastateurs futurs, la ville étant sortie de ses mains,
très-maltraitée, il est vrai, mais encore à l'état de ville,
comme Homère l'atteste expressément, quand il rappelle que

« d'Ilion il dévasta l'enceinte et laissa les rues veuves de
« leurs habitants [1] ».

Cette idée de *veuvage* n'implique en effet qu'une perte
d'hommes et nullement l'anéantissement de la ville elle-
même, tandis qu'elle fut littéralement *anéantie* par ces
autres héros que les Iliéens se plaisent à honorer de

---

1. *Iliade*, V, 642.

leurs pieux hommages et à adorer comme des dieux. Peut-être bien qu'aussi les Iliéens s'excuseraient en disant que ces derniers faisaient à Troie une guerre juste et Hercule, au contraire, une guerre injuste, dans le but uniquement de se rendre maître des coursiers de Laomédon. Mais à cela même il serait facile d'opposer le témoignage de la Fable ; car, suivant la Fable, les coursiers de Laomédon ne furent pour rien dans les violences d'Hercule, dont le seul motif fut le déni qui lui fut fait de la récompense solennellement promise à l'occasion d'Hésione et du monstre marin. Au surplus laissons ces discussions, qui n'aboutiraient qu'à réfuter la Fable par la Fable elle-même, d'autant qu'il y a eu sans doute d'autres motifs à nous cachés, et beaucoup plus plausibles[1], pour décider ainsi les Iliéens à honorer certains héros et à en négliger d'autres. Homère, d'ailleurs, nous donne une pauvre idée de l'importance et de l'étendue d'Ilion, dans ce passage relatif à Hercule, puisque,

« avec six vaisseaux seulement et un très-petit nombre de « compagnons, Hercule put dévaster toute la cité d'Ilion[2] ».

En revanche le même témoignage rehausse singulièrement la gloire de Priam, puisqu'il nous le montre petit à ses débuts et grandissant ensuite rapidement, jusqu'à mériter, avons-nous dit[3], d'être appelé « le roi des rois ».

Pour peu, maintenant, que l'on s'avance, le long de la mer, au delà des points que nous venons de décrire, on atteint Achæium, qui [n'appartient plus à la même côte], mais qui dépend déjà de la portion du littoral correspondant à Ténédos.

33. On connaît, par ce que nous venons de dire, tout le détail de la côte qui borde la plaine de Troie ; décrivons à présent la plaine même, laquelle s'étend vers l'est sur un espace de plusieurs stades, de manière à atteindre

1. τάχα δὲ [καὶ], addition de Coray. — 2. *Iliade*, V, 641. — 3. Livre XII, chapitre viii, § 7.

le pied de l'Ida. La partie de cette plaine qui longe la
montagne est étroite et se trouve bornée, au midi par le
canton de Scepsis, au nord par le territoire des Lyciens
de Zélia. Le poète la range sous l'autorité d'Énée et
des fils d'Anténor et lui donne le nom de Dardanie. Au-
dessous était la Cébrénie, pays généralement plat et uni,
parallèle, ou peu s'en faut, à la Dardanie. Ajoutons qu'il
existait anciennement une ville appelée Cébréné. Démétrius soupçonne que le canton voisin d'Ilion sur lequel
régnait Hector s'étendait jusque-là, comprenant par conséquent tout l'intervalle du Naustathme à la Cébrénie, et
il en donne une double preuve : c'est qu'on y voit le
tombeau de Pâris et celui d'Œnone, connue pour avoir
été l'épouse de Pâris avant l'enlèvement d'Hélène, et
que, comme Homère a nommé, dans l'*Iliade*[1],

« Cébrionès l'un des fils naturels de l'illustre Priam »,

il y a lieu de reconnaître dans ce prince le héros éponyme du canton, ou plus probablement de la ville. Le
même auteur ajoute que la Cébrénie s'étendait jusqu'à la
Scepsie (le cours du Scamandre formant la limite commune aux deux cantons), et qu'entre Cébréniens et Scepsiens la haine et la guerre n'ont pas cessé d'exister jusqu'au moment où les uns et les autres furent transportés
par Antigone dans sa nouvelle ville d'Antigonie, devenue bientôt l'Alexandrie que nous connaissons; qu'enfin
les Cébréniens y sont demeurés confondus pour toujours
avec le reste de la population, mais que les Scepsiens
obtinrent presque aussitôt de Lysimaque de pouvoir
retourner dans leur ancienne patrie.

34. Suivant le même auteur, des parties du mont Ida
qui avoisinent la Cébrénie se détachent deux bras [ou
contre-forts], qui descendent vers la mer, l'un droit sur
Rhœtéum, et l'autre sur Sigée, en décrivant ensemble

[1]. XVI, 738.

comme une demi-circonférence, vu qu'ils se terminent
l'un et l'autre dans la plaine à la même distance de la
mer où est la Nouvelle Ilion et que celle-ci est située
juste à égale distance des extrémités de ces deux bras,
tandis que l'Ancienne occupait l'intersection de leurs
deux points de départ. Démétrius ajoute que cette demi-
circonférence circonscrit à la fois la plaine Simoïsienne
où coule le Simoïs, et la Scamandrienne que le Scamandre arrose. Or cette dernière plaine représente proprement la plaine de Troie, théâtre des principaux combats
chantés par Homère : d'abord elle est plus large que l'autre, puis nous y retrouvons encore aujourd'hui la plupart
des lieux mentionnés dans l'*Iliade*, l'Érinée, par exemple,
et le tombeau d'Æsyétès, Batiéa et le monument d'Ilus.
Quant au Scamandre et au Simoïs, après avoir fait mine
de s'approcher l'un de Sigée, l'autre de Rhœtéum, ils
unissent leurs eaux un peu en avant de la Nouvelle Ilion
et vont déboucher dans la mer près de Sigée, en formant
le Stomalimné. Les deux plaines Scamandrienne et Simoïsienne sont séparées l'une de l'autre par une longue
arête montagneuse, s'étendant perpendiculairement au
point d'intersection des deux bras de l'Ida, depuis la
Nouvelle Ilion qui semble faire corps avec elle[1] jusqu'à
la Cébrénie, et figurant avec les deux mêmes bras exactement la lettre Є.

35. Un peu au-dessus est l'*Iliéôn-Comé* ou bourg des
Iliéens, qui occupe, à ce qu'on croit, l'emplacement de
l'Ancienne Ilion et qui se trouve être distant de 30 stades
de l'Ilion moderne. A 10 stades au-dessus de l'Iliéôn-
Comé, on atteint Calli-Coloné, monticule pouvant avoir[2]
5 stades de tour et dont le Simoïs baigne le pied. Cette
disposition des lieux rend compte de la façon la plus satis-

---

1. Au lieu d'αὐτῷ, Müller aimerait mieux αὐτοῖς. L'utilité du changement ne
nous frappe pas. Cf. plus bas la fin du c. 37 διὰ τὴν συνεχῆ ῥάχιν. — 2. Müller
maintient victorieusement la leçon des mss, ἔχων, contre la correction généralement admise de Coray, correction née d'une conjecture de Paulmier. (Voy. *Ind.
var. lect.*, p. 1024, au bas de la 2ᵉ colonne.)

faisante de plusieurs passages [de l'*Iliade*], de celui-ci
d'abord qui se rapporte au dieu Mars[1] :

« D'autre part, déchaîné comme le sombre ouragan, il en-
« courageait les Troyens, tantôt criant de sa voix perçante
« dû point le plus élevé de la citadelle, tantôt courant tout le
« long du Simoïs, sur la crête du Calli-Coloné. »

Et en effet, le combat, se livrant dans la plaine du Scamandre, le poëte a pu, sans invraisemblance, nous
montrer Mars excitant les Troyens, tantôt du sommet de
l'acropole, tantôt d'autres stations aux environs de la
ville, telles que les bords du Simoïs et la crête du Calli-
Coloné, jusqu'où le combat apparemment pouvait s'é-
tendre, tandis qu'avec la distance de 40 stades, qui sépare
le Calli-Coloné de la Nouvelle Ilion, on se demande à
quoi bon avoir fait passer le dieu alternativement du
sommet de l'acropole à d'autres points tellement éloignés, qu'il est évident que les combattants n'auraient pu
y atteindre. Cet autre détail [de l'*Iliade*] :

« Du côté de Thymbré est le campement échu aux soldats
« lyciens [2], »

convient également mieux au site de l'Ancienne Ilion,
site notoirement très-rapproché de la plaine de Thym-
bra et du cours même du Thymbrius, qui au bout de la
plaine, tout près du temple d'Apollon Thymbréen, se
jette dans le Scamandre, tandis que la même plaine est
éloignée de la Nouvelle Ilion au moins de 50 stades.
Ajoutons qu'Érinée, lieu âpre, couvert uniquement de
figuiers sauvages, est situé de même au-dessous d'[Iliéôn-
Comé], emplacement, avons-nous dit, de l'Ancienne Ilion,
ce qui s'adapte au mieux aux paroles d'Andromaque[3] :

« Range tes troupes tout auprès d'Érinée, car c'est de ce
« côté que la ville est le plus accessible et son enceinte le plus
« menacée d'un assaut, »

1. *Iliade*, XX, 51. — 2. *Ibid.*, X, 430. — 3. *Ibid.*, VI, 433.

mais implique en même temps un bien grand éloignement[1] du site de la Nouvelle Ilion. Enfin où peut-on mieux placer qu'à une petite distance au-dessous d'Érinée le *Hêtre* dont parle Achille dans cet autre passage[2] :

« Tant que je combattis mêlé aux autres Grecs, Hector
« refusa d'engager le combat loin des remparts d'Ilion ; dès
« les portes Scées, il s'arrêtait et ne dépassait pas l'abri du
« Hêtre. »

36. Telle est, en outre, la proximité du *naustathme* (comme on l'appelle encore aujourd'hui) par rapport à la ville actuelle [d'Ilion], qu'elle donnerait lieu en vérité de se demander comment les Grecs, d'une part, ont pu être si peu sages et les Troyens, de l'autre, si peu hardis : les Grecs, si peu sages d'avoir tant attendu pour fortifier une position pareille à portée de la ville ennemie et de l'immense agglomération de ses défenseurs, indigènes et auxiliaires, puisque Homère confesse que le mur du Naustathme ne fut élevé que très tard, si même il a jamais existé ailleurs que dans l'imagination du poète, qui alors a bien pu se croire en droit, pour nous servir de l'expression d'Aristote, de jeter par terre à un moment donné ce que lui seul avait construit ; — et les Troyens, de leur côté, si peu hardis d'avoir laissé bâtir un mur, qu'il leur fallut plus tard forcer, quand ils se ruèrent enfin sur le Naustathme à l'attaque des vaisseaux, et de n'avoir pas osé s'approcher du Naustathme ni en faire le siége, quand la muraille n'était pas encore construite, bien qu'il y eût pour cela si peu de distance à franchir, vu que le Naustathme touchait à Sigée et à l'embouchure du Scamandre, laquelle n'est qu'à 20 stades d'Ilion. Voulût-on même reconnaître [l'ancien] Naustathme dans ce qu'on appelle aujourd'hui le *Port des Achéens*, qu'on ne ferait encore que rapprocher la distance, car le Port des Achéens est à 12 stades seulement de la Nouvelle Ilion, sans

---

1. ἐρίνηχι au lieu de ἀχίοχι, excellente correction de Casaubon, fondée sur l'autorité d'Eustathe et admise par Kramer et Meineke: — 2. *Iliade*, IX, 352.

compter [qu'on se tromperait fort], si l'on faisait figurer
dans cette distance[1] l'étendue de la plaine qui borde aujourd'hui la mer, toute cette plaine maritime située en
avant de la ville étant le produit récent des alluvions des
deux fleuves, d'où il suit que l'intervalle qui est actuellement de 12 stades était alors moindre de moitié. Non,
la distance du Naustathme à la ville était fort considérable, c'est ce que prouvent et ce passage du faux récit
que fait Ulysse à Eumée[2] :

« Comme en ces jours où nous dressions sous Troie quel-
« que adroite embuscade, »

passage qui se termine un peu plus bas par ces mots[3] :

« Car nous nous sommes par trop éloignés des vaisseaux, »

et cet autre passage[4] relatif aux espions que les Grecs se
proposent d'envoyer à la découverte, pour apprendre
d'eux si les Troyens comptent demeurer près des vaisseaux à une si grande distance de leurs propres remparts,

« Ou s'ils doivent bientôt se replier sur leur ville ; »

voire ce troisième passage dans lequel [le troyen] Poly-
damas s'écrie[5] :

« Hâtez-vous, mes amis, délibérez ; mais moi, je vous
« invite à regagner la ville... car nous sommes présentement
« loin, bien loin des remparts de Troie. »

Démétrius invoque même, à ce propos, le témoignage
d'Hestiée, [cette fameuse grammairienne,] native d'A-
lexandrie, qui, dans son *Commentaire de l'Iliade* d'Homère, se demande si réellement les environs de la ville
actuelle d'Ilion ont pu être le théâtre des hostilités entre
les Grecs et les Troyens, et où[6], dans ce cas, il convien-

---

1. συμπροστιθείς au lieu de νῦν προστιθείς, correction de Meineke. (Voy. *Vind.
Strabon.*, p. 208.) Voyez, dans l'*Index var. lect.* de Müller, l'énumération des di-
erses conjectures proposées pour combler ici la lacune du texte. — 2. *Odyssée*,
IV, 469. — 3. *Ibid.*, XIV, 496. — 4. *Iliade*, X, 208, 209. — 5. *Ibid.*, XVIII,
254. — 6. καὶ [πού] τό, addition de Kramer. *Cf.* Meineke, *Vindic. Strabon.*, p. 208.

drait de chercher cette *plaine de Troie*, que le poète signale entre la ville et la mer, puisqu'il est constant que tout le terrain qu'on voit en avant de la ville actuelle a été formé à une époque postérieure des alluvions des fleuves.

37. Et Polite[1],

« L'éclaireur Troyen, qui, se fiant à son agilité de coureur, « était venu se poster au faîte du tombeau du vieil Æsyétès, »

Polite, par la même raison, n'aurait été qu'un niais. Car, bien qu'il eût choisi là un observatoire à coup sûr très-élevé, il aurait pu, en se plaçant simplement sur l'acropole, observer l'ennemi de beaucoup plus haut et presque d'aussi près, et n'aurait pas été réduit à ne compter, pour son salut, que sur l'agilité de ses jambes, le tombeau d'Æsyétès (on peut le voir encore aujourd'hui sur la route d'Alexandrie) n'étant qu'à 5 stades [de l'acropole ou citadelle de la Nouvelle Ilion]. Enfin la [triple] course d'Hector autour de la ville doit nous paraître tout aussi absurde, puisque la crête ou arête montagneuse qui tient à la ville actuelle empêche absolument qu'on n'en fasse le tour. Le circuit de l'Ancienne, au contraire, était parfaitement libre.

38. Mais, dira-t-il-on, comment ne reste-t-il plus trace de l'Ancienne Ilion? — Rien de plus naturel, car toutes les villes environnantes n'ayant été que dévastées, sans être complétement détruites, tandis qu'Ilion avait été ruinée de fond en comble, on dut enlever de celle-ci jusqu'à la dernière pierre pour pouvoir réparer les autres. On assure, par exemple, que ce fut d'Ilion qu'Archæanax de Mitylène tira toutes les pierres dont il avait besoin pour fortifier Sigée, ce qui n'empêcha pas du reste Sigée de tomber plus tard au pouvoir d'une armée athénienne commandée par Phrynon, le même qui remporta le prix [du pancrace] aux jeux olympiques. C'était l'époque où les Lesbiens

1. *Iliade*, II, 792.

revendiquaient la possession de presque toute la Troade,
dont la plupart des villes, florissantes ou ruinées, se
trouvent être effectivement des colonies lesbiennes. Pittacus de Mitylène, l'un des sept sages, vint avec toute
une flotte combattre Phrynon, le général athénien, et
guerroya contre lui un certain temps avec une alternative
de succès et de revers [1]. Pour en finir, Phrynon défia
Pittacus en combat singulier [2], et celui-ci, s'étant porté à
sa rencontre dans le costume et avec l'attirail d'un pê-
cheur, l'enlaça dans les mailles de son filet, le perça de
son trident et l'acheva d'un coup de poignard. Cette mort,
néanmoins, n'arrêta pas les hostilités, et il fallut que les
deux partis s'en remissent à l'arbitrage de Périandre,
qui mit fin à la guerre.

39. Démétrius, à ce propos, reproche à Timée d'avoir
menti quand il a avancé que Périandre, avec des pierres
tirées d'Ilion, avait fortifié Achilléum contre les Athéniens,
pour venir en aide à Pittacus. Il soutient que ladite position fut fortifiée par les Mityléniens contre Sigée avec
d'autres matériaux que les pierres tirées d'Ilion et sans
que Périandre y fût pour rien : si Périandre avait pris
part aux hostilités, dit-il, comment l'eût-on choisi pour
arbitre entre les deux partis? Achilléum est la localité où
s'élève le tombeau d'Achille : sa population est de peu
d'importance, car elle fut ruinée comme le fut Sigée elle-
même par les Iliéens pour refus d'obéissance. Les Iliéens,
en effet, sont devenus avec le temps les maîtres de toute
la côte jusqu'à Dardanus, laquelle aujourd'hui encore
demeure en leur possession. Mais anciennement la plus
grande partie de cette même côte était au pouvoir des
Æoliens, si bien qu'Éphore ne craint pas d'étendre le
nom d'*Æolide* à toute la contrée comprise entre Abydos
et Cume. Nous lisons, maintenant, dans Thucydide, que,

---

1. Suit une longue scolie, qui de la marge a passé dans le texte, et qui, reconnue
et dénoncée par Kramer, a été éliminée par Meineke. Cf. Muller, *Index var. lect.*,
p. 1025, col. 1.— 2. Sur la vraie locution grecque, voyez Meineke, *Vind. Strabon.*,
p. 208.

durant la guerre du Péloponnèse, pendant la période du commandement de Pachès, les Athéniens enlevèrent la Troade aux Mityléniens.

40. Les habitants de la Nouvelle Ilion prétendent bien encore que la prise de Troie par les Grecs ne fut pas suivie de la destruction totale de la ville, et que celle-ci ne fut même jamais complètement abandonnée [1], puisque l'envoi annuel à Ilion de [deux] vierges locriennes commença presque tout de suite. Malheureusement cette dernière tradition n'a rien d'homérique. Homère n'a rien su du viol de Cassandre; il indique bien qu'elle était restée vierge jusque dans les derniers temps du siège, lorsqu'il dit [2] :

« Le héros (Idoménée) immole ensuite Othryonée qui, à
« peine arrivé de Cabesus pour chercher la gloire dans les
« combats, avait demandé à Priam d'épouser Cassandre, la
« plus belle de ses filles, et de l'épouser sans dot, »

mais nulle part il n'a mentionné l'attentat d'Ajax sur sa personne, non plus que la tradition qui fait périr ce héros dans un naufrage par suite du courroux de Minerve ou de toute cause analogue, il se borne à dire en thèse générale qu'Ajax était odieux à la déesse (odieux, ni plus ni moins que les autres Grecs qui, ayant participé tous à la profanation de son temple, se trouvaient confondus par elle sans exception dans un même sentiment de haine), et il le montre succombant sous les coups de Neptune, victime uniquement de sa jactance. Ajoutons qu'il est avéré que, lorsque l'envoi des vierges locriennes commença, les Perses occupaient déjà la Troade.

41. Quant à la destruction totale de l'Ancienne Ilion que nient les Iliéens d'aujourd'hui, Homère l'atteste expressément, [et à plusieurs reprises : témoin les vers suivants]

« Un jour viendra que la ville sacrée d'Ilion périra... [3] »

---

1. ἐξελείφθη au lieu de ἐξελήφθη, correction de Coray. — 2. *Iliade*, XIII, 363. — 3. *Ibid.*, VI, 448.

« Après que nous eûmes détruit de la cité de Priam les
« hautes et menaçantes murailles ...[1]. »

« Lorsque, dix ans passés, la ville eut été détruite par les
« Grecs... [2]. »

On peut même en donner d'autres preuves, celle-
ci, par exemple, que la statue de Minerve qui se voit
aujourd'hui dans Ilion représente la déesse debout, tandis
que celle dont parle Homère semble avoir été une figure
assise, à en juger par ce vers dans lequel [Hélénus] or-
donne qu'un voile précieux soit

« Déposé sur les genoux d'Athéné [3] »,

sens bien préférable à celui qu'adoptent certains grammairiens qui traduisent

« déposé PRÈS des genoux d'Athéné »,

se fondant sur cet autre passage[4] où ἐπί a la signification
de παρά,

« C'est là qu'elle est assise PRÈS du foyer à la clarté de la
« flamme qui rayonne, »

car imagine-t-on un voile placé ou déposé *auprès* des genoux? Il y a bien encore ceux qui dans le mot ΓΟΥΝΑΣΙΝ
déplacent l'accent et le prononcent γουνάσιν comme on
dit θυιάσιν; mais, de quelque façon qu'ils interprètent ce
mot ainsi formé, qu'ils l'entendent d'une génuflexion
proprement dite ou de prières mentales[5], le résultat est
le même, ils parlent pour ne rien dire. Rappelons d'ailleurs qu'on peut voir encore aujourd'hui beaucoup de ces
anciennes statues assises de Minerve : à Phocée notamment,
à Massilie, à Rome, à Chios et dans maint autre lieu.
De leur côté, nombre d'auteurs modernes certifient la des-

---

1. *Odyssée*, III, 130. Sur la suppression des mots εἴπερ βουλῇ καὶ μύθοισι, voy.
Meineke, *Vind. Strabon.*, p. 209. — 2. *Iliade*, XII, 15. πέρθετο au lieu de θέτο
(voy. Müller, *Index var. lect.*, p. 1025, col. 1). Cf. Meineke, *Vind. Strabon.*,
p. 209. — 3. *Iliade*, VI, 92 et 273. Nous avons éliminé avec Meineke la citation
suivante : ὡς καὶ « Μή ποτε... υἱόν. » Cf. Müller, *Index var. lect.*, p. 1025, col. 1.
— 4. *Odyssée*, VI, 305. — 5. Voyez, sur ce passage quasi-désespéré, Meineke,
Vindic. Strabon., p. 210-211, et Muller, *Ind. var. lect.*, p. 1025, col. 1.

truction totale de l'Ancienne Ilion. L'orateur Lycurgue,
par exemple, ayant eu occasion de prononcer le nom
d'Ilion, s'écrie : « Quel est celui de nous qui n'a pas entendu dire que, du jour où cette ville avait été détruite
par les Grecs, elle avait pour jamais cessé d'être habitée? »

42. On présume aussi que ceux à qui plus tard la pensée
vint de relever Ilion jugèrent que l'ancien site était devenu un lieu d'abomination, soit à cause des malheurs
dont il avait été le théâtre, soit par l'effet des impréca-
tions qu'Agamemnon avait lancées contre Troie, obéissant
en cela à une très-ancienne coutume, que Crésus obser-
vait encore quand, après avoir pris et détruit Sidène,
dernier refuge du tyran Glaucias, il prononçait de même
une malédiction solennelle contre ceux qui tenteraient jamais de relever ses murs. Toujours est-il qu'on crut devoir renoncer à l'emplacement primitif d'Ilion, et qu'on
en chercha un autre pour y élever la ville nouvelle. D'a-
bord les Astypaléens de Rhœtéum choisirent un site voisin
du Simoïs et y bâtirent Polium (ou, comme on dit aujour-
d'hui, Polisma); mais, la position n'étant pas suffisamment forte, le nouvel établissement ne tarda pas à être
ruiné. Plus tard, au temps de la domination lydienne,
l'Ilion actuelle avec son temple fut bâtie, sans qu'on pût
toutefois lui donner déjà le nom de ville : elle ne mérita
ce nom que longtemps après, ne s'étant accrue (nous
l'avons déjà dit plus haut) que lentement et par degrés.
Hellanicus, lui, affirme que la nouvelle et l'ancienne
ville d'Ilion n'ont jamais fait qu'une seule et même cité,
mais c'est apparemment pour flatter les Iliéens, ce qu'il
a toujours eu à cœur de faire[1]. Quant au territoire que
s'étaient partagé, après la destruction de Troie, les Si-
géens, les Rhœtéens et les autres peuples circonvoisins,
il fut restitué après que la Nouvelle Ilion eut été construite.

43. Appliquée à l'Ida, la qualification de πολυπίδακον[2]
qu'emploie Homère semble particulièrement juste, à

1. οἷος ἐκείνου θυμός. θυμός au lieu de μῦθος, correction ancienne, due à Xylander.
— 2. (Lis. πολυπίδακα᾽, Iliade, XIV, 283.

cause du grand nombre de cours d'eau qui descendent de cette montagne et surtout du versant Dardanien, lequel s'étend jusqu'à Scepsis et jusqu'au territoire d'Ilion. Démétrius, qui devait bien connaître tout ce pays, puisqu'il y était né, le décrit en ces termes :

« Il y a dans l'Ida une colline appelée Cotylus, située à « 120 stades environ au-dessus de Scepsis : de cette col- « line on voit sortir, non seulement le Scamandre, mais « encore le Granique et l'Æsépus, ceux-ci formés chacun « de la réunion de plusieurs sources, et prenant leur « course au nord pour gagner la Propontide où ils débou- « chent ; le Scamandre, au contraire, né d'une source « unique et s'en éloignant dans la direction du couchant. « Toutes ces sources d'ailleurs se trouvent être fort rap- « prochées les unes des autres, étant comprises toutes « dans un espace de 50 stades. Des trois fleuves, l'Æsé- « pus est celui dont le terme est le plus éloigné de son « point de départ, car son cours mesure environ 500 sta- « des. Cela étant, une question se présente : comment « Homère a-t-il pu dire ce qui suit [1] ?

« Ils atteignent les deux belles sources d'où jaillissent par « une double ouverture les eaux de l'impétueux Scamandre ; « l'une de ces sources est TIÈDE »

(lisez CHAUDE apparemment, puisque le poète ajoute tout aussitôt que

« Un nuage de vapeurs s'en dégage semblable à la fumée « d'un grand feu, tandis que l'autre, même en été, coule « aussi froide, aussi glacée que la grêle ou la neige »).

Aujourd'hui, en effet, on ne voit plus trace d'eaux chaudes au lieu indiqué par Homère, et ce n'est pas là non plus que le Scamandre prend naissance, il sort du cœur même de la montagne, formé non par deux sources, mais bien par une source unique. Or il est tout naturel de penser que la source chaude s'est tarie et que la source froide

---

1. *Iliade,* XXII, 147.

n'était qu'un bras du Scamandre, qui, après s'être dérobé un certain temps au moyen de quelque conduit souterrain[1], reparaissait à la surface du sol précisément à l'endroit que nous marque le poète ; peut-être même[2] celui-ci n'a-t-il appelé cette eau la source du Scamandre qu'à cause de la proximité où elle était du fleuve, car c'est là le plus souvent l'unique cause qui fait attribuer plusieurs sources à un même fleuve.

44. Dans le Scamandre tombe l'Andirus, qui vient de la Carésène, canton montagneux couvert de nombreux villages et de belles cultures, et dont le cours borde la Dardanie jusqu'aux confins du territoire de Zélia et de Pityéa. On croit généralement que la Carésène a emprunté son nom du fleuve Carésus qu'on trouve mentionné par Homère[3] :

« Et le Rhésus, l'Heptaporus, le Carésus et le Rhodius »,

mais que la ville qui s'appelait Carésus comme le fleuve a été complétement détruite. Continuons du reste à laisser parler Démétrius : « Le Rhésus d'Homère porte au- « jourd'hui le nom de Rhoïtès[4], à moins qu'on n'aime « mieux l'identifier avec un affluent du Granique appelé « aussi le Rhésus. Quant à l'Heptaporus, connu égale- « ment sous le nom de Polyporus, il n'est autre que ce « cours d'eau qu'on passe sept fois quand on va de Kalé- « Peucé ou du *Beau Pin* au bourg de Mélænæ et à l'As- « clépiéum bâti par Lysimaque. Attale, premier du nom, « nous a laissé la description du Beau Pin[5] : de son « temps le tronc mesurait 25 pieds de tour et 67 pieds « de hauteur depuis les racines ; puis il se partageait en « trois branches également espacées, qui finissaient par « se réunir de nouveau en une seule et même cime, la- « quelle portait la hauteur totale de l'arbre à 2 plèthres « 15 coudées. Ce bel arbre se voit encore aujourd'hui à

« 180 stades au nord d'Adramyttium. Le Carésus, à son
« tour, vient de Malûs, lieu situé entre Palæscepsis et
« Achæium, petite localité appartenant à la côte qui fait
« face à Ténédos, et c'est dans l'Æsépus qu'il se jette.
« Enfin le Rhodius, qui a ses sources dans les bourgs de
« Cléandria [1] et de Gordus [2], distants de Kalé-Peucé de
« 60 stades, va s'unir également à l'Æsépus [3].

45. « Dans la vallée de l'Æsépus, sur la rive gauche du
« fleuve, la première localité qu'on rencontre est Polichna,
« petite place défendue par un mur d'enceinte ; puis on
« arrive à Palæscepsis et à Alazonium (Démétrius forge
« ce nom pour les besoins de son hypothèse sur les Hali-
« zônes, dont nous avons parlé plus haut [4]). Vient ensuite
« Carésus, lieu aujourd'hui désert, avec la Carésène et un
« cours d'eau de même nom qui forme, lui aussi, une val-
« lée considérable, de moindre étendue pourtant que la
« vallée de l'Æsépus. Puis à la Carésène succèdent les
« plaines et plateaux si bien cultivés de Zélia. Quant à la
« rive droite de l'Æsépus, elle nous montre entre Polichna
« et Palæscepsis les localités de Néakômé et d'Argyria. »

Ce dernier nom, c'est encore Démétrius qui le forge
pour les besoins de sa même hypothèse, et pour sauver
dans le texte d'Homère la leçon consacrée

« ὅθεν ἀργύρου ἐστὶ γενέθλη [5] ».

Mais Alybé ou Alopé (la forme du nom est indiffé-
rente), qu'en fait-on ? Où devons-nous la chercher ? N'au-
rait-on pas dû pousser l'effronterie jusqu'au bout, et, une
fois en train, ne pas craindre d'imaginer aussi un site, un
emplacement, pour cette prétendue ville, plutôt que de
laisser tout le système clocher et prêter le flanc à la critique ? Sur ce point-là, la chose est sûre, la description
de Démétrius est attaquable ; en revanche, le reste (au
moins dans sa plus grande partie) nous paraît mériter la

---

1. Tzschucke propose de lire ici plutôt *Neandria*. — 2. Groskurd soupçonne ici
qu'il faut lire Γεργίθου au lieu de Γόρδου. — 3. Αἴσηπον au lieu de Αἴνιον, conjecture de Kramer, ratifiée par Muller. (Voy. *Index var. lect.*, p. 1025, col. 2.) —
4. Livre XII, ch. III, § 21. — 5. *Iliade*, II, 857.

plus sérieuse attention, comme émanant d'un homme éclairé, né dans le pays, et tellement consciencieux dans ses recherches, qu'il n'a pas consacré moins de trente livres à commenter les soixante et quelques vers que représente, dans Homère, le *Catalogue des vaisseaux troyens*. Or Démétrius ajoute que Palæscepsis est à 50 stades de distance de Néa [Kômé¹] et à 30 stades des bords de l'Æsépus, et que c'est d'elle qu'ont emprunté leurs noms toutes les Palæscepsis qu'on trouve en d'autres lieux.

Mais il est temps de reprendre la description du littoral au point où nous l'avons laissée.

46. Au delà du promontoire Sigée et de l'Achilléum, on range la partie de la côte qui fait face à Ténédos en passant successivement devant Achæium et devant Ténédos elle-même, laquelle n'est qu'à 40 stades de la terre ferme. Cette île peut avoir 80 stades de tour. Elle contient, indépendamment d'une ville d'origine æolienne, deux ports et un temple d'Apollon Sminthien dont Homère atteste déjà l'existence lorsqu'il dit :

« Toi, dont l'arc invincible protège Ténédos, dieu de « Sminthe ². »

Plusieurs îlots entourent Ténédos ; les plus remarquables sont les deux Calydnes, qu'on rencontre dans le trajet de Ténédos au Lectum. Quelques auteurs ont prétendu que Ténédos elle-même s'était appelée Calydna ; d'autres l'appellent Leucophrys. La Fable fait de la même île le théâtre des aventures, non seulement de Tennès qui lui aurait donné son nom, mais encore du héros Cycnus, Thrace d'origine, qui passe pour avoir été le père de Tennès et pour avoir régné à Colones.

47. A la suite, immédiatement, d'Achæium, et, comme autant de dépendances [de Ténédos³], s'élevaient naguère Larisa et Colones, Chrysa, sur un rocher qui domine de très haut la mer, et Hamaxitos, au pied même du Lec-

---

1. Νέας au lieu d'Αἰνίας, correction de Meineke. — 2. *Iliade*, I, 38, 39. — 3. τῆς [Τενεδίων περ]αίας, conjecture de Groskurd admise par Meineke

tum. Mais aujourd'hui c'est Alexandria qui fait suite et qui confine à Achæium, toutes les petites localités que nous venons de nommer, plus un certain nombre de postes fortifiés, tels que Cébréné et Néandrie, s'étant en quelque sorte fondus dans Alexandria, qui en a absorbé et qui en détient aujourd'hui tout le territoire. Quant à l'emplacement même occupé par la ville d'Alexandria, il s'appelait autrefois Sigia.

48. Ladite Chrysa possède, non seulement le temple d'Apollon Sminthien, mais aussi le fameux emblème auquel on doit d'avoir conservé le vrai sens de cette qualification ou épithète, à savoir une figure de rat sculptée sous le pied du dieu. La statue est de Scopas le Parien. Quant à l'histoire ou au mythe des rats, voici sous quelle forme la tradition locale se l'est appropriée. Dès en arrivant de Crète, les Teucriens (c'est Callinus, le poète élégiaque, qui le premier a mentionné ce peuple, et les autres auteurs n'ont fait que le suivre en répétant ce nom), les Teucriens furent avertis par un oracle d'avoir à fixer leur demeure dans le lieu où ils auraient été assaillis par les *enfants de la terre.* Or ils le furent, dit-on, aux environs d'Hamaxitos : la nuit, il y eut comme une irruption de rats des champs, qui, sortant de terre, vinrent dévorer tout le cuir des armes et des ustensiles des Teucriens. Ceux-ci naturellement s'arrêtèrent en ce lieu, et c'est à eux qu'on attribue d'avoir donné à la montagne le nom d'Ida, en souvenir de l'Ida de Crète. Mais Héraclide de Pont prétend qu'à force de voir les rats pulluler aux environs du temple la population en était venue à les considérer comme sacrés, et que c'est pour cela uniquement que la statue du dieu le représente un pied posé sur un rat. D'autres auteurs font venir d'Attique un certain Teucer, originaire du dème Troôn (ou comme on dirait aujourd'hui du dème Xypétéônes)[1], mais ils nient en même temps qu'il soit ja-

---

1. Sur la forme de ce nom, voyez l'*Index var. lect.* de Müller, p. 1025, col. 2. Cf. Meineke, *Vindic. Strabon.*, p. 211.

mais venu de Teucriens de l'île de Crète. Ils voient d'ailleurs un autre indice des antiques liens de parenté des Troyens avec les populations de l'Attique dans la présence d'un Érichthonius au nombre des auteurs de l'une et de l'autre race. Voilà ce que marquent les témoignages modernes. En revanche, celui d'Homère concorde mieux avec les vestiges que la plaine de Thébé et l'emplacement de l'ancienne Chrysa, bâtie dans cette plaine, ont conservés et que nous décrirons tout à l'heure[1]. Quant au nom de Sminthe, il se rencontre en beaucoup d'autres lieux : dans le canton d'Hamaxitos, par exemple, indépendamment du Sminthium contigu au temple, on connaît deux localités du nom de Sminthies ; on en connaît d'autres aussi non loin de là, dans l'ancien territoire de Larisa. Aux environs de Parium également existe un petit endroit connu sous le nom de *Sminthies*, et le même nom se retrouve à Rhodes, à Lindos et dans maint autre pays. Ajoutons qu'aujourd'hui le temple de [Chrysa] n'est jamais appelé autrement que *le Sminthium*. Cela dit, il ne nous reste plus à signaler, en deçà[2] du Lectum, que la petite plaine d'Halésium[3], et la saline de Tragasæum, saline naturelle voisine d'Hamaxitos, dans laquelle le sel se forme de lui-même, sous l'influence des vents étésiens. Sur le Lectum même, s'élève l'autel des douze grands dieux, qui passe pour un monument de la piété d'Agamemnon. Toutes ces localités, comprises dans un rayon d'un peu plus de 200 stades, s'aperçoivent d'Ilion, qui, du côté opposé, découvre de même tous les environs d'Abydos : Abydos toutefois est un peu plus rapproché.

49. Le Lectum une fois doublé, on voit se succéder les principales villes de l'Æolide, et s'ouvrir en même temps le golfe d'Adramyttium, sur les bords duquel Homère paraît avoir placé la plupart des établissements ·Lélèges et ceux de la nation cilicienne, qu'il nous montre par-

---

1. Au § 63. — 2. ἐντὸς τοῦ Λεκτοῦ au lieu de ἐν τοῖς, correction de Tyrwhitt. — 3. Sur la vraie forme de ce nom, voyez l'*Index var. lect.* de Müller, p. 1025, col. 2.

tagée en deux corps. Sur les bords du même golfe est la
côte des Mityléniens, ainsi nommée d'un certain nombre de bourgs que les Mityléniens y bâtirent pour avoir
un commencement d'établissement sur le continent. Le
golfe d'Adramyttium est souvent aussi désigné sous le
nom de golfe de l'Ida: ce qui se conçoit, car l'arête montagneuse, qui part du Lectum et remonte vers l'Ida,
domine toute la partie antérieure dudit golfe, celle précisément qu'Homère nous signale comme ayant été primitivement occupée par les Lélèges.

50. Nous avons ci-dessus[1] parlé tout au long des Lélèges; nous n'ajouterons qu'un mot au sujet d'une de
leurs villes, Pédase, qu'Homère[2] nous donne pour la
résidence du roi Altée :

« D'Altée, qui règne sur les hardis Lélèges, et occupe sur
« le Satnioïs la citadelle élevée de Pédase ».

On peut voir, aujourd'hui encore, l'emplacement de
ladite ville, mais devenu complètement désert. C'est bien
à tort que, dans ce passage d'Homère, certains grammairiens ont admis la leçon ὑπὸ Σατνιόεντι, « *sous le*
Satnioïs », comme si la ville ou citadelle de Pédase eût
été adossée à une montagne appelée ainsi; car il n'existe
nulle part, dans le pays, de montagne du nom de Satnioïs; on n'y connaît sous ce nom qu'un fleuve qui bai-
gnait le pied de la ville de Pédase, aujourd'hui déserte.
Le poète nomme ce fleuve en plus d'un endroit :

« (Ajax) d'un coup de sa lance blesse Satnius l'Énopide,
« que Naïs, belle entre toutes les nymphes, engendra d'Énops
« quand celui-ci faisait paître sur les rives du Satnioïs les
« troupeaux de son père[3]; »

et ailleurs :

« Sur les rives du Satnioïs aux eaux vives et limpides se
« dresse comme un pic la ville de Pédase : c'est là qu'habitait
« (Élatus)[4]. »

1. Livre VII, c. vii, § 2. — 2. *Iliade*, XXI, 86. — 3. *Ibid.*, XIV, 443. —
4. *Ibid.*, VI, 34, 35.

Plus tard le nom de ce cours d'eau s'est altéré, et le Satnioïs n'est plus appelé que le Saphnioïs[1]. Ce n'est qu'un fort torrent, mais le poète l'a rendu à tout jamais illustre en le mentionnant dans ses vers. Tout ce canton confine à la Dardanie et à la Scepsie, et constitue en quelque sorte une seconde Dardanie, plus basse seulement que la première.

51. Sa partie maritime, c'est-à-dire tout ce que baigne la mer de Lesbos, dépend actuellement du territoire des Assiens et des Gargaréens, et se trouve avoir pour ceinture l'Antandrie, la Cébrénie, la Néandrie et l'Hamaxitie. La Néandrie s'étend juste au-dessus d'Hamaxitos, en deçà du Lectum, comme cette ville, mais plus avant dans les terres et plus près d'Ilion, puisqu'elle n'en est plus qu'à 130 stades. Puis la Cébrénie s'étend au-dessus de la Néandrie, et la Dardanie à son tour au-dessus de la Cébrénie jusqu'à Palæscepsis, de manière à comprendre Scepsis elle-même. Quant à Antandros, qu'Alcée qualifie expressément de ville des Lélèges :

« Et d'abord Antandros, cette cité des Lélèges »,

Démétrius se borne à la ranger au nombre des villes limitrophes du territoire lélège, mais cela équivaut, ce semble, à l'avoir rejetée en dedans du territoire cilicien, car, d'après leur situation sur le versant méridional de l'Ida, les Ciliciens peuvent bien être considérés comme les plus proches voisins des Lélèges : disons seulement que leur territoire était plus bas, se rapprochant davantage du golfe d'Adramyttium. Après le Lectum, on rencontre successivement Polymédium, petite localité à 40 stades dudit promontoire ; 80 stades plus loin et un peu au-dessus de la mer, Assos ; puis, à 140 stades d'Assos, Gargara. Cette dernière ville est située sur la pointe qui forme le golfe proprement dit. A la vérité, on désigne

1. Σατνιόεντα δὲ οἱ ὕστερον εἶχον Σαφνιόεντα, heureuse correction suggérée à Müller par une phrase d'Eustathe, au lieu de Σατνιόεντα [Σατιόεντα] δ'ὕστερον εἶχον, οἱ δὲ Σαφνιόεντα. (Voy. *Index var. lect.*, p. 1025-1026.)

quelquefois sous ce même nom de golfe d'Adramyttium
tout l'enfoncement entre le Lectum et les Canæ, y compris le golfe Élaïtique, mais cette dénomination s'applique
plus particulièrement au golfe formé d'un côté par la
pointe sur laquelle est bâtie Gargara, et de l'autre par la
pointe de Pyrrha que couronne de même un Aphrodisium,
golfe dont l'ouverture, représentée par le trajet d'une
pointe à l'autre, peut avoir 120 stades de largeur. En
dedans de ce golfe, on rencontre d'abord Antandros au
pied d'une montagne que les gens du pays nomment
l'*Alexandria*, parce qu'ils croient qu'elle fut le théâtre
du jugement de Pâris entre les trois déesses. Vient ensuite Aspanée, qu'on peut appeler le chantier des forêts
de l'Ida, car c'est sur ce point qu'on dirige tout le bois
abattu, pour l'y ranger et le débiter au fur et à mesure de
la demande ; puis le bourg d'Astyra avec l'enclos sacré de
Diane Astyrène ; et, immédiatement après Astyra, la
ville d'Adramyttium, colonie athénienne, pourvue d'un
port et d'un arsenal maritime. Une fois hors du golfe,
après qu'on a doublé la pointe de Pyrrha, on atteint vite
le port de Cisthène et l'emplacement d'une ville qui portait le même nom, mais qui est aujourd'hui complètement déserte. Juste au-dessus, dans l'intérieur, on signale, outre la fameuse mine de cuivre, Perpéréné [1],
Trarium et d'autres localités d'aussi mince importance.
Puis, en continuant à ranger la côte, on reconnaît successivement les bourgs des Mityléniens, Coryphantis et
Héraclée, suivis d'Attée [2], d'Atarnée, de Pitané et des
bouches du Caïcus, tous points compris déjà dans l'intérieur du golfe Élaïtique. De l'autre côté du Caïcus, maintenant, on aperçoit Élæa et l'on voit le reste de la côte du
golfe se dérouler jusqu'au cap Canæ.

Mais reprenons chaque localité en particulier et notons
ce que nous pouvons avoir omis d'intéressant en commençant par Scepsis.

---

1. Sur la vraie forme de ce nom, voyez la note de Kramer. — 2. Nom douteux.
(Voy. Müller, *Index var. lect.*, p. 1026, col. 1.)

52. Palæscepsis est située au-dessus de Cébrên, dans la partie la plus haute de l'Ida, tout près de Polichnæ. On ne l'appelait dans le principe que Scepsis, soit à cause de sa position élevée qui la faisait apercevoir également de tous les côtés (περίσκεπτον), soit pour quelque raison analogue, si tant est qu'il faille expliquer par des étymologies grecques les noms des lieux qu'occupaient anciennement les Barbares. Mais dans la suite les habitants furent transférés 60 stades plus bas, sur l'emplacement de la ville actuelle de Scepsis, par les soins de Scamandrius, fils d'Hector et du fils d'Énée, Ascagne : on assure même que pendant longtemps les descendants de ces deux familles régnèrent concurremment à Scepsis. Mais un jour vint où la cité, changeant la forme de son gouvernement, se constitua en oligarchie ; plus tard encore, elle reçut dans son sein une colonie milésienne et [à l'imitation de Milet] adopta pour elle-même le régime démocratique, sans cesser pour cela d'accorder aux descendants de Scamandrius et d'Ascagne le titre de rois et certaines prérogatives. Enfin, Antigone prétendit réunir les Scepsiens aux habitants d'Alexandria ; mais, Lysimaque n'ayant pas maintenu cette mesure, ils purent regagner leurs foyers.

53. Démétrius croit que Scepsis servait déjà de résidence royale à Énée : il se fonde sur ce qu'elle était située juste entre les États de ce prince et cette ville de Lyrnesse où Homère nous montre le héros troyen cherchant un refuge contre la poursuite furieuse d'Achille. Écoutons les paroles mêmes d'Achille [1] :

« Ne te souvient-il plus du jour où, t'apercevant seul et
« loin de tes troupeaux, je m'élançai à ta poursuite de toute
« la vitesse de mes jambes et te forçai à te précipiter des
« hauteurs de l'Ida pour fuir jusque dans Lyrnesse...? J'y pé-
« nétrais bientôt après toi, y portant le deuil et la dévasta-
« tion. »

Malheureusement, il est difficile de concilier ce que

1. *Iliade*, XX, 188.

nous venons de dire des premiers fondateurs de Scepsis
avec les différentes traditions qui ont cours sur Énée.
On prétend, en effet, que, si ce prince survécut à la guerre
de Troie, il le dut uniquement à la haine ouverte qu'il
professait pour le roi Priam,

« Car il frémissait, indigné dès longtemps contre le divin
« Priam, qui ne faisait rien pour honorer sa mâle bravoure
« dans les combats[1], »

de même que les Anténorides, qui s'étaient partagé avec
Énée la souveraineté de la Dardanie, voire Anténor lui-
même, ne durent leur salut, paraît-il, qu'au souvenir de
l'hospitalité que Ménélas avait reçue d'Anténor. Sophocle
rappelle le fait, dans sa *Prise d'Ilion*, quand il dit qu'on
avait placé la dépouille d'une panthère devant la porte
d'Anténor pour indiquer que sa demeure devait être res-
pectée. De Troie, Anténor et ses fils, à la tête des Hénètes
qui avaient survécu, se sauvèrent, dit-on, en Thrace, d'où
ils finirent par gagner l'Hénétie actuelle, au fond de
l'Adriatique. Dans le même temps, Énée, après avoir
rallié une petite armée, s'embarquait avec son père Anchise et le jeune Ascagne, son fils, et allait s'établir, suivant les uns, en Macédoine, non loin du mont Olympe;
suivant les autres, en Arcadie, près de Mantinée, où il
fondait la petite ville de Capyes, ainsi nommée par lui
en l'honneur de Capys [son aïeul]; et, suivant d'autres
encore, en Sicile, aux environs d'Égeste, où il aurait dé-
barqué en compagnie du troyen Élymus, aurait occupé
Éryx et Lilybée et donné aux cours d'eau qui arrosent le
territoire d'Égeste les noms de Scamandre et de Simoïs,
pour passer de là dans le Latium et s'y fixer sur la foi
d'un oracle : cet oracle lui avait prescrit de s'arrêter dans
sa course errante au lieu où lui et ses compagnons en
auraient été réduits à manger leur table : or la chose
s'était vérifiée dans le Latium, précisément aux environs

1 *Iliade*, XIII, 460.

de Lavinium, un jour que, faute de mieux, ils s'étaient
servis d'un grand pain en guise de table et l'avaient [sans
y penser] dévoré du même coup que les viandes posées
dessus. Mais Homère, il faut bien le dire, ne s'accorde
pas plus avec l'une ou l'autre des deux premières traditions qu'avec ce qu'on rapporte des premiers fondateurs
de Scepsis, car il nous montre Énée demeurant à Troie,
y succédant au roi Priam, et, par suite de l'extinction de
la famille des Priamides, transmettant le pouvoir aux *fils
de ses fils :*

« Depuis longtemps déjà Jupiter a pris en haine la race
« de Priam, et désormais c'est Énée en personne qui régnera
« sur les Troyens, pour transmettre ensuite le sceptre à ses
« fils et aux fils de ses fils [1]. »

On voit même que le fait de la succession de Scamandrius ne saurait tenir contre ce témoignage d'Homère.
Mais la tradition la plus inconciliable de beaucoup avec
le témoignage du poète est celle qui conduit Énée à travers
les mers jusqu'en Italie et l'y fait terminer ses jours. Aussi
quelques grammairiens ont-ils proposé cette variante :

« Et désormais c'est Énée en personne qui régnera sur la
« terre, pour transmettre ensuite aux fils de ses fils le sceptre
« de l'univers, »

voulant que la prédiction pût s'appliquer aux Romains.

54. Scepsis a donné naissance à plusieurs philosophes
de l'école socratique, notamment à Éraste, à Coriscus et
à Nélée, fils de Coriscus, disciple d'Aristote et de Théophraste, et légataire qui plus est de la bibliothèque de
Théophraste, laquelle se trouvait comprendre aussi celle
d'Aristote. On sait, en effet, qu'Aristote, en laissant à
Théophraste son école, lui avait laissé tous ses livres :
or il avait été le premier, à notre connaissance, à faire ce
qu'on appelle une collection de livres, en même temps
qu'il donnait aux rois d'Égypte l'idée de former leur

---

1. *Iliade*, XX, 306.

biblïothèque. Des mains de Théophraste, ladite collection
passa à celles de Nélée, qui, l'ayant transportée à Scepsis,
la laissa à ses héritiers ; mais ceux-ci étaient des gens
grossiers, illettrés, qui se contentèrent de la garder
enfermée, sans prendre la peine de la ranger. Ils se
hâtèrent même, quand ils apprirent avec quel zèle les
princes de la famille des Attales, dans le royaume desquels Scepsis était comprise, faisaient chercher les livres
de toute nature pour en composer la bibliothèque de
Pergame, de creuser un trou en terre et d'y cacher leur
trésor. Aussi ces livres étaient-ils tout gâtés par l'humidité et tout mangés aux vers, quand plus tard les descendants de Nélée vendirent à Apellicôn de Téos, pour une
somme considérable, la collection d'Aristote, augmentée
de celle de Théophraste. Par malheur, cet Apellicôn était
lui-même plutôt un bibliophile qu'un philosophe, il
chercha à réparer le dommage que les vers et les rats
avaient causé et fit faire de ces livres de nouvelles copies, mais les lacunes furent suppléées tout de travers et
il n'en donna qu'une édition pleine de fautes. Les premiers péripatéticiens, successeurs immédiats de Théophraste, n'ayant plus à leur disposition les livres mêmes
du Maître, à l'exception d'un petit nombre de traités,
mais de traités *exotériques* pour la plupart, s'étaient vus
dans l'impossibilité d'aborder aucune question philosophique suivant la vraie méthode d'Aristote et ils avaient
été réduits à développer en style ampoulé de simples
lieux communs. En revanche, du moment que les livres
[d'Aristote] eurent reparu, on put observer chez leurs
successeurs un progrès marqué : leur méthode était devenue plus philosophique, plus *aristotélique*, bien que
conjecturale encore sur beaucoup de points, par suite des
fautes nombreuses qui s'étaient introduites dans le texte
original. Ces fautes, Rome ne contribua pas peu à en ac-
croître le nombre ; car, à peine Apellicôn fut-il mort, que

1. τὰ πολλὰ εἰκοτολογεῖν au lieu de τὰ πολλὰ εἰκότα λέγειν, correction de M. Bernardakis (*Symb. crit. in Strabonem*, p. 52).

Sylla, qui venait de prendre Athènes, mit la main sur la bibliothèque et la fit transporter ici, à Rome, où le grammairien Tyrannion, péripatéticien passionné, qui avait su gagner les bonnes grâces du bibliothécaire, en disposa tout à son aise. Quelques libraires aussi y eurent accès, mais ils n'employèrent que de mauvais copistes, dont ils ne prirent pas même la peine de collationner le travail, ce qui est le cas, du reste, de toutes les copies qui se font pour la vente, aussi bien à Alexandrie qu'ici. — Mais nous en avons dit assez sur ce sujet.

55. C'est à Scepsis aussi qu'est né ce grammairien que nous avons eu si souvent l'occasion de citer, Démétrius, auteur du *Commentaire sur le Diacosme* ou *Dénombrement troyen*, et contemporain de Cratès et d'Aristarque. La même ville, plus tard, vit naître Métrodore, [personnage singulier,] qui de philosophe se fit homme politique, après avoir écrit presque tous ses ouvrages dans la manière des rhéteurs, mais avec un tour, un cachet de nouveauté, qui fit un moment sensation. Cette célébrité lui fit faire, malgré sa pauvreté, un très brillant mariage à Chalcédoine, et, à partir de ce moment, il se fit appeler le *Chalcédonien*. Puis, s'étant attaché par ambition à la fortune de Mithridate Eupator, il l'accompagna dans le Pont avec sa femme et s'y vit traiter avec une distinction toute particulière jusqu'à être investi d'un office de judicature jouissant de cette prérogative, qu'on ne pouvait en appeler au Roi des sentences qu'il rendait. Mais cette prospérité n'eut pas de durée : s'étant attiré la haine de personnages violents et injustes, Métrodore voulut quitter le service du Roi pendant une mission dont il avait été chargé à la cour de Tigrane, roi d'Arménie. Tigrane ne tint pas compte de son désir et le renvoya à Eupator, comme ce prince venait de fuir hors de ses États héréditaires. Or, en chemin, Métrodore mourut, soit de maladie, soit que Mithridate eût ordonné son supplice, car l'une et l'autre versions ont cours. — Voilà ce que nous avions à dire des célébrités de Scepsis.

56. A cette ville succèdent Andira, Pionies et Gargaris. On trouve aux environs d'Andira une pierre qui,. soumise à l'action du feu, se change en fer : mélangé ensuite d'une certaine terre et brûlé dans un fourneau, ce fer se fond en zinc ou *pseudargyre;* enfin, pour peu qu'on ajoute à cette terre quelques parties de cuivre, on obtient un nouveau mélange qui est ce que l'on appelle parfois l'*orichalque*. Mais le pseudargyre se rencontre aussi à l'état natif aux environs du Tmole. Les localités que nous venons de nommer formaient proprement, avec le canton d'Assos, le territoire des Lélèges.

57. Déjà très forte par sa position, Assos est rendue plus forte encore par l'excellence de ses murailles. Elle est séparée de la mer et de son port par une longue rampe très raide qui paraît justifier tout à fait ce jeu de mots de Stratonicus le Cithariste :

« Allez à Assos, si vous avez ASSEZ de la vie. »

Pour former ce port d'Assos, on a dû construire une jetée considérable. Le stoïcien Cléanthe, à qui Zénon de Citium laissa le soin de continuer son enseignement et qui le transmit à son tour à Chrysippe de Soles, était natif d'Assos. Aristote séjourna dans cette même ville par suite de l'alliance de famille qu'il avait contractée avec le tyran Hermias. Celui-ci était eunuque et avait servi un riche banquier. Dans un voyage qu'il avait fait à Athènes, il avait suivi les leçons de Platon et d'Aristote. Puis, de retour à Assos, il s'était vu associer par son maître à ses projets de tyrannie; il avait pris part à son premier coup de main sur Atarnée et sur Assos et avait fini par hériter de son pouvoir. C'est alors qu'appelant auprès de lui Aristote et Xénocrate, il voulut prendre soin de leur fortune et qu'il maria Aristote à une fille de son frère. Dans ce temps-là Memnon le Rhodien était au service de la Perse et commandait les armées du Grand Roi : il simula pour Hermias une grande amitié et l'invita à venir le trouver sous prétexte de lui faire fête et de se concer-

ter avec lui au sujet d'affaires soi-disant urgentes ; mais,
s'étant emparé de sa personne, il l'envoya sous bonne
escorte à la cour du Grand Roi qui le fit pendre dès son
arrivée. Quant aux deux philosophes [amis d'Hermias],
ils n'eurent d'autre moyen de sauver leur vie que de
s'enfuir loin d'Assos, les Perses ayant brusquement occupé la ville.

58. Suivant Myrsile, Assos aurait été fondée par les
Méthymnéens. Hellanicus la qualifie en outre de *ville
æolienne*, au même titre que Gargara et que Lamponia.
On sait en effet que Gargara fut fondée par les Assiens,
mais que, comme sa population était notoirement insuf-
fisante, les Rois dépeuplèrent Milétopolis pour y envoyer
une colonie, ce qui faisait dire à Démétrius de Scepsis que
les Gargaréens, d'Æoliens qu'ils étaient, étaient devenus
à moitié barbares. Maintenant, quand on consulte Homère, on voit que tout ce canton avait appartenu aux
Lélèges, et que les Lélèges, que certains auteurs identi-
fient avec les Cariens, en sont très-nettement séparés par
le poète : témoin ce passage de l'*Iliade*[1] :

« Sur le rivage même campent les Cariens, les Pæones à
« l'arc recourbé, les Lélèges, les Caucones »,

duquel il résulte clairement que les Lélèges formaient un
peuple distinct des Cariens : ils habitaient entre les États
d'Énée et le territoire attribué par Homère aux Ciliciens.
Mais les incursions et dévastations d'Achille les forcè-
rent d'émigrer en Carie, où ils vinrent occuper tout le
canton dépendant aujourd'hui d'Halicarnasse.

59. De la ville de Pédasus qu'ils abandonnèrent à cette
occasion, il ne reste plus vestige aujourd'hui ; seulement
ils donnèrent le nom de Pédasa à une ville de l'intérieur
du canton d'Halicarnasse, et cette partie du canton a continué jusqu'à présent à s'appeler la Pédaside[2]. Ils avaient

---

1. X, 428. — 2. καὶ νῦν ἡ χώρα Πηδασὶς λέγεται, au lieu de καὶ ἡ νῦν χώρα, correction de Kramer adoptée par Meineke.

même, [à côté de Pédasa,] bâti, dit-on, huit villes nouvelles,
et s'étaient multipliés, au point de se répandre en Carie et
de s'y emparer de toutes les terres [1] jusqu'à Myndos et
jusqu'à Bargylia, voire d'empiéter sensiblement sur les limites de la Pisidie. Mais plus tard, s'étant laissé entraîner
par les Cariens dans des expéditions lointaines, ils se dis-
persèrent par toute la Grèce, si bien que leur race finit
par disparaître complètement. Quant à leurs huit villes,
voici, au rapport de Callisthène, quelle fut leur destinée :
six furent fondues ensemble par Mausole qui les annexa
à Halicarnasse, ne laissant subsister que les deux autres,
Syangela [2] et Myndos. C'est aux Pédaséens [du canton
d'Halicarnasse] que se rapporte la tradition mentionnée
par Hérodote [3], qu'à la veille d'un danger quelconque qui
vient à les menacer, eux et leurs voisins, une barbe
épaisse pousse tout à coup au menton de la prêtresse de
Minerve. Hérodote ajoute que le phénomène s'était déjà
produit trois fois. On connaît aussi dans le canton dépendant aujourd'hui de Stratonicée une petite ville du
nom de Pedasum [4]. Enfin on rencontre à chaque pas en
Carie et dans le territoire de Milet des tombeaux, des
remparts et des ruines d'habitations lélèges.

60. A la suite des Lélèges, sur la côte occupée actuellement par les Adramyttènes, les Atarnites et les Pitanéens,
et qui s'étend jusqu'à l'embouchure du Caïcus, habitait,
suivant Homère, la nation cilicienne, divisée, avons-nous
dit [5], en deux principautés, celle d'Éétion et celle de Mynès.

61. Homère désigne expressément Thébé comme ayant
été la ville ou résidence royale d'Éétion [6] :

« Nous partîmes pour Thébé, la ville sacrée d'Éétion. »

Ajoutons que, par le fait, Homère attribue au même
prince la possession de Chrysa, de cette Chrysa qu'em-

---

1. Sur la parfaite correction de la phrase τῆς Καρίας κατασχεῖν τῆς μέχρι Μύνδου,
voyez Meineke, *Vindic. Strabon.*, p. 211. — 2. Sur ce nom, voyez l'*Index var.
lect.* de Muller, p. 1026, col. 1. — 3. I, 175 ; 8, 104. — 4. Saumaise, d'après
Étienne de Byzance, proposait de lire Πηδάσιον au lieu de Πηδάσον. — 5. Livre XIII,
ch. I, §§ 7 et 49. — 6. *Iliade*, I, 366.

bellissait le temple d'Apollon Sminthien, puisque Chryséis fut prise par Achille dans Thébé :

« Nous partîmes, fait-il dire à ce héros, nous partîmes pour
« Thébé, et, l'ayant saccagée, nous amenâmes ici tout le
« butin. Les fils des Grecs, dans un juste partage, choisirent
« Chryséis et l'assignèrent au fils d'Atrée [1]. »

Mêmes présomptions pour attribuer, d'après Homère,
Lyrnessos à Mynès. On se rappelle, en effet, qu'Achille,
*après avoir ravagé Lyrnessos ainsi que Thébé aux
fortes murailles* [2], avait tué de sa main Mynès et Épistrophos. Or Briséis s'écrie [3] :

« O Patrocle... tu sus me consoler et sécher mes pleurs,
« même en ce jour fatal où l'impétueux Achille, meurtrier de
« mon époux, ruina pour jamais la ville du divin Mynès »,

et par ces derniers mots il est clair qu'elle n'a pu désigner que Lyrnesse, puisque Thébé appartenait à Éétion.
D'ailleurs les deux villes se trouvaient situées dans ce
qu'on a appelé plus tard *la plaine de Thébé*, canton d'une
extrême fertilité devenu, à cause de cela, un sujet de
querelles continuelles, d'abord entre les Mysiens et les
Lydiens, et plus tard entre les colons grecs de l'Æolide
et leurs frères de Lesbos. Aujourd'hui les Adramyttènes
en possèdent la plus grande partie, puisque c'est chez
eux que se trouvent, mais dans un état complet d'abandon, l'emplacement de Thébé et le site naturellement
très fort de Lyrnessos, le premier à 60 stades d'Adramyttium, le second à 88 stades de l'autre côté de la ville.

62. C'est aussi dans l'Adramyttène qu'il faut chercher
Chrysa et Cilla. Tout près de Thébé, précisément [4], on
montre une localité portant aujourd'hui encore [5] le nom de
Cilla, avec un temple consacré à Apollon Cilléen. Près de
cette localité passe le fleuve Cillæus qui descend de l'Ida.

---

1. *Iliade*, I, 366. — 2. *Ibid.*, II, 691. — 3. *Ibid.*, XIX, 295. — 4. Nous lisons,
avec Meineke, πλησίον γοῦν au lieu de πλησίον οὖ/. — 5. ἔτι au lieu de ἐστι, autre
correction de Meineke.

On est là proprement sur la frontière de l'Antandrie. Cil-
læum, dans l'île de Lesbos, tire son nom de cette même
ville de Cilla. Il y a aussi le mont Cillæus entre Gargara
et Antandros. Suivant Daès de Colones, le premier temple
d'Apollon Cilléen aurait été bâti à Colones par les Æoliens, comme ils arrivaient de Grèce sur leurs vaisseaux.
Enfin l'on en signale un autre à Chrysa, mais sans dire
clairement s'il faut l'identifier avec le temple d'Apollon
Sminthien ou bien l'en distinguer.

63. Chrysa était une petite ville située près de la
mer et possédant un port ; dans son voisinage, et juste
au-dessus d'elle, était la ville de Thébé. C'est dans Chrysa
qu'était le temple d'Apollon Sminthien et qu'habitait
Chryséis. Aujourd'hui cette première Chrysa se trouve
complétement abandonnée. Quant à son temple, il a été
transporté dans la nouvelle ville bâtie auprès d'Hamaxitos, lorsque les Ciliciens émigrèrent, les uns en Pamphylie, les autres à Hamaxitos. Certains grammairiens,
trop peu au fait des anciennes traditions, assignent cette
nouvelle Chrysa pour demeure à Chrysès et à Chryséis,
soutenant qu'elle est la même qu'Homère a eue en vue et
dont il a parlé. Malheureusement il ne s'y trouve point de
port, et Homère mentionne expressément la présence
d'un port à Chrysa[1] :

« Lorsqu'ils eurent pénétré dans l'intérieur du port sinueux
et profond. »

Le temple n'y est pas non plus bâti sur le rivage même,
contrairement à l'indication du poète qui l'y place formellement[2] :

« Chryséis sort alors du vaisseau qui l'a ramenée ; le
« sage Ulysse la conduit aussitôt jusqu'à l'autel et la remet là
« aux mains de son père ; »

et, tandis que la moderne Chrysa est loin de Thébé, Ho-

1. *Iliade*, I, 432. — 2. *Ibid.*, I, 439.

mère nous montre les deux villes, Chrysa et Thébé, comme
étant fort rapprochées l'une de l'autre, notamment quand
il rappelle que c'est dans le sac de Thébé que Chryséis
fut prise. Ajoutons[1] que, dans tout le territoire dépendant
aujourd'hui d'Alexandria, il n'y a pas de lieu appelé Cilla
ni de temple dédié à Apollon Cilléen, tandis que dans la
plaine de Thébé, conformément au témoignage du poète
qui unit les deux noms,

« Toi qui protèges Chryse et Cilla la divine[2] »,

on retrouve les deux emplacements attenants pour ainsi
dire l'un à l'autre. Enfin le trajet par mer de la Chrysa
cilicienne au Naustathme est de 700 stades, ce qui représente à peu de chose près une journée de navigation,
juste le temps qu'Ulysse semble avoir employé. Ulysse
en effet, dès en débarquant, se met en mesure de sacrifier au dieu, et, comme le jour touche à sa fin, il prend
le parti de rester et ne se rembarque que le lendemain
matin. Mais d'Hamaxitos la distance étant, tout au plus,
le tiers de celle que nous venons d'indiquer, Ulysse,
on le voit, aurait eu tout le temps, son sacrifice fini, de
regagner le Naustathme le même jour. Dans le voisinage
du temple d'Apollon Cilléen il y a encore à signaler un
grand *tumulus*, dit *le tombeau de Cillus*. On croit que
ce Cillus, après avoir été le conducteur du char de
Pélops, régna sur tout ce canton : or il pourrait se faire
qu'il eût donné son nom à la Cilicie. Peut-être bien
aussi est-ce l'inverse qui a eu lieu.

64. C'est donc ici, [dans la plaine de Thébé,] qu'il
nous faut transporter l'aventure des Teucri et cette
irruption de rats, qui paraît avoir donné lieu au surnom de *sminthien*, le mot *sminthi*[3] ayant le sens de
rats. Pour excuser cette humble et vile étymologie, les

1. ἀλλ' οὔτε au lieu de ἀλλ' οὐδέ, d'après la conjecture de Kramer et de Meineke.
— 2. *Iliade*, I, 37. — 3. σμίνθοι au lieu de σμίνθιοι, correction de Casaubon adoptée par Meineke.

grammairiens invoquent quelques exemples analogues,
ils rappellent que les *parnopes*, ou, comme on dit dans
l'Œta, les *cornopes*, ont donné lieu au nom de *Corno-
pion*, sous lequel les Œtéens honorent Hercule, pour
avoir délivré leur pays d'une irruption de sauterelles ;
que le même dieu est adoré sous le nom d'*ipoctone* par
les Érythréens du mont Mimas, pour avoir purgé leurs
vignes des *ipes*, ou pucerons, qui les rongeaient (et il
est de fait que, de tous les Érythréens, ceux du Mimas [1]
sont les seuls chez qui cet insecte ne se montre pas [2]).
Les Rhodiens ont aussi chez eux un temple dédié à
Apollon *Erythibius* : car ils nomment *érythibé* ce qu'on
appelle ailleurs la rouille ou *érysibé*. Enfin les Æoliens
d'Asie ont donné à un de leurs mois le nom de *pornopion* (en Béotie on dit ϸornopes au lieu de *parnopes*),
et tous les ans ils offrent un sacrifice solennel à Apollon
Pornopion.

65. C'est à la Mysie qu'appartient aujourd'hui le canton d'Adramyttium, mais anciennement il dépendait de
la Lydie. L'une des portes d'Adramyttium s'appelle encore actuellement *la Porte Lydienne*, ce qui semble
encore donner raison à ceux qui prétendent qu'Adramyttium fut bâti par les Lydiens. On rattache [également] [3] à
la Mysie le bourg d'Astyra, situé non loin d'Adramyttium : c'était autrefois une petite ville dans laquelle
s'élevait, à l'ombre d'un bois sacré, le temple de Diane
Astyrène, administré et desservi avec piété par les
Antandriens, qui en sont les plus proches voisins. D'Astyra à l'ancienne Chrysa qui, elle aussi, avait son temple au fond d'un bois sacré, on compte une distance de
20 stades. Du même côté est le *Retranchement* ou
Fossé d'Achille. Dans l'intérieur des terres, maintenant,
à 50 stades, est l'emplacement aujourd'hui désert de

---

1. Μίμαντα au lieu de Μελιοῦντα, correction de Coray. — 2. γίνεσθαι au lieu de
γινέσθαι, leçon fournie par un petit nombre de manuscrits, mais que Coray et
Meineke déclarent être la bonne. — 3. Μυσίας δὲ [καὶ] Ἀστ., d'après Coray et Meineke.

Thébé, de Thébé *Hypoplacie*, comme l'appelle Homère[1] :

« Sous les bois ombreux de Placos, dans Thébé Hypo-
« placie ».

Seulement, on ne connaît plus dans le pays de lieu
appelé Plax ou Placos, et, malgré le voisinage de l'Ida,
il n'y a plus trace de *bois ombreux* dominant le site en
question, lequel est à 70 stades d'Astyra et à 60 d'Andira. Tous ces noms-là, du reste, ne désignent plus que
des lieux complètement déserts ou à peine peuplés, que
des fleuves réduits à l'état de torrents ; ce qui n'empêche pas qu'ils ne soient encore dans toutes les bouches,
à cause des anciennes traditions.

66. Assos et Adramyttium, en revanche, sont présentement des villes considérables. Encore Adramyttium a-
t-elle eu beaucoup à souffrir durant la guerre contre
Mithridate, ayant vu notamment son sénat égorgé en
masse par ordre du stratège Diodore. Diodore avait espéré par là mériter la faveur du roi, lui qui se donnait
pour philosophe ! pour philosophe académicien, en même
temps qu'il se piquait de briller au barreau et de connaître toutes les ressources, toutes les finesses de la rhétorique ! Il ne s'en tint pas là et voulut suivre Mithridate
dans le Pont ; mais, à la chute de celui-ci, il ne tarda
pas à porter la peine de ses iniquités, et, mille plaintes
ayant été portées contre lui, il ne put supporter l'idée
d'avoir à soutenir un procès infamant et par lâcheté se
laissa mourir de faim. Il habitait alors ma ville natale.
Adramyttium a donné le jour à Xénoclès, orateur illustre,
[ayant, il est vrai, tous les défauts] de l'école asiatique,
mais dialecticien incomparable, comme le prouve le plai-
doyer qu'il prononça devant le Sénat pour la province
d'Asie accusée de *mithridatisme*.

67. Astyra a dans son voisinage un lac appelé le Sapra,
rempli de trous et de gouffres, et qui se déverse directe-

1. *Iliade*, VI, 397.

ment dans la mer, mais sur un point de la côte que borde
une chaîne de récifs. Il y a de même, au-dessous d'Andira, avec un temple dédié à la Mère des dieux ou
[Cybèle] Andirène, une caverne en forme de galerie sou-
terraine, laquelle se prolonge jusqu'à Palæa. On nomme
ainsi un petit groupe d'habitations éloigné d'Andira de
130 stades. La longueur du souterrain fut révélée par
cette circonstance singulière, qu'un bouc, qui était tombé
dans l'un des trous qui lui servent d'ouverture, fut retrouvé
le lendemain auprès d'Andira par le berger lui-même
venu là fortuitement pour assister à un sacrifice. Atarnée
est l'ancienne résidence du tyran Hermias. Elle précède
Pitané, ville æolienne pourvue d'un double port, et l'embouchure du fleuve Événus, lequel baigne les murs de
Pitané et envoie ses eaux à Adramyttium, au moyen d'un
aqueduc que les Adramyttènes ont bâti. Pitané a vu naître Arcésilas, philosophe académicien, que Zénon de
Citium eut pour condisciple, quand il étudiait sous Polé-
mon. Dans Pitané même, sur la plage, on remarque
un endroit appelé *A tarnée sous Pitane*, qui fait face à l'île
d'Élæüssa. Les briques de Pitané passent pour avoir la
propriété de flotter sur l'eau, propriété que possède
aussi certaine terre[1] de Tyrrhénie, qui, pesant moins
que le volume d'eau qu'elle déplace, surnage tout naturellement. En Ibérie aussi Posidonius dit avoir vu des
briques faites d'une terre argileuse employée habituellement pour nettoyer l'argenterie et qui dans l'eau sur-
nageaient. — Passé Pitané et 30 stades plus loin, on voit
le fleuve Caïcus déboucher dans le golfe Élaïte [ou Élaï-
tique]. De l'autre côté, maintenant, du Caïcus, à 12 stades
de sa rive, est Élæa, autre ville æolienne, distante de 120
stades de Pergame à qui elle sert de port et d'arsenal.

68. On atteint ensuite, 100 stades plus loin, le promontoire Cané, qui, placé comme il est, juste à l'opposite

---

1. γῇ τις au lieu de νησίς, excellente correction de Coray et moins cherchée que
le κισηρις proposé par (Müller, *Index var. lect.*, p. 1026, au bas de la col. 1).
Disons pourtant que Meineke a maintenu la leçon νησίς.

du cap Lectum, forme le golfe d'Adramyttium, dont fait partie le golfe Élaïtique. Canæ, petite ville fondée par des Locriens de Cynus, se trouve située à la hauteur de la pointe méridionale de Lesbos, dans le canton de Canée, lequel s'étend jusqu'aux Arginusses et jusqu'au cap qui domine ce groupe d'îles. Quelques auteurs appellent ce cap Æga, comme qui dirait *la Chèvre*, mais c'est une erreur : il faut, en prononçant ce nom, appuyer longuement sur la seconde syllabe, comme dans les mots *actân* et *archân*, et dire *Ægân*[1]. Anciennement on étendait ce nom à toute la montagne appelée aujourd'hui Cané ou Canes. Cette montagne est entourée au midi et au couchant par la mer; à l'est, elle domine la plaine du Caïcus et au nord toute l'Élaïtide. Bien que passablement ramassée sur sa base, elle incline dans la direction de la mer Egée, et c'est ce qui lui avait valu à l'origine ce nom d'*Ægân*, que plus tard on paraît avoir restreint[2] au cap ou promontoire, pour donner au reste de la montagne le nom de *Cané* ou de *Canes*.

69. Entre Elée, Pitané, Atarnée et Pergame, à 70 stades au plus de chacune de ces villes et en deçà du Caïcus, est Teuthranie, [dont le fondateur] Teuthras passe pour avoir régné sur les Ciliciens et les Mysiens. Euripide raconte qu'Aléus, père d'Augé, ayant découvert que sa fille avait été séduite et mise à mal par Hercule, fit enfermer dans un coffre et jeter à la mer l'infortunée Augé avec Télèphe, l'enfant qu'elle avait eu d'Hercule; que, grâce à l'intervention providentielle de Minerve, le coffre, après avoir traversé heureusement toute la mer, était venu s'échouer à l'embouchure du Caïcus, où la mère et son enfant avaient été recueillis encore vivants par Teuthras, qui n'avait pas tardé à

---

1. Sur ce passage difficile, il faut lire l'*Index var. lect.* de Müller, p. 1026, col. 2, et l'*Index nominum rerumque* du même éditeur, au mot CANE s CANÆ. — 2. Les manuscrits s'accordant tous à donner ici la leçon κικλῆσθαι, Meineke écarte la correction ἐκλήθη et propose de lire κικλῆσθαι [δοκεῖ]. Quant aux deux mots qui suivent, ὡς Σαπρώ, Meineke les élimine sans hésitation comme une glose évidente.

faire d'Augé sa femme et de Télèphe son fils adoptif.
Mais ce n'est là qu'une fable, et il est évident qu'un
autre concours de circonstances a dû amener cette union
de la fille d'un roi d'Arcadie avec le roi des Mysiens et
la transmission du sceptre de celui-ci au fils de cette
princesse. Quoi qu'il en soit, s'il est un fait généralement
admis, c'est que Teuthras et Télèphe ont régné sur
tout le canton qui dépend de Teuthranie et qu'arrose le
Caïcus. Quant au témoignage d'Homère sur cette même
tradition, il se réduit au peu que voici[1] :

« Tel était le fils de Télèphe, le héros Eurypyle ; et quand
« le fer [de Néoptolème] trancha le fil de ses jours, les
« Cétéens, ses compagnons, tombèrent en foule autour de lui,
« victimes eux aussi de la tentation d'une femme, »

sans compter qu'en s'exprimant comme il fait le Poète
nous pose une énigme plutôt qu'il ne nous instruit de
rien de positif. Car nous ne savons ni quel peuple il a
voulu désigner sous ce nom de Cétéens, ni à quoi font
allusion ces derniers mots « victimes de la tentation
d'une femme »; et les grammairiens, de leur côté, en
multipliant les citations et les rapprochements, font
plutôt.étalage d'érudition mythologique qu'ils n'eclair-
cissent et ne résolvent la question.

70 Laissons donc cela de côté, et, ne prenant du
témoignage d'Homère que ce qui est clair et précis,
disons que, comme, d'après lui, Eurypyle paraît avoir
régné sur toute la contrée qu'arrose le Caïcus, il pourrait
se faire qu'une partie aussi du territoire cilicien eût été
rangée sous son autorité et que ce territoire eût ainsi
formé trois principautés, au lieu de deux. Et ce qui semble
autoriser cette supposition, c'est la présence constatée
dans l'Elaïtide d'un petit cours d'eau ou torrent portant le
nom de Céléum, lequel se jette dans un autre torrent tout
pareil, affluent d'un troisième, qui finit par porter au Caï-

1. *Odyss.*, XI, 519.

cus toutes ces eaux réunies. Quant au Caïcus, **il n'est pas vrai** q''il descende de l'Ida, et Bacchylide, qui avance le fait, se trompe aussi grossièrement[1] qu'Euripide, quand il nous montre Marsyas

« Habitant l'illustre Celænæ tout à l'extrémité de l'Ida »,

car c'est à une très grande distance de l'Ida qu'est située Celænæ, à une très grande distance aussi que se trouvent les sources du Caïcus, puisqu'on voit ces sources jaillir en rase campagne. Ajoutons que la plaine où elles sont est séparée par le mont Temnos d'une autre plaine appelée la plaine d'Apia et située dans l'intérieur des terres au-dessus de celle de Thebé, et que du Temnos descend un cours d'eau, le Mysius, qui se jette dans le Caïcus immédiatement au-dessous des sources de celui-ci, et le même (à ce que prétendent certains grammairiens) que nomme Eschyle tout au début du prologue de sa tragédie des *Myrmidons* :

« O divin Caïcus, et vous, eaux du Mysius qui grossissez
« son cours. »

Près de ces sources du Caïcus est un bourg appelé Gergitha où le roi Attale transporta les Gergithiens de la Troade, après avoir pris et détruit leur ville.

CHAPITRE II.

La côte comprise entre Lectum et Canæ se **trouvant** bordée dans toute son étendue par une île de l'importance de Lesbos, qu'environnent qui plus est beaucoup d'îles plus petites (les unes extérieures, les autres au contraire intérieures, puisqu'elles sont situées entre Les-

---

1. οὐδ' ὀρθῶς au lieu de οὔθ' ὡς, conjecture de Meineke. Cf. Müller, *Index var. lect.*, p. 1026, col. 2.

bos et le continent), il est grand temps pour nous à coup
sûr de décrire tout ce groupe d'îles, d'autant que ce sont
là encore des établissements æoliens et que Lesbos peut
être considérée à la rigueur comme la métropole de toutes les villes æoliennes. Il nous faudra seulement prendre pour décrire Lesbos le même point de départ que
nous avons pris pour décrire la côte qui lui fait face.

2. Or c'est en rangeant la côte depuis le Lectum jusqu'à Assos qu'on découvre les premières terres de Lesbos, c'est-à-dire les alentours du cap Sigrium, extrémité
septentrionale de l'île. Dans cette même région à peu près
est la ville lesbienne de Méthymne distante de 60 stades
seulement de la côte de terre ferme comprise entre Polymédium et Assos. Le périmètre total de l'île de Lesbos
est de 1100 stades et peut se décomposer ainsi qu'il suit :
de Méthymne à Malia, extrémité méridionale de Lesbos
faisant face et correspondant exactement au cap Canées,
la ligne de navigation que l'on suit en ayant l'île toujours
à droite constitue une première distance de 340 stades.
Puis de Malia à Sigrium, trajet qui représente la longueur même de l'île, on compte 560 stades ; on en compte
enfin 210 pour le trajet de Sigrium à Méthymne[1]. Mitylène, la plus grande ville de l'île, est située entre Méthymne et Malia, à 70 stades de distance de Malia,
à 120 stades de Canæ, à 120 stades aussi des Arginusses,
ce groupe de trois petites îles qui avoisine le continent
et borde le promontoire Canæ. C'est entre Mitylène et
Méthymne, à la hauteur d'un bourg du canton de Méthymne nommé Ægiros, que l'île de Lesbos se trouve
être le plus étroite, car l'isthme montagneux qu'il faut
franchir pour aller d'Ægiros à l'Euripe ou bassin de
Pyrrha ne mesure pas plus de 20 stades. Pyrrha est située sur le côté occidental de l'île à 100 stades de distance
de Malia. Mitylène possède deux ports : celui du sud est
fermé, mais ne peut recevoir qu'une cinquantaine de tri-

---

1. Μήθυμναν au lieu de Μηθυμναίαν, correction de Kramer.

rèmes [1]; celui du nord, bien autrement vaste et profond, est protégé par un môle. En avant de ces deux ports s'étend une petite île qui forme à proprement parler un quartier de la ville, et un quartier assez populeux. On peut dire de Mitylène, du reste, qu'elle est admirablement pourvue de toutes choses.

3. Elle a vu naître dans ses murs beaucoup de personnages illustres, notamment, dans les temps anciens, Pittacus, l'un des *Sept sages*, le poète Alcée et son frère Antiménidas, qui, combattant comme auxiliaire dans les rangs des Babyloniens, sortit, au dire d'Alcée, vainqueur d'un duel mémorable et tira de peine les Babyloniens en tuant de sa main « un rude guerrier, lutteur favori du roi [2], dont la taille (c'est toujours Alcée qui parle) pouvait bien, à une [palme] près, mesurer cinq coudées ». Dans le même temps florissait Sapho, Sapho une merveille! car je ne sache pas que, dans tout le cours des temps dont l'histoire a gardé le souvenir [3], aucune femme ait pu, même de loin, sous le rapport du génie poétique, rivaliser avec elle. A cette époque aussi, Mitylène, en proie aux dissensions politiques (les *Stasiotiques* d'Alcée ont trait précisément à ces troubles), eut coup sur coup plusieurs tyrans. Pittacus fut du nombre, et, pas plus que Myrsilé et Mélanchros, pas plus que les Cléandrides et les autres, il ne trouva grâce devant la verve injurieuse d'Alcée, qui n'est pourtant pas lui-même tout à fait innocent des révolutions successives survenues dans sa patrie, tandis que Pittacus n'usa du pouvoir en somme que pour écraser dans Mitylène les partis *dynastiques*, après quoi il s'empressa de rendre à ses concitoyens leur pleine et entière autonomie. A une époque beaucoup plus récente, Mitylène produisit encore le rhéteur Diophane, puis elle vit naître de nos jours Pota-

---

1. κλειστὸς τριηρικὸς ναυσὶ πεντήκοντα au lieu de κλ. τριήρει καὶ ἐν ν. π., correction proposée par Plehn (*Lesbiac.*, p. 13) et ratifiée par Muller et Meineke. Voy. *Index var. lect.*, p. 1026, col. 2. — 2. Βασίλητον au lieu de βασιλήων, correction suggérée à Bergk (*Poet. lyr.*, p. 578) par une conjecture d'Otfr. Müller. — 3. Meineke propose de lire ici τῶν μνημονευομένων au lieu de τῷ μνημονευομένῳ.

mon, Lesboclès, Crinagoras et l'historien Théophane.
Outre l'histoire, Théophane avait cultivé les sciences politiques, et c'est ce mérite spécial[1] qui lui valut l'amitié
du grand Pompée : associé par Pompée à toutes ses entreprises, il contribua efficacement à ses succès et fit
tourner [cette gloire commune] au plus grand profit de
sa ville natale, laquelle reçut, soit de Pompée, soit de
lui-même, de notables embellissements, toutes choses
qui firent de lui le Grec le plus illustre de son temps. Il
laissa un fils[2], Pompeius Macer[3], que César Auguste
nomma procurateur d'Asie et qui figure aujourd'hui au
premier rang des amis de Tibère. — Anciennement les
Athéniens avaient failli souiller leur nom d'une tache
ineffaçable en décrétant le massacre de toute la population mâle de Mitylène : heureusement, le repentir les
prit, mais le contre-ordre expédié aux généraux ne prévint que d'un jour l'exécution du fatal décret.

4. Pyrrha est aujourd'hui ruinée de fond en comble,
seul son faubourg est encore habité. Un port en dépend,
et, depuis ce port jusqu'à Mitylène, le trajet par terre est
de 80 stades. Eressos[4], qui succède à Pyrrha, est bâti sur
une colline et s'avance jusqu'au bord de la mer. On
compte ensuite 28 sta es d'Éressos au cap Sigrium Cette
ville d'Eressos a vu naître Théophraste et Phanias, tous
deux philosophes péripatéticiens, tous deux disciples et
amis d'Aristote. Théophraste s'était appelé d'abord Tyr-
tamos, c'est Aristote qui changea son nom et l'appela Théophraste, dans le but apparemment de ne plus entendre ce
premier nom, si dur, si discordant, mais en même temps
aussi pour signaler à tous la passion de beau langage qui
animait son disciple. On sait qu'Aristote faisait de tous ses
disciples d'habiles discoureurs et que Théophraste par ses
soins était devenu le plus habile de tous. Antissa est la

---

1. διὰ τὴν ἀρετὴν ταύτην au lieu de δ. τ. ἀ. αὐτὴν, correction de Coray. — 2. Meineke incline à lire ici υἱωνον au lieu de υἱόν. — 3. Μάκρον au lieu de Μάρκον, conjecture de Ryk. ad Tac. Ann. IV, 18, adoptée par Meineke. — 4. Meineke préfère
la forme Ἔρισσος.

ville qui fait suite au cap Sigrium : elle est pourvue d'un
port et précède immédiatement Méthymne. Ici, à Méthymne, est né Arion, personnage qu'un récit fabuleux
d'Hérodote a rendu célèbre, et qui, jeté à la mer par des
pirates, se sauva, dit-on, sur le dos d'un dauphin et put
ainsi gagner Ténare : cet Arion était citharède. Un autre citharède fameux, Terpandre, était aussi, paraît-il,
originaire de Lesbos : c'est lui qui passe pour avoir
délaissé le premier la lyre *tétrachorde* et fait usage de
la lyre à sept cordes, comme l'attestent les vers suivants
qui lui sont attribués :

« Pour te plaire, [ô déesse !] nous renoncerons désormais
« aux accents de notre lyre tétrachorde et ne chanterons
« plus tes louanges qu'en nous accompagnant des sept cordes
« de la lyre nouvelle. »

N'oublions pas non plus de mentionner au nombre des
célébrités lesbiennes Hellanicus l'historien, et Callias, le
même qui a commenté les vers de Sapho et d'Alcée.

5. Dans le détroit qui sépare Lesbos de la côte d'Asie,
on rencontre un groupe de petites îles au nombre d'une
vingtaine, d'une quarantaine peut-être, si Timosthène
a dit vrai. On les désigne sous la dénomination commune
d'*Hécatonnèses*, mot composé à la façon de *Péloponnèse*
et conformément à l'usage qui veut que dans tous les
noms semblables (*Myonnèse, Proconnèse, Halonnèse*)
la lettre N soit redoublée, d'où il suit que *Hécatonnèses* équivaut à *Apollonnèses*. Chacun sait, en effet,
qu'*Hécatos* n'est autre qu'Apollon et que sur tout ce
littoral jusqu'à Ténédos, soit avec le surnom de *Sminthien*, soit avec la qualification de *Cilléen*, de *Gryn en*, et
telle autre semblable, Apollon est l'objet d'une vénération
particulière. Dans le voisinage de ce même groupe se
trouve l'île de Pordoséléné, avec une ville de même nom
bâtie sur un promontoire escarpé[1], juste en face d'une

1. ἐν ἀκτῇ au lieu de ἐν αὐτῇ, conjecture proposée par Meineke.

autre île plus grande, laquelle renfermait, comme la précédente, une ville de même nom, mais cette ville aujourd'hui abandonnée, pour ainsi dire, ne se recommande plus que par la présence d'un temple consacré à Apollon.

6. Pour éviter de prononcer un mot obscène, certains grammairiens prétendent qu'il ne faut pas dire *Pordoséléné*, mais *Poroséléné*[1], pas plus qu'il ne faut appeler *Aspordenum* la montagne qui avoisine Pergame : ils soutiennent que, vu son aspect âpre et stérile, le vrai nom de cette montagne est *Asporenum* et que le sanctuaire de la mère des dieux qui en couronne le sommet doit être appelé le temple de [*Cybèle*] *Asporène*. Il faut pourtant bien, dirons-nous, qu'on accepte et *Pordalis*, et *saperdé*, et le nom de *Perdiccas* et l'épithète *pordaque*, épithète employé par Simonide dans ce vers :

« On jette dehors leurs vêtements tout PORDAQUES »,

(lisez tout *salis*, tout *trempés*), et qui se retrouve aussi quelque part chez un poète de l'Ancienne comédie[2] avec le sens de *marécageux* :

« L'endroit était PORDAQUE. »

Lesbos se trouve située à égale distance de Ténédos, de Lemnos et de Chios, et l'on peut dire que cette distance n'excède pas 500 stades.

---

1. « Il existe depuis longtemps dans les collections des médailles de l'époque romaine, frappées dans cette ville et toutes portant la légende Περοσεληνιτῶν, mais on n'en avait jamais vu avec la forme malsonnante signalée par Strabon ; on pouvait presque soupçonner le géographe d'avoir fait tort aux Péroséléniens, et d'avoir pris pour le véritable nom de la ville ce qui n'était qu'une plaisanterie locale, lorsque tout récemment une trouvaille heureuse est venue lui donner raison. Une monnaie d'argent de la fin du cinquième siècle avant notre ère, et qui est entrée dans la collection du Musée britannique, porte en toutes lettres la légende ΓΟΡΔΟΣΙΑ ; d'où il résulte que le nom ancien était Πορδοσιλήνη. » Waddington, *Explic. des inscr. gr. et lat. recueillies en Grèce et en Asie Min.* [par Ph. Le Bas], t. III, p. 201, col. 2. — 2. Aristoph., *la Paix*, 1148.

CHAPITRE III.

En voyant une parenté si étroite unir les Troyens aux Lélèges et aux Ciliciens, on se demande quel motif a pu avoir Homère pour omettre les noms de ces deux derniers peuples dans son *Catalogue* ou dénombrement des Troyens. [En ce qui concerne les Ciliciens,] on peut croire que la mort de leurs chefs et la destruction de leurs villes avaient décidé le peu d'entre eux qui survivaient à se ranger sous les ordres d'Hector. Éétion, en effet, et ses fils (Homère nous le dit formellement), étaient morts avant qu'on procédât à ce dénombrement :

« Achille, hélas ! a tué mon père ; Achille a détruit la
« ville des Ciliciens, Thèbe aux sublimes portes... Là, dans le
« palais de mon père, j'avais sept frères. Tous, le même
« jour, descendirent chez Pluton, tous étaient tombés sous
« les coups de l'irrésistible Achille [1]. »

Les Ciliciens de Mynès avaient, eux aussi, [bien avant le dénombrement,] perdu leurs chefs et leur ville [2] :

« [Lorsqu'il] eut couché dans la poussière et Mynès et
« Épistrophos et qu'il eut détruit de ses mains la ville du
« divin Mynès ».

Quant aux Lélèges, il est constant qu'Homère les fait figurer dans les combats, ce passage-ci le prouve [3] :

« Du côté de la mer campaient les Cariens, les Pæones à
« l'arc recourbé, les Lélèges, les Caucones » ;

et cet autre également [4] :

« De sa lance [Ajax] perce Satnios l'Énopide, que la nym-
« phe Néïs, belle entre toutes les nymphes, eut d'Énops, le
« royal berger des bords du Satnioïs. »

1. *Iliade*, VI, 414, 421. — 2. *Ibid.*, II, 692 ; XIX, 296. — 3. *Ibid.*, X, 428. —
4. *Ibid.*, XIV, 443.

C'est qu'en effet, à ce moment, les Lélèges n'étaient pas encore décimés au point de ne plus former un corps de nation ; leur roi vivait encore,

« .... D'Altès qui règne sur les belliqueux Lélèges [1] » ;

leur ville non plus n'avait pas été complètement anéantie, car le vers suivant d'Homère ajoute [2] :

« Dans la citadelle escarpée de Pédase, au-dessus des rives « du Satnioïs. »

Et cependant il ne les a point nommés dans son *Catalogue*. Apparemment, il aura jugé que ce peuple ne formait plus un corps de nation assez important pour figurer nominativement et à son rang dans un semblable dénombrement, ou bien il les aura englobés parmi les Troyens sujets d'Hector [3], vu l'étroite affinité des deux peuples attestée par ces paroles de Lycaon [demi-] frère d'Hector [4] :

« C'est une vie bien courte que j'aurai reçue de ma mère, « Laothoé, fille du vieil Altès, d'Altès qui règne sur les « belliqueux Lélèges. »

Telle est, suivant nous, l'explication la plus vraisemblable à do.ıner de l'omission d'Homère.

2. On peut, avec le même degré de vraisemblance, déterminer les limites qu'Homère assignait aux possessions des Ciliciens et des Pelasges, voire aux possessions intermédiaires des Cétéens, les sujets d'Eurypyle. Des Ciliciens et des sujets d'Eurypyle, nous avons dit ci-dessus tout ce qu'il y avait à dire, nous avons notamment démontré que leurs possessions n'avaient jamais dépassé le cours du Caïcus [5]. Quant aux Pélasges, il nous paraît rationnel de les placer immédiatement à la suite des deux autres peuples, pour nous conformer aux paroles d'Ho-

---

1. *Iliade*, XXI, 86. — 2. *Ibid.*, XXI, 87. — 3. [τοῖς] ὑπὸ τῷ Ἐ., addition de Coray. — 4. *Iliade*, XXI, 84. — 5. καὶ διότι [ἐπὶ] τὰ περὶ τὸν Κ. μ. π., addition de Meineke. Kramer avait proposé de rétablir dans le texte le mot κατά.

mère et aux différentes indications fournies par l'histoire. Voici ce que dit Homère[1] :

« Hippothoüs guide au combat les tribus des Pélasges à la
« lance redoutable, des Pélasges habitants de la fertile Larisse.
« Ils ont pour chef, outre Hippothoüs, le vaillant Pylæus,
« l'autre fils du Pélasge Léthus, fils lui-même du héros
« Teutamus. »

Or ces paroles du poète, en même temps qu'elles donnent à entendre que les Pélasges étaient extrêmement nombreux (Homère ne dit pas, en effet, la *tribu des Pélasges*, mais bien *les tribus*), contiennent une indication precise [sur la question qui nous occupe], en leur assignant Larisse pour demeure. Car, si l'on connaît beaucoup de villes portant ce nom de Larisse, celle dont Homère parle ici ne saurait être que l'une des Larisses les plus rapprochées d'Ilion, et des trois qui sont dans ce cas, celle qui réunit toutes les présomptions en sa faveur paraît être la Larisse du canton de Cymé. Quant à la Larisse du canton d'Hamaxitos, située comme elle est tout à fait en vue d'Ilion, à une distance qui n'excède pas 200 stades, elle est beaucoup trop près pour qu'Homère, en décrivant le combat furieux engagé sur le corps de Patrocle, ait pu dire raisonnablement qu'Hippothoüs était tombé *loin de Larisse*[2]. Ces paroles évidemment ne s'appliquent pas à elle, mais bien plutôt à son homonyme du canton de Cymé, que 1000 stades environ séparent d'Ilion. Reste la troisième Larisse, simple bourg aujourd'hui du territoire d'Ephèse et de la plaine du Caystre, mais qui passe pour avoir eu autrefois l'importance d'une ville, et pour avoir possédé un temple fameux, celui d'Apollon Larissène : or cette Larisse, située plus près du Tmole qu'elle ne l'est d'Ephèse (il peut bien y avoir 180 stades entre Ephèse et Larisse), devait faire anciennement partie

1. *Iliade*, II, 840. — 2. *Ibid.*, XVII, 301.

de la Mæonie (on sait qu'avec le temps les Éphésiens s'accrurent considérablement aux dépens de la Mæonie ou de la Lydie actuelle) : il est donc impossible qu'elle ait été la Larisse des Pélasges, et cet honneur [nous le répétons] revient bien plutôt à l'autre Larisse du canton de Cume ou de Cymé. Nous n'avons d'ailleurs aucune preuve positive que cette Larisse de la plaine du Caystre, non plus qu'Éphèse elle-même, existât déjà à l'époque de la guerre de Troie, tandis que l'existence à cette époque de l'autre Larisse, voisine de Cume, est attestée de la manière la plus formelle par tout ce qu'on sait de l'histoire des établissements æoliens, établissements de très peu postérieurs à la guerre de Troie.

3. Cette histoire, en effet, nous apprend que, partis du Phricius, lequel est situé en Locride au-dessus des Thermopyles, les Æoliens abordèrent au lieu où est Cume aujourd'hui, et qu'ayant trouvé les Pélasges, bien que très maltraités par la guerre de Troie, maîtres encore de Larisse (c'est-à-dire d'une position distante de Cume de 70 stades à peine), ils élevèrent contre eux, à 30 stades de Larisse, le fort de Néon-Tichos, encore debout aujourd'hui. De là ils purent aisément s'emparer de Larisse, et, ayant fondé Cume, ils y transportèrent le peu de Pélasges qui avaient survécu. En souvenir du Phricius de la Locride, Cume et Larisse elle-même reçurent le surnom de *Phriconide*. Mais Larisse est aujourd'hui déserte. Les mêmes historiens, pour prouver la grandeur de la nation pélasge, invoquent différentes circonstances, le témoignage, par exemple, de Ménécrate d'Élée, qui, dans son livre des *Origines des villes*, affirme que toute la côte d'Ionie depuis Mycale, ainsi que les îles qui la bordent, eurent les Pélasges pour premiers habitants ; puis la prétention des Lesbiens d'avoir combattu [pendant la guerre de Troie] sous les ordres de Pylæus, ce chef qu'Homère qualifie de *roi des Pélasges* et qui aurait donné son nom à leur mont Pylæus ; la conviction enfin où sont tous les habitants de Chio qu'ils descendent directement des Pélasges de la Thessalie. Mal-

heureusement la nation des Pélasges était toujours errante, toujours prompte à se déplacer [1]; et il s'ensuivit qu'après avoir atteint un haut degré de puissance elle déclina très rapidement. Ajoutons que ce déclin de leur puissance coïncide justement avec l'époque du passage en Asie des Æoliens et des Ioniens.

4. Une particularité commune à Larisse du Caystre, à Larisse Phriconide et à Larisse de Thessalie, c'est que le territoire de chacune de ces villes s'est formé des alluvions ou atterrissements d'un de ces trois fleuves : le Caystre, l'Hermus ou le Pénée. Dans cette même Larisse dite *Larisse Phriconide*, le héros Piasus était l'objet d'un véritable culte. Or voici ce que la tradition raconte de cet ancien chef pélasge : épris de sa propre fille, il la viola, mais ne tarda pas à expier son crime. Sa fille l'ayant vu se pencher au-dessus d'une grande cuve remplie de vin le saisit brusquement par les jambes, le souleva de terre, et le précipita dans la cuve.

Nous n'en dirons pas davantage sur ces antiques traditions.

5. Aux villes æoliennes subsistant actuellement il nous faut ajouter Ægæ, ainsi que Temnos, qui vit naître Hermagoras, l'auteur du *Traité de rhétorique*. Ces deux villes sont situées près de la chaîne de montagnes dont l'Hermus baigne le pied et qui domine à la fois les cantons de Cume, de Phocée et de Smyrne. Pas bien loin non plus de ces deux villes s'élève Magnésie du Sipyle, déclarée ville libre par les Romains, mais que les récents tremblements de terre ont cruellement éprouvée. Si, maintenant, repassant l'Hermus, on se dirige à l'opposite du côté du Caïcus, on compte depuis Larisse jusqu'à Cume 70 stades et de Cume à Myrine 40 stades; autant de Myrine à Grynium; puis [70][2] stades de Grynium à Elée. Mais, suivant Artémidore, tout de suite après Cume est Adæ[3];

---

1. ταχὺ τὸ ἔθνος πρὸς ἀπαναστάσεις, au lieu de τ· τ ἰ. π. ἱπαναστάσις, correction de Coray. — 2 Voy. Muller, *Index var. lect.*, p. 1026, col. 2. — 3. Nom douteux. Voy Müller, *Index var. lect.*, p. 1026, col. 2, et *Index nominum rerumque*, p. 718, au mot ADÆ.

puis, à 40 stades de là, on atteint la pointe d'Hydra qui,
avec la pointe d'Harmatonte[1], située juste vis-à-vis, forme
le golfe Elaïtique. L'entrée de ce golfe a 80 stades environ
de largeur. A 60 stades dans l'intérieur est Myrine, ville
æolienne, avec son port ; puis à Myrine succède le Port
des Acheens, où l on remarque les autels des douze grands
dieux. Vient ensuite Grynium, petite ville dépendant de
Myrine, avec son temple d'Apollon[2], son antique oracle,
et son magnifique *néós* ou sanctuaire de marbre blanc.
Jusqu'à Grynium, [depuis Myrine, Artémidore compte]
40 stades ; il en compte en outre 70 jusqu'à Elée, ville
dont le port servait de station à la flotte des Attales
et qui fut fondée par Ménesthée et par les Athéniens venus avec ce héros au siége d'Ilion. Quant aux localités
qui suivent, telles que Pitané, Atarnee, etc., nous n'en
dirons rien ici, ayant décrit précédemment toute cette
partie de la côte.

6. Cume est la plus grande des villes æoliennes et la
plus importante à tous égards ; on peut même dire qu'elle
et Lesbos ont été les métropoles des autres villes æoliennes, qui, après avoir été au nombre de trente environ,
ont aujourd'hui en grande partie disparu. On se moque
beaucoup de la stupidité des habitants de Cume, et voici,
à ce que prétendent certains auteurs, d'où leur serait
venu ce fâcheux renom : quand ils affermèrent les droits
[d'entrée et de sortie] de leur port, il y avait trois cents
ans que Cume existait, tout ce temps-là donc le trésor
public n'avait rien perçu de cet important revenu, ce qui
avait fait dire que les Cuméens ne s'étaient aperçus qu'à
la longue qu'ils habitaient une ville maritime. Mais on explique la chose encore d'autre manière : on assure qu'à
l'occasion d'un emprunt public les Cuméens avaient donné
leurs portiques en garantie, et que, comme ils n'avaient
pu s'acquitter au jour fixé, ils s'étaient vu exclure de leur

1. Peut-être faut-il lire *Hermatonte*, comme faisait Guarini. — 2. Voyez dans
l'*Index var. lect* de Müller, p. 1026, au bas de la 2ᵉ colonne, une curieuse annotation qui se trouve en marge de deux manuscrits du quinzième siècle.

promenade favorite; que toutefois, quand il pleuvait,
les créanciers de l'Etat, par respect humain, chargeaient
le crieur de la ville d'inviter le public à chercher un abri
sous les portiques : « Rentrez sous vos portiques »,
telle était la formule du crieur. Or on en fit une manière de dicton dont le sens est que les Cuméens sont trop
bêtes pour deviner qu'il faut, quand il pleut, se retirer
sous les portiques, et qu'on est obligé de les en avertir
par la voix du héraut. Cume n'en a pas moins produit
quelques personnages célèbres, Ephore notamment, l'un
des disciples du rhéteur Isocrate, auteur d'une *Histoire*
et d'un *Traité des inventions*, et plus anciennement le
poète Hésiode, qui nous a appris lui-même [1] comment
Dios, son père, quitta l'Æolide et Cume, pour venir en
Béotie

« Habiter un méchant village de l'Hélicon, Ascra, séjour
« malsain l'hiver, incommode l'été, désagréable en tout
« temps. »

Pour Homère, la chose est moins sûre et beaucoup
d'auteurs placent ailleurs le lieu de sa naissance. En revanche, on croit généralement que le nom que porte la
ville de Cume lui vient d'une Amazone; de même que
Myrine paraît avoir emprunté le sien de l'Amazone dont
on voit le tombeau dans la plaine de Troie, au-dessous
de Batiée [2] :

« [Cette colline] appelée Batiée dans le langage des hu-
« mains, mais que les immortels ne nomment jamais que le
« tombeau de la bondissante Myrine. »

Éphore, du reste, Éphore lui-même a trouvé moyen de
faire rire à ses dépens : n'ayant rien pu dire des exploits des Cuméens dans son *Histoire* où il énumère
toutes les actions mémorables, et ne voulant pas cepen-
pant passer sous silence [3] le nom de sa patrie, il a écrit

---

1. *Œuvr. et Jours*, 639. — 2. *Iliade*, II, 814. — 3. Οὐδ' ἐὰν ἀμνημόνευτον αὐτὴν θέλων au lieu de οἱ μὴν οἰδ' ἂν &.. excellente correction de Cobet, ratifiée par M. Bernardakis. Voy. *Symb. crit. in Strab.*, p. 53.

cette phrase en manière d'épilogue : « Dans le même
« temps Cume était tranquille ! » — Mais nous avons fini
de parcourir et la côte de Troade et la côte d'Æolide : en-
gageons-nous maintenant dans l'intérieur, et, en nous
avançant jusqu'au Taurus, ne changeons rien à l'ordre
observé par nous jusqu'ici.

CHAPITRE IV.

C'est une sorte d'*hégémonie* qu'exerce sur toute cette
contrée la cité de Pergame, cité illustre à tous égards et
qui partagea la longue prospérité de la dynastie des Attales : il est donc juste que nous commencions par elle notre description méthodique du pays, en donnant au préalable sur les Attales, sur l'origine et la fin de leur maison,
quelques indications sommaires. Lysimaque, fils d'Agathocle et l'un des successeurs d'Alexandre, avait fait de
Pergame son *trésor*, par la raison que cette ville est bâtie
tout au haut d'une montagne, et d'une montagne de forme
conique, c'est-à-dire terminée en pointe. La garde de
cette forteresse et des trésors qui y étaient renfermés
(trésors évalués à 9000 talents) avait été confiée à un
certain Philétæros de Tiane, qu'un accident avait réduit
à l'état d'eunuque dès sa plus tendre enfance. Dans des
jeux funèbres qui avaient attiré un grand concours de
curieux, la nourrice qui portait Philétæros, alors tout
petit enfant, fut prise dans la foule et tellement pressée
que l'enfant sortit de là mutilé. Malgré cette infirmité,
on lui fit donner la plus brillante éducation, et c'est ce
qui plus tard le désigna au choix de Lysimaque pour
remplir ce poste de confiance. Longtemps il demeura
fidèle et sincèrement attaché à son roi, mais, irrité des
efforts que faisait pour le perdre Arsinoé, épouse de Lysimaque, il provoqua la défection de Pergame, et, comme
les événements prenaient un tour éminemment favorable

aux révolutions, il manœuvra en conséquence : il venait
de voir en effet coup sur coup Lysimaque forcé, pour
sortir des embarras domestiques qui lui liaient les mains,
d'envoyer à la mort son fils Agathocle ; le même Lysimaque, surpris par une agression de Séleucus Nicator,
succombant à son tour, et Séleucus enfin tombant, victime
d'un guet-apens, sous le poignard de Ptolémée Céraunus.
Or l'habile eunuque sut traverser heureusement toute
cette période de troubles, et il se maintint dans sa forteresse, ayant eu soin, par ses promesses et ses protestations
d'amitié, de se concilier toujours le parti le plus fort
ou le plus menaçant. Il vécut ainsi vingt ans sans avoir
été inquiété dans la possession de Pergame et de ses
trésors.

2. Il avait deux frères nommés, l'aîné Eumène, et le
plus jeune Attale. Un fils d'Eumène, qui s'appelait aussi
Eumène comme son père, hérita des droits de Philétæros
sur Pergame ; mais il ne s'en tint pas là et voulut s'a-
grandir aux dépens des localités environnantes : c'est ce
qui explique comment il eut occasion de battre près de
Sardes en bataille rangée Antiochus, fils de Séleucus. Il
exerçait l'autorité souveraine depuis vingt-deux ans déjà,
quand il mourut. Il eut pour successeur Attale [son cou-
sin], né d'Attale et d'Antiochide, la fille d'Achæus, qui,
le premier de sa famille et à la suite d'une grande victoire sur les Galates, fut salué du nom de roi. Ce même
Attale rechercha l'alliance des Romains et les aida dans
leur guerre contre Philippe en opérant de concert avec
la flotte rhodienne. Il mourut vieux, ayant régné qua-
rante-trois ans. Il laissait quatre fils, Eumène, Attale,
Philétère et Athénée, tous nés de la même mère, Apol-
lonide de Cyzique. Les deux plus jeunes de ses fils vécurent toujours comme de simples particuliers, mais
Eumène, l'aîné de tous, hérita du titre de roi. Il prit
part, comme allié des Romains, à la guerre contre Antiochus le Grand et contre Persée, et reçut pour récompense, de la main des Romains, tout ce qu'avait possédé

Antiochus en deçà du Taurus. Jusque-là le territoire de
Pergame n'avait compris qu'une petite étendue de pays
bornée par la portion de mer qui forme le golfe Élaïtique
et le golfe d'Adramyttium. Le même Eumène agrandit
Pergame et planta le bois du Nicéphorium ; c'est lui encore qui érigea tout cet ensemble de temples. de statues,
de bibliothèques, qui fait le principal ornement de la ville
actuelle. Enfin, après un règne de quarante-neuf[1] ans,
il laissa le trône à son fils Attale, fils qu'il avait eu d'une
fille du roi de Cappadoce Ariarathe, nommée Stratonice ;
mais la tutelle de ce fils encore enfant et la régence du
royaume furent confiées par lui à Attale, son frère. Celui-ci
exerça l'autorité royale vingt et un ans durant et mourut
vieux, ayant réussi, l'on peut dire, dans la plupart de ses
entreprises : c'est ainsi qu'après avoir aidé Alexandre, fils
d'Antiochus, à vaincre le fils de Séleucus, Démétrius,
il avait aidé les Romains à réduire le faux Philippe ;
c'est ainsi qu'ayant porté ses armes jusqu'en Thrace il
avait forcé le roi des Cænes, Diégylis[2], à lui jurer obéissance, et qu'il avait su enfin se débarrasser de Prusias
en soulevant contre lui son propre fils Nicomède. Au moment de mourir, il remit le pouvoir à son pupille Attale,
qui régna cinq ans sous le nom de *Philométor* et mourut à son tour de maladie, ayant élu pour héritier le
peuple romain. Or, une fois en possession de ses États,
les Romains en firent une province nouvelle qu'ils appe-
lèrent *province d'Asie.* du nom même du continent. Le
Caïcus coule près de Pergame à travers un pays d'une
extrême fertilité, connu sous le nom de *plaine du Caïcus,* et qui peut passer à la rigueur pour la plus belle
partie de la Mysie.

3 Pergame a vu naître de nos jours plusieurs personnages illustres, notamment Mithridate, fils de Ménodote
et d'une princesse de la famille des tétrarques de Galatie,
nommée Adobogionis. On prétend qu'Adobogionis avait

---

1. Peut-être faut-il lire 39 au lieu de 49. Voy. Müller. *Ind. var. lect.*, p. 1023,
col. 1. — 2. L'Épitomé donne pour ce nom la forme Δηίγυλιν. Déigylis

été concubine du roi Mithridate[1] et que ses parents avaient donné exprès ce même nom de Mithridate à son fils, feignant de croire que nul autre que le roi ne pouvait être le père de cet enfant. Devenu l'ami du divin César, Mithridate se vit combler d'honneurs : proclamé d'abord tétrarque du chef de sa mère, il fut appelé en outre à régner sur différents pays, sur le Bosphore, par exemple[2]. Mais là il ne put se maintenir contre Asandre[3], le même usurpateur qui avait déjà détrôné et tué le roi Pharnace, et Asandre demeura ainsi seul maître du Bosphore. Mithridate n'en laissa pas moins un grand renom. Tel fut le cas aussi du rhéteur Apollodore, auteur d'un *Traité de rhétorique* et fondateur d'une secte quelconque à laquelle il donna son nom. Depuis peu, comme on sait, beaucoup de systèmes nouveaux ont fait fortune (ceux d'Apollodore et de Théodore sont du nombre), mais le jugement à en porter serait trop au-dessus de notre compétence. Ce qui avait, du reste, le plus contribué à l'élévation d'Apollodore, c'était l'amitié de César Auguste, qui l'avait eu pour maître d'éloquence. Ajoutons qu'il eut un autre disciple éminent dans la personne de Dionysius Atticus, son compatriote, philosophe de mérite, en même temps qu'historien et orateur.

4. En s'avançant à l'E. de la plaine [du Caïcus] et de la ville de Pergame, on aperçoit, bâtie sur des hauteurs, la ville d'Apollonie. Au sud, règne une chaîne de montagnes, qu'il faut franchir pour aller à Sardes. Dans le trajet, on laisse à gauche Thyatira, ville qui a reçu une colonie macédonienne, et qui passe, aux yeux de certains géographes, pour le point extrême de la Mysie. On laisse de même à droite Apollonis, ville distante de 300 stades aussi bien de Pergame que de Sardes et qui doit son nom à Apollonis de Cyzique [femme d'Attale]. On

1. Nous avons traduit tout ce passage d'après l'heureuse restitution proposée par Meineke, dans ses *Vind. Strabon.*, p. 215-216, et approuvée par Müller, *Ind. var. lect.*, p. 1027, col. 1. — 2. ἔλλωττι [χωρίων] καί, conjecture de Groskurd. — 3. Ἀσάνδρου au lieu de Λυσάνδρου, correction de Casaubon.

traverse ensuite la plaine de l'Hermus, après quoi l'on
arrive à Sardes. Au nord de Pergame, la plus grande partie du pays dépend de la Mysie ; le reste, c'est-à-dire le
canton de droite, dépend de l'Abaïtide[1], laquelle borne
[la Phrygie] Epictète jusqu'à la Bithynie.

5. Sardes a l'aspect d'une grande ville. Fondée postérieurement à la guerre de Troie, elle est cependant fort
ancienne. Elle possède une citadelle ou *acropole* très-
forte et a servi longtemps de résidence aux rois des Lydiens, des Mèones, pour dire comme Homère. Sous ce
dernier nom, qu'on a écrit plus tard *Mæones* [au lieu de
Mèones], les uns reconnaissent les Lydiens mêmes, les
autres un peuple différent des Lydiens : mais ce sont les
premiers, ceux qui ne font des Lydiens et des Mæones
qu'un seul et même peuple, qui nous paraissent avoir
raison. Au-dessus de Sardes est le mont Tmole, dont les
flancs sont couverts de riches cultures et que couronne
une tourelle d'observation en marbre blanc, bâtie par les
Perses, laquelle découvre toutes les plaines environnantes, et principalement la plaine du Caystre. Dans ces
plaines habitent des Lydiens, des Mysiens, des Macédoniens[2]. Le Pactole, qui descend du Tmole, charriait anciennement beaucoup de paillettes d'or : c'est même à cela
qu'on attribue la grande réputation de richesse faite à
Crésus et à ses ancêtres, mais aujourd'hui [comme nous
l'avons dit précédemment[3]] toute trace de paillettes d'or
a disparu. Le Pactole se jette dans l'Hermus, qui reçoit
également l'Hyllus, ou, comme on l'appelle actuellement,
le Phrygius. Une fois réunis, ces trois cours d'eau, que
d'autres moins connus grossissent encore, vont déboucher,
ainsi que le marque Hérodote[4], dans la mer de Phocée.
L'Hermus prend naissance en Mysie, dans une montagne

---

1. Ἀβαιτῶν au lieu de Ἀβλίτων ou Ἀβλιτῶν, correction de Kramer d'après une
conjecture de Kiepert. — 2. Bien que la correction proposée par Casaubon (Μαίονες
au lieu de Μακεδόνες) mérite d'être sérieusement pesée, nous avons maintenu la
leçon des mss. que justifie suffisamment la présence d'une colonie macédonienne
à Thyatira. — 3. ὡς εἴρηται, heureuse transposition imaginée par Meineke. —
4. V, 101.

consacrée à [Cybèle] Dindymène, après quoi il traverse la
Catakékaumène, et, se dirigeant vers le territoire de Sardes,
arrose les différentes plaines [1] qui en forment le prolongement, jusqu'à ce qu'enfin il débouche dans la mer [2].
Au-dessous de Sardes, en effet, on voit se succéder la
plaine de Sardes proprement dite, la plaine du Cyrus [3],
celle de l'Hermus et celle du Caystre, les plus riches
plaines connues. A 40 stades de la ville est un lac qu'Homère appelle le lac Gygée [4], mais qui plus tard a échangé
ce nom contre celui de Coloé. Sur le bord de ce lac
s'élève le temple de Diane Coloène en grande vénération
encore aujourd'hui. Certains auteurs assurent qu'ici, pendant les fêtes, on voit les paniers [5] danser : comment y
a-t-il des gens qui aiment mieux débiter de pareils contes
que de dire tout simplement la vérité, c'est ce qui me
passe.

6. Les vers d'Homère sont ainsi conçus [6] :

« A la tête des Méones marchent les deux fils de Tala-
« mène, Mesthlès et Antiphos : enfants du lac Gygée, ces deux
« héros commandent aux Méones que le Tmole a vus
« naître » ;

mais à ces trois vers quelques grammairiens en ajoutent un quatrième :

« Le Tmole neigeux, dans le riche dème d'Hydé » ;

et là-dessus, bien qu'on ne trouve nulle part, en Lydie,
de canton nommé Hydé, d'autres commentateurs ont
voulu placer ici même la demeure de ce Tychius dont
parle Homère [7], de ce Tychius d'Hydé :

« L'ouvrier le plus habile qui jamais ait travaillé le
« cuir »,

---

1. C'est ici, après le mot πεδία, que se trouvent dans le texte les mots ὡς εἴρηται
que Meineke a transportés quelques lignes plus haut. — 2. C'est ici, après le mot
θαλάττης, que Coray et Groskurd, moins heureusement inspirés, voulaient transporter ces mêmes mots. Ajoutons que Groskurd lisait ἧς εἴρηται au lieu de ὡς. —
3. Voy., pour le maintien et l'interprétation de ce nom, une excellente note de
Müller dans son *Index var. lect.*, p. 1027, col. 1. — 4. *Iliade*, II, 865. — 5. Voy.
dans l'*Index var. lect.* de Muller, p. 1027, col. 1, les diverses conjectures auxquelles a donné lieu ce passage. — 6. *Iliade*, II, 864. — 7. *Ibid.*, VII, 221.

assurant, du même coup, que tout le pays aux alentours
était couvert de forêts de grands chênes, que la foudre y
tombait souvent et qu'il avait les Arimes pour habitants,
parce qu'il leur avait plu, après le [1] vers d'Homère [que
tout le monde connaît] [2] :

« Parmi les rochers des Arimes, sous le poids desquels,
« dit-on, gémit couché le géant Typhon »,

d'introduire celui-ci :

« En un lieu couvert de chênes, dans le riche dème
« d'Hydé. »

Malheureusement tout le monde n'assigne pas le même
théâtre au mythe des Arimes : quelques-uns le placent en
Cilicie, d'autres en Syrie, d'autres encore aux îles Pithécusses, non sans faire remarquer que, dans la langue des
Tyrrhènes, les *pithèques* ou singes étaient appelés des
arimes. D'autres reconnaissent dans Hydé Sardes même ;
d'autres son acropole seulement. Suivant le Scepsien,
l'opinion la plus plausible est celle qui retrouve le séjour
des Arimes en Mysie dans la Catakékaumène. Pindare,
lui, mêle tout ensemble, la Cilicie, les Pithécusses de la
côte de Cume, la Sicile : il dira, par exemple, pour rappeler que Typhon est enseveli sous l'Etna [3] :

« Typhon, que vit naître et grandir l'antre illustre de la
« Cilicie, gt maintenant écrasé sous le poids de la Sicile et
« des rochers qui bordent la côte au-dessus de Cume, poids
« énorme qui oppresse sa poitrine velue » ;

et ailleurs :

« L'Etna, gigantesque entrave, retient ses membres prison-
« niers. »

Ailleurs encore il dira :

« Seul entre tous les dieux, Jupiter a pu naguère, dans le
« pays des Arimes, dompter et enchaîner pour jamais l'odieux
« Typhon, le géant aux cent têtes [4]. »

---

1. και γαρ τω au lieu de κ. γ. ούτως, correction de Meineke, approuvée par Müller.
— 2. *Iliade*, II, 783. — 3. *Pyth.*, I, 31-30. Cf. *Olymp*, IV, 10-12. — 4. ἑκατον-
ταχάρανον, au lieu de πεντηκοντακέφαλον, correction d'Hermann et de Bœckh. Voy.
l'*Index var. lect.* de Müller, p. 1027, col. 1.

Il y a aussi certains auteurs qui reconnaissent les Arimes
dans les Syriens ou Araméens d'aujourd'hui, et qui racontent comment les Ciliciens de la Troade vinrent chercher une nouvelle demeure en Syrie et détachèrent de
cette contrée, pour s'y établir, ce qui forme actuellement
la Cilicie. Callisthène enfin prétend que c'est dans le
voisinage de Calycadnum et de la pointe de Sarpédon,
tout près de l'antre Corycien, qu'il faut placer les Arimes,
lesquels paraissent avoir donné leur nom aux monts
Arima de ce canton.

7. Tout autour du lac Coloé sont les tombeaux des
rois. Celui d'Alyatte est du côté de Sardes : c'est une immense levée de terre qui surmonte un haut soubassement
en pierre, et qui, au dire d'Hérodote [1], aurait été l'œuvre
de toute la populace de cette ville, des filles publiques notamment pour la plus grande part. Hérodote ajoute que
toutes les filles des Lydiens se livrent à la prostitution, et
c'est ce qui explique pourquoi cette sépulture royale est
quelquefois appelée le *monument de la Courtisane*. Certains historiens assurent que le lac Coloé a été creusé de
main d'homme pour recevoir le trop-plein du débordement
des fleuves. Hypæpa est la première ville qu'on rencontre
quand on descend du Tmole vers la plaine du Caystre.

8. Callisthène assure que Sardes fut prise une première
fois par les Cimmériens ; qu'elle le fut ensuite par les
Trères et les Lyciens ; que le témoignage de Callinus
(de Callinus, le poète élégiaque) est formel sur ce point ;
qu'enfin, au temps de Cyrus et de Crésus, elle fut prise
une dernière fois. Mais comme, en parlant de l'invasion
des Cimmériens pendant laquelle Sardes *fut prise*, Callinus ajoutait qu'elle avait été dirigée contre les Esionéens,
le Scepsien conjecture que *Ésionéens* est une forme
ionienne mise là pour *Asionéens* et que la Mèonie a pu
s'appeler primitivement l'*Asie*, puisque Homère a dit [2] :

« Dans la prairie Asienne, sur les bords du Caystrius ».

1 I, 93. — 2. *Iliade*, II, 461.

Cependant, grâce à la fertilité de son territoire, Sardes s'était sensiblement relevée ; on peut même dire qu'elle ne le cédait à aucune des villes voisines, lorsque de récents tremblements de terre la couvrirent encore une fois de ruines. Mais elle a trouvé dans la libéralité de Tibère, l'empereur actuel, un secours providentiel, et s'est vu magnifiquement restaurer par lui, en même temps que plusieurs villes qui avaient partagé son infortune.

9. Entre autres célébrités, Sardes a vu naître, dans la même famille, deux grands orateurs, les deux Diodores ; le plus ancien, connu sous le nom de *Zonâs*, défenseur de la province d'Asie dans plusieurs causes mémorables, eut à se défendre lui-même lors du retour offensif de Mithridate, s'étant vu accuser par ce prince d'avoir détaché bon nombre de villes de son parti ; mais il présenta une éloquente apologie de sa conduite et réussit à se faire absoudre. Le second fut notre ami personnel : il a laissé, outre mainte composition historique, des odes et d'autres poésies qui rappellent assez heureusement la manière des anciens poètes. Quant à Xanthus le logographe, tout le monde le tient pour Lydien d'origine, seulement était-il de Sardes même, c'est ce que nous ne saurions dire.

10. A cette partie de la Lydie succède le canton mysien de Philadelphie, ainsi nommé d'une ville qui peut être considérée comme un vrai foyer de tremblements de terre. Il ne se passe pas de jour, en effet, que les murs des maisons ne s'y crevassent et que, sur un point ou sur un autre, on n'ait à y constater quelque grave dégât. Naturellement, les habitants sont rares, le plus grand nombre a émigré à la campagne pour s'y consacrer à la culture de la terre, qui se trouve être dans ce canton d'une extrême fertilité. Mais, si peu nombreuse que soit la population, on s'étonne que l'amour du sol natal ait été chez elle assez fort pour la retenir dans des demeures qui ne lui offraient aucune sécurité ; on s'é-

tonne encore plus que quelqu'un ait jamais pu avoir l'idée de fonder une ville comme Philadelphie.

11. La Catakékaumène, où l'on entre ensuite, et qui peut mesurer 500 stades de longueur sur 400 de largeur, est un territoire qualifié indifféremment (et avec tout autant d'apparence) du nom de *Mysien* et du nom de *Méonien*. Ajoutons qu'on n'y voit pas un arbre, mais de la vigne, uniquement de la vigne, laquelle donne un vin, le *Catakékauménite*, qui ne le cède en qualité à aucun des vins les plus estimés. Dans la partie du pays qui est en plaine, la surface du sol n'est proprement que de la cendre; dans la partie montagneuse et rocheuse, elle est noire et comme calcinée. Or plus d'un auteur a cru voir là un effet de la foudre et des feux dévorants du ciel, et, pour cette raison, n'a pas hésité à placer dans la Catakékaumène le théâtre des aventures mythologiques de Typhon. Xanthus y fait même régner un certain Arimûs. Mais comment admettre qu'une contrée si vaste ait pu être atteinte sur tous les points à la fois par le feu du ciel et brûlée profondément? Il est plus raisonnable de croire à l'action prolongée de feux souterrains, actuellement éteints, d'autant qu'on vous montre aujourd'hui encore dans le pays, sous le nom de *physes* ou de *soufflets*, trois gouffres, espacés entre eux de 40 stades environ, qui s'ouvrent au pied d'âpres collines formées, suivant toute apparence, par l'amoncellement successif des matières ignées que ces gouffres ont rejetées. Du reste, rien que par l'exemple de la plaine de Catane, on eût pu conjecturer qu'un terrain comme celui de la Catakékaumène devait être favorable à la vigne; car la plaine de Catane, toute formée de cendres accumulées, produit aujourd'hui en abondance un vin excellent, d'où ce mot spirituel et souvent répété que « d'après la propriété des terrains volcaniques le vrai nom de Bacchus devrait être *Pyrigène* ».

12. Au sud de la Catakékaumène, les différents cantons qui se succèdent jusqu'au Taurus présentent un véritable enchevêtrement; et, à la façon dont leurs limites

s'entre-croisent, on est souvent embarrassé pour démê-
ler s'ils sont phrygiens, cariens, lydiens, voire même
mysiens. Ce qui d'ailleurs ne contribue pas peu à entretenir la confusion, c'est que les Romains, au lieu de
diviser ces pays conformément à la nationalité des habitants, ont adopté un tout autre mode de distribution et
créé autant de *diocèses* ou de *préfectures* qu'il y avait
de grands centres de population pouvant servir de lieux
d'assemblées[1] et de siéges de tribunaux. Ainsi, tandis
que le Tmolo, ramassé comme il est, n'a qu'un médiocre
circuit et se trouve enfermé tout entier dans les limites
de la Lydie, le Mésogis[2], tel que nous le dépeint
Théopompe, s'étend tout en longueur à l'opposite du
Tmole, depuis Célènes jusqu'à Mycale, et est occupé à
la fois par des Phrygiens (ici, aux environs de Célènes et
d'Apamée); par des Mysiens ailleurs et par des Lydiens,
ailleurs enfin par des Cariens et des Ioniens. Ajoutons
que les fleuves, et surtout le Méandre, n'aident pas
davantage à reconnaître la limite véritable; car, si quelquefois les fleuves séparent deux peuples différents,
souvent aussi ils coupent en deux le même peuple, et
l'on peut en dire autant des plaines qu'interrompt souvent,
soit une chaîne de montagnes, soit le cours d'un fleuve.
Mais peut-être ne devons-nous pas, en notre qualité de
géographe, poursuivre dans nos descriptions un degré de
précision nécessaire seulement aux travaux de l'*agrimen-
sor*, et n'avons-nous qu'à reproduire fidèlement les recherches de nos devanciers.

13. A la plaine du Caystre, intermédiaire entre le Mésogis et le Tmole, confine, à l'est, la plaine Kilbiane,
plaine spacieuse, bien peuplée, et qui, sous le rapport
de la fertilité, ne laisse rien à désirer. Vient ensuite la
plaine Hyrcanienne, laquelle doit le nom qu'elle porte aux
Perses qui y ont transplanté jadis une colonie d'Hyrcaniens

---

1. Sur l'expression ἄγειν ἀγοράς (et non ἀγοραῖον ou ἀγοραίους ἄγειν), voyez une
savante note de Cobet (*Miscell. crit.*, p. 192). — 2. Μεσωγίς au lieu de μεσόγειος
ou μεσόγαιος, correction de Paulmier de Grentemesnil.

\ce sont les Perses aussi qui ont donné son nom au Cyro-
pédion), puis, à la plaine Hyrcanienne succèdent d'autres plaines encore, la Peltène, le Phrygium, le Cilla-
nium et la Tabène, contenant chacune une petite ville
de même nom, dont la population, mélangée de Phrygiens et d'autres peuples, renferme même un élément
pisidien

14. Si l'on franchit, maintenant, la partie du Mésogis
comprise entre le district Carien et le territoire de Nysa,
lequel s'étend, sur la rive ultérieure du Méandre, jusqu'aux confins de la Cibyratide et de la Cabalide[1], on
rencontre différentes villes, entre autres Hiérapolis, qui
est situee au pied même du Mésogis, en face de Laodicée.
Hiérapolis est remarquable par les propriétés merveilleuses de ses sources chaudes et de son *Plutonium.*
L'eau de ces sources, en effet, a une telle disposition à
se solidifier, à se changer en une espèce de concrétion
pierreuse, que les habitants du pays n'ont qu'à la dé-
river dans de petites rigoles [pratiquées autour de leurs
propriétés] pour obtenir des clôtures qui semblent faites
d'une seule pierre. Quant au Plutonium, il est situé au
pied[2] d'un mamelon peu élevé détaché de la chaîne
principale : c'est un trou à peine assez large pour donner
passage à un homme, mais extrêmement profond. Une
balustrade le protége, qui peut avoir un demi-plèthre de
développement, et qui forme une enceinte carrée, toujours remplie d'un nuage épais de vapeurs, lesquelles laissent à peine apercevoir le sol. Ces vapeurs sont inoffensives quand on ne fait que s'approcher de la balustrade
et que le temps est calme, parce qu'alors elles ne se
mêlent pas à l'air extérieur et demeurent concentrées
toutes en dedans de la balustrade ; mais l'animal qui
pénètre dans l'enceinte même est frappé de mort à l'instant : des taureaux, par exemple, à peine introduits,

---

1. Voyez, dans l'*Index var. lect.*, p. 1027, col. 2, avec quelle hardiesse Müller
remanie tout ce passage. — 2. Nous avons maintenu la leçon ὑπ' ὄφρυι contre
l'autorité de Coray, qui, sans raison plausible, voulait qu'on lût ici ἐπ' ὀφρύι.

tombent et sont retirés morts. Nous y avons lâché, nous
personnellement, de pauvres moineaux, pour les voir
tomber aussitôt sans souffle et sans vie. Toutefois, les
eunuques de Cybèle (les Galles, comme on les appelle)
entrent impunément dans l'enceinte ; on les voit même
s'approcher du trou, se pencher au-dessus, y descendre
à une certaine profondeur (mais à condition de retenir
le plus possible leur haleine, comme le prouvent les
signes de suffocation que nous surprenions sur leurs
visages). Or est-ce là[1] un effet de la castration pouvant
s'observer de même chez tous les eunuques ? Ou faut-il y
voir un privilège réservé aux desservants du temple et
qu'ils tiennent, soit de la protection spéciale de la déesse
(comme il est naturel de le supposer par analogie avec
ce qui se passe dans les cas d'*enthousiasme*), soit de
l'emploi de certains préservatifs secrets ? [C'est ce que
nous ne saurions dire]. Mais revenons à cette propriété
de pétrification ou d'incrustation : on assure que les rivières du territoire de Laodicée la possèdent aussi, bien
que leur eau soit bonne à boire. On ajoute que, pour
fixer la teinture, l'eau de Hiérapolis a des vertus merveilleuses, au point que les laines teintes dans cette
ville avec de simples racines[2] le disputent, pour l'éclat
des couleurs, aux plus belles teintures tirées de la coche-
nille ou de la pourpre. L'eau d'ailleurs est si abondante
qu'on rencontre à chaque pas, dans Hiérapolis, des bassins ou bains naturels.

15. A Hiérapolis succède la région d'*au delà du
Méandre*. Nous en avons décrit ci-dessus plusieurs cantons, notamment les environs de Laodicée, d'Aphrodisias,
et tout ce qui s'étend jusqu'à Carura. Suivent, à l'ouest,
le territoire d'Antioche-sur-Méandre, lequel appartient
déjà à la Carie ; et au midi, jusqu'au Taurus et à la Lycie,
la grande Cibyre, Sinda et Cabalis. Antioche est une ville

---

1. Voyez, dans l'*Index var. lect.* de Müller, combien le mot τοῦτο a embarrassé
les différents éditeurs, à tort, suivant nous. — 2. Voy. Meyer, *Botan. Erläuter.
zu Strabons Geogr.*, p. 58.

de médiocre étendue, bâtie non loin de la frontière de Phrygie, sur le Méandre même, que l'on y passe au moyen d'un pont. Des deux côtés du fleuve, elle possède des terrains spacieux, tous extrêmement fertiles, mais dont le principal produit est l'excellente figue dite d'*Antioche*, connue encore sous le nom de figue *triphylle* ou *à trois feuilles* [1]. Malheureusement ici aussi les tremblements de terre sont très fréquents. — Antioche a vu naître un *sophiste* célèbre, Diotréphès, maître d'Hybréas, qui lui-même compte au nombre des plus grands orateurs de notre temps.

16. Les Cabaléens sont souvent identifiés avec les Solymes : il est de fait que la hauteur qui domine l'acropole de Termesse porte le nom de mont Solyme, et que l'on donne souvent le nom de *Solymi* aux Termesséens. Ajoutons qu'on signale près de là le *Fossé* ou *Retranchement de Bellérophon*, ainsi que le *Tombeau de Pisandre*, ce fils de Bellérophon, tué en combattant les Solymes, et que ces dernières circonstances concordent au mieux avec les paroles mêmes du poète, lorsqu'il dit en parlant du père [2] :

« Puis, pour seconde épreuve, il eut à combattre l'illustre « nation des Solymes »,

et lorsqu'à propos du fils il s'écrie [3] :

« Mars, insatiable de carnage, lui enleva Pisandre, son fils « chéri, comme il luttait de toutes ses forces contre les « Solymes. »

Quant à Termesse, elle compte au nombre des villes de la Pisidie, mais elle se trouve par le fait si près de Cybire, qu'elle semble la toucher et la domine en quelque sorte [4]

17. Les Cibyrates actuels passent pour descendre à la

---

1. Voy Meyer, *Botan. Erl. zu Str. Geogr.*, p. 59. — 2. *Iliade*, VI, 184. — 3. *Ibid*, VI, 203. — 4. M. Waddington (*Explic. des Inscr. gr. et lat.*, etc., t. III, p. 304, col. 2) soupçonne Strabon d'avoir fait ici confusion entre les deux Termessus.

fois, et d'une première colonie lydienne venue pour occuper Cabalis, et de Pisidiens des environs, qui, s'étant
mêlés plus tard aux Lydiens, crurent devoir déplacer la
ville, et la transportèrent dans un lieu d'une assiette très-
forte pouvant mesurer environ 100 stades de tour. Cibyre, grâce à la sagesse de ses lois, prit un rapide
accroissement, et, de proche en proche, en créant de
nouveaux bourgs, recula les limites de son territoire depuis la Pisidie et le canton contigu, connu sous le nom de
Milyade, jusqu'à la Lycie et jusqu'à la partie du littoral
qui fait face à l'île de Rhodes. Puis, les trois villes voisines de Bubôn, de Balbura et d'Œnoanda, s'étant
réunies à elle, on vit se former, sous le nom de *tétrapole*, une sorte de confédération, dans laquelle chacune de ces trois villes eut un suffrage, tandis que
Cibyra en eut deux, comme pouvant mettre sur pied
à elle seule trente mille fantassins et deux mille cavaliers. Cibyra n'avait pas connu d'autre régime que la
tyrannie (tyrannie très douce, à vrai dire, et très modérée), quand, du vivant de Moagète, Muréna mit fin violemment à cette forme de gouvernement, attribuant du
même coup à la Lycie les villes de Balbura et de Bubôn.
[Malgré ce démembrement,] la Cibyratique forme aujourd'hui encore un des plus grands *diocèses* de la province d'Asie. On y a de tout temps parlé quatre langues :
le pisidien, le solyme, le grec, voire le lydien [1], dont il
ne reste plus trace dans la Lydie même. Une autre particularité qui distingue ses habitants, c'est leur adresse
pour travailler et ciseler le fer. — Sous le nom de Milya,
on désigne tout le pays de montagnes partant du col ou
défilé de Termesse et de la route qui franchit ce col pour
aboutir, à Isinda, dans la région cis-taurique, et se prolongeant jusqu'à Sagalassus et jusqu'au territoire d'Apamée.

1. Kramer supplée ainsi la lacune : [Τῆς Αυδῶν] δί.

FIN DU TREIZIÈME LIVRE.

LIVRE XIV.

Le livre XIV comprend, avec les Cyclades, toute la côte qui fait face à ces îles, côte formée de la Pamphylie, de l'Isaurie, de la Lycie, de la Pisidie et de la Cilicie jusqu'au territoire de Séleucie en Syrie, et aussi toute la partie de l'Asie appelée proprement l'Ionie.

CHAPITRE PREMIER.

Il nous reste encore à décrire l'Ionie, et, avec l'Ionie, la Carie et la partie du littoral sise en dehors du Taurus qu'occupent les Lyciens, les Pamphyliens et les Ciliciens, et ainsi se trouvera complété le périple de cette *presqu'île*, dont nous avons figuré l'isthme par une ligne tirée de la mer du Pont au fond de la mer d'Issus.

2. Le relevé exact de la côte d'Ionie[1] ne donne pas moins de 3430 stades, à cause du grand nombre de ses golfes et de la forme généralement très-découpée qu'elle affecte; mais, mesurée en ligne droite, sa longueur est peu de chose. D'Éphèse à Smyrne, par exemple[2], tandis que le trajet par terre, en ligne directe, mesure seulement 320 stades (120 stades jusqu'à Métropolis, et 200 de Métropolis à Smyrne), la distance par mer n'est guère inférieure à 2200 stades. Quant aux limites ou points

---

1. « Ut passim in omnibus libris περί et παρά confunduntur propter siglas adeo inter se similes ut sæpius non ex scriptura codicis, sed ex contexta oratione quid scriptum sit colligatur, sic παραπλεῖν et περιπλεῖν sexcenties inter se permutantur. Præter loci sententiam hic editur ὁ ΠΕΡΙπλους τῆς Ἰωνίας. » (Cobet, *Miscell. crit.*, p. 192.) — 2. γοῦν au lieu de οὖν, correction de Coray.

extrêmes à assigner, d'après cela, à la côte d'Ionie, ce
sont, d'une part, le cap Posidium, situé aux confins de la
Carie, sur le territoire de Milet, et, d'autre part, Phocée,
aux bouches de l'Hermus.

3. De cette côte, une partie, suivant Phérécyde (la partie
où se trouvent Milet, Myonte, Mycale et Éphèse), avait
été primitivement occupée par les Cariens, tandis que le
reste, jusqu'à Phocée, y compris Chios et Samos [1] (autrement dit l'ancien royaume d'Ancée), appartenait aux
Lélèges; mais Lélèges et Cariens se virent du même
coup expulser par les Ioniens et refouler au cœur de la
Carie. Phérécyde ajoute que la colonie ionienne, postérieure à la migration des Æoliens, avait pour chef ou
archégète Androclus, fils légitime de Codrus, et que ce
fut lui, Androclus, qui fonda Éphèse; que c'est même à
cause de cela qu'Éphèse fut choisie de préférence aux autres villes de l'Ionie pour servir de capitale ou de *résidence royale.* Il est constant qu'aujourd'hui encore les
descendants d'Androclus sont appelés du nom de *rois,*
et qu'ils jouissent de certaines prérogatives : qu'ils occupent, par exemple, la place d'honneur dans les jeux
publics, portant une robe de pourpre comme insigne de
leur royale origine et un bâton en guise de sceptre, et
qu'ils assistent de droit aux mystères de Cérès Éleusi-
nienne. Milet, à son tour, eut pour fondateur Nélée;
lequel était originaire de Pylos. Mais Pyliens et Mes-
séniens se regardent comme frères. Nestor, en raison
de cette parenté, est souvent appelé *le Messénien* par les
poètes continuateurs d'Homère, et l'on assure que Mé-
lanthus, père de Codrus, en partant pour Athènes, comptait beaucoup de Pyliens parmi ses compagnons : on
s'explique donc que tous ces Pyliens de l'Attique en
masse aient pris part à la grande migration ionienne.
On voit aujourd'hui encore, debout sur le cap Posidium,
un autel, monument de la piété de Nélée. De même

---

1. καὶ Χίον καὶ Σάμον au lieu de κ. Χίου κ. Σάμου, conjecture plausible de
Kramer.

Cydrélus[1], fils naturel de Codrus, fonde la ville de Myonte, et Andropompe celle de Lébédos, après s'être emparé, pour y bâtir, d'un lieu appelé *Artis*[2]. Colophon, elle, a pour fondateur Andræmon le Pylien, comme le marque, entre autres auteurs, Mimnerme dans son poème de *Nanno*. Quant à Priène, bâtie par Æpytus, fils de Né-lée, elle reçoit plus tard de nouveaux colons amenés de Thèbes par Philotas. Tel est le cas aussi de Téos : pri-mitivement fondée par Athamas, comme l'atteste l'épi-thète d'*Athamantide* dont Anacréon accompagne son nom, elle reçoit, à l'époque de l'émigration ionienne, la colonie de Nauclus, fils illégitime de Codrus, et, après celle-ci, la colonie d'Apœcus et de Damase, tous deux originaires d'Athènes, voire une troisième venue de Béo-tie sous la conduite de Gérès. Un autre fils illégitime de Codrus, Cnopus, fonde Erythrées; puis viennent l'A-thénien Philogène et Paralus, qui fondent, le premier Phocée, le second Clazomènes. Enfin, à la tête d'un ramassis de toutes nations, Egertius bâtit Chios, pen-dant que Tembrion s'établit dans Samos, qui, plus tard, reçoit en outre les compagnons de Proclès.

4. Les douze villes que nous venons d'énumérer constituent les villes ioniennes proprement dites; mais il faut y ajouter encore Smyrne, puisque, dans la suite, les Éphésiens introduisirent cette cité dans l'*Ionicon*. Éphésiens et Smyrnéens, on le sait, vivaient primitive-ment côte à côte; Ephèse même, dans ce temps-là, s'ap-pelait *Smyrna*. Callinus lui donne ce nom quelque part, et, dans son *Invocation à Jupiter*, il dit volontiers *Smyr-néens* pour *Éphésiens* : témoin ce premier passage :

« Prends pitié des Smyrnéens, »

---

1. D'après la leçon Κυδρῖλος fournie par un ms. du Vatican, Coray soupçonnait que la vraie forme de ce nom devait être Κοδρυλος ou Κοδρῖλος. Muller rappelle que, dans Pausanias, le fondateur de Myonte a nom Κυνάρητος. — 2. La forme Ἄρτιν, que fournissent un certain nombre de manuscrits au lieu de la forme générale-ment admise Ἄρτιν, donne beaucoup de vraisemblance à la conjecture Ἀκτην, pro-posée par Paulmier (*Exerce. in auctt. gr.*, p. 343).

et cet autre :

« N'oublie jamais, ô Jupiter ! que souvent en ton honneur
« (les Smyrnéens) ont dépecé les taureaux et brûlé ces gras-
« ses victimes [1]. »

Smyrna était l'Amazone qui avait un moment régné
sur Éphèse, et ville et habitants avaient retenu son nom,
tout comme un de leurs dèmes avait déjà pris, en souvenir de Sisyrbé, le nom de Sisyrbites. Ajoutons que l'un
des quartiers ou faubourgs d'Éphèse portait plus spécialement le nom de *Smyrna ;* ces paroles d'Hipponax en
font foi :

« Il loge[2] derrière la ville dans Smyrna, entre Trachée et
« Lépré-Acté [3]. »

Sous ce nom de *Lépré-Acté* on désignait l'espèce de
butte [4] qui domine la ville actuelle et qui supporte une
partie de son mur d'enceinte ; cela est si vrai, qu'aujour-
d'hui même, quand on veut parler des propriétés sises
en arrière de cette butte, on dit toujours « *les terrains
de l'Opistho-léprie* ». D'autre part, le nom de *Trachée*
désignait tout le terrain en pente qui borde le Coressus. Or, l'ancienne Éphèse (Palæo-Ephesos) étant groupée
autour de l'*Athénæum,* qui aujourd'hui est hors de la
ville, près [de la fontaine] *Hypélæon* [5], Smyrne, on le
voit, devait se trouver près du *Gymnase* actuel, c'est-
à-dire effectivement derrière *Palæo-Ephesos* [6] et entre
Trachée et Lépré-Acté. Mais les Smyrnéens voulurent
se séparer des Ephésiens : ils se dirigèrent alors en
armes vers la partie de la côte où s'élève aujourd'hui la
ville de Smyrne et que les Lélèges occupaient, en expul-
sèrent ce peuple et bâtirent *Palæo-Smyrna*, à 20 stades

1. Coray suppléait ici Σμυρναῖοι κατέκηαν. — 2. οἰκεῖ au lieu de ᾤκει, correction
signalée par Meineke, qui regrette d'avoir oublié le nom du savant à qui elle est
due. Voy. *Vind. Strab.*, p. 217. — 3. Sur ce nom, voyez une remarque intéressante de Meineke, *ibid.* — 4. τρηῶν au lieu de τρίων, correction de Coray, admise
par Meineke. — 5. κατὰ τὴν καλουμένην [κρήνην] Ὑπελ., conjecture heureuse de
Casaubon. — 6. ὄπισθεν μὲν τῆς τότε πολεως au lieu de ὁ. μ. τῆς νῦν πόλεως, cor-

de distance de l'emplacement de la ville actuelle. Un moment ils durent se retirer eux-mêmes devant une incursion des Æoliens et cherchèrent alors un refuge à Colophon, mais bientôt, avec l'aide des Colophoniens, ils purent reprendre l'offensive[1] et rentrer en possession de leur territoire. C'est ce que rappelle encore Mimnerme dans son poème de *Nanno*[2], pour montrer combien Smyrne fut toujours une position enviée et disputée :

« Nous avions quitté Pylos[3], la cité de Nélée, et nos vaisseaux
« avaient atteint l'heureuse terre d'Asie. Confiants dans la
« force de nos armes, c'est sur la riante plage de Colophon
« que nous mettons le pied d'abord et que nous préludons à
« nos belliqueux travaux ; mais bientôt, franchissant le fleuve
« Alès[4] pour obéir au divin oracle, nous nous élançons[5] à la
« conquête de Smyrne l'æolienne[6]. »

J'en ai dit assez du reste sur ce sujet. Il me faut maintenant reprendre les choses une à une en commençant naturellement par le double chef-lieu de l'Ionie, c'est-à-dire par l'une et l'autre ville dont la fondation inaugure en quelque sorte la colonisation ionienne : j'ai nommé Milet et Éphèse, des douze villes qui précèdent assurément les plus importantes et les plus illustres.

5. Tout de suite après le cap Posidium, lequel dépend du territoire de Milet, si l'on remonte vers l'intérieur l'espace de 18 stades environ, on rencontre d'abord, dans le canton dit *des Branchides*, le *Mantéum* ou Oracle

---

rection fondée sur la présence du mot ποτε dans bon nombre de manuscrits. Proposée par Kramer, cette correction a été admise par Meineke. — 1. ἐπανιόντες au lieu de ἐπιόντες, bonne correction de Coray — 2. Les soupçons de Kramer, qui croit que cette longue citation de Mimnerme n'est pas du fait de Strabon, sont partagés par Muller et Meineke, sans qu'ils aient osé pourtant ni l'un ni l'autre l'éliminer. Voy. Meineke, *Strab. Geogr.*, vol. III, Præf., p. IV, et Muller, *Index var. lect.*, p. 1028, col. 1. — 3. ἡμεῖς δ'ἥντε Πύλον, etc., au lieu de γ. αἰπὺ Πύλου, correction de Meineke fondée sur cette raison que « concursus syllabarum τυ τυ habet aliquid dissoni, nec credo in tota græcorum literatura ullum earum conjunctionis exemplum reperiri posse. » Voy. *Vindic Strabon*, p. 217. — 4. Voy. Müller, *Index var. lect.*, p. 1028, col. 1. — 5. Meineke déclare ne pas s'expliquer l'emploi du présent ἀπορνύμενοι. — 6. Sur les difficultés grammaticales et autres que présentent ces vers de Mimnerme, voy. Meineke, *Vindic. Strabon.*, p. 217-218.

d'Apollon Didyméen. Ce sanctuaire partagea le sort des
autres temples de l'Ionie, qui, à l'exception du temple
d'Ephèse, furent tous brûlés par Xerxès. Quant aux
Branchides, qui avaient livré les trésors du dieu au roi
fugitif, ils prirent le parti de suivre Xerxès et de quitter
le pays pour ne pas porter la peine de leur sacrilège et
de leur trahison. A la place de ce premier sanctuaire,
les Milésiens construisirent un temple qui surpassait par
ses dimensions tous les temples connus, et qui, à cause de
cela même, ne reçut jamais sa toiture. L'enceinte principale, capable d'enfermer tout un bourg, se trouve placée
entre deux *alsê* ou bois magnifiques, l'un intérieur, l'autre extérieur, et a comme dépendances différents sanctuaires qui contiennent le *Mantéum* et tous les objets
nécessaires au culte. C'est en ce lieu que la Fable place
la scène des amours d'Apollon et de Branchus. On y a
réuni à titre de pieuses offrandes les chefs-d'œuvre les
plus précieux de l'art antique. Du temple à la ville le chemin n'est rien, qu'on s'y rende par terre ou qu'on descende jusqu'à la côte pour regagner Milet par mer.

6. Si l'on en croit Ephore, Milet tire son origine d'un
premier établissement crétois fondé par Sarpédon [non
sur la côte même], mais un peu au-dessus de la mer,
dans l'emplacement qu'on nomme aujourd'hui *Palæo-
Miletos*. Ayant amené avec lui beaucoup des habitants de
la ville crétoise de Milet, Sarpédon avait naturellement
donné à la colonie le nom de sa métropole. Éphore ajoute
qu'antérieurement le même emplacement avait été occupé
par les Lélèges. Quant à la ville moderne, dite *Néo-
Miletos*, c'est Nélée, paraît-il, qui en fut le fondateur.
Néo-Miletos a quatre ports, un, entre autres, où pourrait
tenir une flotte entière. De toutes les grandes choses
qu'a faites Milet (et elle en a fait beaucoup), la plus
grande assurément est d'avoir à elle seule fondé tant
de colonies. Ses établissements sont répandus tout le
long du Pont-Euxin, de la Propontide, et dans maint autre parage encore. Anaximène de Lampsaque en énu-

mère un certain nombre : ceux de l'île Icaria, par exemple, et de l'île de Léros ; et, dans l'Hellespont, sur la côte de la Chersonnèse, celui de Limnæ ; sur la côte d'Asie, Abydos, Arisbé, Pæsos ; dans l'île des Cyzicéniens, Artacé et Cyzique ; enfin Scepsis, dans l'intérieur de la Troade. A notre tour, et au fur et à mesure que nous les rencontrons, nous signalons tous ceux qu'Anaximène a omis. Milésiens et Déliens honorent un dieu particulier[1], un Apollon *Oulios*, autrement dit Apollon *dieu de la santé, dieu de la médecine,* car le mot ούιειν signifie *être en santé :* il a pour dérivé le mot *oulé, cicatrice,* et se retrouve dans la formule « ούιε τε χαι μ γα χαίρι, *bonne santé et grand' joie[2]* ». Apollon, comme chacun sait, a d ns ses attributs l'art de guérir, et c'est aussi parce qu'elle entretient les corps intacts et en santé, άρτεμέας, qu'on a donné à sa sœur le nom d'*Artémis.* Ajoutons que, si le Soleil et la Lune ont été identifiés avec ces deux divinités, c'est que l'action combinee des deux astres est ce qui produit la pureté de l'air. Rappelons enfin que les épidémies, les suicides, sont imputés aux deux mêmes divinités.

7. Les personnages illustres qu'a vus naître Milet sont Thalès qui compte parmi les sept Sages, et qui a inauguré chez les Grecs l'etude de la physique et de la science mathématique ; Anaximandre, disciple de Thalès, et Anaximène, disciple à son tour d'Anaximandre ; puis Hécatée l'historien[3] ; et, de nos jours, le rhéteur Æschine, qui acheva sa vie dans l'exil pour avoir, dans ses rapports avec le Grand Pompée, outrepassé les bornes de la franchise. Milet eut beaucoup à souffrir d'avoir fermé ses portes à Alexandre ; comme Halicarnasse, elle fut prise d'assaut. Elle l'avait été déjà précédemment par les Per-

1. Koen, dans une note très intéressante ad Gregor. *de Dialecto Ionica* (p 492), propose de lire ici, au lieu de Ούλιον δ'Α. καλοῦσί τινα και Μιλήσιοι και Δήλιοι, « quia on rat non nihil structuram sic positum τινά », Ούλ ον δ' ι. καλοῦσι ΤΗΝΙΟΙ και Μιλήσιοι και Δήλιοι. — 2. *Odyssée,* XXIV, 402. — 3 Nulle part dans ce énumérations de célébrites loc.l s Strabon ne vise à être complet, inutile par conséquent d'ajouter, comme voula t le faire Coray, le nom de Cadmus apres celui d'Hécatée, συντάξας [και Κάδμος], καθ' ήμᾶς.

ses. A ce propos-là même, Callisthène rappelle comment les Athéniens punirent de 1000 drachmes d'amende le poète tragique Phrynichus, pour avoir fait un drame de la prise de Milet par Darius [1]. — En face de Milet, à une faible distance, on aperçoit, outre l'île Ladé, le groupe des Tragées, îlots dont les anses nombreuses offrent de sûrs abris aux pirates.

8. Vient ensuite le golfe Latmique, et, à l'intérieur du golfe, la petite ville d'Héraclée, d'*Héraclée-sous-Latmos*, laquelle possède un bon mouillage. Primitivement, Héraclée s'appelait *Latmos*, tout comme la montagne qui la domine : au moins est-ce là ce que semble indiquer Hécatée, quand il identifie le mont Latmos avec le Phthirôn-Oros d'Homère [2], puis qu'Homère place expressément le Phthirôn-Oros au-dessus de Latmos. Mais d'autres auteurs reconnaissent le Phthirôn-Oros dans le Grium, par la raison que cette montagne part de la frontière Milésienne, court à l'est parallèlement au Latmos, traversant la Carie jusqu'à Euromos et jusqu'aux Chalcétores, et semble, vue à distance [3], placée juste au-dessus d'Héraclée. Non loin de la ville, en franchissant un petit ruisseau, on trouverait adossé au Latmos même, tout au

---

1. « Nemo mortalium de ea re rescivisset unquam, nisi eam Herodotus ab oblivione vindicasset, VI, 21. Hujuscemodi διηγημάτια aut æqualium sunt et oculatorum testium aut certe a paribus, qui vidissent, accepta. Callisthenes igitur haud dubie hæc ex Herodoti historiis non nominato auctore in librum suum transtulit. » Nous détachons cette phrase d'un long *factum* de M. Cobet (*Miscell. crit.*, etc. Lugd. Batav., 1876, p. 193-195) destiné à venger Hérodote de l'injustice avec laquelle les anciens historiens, et en particulier Strabon, affectent de le traiter de radoteur et de le ravaler au rang des Hellanicus et des Ctésias. En ce qui concerne Strabon, nous trouvons que M. Cobet, comme toujours, a dépassé la mesure. Oui, Strabon a partagé l'opinion commune des anciens sur les prétendus mensonges et erreurs d'Hérodote, mais est-il vrai que sciemment il ait déguisé maint emprunt fait par lui à Hérodote et négligé de lui faire honneur d'informations que des écrivains plus modernes n'avaient pu prendre que chez lui? qu'ici en particulier il ait omis volontairement de dire que le fait cité par Callisthène avait été rapporté d'abord par Hérodote? Nous ne le croyons pas et nous repoussons absolument ce procès de tendance fait à notre auteur. M. Cobet a trop oublié les procédés de composition et de rédaction de Strabon, procédés singulièrement hâtifs et qui font de lui un écrivain, sinon léger, du moins assez superficiel, citant souvent de mémoire, consultant de préférence des autorités de seconde main, ne vérifiant ni leurs sources ni leurs citations, et ne sachant même pas se retrouver toujours dans ses propres ouvrages. — 2. *Iliade*, II, 868. — 3. ἐν ὄψει au lieu de ἐν ὄψει, excellente correction de Groskurd, admise par Meineke.

fond d'une caverne, le tombeau d'Endymion. Puis, en continuant à ranger la côte depuis Héraclée jusqu'à la petite ville de Pyrrha, on compte environ 100 stades.

9. On en compte un peu plus depuis Milet jusqu'à Héraclée en ayant égard à toutes les sinuosités de la côte. Mais en ligne droite, de Pyrrha à Milet, le trajet n'est en tout que de 30 stades, tant il est vrai qu'un périple proprement dit, dans lequel on relève tous les détails d'une côte, est singulièrement plus long. [A cela que faire?] Il faut bien pourtant de toute nécessité, quand il s'agit de parages aussi illustres, que le lecteur accepte les lenteurs d'une description méthodique comme est la nôtre.

10. De Pyrrha à l'embouchure du Méandre, le trajet est de 50 [1] stades. La partie de la côte où débouche ce fleuve est basse et marécageuse, mais on peut remonter le fleuve sur une embarcation légère, et, à 30 stades de distance, on atteint Myûs, l'une des douze villes ioniennes, actuellement si dépeuplée, qu'elle ne peut plus être regardée que comme une annexe ou dépendance de Milet. Myûs est cette même ville que Xerxès donna, dit-on, à Thémistocle pour défrayer sa maison de viande et de poisson, en même temps qu'il lui donnait pour le pain de sa table Magnésie et pour le vin Lampsaque.

11. Quatre stades plus loin est le bourg carien de Thymbrée, qu'avoisine un antre sacré, le Charonium, dont aucun oiseau n'ose approcher à cause des vapeurs méphitiques qui s'en exhalent. Juste au-dessus de Thymbrée est la ville de Magnésie du Méandre, ancienne colonie de Magnètes thessaliens et de Crétois, dont nous parlerons plus au long tout à l'heure.

12. Aux bouches du Méandre succède la côte de Priène, qui s'étend juste au-dessous de la ville de ce nom et de la chaîne du mont Mycale. Riche en gibier et en bois, le mont Mycale s'avance à la rencontre de Samos, formant,

---

1. « Vereor, dit Müller, ne corruptus sit numerus. » (*Index var. lect.*, p. 1028, col. 1.)

avec la partie de cette île qui fait face au cap Trogilium,
un canal ou détroit large environ de 7 stades. On donne
à Priène quelquefois le nom de Cadmé, pour rappeler
apparemment que Philotas, son second fondateur, était
Béotien. Priène est la patrie de Bias, l'un des sept Sages,
bien connu par le mot d'Hipponax :

« Être meilleur avocat, oui, meilleur avocat que Bias de
Priène! »

13. Le cap Trogilium a pour prolongement un îlot de
même nom ; depuis cet îlot jusqu'au cap Sunium le trajet le plus court est de 1600 stades. La ligne qu'on suit
laisse d'abord sur la droite Samos, Icarie et Corassies [1],
puis passe à gauche des roches Mélantiennes [2] et achève
son parcours en coupant par le milieu tout le groupe des
Cyclades. La pointe Trogilios n'est à proprement parler
qu'une des extrémités du mont Mycale. Une autre montagne, le Pactyès, dépendant du territoire d'Ephèse, se
rattache également à cette chaîne, et le Mésogis lui-même
tend à se confondre avec elle.

14. De la pointe Trogilios à la ville de Samos il y a
40 stades. La ville proprement dite regarde le midi ; le
port, avec son *naustathme* ou arsenal, a la même exposition. Dans la plus grande partie de son étendue, là où
elle est baignée par la mer, la ville de Samos offre un
terrain plat et uni, mais elle a aussi l'un de ses quartiers dont les rues montent par une pente assez raide
dans la direction de la montagne qui domine tout ce
côté de l'île. En venant par mer, on se trouve avoir à
droite, couronné d'un temple de Neptune et précédé de
la petite île de Narthécis, le cap Posidium, lequel forme,
avec le mont Mycale, cet *Heptastade* ou canal de 7 stades ; à gauche, on a le faubourg de l'Héræum avec l'embouchure de l'Imbrasus et l'Héræum même, temple fort
ancien, nef immense convertie aujourd hui en galerie de

---

1. Κορασσίας au lieu de Κορσίας, correction de Tzschucke et de Coray. — 2. Μι-
Ταντίους (et mieux Μιλαντίους), au lieu de Μιλανθίους, correction suggérée à
Τzschucke par une conjecture de Vossius.

tableaux ou *pinacothèque*. Indépendamment de l'immense quantité de tableaux que contient cette nef principale, l'Hérœum possède maint chef-d'œuvre antique contenu dans d'autres galeries et dans d'autres temples plus petits. L'*hypæthre* aussi, ou toute la partie de l'enceinte laissée à ciel ouvert, est rempli de statues du plus grand prix : on y voyait notamment ce beau groupe de Myron, ces trois figures colossales (de Minerve, d'Hercule et de Jupiter) réunies sur le même piédestal. Antoine avait fait enlever le groupe tout entier, mais César Auguste pieusement replaça sur leur piédestal les deux statues de Minerve et d'Hercule et ne retint que celle de Jupiter, qu'il fit transporter au Capitole dans un *naïscos* ou édicule bâti exprès.

15. Le périple de l'île de Samos mesure en tout 600 stades[1]. Nommée primitivement Parthénie, quand elle n'était peuplée encore que de Cariens, cette île s'appela ensuite Anthémussa[2], puis Mélamphylle[3], et finalement Samos, soit du nom de quelque héros indigène, soit du nom du chef même de la colonie ithacienne et céphallénienne. Quant au nom d'Ampélos, que porte, non seulement le promontoire qui fait face[4] au cap Drepanon de l'île d'Icarie, mais encore toute la chaîne de montagnes qui couvre l'île de ses ramifications, il pourrait donner à entendre que Samos est particulièrement fertile en vins : il n'en est rien cependant, et, tandis que les îles environnantes[5] produisent toutes du vin excellent, tandis que la côte de terre ferme située vis-à-vis nous offre presque à chaque pas des crus célèbres, tels que les grands crus d'Éphèse et de Métropolis et ceux du Mésogis, du Tmole, de la Catakékaumène, de Cnide et de Smyrne, sans parler de beaucoup d'autres, qui, pour ap-

---

1. Guarini traduit 300 au lieu de 600. — 2. Ἀνθεμοῦσσα au lieu de Ἀνθεμοῦς, correction de Meineke, qui renvoie a son édition d'Étienne de Byzance, p. 96. — 3. Μιλαμφυλλος, au lieu de Μιλαμφυλος, autre correction de Meineke. Voy. *Vind. Strabon.*, p. 218. — 4. Coray élimine la particule πως placée dans le texte après le mot βλέπουσα — 5. Kramer transporte ici les mots οἷον Χίου καὶ Λέσβου καὶ Κῶ, placés dans le texte deux lignes plus bas après le m t οἴνους. Nous avons mieux aimé, à l'exemple de Meineke, les éliminer. Voy. *Vind. Strabon.*, p. 218.

partenir à des localités plus obscures, n'en voient pas
moins leurs produits très-recherchés des gourmets et
très-ordonnés aux malades, Samos, elle, ne récolte que des
vins médiocres. Elle est, en revanche, pour tout le reste
merveilleusement partagée, comme le prouvent au surplus et l'acharnement des conquérants à s'en disputer la
possession et l'enthousiasme de ses panégyristes, lesquels
vont jusqu'à lui appliquer ce dicton que Ménandre rappelle et cite quelque part[1] : « *Heureuse au point de tirer*
du lait de ses poules! » On peut même dire que cet excès
de prospérité fut la cause des *tyrannies* que Samos eut
à subir, la cause aussi de la haine jalouse que lui por-
tèrent toujours les Athéniens.

16. L'apogée du pouvoir *tyrannique* à Samos coïncide
avec les règnes de Polycrate et de son frère Syloson.
Vrai favori de la Fortune, Polycrate était parvenu, par
l'éclat de ses victoires, à fonder une sorte de *thalasso-*
cratie. Pour donner une preuve de l'heureuse chance
qui accompagnait toutes ses actions, on raconte qu'ayant
jeté exprès à la mer une bague, objet du plus grand prix
tant pour la beauté de la pierre que pour le fini de la gra-
vure, il vit peu de temps après un de ses pêcheurs lui
apporter le poisson même par qui sa bague avait été ava-
lée, si bien qu'en ouvrant le poisson on retrouva la bague.
On ajoute que l'aventure parvint aux oreilles du roi
d'Égypte[2], qui, saisi à l'instant d'une sorte d'inspiration
prophétique, annonça tout haut qu'avant peu on verrait

1. καθάπερ που καὶ Μένανδρος ἔφη, ces mots du texte sont éliminés par Meineke,
à tort suivant nous. Cette façon vague de citer est familière à Strabon et explique
de reste les erreurs et confusions qu'il a pu commettre. Voy. *Vind Strab.*,
p. 218-219.— 2. Au lieu de πυθόμενον δὲ τοῦτο τὸν Αἰγυπτίων βασιλέΑ ΦΑΣΙ μαντικῶς
etc., Hemsterhuys avait corrigé à la main, en marge de son exemplaire de Strabon :
« L. Ἄμασιν · Φασὶ orationem onerat. » — « Sine controversia, ajoute Cobet, à qui
l'on doit de connaître cette charmante et incontestable correction, post τὸν Αἰγυπτίων βασιλέα nomen regis desideratur. » Voy. *Miscell. crit.*, p. 194. Tout ce passage relatif à Polycrate est de ceux que Strabon, suivant Cobet, n'avait pu tirer
que d'Hérodote et qu'il s'est cyniquement approprié sans nommer la source où
il l'avait puisé. Mais, si cette source était sa propre mémoire, ou si le récit d'Hérodote était tellement populaire qu'il fût absolument inutile de rappeler à des Grecs
qui avait été l'historien de Polycrate? Quand nous rappelons un fait de la rivalité
de Frédégonde et de Brunehaut, avons-nous besoin de citer Grégoire de Tours? La
chose va de soi. Quand la source est unique, il n'y a aucune nécessité de la citer.

périr d'une fin misérable ce prince élevé si haut par les faveurs de la Fortune, et que l'événement vérifia sa prédiction, puisque Polycrate, victime d'une ruse d'Oroïtès[1], satrape d'Asie Mineure, fut pris par lui et pendu. Anacréon, le poète lyrique, avait beaucoup vécu à la cour de Polycrate, aussi le souvenir de ce prince remplit-il pour ainsi dire toutes ses poésies. Un autre contemporain de Polycrate, Pythagore, avait quitté Samos, dit-on, dès qu'il avait vu poindre dans sa patrie les premiers germes de la tyrannie, et il avait voyagé pour s'instruire en Égypte, à Babylone; à son retour de ce premier voyage, il trouva la tyrannie plus florissante que jamais dans Samos, il se rembarqua alors et fit voile pour l'Italie où il passa le reste de sa vie. — Nous n'en dirons pas davantage au sujet de Polycrate.

17. Mais il laissait un frère, Syloson. Celui-ci vécut quelque temps encore simple particulier à Samos; puis Darius, fils d'Hystaspe, devenu roi, se souvint que Syloson lui avait cédé autrefois de bonne grâce certain vêtement dont il avait eu envie en le lui voyant porter (il n'était pas encore roi à cette époque), et il l'en récompensa en lui permettant de s'emparer à son tour de la tyrannie dans sa patrie. La tyrannie de Syloson fut dure, si dure même, qu'en peu de temps la ville de Samos se dépeupla, ce qui donna lieu à ce mot devenu proverbe :
« *Grâce à Syloson, le désert!* »

18. Déjà dans une première expédition, dont Périclès partageait le commandement avec le poète Sophocle, les Athéniens avaient cruellement châtié la défection des Samiens en faisant subir à leur ville toutes les rigueurs d'un siège; cela n'empêcha pas que plus tard les Samiens ne reçussent encore chez eux deux mille colons athéniens. Néoclès, père du philosophe Épicure et simple

---

1. Autre correction non moins exquise d'Hemsterhuys. En regard de ces mots du texte ληφθέντα γὰρ ἐξ ἀπάτης ὑπΟ ΤΟΥ σατραπου τῶν Περσῶν κρεμασθῆναι, Hemsterhuys avait écrit: « ὑπ' Ὀροίτου σατράπου τῶν Περσῶν. » Ita supplendum videtur, ajoute Cobet. Hæc quoque certa correctio est manifesti mendi ; nam quid sibi vult articulus in ὑπὸ τοῦ σατράπου τῶν Περσῶν? Sumsit Strabo (et sans le dire!) historiam et satrapae nomen ex Herodoti libro III, 120 sqq. »

maître d'école, dit-on, faisait partie de cette colonie, ce
qui explique la tradition qui nous montre Epicure passant le temps de sa première enfance à Samos et à Téos,
puis figurant sur la liste des éphèbes à Athènes à côté
de Ménandre, le futur poète comique. Un autre Samien
célèbre est ce Créophyle qui passe pour avoir donné jadis
l'hospitalité à Homère, faveur que le poète aurait reconnue en mettant sous le nom de son hôte son propre
poème de la *Prise d'Œchalie*. Disons pourtant que Callimaque dément cette tradition et qu'à l'aide d'une ingénieuse épigramme il insinue que la *Prise d'Œchalie* était
bien réellement l'œuvre de Créophyle, et que, si elle fut
attribuée à Homère[1], c'est à cause uniquement de l'hospitalité que Créophyle avait jadis donnée au poète.

« Je suis l'œuvre du Samien qui naguère sous son toit
« abrita le divin Homère, et je pleure[2] les infortunes d'Euryte
« et de la blonde Iolée. Mais on veut aujourd'hui que je sois
« un écrit d'Homère lui-même; pour Créophyle, ô Jupiter !
« c'est beaucoup dire. »

Il y a plus, à en croire certains auteurs, Homère aurait
été le disciple de Créophyle ; mais, suivant d'autres, ce
n'est pas Créophyle, c'est Aristée de Proconnèse qu'il
aurait eu pour maître.

19. Tout à côté de Samos est l'île d'Icarie, qui a donné
son nom à la mer Icarienne. Elle-même rappelle Icare,
ce fils de Dédale, que la Fable nous montre accompagnant son père dans sa fuite, quand tous deux, au moyen
d'ailes fabriquées, s'élancèrent hors de la Crète leur prison. Icare tomba ici même faute d'avoir su régler son
vol : il s'était élevé trop haut, s'approchant trop du soleil, et, la cire de ses ailes ayant fondu, ses ailes mêmes
s'étaient détachées. L'île d'Icarie a en tout 300 stades de
tour; elle n'a point de port, mais seulement quelques

---

1. λεγομένην δ' Ὁμήρου διὰ τὴν ξενίαν, au lieu de λεγομένου δ' Ὁμήρου διὰ τὴν λεγομένην Ξενίαν, correction de Coray. — 2. κλείω δ'Εὔρυτον ὅσσ' ἔπαθεν, correction de
Meineke. Voy. *Vind. Strabon.*, p. 219.

mouillages, dont le meilleur s'appelle Histi, du nom de
la pointe qui l'abrite, laquelle s'avance dans la direction
du couchant. On remarque dans la même île, outre un
temple (le Tauropolium) consacré à Diane, la petite ville
d'Œnoé et celle de Dracanum [1], ainsi nommée du cap sur
lequel elle est bâtie. La ville de Dracanum possède un
mouillage sûr; quant au cap, il n'est distant que de
80 stades de la pointe correspondante de l'île de Samos,
dite le *Cantharium* : c'est le plus petit intervalle qui
sépare les deux îles. Icarie aujourd'hui serait complètement déserte, sans les Samiens qui y viennent encore,
surtout pour faire paître leurs bestiaux.

20. Si, après avoir franchi le détroit de Samos qui
borde le promontoire Mycale, on gouverne sur Ephèse,
on se trouve avoir à sa droite la *côte des Éphésiens*, dont
une partie dépend encore du territoire de Samos, et le
premier point qu'on relève est le Panionium, à 3 stades au-dessus de la mer. On nomme ainsi le lieu où
se tient, sous le nom de *Panionies*, l'assemblée générale
des Ioniens, et où se célèbrent les sacrifices solennels en
l'honneur de Neptune Héliconien. La présidence de ces
sacrifices appartient aux Priénéens, comme nous avons
déjà eu occasion de le dire dans notre description du Péloponnèse [2] Néapolis, qui se présente ensuite, dépendait
autrefois d'Ephèse : elle appartient aujourd'hui aux
Samiens, qui ont cédé en échange Marathésium, c'est-à-
dire une possession lointaine en échange d'une plus
rapprochée Puis vient la petite ville de Pygéla avec son
temple d'Artémis Munychie : le temple passe pour un
monument de la piété d'Agamemnon; quant à la ville,
elle eut pour premiers habitants quelques-uns des soldats ou sujets du héros, qui, atteints de douleurs atroces
au fondement (d'où leur sobriquet de *pygalgées* [3]) et trop
souffrants par conséquent pour pouvoir continuer leur

1. La forme Δράκανον est dans Étienne de Byzance. — 2. Livre VIII, ch. VII, § 2.
— 3. Sur la vraie forme de ce mot, voyez Muller, *Index var. lect.*, p. 1028, au bas
de la col. 1.

route, s'étaient arrêtés ici et avaient donné à la localité
le nom de leur mal. A Pygéla succède le port de Pan-
ormos avec son temple de Diane Éphésienne, puis vient
la ville même d'Éphèse. Mais signalons encore sur cette
partie de la côte, un peu au-dessus de la mer, le magnifique bois sacré d'Ortygie, planté d'arbres de toute
espèce, et de cyprès principalement. Ce bois est traversé
par le Cenchrius, qui est la rivière où Latone, dit-on,
vint se laver après ses couches. C'est ici en effet que la
Fable place la scène de l'accouchement de Latone et du
premier allaitement d'Ortygie, à savoir l'antre sacré témoin de la délivrance de la déesse, et tout à côté l'olivier au pied duquel, à peine délivrée, celle-ci vint se reposer. Le bois sacré est dominé par le mont Solmissus,
au haut duquel se tenaient, dit-on, les Curètes chargés
d'étourdir Junon du bruit de leurs armes entre-choquées
et de dépister ses soupçons jaloux en protégeant le mystère de l'accouchement de Latone. L'enceinte d'Ortygie
renferme plusieurs temples, les uns très-anciens, les
autres de construction moderne ; les anciens sont ornés
de statues anciennes, les modernes sont riches en œuvres
de Scopas[1] : on y remarque notamment sa *Latone au
sceptre,* ayant Ortygie à côté d'elle avec un enfant sur
chaque bras. Une assemblée solennelle se tient ici chaque
année et l'usage veut que les jeunes gens rivalisent entre
eux à qui donnera les repas les plus somptueux. Dans le
même temps le collége des Curètes convie à ses banquets
et procède à la célébration de ses mystères particuliers.

21. Les premiers habitants d'Éphèse étaient des Cariens
et des Lélèges, mais Androclus chassa la plus grande
partie de ces barbares, et fonda ensuite, avec ses compagnons ioniens, sur les hauteurs de l'Héræum et de l'Hy-
pélæum, un nouvel établissement, qu'il augmenta encore
de terrains en pente situés au pied du Coressus. Cet éta-

---

1. Σκόπα ἔργα au lieu de σκολιά ἔργα, correction suggérée à Tyrwhitt par l'addition de ce mot en marge d'un ms. de l'Ambroisienne. Un autre ms. (du Vatican)
donne dans le corps même du texte σκολιά σκοπ. ἔργν

blissement subsista sans autre changement jusqu'à l'époque de Crésus[1]. On vit alors la population tendre à s'éloigner de cette région basse du Coressus pour descendre plus bas encore vers l'emplacement du temple actuel, lequel est resté le centre de la ville jusqu'à Alexandre. Quant à la nouvelle ville, c'est Lysimaque qui en bâtit l'enceinte. Ajoutons que, comme il voyait les Éphésiens montrer peu d'empressement à s'y enfermer, ce prince guetta la première grande pluie d'orage, et que, se faisant en quelque sorte le complice du fléau, il boucha exprès tous les égouts de la vieille ville, si bien que celle-ci fut inondée et que les habitants n'eurent rien de plus pressé alors que de la quitter. Lysimaque avait appelé la ville nouvelle Arsinoé, du nom de sa femme, mais l'ancien nom prévalut. En revanche, les anciens sénateurs ou Pères conscrits se virent adjoindre sous le nom d'*Epiclêti* de nouveaux magistrats qui s'emparèrent bientôt de toute l'administration.

22. Quant au temple de Diane, bâti d'abord d'après les plans de Chersiphron, puis agrandi par les soins d'un autre architecte, il fut, comme chacun sait, brûlé par un certain Hérostrate. Les Éphésiens entreprirent alors de s'en faire construire un plus beau, et ils y contribuèrent tous par l'abandon des bijoux de leurs femmes ou de leurs biens particuliers et par la mise en vente des colonnes de l'ancien temple : le fait est attesté par les décrets qui intervinrent alors. Or il faut que Timée de Tauroménium, comme le pense Artémidore, n'ait pas eu connaissance de ces décrets; autrement, en dépit de sa nature envieuse et de cet esprit critique et chagrin qui lui a attiré le sobriquet d'*Épitimée*, cet historien n'eût jamais osé avancer que les Ephésiens n'avaient pu subvenir aux dépenses de leur nouveau temple qu'en mettant la main sur les dépôts sacrés des Perses. « D'abord, « dit Artémidore, il n'existait pas de dépôts semblables

---

1. μέχρι μὲν δὴ τῶν κατὰ Κροῖσον [χρόνων], restitution de Coray.

« avant l'incendie du temple, et, supposé qu'il en eût
« existé, tous eussent été consumés par le feu avec le
« temple lui-même. Il ne s'en forma pas davantage après
« l'incendie, car, la toiture du temple ayant été complè-
« tement détruite, qui eût voulu d'un sanctuaire à
« ciel ouvert pour confier à sa garde d'aussi pré-
« cieux dépôts? On sait d'ailleurs qu'Alexandre avait
« proposé aux Éphésiens de se charger de toutes les
« dépenses faites et à faire, à condition que son nom
« seul figurerait dans l'inscription dédicatoire du nou-
« veau temple, et que les Éphésiens refusèrent cette offre.
« A plus forte raison, s'écrie Artémidore, eussent-ils
« refusé de ne devoir la gloire de leur fondation qu'au
« sacrilège et à la spoliation ! » Enfin Artémidore rappelle l'heureuse réponse de ce citoyen d'Ephèse au héros
macédonien, « qu'il ne conviendrait pas à un dieu de faire
acte de dévotion et de piété à l'égard d'autres dieux. »

23. Le nouveau temple achevé (et Artémidore nous
apprend qu'il était l'œuvre de l'architecte [Dinocrate][1], le
même qui bâtit Alexandrie, le même encore qui promit
à Alexandre de lui sculpter l'Athos à son image : on aurait vu le héros versant d'une aiguière dans une coupe,
comme pour une libation, un fleuve, un vrai fleuve, l'architecte aurait au préalable bâti deux villes, l'une à
droite, l'autre à gauche de la montagne, et le fleuve
aurait coulé de l'une dans l'autre), le nouveau temple
achevé, poursuit Artémidore, restait à se procurer toute
la partie décorative, tous les objets d'art : les Éphésiens
y réussirent grâce à un rabais énorme consenti par les
artistes : c'est ainsi que l'autel principal se trouve dé-
coré presque exclusivement d'œuvres de Praxitèle, et
qu'on nous a montré réunis dans le temple plusieurs
morceaux de Thrason, l'auteur bien connu de l'*Hécaté-
sium* et du groupe de *Pénélope et de la vieille Euryclée*

---

1. Dinocrate au lieu de Chirocrate, correction ancienne qui se trouve déjà dans
un ms. de Venise du quinzième siècle et en marge d'un autre (de la Bibl. nat. de
Paris), et qu'à cause de cela Coray et Meineke se sont empressés d'admettre. « Fieri

à la fontaine[1]. Pour prêtres, il ne s'y trouvait autrefois que des eunuques, à qui l'on donnait le nom de *mégabyzes*, et que l'on faisait venir, au fur et à mesure des besoins, de pays même fort éloignés, pour n'avoir que des sujets dignes de remplir un pareil sacerdoce. Ces eunuques étaient l'objet d'une très-grande vénération, mais il leur fallait partager leurs saintes fonctions avec un même nombre de vierges. Aujourd'hui ces anciens rites sont en partie observés, en partie négligés, le droit d'asile notamment a subsisté intact tel qu'il était autrefois[2], seules les limites de l'asile ont changé, et cela à plusieurs reprises Ainsi Alexandre en étendit le rayon à un stade et Mithridate à la portée d'une flèche lancée d'un des quatre angles de la terrasse superieure du temple, distance qui, à son idée, devait dépasser un peu le stade ; à son tour, Antoine en doubla l'étendue de manière à comprendre dans les limites de l'asile tout un quartier de la ville, mais on ne tarda pas à reconnaître les inconvénients d'une mesure qui livrait la ville en quelque sorte aux malfaiteurs, et César Auguste l'abrogea.

24. La ville possède un arsenal et un port Malheureusement les architectes ont été trop prompts à partager l'erreur de leur maître, et, mal à propos, ils ont rétréci l'entrée du port. Attale Philadelphe (car c'est de lui qu'il s'agit) s'était imaginé que, pour rendre accessibles aux plus forts vaisseaux marchands l'entrée du port et le port lui-même, sujet jusque-là à s'envaser par suite des dépôts ou atterrissements du Caystre, il suffisait d'augmenter la profondeur d'eau en barrant par une digue une partie de l'entrée, ladite entrée se trouvant être excep-

---

tamen potest, dit Müller avec beaucoup de sens, ut ipse Strabo erraverit. » (*Index var. lect.*, p. 1028 col. 1-2) — 1. Voy., sur ce passage difficile, deux notes très intéressantes de Meineke (*Vind. Strabon.*, p. 219), et de Müller (*Ind. var. lect.*, p. 1028, col. 2). Des différentes explications proposées, celle qui nous a paru la plus simple et la plus respectueuse du texte consiste à introduire après κρήνη les mots [ἐν ᾗ], et nous avons traduit en conséquence. L'audace de M. Meineke, remplaçant hardiment κρήνη par κρήνῃ sur la foi d'un seul manuscrit, et tranchant du même coup une des questions les plus délicates et les plus obscures de l'histoire de l'art, nous a fait reculer — 2. [ᾗ ou ὡς] καὶ πρότερον, suivant qu'on accepte la restitution de Coray ou celle de Meineke.

tionnellement large, et il avait en conséquence ordonné la construction de ;cette digue. Mais ce fut le contraire justement qui arriva : désormais retenu en dedans de la digue, le limon déposé par le fleuve accrut rapidement le nombre et l'étendue des bas-fonds, qui finirent par gagner même l'entrée du port, tandis qu'auparavant les débordements de la mer et le mouvement alternatif du flux et du reflux réussissaient jusqu'à un certain point à enlever ces dépôts de limon et à les entraîner au large. Tels sont les inconvénients du port d'Éphèse, mais la ville est redevable à sa situation de tant d'autres avantages, qu'elle s'agrandit de jour en jour et qu'elle peut passer actuellement pour la place de commerce la plus importante de toute l'Asie en deçà du Taurus.

25. Maints personnages célèbres sont nés à Éphèse : nous nommerons, parmi les anciens, Héraclite le *Ténébreux*, et cet Hermodore, au sujet de qui Héraclite eût voulu voir pendre les Éphésiens depuis le premier jusqu'au dernier : « Eh! ne l'auraient-ils pas mérité, s'é- « criait-il, les misérables! pour avoir osé bannir Her- « modore, le meilleur d'entre eux, et pour avoir ajouté « à la sentence de bannissement, en forme de décret, les « paroles suivantes : PLUS DE CES PERFECTIONS DÉSOR- « MAIS PARMI NOUS[1], OU SI, PAR MALHEUR, IL EN SUR- « GIT ENCORE, QU'ELLES SE CHERCHENT AILLEURS UNE « AUTRE PATRIE. » On croit qu'Hermodore est le même qui rédigea pour les Romains quelques-unes de leurs lois. Nous citerons encore comme originaires d'Éphèse le poète Hipponax, les peintres Parrhasius et Apelle, et, dans les temps plus rapprochés de nous, Alexandre[2] dit *Lychnos*, rhéteur qui, après avoir été mêlé à la politique active, a écrit une *Histoire*, et nous a laissé des vers dans lesquels il expose les mouvements des corps

1. L'exclamation acquiert encore plus de force, si, au lieu dn Ἡμέων μηδεὶς consacré, on lit, comme a fait Meineke, d'après Diogène Laërte (IX, 1, 2), μηδὲ εἷς. — 2. La même raison qui nous a fait rejeter ci-dessus l'introduction du nom de Cadmus [de Milet] dans le texte de Strabon nous empêche de ratifier l'insertion ci, avant le nom d'Alexandre, du nom d'Artémidore, insertion proposée par Coray et effectuée par Groskurd et Meineke. Plus avisé, Kramer s'est abstenu.

célestes et décrit la géographie des continents, chacun
des continents formant proprement un poème séparé.

26. Au delà de l'embouchure du Caystre, on rencontre
la lagune de Sélinusie immédiatement suivie d'une autre
qui communique avec elle. Ces deux lagunes sont d'un
très-grand revenu. Leur titre de propriétés sacrées n'empêcha pas qu'elles ne fussent confisquées par les rois [de
Pergame], mais les Romains les restituèrent à la déesse.
A leur tour, par un acte de violence, les publicains se les
approprièrent et en perçurent un moment les droits. Envoyé à Rome à cette occasion, Artémidore, comme il
nous l'apprend lui-même, revendiqua au nom de la
déesse et recouvra la possession des deux lagunes. Il sut
aussi faire condamner à Rome les prétentions d'Héra-
cléotis à s'affranchir de la juridiction sacrée. Pour reconnaître ce double service, la ville d'Éphèse éleva dans le
temple même[1] une statue d'or à son ambassadeur. Dans
la partie la plus reculée du lac ou étang de Sélinusie
s'élève, sous le nom de *Temple du Roi*, un sanctuaire
qui passe pour avoir été fondé par Agamemnon lui-
même.

27. Les points remarquables que la côte présente ensuite sont le mont Gallesium, Colophon, l'une des douze
villes ioniennes, et, en avant de Colophon, le bois sacré
d'Apollon Clarios, siège d'un oracle fort ancien[2]. On
raconte que le devin Calchas, comme il revenait de Troie
par terre en compagnie d'Amphilochus, fils d'Amphiaraüs, s'avança jusqu'ici, et qu'ayant trouvé à Claros, dans
la personne de Mopsus, fils de Manto, fille elle-même de
Tirésias, un devin plus habile que lui, il en mourut de
chagrin. Voici, autant qu'il m'en souvient[3], comment Hésiode arrange cette scène empruntée à la Fable. Calchas

1. πόλις [αὐτῷ] ἐν τῷ ἱερῷ. bonne restitution de Coray — 2. ἔστι παλαιον, au lieu
de ἦν ποτε π., correction hardie de Meineke, mais que semble autoriser un passage
des *Annales* de Tacite (II, 54). Voy. *Vind. Strabon.*. p. 220. Cf Müller. *Ind. var.
lect.*, p. 1028, col. 2. — 3. On nous reprochera peut-être d'avoir ici forcé le sens.
Strabon dit simplement : Ἡσίοδος μὲν οὖν οὕτω πως διασκευαζει τὸν μῦθον. Mais
ce petit mot πως, en apparence indifférent, a une très grande portée à nos yeux, et
nous avons cru y surprendre une sorte d'aveu fait par Strabon de l'habi-

a proposé à Mopsus un problème conçu à peu près en ces termes :

« Une chose m'étonne et pique ma curiosité, tu vois ce fi-
« guier si chargé de fruits, tout petit qu'il est : pourrais-tu me
« dire le nombre de ses figues? »

A quoi Mopsus a répondu :

« Elles sont au nombre de dix mille et mesurent juste un
« médimne, mais il en reste une en plus qu'avec tout ton art
« tu ne saurais y faire entrer. Ainsi a parlé Mopsus, et la so-
« lution, vérifiée, s'est trouvée juste tant pour le nombre que
« pour la mesure. Aussitôt le sommeil[1] de la mort comme
« un nuage enveloppe Calchas et lui ferme les yeux. »

Phérécyde, lui, prétend que, dans la question posée
par Calchas, il s'agissait, [non d'un figuier,] mais d'une
truie pleine et du nombre des petits qu'elle portait; qu'à
cette question Mopsus avait répondu « trois, deux mâles
et une femelle », que sa réponse s'était trouvée vraie et
que Calchas en était mort de dépit. Suivant d'autres,
Calchas aurait proposé la question de la truie, et Mopsus
celle du figuier; la réponse de Mopsus aurait été reconnue exacte, mais non celle de Calchas, qui, de dépit,
serait mort sur l'heure, réalisant ainsi un oracle rendu
anciennement. Ledit oracle est rapporté par Sophocle
dans la *Revendication d'Hélène*, il annonçait à Calchas
que sa destinée était de mourir quand il aurait trouvé
son maître dans l'art de la divination. Ajoutons que Sophocle transporte en Cilicie la lutte des deux devins et
la mort de Calchas. Mais nous en avons dit assez sur ces
antiques traditions.

28. Il fut un temps où, grâce à leur marine et à leur
cavalerie, les Colophoniens exerçaient une véritable suprématie; leur cavalerie notamment avait une telle supériorité, que, lorsqu'il lui arrivait d'intervenir dans une de

---

tude que nous lui avons plus d'une fois reprochée, de citer souvent de mémoire,
alors même qu'il avait conscience du peu de sûreté de ses souvenirs. — 1. «Ὕπνος
θανάτου mihi ne vitium potius dicendi genus esse videtur quam antiquum et græcum. Quid multa? epici sermonis usus requirit ut Hesiodo Κάλχαντα νέρος θανάτοιο
restituatur. » (Meineke, *Vind. Strabon.*, p. 220.)

ces guerres [entre ennemis de même force] qui menacent de s'éterniser, la guerre était finie du coup, si bien qu'on en a fait une locution proverbiale et qu'on dit : « *Il a fait donner Colophon* », toutes les fois que quelqu'un a terminé une affaire de façon à n'y plus revenir. Colophon a vu naître un certain nombre de personnages illustres, notamment Mimnerme, célèbre à la fois comme joueur de flûte et comme poète élégiaque, et Xénophane, philosophe physicien en même temps que poète sillographe. Pindare cite aussi un certain Polymnaste, qui compte parmi les célébrités musicales :

« Tu connais cette voix incomparable, l'une des gloires de
« la Grèce ; tu as entendu Polymnaste, le grand chanteur de
« Colophon ».

Enfin Homère lui-même, au dire de certains auteurs, aurait eu Colophon pour patrie. — Le trajet d'Éphèse à Colophon est de 70 stades, quand on navigue en ligne droite, il en mesure 120 quand on suit la côte dans toutes les sinuosités qu'elle décrit.

29. A Colophon, maintenant, succèdent le mont Coracium et une petite île consacrée à Diane, où, suivant une légende très-accréditée, les biches passent à la nage, quand elles sont au moment de mettre bas. Puis vient Lébédos, distante de Colophon de 120 stades. C'est ici, à Lébedos, que tous les artistes dionysiaques, de l'Hellespont à l'autre extrémité de l'Ionie, se sont donné rendez-vous et ont élu domicile, ici également que se tient l'assemblée annuelle en l'honneur de Bacchus et que se célèbrent les jeux dionysiaques. Autrefois c'était dans Téos, la ville d'Ionie qui fait suite immédiatement à Lébédos, que toute cette population d'histrions habitait de préférence, mais une guerre civile éclata qui la contraignit de se réfugier à Éphèse. Plus tard Attale l'installa dans Myonnèse, à mi-chemin entre Téos et Lebédos, sur quoi les Téiens députèrent à Rome, suppliant le sénat que Myonnèse ne fût pas autorisée à se fortifier ainsi contre

eux. Elle émigra alors tout entière à Lébédos, où elle fut
accueillie avec d'autant plus d'empressement que la population masculine commençait à s'y faire rare. Téos est
à 120 stades de Lébédos; entre deux est l'île d'Aspis, ou,
comme on l'appelle quelquefois aussi, Arconnèse. Quant
à Myonnèse, elle est bâtie sur une éminence qui avance
dans la mer comme ferait une presqu'île.

30. Téos aussi est bâtie sur une presqu'île, mais elle
a de plus l'avantage de posséder un port. Anacréon, le
poëte lyrique, était de Téos : du temps qu'il vivait, les
Téiens, ne pouvant plus tenir aux vexations et à la tyrannie des Perses, abandonnèrent leur ville et se transportèrent à Abdère en Thrace, c'est ce qu'Anacréon rappelle
dans ce vers que nous avons déjà eu occasion de citer[1],

« Abdère, la belle colonie des Téiens. »

Mais dans la suite une partie des émigrants rentra à
Téos. Une autre circonstance que nous avons eu également occasion de mentionner ci-dessus en parlant d'A-
pellicon, c'est que lui aussi était de Téos. Ajoutons que
l'historien Hécatée[2] était pareillement Téien d'origine.
A 30 stades au nord de Téos est un autre port du nom
de Gerræidæ[3].

31. Avec Chalcidées qui se présente ensuite, on atteint
l'isthme de la presqu'île que se partagent les Téiens et les
Érythréens. Ces derniers habitent en dedans de l'isthme,
tandis que les Téiens et les Clazoméniens habitent sur
l'isthme même. Les Téiens, maîtres de Chalcidées, occupent naturellement le côté méridional de l'isthme;
quant aux Clazoméniens, ils en occupent le côté septentrional et se trouvent confiner là au territoire d'Érythrée.
De ce côté, une localité nommée Hypocrêmnos[4] marque

---

1. Livre XIII, c. 1, § 54. — 2. Hecker, *Epist. crit. ad F. G. Schneidewinum* (*Phi-
lologus*, t. V, p. 428), substitue au nom d'Hécatée le nom de l'historien Scythinus,
lequel est mentionné par Athénée. Mais Meineke, tout en trouvant le changement
spécieux, le repousse par d'excellentes raisons. Voy. *Vindic. Strabon.*, p. 221. —
3. Voy. Müller, *Ind. var. lect.*, p. 1028, col. 2. — 4. Corsy préfère la forme
Ἀπόκρημνος, qui a pour elle, en effet, l'autorité d'un très grand nombre de manuscrits.

le commencement de l'isthme et sépare les Érythréens des Clazoméniens de manière à laisser ceux-ci en dehors, ceux-là en dedans de la ligne de démarcation. Juste au-dessus de Chalcidées est un bois sacré dédié à Alexandre, fils de Philippe, et dans lequel se célèbrent les jeux dits *Alexandréens* que l'*Iônicon* ou assemblée générale des Ioniens annonce à certaines époques. La traversée ou montée de l'isthme en ligne directe depuis l'*Alexandréum* et depuis Chalcidées jusqu'à Hypocrêmnos est de 50 stades ; quant au périple, il est de plus de 1000 stades. A moitié de la distance environ, on rencontre Erythræ, l'une des douze villes ioniennes, et le port d'Erythræ, précédé de quatre petites îles auxquelles on donne le nom d'*Hippi*.

32. Mais, avant d'atteindre Erythræ, il faut passer d'abord devant Eræ [1], petite ville appartenant aux Téiens, puis relever le haut sommet du Corycus, et, juste au pied du Corycus, le port de Casystès, un autre port connu sous le nom d'Erythras, et plusieurs petits ports encore à la suite de ceux-là. On raconte que toute cette côte du Corycus servait de repaire naguère à des pirates dits *Corycéens*, lesquels avaient imaginé un nouveau mode de guet-apens maritime : ils se répandaient dans les différents ports de la côte, et là, se mêlant aux marchands récemment débarqués, ils prêtaient l'oreille à leurs discours, apprenaient ainsi la nature de leur cargaison et le lieu de leur destination, puis, se rassemblant de nouveau, fondaient sur leur proie en pleine mer et s'en emparaient. Or c'est de là évidemment qu'est venu l'usage où nous sommes de qualifier de *Corycéen* tout intrigant, tout curieux, qui cherche à surprendre les secrets ou confidences d'autrui ; de là aussi l'expression proverbiale, « *le Corycéen l'aura entendu* », que nous appliquons à l'homme qui, croyant [2]

---

1. Sur le maintien de la forme *Eræ*, voyez une note très importante de Müller, *Ind. var. lect.*, p. 1028, col. 2. — 2. ὅταν δοκῇ τις πράττειν δι' ἀπορρήτων. « Excidit vocula, dit Cobet (*Misc. crit.*, p. 192), et scribendum : ὅταν δοκῇ τίς ΤΙ πράττειν. Nihil est hoc errore in libris frequentius ut ante Π literae ΤΙ negligantur et pereant. »

avoir agi ou parlé dans le plus grand secret, s'est involontairement trahi, tant est grand le nombre des gens qui
aiment à épier et à se faire dire ce qui ne les regarde
pas !

33. Passé le Corycus, on aperçoit la petite île d'Halonnèse, bientôt suivie de l'Argennum [1], promontoire dépendant du territoire érythréen et qui s'approche assez
du Posidium de l'île de Chio pour qu'il n'y ait plus entre
deux qu'un canal ou détroit de 60 stades environ. Signalons enfin entre Erythrées et Hypocrêmnos la chaîne du
Mimas, montagne élevée, giboyeuse et très-boisée, à laquelle succèdent le bourg de Cybélie et la pointe Mélæne
avec sa riche carrière de pierres meulières.

34. Erythræ, patrie de l'antique Sibylle, cette femme
inspirée, si célèbre par ses prophéties, a vu naître, du
temps d'Alexandre, une autre devineresse, nommée Athénaïs, et, de nos jours, le médecin Héraclide, de la secte
Hérophilienne [2], condisciple d'Apollonius Mus.

35. Quand on exécute le périple de l'île de Chio en
rangeant de près la côte, on trouve que cette île peut avoir
900 stades de circuit. Elle possède une ville [de même
nom] [3] pourvue d'un bon port et un naustathme ou arsenal
maritime pouvant abriter jusqu'à quatre-vingts vaisseaux.
Supposons que, dans ce périple, on parte de la ville de
Chio en ayant la côte de l'île à droite, on relèvera successivement le Posidium, le port profond de Phanæ, un
temple dédié à Apollon et un grand bois sacré planté de
palmiers [4] ; puis vient la plage de Notium, mouillage
excellent, immédiatement suivie d'une autre plage, dite
de *Laius* [5], dont l'abri n'est pas moins sûr. Entre cette
dernière plage et la ville de Chio, l'île forme un isthme
qui ne mesure que 60 stades ; mais le périple entre ces

---

1. On lit Ἀργῖνον au lieu d'Ἄργεννον dans Thucydide, VIII, 34. — 2. Ἡροφίλειος;
au lieu de Ἡροφίλος, correction de Tzschucke. — 3. ἔχει [ὁμώνυμον καὶ] εὐλίμενον,
conjecture plausible de Groskurd. — 4. Voy. Meyer, *Botan Erläuter. zu Strabons Geogr.*. p. 60. — 5. Sur ce nom qui paraissait justement suspect a Casaubon, mais dont personne jusqu'ici n'a retrouvé la vraie forme, voy. Müller, *Ind.
var. lect.*, p. 1028, au bas de la 2ᵉ colonne.

deux points est de 360 stades : nous avons, dans un de nos voyages, fait nous-même cette traversée. La pointe Mélæne, qui se présente ensuite, a juste en face d'elle, à 50 stades de distance, l'île Psyra, île très-haute qui renferme une ville de même nom et mesure 40 stades de tour; plus loin, sur un espace de 30 stades environ[1], on longe le canton d'Ariusie[2], dont le sol est âpre et la côte droite et dépourvue d'abris, mais qui produit un vin réputé le meilleur des vins grecs. Un dernier point à relever est le mont Pélinæus, le plus haut sommet de l'île. A ses autres richesses Chio joint l'exploitation d'une carrière de marbre. En fait de célébrités, maintenant, elle compte un poète tragique, Ion ; un historien, Théopompe, et un sophiste, Théocrite, ces deux derniers connus en outre pour leur antagonisme politique. Mais elle revendique aussi l'honneur d'avoir vu naître Homère, et, à l'appui de cette prétention, elle allègue une preuve certainement très-forte[3], à savoir la présence des Homérides ou descendants du poète, présence attestée par Pindare lui-même[4] :

« De là sont sortis les Homérides, chantres inspirés qui « répandent dans le monde les divines rhapsodies. »

Ajoutons enfin que Chio possédait naguère une puissante marine, ce qui lui permit non seulement de prétendre à l'hégémonie maritime, mais encore de maintenir longtemps son indépendance. Le trajet de Chio à Lesbos, quand on a le vent du sud en poupe, est de 400 stades environ.

36. D'Hypocrêmnos[5] on gagne Chytrium, localité bâtie sur l'emplacement de l'ancienne Clazomènes. Quant à la Clazomènes actuelle, elle est plus loin, et se trouve avoir en face d'elle huit petites îles fertiles et bien cultivées. Anaxagore le physicien était Clazoménien d'origine : dis-

---

1. τριάχοντα au lieu de τριαχοσίων, correction faite par Kramer sur l'autorité d'Étienne de Byzance. — 2. Cf. Étienne de Byzance, au mot Ἀρουσία, et l'excellente note de Meineke. p. 126 de son édition. — 3. μέγα au lieu de μετά, excellente correction de Meineke. Voy. Vindic. Strabon., p. 221. — 4. Ném.. 2, 1. — 5. Tous les mss, sauf un, ont ici la forme Ἀποχρήμνου.

ciple du Milésien Anaximène, il eut pour élèves à son
tour le physicien Archélaüs et le poète Euripide. Au delà
de Clazomènes, on passe devant un temple d'Apollon et
devant des sources d'eau chaude, après quoi l'on atteint
bientôt le golfe de Smyrne ainsi que la ville de ce nom.

37. Puis à ce premier golfe en succède immédiatement
un autre, sur les bords duquel s'élevait l'ancienne Smyrne,
à 20 stades de la ville actuelle. Détruite de fond en comble par les Lydiens, l'ancienne Smyrne ne fut plus, durant
quatre cents ans, qu'une réunion de bourgades, mais Antigone, et, après lui, Lysimaque, la relevèrent, et l'Ionie
aujourd'hui n'a pas de plus belle ville. Un des quartiers
de Smyrne est bâti sur la montagne même, toutefois la
plus grande partie de la ville se trouve située dans la
plaine à proximité du port, du *Mêtrôon* et du Gymnase.
Percées avec une régularité remarquable et de manière à
se couper autant que possible à angles droits, ses rues
sont toutes pavées. [On y admire, entre autres édifices,]
de grands portiques carrés composés d'un rez-de-chaus-
sée et d'un étage supérieur; il s'y trouve aussi une bibliothèque, et, dans ce qu'on appelle l'*Homérium*, un
temple et une statue d'Homère. Nulle ville en effet ne
revendique avec plus d'énergie que Smyrne l'honneur
d'avoir vu naître Homère : cette monnaie de cuivre qu'elle
a émise sous le nom d'*homérium* en est bien la preuve.
Le fleuve Mélès baigne ses murs, mais elle doit encore à
sa situation un autre avantage, celui de posséder un port
fermé. En revanche, les architectes qui l'ont bâtie ont
commis la faute grave de ne point ménager d'égouts sous
le pavé de ses rues, lequel se trouve ainsi jonché d'immondices, lors des grandes pluies surtout qui font déborder les latrines. C'est dans Smyrne que Dolabella as-
siégea, prit et mit à mort Trébonius, l'un des conjurés
qui avaient fait tomber sous leurs coups sacrilèges le divin César. Dolabella, à cette occasion, ruina plusieurs
quartiers de la ville.

38. La petite ville de Leucæ qui fait suite à Smyrne

s'insurgea naguère à la voix d'Aristonic, quand, après la mort d'Attale Philométor, cet ambitieux, qui se donnait pour appartenir à la famille des rois de Pergame, imagina de prétendre à leur succession. Chassé de Leucæ après la perte de la bataille navale qu'il avait livrée aux Éphésiens dans les eaux de Cume, il s'enfonça dans l'intérieur des terres, rassembla précipitamment autour de lui une foule de prolétaires et d'esclaves appelés par lui à la liberté, donna [à ces soldats improvisés] le nom d'*Héliopolites*, et [se mettant à leur tête] surprit d'abord Thyatira, s'empara d'Apollonis, et attaqua encore plusieurs autres forteresses ; mais il ne put tenir longtemps la campagne, l'armée que les villes avaient envoyée contre lui ayant reçu des renforts à la fois du roi de Bithynie Nicomède et des rois de Cappadoce. Puis on vit arriver dans le pays cinq commissaires romains, bientôt suivis d'une armée de la république, d'un consul en personne, Publius Crassus, voire plus tard de Marcus Perperna. C'est même ce dernier qui mit fin à la guerre en prenant Aristonic vivant et en l'envoyant sous bonne escorte à Rome. Il y périt en prison ; mais, dans le même temps, Perperna mourait de maladie, et Crassus tombait sous les coups de partisans embusqués aux environs de Leucæ. On envoya pour les remplacer Manius Aquillius, un consul, qui, aidé de dix commissaires, organisa l'administration de la nouvelle province et lui donna la forme qui subsiste encore aujourd'hui. Immédiatement après Leucæ, dans le golfe [de Smyrne], est Phocée. On se souvient qu'en faisant l'histoire de Massalia[1] nous avons parlé tout au long de cette cité. Les bornes de l'Ionie et de l'Æolide que l'on atteint ensuite ont été de même ci-dessus l'objet d'une discussion en règle[2]. Mais dans l'intérieur il nous reste à décrire tout le canton correspondant à la côte d'Ionie, canton traversé par la route qui mène d'Éphèse à Antioche du Méandre et habité

1. Livre IV, c. I, § 4. — 2. Livre XIII, c. I, §§ 2, 4.

aussi par une population mêlée de Lydiens, de Cariens et de Grecs.

39. La première localité qu'on rencontre sur cette route au sortir d'Ephèse est la ville æolienne de Magnésie, dite *Magnésie du Méandre*, parce qu'en effet le Méandre passe près de ses murs. Mais il y a un autre cours d'eau qui passe encore plus près, c'est le Lethée, affluent du Méandre, qui prend sa source au mont Pactyès sur le territoire éphésien. On connaît plus d'un cours d'eau du nom de Léthée, notamment le Léthée de Gortyne, le Léthée des environs de Tricca, sur les bords duquel la Fable fait naître Esculape, et le Léthée du canton des Hespérites en Libye. La ville de Magnésie est située dans une plaine, non loin du mont Thorax, theâtre du supplice du grammairien Daphitas, qui y fut mis en croix, dit-on, pour avoir composé contre les rois [de Pergame] ce distique injurieux :

« Quoi ! c'est vous, vous qui cachez vos stigmates sous la « pourpre, vous, les viles raclures de l'or de Lysimaque, que « Lydiens et Phrygiens salueront désormais comme leurs « rois ! »

On prétend qu'un oracle avait averti dès longtemps Daphitas de se défier du Thorax.

40. Les habitants de Magnésie du Méandre passent pour descendre de ces Æoliens[1] qui furent en Thessalie les premiers occupants des fameux monts Didymes dont parle Hésiode dans ce passage [des Œées[2]] :

---

1. Α'ολέων au lieu de Δελφῶν, correction de Meineke, très hardie, mais qu'il nous a paru motiver très fortement dans sa note des *Vind. Strabon.*, p. 221-222. — 2. Beaucoup moins forte, en revanche, nous parait être l'argumentation du même critique tendant à faire éliminer la citation d'Hésiode de ce passage-ci du texte de Strabon. Le fait que Strabon avait déjà employé ailleurs (liv. IX, c. v, § 22) cette même citation n'est nullement convaincant, les doubles, voire même les triples citations ne sont pas rares dans notre auteur : il trouvait dans ces vers d'Hésiode jusqu'à quatre indications géographiques, ils lui sont venus en mémoire la première fois au sujet de la plaine du Dotium, il les rappelle ici à propos des monts Didymes. L' περὶ ὧν du second passage se rapporte à τὰ Δίδυμα ὄρη, comme le περὶ οὗ du premier se rapportait à τῷ Δωτίῳ πεδίῳ. La symétrie est parfaite dans les deux phrases et les deux citations sont purement géographiques et pas le moins du monde historiques. Meineke aurait-il, par une singulière méprise, fait rapporter le περὶ ὧν φησιν Ἡσίοδος aux Δελφῶν (lisez : Α'ολέων)? Cette phrase qui termine sa

« TELLE encore cette jeune vierge qui, des hauteurs sacrées
« des Didymes qu'elle habite, aime à descendre dans la plaine
« de Dotium, pour venir là, en vue des vignobles d'Amyros,
« se baigner les pieds dans le lac Bœbéis. »

C'est à Magnésie aussi qu'était le temple de Dindymène,
que la tradition nous montre desservi naguère par la
femme, d'autres disent par la fille de Thémistocle; mais
aujourd'hui, par suite du déplacement de la ville, ce
temple n'existe plus. La ville actuelle renferme le temple
de Diane Leucophryène, qui, inférieur assurément au
temple d'Éphèse quant aux dimensions de la nef et quant
au nombre des objets d'art consacrés par la piété, lui
est de beaucoup supérieur et par l'harmonie de l'ensemble et par l'ingénieuse disposition du sanctuaire.
Ajoutons que ses dimensions surpassent celles de tous
les temples de l'Asie, autres que le temple d'Éphèse
et le temple de Didymes. En fait d'événements anciens, n'oublions pas de rappeler l'extermination des Magnètes par les Trères, peuple d'origine cimmérienne.
Cette catastrophe, qui succédait, pour les Magnètes, à
une longue période de prospérité, fut immédiatement
suivie de l'établissement des [Éphésiens[1]] en leur lieu
et place. Callinus, dans la mention qu'il fait des Magnètes, parle d'eux comme d'un peuple encore heureux
et prospère, engagé dans une guerre contre les Ephésiens, mais soutenant cette guerre avec avantage. Il
semble au contraire qu'Archiloque ait déjà eu connaissance des malheurs qui depuis étaient venus fondre sur
la nation des Magnètes : témoin le vers où il dit qu'il va
commencer

« une complainte plus longue que ne pourrait l'être celle des
« infortunes des Magnètes[2],

note le laisserait croire. « Attulit scriptor hos Hesiodi versus jam lib. XIX, p. 424,
quos hoc loco a Strabone iteratos esse eam potissimum ob caussam improbabile
est, quod de Magnetum (lis *Delph rum* ou mieux *Æolensium*) circa Didymeos
montes sedibus nullum verbum habent. » — 1. τὸ δ' ἱξῆς τοὺς Ἐφεσίους au lieu de
τῶ δ' ἱξῆς ἔτει τοὺς Μιλησίους, correction de Coray admise par Kramer Meineke et
Müller. Voy. *Vindic. Strabon.*, p. 222, et *Index var. lect.*, p. 1029, col. 1.— 2. Des

vers d'où il est permis naturellement d'inférer qu'Archiloque florissait postérieurement à Callinus. Naturellement aussi, quand Callinus s'écrie, pour fixer la date de la prise de Sardes :

« Entendez-vous maintenant l'armée des bouillants Cimmé-
« riens qui s'avance, »

c'est de quelque autre invasion cimmérienne, plus ancienne que celle des Trères, qu'il entend parler.

41. Magnésie a vu naître plusieurs personnages célèbres, Hégésias d'abord, Hégésias l'orateur, qui, le premier, altéra la pure tradition de l'éloquence attique en inaugurant dans ses discours le style dit *asiatique;* puis le mélode Simon [1], qui, de son côté, bien qu'à un degré moindre que les Lysiodes et les Magodes, porta atteinte au caractère de l'ancienne poésie lyrique; et Cléomaque aussi, cet athlète pugiliste qui, à la suite d'une liaison honteuse avec un *cinæde* et une courtisane que celui-ci entretenait, s'avisa de transporter sur la scène les mœurs et les façons de parler de ce monde des cinædes. Le vrai créateur du genre ou style *cinædologique* est Sotade, et après lui Alexandre l'Ætolien, mais l'un et l'autre n'ont écrit qu'en prose, la poésie et le chant cinædologiques ne commencent qu'avec Lysis, ou plutôt avec Simos, plus ancien que Lysis. Nommons enfin le citharæde Anaxénor, qui, après avoir brillé sur les différents théâtres [de l'Asie], se vit honorer de la faveur particulière d'Antoine [2]. Antoine en effet le nomma *pho-*

---

neuf ou dix essais de restitution de ce passage quasi désespéré qu'énumère Kœler dans son commentaire des *Heraclidæ Pontici Fragmenta de Rebus publicis* (Halæ Saxon., 1804, in-8°, p. 67), c'est celle de Heyne : Κλαίω δὲ μᾶσσον ἤ τ. Μ. κ., qui nous a paru être le plus dans l'esprit du poète. Meineke s'est abstenu de toute réflexion, et Müller (*Index var. lect.*, p. 1029, col. 1) s'est borné à dire : « *Quid verum fuerit difficile dictu.* » — 1. J'ai maintenu ici, contrairement à ce qu'ont fait Tzschucke et Meineke, la forme Σίμων, bien qu'on trouve, quelques lignes plus bas, la forme Σῖμος, parce que la longue énumération faite par Coray (p. 292-293 de ses Σημειώσεις) des doubles formes de noms propres que l'on trouve dans le texte de Strabon m'a paru dénoter une habitude chère à notre auteur et qu'à ce titre l'éditeur ou le traducteur doit respecter. — 2. Madvig lit cette phrase ainsi : Ἀναξήνορα δὲ τὸν κιθαρῳδὸν ἐξῆρε μὲν καὶ τὰ θίατρα, ἀλλ' ἐτίμα *rologue* ou receveur des impôts de quatre villes à la fois et l'autorisa dans l'exercice de ses fonctions à se faire escorter par des soldats. Ce n'est pas tout, et sa patrie le grandit encore en le revêtant de la pourpre de grand-prêtre de Jupiter Sosipolis. C'est avec ce costume qu'il est représenté sur le portrait qu'on voit de lui dans l'Agora. Il a en outre sa statue en bronze au théâtre, et cette statue porte l'inscription suivante [1] :

« Pas de plaisir assurément qui vaille l'audition d'un chan-
« teur pareil, l'égal des dieux pour la beauté de la voix ! »

Seulement, faute d'avoir bien mesuré de l'œil son espace, le graveur s'est trouvé arrêté par le peu de largeur du piédestal de la statue, et il a omis la lettre finale du second vers, exposant par là Magnésie tout entière à se voir taxée d'ignorance, vu que la transcription prête à un double sens, suivant que le dernier mot αὐδή est pris comme un nominatif ou comme un datif : on sait en effet qu'aujourd'hui beaucoup de personnes écrivent les datifs *sans iota*, prétendant qu'il y a là un vieil usage à rejeter, que rien en soi ne justifie.

42. Après Magnésie, la route continue sur Tralles, bordée à gauche par le mont Mésogis. La plaine du Méandre, dans laquelle la route même est tracée, s'étend sur la droite, et se trouve habitée à la fois par des populations lydiennes et cariennes, par des Ioniens Milésiens et Myêsiens [2] et par des Æoliens de Magnésie. De

μάλιστα Ἀντώνιος, et signale en même temps l'intérêt paléographique de ce passage : « Semel scripto μα, factum est ἀλλ᾽ ἔτι μαλιστα, in quo, quum Meinekius jure hæsisset, substituit ἀλλ᾽ ὅτι μάλιστα, prave posito ὅτι μάλ. pro simplici superlativo, nec attendens post ἔξηρι μὲν... ἀλλ᾽ requiri alterum verbum. » (*Advers. crit. ad script. gr. et lat.*, vol. I, p. 34. Cf. Meineke, *Vindic. Strabon.*, p. 222.) —
1. Homer., *Odyss*, IX, 3. — 2. Μυησίων et non Μυουσίων. Meineke a eu raison de maintenir la forme que donnent les mss et de repousser la conjecture de Xylander. « La ville appelée Μυοῦς par Hérodote et Thucydide était appelée Μυῆς par ses propres habitants, ainsi que l'attestent leurs médailles (*Rev. numism.*, 1858, p. 166); même dans les listes des tributs rédigées à Athènes, ils sont inscrits sous le nom de Μυήσιοι, Μυήσσιοι (Bœckh, *Staath. Athen.*, II, p. 598, 709), et c'était la forme employée par le grand chroniqueur national, Hécatée de Milet, Μύης, πόλις Ἰωνίας (Hecat. ap. *Steph. Byz.* in v.). » (Waddington, *Explic. des inscr. gr. et lat. recueillies en Grèce et en Asie Mineure* [par Phil. Le Bas], t. III, p. 84, n° 238.) Cf. Meineke (*Vind. Strabon.*, p. 223), qui termine sa note

Tralles à Nysa et à Antioche le pays conserve sa même
physionomie. La ville de Tralles est bâtie sur un terrain
en forme de trapèze dominé par une acropole d'assiette
très-forte. Ajoutons que ses environs offrent d'autres positions semblables et également inexpugnables. Peu de
villes en Asie comptent un aussi grand nombre de citoyens
riches : il s'ensuit que c'est toujours Tralles qui fournit à
la province ses présidents ou *asiarques*. Pythodore fut
du nombre : originaire de Nysa, il était venu s'établir à
Tralles attiré par l'illustration du lieu, et s'y était fait un
nom grâce à l'amitié dont Pompée l'avait honoré, lui et
un petit nombre d'autres. Il possédait une fortune royale,
estimée à plus de 2000 talents. Le divin César, pour
le punir de son dévouement à la cause de Pompée, fit
vendre ses biens, mais il les racheta, et, ayant reconsti-
tué sa fortune telle qu'elle était auparavant, il la laissa
intacte à ses enfants. Pythodoris, reine actuelle du Pont,
de qui nous avons parlé précédemment [1], est sa fille.
Tralles vit fleurir aussi de nos jours Ménodore, qui à une
vaste érudition unissait beaucoup de modestie et de gra-
vité. Grand-prêtre du temple de Jupiter Lariséen [2], Ménodore succomba aux intrigues de la faction de Domi-

---

par cette remarque d'une portée très générale : « Quod autem alias Strabo gen-
tilicio Muo σιος usus est, ejus rei haec mihi caussa esse videtur, quoi aliis locis
alios auctores secutus est. » — 1. Livre XII, c. III, § 29. — 2. « Zeus était adoré
à Tralles sous le nom de Λαράσιος; car c'est ainsi qu'il faut écrir ce mot, et non
Λαρίσιος ou Λαρισαῖος, comme le porte le texte de Strabon (IX, 5, 19, p. 440; XIV,
1, 42, p. 649) ; une médaille de ma collection, une des plus anciennes connues de
Tralles, a pour toute légende ΔΙΟΣ ΛΑΡΑΣΙΟΥ, et la même legende se retrouve
sur des monnaies postérieures (Mionnet, *Lydie*, nᵒˢ 1035, 1, 63; suppl., nᵒ 701;
Eckhel, *D. N.*, 1, 3, p. 124). La prêtrise de Zeus Larasius était une des principales
dignités de Tralles. Quant à l'origine pélasgique de ce culte, elle ne repose que
sur une conjecture de Strabon, qui a été frappé de la ressemblance entre le nom
de la divinité et celui d'un village appelé Larisa, et situé dans les montagnes
au-dessus de Tralles, à 30 stades de la ville. L'on sait que dans la Carie et dans
les provinces voisines les noms de localités terminés en ασα sont très-nombreux ;
le village auprès de Tralles s'appelait donc probablement Lara a, et n'a aucun
rapport avec les Larisses pélasgiques. » (Waddington, *Explic des inscr. grecques
et latines recueillies en Grèce et en Asie Mineure*, t. III, p. 203). Il résulte
deux choses de cette savante note : la première, que la forme Λαράσιος est la
seule authentique; la seconde, que la forme Λαρισαῖος (ou plutôt Λαρίσιος), bien
que fautive, doit être maintenue dans le texte de Strabon, puisque l'erreur est de
son fait et non du fait des copistes, et que sur cette erreur même il avait édifié
tout un système d'origine pélasgique. Cf. Müller, *Index var. lect.*, p. 1029, au
haut de la col. 2.

tius Ahénobarbus, à qui on le représenta comme coupable d'avoir fait parmi les marins de la flotte des tentatives d'embauchage. Domitius crut trop facilement la dénonciation et ordonna son supplice. Deux autres Tralliens se firent également une grande réputation comme orateurs, à savoir Dionysoclès et Damase dit *le Scombre*, ce dernier un peu moins ancien que l'autre. Tralles passe pour avoir été fondée par une colonie d'Argiens, joints à une bande de Tralliens Thraces, de qui elle aurait retenu le nom. Elle connut le régime tyrannique, mais durant peu de temps, sous les fils de Cratippe, à l'époque des guerres contre Mithridate.

43. Nysa est bâtie au pied du Mésogis, et se trouve, dans la majeure partie de son étendue, adossée à la montagne elle-même. Elle forme, du reste, à proprement parler, deux villes, car elle est divisée par une espèce de ravin très-profond servant de lit à un torrent. En un endroit du ravin on a jeté un pont qui relie ensemble les deux villes ; sur un autre point a été construit un magnifique amphithéâtre, sous les voûtes duquel passent, comme en un canal souterrain, les eaux du torrent. Deux pics ou escarpements de la montagne forment les extrémités mêmes de l'amphithéâtre et dominent, l'un le gymnase des Éphèbes, l'autre l'*agora* et le *geronticon*. Comme Tralles, Nysa se trouve avoir la plaine au midi.

44. Toujours sur la route, entre Tralles et Nysa, et non loin de cette dernière ville, de laquelle même il dépend, est le bourg d'Acharaca, avec son *plutonium*, qui renferme, outre un bois sacré magnifique et un temple dédié à Pluton et à Coré[1], ce *charonium* dont on fait de si merveilleux récits. Il est situé juste au-dessus du bois sacré, et attire, dit-on, une grande affluence de malades et d'adeptes, tous animés d'une foi absolue dans l'efficacité des prescriptions médicales des deux divinités : naturellement c'est à qui viendra se loger le plus près

---

1. Voy. l'*Index var. lect.* de Müller, p. 1029, au haut de la col. 2.

de l'antre. Certains prêtres connus pour avoir l'habitude
de ces sortes de consultations reçoivent des pensionnai-
res. En général les prêtres vont dormir dans l'antre au
lieu et place des malades, et reviennent ensuite prescrire
à ceux-ci un traitement d'après les songes qu'ils ont eus.
Ce sont eux aussi que les malades chargent d'invoquer
les dieux en leur nom [1], à l'effet d'obtenir leur guérison.
Mais parfois ils mènent les malades mêmes dans l'antre,
et les y installent en leur recommandant de rester là
immobiles, comme bêtes tapies au fond de leur tanière,
sans prendre de nourriture, et cela durant plusieurs jours.
Enfin, dans d'autres cas, où les malades pourraient in-
terpréter eux-mêmes les songes qui les ont visités, le
prestige attaché à cette qualité de prêtre fait que les
malades aiment encore mieux se faire initier par eux à
la pensée mystérieuse de la divinité et n'agir que d'a-
près leurs conseils. Le lieu, du reste, passe pour être
interdit aux profanes, et il y aurait danger de mort, paraît-il, à y pénétrer [sans avoir été initié]. Chaque année
il se tient à Acharaca une *panégyris* ou assemblée, et l'on
peut dire que c'est là le vrai moment pour juger par ses
yeux de l'affluence des malades [2], et pour recueillir tout
ce qui se dit de ces cures merveilleuses. Il est d'usage
ce même jour-là, à midi, que des jeunes gens et des
éphèbes, nus et le corps bien frotté d'huile [3], s'élancent
hors de leur gymnase, prennent un taureau, le traînent
le plus vite qu'ils peuvent jusqu'au seuil de l'antre et l'y
lâchent; le taureau y fait quelques pas, tombe et expire.

45. A [1]30 [4] stades] de Nysa, de l'autre côté du Mésogis, c'est-à-dire sur le versant méridional de cette montagne, lequel regarde le Tmole [5], se trouve un lieu ap-

---

1. Ἱπικαλοῦντες au lieu de ἱγκαλοῦντις, conjecture de Kramer admise par Meineke
et ratifiée par Müller. — 2. τῶν νοσούντων, au lieu de τῶν τοσούτων, correction suggérée à Meineke par une conjecture de Coray. — 3. λίπ' ἀληλιμμένοι au lieu de
ἀπαληλιμμένοι, autre correction de Meineke. — 4. 130 au lieu de 30, correction
proposée par Müller. — 5. Nous avons suivi le conseil de Meineke et rétabli la
préposition κατά devant Τμῶλον, sans partager complètement la confiance qui lui
fait dire : « Ita orationis perspicuitati et rei veritati abunde satisfactum. » (*Vindic. Strabon.*, p. 223.) Müller trouve que le τὰ πρὸς νότον μέρη est placé trop

pelé le *Limôn*, où, de Nysa et des environs, les populations se réunissent aussi une fois l'an pour tenir une panégyris. Non loin du Limôn est un gouffre béant, consacré aux deux mêmes divinités, et qui se prolonge assez loin, dit-on, pour communiquer avec l'antre d'Acharaca. On croit que c'est ce lieu qu'Homère a voulu désigner quand il a parlé du *pré Asien* ou de la *prairie Asienne* [1],

« Dans le pré Asien, etc.; »

et, à l'appui de cette opinion, on nous montre le double *héroôn* d'Asias [2] et de Caystrius, en même temps qu'on nous fait remarquer l'extrême proximité des sources du Caystre.

46. L'histoire parle de trois frères, Athymbrus, Athymbradus et Hydrélus, qui, venus de Lacédémone, auraient fondé ici aux environs trois [3] villes, auxquelles ils auraient donné respectivement leurs noms; mais, la population de ces villes ayant peu à peu diminué, les trois se seraient fondues en une seule et auraient ainsi formé Nysa. Il est de fait qu'aujourd'hui encore les Nyséens proclament Athymbrus comme leur *archégète* ou premier fondateur.

47. Plusieurs localités importantes environnent Nysa, à savoir Coscinie et Orthosie sur la rive ultérieure du Méandre; Briula, Mastaura, Acharaca sur la rive citérieure; enfin, au-dessus de la ville et dans la montagne même, Aroma où, sous le nom d'*aromée* [4], on récolte le meilleur vin du Mésogis.

48. Les personnages célèbres que Nysa a vus naître sont, après Apollodore, philosophe stoïcien, réputé le meilleur élève de Panétius, Ménécrate, disciple d'Aristar-

---

loin de Τμῶλον pour pouvoir s'y rapporter, et propose à son tour une correction beaucoup plus radicale. — 1. *Iliade*, II, 461. — 2. Sur ce nom, voyez une remarque importante de Meineke, *Vind. Strabon.*, p. 223. — 3. τρεῖς au lieu de τάς, correction de Coray, que Meineke ne juge pas indispensable. Voy. *Vindic. Strabon*, p. 224.—4. Sur la vraie forme de ce nom, voyez Muller, *Index var. lect.*, p. 1029, col. 2. Faisant droit à la remarque de Kramer, Meineke a éliminé, comme glose marginale évidente, les mots συστέλλοντι; τὸ ῥῶ γράμμα placés après Ἄρομα.

que, et le fils de Ménécrate, Aristodème, dont nous avons
pu, étant fort jeune, suivre encore les leçons à Nysa : il
était alors parvenu à l'extrême vieillesse. Nommons aussi
Sostrate, le frère d'Aristodème, et son cousin, appelé,
comme lui, Aristodème, qui fut l'instituteur du grand
Pompée, tous deux grammairiens éminents. L'autre
Aristodème, le nôtre, enseignait de plus la rhétorique,
et, à Rhodes comme à Nysa, il avait toujours fait deux
cours par jour, un cours de rhétorique le matin, un
cours de grammaire le soir. Mais à Rome, du temps qu'il
dirigeait l'éducation des fils de Pompée, il avait dû se
borner à tenir seulement une école de grammaire.

CHAPITRE II.

La contrée au delà du Méandre qui nous reste maintenant à décrire pour compléter notre périple appartient
toute à la Carie ; en d'autres termes, la population y est
compacte et exclusivement carienne, sans mélange d'éléments lydiens, si ce n'est dans une petite portion du littoral que Milet et Myûs ont détachée de la Carie et se
sont appropriée. La Carie maritime [1] s'étend depuis la
Pérée rhodienne jusqu'au cap Posidium, dépendance du
territoire milésien, et la Carie intérieure ou méditerranée
depuis l'extrémité du Taurus jusqu'au cours du Méandre.
Généralement, on fait commencer le Taurus aux montagnes
situées en arrière des îles Chélidoniennes, lesquelles correspondent juste au point de la côte d'où part la frontière
commune de la Pamphylie et de la Lycie (et il est notoire, en effet, que c'est là que le Taurus commence à
s'élever d'une manière sensible), mais la vérité est que
le versant méridional ou extérieur du Taurus enserre

---

1. ἀρχὴ μὲν οὖν τῆς Καρίας, au lieu de ἀ. μ. ο. τῆς παραλίας, conjecture de
Kramer, ratifiée par Meineke, mais à laquelle Muller préfère ἀ. μ. ο· τῆς περιοδείας.

déjà toute la Lycie depuis Cibyra jusqu'à la Pérée rhodienne; que, le long de la Pérée même, la chaîne de
montagnes se continue sans interruption; qu'elle s'a-
baisse seulement beaucoup, et qu'alors on ne la consi-
dère plus comme faisant partie du Taurus, qu'on ne s'en
sert plus surtout pour diviser le pays en régions citérieure et ultérieure, les sommets et les dépressions s'y
trouvant épars en quelque sorte et disposés sans ordre,
tantôt dans le sens longitudinal, tantôt transversalement,
au lieu de se succéder régulièrement comme les créneaux
d'un rempart. — Le périple de la côte de Carie, quand
on tient compte des golfes et autres sinuosités, mesure en
tout 4900 stades[1]; le périple partiel de la Pérée rhodienne est de près de 1500 stades[2].

2. Dædala, petite localité appartenant aux Rhodiens,
marque le commencement de cette portion du littoral
carien, comme le mont Phœnix en marque la fin. Comprise encore dans les possessions rhodiennes de terre
ferme, cette montagne a juste en face d'elle l'île d'É-
læüssa, distante de Rhodes de 120 stades. Le premier
point intermédiaire que l'on rencontre, quand, à partir
de Dædala, on navigue vers l'ouest directement, dans le
sens de la côte cilicienne, pamphylienne et lycienne,
est le golfe de Glaucus, dans l'intérieur duquel s'ouvrent
plusieurs bons ports; puis on relève successivement le
cap et le temple d'Artémisium, un *Lêtôon* (avec la ville
de Calynda[3] située juste au-dessus, à 60 stades de la
côte); après le Lêtôon, Caunus, et, non loin de Caunus,
avec Pisilis entre deux, l'embouchure du Calbis, laquelle est assez profonde pour que les vaisseaux y puissent pénétrer.

3. La ville de Caunus possède un arsenal maritime et
un port fermé; elle est dominée de très-haut par le fort

---

1. Sur ce nombre, évidemment exagéré, voyez Müller, *Index var. lect.*, p. 1030,
au haut de la col. 1. — 2. Nombre également trop fort, et que Muller propose de
remplacer par l'un de ces deux-ci, 1000 ou 900 stades, χιλίων ἢ ἰνακοσίων [au lieu de
χιλίων καὶ πεντακοσίων]. — 3. Κάλυνδα au lieu de Κάλυμνα, correction de Casaubon.

d'Imbrus. Bien que le pays aux alentours soit d'une extrême fertilité, tout le monde convient que le séjour de
la ville est malsain, non seulement en été à cause de la
chaleur, mais en automne aussi à cause de la trop grande
abondance des fruits[1]. On a même fait à ce propos plusieurs bons contes qu'on se plaît à répéter, celui-ci entre
autres, que le *cithariste* Stratonicus, frappé du teint
jaune[2] des Cariens, se serait écrié : « Ah ! que le poëte a
donc eu raison de comparer les hommes à des feuilles[3] !

« Et, comme on voit les feuilles remplacer les feuilles, ainsi
« se succèdent entre elles les générations des hommes. »

Là-dessus de vifs reproches de cette allusion ironique à
l'insalubrité de leur ville. — Et lui de reprendre aussitôt : « Qui moi ! j'aurais eu le front de qualifier d'insa-
« lubre une ville où je vois se promener dans les rues
« jusqu'à des cadavres ! » Les Cauniens naguère avaient
prétendu se séparer des Rhodiens, mais un jugement des
Romains remit les Rhodiens en possession de Caunus.
Il existe un *Discours* de **Molon** prononcé à cette occasion ʼ
contre les Cauniens. Bien que ce peuple parle une langue identique au carien, on assure qu'il est venu de
Crète et qu'il se gouverne d'après des lois particulières.

4. Physcus, qu'on rencontre ensuite, est une petite
place qui possède port et *Létôon;* puis viennent les falaises de Loryma, et, plus loin, le mont Phœnix, le point
le plus élevé de toute cette côte, que couronne une citadelle de même nom. Juste en face, à 4 stades de la
côte, est l'île d'Élæüssa, qui peut avoir 8 stades de tour.

5. Bâtie à la pointe orientale de l'île [dont elle porte
le nom], la ville de Rhodes par ses ports, ses rues, ses
murs et son aspect général, forme une cité tellement à
part, qu'il n'y a pas de ville, à ma connaissance, qui

---

1. Sur la construction de cette phrase, voyez l'*Index var. lect.* de Müller,
p. 1030, col. 1. — 2. ἐπιπολῆς χλωρους, au lieu de ἐπιμελῶς χ., correction de Muller,
préférable de beaucoup à toutes celles qu'on avait proposées et qu'il énumère. (*Ibid.*)
— 3. *Iliade*, VI, 146.

puisse lui être, je ne dis pas préférée, mais égalée seulement. J'ajouterai qu'on ne peut admirer assez l'excellence de ses lois et le soin qu'elle a toujours apporté aux diverses branches de l'administration et à la marine en particulier, ce qui lui a assuré pendant longtemps l'empire de la mer et donné les moyens de détruire la piraterie et de mériter ainsi l'alliance du peuple romain et de ses amis les rois grecs d'Asie. Or, grâce à ces alliés, elle a pu maintenir son indépendance, en même temps qu'elle se voyait décorer par eux d'une foule de monuments ou d'objets d'art, dont la plus grande partie est aujourd'hui dans le *Dionysium* et dans le *Gymnase*, tandis que le reste est dispersé dans les différents quartiers de la ville. De tous ces monuments le plus remarquable sans contredit est la statue colossale du Soleil, œuvre de Charès, de Charès de Lindos, comme nous l'apprend l'iambographe, auteur de l'inscription :

« De sept fois dix coudées Charès Lindien l'a faite. »

Par malheur le colosse gît maintenant étendu sur le sol ; renversé par un tremblement de terre, il s'est brisé en tombant à partir des genoux, et les Rhodiens, pour obéir à je ne sais quel oracle, ne l'ont point relevé. Outre ce monument, qui surpasse, avons-nous dit, tous les autres (on s'accorde en effet universellement à le ranger parmi les sept merveilles du monde), il convient de citer aussi les deux tableaux de Protogène, l'*Ialysus* et le *Satyre à la colonne*. Dans ce dernier figurait d'abord une perdrix posée au haut de la colonne ; il paraît même qu'à la vue de cette perdrix, lors de la première exhibition du tableau, la foule dans son ébahissement n'avait eu d'admiration que pour elle, et que la figure du Satyre, si merveilleusement réussie cependant, avait passé presque inaperçue. Les éleveurs de perdrix ajoutèrent encore à la surprise générale en apportant avec eux, pour les mettre en face du tableau, des perdrix apprivoisées qui, dès qu'elles apercevaient la perdrix peinte, se mettaient

tout de suite à chanter, à la grande joie des oisifs attrou-
pés. Que fit Protogène en voyant que la figure principale
de son tableau en était devenue l'accessoire? Il demanda
aux intendants du temple la permission de venir effacer
sa perdrix, et l'effaça bel et bien. Les Rhodiens se montrent très-soucieux du bien-être du peuple, bien que leur
république ne soit pas à proprement parler démocratique :
ils espèrent par là pouvoir contenir[1] la classe si nombreuse des pauvres. Indépendamment des distributions
périodiques du blé qui leur sont faites au nom de l'É-
tat, les indigents reçoivent des riches des secours de toute
nature ; c'est là une coutume traditionnelle à laquelle
les riches se conforment toujours. Souvent aussi l'assis-
tance des riches a le caractère d'une *liturgie*, d'une fonction ou prestation publique : tout un approvisionnement,
toute une fourniture de vivres[2] est mise à la charge de tel
ou tel citoyen riche, de sorte que le pauvre est toujours
assuré de sa subsistance et qu'en même temps l'État ne
risque jamais de manquer de bras pour les différents
services publics et en particulier pour les besoins de sa
flotte. Ajoutons que de tout temps certains arsenaux ont
été tenus cachés et que le public en a ignoré l'existence ;
chercher à les découvrir, vouloir y pénétrer eût été re-
gardé comme un crime d'État, et ce crime puni de mort
sans rémission. Ici du reste, comme à Massalia, comme
à Cyzique, tout ce qui est chantier de construction navale, fabrique de machines de guerre, dépôt d'armes et
établissement du même genre, est l'objet de soins particuliers ; on peut même dire qu'ici l'organisation est
encore meilleure que dans les deux autres villes.

6. Les Rhodiens sont d'origine dorienne comme les
habitants d'Halicarnasse, de Cnide et de Cos. On sait, en
effet, que des Doriens qui, après la mort de Codrus,

---

1. Au lieu de συνέχειν δ' ὅμως βουλόμενοι, Meineke propose de lire συνέχειν δέ
πως β. C'est cette fine nuance que nous avons cherché à rendre dans notre traduction. — 2 ὀψωνιαζομένων au lieu de ὀψωνιαζόμενοι, autre correction proposée par
Meineke. Cf. Cobet (*Miscell. crit.*, p. 195), qui revient de préférence à la correction
de Coray ὀψωνιαζομενΑΙ.

fondèrent Mégare une partie seulement demeura dans la Nouvelle Ville, tandis que les autres ou se mêlèrent aux colons que l'argien Althæménès emmenait en Crète, ou se partagèrent entre Rhodes et les différentes villes que nous venons de nommer. Mais ces migrations sont postérieures aux événements que raconte Homère : au temps de la guerre de Troie, Cnide et Halicarnasse n'existaient même pas encore ; quant aux îles de Rhodes et de Cos, sans doute elles existaient, mais toutes deux étaient au pouvoir de chefs héraclides. Tlépolème avait à peine atteint l'âge viril que,

« Par un coup du sort, il devient le meurtrier de Licy-
« mnius, un vieillard, l'oncle maternel de son père. Aussitôt
« il construit une flotte, rassemble de nombreux compagnons
« et s'enfuit à travers les mers [1]. »

Puis, ajoute le poète,

« Il arrive à Rhodes ayant longtemps erré ; là ses compa-
« gnons s'établissent et se divisent en trois tribus. »

Homère nomme les trois villes connues pour exister alors,

« Et Lindos et Ialyse et la crayeuse Camire, »

et naturellement il ne dit rien de la cité des Rhodiens, qui n'était pas encore fondée. Mais on voit que dans ce passage il ne donne nulle part le nom de Doriens [aux compagnons de Tlépolème], il se borne à indiquer qu'ils devaient être Æoliens et Béotiens, puisque Hercule et Licymnius avaient la Béotie pour demeure habituelle. D'autres auteurs, maintenant, font partir Tlépolème et ses compagnons d'Argos et de Tirynthe, sans que pour cela la colonie conduite par Tlépolème en puisse passer davantage pour une colonie dorienne, son établissement dans l'île de Rhodes ayant précédé le Retour des Héra-clides. Même observation pour les habitants de Cos, car, de ce qu'Homère leur donne pour chefs Philippe et

---

1. *Iliade*, II, 662.

Antiphus, fils tous deux de l'héraclide Thessalus[1], on peut inférer qu'ils étaient eux aussi Æoliens d'origine plutôt que Doriens.

7. Les premiers noms que Rhodes ait portés sont ceux d'Ophiusse et de Stadie[2], puis elle fut appelée Telchinis du nom des Telchines, ses habitants, qu'on nous présente tantôt comme une race d'encnanteurs et de sorciers, qui, en arrosant[3] [les champs] d'un mélange de soufre et d'eau du Styx, empoisonnaient les animaux[4] et les plantes; tantôt, au contraire, comme une race éminemment industrieuse, victime seulement des calomnies de rivaux qui avaient trouvé leur compte à la noircir auprès des autres peuples, race originaire de Crète, venue dans l'île de Cypre d'abord, puis de là à Rhodes, et qui la première aurait réussi à travailler le fer et le cuivre, puisque la tradition fait de la faux de Saturne un ouvrage telchine. Nous avons déjà parlé précédemment des Telchines, mais nous sommes bien forcé, en raison de la diversité des légendes de la Fable, de revenir sur les mêmes sujets pour suppléer à ce que nous avons pu omettre.

8. Aux Telchines les mythographes font succéder les Héliades comme conquérants de l'île de Rhodes, et, dans les trois fils nés des amours de Cercaphus, l'un de ces Héliades, et de Cydippé, ils veulent voir les héros *éponymes* par qui furent fondées les trois villes de Lindos, d'Ialysos et de Camiros « *au sol crayeux*[5] »; mais, au dire de certains auteurs, c'est Tlépolème qui

---

1. *Iliade*, II, 678. — 2. « Nomen Stadia suspectum est, dit Meineke (*Vindic. Strabon.*, p. 224). Cod. χαστάδια, in quo vide an χαὶ Ἀστερία lateat vel χαὶ Αἰθραία, quibus de nominibus Rhodi insulæ vide Stephanum Byz., p. 546, et Plinium N. H., 5, 21. » A quoi Muller ajoute, dans son *Index var. lect.* : « In mentem venit χαὶ Ἀλία (de Helio sive Halio, patre Telchinum, sive de Halia, Telchinum sorore, matre Rhodes). Sed hæc incertissima. *Stadia* oppidum in objecta Rhodo continenti memoratur apud Plin., 5, 29, § 104. — 3. [σὺν] θείῳ ou θεῖον χαταρραίνοντας [χαὶ] τό, etc., au lieu de θείῳ χαταρρίοντας τό, etc. Restitution de Muller, préférable, suivant nous, à celle de Meineke, qui penche à substituer φθόνῳ à θείῳ. Voy. *Vind. Strabon.*, p. 224. — 4. Meineke doute aussi que ζώων soit ici la vraie leçon, mais les raisons qu'il donne pour substituer ῥιζῶν à ce mot ne nous ont pas paru plus décisives qu'à Muller. Voy. *Index var. lect.*, p. 1030, col. 1. — 5. *Iliade*, II, 656.

fonda ces trois villes, et les noms qu'il leur donna étaient ceux de trois des filles de Danaüs.

9. La ville de Rhodes actuelle fut bâtie, à l'époque de la guerre du Péloponnèse, par le même architecte, dit-on, qui déjà avait bâti le Pirée. Seulement, le Pirée n'existe plus, ayant eu cruellement à souffrir du fait des Lacédémoniens, d'abord, lorsque ceux-ci détruisirent ses *skêles* ou *longs murs*, et, plus tard, du fait de Sylla, le général romain.

10. L'histoire nous apprend encore cette particularité curieuse au sujet des Rhodiens, que leur prépondérance maritime ne date pas seulement de la fondation de leur ville actuelle, mais que, bien des années avant l'institution des jeux Olympiques, ils entreprenaient déjà, pour opérer le sauvetage des naufragés, des navigations lointaines : témoin ce voyage d'Ibérie pendant lequel ils fondèrent la ville de Rhodé[1], devenue plus tard possession massaliote ; témoin encore la double expédition pendant laquelle ils bâtirent Parthénopé chez les Opiques, et, en compagnie d'habitants de Cos, Elpies[2] chez les Dauniens. Quelques auteurs prétendent même que, postérieurement au *Retour de Troie*, les îles Gymnésies auraient reçu un établissement rhodien. Timée range, sous le rapport de l'étendue, la plus grande des îles Gymnésies tout de suite après les sept îles de Sardaigne, de Sicile, de Cypre, de Crète, d'Eubée, de Cyrnos et de Lesbos, mais ce qu'il dit là n'est pas vrai : on connaît d'autres îles beaucoup plus grandes[3]. Des colons rhodiens vinrent aussi s'établir en Chônie aux environs de Sybaris. Ajoutons qu'Homère lui-même semble attester l'antique prospérité des Rhodiens et la faire remonter au lendemain de la fondation des trois villes, lorsqu'il dit[4] :

---

1. Ῥόδην au lieu de Ῥόδον. Voy. Müller, *Index var. lect.*, p. 1030, au bas de la col. 1. — 2. Müller blâme Coray d'avoir substitué le nom de Σαλπίας à celui de Ἐλπίας. — 3. A|l'exemple de Meineke, nous avons éliminé la phrase qui, dans le texte, suit immédiatement celle-ci : φασὶ δὲ... λεχθῆναι, « verba, dit Meineke, omni genere errorum plena et ineptissime hic inculcata : quo minus dubitandum est quin pro insitiis habenda sint. » (*Vind. Strabon.*, p. 225.) — 4. *Iliade*, II, 668.

« Les peuples vivaient là répartis en trois cités d'après le
« nombre de leurs tribus, et ils étaient chéris de Jupiter, qui
« règne à la fois sur les dieux et sur les hommes. Et le
« fils de Saturne aimait à répandre sur eux l'inépuisable
« richesse. »

Ramenant ce dernier vers à une forme mythique,
quelques auteurs l'entendent d'une pluie d'or qui serait
tombée sur l'île de Rhodes, le jour où, pour parler
comme Pindare[1], Minerve naquit du cerveau de Jupiter.
— L'île de Rhodes a 920 stades de tour.

11. Le premier point qu'on relève à partir de la ville
de Rhodes, quand on gouverne de manière à avoir
toujours la côte de l'île à sa droite, est la ville de Lindos,
qui est bâtie tout au haut d'une montagne et tournée au
plein midi juste dans la direction d'Alexandrie. Il s'y
trouve un temple célèbre dédié à *Athéné* Lindienne par
la piété des Danaïdes. Dans le principe, avons-nous dit,
les Lindiens formaient un État séparé, comme les Cami-
réens et les Ialysiens, mais plus tard les trois peuples se
réunirent et vinrent se fondre dans Rhodes en une seule
cité. Cléobule, l'un des sept Sages, était de Lindos.

12. A Lindos succèdent Ixia, localité sans importance,
Mnasyrium et l'Atabyris, point culminant de l'île consacré à Zeus Atabyrius. Vient ensuite Camiros, et, après
Camiros, Ialysos, simple bourg, dominé par une citadelle
ou *acropole* qu'on nomme l'*Ochyrôme*. Après quoi, un
dernier trajet de 80 stades environ nous ramène devant
Rhodes. Dans ce trajet, le seul point intermédiaire à
remarquer est la falaise de Thoantium, qui se trouve
avoir juste en face d'elle ce groupe de Chalcia, dépendant
des Sporades, dont nous avons parlé précédemment[2].

13. Rhodes a vu naître beaucoup d'hommes de guerre
et d'athlètes célèbres, notamment les ancêtres du philosophe Panétius; beaucoup d'hommes d'État aussi ou de
politiques, beaucoup d'orateurs enfin et de philosophes, à

1. *Olymp.*, VII, 61. — 2. Livre X, c. v, § 14.

commencer par Panétius lui-même, à qui l'on peut joindre
et Stratoclès et Andronic le péripatéticien et le stoïcien
Léonide et les noms plus anciens de Praxiphane, d'Hié-
ronyme et d'Eudème. Toute la carrière active de Posidonius, comme homme politique et comme philosophe
enseignant, s'est passée à Rhodes, mais c'est à Apamée
de Syrie qu'il avait vu le jour. Apollonius dit *Malacus*
et Molon, disciples tous deux de l'orateur Ménéclès,
étaient dans le même cas, étant nés à Alabanda, et non
à Rhodes. C'est Apollonius qui, le premier des deux,
vint s'établir à Rhodes; Molon ne s'y rendit que plus
tard et il y fut salué à son arrivée par ces mots d'Apollonius : ὀψὲ μολών, « *Tard-Venu*, [mon cher]! » En revanche, le poète Pisandre, auteur de l'*Héraclée*, était né
à Rhodes même, ainsi que Simmias le grammairien et
Aristoclès, un de nos contemporains. Enfin Denys le
Thrace et Apollonius, l'auteur des *Argonautiques*, bien
qu'Alexandrins de naissance, sont généralement qualifiés
de Rhodiens. — Mais nous nous sommes suffisamment
étendu au sujet de l'île de Rhodes.

14. Reprenons maintenant la côte de Carie qui fait
suite à Rhodes, à partir d'Elæûs[1] et de Loryma, et signalons le coude très-marqué qu'elle décrit en cet endroit
dans la direction du nord, direction qu'elle garde invariablement jusqu'à la Propontide, si bien que la navigation
en ligne droite le long de cette côte, sur un espace
de 5000 stades ou peu s'en faut, figure exactement un
méridien, celui sous lequel se trouvent, avec le reste
de la côte de Carie, l'Ionie, l'Æolide, Troie, Cyzique et
Byzance. Tout de suite après Loryma se présentent
Cynossêma et l'île Symé.

15. Puis on arrive à Cnide. Cette ville possède deux
ports, dont un facile à bien fermer et capable de recevoir
et de contenir des trirèmes. Elle possède en outre un
naustathme ou arsenal muni de cales pour vingt navires.
En avant de Cnide est une île de 7 stades de tour envi-

1. Ἐλαιοῦντο; au lieu de Ἐλεοῦντος, correction de Meineke.

ron, qui s'élève en amphithéâtre, et qui, reliée par un
double môle au continent, se trouve faire de Cnide en
quelque sorte deux villes distinctes, d'autant qu'une
bonne partie de la population est allée se loger dans
cette île, abri naturel des deux ports. Ajoutons qu'à une
petite distance de la même île, mais alors plus au large,
se trouve l'île de Nisyrus. Parmi les personnages
célèbres nés à Cnide, nous citerons, en premier lieu, le
mathématicien Eudoxe, l'un des disciples favoris de
Platon ; après Eudoxe, Agatharchide, qui, sorti de l'école
péripatéticienne, s'est fait un nom comme historien, et
deux de nos contemporains, à savoir Théopompe, l'un des
amis du divin César qui eurent le plus d'ascendant sur lui,
et le fils de Théopompe, Artémidore. Ctésias, le médecin
d'Artaxerce et l'auteur des *Assyriques* et des *Persiques*,
était lui aussi natif de Cnide. — Passé Cnide, on relève,
mais en arrière de la côte, les petites places de Ceramus
et de Bargasa.

16. Puis vient Halicarnasse, capitale des anciens *dynastes* de Carie, qui primitivement s'appelait *Zephyria*[1].
C'est ici, à Halicarnasse, que s'élève le tombeau de Mausole, monument[2] rangé au nombre des sept merveilles
du monde et qui fut érigé par Artémise en l'honneur de
son époux, ici aussi que se trouve la source ou fontaine
de Salmacis, que la voix publique, je ne sais sur quel
fondement, accuse d'énerver ceux qui s'y abreuvent. L'in-
tempérance humaine, à ce qu'il semble, s'en prend volontiers aux *airs* et aux *eaux* des fautes qu'elle commet ;
mais là n'est pas la vraie cause de la mollesse des hommes, elle est toute dans la richesse et dans l'abus des
plaisirs. Halicarnasse a au-dessus d'elle une acropole et
juste en face une île, Arconnèse[3]. Entre autres arché-
gètes ayant contribué à la fondation de cette cité, il con-

---

1. « Legendum Ζεφυρία ex Stephan. s. v. Ἁλικαρνασσός, » dit Müller (*Ind. var.
lect.*, p. 1030, au haut de la col. 2). — 2. On croit généralement qu'il manque quelque chose dans le texte avant ou après le mot ἔργον. Voy. dans l'*Index var. lect.*
de Müller (*ibid.*), les différents essais de restitution. Cf. Meineke, *Vindic. Strabon.*, p. 225. — 3. Meineke préfère la forme Ἀρχόνησος;

vient de nommer Anthès, chef d'une colonie trézénienne.
Ajoutons qu'elle a donné naissance à plusieurs personnages illustres, à Hérodote entre autres, Hérodote l'historien, qu'on n'appela plus que *le Thurien* après qu'il fut
venu, comme colon, s'établir à Thurium, puis au poète
Héraclite, grand ami de Callimaque, et à l'historien Denys, notre contemporain.

17. Halicarnasse ne connut pas que d'heureux jours;
elle eut beaucoup à souffrir, notamment après qu'elle
eut été prise d'assaut par Alexandre. Hécatomne, roi de
Carie, avait trois fils, Mausole, Hidriée, Pixodar, et deux
filles. L'aînée des filles, Artémise, épousa Mausole, son
frère aîné; le second des fils, Hidriée, fut marié à leur
autre sœur, Ada. Mausole régna [après son père], mais,
étant mort sans enfant, il laissa le trône à sa femme qui
lui éleva le tombeau dont nous avons parlé. Elle-même
mourut d'une maladie de langueur causée par la douleur de la perte de son époux, et Hidriée monta sur le
trône. Une maladie l'ayant emporté à son tour, le pouvoir passa aux mains d'Ada, qui bientôt se vit détrôner
par Pixodar le dernier des fils d'Hécatomne. Partisan
déclaré des Perses[1], Pixodar invita un satrape à venir
partager son autorité, et, comme la mort le surprit lui
aussi, ce satrape demeura seul maître d'Halicarnasse : il
avait épousé Ada, fille que Pixodar avait eue d'une
femme cappadocienne, nommée Aphnéis. Le même satrape, attaqué par Alexandre, se défendit avec énergie[2].
C'est alors qu'Ada, fille d'Hécatomne, détrônée jadis par
Pixodar, vient trouver Alexandre et par ses prières le
persuade de la rétablir sur le trône qui lui a été enlevé;
elle lui promettait en retour de l'aider à se mettre en
possession des quelques forteresses de la Carie qui refusaient encore de faire leur soumission, et la chose devait
lui être d'autant plus facile, disait-elle, que ceux qui les

---

1. Au lieu de περσίσας, l'*Epitomé* donne μηδίσας. — 2. Cette phrase : « ἐπελθόντος
δὲ Ἀλεξάνδρου, πολιορκίαν ὑπέμεινεν », se trouve dans le texte quelques lignes plus
haut. C'est Kramer qui, le premier, a indiqué la nécessité de la transposition. Et
Meineke a fait droit à la remarque dans son édition.

détenaient étaient tous ses parents. Elle fait plus et commence par lui livrer sa propre résidence, Alinda. Alexandre agrée ses offres et la proclame reine d'Halicarnasse,
comme il venait justement de prendre la ville; mais la
citadelle tenait encore (on sait qu'elle est à double enceinte), et Alexandre laisse à Ada le soin d'en continuer
le siège. Or ce siège ne fut pas long, la colère et la
haine des nouveaux assiégeants avaient imprimé aux
opérations un redoublement d'ardeur, et la citadelle
tombe à son tour.

18. Halicarnasse précède, sur la côte, le cap Termerium,
lequel dépend du territoire des Myndiens. La pointe
Scandaria que projette l'île de Cos est située juste vis-à-
vis, à 40 stades du continent. Il y a aussi en arrière de ce
même cap Termerium [1] une petite localité habitée du
nom de Termerum.

19. La ville de Cos s'appelait anciennement Astypalée,
et elle occupait, mais toujours au bord de la mer, un
autre emplacement. C'est à la suite de discordes intestines qu'une partie de la population se transporta dans le
voisinage du cap Scandarium et y fonda la ville actuelle
en lui donnant, pour la distinguer de l'ancienne, le nom
même de l'île. La ville de Cos n'est pas grande, mais il
n'y en a pas de mieux bâtie, et, vue de la mer, elle est d'un
aspect enchanteur. Quant à l'île elle-même, elle peut
avoir 550 stades d'étendue; le sol y est partout d'une
extrême fertilité, mais, comme à Chios et à Lesbos, favorable surtout à la vigne. Ses points les plus remarquables sont, au midi, le cap Lacéter, qui n'est séparé de l'île
Nisyrus que par un trajet de 60 stades, et, tout à côté du
Lacéter, la petite place d'Halisarna; puis, à l'ouest, le
cap Drecanum, avec un bourg nommé Stomalimné. La
distance par mer du Drecanum à la ville de Cos est de
200 stades environ; prise du Lacéter, cette distance est

---

1. ὑπὲρ τῆς ἄκρας au lieu de ὑπὲρ τῆς Κῴας, correction nécessaire due à Meineke.
Strabon rapporte évidemment la situation de Termerum au cap Termerium, plutôt
qu'à la pointe Scandaria.

de 35 stades plus longue. C'est dans le faubourg de Cos qu'est bâti l'*Asclépiéum*, temple qui jouit d'une très-grande célébrité et qui renferme, à titre de pieuses offran-des, beaucoup de chefs-d'œuvre artistiques, l'*Antigone* d'Apelle, par exemple. On y voyait aussi naguère la *Vénus Anadyomène*, qui est actuellement à Rome exposée comme un hommage à la mémoire du divin César. L'idée est d'Auguste, qui voulut dédier à son père l'image de l'*archégète* ou auteur de leur race. On raconte même, à ce propos, que, pour indemniser Cos de la belle peinture qu'il lui enlevait, Auguste fit remise à ses habitants de 100 talents sur le tribut qui leur avait été imposé. Si ce qu'on dit, maintenant, d'Hippocrate est vrai, c'est surtout par l'étude des différentes cures dont la relation était affichée ici dans le temple qu'il se serait exercé à la partie *diététique* de son art. Hippocrate figure naturellement au premier rang des personnages célèbres que Cos a vus naître, mais après lui nous nommerons encore Simus le médecin, Philétas qui s'illustra à la fois comme poète et comme critique, et plusieurs de nos contemporains : Nicias d'abord, qui, entre autres titres de gloire, eut l'honneur de régner comme tyran sur ses concitoyens ; puis Ariston, disciple et successeur du péripatéticien de même nom ; et enfin Théomneste, qui, déjà célèbre comme musicien, s'acquit un nouveau lustre comme antagoniste politique de Nicias.

20. La partie de la côte du continent adjacente au territoire de Myndus nous présente la pointe d'Astypalée et le cap Zephyrium ; puis, tout de suite après, la ville même de Myndus, laquelle possède un port. Bargylies qui fait suite à Myndus mérite aussi le nom de ville. Entre deux on rencontre le port de Caryande, avec une île de même nom où les Caryandéens dès longtemps se sont plu à bâtir. Scylax, l'ancien historien, était originaire de Caryande. Tout près de Bargylies est le temple d'Artémis Cindyas[1], qui, au dire des gens du pays, ne reçoit ja-

---

1. Artémis Cindyas est mentionnée dans deux inscriptions de Bargylia portant les n°° 496 et 497 du Recueil de Le Bas et Waddington. Voy. le tome III de l'*Explic. des Inscr.*, p 136 et 137.

mais une goutte de pluie, même quand il pleut tout autour. Il existait aussi naguère une localité appelée Cin-
dyé. Protarque, philosophe célèbre de la secte d'Épicure, qui eut pour disciple et pour successeur Démétrius
dit *Lacôn*, était né à Bargylies.

21. Iasus qui vient ensuite est bâtie dans une île, mais
on la croirait sur le continent, tant le bras de mer qui l'en
sépare est resserré. Elle possède un port, et ses habitants
tirent leur subsistance presque exclusivement de la mer,
car, autant les parages ici autour sont poissonneux, autant
le sol de l'île est pauvre et maigre. On raconte à ce sujet
quelques bonnes histoires, celle-ci, par exemple. Un citharède en renom se faisait entendre un jour devant les
Iasiens assemblés, et on l'écoutait religieusement ; tout à
coup on sonne la cloche annonçant l'ouverture du marché
au poisson, tous à l'instant quittent la place pour courir
au marché, un seul tient bon..., il était sourd. Le citharède s'approche et lui dit : « Je vous sais un gré infini,
citoyen, de l'honneur que vous me faites et de votre goût
pour la musique. Voyez, tous mes auditeurs, au bruit
de la cloche, déguerpissent. — Hein ! s'écrie le sourd,
que dites-vous là? On a déjà sonné la cloche? — Sans
doute, reprend le chanteur. — Grand bien vous sou-
haite alors », dit le sourd en se levant, et le voilà qui
détale comme les autres. — Iasus a vu naître le dialecticien Diodore, plus connu sous le nom de *Cronos*, nom
qui lui fut d'abord donné indûment, puisqu'il appartenait déjà à Apollonius son maître, mais qui, vu le peu
de célébrité du vrai *Cronos*, a fini par lui rester.

22. Au delà d'Iasus, on atteint vite le cap Posidium, dépendance du territoire milésien. Mais quittons la côte, dans
l'intérieur nous avons à signaler trois villes considérables,
Mylasa, Stratonicée et Alabanda, plus un certain nombre
de localités de moindre importance, formant en quelque
sorte la banlieue de ces villes ou de celles du littoral,
notamment Amyzo, Héraclée, Euromus et Chalcétor [1].

---

1. Meineke, se fondant sur la présence du génitif pluriel Χαλκητόρων (XIV, c. 1,

23. Mylasa est bâtie dans une plaine extrêmement fertile, au-dessous d'une montagne qui s'élève à pic à une très-grande hauteur[1] et qui renferme une carrière de très-beau marbre blanc. Or, ce n'est pas un mince avantage pour une ville d'avoir à sa portée et en si grande quantité les matériaux réputés les plus précieux pour la construc-tion des édifices publics, et principalement des édifices religieux. Et par le fait il n'y a pas de ville qui soit plus magnifiquement décorée que Mylasa de portiques et de temples. En revanche, il y a lieu de s'étonner que ceux qui ont fondé Mylasa lui aient choisi une position aussi absurde au pied d'un rocher à pic qui la surplombe et qui l'écrase, circonstance qui faisait dire à l'un des gouverneurs de la province, confondu de ce qu'il voyait : « La honte[2], à défaut de la peur, n'aurait-elle pas dû arrêter le malheureux qui a fondé cette ville ! » Les Mylasiens possèdent deux temples de Jupiter, celui de Zeus Osogos[3], bâti dans la ville même, et celui de Zeus

§ 8), corrige ici Χαλκήτωρ en Χαλκήτορες. Mais les deux formes ont pu exister simultanément, et nous avons vu plus haut que Strabon employait dans le même chapitre les deux formes d'un même nom. — 1. αἰπύ au lieu de αὐτοῦ, correction de Müller. Cf. Meineke, *Vind. Strabon.*, p. 225-226. — 2. « Vereor, dit Meineke, ne verba οὐδ' ἤσχυνετο aliquid corruptelæ traxerint. » (*Vind. Strabon.*, p. 226.) — 3. « Zeus Osogos, dont le nom revient souvent dans les inscriptions de Mylasa... est une divinité analogue au Poseidon des Grecs... C'est à son culte qu'il faut rattacher les emblèmes du cheval, du trident et du crabe, qui figurent souvent sur les monnaies de Mylasa, tantôt seuls, tantôt combinés avec la bipenne, symbole de Zeus Stratios. Il était le dieu particulier de la tribu des Otorcondes, qui plaçaient dans son temple les statues de ceux qu'ils voulaient honorer, et qui gravaient leurs décrets sur le mur de son enceinte sacrée. Mais l'assimilation d'Osogos à Poseidon (assimilation exprimée par le mot Ζηνοποσειδῶν ou Ζανοποσιδῶν) doit avoir eu lieu à une époque assez récente, car dans toutes les anciennes inscriptions on ne trouve que le nom d'Osogos : le culte de Poseidon Isthmius, établi depuis longtemps à Halicarnasse et plus tard dans le territoire même de Mylasa, contribua sans doute à cette fusion des traditions cariennes et helléniques. Remarquons enfin que, dans les religions de l'Asie Mineure, le mot Zeus n'a pas le sens restreint qu'il a en Grèce ; en Asie on trouve des Zeus solaires et lunaires, des Zeus dieux de la mer et de la guerre, et souvent la signification de ce mot ne paraît guère dépasser celle de *deus* en latin ; il en est ainsi, ce semble, dans la phrase Διὸς Ὀσογῶα Διὸς Ζηνοποσειδῶνος d'une inscription de Mylasa, copiée par Le Bas (n° 361). Quant au mot Ὀσογῶα, il est décliné de plusieurs manières différentes dans les inscriptions ; la véritable forme indigène paraît avoir été Ὀσογῶα indéclinable ; c'est celle qu'indique Pausanias (8, 10) toujours si bien informé de tout ce qui concerne les antiquités de l'Asie Mineure sa patrie (ὃν φωνῇ τῇ ἐπιχωρίᾳ καλοῦσιν Ὀγῶα). Quelquefois, la forme Ὀσογῶα était déclinée, comme au n° 360 des copies de Le Bas, Διὸς Ὀσογώου. Mais la forme la plus usuelle est Ὀσογῶς, *gén.* Ὀσογῶ (n° 348, 362, 408, etc., du même recueil), *dat.* Ὀσογῶ (n° 348) ; c'est celle dont s'est servi Strabon dans le présent passage. » (Wadding-

Labraundène[1], ainsi nommé du village de Labraunda,
lequel est situé dans la montagne, à une assez grande
distance de la ville et tout près du col où passe la route
qui va d'Alabanda à Mylasa. Le temple qui s'élève en ce
lieu est fort ancien et contient la statue en bois de Zeus
Stratios[2], objet de vénération pour les populations circonvoisines, comme pour les Mylasiens; il est relié à la
ville par une chaussée de près de 60 stades, qu'on nomme
la *voie sacrée* et qui sert aux *pompes* ou processions. Le
grand-prêtre est invariablement choisi parmi les plus
illustres citoyens de Mylasa et toujours nommé à vie.
Ces deux temples sont la propriété particulière des Myla-

ton, *Explic. des inscr. gr. et lat.*, etc., t. III, p. 108-109). Cf. Meineke (*Vind.
Strabon.*, p. 226), qui, d'après ce qui précède, s'est peut-être trop hâté d'introduire
dans le texte la forme indéclinable Ὁσογῶα. — 1 « Dans un décret des Mylasiens,
portant le n° 379 du recueil de Le Bas, on trouve la plus ancienne forme du mot
Labranda, écrit Λαμϐραυνδου (ἐν τῷ ἱερῷ τοῦ Διὸς τοῦ Λαμϐραυνδου) ; les manuscrits
d'Hérodote portent Λάϐραυνδα (V, 119), qui est la forme la plus usitée et qui se
trouve aussi dans les inscriptions (n° 323 du recueil de Le Bas, et *Corpus inscr.
gr.*, 2750, 2896); mais il y en a d'autres, Λαϐραυνδου (n° 348 du rec. de Le Bas),
Λαϐραύνδου (n°⁵ 338, 399), et enfin Λαϐρανδης (n° 334), qui est la plus moderne.
Toutes ces formes dérivent du mot lydien λάϐρυς, qui signifie une hache à deux
tranchants; selon la tradition, cette hache était celle d'Hippolyte, reine des Amazones, qui fut tuée par Hercule ; ce dernier en fit présent à Omphale, qui la transmit aux rois de Lydie, ses successeurs. Lors de la révolte de Gygès contre Candaule, un Mylasien, nommé Arsélis, qui avait embrassé le parti de Gygès, tua dans
un combat l'écuyer qui portait la hache devant Candaule, s'en empara et l'emporta
en Carie; là, il fit faire une statue de Zeus et plaça la hache dans la main du
dieu; Zeus Labrandos signifie donc le Zeus de la hache (Plut. *Qu. gr.*, 45).
Si cette tradition est fondée (et l'analogie du Ζεὺς Χρυσαόριος le fait supposer)
le nom du village de Labranda est dérivé du nom de la divinité; le dieu s'appelait
Λάϐρα⸳νδος, et le village Λάϐρα⸳νδα; ce n'est que plus tard, dans Strabon, par
exemple, que l'on rencontre la forme Ζεὺς Λαϐραυνδηνός, où l'épithète du dieu est
dérivée du nom de la localité. » (Waddington, *Explic. des inscr. gr. et lat.
trouv. en Grèce et en Asie Min.* [par Ph. Le Bas], t III, p. 112, col. 2). Cf. Meineke, *Vindic. Strabon.*, p. 226. — 2. « La statue archaïque ou ξόανον de Zeus
Stratios et son symbole la bipenne sont souvent représentés sur les médailles
de Mylasa. » (Waddington, *ibid.*, p. 106, col. 1.) « De même que Zeus Osogos,
ajoute M. Waddington (p. 109). rappelle le Poseidon hellénique, Zeus Stratios
(appelé aussi Ζεὺς Λαϐραυνδος), armé de la haste et de la bipenne, a de l'analogie
avec Arès; c'est un dieu guerrier comme le Zeus Areios d'Iasos et le Zeus
Chrysaorios de Stratonicée. Un écrivain allemand fait à ce sujet des rapprochements curieux : dans la Libye, dit-il, on trouve Arès et Poseidon adorés ensemble ;
dans la basse Egypte, Typhon est tantôt un dieu maritime, tantôt un dieu de la
guerre, et chez les Philistins Dagon, le dieu poisson, est aussi une divinité
guerrière. (Stark, *Forschungen*, p. 296.) Il n'est pas surprenant que les Cariens,
peuple maritime d'abord, puis chassé des îles de la mer Égée et refoulé dans
l'intérieur de l'Asie Mineure par les colonies grecques, aient eu un dieu maritime
à eux propre, dont le culte a été conservé à Mylasa, siège principal de leur nationalité, et a Taba, ville de l'intérieur de la Carie. » (Mionnet, Suppl., *Carie,*
n° 509).

siens. Mais il en existe un troisième, dédié à Zeus Carios[1], qui appartient en commun à toutes les populations cariennes, lesquelles y admettent même les Lydiens et les Mysiens à titre de frères. Au rapport des historiens, Mylasa n'aurait été dans le principe qu'un simple bourg, mais le roi de Carie Hécatomne[2] y était né et naturellement il en avait fait sa capitale ou résidence ordinaire[3]. Comme le point de la côte le plus rapproché est Physcus, les Mylasiens ont fait de Physcus leur arsenal maritime.

24. Deux Mylasiens, Euthydème et Hybréas, ont, par leur éloquence et leur ascendant politique, joué de nos jours un rôle considérable dans leur patrie. Euthydème, à qui ses ancêtres avaient transmis une grande fortune avec un nom déjà glorieux, ajouta à ces avantages un vrai talent de parole qui n'assura pas seulement sa prépondérance politique à Mylasa, mais qui lui permit de prétendre à la première dignité de la province. Hybréas, au contraire, comme il l'a raconté lui-même mainte fois à ses disciples et comme tout le monde en convient à Mylasa, avait reçu pour tout patrimoine un mulet et son muletier, un mulet servant à porter le bois dont le travail, pendant quelque temps, fut son unique ressource. Il put suivre ainsi l'école de Diotréphès d'Antioche, après quoi, il revint dans sa patrie et se mit à plaider au tribunal de l'*agoranome*. Ayant gagné quelque argent à cet infime métier, il put prendre son essor et commença à s'occuper de politique, en même temps qu'il assistait et se mêlait aux luttes judiciaires. Sa position grandit en peu de temps et on le vit avec admiration, du vivant même d'Euthydème, mais surtout après la mort de celui-ci, devenir le maî-

---

1. « C'est le même dieu qui, sous le nom de Chrysaorios, était honoré à Stratonicée; car Chrysaorios est synonyme de Carien; son symbole était une épée, comme son nom l'indique et comme le prouvent les monnaies autonomes de Stratonicée. Hérodote nous apprend qu'une des principales familles d'Athènes avait pour dieu particulier Zeus Carios. » (Waddington, *ibid.*, p. 125.) — 2. Sur la vraie forme de ce nom, voy. Meineke, *Vindic. Strabon.*, p. 226-227. — 3. Voy. Waddington, *Explic. des inscr.*, t. III, p. 112, col. 1.

tre de la ville. On sait quel ascendant Euthydème exerçait de son vivant, il le devait à ses talents et aux services réels qu'il rendait chaque jour à la chose publique :
peut-être bien y avait-il dans ses façons d'agir quelque
chose de trop *tyrannique*, mais cet inconvénient était ra-
cheté amplement par les résultats utiles de sa politique.
Et c'est ce qui faisait dire à Hybréas dans la péroraison
d'un de ses discours qui a été souvent citée : « O Eu-
« thydème ! tu es pour cette ville aujourd'hui un mal
« nécessaire, car nous ne pouvons vivre ni avec toi ni
« sans toi. » Hybréas était parvenu à son tour au faîte
de la puissance, et tous ses compatriotes le reconnais-
saient comme le type du bon citoyen et de l'orateur politique, quand il voulut entrer en lutte avec Labiénus et
éprouva un rude échec. En voyant Labiénus s'avancer à
la tête d'une armée romaine que renforçaient encore des
auxiliaires parthes (on sait que les Parthes détenaient
alors en maîtres la province d'Asie), tous les autres chefs
de républiques, par impuissance et par amour de la
paix, n'avaient rien eu de plus pressé que de se soumettre. Zénon de Laodicée et Hybréas, simples orateurs
tous deux, furent seuls à ne pas vouloir céder, et on
les vit, chacun de son côté, pousser leurs concitoyens
à la résistance. Hybréas fit plus et par un mot impru-
dent il excita encore l'humeur irritable du jeune et présomptueux Labiénus. Labiénus venait de se proclamer
Parthicus imperator; en l'apprenant Hybréas s'écria :
« Eh bien ! moi, je serai *Caricus imperator*, et je m'en
« décerne à moi-même le titre. » Il n'en fallut pas davantage pour que Labiénus marchât sur Mylasa, à la tête
des légions[1] qu'il avait pu former avec ce qu'il y avait

---

1. Cobet, dans une longue et savante note insérée p. 195 de ses *Miscell. crit.*,
après avoir fait remarquer que partout, dans Strabon, les cohortes sont appelées
σπεῖραι et les légions τάγματα, continue en ces termes : « Labienus, qui Syriæ
potitus, Ciliciam occupavit, καὶ τῆς Ἀσίας τὰς ἐχειρώτιδας πόλεις; παριστήσατο, legato
Antonii Planco ex Asia pulso, πλὴν Στρατονικείας τὰ μὲν πλεῖστα ἄνευ πολέμου, Μύ-
λασα δὲ καὶ Ἀλάβανδα διὰ κινδύνων ἑλών, teste Dione Cassio, XLVIII, 26, tantas res
gessit, non *cohortes instructas secum ducens* (ainsi s'exprime l'ancien traducteur latin, et Müller, dans l'édition de la *Bibliothèque grecque* de Didot, n'y

de Romains dans la province d'Asie : il n'y trouva plus
Hybréas, qui s'était réfugié à Rhodes, mais il dévasta
son habitation et mit au pillage le mobilier magnifique
qu'elle contenait, sans plus épargner le reste de la ville.
Seulement à peine eut-il quitté l'Asie qu'Hybréas revint,
et il eut bientôt fait de réparer le dommage fait à lui-
même et à sa patrie. — Nous n'en dirons pas davantage
au sujet de Mylasa.

25. Stratonicée doit son origine à une colonie macédonienne. Ajoutons que les Rois l'ont à l'envi décorée de
somptueux édifices. Il existe dans les limites de son territoire deux temples, un à Lagina, consacré à Hécate et
très-célèbre par les grandes panégyries ou assemblées
qui s'y tiennent chaque année, et l'autre aux portes de la
ville. Ce dernier, dédié à Zeus Chrysaorée, est commun
à toutes les populations cariennes, qui s'y réunissent
pour assister aux sacrifices solennels et pour délibérer sur
les intérêts généraux du pays. De là une ligue dite
Chrysaoréenne[1] et qui comprend tous les *cômæ* ou bourgs
de la Carie. Les peuples qui y sont représentés par le
plus grand nombre de *cômæ*, comme voilà les Céramiètes,
ont aussi dans les délibérations une voix prépondérante.
Les Stratonicéens, sans être de race carienne, font partie de la confédération, mais c'est qu'ils possèdent un
certain nombre de bourgs engagés dans la ligue chrysao-
rique. La même ville de Stratonicée a vu naître Ménippe
dit *Catocas*[2], orateur justement célèbre, qui florissait du
temps de nos pères, et que Cicéron met au-dessus de

a rien changé), sed legiones civium Romanorum ex Syria et Asia collectas. Itaque
periit *numerus* legionum, quem in ultima litera aoristi ὡρμησε latere suspicor,
ut Strabo scripserit : ὡρμησε (πέντε) τάγματα ἔχων. » M. Bernardakis approuve
cette correction (*Symb. crit. in Strab.*, p. 53). Nous avouons, nous, qu'elle nous
paraît tout au moins inutile. Strabon ne décrit pas en historien militaire la campagne de Labiénus; il n'avait donc pas besoin de donner le chiffre exact de ses
légions. Ce nombre de cinq légions nous paraît d'ailleurs bien élevé : car il s'agit
évidemment d'une armée improvisée et de légions nouvelles levées par un seul
général dans un temps troublé, et dans une seule province! Et que sont devenues ces cinq légions? Le texte de Strabon est suffisamment clair : inutile, par
cette addition, de se jeter dans des difficultés presque insolubles. — 1. Voy. Waddington, *Explic. des inscr.*, etc., t. III, p. 117-118. — 2. Sur ce nom, voy. l'*Index
var. lect.* de Muller, p. 1030, col. 2.

tous les autres orateurs qu'il lui avait été donné d'entendre en Asie : Cicéron le déclare en termes exprès dans
un de ses *traités*[1], en le comparant à Xénoclès et à
d'autres orateurs contemporains. — Il ne faut pas confondre Stratonicée avec une autre petite ville de même
nom, bâtie au pied du Taurus et dite à cause de cela
Stratonicée du Taurus.

26. Alabanda est bâtie dans une situation analogue,
au pied de deux collines; mais ces collines sont disposées de telle sorte, qu'elles la font ressembler à un âne
chargé de ses deux paniers, ce qui faisait dire plaisam-
ment à Apollonius *Malacus*, choqué à la fois de cette particularité et de la quantité de scorpions qui infestent la
ville : « [*Ne me parlez pas d'*]*Alabanda, cette bourrique
lestée*[2] *de scorpions!* » Le fait est qu'à Alabanda, de
même qu'à Mylasa et dans toute la montagne entre deux,
les scorpions pullulent. Alabanda n'en est pas moins devenue le rendez-vous de tous les voluptueux, de tous les
débauchés de la province, grâce à la présence de nombreuses courtisanes, toutes excellentes musiciennes. Mais
la ville a produit aussi quelques grands hommes, deux
orateurs, notamment, deux frères, à savoir ce Ménéclès
de qui nous parlions un peu plus haut, et Hiéroclès,
puis Apollonius et Molon[3], qui l'un et l'autre ont quitté
Alabanda pour venir se fixer à Rhodes.

27. On a beaucoup disserté au sujet des Cariens, voici
l'opinion généralement adoptée. Ils figuraient au nombre
des nations soumises au roi Minos, portaient alors le
nom de *Lélèges* et habitaient les îles. Plus tard, ils passent sur le continent, s'y emparent, tant le long de la
côte que dans l'intérieur, d'une étendue de pays considérable, et prennent la place des anciens habitants, Lélèges aussi et Pélasges pour la plupart; mais, à leur tour,
ils se voient enlever une partie de leurs conquêtes par

1. *Brut.*, 91. — 2. ϰϵντϵϱπαμϵνον au lieu de ϰϵντϵϱπαμϵνην, correction de Ca-
subon. — 3. On dans le manuscrit de l'Escurial : Ἀπολλωνις ὃ Μολων καὶ
Μενέϰλης.

les Hellènes, Ioniens et Doriens. Leur passion pour les occupations guerrières est attestée par cette circonstance, que les anses des boucliers, ainsi que les devises ou figures qui les décorent et les aigrettes des casques, sont qualifiées d'inventions *cariques*. Anacréon dira, par exemple :

« Allons ! le moment est venu de passer son bras dans la « courroie que l'ingénieux *Carien*, le premier, sut ajouter au « bouclier ; »

et Alcée de son côté :

« Agitant l'aigrette *carienne* dont son casque est om-« bragé. »

28. Reste la difficulté contenue dans ce passage d'Homère [1] :

« Masthlès venait ensuite à la tête des Cariens *barbaro-« phones*, »

car on ne voit pas qu'on ait bien compris jusqu'ici pourquoi le Poète, qui connaissait tant de nations barbares, a donné aux seuls Cariens cette épithète de *barbarophones* et n'a appliqué à aucun peuple [pas plus aux Cariens qu'aux autres] la dénomination même de *barbares*. L'explication de Thucydide [2], notamment, n'est rien moins que satisfaisante, et, quand il prétend qu'Homère ne s'est pas servi de cette dénomination de *barbares*, faute d'avoir pu lui opposer le nom d'*Hellènes*, qui, en tant que dénomination générale et collective, n'existait pas encore, il se trompe manifestement, et ses derniers mots « *n'existait pas encore* » sont réfutés par le Poète lui-même : témoin ce passage de l'*Odyssée* [3] :

« Lui, dont la gloire s'est répandue par toute la *Hellade* « et a pénétré jusqu'au cœur d'Argos ; »

1. *Iliade*, II, 867. Coray, qui ne peut jamais admettre que Strabon se trompe, a rétabli ici le nom du chef Nastès, qu'Homère donne aux Cariens. Le fait est que Strabon ou a cité de mémoire ou a sauté quelques vers, et pris l'un des chefs méoniens nommés au vers 864 pour le chef unique des Cariens *barbarophones*, cité au v. 867. Ces légères méprises, plus fréquentes qu'on ne croit chez Strabon, sont très-utiles à relever pour aider à porter un jugement définitif sur la valeur et l'autorité de son livre. — 2. I, 3. — 3. I, 344

témoin celui-ci aussi[1] :

« Mais, si tu veux séjourner en pleine *Hellade*, et au cœur
« même d'Argos. »

Supposons d'ailleurs que ce nom de *barbares* ne fût
pas encore usité, comment admettre qu'Homère ait employé un mot, tel que *barbarophones*, que personne
n'eût pu comprendre? L'explication de Thucydide n'est
donc pas heureuse. Disons tout de suite que celle du
grammairien Apollodore ne l'est pas davantage : elle
consiste à prétendre que d'une dénomination générale
les Hellènes, et surtout les Ioniens à cause de leur haine
pour un peuple rival avec qui ils étaient perpétuellement en guerre, avaient fait une qualification particulière
et injurieuse à l'adresse des Cariens. Mais, à ce compte,
c'est *barbares* et non *barbarophones* que le Poète aurait
dû dire. Quant à la question spéciale qui nous occupe,
« pourquoi Homère a employé le mot *barbarophones* et
pas une fois le nom de *barbares* », voici comme y répond
Apollodore : « Le pluriel de ce mot, dit-il, ne pouvait
entrer dans son vers, et c'est pour cela qu'Homère nulle
part n'a employé le mot βαρϐάρους. » — Oui, certes, à
ce cas-là, le mot ne pouvait trouver place dans le vers
d'Homère, mais le cas direct βάρϐαροι ne diffère en rien
de Δάρδανοι, mot qu'Homère a bel et bien employé[2] :

« Τρῶες καὶ Λύκιοι καὶ Δάρδανοι; »

il ne diffère pas non plus de Τρώιοι, et Homère a dit[3] :

« Οἷοι Τρώιοι ἵπποι. »

On ne saurait enfin accepter davantage cette autre
explication, que la langue carienne était la plus dure des
langues; car, loin de mériter ce reproche, ladite langue
est mélangée de mots grecs dans une proportion très-
considérable, ainsi que le marque Philippe dans son

1. *Odyss.*, XV, 80. — 2. *Iliade*, XI, 286. — 3. *Ibid*, V, 222.

traité des *Antiquités cariques*. Ce que je crois, moi, c'est
que le mot *barbare*, dans le principe, a été formé par
onomatopée, à l'instar des mots βατταρίζειν, τραυλίζειν,
ψελλίζειν, pour exprimer toute prononciation embarrassée,
dure, rauque. Par une disposition très-heureuse de notre
nature, les imitations que nous faisons des différents sons
de la voix humaine deviennent, grâce à leur ressemblance saisissante, les noms mêmes de ces sons ou in-
flexions imitées ; on peut même dire que c'est dans cet
ordre d'idées que les onomatopées chez nous se sont le
plus multipliées, exemples : κελαρύζειν, κλαγγή, ψόφος, βοή,
κρότος, [simples imitations des sons de la voix à l'origine,]
devenues à présent pour la plupart des dénominations
précises et des termes parfaitement définis. Or, une fois
l'habitude prise de qualifier ainsi de *barbares* tous les
gens à prononciation lourde et empâtée, les idiomes étrangers, j'entends ceux des peuples non grecs, ayant paru
autant de prononciations vicieuses, on appliqua à ceux
qui les parlaient cette même qualification de *barbares*,
d'abord comme un sobriquet injurieux équivalant aux
épithètes de *pachystomes* et de *trachystomes*, puis abu-
sivement comme un véritable ethnique pouvant dans sa
généralité être opposé au nom d'*Hellènes*. On avait reconnu, en effet, à mesure que les barbares s'étaient mêlés
davantage aux Grecs et avaient noué avec eux des relations
plus intimes, que les sons étranges qu'on entendait sortir
de leur bouche ne tenaient pas à un embarras de la langue
ou à quelque autre vice des organes de la voix, mais bien
à la nature particulière de leur idiome. Autre chose,
maintenant, est le parler vicieux et l'espèce de *barba-
rostomie* qui, dès longtemps, s'est fait jour dans notre
propre langue : il arrive souvent qu'une personne sachant le grec parle incorrectement et défigure les mots
ni plus ni moins que les barbares que l'on veut initier
à la connaissance du grec et qui ne parviennent pas à
se faire comprendre, pas plus, du reste, que nous n'y
parvenons nous-mêmes, quand nous voulons parler les

langues étrangères. On a pu vérifier le fait, surtout chez
les Cariens ; car à une époque où les autres peuples n'a-
vaient encore[1] noué aucune relation avec les Grecs, et
où, à l'exception de rares individus que le hasard avait
mis en rapport avec quelques[2] Grecs isolés, personne
chez eux ne manifestait la moindre velléité d'adopter le
genre de vie des Grecs ou d'apprendre notre langue, les
Cariens couraient déjà toute la Grèce à la suite des armées dans lesquelles ils servaient comme mercenaires :
naturellement leurs expéditions guerrières en Grèce donnèrent occasion de leur appliquer fréquemment ce nom
de *barbarophones;* mais l'application s'en étendit encore bien davantage plus tard, puisqu'il leur fallut vivre
dans les îles côte à côte avec les Grecs et qu'en Asie
même, où ils s'étaient réfugiés après avoir été expulsés
des îles, ils ne purent se soustraire à ce contact, n'y
ayant précédé que de peu les migrations ionienne et
dorienne. Le mot βαρβαρίζειν n'a pas non plus d'autre
origine, et nous l'appliquons d'ordinaire à ceux qui
écorchent le grec, non à ceux qui parlent carien. Il nous
faut donc prendre aussi βαρβαροφωνεῖν et βαρβαροφώνους dans
le même sens, c'est-à-dire les entendre de gens *parlant
mal le grec.* Ajoutons que le mot χαρίζειν est évidemment
ce qui a donné l'idée d'introduire dans nos grammaires
grecques les expressions βαρβαρίζειν et σολοιχίζειν, que l'on
fasse venir ce dernier mot du nom de la ville de Soli ou
qu'on lui attribue toute autre étymologie.

29. Au rapport d'Artémidore, la route qui part de
Physcus, dans la Pérée rhodienne, pour aboutir à Éphèse,
compte jusqu'à Lagina 850 stades[3], 250 stades de plus
jusqu'à Alabanda, et 160 stades d'Alabanda à Tralles.
Mais pour arriver jusqu'à Tralles il faut à moitié chemin, juste à l'endroit où finit la Carie, passer le
Méandre. En tout, de Physcus au Méandre, le trajet

---

1. πω au lieu de πως, correction de Coray adoptée par Meineke. — 2. ὀλίγοις au
lieu de ὀλίγοι, correction de Kramer. — 3. « Justo longe major numerus, s'écrie
Muller, non tamen mutandus ut ex p. 566, 5 [editionis nostræ], colligitur. »

sur cette route d'Éphèse mesure 1180 stades. Si maintenant, immédiatement à partir du Méandre, et en
suivant toujours la même route, on mesure l'Ionie dans
le sens de sa longueur, on trouve une première distance
de 80 stades jusqu'à Tralles, puis 140 stades jusqu'à
Magnésie, 120 jusqu'à Éphèse, 320 jusqu'à Smyrne
et une dernière distance de moins de 200 stades de
Smyrne à Phocée et à la frontière de l'Ionie : ce qui, au
calcul d'Artémidore, représente pour la longueur en
ligne droite de l'Ionie un peu plus de 800 stades.
Mais, comme il existe une autre grande route à partir
d'Éphèse pour l'usage de ceux qui ont à voyager dans
l'Est, Artémidore en donne aussi la description[1]. Jusqu'à la station de Carura, point extrême de la Carie du
côté de la Phrygie, la route passe par Magnésie,
Tralles, Nysa et Antioche, et mesure 740 stades. Elle
traverse ensuite la Phrygie, en passant par Laodicée,
Apamée, Métropolis et Chélidonie[2], et mesure environ
920 stades depuis Carura jusqu'à Holmi au seuil de
la Parorée. Puis, pour atteindre Tyriæum[3], limite
extrême de la Parorée du côté de la Lycaonie, elle
franchit, en passant par Philomélium, un peu plus de
500 stades. A son tour, la traversée de la Lycaonie, par
Laodicée *Catakékaumène*, représente jusqu'à Coropassus un trajet de 840 stades ; un autre trajet de 120
stades mène de Coropassus en Lycaonie à Garsaoura,
petite place de Cappadoce située juste sur la frontière.
Pour gagner de là Mazaca, chef-lieu ou capitale de la
Cappadoce, la route passe par Soandus et par Sada-
cora, et mesure 680 stades. Puis, de Mazaca, elle se dirige
vers l'Euphrate, et, par la petite ville d'Herphæ[4], gagne

1. ταύτην ἔπεισιν, conjecture de Coray, au lieu de ταύτῃ μὲν ἔπεισιν, qui est la
leçon des manuscrits. Müller propose de lire ταυτῃ μνητίον. — 2. Sur cette localité, qui n'est mentionnée nulle autre part et dont Mannert remplaçait le nom par
celui de Celænæ, voyez une note très-importante de Müller dans son *Index var.
lect.*, p. 1030, au bas de la col 2. — 3. Τυριαῖον au lieu de Τυριάον, leçon commune
à tous les manuscrits. Seul le ms. de Venise 379 donne la forme Τυρίσιον. —
4. Cette forme semble suspecte à Müller, qui en rapproche le nom d'Ἥρα, autre
petite ville de Cappadoce, mentionnée par Strabon, l. XII, c. II, §§ 6 et 8.

une localité de la Sophène appelée Tomisa, ayant parcouru jusque-là un nouveau trajet de 1440 stades. Quant
à la dernière partie de la route, laquelle forme le prolongement direct des précédents tronçons, et ne s'arrête
qu'à l'Inde, elle se trouve décrite par Artémidore absolument de la même façon que par Ératosthène. Polybe
dit aussi que, pour toute cette région, c'est Ératosthène
qui est le vrai guide à suivre. Or c'est à Samosate,
ville située, comme on sait, dans la Commagène, non
loin du passage et *zeugma* de l'Euphrate, que commence l'itinéraire tracé par Ératosthène. Et jusqu'à
Samosate, en suivant une route qui part de la frontière
cappadocienne, aux environs de Tomisa, et qui franchit
un des cols du Taurus, Ératosthène compte 450 stades.

CHAPITRE III.

Une fois qu'on a dépassé la Pérée rhodienne, dont
Dædala marque l'extrême limite, on voit, en gouvernant
toujours à l'E., se succéder la Lycie jusqu'à la Pamphylie, la Pamphylie jusqu'à la Cilicie Trachée, et la Cilicie Trachée à son tour jusqu'à l'autre Cilicie, laquelle entoure, comme on sait, le golfe d'Issus ; ce sont là autant
de parties de la presqu'île dont l'isthme se trouve représenté, avons-nous dit, par la route d'Issus à Amisus suivant les uns, par la route d'Issus à Sinope suivant les
autres ; mais toutes les trois sont situées en dehors du
Taurus et forment une même côte qui, très étroite en commençant, c'est-à-dire depuis l'entrée de la Lycie jusqu'aux
environs de Soli (la Pompéiopolis actuelle), s'élargit ensuite sensiblement à partir de Soli et de Tarse, et offre
même autour du golfe d'Issus des plaines d'une grande
étendue. Après que nous aurons parcouru toute cette
côte, nous nous trouverons avoir achevé la description
méthodique de ladite presqu'île. Nous passerons alors

aux autres parties de l'Asie, sises aussi en dehors du
Taurus, et, pour finir, nous exposerons la géographie de
la Libye.

2. Immédiatement après Dædala, possession rhodienne, s'élève sur le territoire lycien une montagne portant ce même nom de *Dædala;* or c'est en face de cette
montagne qu'on commence proprement à ranger la côte
lycienne. Cette côte mesure une étendue totale de 1720
stades, et offre partout un aspect âpre et menaçant, ce
qui n'empêche pas qu'elle ne soit pourvue d'excellents
abris, et que sa population n'ait su rester honnête et sage.
Elle aurait pu se laisser tenter par l'exemple des Pamphyliens et des Ciliciens trachéotes, car le pays qu'elle
habite est par sa nature en tout semblable aux leurs, et
ces deux peuples, on le sait, avaient fait de leurs ports
autant de repaires, dont ils se servaient, soit pour abriter leurs propres pirates, soit pour faciliter aux pirates
étrangers la vente de leur butin et le radoub de leurs
embarcations. A Sidé, par exemple, ville pamphylienne,
où les Ciliciens avaient leurs chantiers de construction,
tout individu enlevé par les pirates, fût-il même reconnu
pour homme libre, était vendu aux enchères. Les Lyciens, au contraire, n'ont jamais cessé de vivre d'une
manière régulière et conforme aux lois de la civilisation,
et, pendant que leurs voisins, grâce au succès de leurs
déprédations, avaient fondé une sorte de *thalassocratie*
s'étendant jusqu'aux parages de l'Italie, ils ne se sont,
eux, jamais laissé éblouir par l'appât d'un gain déshon-
nête et ils sont demeurés fidèles à la politique traditionnelle de l'antique confédération lyciaque.

3. Vingt-trois villes dans cette ligue ont droit de suffrage : chacune d'elles envoie des représentants au *synédrion* ou assemblée générale, laquelle se tient dans la
ville qu'on a jugé à propos de choisir. De ces villes les
plus considérables ont chacune trois suffrages; celles de
moyenne importance en ont deux et les autres un seul.
La contribution que chacune d'elles acquitte, et en gé-

néral la participation de chacune aux charges communes,
est fixée d'après la même proportion. Artémidore énumère, comme étant les six villes les plus considérables,
Xanthus, Patara, Pinara, Olympus, Myra et Tlus. Cette
dernière se trouve dans le voisinage du col qui mène à
Cibyra. Dans le *synédrion*, on commence par élire le *ly-
ciarque;* après quoi, l'on nomme à toutes les autres magistratures fédérales. On y constitue aussi les tribunaux
chargés de rendre la justice à tous. Anciennement même
on y délibérait sur la guerre, sur la paix, sur les al-
liances ; mais aujourd'hui naturellement il ne saurait en
être ainsi, et le *synédrion*, à moins d'une autorisation
expresse du sénat romain, à moins encore qu'une déro-
gation à la règle n'ait été jugée utile à la politique romaine, est tenu de laisser toutes ces questions se décider à Rome. Les juges et les différents magistrats ou
officiers fédéraux se recrutent également dans chaque
ville en nombre proportionnel à la quantité de voix ou
de suffrages qu'elle possède. Les Lyciens recueillirent le
bénéfice de ces sages institutions : ils obtinrent des Romains la faveur de conserver leur liberté et de disposer librement des biens qu'ils tenaient de leurs pères,
tandis que les pirates étaient exterminés sous leurs yeux
par Servilius l'Isaurique, d'abord, qui, dans une première expédition, détruisit et rasa la ville d'Isaura; puis
par le grand Pompée, qui, à son tour, brûla plus de
treize cents embarcations aux pirates, ruina leurs demeures et établissements, et transporta ceux d'entre eux
qui avaient survécu à ces sanglants combats en partie
dans la ville de Soli (appelée par lui à cette occasion
Pompéiopolis), en partie dans la cité de Dymé, qui,
presque dépeuplée alors, se trouve élevée aujourd'hui
au rang de colonie romaine. Les poètes, les tragiques
surtout, qui confondent volontiers les peuples et que
nous avons vus donner le nom de *Phrygiens* à la fois
aux Troyens, aux Mysiens, aux Lydiens, étendent de
même le nom de Cariens aux Lyciens.

4. Au delà, mais tout près du Dædala, montagne[1], avons-nous dit, de la Lycie, se présente Télémessus[2], l'une des plus petites villes de la confédération lycienne, ainsi qu'un promontoire dit *Télémessis*, lequel abrite un port. Donnée à Éumène par les Romains à l'occasion de leur guerre contre Antiochus, cette place fut restituée aux Lyciens, après que la monarchie [des Attales] se fut éteinte.

5. L'Anti-Cragus, qui succède immédiatement au cap Télémessis, est une montagne à pic et très-haute. Près de cette montagne[3], dans une vallée très-resserrée, est la petite place de Carmylessus. Vient ensuite le Cragus, bien reconnaissable à ses huit cimes[4], avec une ville de même nom. C'est ici, dans ces montagnes, que la Fable place la demeure de la Chimère et le théâtre de sa légende. Mais il y a aussi non loin de là une vallée dite *de la Chimère* : c'est une vallée étroite et sinueuse, qui part du rivage même et remonte dans l'intérieur. Au pied du Cragus, et déjà dans le cœur du pays, est Pinara, l'une des six villes les plus considérables de la Lycie. Le héros Pandarus, à qui l'on rend ici des honneurs particuliers, était probablement parent[5] du Pandarus de la guerre de Troie, puisque la tradition nous représente celui-ci comme Lycien d'origine.

6. Le fleuve Xanthus qui s'offre ensuite portait anciennement le nom de Sirbis[6]. En le remontant sur une embarcation légère l'espace de 10 stades seulement, on atteint le *Létoum* ou Temple de Latone. A 60 stades, maintenant, au-dessus de ce temple, est la ville de Xanthus, la plus grande de toute la Lycie. La ville de Patara qui vient après celle de Xanthus compte aussi parmi les

---

1. Au lieu des mots τὸ τῶν Λυχίων ὅρος, qui rappellent ceux qui commencent le § 2, ὅρος ἐστὶ τῆς Λυχία; ὁμώνυμον αὐτοῖς Δαίδαλα, Tzschucke, bien à tort, voulait qu'on lût ici ὁ τῶν Λυχίων ὅρος. — 2. Sur les différentes formes de ce nom, voyez Müller, *Index var. lect.*, p. 1031, col. 1. — 3. ἐφ' ᾧ plutôt que ὑφ' ᾧ, comme le voulait Coray. — 4. Eustathe ne lui en compte que deux, ad *Iliad.*, ζ, 181. — 5. ὁμόγονος au lieu de ὁμώνυμος, correction proposée par Meineke, qui donne en même temps les raisons pour lesquelles les mots ὡς καὶ Πανδαρέου κούρη χλωρηὶς ἀηδών lui paraissent devoir être éliminés du texte de Strabon. Voy. *Vind. Strab.*, p. 227. Muller (*Ind. var. lect.*, p. 1031, col. 1) approuve l'élimination. — 6. Cf. la forme Σίρμιν donnée par Eustathe ad *Iliad.*, μ, 314, p. 907, 30.

grandes villes du pays et possède un port, ainsi qu'un
temple d'Apollon [1], pieuse fondation de Patarus. Ptolémée Philadelphe, ayant restauré cette ville, voulut
qu'elle fût appelée désormais *Arsinoé de Lycie*, mais
l'ancien nom a prévalu.

7. Suit la ville de Myra qu'on aperçoit à 20 stades au-
dessus de la côte, tout au haut d'une colline très-élevée;
après quoi, l'on atteint l'embouchure du fleuve Limyrus.
En remontant, mais par la route, à 20 stades dans l'intérieur, on arriverait à la petite ville de Limyra. La côte
de Lycie, dans la partie que nous venons de parcourir,
se trouve bordée de beaucoup de petites îles pourvues de
ports, parmi lesquelles on distingue l'île Mégisté qui
contient une ville de même nom, et ainsi l'île Cisthène [2].

Parallèlement à cette partie de la côte se succèdent dans
l'intérieur de Phellus et Antiphellus, et cette vallée de la
Chimère dont nous parlions tout à l'heure.

8. Plus loin se présentent à nous et le promontoire Sacré et les trois îles Chélidoniennes, toutes trois également
tristes et âpres d'aspect, toutes trois à peu près
de mêmes dimensions, espacées entre elles de 5 stades
environ et distantes de 7 stades de la côte de terre ferme.
L'une d'elles possède un bon mouillage. Suivant l'opinion commune, c'est du Promontoire Sacré que part la
chaîne du Taurus : on se fonde sur l'extrême élévation
dudit promontoire, sur ce qu'il constitue l'extrémité des
montagnes qui courent au-dessus de la Pamphylie et
qu'on appelle les *Monts de Pisidie*, sur la présence enfin
de ces trois îles, qui, placées dans la mer juste au-dessous du cap, lui dessinent une sorte de frange ou de bordure, disposition remarquable et bien faite pour servir de
repère géographique ; mais la vérité est que, de la Pérée
rhodienne aux frontières de Pisidie, les montagnes forment une chaîne continue qui s'appelle déjà le *Taurus*.

---

1. ἱερὸν Ἀπόλλωνος au lieu de ἱερὰ πολλά, correction de Barthius ad Statii *The-
baid.*, I, 696. — 2. [καὶ] ἡ Κισθήνη, correction faite par Groskurd, d'après une conjecture de Mannert.

Ajoutons que les îles Chélidoniennes sont situées sous le même méridien pour ainsi dire que Canope, et que le trajet qui les sépare de cette ville est évalué à 4000 stades. Mais reprenons du cap Sacré : pour atteindre Olbia, il nous reste 367 stades à franchir, et, comme points intermédiaires à relever, Crambuse, Olympus, ville considérable qui précède une montagne de même nom appelée quelquefois aussi le *Phœnicûs*, et, pour finir, la plage ou côte de Corycus.

9. Vient ensuite Phasélis, avec son triple port. Cette ville, de grande importance, a dans son voisinage immédiat un lac et juste au-dessus d'elle le mont Solymes et la ville pisidienne de Termesse, qui commande le défilé donnant accès dans la Milyade, si bien qu'Alexandre, qui voulait que ce passage restât ouvert, dut la détruire. Il y a tout près de Phasélis et le long du rivage un autre défilé, par où Alexandre conduisit son armée. En cet endroit le mont Climax domine la mer Pamphylienne de si près, qu'il ne laisse subsister sur la plage qu'un étroit passage, qui demeure à sec, il est vrai, pendant les temps calmes, mais qu'à la moindre agitation de la mer les flots recouvrent entièrement. Comme le passage par la montagne forme un long détour et offre d'ailleurs de grandes difficultés, on prend plus volontiers par la plage, pour peu que le temps soit calme. Mais Alexandre, qui était tombé sur la saison des gros temps, se confia, comme toujours, résolument à la fortune, et, sans vouloir attendre que les flots se fussent retirés, il s'engagea dans le défilé avec ses troupes. Or celles-ci, pour opérer leur passage, durent employer une journée tout entière et marcher dans la mer en ayant de l'eau jusqu'à la ceinture. Phasélis, située, comme elle est, sur les confins[1] de la Pamphylie, est encore proprement une ville lycienne ; toutefois elle ne fait pas partie de la ligue ou confédération lycienne et forme une cité indépendante.

---

1. ἐπὶ τῶν ὅρου au lieu de ἐπὶ τῶν ὀρῶν, correction de Kramer.

. 10. Homère a voulu distinguer nettement les *Solymes*
des *Lyciens :* ce qui le prouve, c'est qu'il nous montre le
roi des Lyciens imposant à Bellérophon pour seconde
épreuve [1]

« D'aller combattre les illustres Solymes. »

On a prétendu, maintenant, que les Lyciens, appelés
primitivement *Solymes*, avaient reçu postérieurement
le nom de *Termiles* en l'honneur des compagnons crétois de Sarpédon, et plus tard encore celui de *Lyciens*
en l'honneur du fils de Pandion, Lycus, qui, chassé de
sa patrie, s'était vu non seulement accueillir, mais même
associer au trône par Sarpédon : malheureusement on
s'écarte ainsi tout à fait de la tradition homérique, et il
vaut beaucoup mieux [2], suivant nous, reconnaître, comme
l'ont fait au surplus certains grammairiens, les Solymes
du Poète dans ces montagnards milyens dont nous avons
déjà parlé.

CHAPITRE IV.

A Phasélis succède Olbia, forteresse imposante qui
est la clef de la Pamphylie. Olbia, à son tour, précède
un gros cours d'eau, un torrent impétueux, le Cataract-
tès, ainsi nommé parce qu'en cet endroit de son cours il
se précipite du haut d'une roche fort élevée et forme une
vraie *cataracte*, dont le bruit même s'entend de très loin.
La ville d'Attalée qui vient ensuite porte le nom de son
fondateur, [Attale] Philadelphe, le même roi qui res-
taura ici auprès la petite place de Corycus, y compris sa
dépendance [d'Alloïra], et qui en agrandit l'enceinte [3]. Si
ce qu'on dit est vrai, on peut reconnaître aujourd'hui en-

---

1. *Iliade*, VI, 184. — 2. ΒΛτιΟΝ δ'οἱ φάσκοντες λέγεσθαι Σολύμους au lieu de
μιλτιΟΥΣ, correction de Cobet (Voy. *Miscell. crit.*, p. 175). — 3. Voy. dans l'*Index
var. lect.*, p. 1031, vers le milieu de la première colonne, la restitution proposée par
Müller. Nous y avons conformé notre traduction, pour n'avoir pas à faire la transposition arbitraire du mot ὅμορον proposée par Kramer et admise par Meineke.

core, entre Phasélis et Attalée, le double emplacement de Thébé et de Lyrnessus, antiques établissements fondés, comme le marque Callisthène, par des Ciliciens de la Troade, qui, faisant bande à part après que la nation entière eut été expulsée de la plaine de Thébé, seraient venus en Pamphylie et s'y seraient fixés.

2. Le fleuve Cestrus vient ensuite. En le remontant l'espace de 60 stades, on rencontrerait la ville de Pergé, et, tout à côté, dans une position très en vue, le temple d'*Artémis* Pergéenne, dans l'enceinte duquel se tient chaque année une grande *panégyris* ou assemblée générale. Puis vient, à 40 stades environ de la côte, une autre ville, [celle de Syllium[1],] qui occupe également un site très-élevé et qu'on aperçoit très-bien de Pergé. Le lac Capria fait suite : il est très-spacieux et précède à son tour le fleuve Eurymédon. En remontant ce fleuve à 60 stades au-dessus de son embouchure, on arrive à la ville d'Aspendus, ancienne colonie argienne qui compte aujourd'hui encore un assez grand nombre d'habitants. Petnélissus[2] est bâtie juste au-dessus. Après l'Eurymédon, il y a encore un autre fleuve, lequel débouche à la mer en face d'îlots nombreux; puis vient Sidé, colonie cuméenne, avec un *Athénæum* ou temple de Minerve. Près de là commence la côte dite des *petits Cibyrates*, bientôt suivie du fleuve et du port Mélas. Ptolémaïs, localité qui a le rang de ville, se présente à son tour, après quoi l'on atteint les bornes de la Pamphylie. Avec Coracésium, maintenant, commence la Cilicie Trachée. — En tout, ce trajet le long de la côte de Pamphylie mesure 640 stades.

3. Hérodote[3] croit que les Pamphyliens descendent des compagnons d'Amphilochus et de Calchas, qui, depuis Troie, avaient vu leurs rangs se grossir d'aventuriers de toute nation : une bonne partie de ces bandes, suivant

1. Restitution due à Tzschucke. — 2. Sur ce nom, voyez l'*Index var. lect.* de Müller, p. 1031, col. 1. — 3. VII, 91.

lui, aurait élu domicile dans cette contrée-ci, tandis que
le reste se dispersait par toute la terre. Mais, suivant
Callinus, Calchas serait mort à Claros, et c'est sous la
conduite de Mopsus que tous ces peuples auraient franchi
le Taurus, après quoi les uns se seraient arrêtés en
Pamphylie, d'autres se seraient partagés entre la Cilicie
et la Syrie, et quelques-uns auraient poussé plus loin
encore, s'avançant jusqu'en Phénicie.

CHAPITRE V.

La partie de la Cilicie sise en dehors du Taurus se
divise en deux régions distinctes, la Cilicie dite *Trachée*
et la Cilicie *Pédiade* ou *des plaines*. La Cilicie Trachée
est ainsi nommée parce que la portion du littoral qui en
dépend est tellement rétrécie par la montagne qu'on n'y
rencontre que par places très-rares un sol vraiment uni
et de *niveau*, et parce qu'elle se trouve border à l'intérieur les cantons les plus pauvres et les moins peuplés
du Taurus, s'étendant de ce côté jusqu'au versant septentrional ou versant isaurien et jusqu'au territoire des
Homonadées limitrophe de la Pisidie. Cette région de
la Cilicie porte aussi le nom de *Trachéotide*, et ses
habitants sont souvent appelés les *Trachéotes*. A son
tour, l'autre région comprend, sur la côte, tout l'espace
s'étendant depuis Soli et Tarse jusqu'à Issus, et, dans
l'intérieur, tout le district correspondant à la portion du
Taurus que borde au nord la Cappadoce. Son nom de Cilicie *Pédiade* lui vient de ce qu'elle se compose effectivement pour la plus grande partie de plaines, et de plaines
singulièrement fertiles. Mais on distingue aussi par rapport au Taurus la *Cilicie entotaurique* de la Cilicie *exôtaurique;* la première a été décrite ci-dessus, passons
donc à la Cilicie *exôtaurique* et commençons par la
Trachéotide.

2. C'est **Coracésium** qui marque l'entrée de la Cilicie Trachée. Bâti sur une espèce de promontoire rocheux et escarpé, Coracésium servit de place d'armes à Diodote, quand ce chef (plus connu sous le nom de *Tryphon*), après avoir soulevé la Syrie contre les rois [Séleucides], engagea contre eux une de ces guerres interminables, heureuses un jour, malheureuses le lendemain. Mais Antiochus, fils de Démétrius, réussit à l'enfermer dans une de ses forteresses, et il fut réduit à mettre fin lui-même à ses jours. C'est du reste autant à l'exemple donné par Tryphon qu'à l'incapacité absolue de cette suite de rois appelés alors à présider aux destinées communes de la Syrie et de la Cilicie, qu'on peut attribuer l'origine des associations de pirates formées par les Ciliciens. Il est constant, en effet, que l'insurrection de Tryphon donna à d'autres l'idée de s'insurger aussi, et que dans le même temps les luttes de frère à frère [au sein de la famille des Séleucides] livraient le pays sans défense aux attaques du premier ennemi venu. Mais ce fut surtout le commerce des esclaves qui, par l'appât de ses énormes profits, jeta les Ciliciens dans cette vie de crimes et de brigandages. Il leur était facile de se procurer des prisonniers de guerre, et tout aussi facile de les vendre, car à proximité de leurs côtes ils trouvaient un grand et riche marché, celui de Délos, qui pouvait en un jour recevoir et écouler plusieurs myriades d'esclaves, d'où le proverbe si souvent cité : « *Allons, vite, marchand, aborde, décharge, tout est vendu* ». Et d'où venait le développement de ce commerce ? De ce que les Romains, enrichis par la destruction de Carthage et de Corinthe, s'étaient vite habitués à se servir d'un très-grand nombre d'esclaves. Les pirates virent bien le parti qu'ils pouvaient tirer de cette circonstance, et, conciliant les deux métiers, le métier de brigands et celui de marchands d'esclaves, ils en vinrent proprement à pulluler. Ajoutons que les rois de Cypre, aussi bien que les rois d'Égypte, semblaient travailler pour eux en entretenant

de perpétuelles hostilités contre les Syriens que les
Rhodiens de leur côté n'aimaient pas assez pour leur
venir en aide. Le commerce d'esclaves devint ainsi un
prétexte, à l'abri duquel les pirates purent exercer avec
impunité[1] et continuité leurs criminelles déprédations.
Ajoutons qu'à cette époque les Romains ne prenaient
pas encore aux affaires de l'Asie *exôtaurique* autant
d'intérêt qu'ils en prirent par la suite. Ils s'étaient contentés d'envoyer sur les lieux, pour étudier les populations
et les institutions qui les régissaient, Scipion Émilien et
après lui plus d'un commissaire encore, et ils avaient acquis ainsi la certitude que tout le mal provenait de la
lâcheté des souverains du pays; mais, comme ils avaient
garanti eux-mêmes la transmission du pouvoir par voie
de succession dans la famille de Séleucus Nicator, ils se
faisaient scrupule de priver les descendants de ce prince
de leurs droits. Malheureusement, cet état de choses,
en se prolongeant, livra le pays aux étrangers, aux Parthes d'abord qui occupaient déjà en maîtres toutes les provinces d'au delà de l'Euphrate, et, en dernier lieu, aux
Arméniens qui poussèrent même leurs conquêtes dans
la région *exôtaurique* jusqu'aux limites de la Phénicie,
ruinèrent la puissance des rois de Syrie, exterminèrent
toute leur famille et livrèrent aux Ciliciens l'empire de la
mer. De nouveaux accroissements de la marine cilicienne
finirent cependant par attirer l'attention des Romains, qui
reconnurent alors la nécessité de détruire par la force des
armes et par une guerre en règle cette puissance dont ils
n'avaient pas cru devoir gêner le développement. Il serait
difficile, au reste, d'accuser en cette occasion les Romains

1. ἀΚΩλυτον au lieu de ἀΛΥτον, heureuse correction de M. Cobet (*Miscell. crit.*,
p. 196) approuvée par M. Bernardakis, qui a le tort seulement de ne pas la reproduire exactement. Ce n'est pas le mot ἀΛΩτον qui est en cause, mais le mot ἀΛΥ-
τον, et c'est l'omission de toute une syllabe ΚΩ, la fin du mot étant restée intacte, que
dénonce M. Cobet comme un fait paléographique intéressant. La correction a donc
une portée générale. « Periisse syllabam suspicor, dit M. Cobet, et legendum ἀΚΩλυτον. » Ajoutons que la correction ἀΝΕτον proposée par M. Bernardakis nous satis-
fait moins par cette raison empruntée encore à M. Cobet que « proprium est
κωλύειν de iis qui alicujus iniuriis eunt obviam. » Cf. Bernardakis, *Symb. crit. in
Strab.*, p. 53.

de négligence; car, occupés alors d'ennemis plus proches et plus à portée de leurs coups, ils n'étaient vraiment pas en état de surveiller ce qui se passait dans les contrées plus éloignées.

Nous avions à cœur de nous expliquer à ce sujet, et telle est la raison de la courte digression que nous avons introduite ici.

3. Tout de suite après Coracésium, nous relevons une ville [Arsinoé][1] et une localité de moindre importance, Hamaxia, bâtie sur un monticule, avec une anse au-dessous d'elle qui lui sert de port, et vers laquelle on dirige de l'intérieur tout le bois destiné aux constructions navales. C'est surtout du cèdre que l'on expédie ainsi, car les cantons circonvoisins semblent être particulièrement riches en essences de cèdre. Antoine le savait, et c'est pour cela qu'il avait attribué ces cantons à Cléopâtre, jugeant avec raison qu'elle en tirerait de précieuses ressources pour l'entretien de sa flotte. Le fort Laërtès qui fait suite à Hamaxia est bâti sur une colline de forme mamelonnée juste au-dessus d'une anse où les vaisseaux trouvent un mouillage sûr. Puis on voit se succéder [la ville et] le fleuve de Sélinûs[2], un rocher, le Cragus, taillé à pic sur toutes ses faces et qui semble toucher au rivage, la forteresse de Charadrûs adossée en quelque sorte au mont Andriclos[3] et qui se trouve aussi avoir son petit port au-dessous d'elle, l'âpre côte du Platanistès[4], et, pour finir, le cap Anémurium, qui est le point où le continent se rapproche le plus de l'île de Cypre, vu qu'entre l'Anémurium et la pointe de Crommyus que la côte de Cypre projette à sa rencontre le trajet n'excède pas 350 stades.

1. Voyez, pour le maintien de ce nom, ou pour la substitution du nom d'*Aunésis* fourni par l'*Anonymi Stadiasmus s. Periplus maris Magni*, t. I, p. 487 des *Geogr. gr. Min.* de la Bibl. gr. de Didot, préférablement à celle de Συδρη ou de Σύεδρα proposée par Hopper et par Tzschucke, les excellentes raisons données par Müller dans son *Index var. lect.*, p. 1031, col. 1-2. — 2. Σιλινοῦς [πολίχνιον καὶ] ποταμός, restitution nécessaire, faite par Müller et appuyée d'arguments très plausibles dans son *Index var. lect.*, p. 1031, col. 2. — 3. Sur ce nom, voy. Müller, *ibid.*, p. 1031, col. 2· — 4. Πλατανιστῆς ou Πλατανιστοῦς, au lieu de Πλατανιστός, correction de Meineke qui consacre à la comparaison de ces différentes formes une longue note de ses *Vind. Strabon.*, p. 228.

Jusqu'au cap Anémurium et à partir de la frontière pamphylienne, l'étendue totale de la côte de Cilicie est de 820 stades ; le reste, jusqu'à Soli, en mesure environ 500 [1]. Dans cette seconde partie, le premier point qu'on relève après l'Anémurium est la ville de Nagidus. Arsinoé, qui la suit, offre aux vaisseaux dans son voisinage un excellent abri, puis vient le lieu dit *Melania* précédant la ville et le port de Célenderis. Quelques auteurs (et Artémidore est du nombre) font commencer la Cilicie, non plus à Coracésium, mais à Célenderis. Artémidore ajoute que de la Bouche Pélusiaque à Orthosie la distance est de 3600 stades [2], que l'on compte en outre 1130 stades d'Orthosie au fleuve Oronte, 525 stades encore de l'Oronte aux Pyles [Syriennes], plus 1920 [3] stades jusqu'aux frontières de Cilicie.

4. Holmi qui succède à Célenderis fut la demeure primitive des Séleuciens actuels, mais à peine le Calycadnus eut-il vu Séleucie s'élever sur ses bords que toute la population d'Holmi l'abandonna pour se transporter dans la ville nouvelle. On n'a effectivement qu'à doubler une pointe que forme le rivage ici auprès, et qui se nomme le cap Sarpédon, pour apercevoir aussitôt l'embouchure du Calycadnus. Tout à côté du même fleuve est une autre pointe connue sous le nom de cap Zéphyrium. On remonte aisément le Calycadnus jusqu'à Séleucie, ville aujourd'hui florissante et bien peuplée, dont les habitants seulement affectent dans leur manière de vivre de s'écarter des mœurs ciliciennes et pamphyliennes. Séleucie a vu naître de nos jours deux hommes, deux philosophes célèbres, Athénée et Xénarque, appartenant tous deux à l'école péripatéticienne : le premier, Athénée, fut même mêlé à la vie politique, ayant durant un certain

---

1. La comparaison des distances fournies par l'auteur anonyme du *Stadiasme* fait croire à Muller qu'il y aurait lieu de substituer ici 900 à 500. — 2. 3600 au lieu de 3900, correction jugée nécessaire par Groskurd et effectuée par Meineke. Cf. *Strab.*, p. 760, Cas. — 3. 1920 au lieu de 1260, autre correction suggérée à Meineke par une remarque de Groskurd et fondée sur le même passage du 16ᵉ livre de Strabon.

temps dirigé le parti populaire dans sa patrie, mais il commit l'imprudence de se lier d'amitié avec Muréna, et se vit arrêter en même temps que lui : il l'avait accompagné, quand Muréna, instruit de la découverte de ses menées contre César Auguste, avait essayé de fuir. Heureusement l'innocence d'Athénée fut reconnue, et, sur l'ordre de César, il fut mis en liberté. Revenu de Rome[1] à Séleucie, et salué, questionné, par ceux de ses compatriotes qui l'avaient rencontré les premiers, il leur répondit par ce vers d'Euripide[2] :

« Pour venir, j'ai dû quitter le sombre asile des morts et franchir les portes de l'Érèbe. »

Athénée vécut encore quelque temps dans sa patrie et périt écrasé, la maison qu'il habitait s'étant écroulée pendant la nuit. Quant à Xénarque, dont il nous a été donné d'entendre encore les leçons, il ne séjourna guère à Séleucie, il habita toujours de préférence Alexandrie, Athènes, voire en dernier lieu Rome, où il embrassa même la carrière de l'enseignement. Grâce à l'intimité d'Aréus, grâce à l'amitié dont l'honora plus tard César Auguste, Xénarque jouit jusqu'à un âge très-avancé d'une grande considération. Il devint aveugle peu de temps avant sa fin et mourut de maladie.

5. Passé l'embouchure du Calycadnus, on relève la roche Pœcilé dans laquelle a été taillé en forme d'escalier un chemin qui mène à Séleucie, puis un second cap Anémurium, une île du nom de Crambuse et la pointe de Corycus, au-dessus de laquelle, à 20 stades dans l'intérieur, est l'antre Corycien, connu pour produire le meilleur safran[3]. On nomme ainsi une grande vallée creuse, ayant la forme d'un cirque et dominée par une crête de rochers, tous passablement élevés. En y descendant, on trouve un sol inégal, généralement pierreux, mais couvert néanmoins de buissons toujours verts, entremêlés d'ar-

---

1. Ἐκ Ῥώμης; au lieu de εἰς Ῥώμην, correction proposée par Kramer et dont la nécessité avait été déjà pressentie par Casaubon. — 2. *Hécube*, 1. — 3. Voy. Meyer, *Botan. Erläuter. zu Strabons Geogr.*, p. 61.

bres cultivés que séparent les espaces plantés de safran.
On y remarque aussi une grotte contenant une large
source, d'où s'échappe une eau pure et transparente,
assez abondante pour former un fleuve, qui dès sa naissance se perd sous terre, coule ainsi invisible un certain
temps, et ne reparaît que pour déboucher dans la mer
sous le nom de *Picron hydôr* (*l'eau amère*).

6. L'île d'Elæüssa fait suite à la pointe de Corycus èt
semble toucher au continent. Le premier établissement
que cette île ait reçu date du règne d'Archélaüs, qui y
fixa même sa résidence, après que la faveur des Romains
l'eut investi, comme autrefois Amyntas et plus anciennement Cléopâtre, de la possession de toute la Cilicie Trachée (Séleucie exceptée). Cette contrée offrait au développement de la piraterie des facilités merveilleuses, tant
du côté de la terre que du côté de la mer : du côté de la
terre, par la hauteur de ses montagnes et par l'importance des populations de l'intérieur, lesquelles possèdent
de vastes cultures avec de bonnes routes carrossables;
du côté de la mer, par l'abondance de ses bois si propres
aux constructions navales et par la multiplicité de ses
ports, de ses forteresses et de ses abris naturels. Or, pour
toutes ces raisons, les Romains jugèrent que le maintien
de rois nationaux serait plus opportun en ces lieux que
l'envoi de préteurs ayant pour mission principale de juger
les procès, et ne pouvant ni résider perpétuellement ni
disposer de forces militaires suffisantes; et c'est ainsi
qu'Archélaüs, en possession déjà de la Cappadoce, reçut
d'eux encore toute la Cilicie Trachée. Ajoutons que les
bornes de la Trachéotide, représentées par le cours du
Lamus et par un bourg appelé Lamus également, tombent entre Soli et l'île d'Elæüssa.

7. A la pointe extrême du Taurus est l'ancien repaire
du pirate Zénicétès : j'appelle ainsi le mont Olympus et le
fort de même nom qui le couronne, et du haut duquel la
vue embrasse le panorama de la Lycie, de la Pamphylie,
de la Pisidie et de la Milyade. L'Isaurique ayant escaladé

et pris le mont Olympus, Zénicétès se brûla avec tous les siens [1]. Il possédait Corycus, Phasélis et maint canton de la Pamphylie. Une à une, ses possessions tombèrent aux mains de l'Isaurique.

8. Soli qui vient après Lamus marque le commencement de la seconde Cilicie ou Cilicie Issique : c'est une ville importante qui doit sa première origine à une colonie d'Achéens et de Rhodiens de Lindos. En la voyant complètement dépeuplée, le grand Pompée eut l'idée d'y transporter tous ceux des pirates survivants qui lui paraissaient dignes de pardon et d'intérêt, et c'est à cette occasion qu'il substitua au nom de Soli celui de Pompéiopolis. Entre autres célébrités, Soli a vu naître le stoïcien Chrysippe, fils d'un citoyen de Tarse établi à Soli dès longtemps, le poète comique Philémon et l'auteur du poème des *Phénomènes* Aratus.

9. Suit un promontoire connu sous le nom de *Zéphyrium* comme le cap voisin du Calydnus [2]; puis vient, après le Zéphyrium, à une faible distance au-dessus de la mer, la ville même d'Anchiale. Aristobule prétend que cette ville fut fondée par Sardanapale. Il ajoute que de son temps on voyait encore dans Anchiale le tombeau de ce roi, surmonté d'une statue en marbre qui le représentait faisant avec sa main droite un claquement de doigts dédaigneux, et au-dessous de la statue, en caractères assyriens, une inscription ainsi conçue : « *Sardanapale, fils d'Anakyndaraxès, bâtit Anchiale et Tarse en un jour. [Toi, passant,] mange, bois, joue, le reste ne vaut pas ça* (un claquement de doigts) [3]. » Chœri-

---

1. Ἐλόντος δὲ τὸ ὄρος τοῦ Ἰσαυρικοῦ, élégante correction de Cobet, bien préférable à celle qui était admise auparavant : ἀλόντος δὲ τοῦ ὄρους [ὑπὸ] τοῦ Ἰσαυρικοῦ. Voy. *Miscell. crit.*, p. 196. Cobet propose de substituer dans cette même phrase πανοικὶ à la leçon consacrée πανοίκιον. Mais M. Bernardakis repousse ce changement comme absolument contraire à la langue de Strabon (*Symb. crit., in Strab.*, p. 54). — 2. Presque tous les mss. donnent ici la forme Calydnus, tandis que précédemment ils s'accordaient tous à donner la forme Calycadnus. A l'exemple de Meineke, nous avons cru devoir conserver ici cette seconde forme, Calydnus, abréviation de la première, plus commode à l'user, et que notre auteur, à ce titre, a fort bien pu insérer ici en courant, sans plus penser qu'il avait un peu plus haut employé à trois et quatre reprises l'autre forme plus longue. La répétition fréquente d'un nom très long invite naturellement à l'abréger. — 3. Sur l'élimination, faite par Coray, de l'épigramme qui se plaçait ici après le mot τοῦ ἀποκροτήματος, voyez la note de Kramer.

lus rappelle cette inscription, et voici deux vers de la paraphrase qu'il en a faite qui sont dans toutes les mémoires :

« Qu'ai-je à moi actuellement? Le souvenir de mes festins,
« de mes excès, de mes jouissances ; en revanche, j'ai dû
« quitter les biens réels, les vraies richesses qui m'entou-
« raient ».

10. Juste au-dessus d'Anchiale est la forteresse de Quinda, l'ancien *trésor* des généraux macédoniens, pillé par Eumène au moment de sa rupture avec Antigone. En remontant encore plus haut vers l'intérieur, on rencontrerait, dans le canton montagneux situé juste au-dessus et de Quinda et de Soli, la ville d'Olbé, si célèbre par son temple de Jupiter, lequel passe pour un monument de la piété d'Ajax, fils de Teucer. Le grand prêtre du temple d'Olbé était aussi *dynaste* ou souverain de la Trachéotide, mais à plusieurs reprises des *tyrans* ou usurpateurs mirent la main sur cette province, puis ce fut au tour des pirates de s'en emparer. De nos jours, une fois la destruction des pirates consommée, cette petite principauté sacerdotale reparut et reçut le nom de *royaume de Teucer*, parce que les grands prêtres qui s'y étaient succédé avaient presque invariablement porté le nom de *Teucer* ou d'Ajax. A la suite du mariage qui l'avait fait entrer dans cette maison, Aba, fille de Zénophane, l'un des tyrans de la Trachéotide, se souvint du moyen employé par son père pour usurper le pouvoir, et, invoquant ses droits de tutrice, accapara toute l'autorité. Plus tard même, ayant circonvenu Antoine et Cléopâtre par ses caresses et ses soins de toute sorte, elle sut tirer d'eux une donation en règle, mais elle fut renversée elle aussi, et le pouvoir fit retour aux héritiers légitimes. — Passé Anchiale, on atteint bientôt l'entrée du Cydnus, lequel débouche à la mer en un point de la côte appelé le *Rhêgma :* on désigne sous ce nom une plage marécageuse que bordent d'anciennes *cales* ou

néories et que traverse le cours inférieur du Cydnus. On sait que le Cydnus prend sa source dans la partie du Taurus située juste au-dessus de Tarse, et qu'il divise cette dernière ville exactement par la moitié. Ajoutons que la lagune du Rhêgma sert de port aux habitants de Tarse.

11. Entre la Pérée rhodienne et ce point du Rhêgma la côte ne cesse de se diriger du couchant d'équinoxe au levant de même nom, mais à partir du Rhêgma et jusqu'à Issus elle incline au levant d'hiver; puis elle se détourne brusquement et court au sud jusqu'à la Phénicie pour prendre alors une direction marquée vers l'ouest, direction qu'elle conserve jusqu'au point où elle vient finir, autrement dit jusqu'aux Colonnes d'Hercule. Pour être dans le vrai, il faudrait représenter l'isthme de la presqu'île dont nous venons de tracer le périple par une ligne partant de Tarse et de l'embouchure du Cydnus et aboutissant à Amisus : c'est Amisus en effet qui [de l'autre côté de la presqu'île] se trouve être le point le plus rapproché de l'extrême frontière cilicienne : entre l'extrémité de la Cilicie, maintenant, et la ville de Tarse, on compte environ 120 stades; on n'en compte pas plus de 70[1] entre Tarse et l'embouchure du Cydnus; et, comme d'autre part, il n'y a pas depuis Amisus jusqu'à Issus et au golfe Issique d'autre route plus courte que la route de Tarse, qu'il n'y a pas plus près non plus de Tarse à Issus que de Tarse à l'embouchure du Cydnus[2], il demeure évident que l'isthme véritable est ici entre Amisus et l'embouchure du Cydnus, et que ceux qui prétendent néanmoins le placer entre Amisus et le golfe Issique trichent un peu pour avoir [dans Issus] un point de repère plus *voyant*. Nous-même du reste n'en faisons-nous pas autant et ne cherchons-nous pas la même

---

1. Au lieu de πλείους ι′, Müller propose de lire πλείους ο′, sur la foi de l'auteur du *Stadiasme*, légère correction qui nous a paru préférable a la suppression pure et simple du mot gênant ι′ [πέντε]. Voy. *Ind. var. lect.*, p. 1022, au haut de la col. 1. — 2. « Mira sunt, ajoute Müller, quæ deinceps leguntur, οὔτ᾽ ἐκ Τάρσου... ἢ ἐπὶ Κύδνον. »

chose, quand, au lieu de tracer comme deux droites
distinctes les lignes que nous tirons depuis la Pérée
rhodienne jusqu'au Cydnus, et depuis le Cydnus jusqu'à
Issus, nous les présentons hardiment comme une seule
et même ligne[1] ayant pour prolongement direct la
chaîne même du Taurus jusqu'à l'Inde?

12. Tarse est bâtie dans une plaine. On attribue sa
fondation aux Argiens qui accompagnaient Triptolème
dans ses courses ou *erreurs* à la recherche d'Io. Le Cydnus passe au beau milieu de la ville et baigne le mur
d'enceinte du Gymnase dit *de la Jeunesse*. On s'explique,
par le peu d'éloignement des sources de ce fleuve et par
cette autre circonstance qu'avant d'entrer dans la ville
il coule au fond d'un ravin très-encaissé, comment ses
eaux sont si froides et d'une nature si âcre[2], double propriété qu'on utilise avec succès pour combattre toute espèce d'engorgement chez les bestiaux et chez les hommes.

13. Les habitants de Tarse sont tellement passionnés
pour la philosophie, ils ont l'esprit si *encyclopédique*,
que leur cité a fini par éclipser Athènes, Alexandrie et
toutes les autres villes connues comme celles-ci pour
avoir donné naissance à quelque secte ou école philosophique. La grande supériorité de Tarse consiste en ce
que tous ses étudiants sont des indigènes, circonstance
qui tient du reste au peu de facilité des communications.
Encore ne garde-t-elle pas à demeure toute sa population
studieuse, une bonne partie voyage toujours pour per-
fectionner son instruction et n'hésite pas à se fixer à
l'étranger quand ses études sont tout à fait achevées :
c'est le plus petit nombre seulement qui rentre à Tarse.
Or, partout ailleurs, si ce n'est peut-être à Alexandrie,
c'est le contraire qui arrive. Dans toutes les autres villes
on voit une grande affluence [d'étudiants] étrangers, les-

---

1. οὐδὲν παραποιούμενοι, nihil mutantes, nihil adulterantes, au lieu de οὐδὲν παρὰ τοῦτο ποιούμενοι, correction de Madvig (voy. *Advers. crit. ad script. gr.*, vol. I,
p. 544). — 2. τραχύ au lieu de ταχύ,' variante excellente introduite par Meineke
dans le texte.

quels même s'y fixent volontiers ; en revanche la population indigène a peu de goût pour aller ainsi à l'étranger compléter son éducation, voire même pour s'occuper
chez elle de science et de philosophie. Il n'y a guère
qu'à Alexandrie qu'on observe les deux choses, Alexandrie est la seule ville qui, en même temps qu'elle reçoit
dans ses murs beaucoup d'étrangers, envoie bon nombre
de ses enfants au dehors[1]. Mais, comme Alexandrie,
Tarse possède des écoles pour toutes les branches des arts
libéraux. Joignez à cela le chiffre élevé de sa population
et la prépondérance marquée qu'elle exerce sur les cités
environnantes, et vous comprendrez de reste qu'elle puisse
revendiquer le nom et le rang de métropole de la Cilicie.

14. Parmi les personnages célèbres que Tarse a vus
naître, nous citerons Antipater, Archédème et Nestor,
tous trois de la secte stoïcienne, puis les deux Athéno-
dores, Athénodore *Cordylion*, compagnon assidu de Marcus Caton, chez qui même il finit ses jours, et Athénodore, fils de Sandon, qu'on désigne souvent par son surnom
(le surnom de *Conanite* tiré de quelque bourg des environs de Tarse), et qui, pour avoir été le précepteur et le
premier guide de César, se vit combler par lui d'honneurs. Ce second Athénodore était déjà vieux quand il
rentra dans sa patrie : ce fut lui néanmoins qui arracha
le pouvoir aux mains compromettantes de Boëthus[2] et
de son parti. Aussi mauvais citoyen que mauvais poète,
Boëthus avait par ses basses flatteries capté la faveur
du peuple et acquis ainsi un très grand ascendant. Antoine avait commencé sa fortune en faisant bon accueil à
son poème de *la Victoire de Philippes*, mais ce qui
avait plus encore contribué à le mettre en vue, c'était la
facilité (commune d'ailleurs à beaucoup de Tarséens)
avec laquelle il improvisait[3] sur n'importe quel sujet

1. Meineke dénonce ici une lacune. — 2. Sur le nom de Boëthus, voy. une
note de Meineke (*Vind. Strabon.*, p. 228) dont les futurs éditeurs d'Athénée fe-
ront bien de profiter, Meineke n'ayant pas jugé à propos d'en enrichir l'édition que lui-même a donnée de cet auteur. — 3. ὥστ' ὀλιγοσχεδιάζειν παραχρῆμα, etc.,
au lieu de ὥστ' ἀπαύστως σχεδιάζειν, correction de Cobet, très-supérieure à celle

donné. Aussi, quand Antoine voulut réaliser une ancienne promesse faite par lui aux Tarséens d'accepter chez eux la *gymnasiarchie*, est-ce Boëthus qu'il chargea d'exercer à sa place les fonctions de gymnasiarque, au moyen de fonds qu'il lui laissa et dont Boëthus eut la libre disposition [1]. Or on découvrit que Boëthus détournait à son profit une partie des fournitures, une partie de l'huile notamment. Cité pour ce délit public au tribunal d'Antoine, Boëthus tenta de fléchir son juge par différentes excuses, lui disant ceci, par exemple : « De même qu'Ho-
« mère au temps jadis chantait les noms glorieux d'A-
« chille, d'Agamemnon et d'Ulysse, de même, ô Antoine !
« j'aurai chanté vos exploits, et c'est une indignité qu'il
« me faille aujourd'hui répondre, et répondre devant vous,
« à de pareilles accusations. » Mais là-dessus un de ses accusateurs l'interrompant s'était écrié : « Homère n'a-
« vait volé d'huile ni à Achille ni à Agamemnon [2] ; et tu
« nous en as volé, toi. Reçois donc le châtiment que tu
« as mérité. » Quelques flatteries adroites achevèrent pourtant de désarmer le courroux d'Antoine, et, jusqu'à la chute de son protecteur, Boëthus continua, comme si de rien n'était, à traiter la ville de Tarse en pays conquis. Voilà dans quel état Athénodore avait retrouvé sa patrie : il essaya pendant un certain temps de ramener par la persuasion Boëthus et son parti; mais, voyant qu'il n'y avait pas d'excès, pas d'abus de pouvoir auxquels ils ne se livrassent, il usa de l'autorité que lui avait conférée César et expulsa toute la faction en bloc, après avoir prononcé contre elle une sentence de bannissement. Avant de sortir, les bannis couvrirent les murs de Tarse d'inscriptions injurieuses dans le genre de celle-ci :

qu'avait proposée Coray ἀπαυτοσχιδιάζειν. Voy. *Miscell. critica*, de Cobet, p. 196. — 1. Voyez, dans les *Miscell. crit.* de Cobet (p. 196-197), une longue note qui conclut au maintien de la leçon du plus grand nombre des manuscrits ἀντιγυμνασίαρχον, contre la correction généralement admise ἀντὶ γυμνασιάρχου. — 2. C'était avoir la main bien lourde que de vouloir, comme faisait Groskurd, rétablir ici le nom d'Ulysse, sous prétexte que Boëthus l'avait prononcé avec ceux d'Achille et d'Agamemnon. Boëthus, lui, fait son apologie et amplifie tant qu'il peut ; l'interrupteur doit être leste et dégagé et n'a que faire d'une énumération aussi complète.

« Aux jeunes l'action ; aux adultes le conseil ; aux vieux
« le PET ».

« *Non*, avait répondu Athénodore prenant la chose en
riant : *Aux vieux le* TONNERRE VENGEUR. » Et il avait
donné ordre qu'on écrivît la réponse à côté de l'injure.
Quelqu'un voulut témoigner son mépris d'un tel excès
de longanimité, et, comme il passait la nuit devant le
logis d'Athénodore, se sentant pris de colique, il inonda
de ses déjections la porte et les murs de la maison.
Athénodore laissa passer quelques jours, après quoi,
ayant paru devant l'assemblée du peuple, il y dénonça
la faction en ces termes : « L'état de maladie et de *ca-*
« *chexie* dans lequel est tombée notre pauvre cité se re-
« connaît, hélas ! à plus d'un signe, aux SELLES de ses ha-
« bitants notamment. » Les célébrités que nous venons
de nommer appartenaient, avons-nous dit, toutes à la
secte du Portique, mais il en est une que l'Académie
revendique, c'est de Nestor que j'entends parler, de Nestor, mon contemporain, que j'ai vu attaché d'abord en
qualité de précepteur à la personne de Marcellus, fils
d'Octavie et neveu d'Auguste par sa mère, et qui, appelé
plus tard à recueillir la succession d'Athénodore et à
diriger comme lui l'administration de Tarse, sa ville natale, réussit dans ce poste à se concilier jusqu'au bout
l'estime aussi bien des gouverneurs romains que de ses
propres concitoyens.

15. Si je cherche maintenant dans les autres écoles
quels sont les philosophes [originaires de Tarse] « *que
je pourrais encore et connaître et nommer* »[1], je trouve
un Plutiade, un Diogène, deux de ces philosophes am-
bulants si prestes à ouvrir école dans chacune des villes
où ils passent. J'ajouterai, en ce qui concerne Diogène,
qu'il pouvait être tenu pour un digne fils d'Apollon, ex-
cellant lui aussi à improviser des poèmes entiers, quel que
fût le sujet qu'on lui proposât, mais plus particulièrement

---

1. *Iliade*, III, 235.

dans le genre tragique. Parmi les grammairiens dont les
ouvrages se sont conservés, je trouve Artémidore et Diodore ; parmi les poètes tragiques je trouve Dionyside,
nom des plus estimables, qui même figure dans la
Pléiade. Mais c'est surtout Rome qui peut nous renseigner sur la multitude de lettrés ou de philologues auxquels Tarse a donné le jour, car on conviendra bien que
Rome regorge tout autant de Tarséens que d'Alexandrins.
— Nous n'en dirons pas davantage au sujet de Tarse.

16. Au Cydnus succède un autre fleuve, le Pyrame,
qui descend de la Cataonie et de qui nous avons eu déjà
occasion de parler. De l'embouchure de ce fleuve à Soli,
Artémidore compte un trajet de 500 stades en ligne
droite. Près de l'embouchure du Pyrame également est
la ville de Mallus qu'on aperçoit tout au haut d'une colline et qui passe pour avoir été fondée par Amphilochus
et le fils d'Apollon et de Mantô[1] Mopsus, ces deux
héros sur qui tant de fables ont cours. Nous avons eu
nous-même occasion déjà de parler de ces fables, à propos de Calchas et de l'assaut de divination qu'il soutint,
précisément contre Mopsus. Certains auteurs en effet, et
Sophocle tout le premier, ont transporté la scène de ce
défi en Cilicie. Seulement Sophocle use ici d'une licence
commune à tous les poètes tragiques, et, de même qu'il
désigne ailleurs la Lycie par le nom de la Carie, la
Troade et la Lydie par le nom de la Phrygie, c'est par
le nom de Pamphylie qu'en cette circonstance il désigne
la Cilicie. Ajoutons qu'au dire de ces mêmes auteurs,
au dire de Sophocle notamment, ce serait encore en Cilicie qu'aurait eu lieu la mort de Calchas. Au reste, la
Fable ne parle pas seulement d'une lutte ou d'un assaut
de divination engagé entre les deux rivaux, mais bien
d'une lutte politique. Que dit-elle en effet ? Que Mopsus
et Amphilochus, partis ensemble de Troie, fondèrent,
toujours ensemble, la ville de Mallus ; qu'Amphilochus

---

1. Mantô au lieu de Latone, correction de Xylander.

s'en revint alors à Argos, mais que, mécontent de la tournure qu'y avaient prise les affaires en son absence, il ne voulut pas y rester et repartit bientôt pour Mallus ; que là il s'était vu exclure par Mopsus de toute participation au pouvoir, qu'il l'avait appelé en combat singulier, que tous deux avaient succombé dans la lutte et qu'on avait eu soin que leurs tombeaux ne fussent pas placés en vue l'un de l'autre. Ces deux tombeaux subsistent : on les montre encore debout à Magarsa sur les bords du Pyrame. Un dernier détail relatif à Mallus : le grammairien Cratès, de qui Panétius dit avoir été le disciple[1], était Mallote d'origine.

17. Juste au-dessus de la côte que nous venons de décrire, et parallèlement à sa direction générale, s'étend la plaine Aléienne, qui est le chemin que suivit Philotas pour amener à Alexandre sa cavalerie, pendant qu'Alexandre en personne, à la tête de la *phalange*, longeait la côte depuis Soli et traversait toute la Mallotide de manière à déboucher près d'Issus sur l'armée de Darius. Si ce qu'on dit est vrai, Alexandre aurait, lui aussi, rendu les honneurs funèbres à Amphilochus pour rappeler les liens qui, ainsi que ce héros, le rattachaient à Argos. Au rapport d'Hésiode, c'est à Soli et de la main d'Apollon que serait mort Amphilochus ; suivant d'autres, c'est la plaine Aléienne qui aurait vu succomber ce héros ; d'autres enfin le conduisent jusqu'en Syrie, après que sa querelle avec Mopsus l'eut chassé d'Aléium, et c'est en Syrie qu'ils le font mourir.

18. Passé Mallus, on atteint la petite ville d'Ægées qui offre aux navires un premier mouillage ; on en trouve un autre un peu plus loin au pied des Pyles Amanides, lesquelles forment l'extrémité du mont Amanus, cette branche du Taurus qui, du côté de l'orient, sert de limite à la Cilicie. On sait qu'en tout temps la possession du

---

1. Coray, reprenant pour son compte une correction de l'édition des Aldes, veut qu'ici, au lieu de οὗ φησι γενέσθαι μαθητὴς Παναίτιος, on lise οὗ φασι γενέσθαι μαθητὴν Παναίτιον.

mont Amanus s'était trouvée morcelée entre plusieurs
familles de *dynastes* ou de petits tyrans cantonnées chacune dans son fort, mais de nos jours on a vu Tarcon-
dimot, homme vraiment supérieur, devenir maître unique
de toute la montagne, obtenir des Romains le titre de
roi[1] en récompense de ses exploits, et transmettre intact
à ses enfants l'État fondé par lui.

19. Après Ægées c'est Issus qui s'offre à nous. Issus
est une petite place pourvue d'un bon mouillage et qui
précède immédiatement l'embouchure du Pinarus. Ici
auprès fut livrée la bataille entre Darius et Alexandre,
et c'est ce qui a fait donner le nom d'Issique au golfe
formé par toute cette partie de la côte, bien que ce golfe
comprenne [maint autre point remarquable], la ville de
Rhosus, par exemple, et Myriandrus qui a aussi le rang de
ville, et Alexandrie et Nicopolis et Mopsueste, voire le
défilé des Pyles, lequel marque la limite entre la Cilicie
et la Syrie. Le temple de Diane Sarpédonienne et l'O-
racle qui en dépend, oracle que desservent des prêtres
inspirés, appartiennent encore à la Cilicie.

20. La première ville syrienne qu'on rencontre après
avoir quitté la Cilicie est Séleucie de Piérie. L'embouchure de l'Oronte se trouve tout à côté. De Séleucie
à Soli on compte à peu de chose près 1000 stades de navigation directe.

21. Il y a loin, on le sait, de la Cilicie troyenne mentionnée par Homère à la Cilicie *exôtaurique*. Toutefois
quelques auteurs ont pensé que les Ciliciens de la Troade
devaient être la souche des autres, par la raison qu'on
retrouve chez ceux-ci en partie les mêmes noms de lieux,
et chez les Pamphyliens pareillement les noms de
Thébé et de Lyrnesse; mais d'autres, il faut bien le dire,
soutiennent la thèse inverse en se fondant précisément

---

1. Cobet fait remarquer avec raison que l'expression βασιλεὺς ὠνομάσθη est plus
latine que grecque (*rex appellatus est* ex Scto). (*Misc. crit.*, p. 197.) Comme
M. Bernardakis (*Symb. crit. in Strab.*, p. 54), je trouve superflue l'insertion
du pronom ὅς après le mot ἀξιόλογος dans le texte de Strabon.

sur ce que la Troade possède aussi son *Aléum* ou *champ Aléien*.

Nous en avons fini actuellement avec le périple de toute la partie *exôtaurique* de la presqu'île, ajoutons encore quelques considérations subsidiaires.

22. Nous relevons ce qui suit dans le *Commentaire* d'Apollodore *sur le Catalogue des vaisseaux*. Après avoir dit que « les auxiliaires asiatiques des Troyens dont le « Poète énumère les noms habitaient tous sans excep- « tion la presqu'île qui se trouve avoir comme plus petit « isthme l'intervalle compris entre l'enfoncement formé « par la côte d'Asie près de Sinope et le golfe d'Issus », Apollodore ajoute ceci : « Les côtés extérieurs de cette « presqu'île (laquelle, on le sait, a la forme d'un triangle) « sont d'inégale longueur, s'étendant, le premier depuis « la Cilicie jusqu'aux Chélidonies, le second depuis les « Chélidonies jusqu'à l'ouverture ou bouche de l'Euxin, « et le troisième depuis l'ouverture de l'Euxin jusqu'à « Sinope ». Or rien ne nous serait plus facile que de démontrer la fausseté de cette première assertion, « que les auxiliaires asiatiques des Troyens avaient été fournis exclusivement par la presqu'île », et cela en reproduisant les mêmes raisons qui nous ont servi précédemment à établir que Troie n'avait pas été secourue uniquement par les populations d'en deçà de l'Halys : le canton de Pharnacie où habitait, comme nous l'avons prouvé, la nation des Halizones, se trouve situé en effet non seulement au delà de l'Halys, mais en dehors même de l'isthme de la presqu'île, aussi bien du faux isthme compris entre Sinope et Issus que de l'isthme véritable ayant pour points extrêmes Amisus et Issus [1] (car il est

<hr/>

1. Coray a voulu substituer ici le nom de Tarse à celui d'Issus ; mais la substitution est inutile. Et d'ailleurs ce serait le nom de Cydnus que Strabon, pour être conséquent avec lui-même, aurait dû y mettre. Mais non, Strabon ne veut pas rentrer dans la discussion ; il a blâmé les géographes qui donnaient pour extrémités à l'isthme de l'Asie Mineure Amisus et le golfe d'Issus ou Issus même ; et cela fait, il accepte l'usage consacré et dit comme tout le monde : « L'isthme véritable ayant pour points extrêmes Amisus et Issus. »

à noter aussi qu'Apollodore a mal déterminé l'étranglement ou portion étroite de la presqu'île en préférant les
deux premiers points aux deux derniers pour figurer les
extrémités de l'isthme). Mais où gît la plus grosse ab-
surdité de ce passage, c'est quand, après avoir attribué
à la presqu'île la forme triangulaire, l'auteur vient nous
parler des trois côtés *extérieurs* de la presqu'île. Parlant en effet de trois côtés extérieurs, ne semble-t-il pas
exclure le côté de l'isthme, puisque l'isthme, qui forme
apparemment un des côtés de la presqu'île, ne peut être
qualifié ni de côté extérieur ni de côté maritime? Ah!
si cet isthme était tellement resserré qu'il ne s'en fallût
que de très-peu que le côté aboutissant à Issus et le
côté terminé à Sinope se rejoignissent, on pourrait à la
rigueur passer à Apollodore d'avoir dit que la presqu'île
en question avait la forme d'un triangle; mais tel n'est
pas le cas présent, et, comme la distance entre les deux
extrémités de l'isthme est notoirement de 3000 stades,
confondre avec un triangle un quadrilatère aussi bien
caractérisé est le fait d'un ignorant et non d'un *choro-*
graphe de profession. Car c'est bel et bien une chorographie qu'on a prétendu nous donner quand on a publié, écrit dans le mètre des poètes comiques, le *Période*
de la terre. Et notez que le fait d'ignorance subsisterait,
dût-on prendre comme mesure de l'isthme l'évaluation la
plus faible (celle de 1500 stades, moitié de la largeur
totale) donnée par les géographes (et Artémidore est du
nombre) qui se sont sur ce point le plus écartés de la
vérité, vu que cette évaluation elle-même ne réduirait pas
encore la presqu'île à n'être qu'un triangle. Ajoutons
que, dans le tracé des côtés extérieurs de la presqu'île,
Apollodore n'a pas montré plus d'exactitude, notamment
quand il nous donne pour premier côté une ligne allant
d'Issus aux roches Chélidonies, puisqu'il faudrait augmenter cette ligne de toute la côte de la Lycie qui en est
le prolongement direct et de toute la Pérée rhodienne
jusqu'à Physcus. C'est là seulement que la côte fait un

coude et que commence par conséquent le second côté ou côté occidental de la presqu'île pour ne finir qu'à la Propontide et à Byzance.

23. « Sur ce qu'Ephore, maintenant, avait écrit qu'il « y a seize peuples en tout qui habitent et se partagent la- « dite presqu'île, trois grecs et treize barbares (les *mi-* « *gades* ou populations mixtes n'entrant pas en ligne de « compte), et que la distribution des peuples barbares « est ainsi faite : sur la côte, les Ciliciens, les Pamphy- « liens, les Lyciens, les Bithyniens, les Paphlagoniens, « les Mariandyniens, les Troyens, les Cariens; dans « l'intérieur, les Pisidiens, les Mysiens, les Chalybes, les « Phrygiens, les Milyes », Apollodore se récrie, et, pro- cédant à une critique en règle, commence par déclarer que la presqu'île contient un dix-septième peuple, le peu- ple Galate, établi là, à vrai dire, postérieurement à Éphore, après quoi il ajoute que, sur les seize nations énu- mérées par Éphore, il y en a trois, les trois grecques, qui au temps de la guerre de Troie n'étaient pas encore venues se fixer dans la presqu'île, que, pour ce qui est des autres, la plus entière confusion avait fini par s'introduire dans leurs relations et situations respectives ; que, si l'on consulte le *Catalogue* d'Homère, à côté des Troyens et des peuples connus aujourd'hui encore sous les noms de Paphlagoniens, de Mysiens, de Phrygiens, de Cariens et de Lyciens, on y trouve les Mæoniens au lieu et place des Lydiens, et d'autres peuples, tels que les Halizônes et les Caucônes, aujourd'hui complètement ignorés; qu'en dehors de son *Catalogue*, Homère mentionne en- core les Cétéens, les Solymes, les Ciliciens de la plaine de Thébé et les Léléges ; qu'en revanche il ne mentionne aucun des peuples suivants : Pamphyliens, Bithyniens, Mariandyniens, Pisidiens, Chalybes, Milyes et Cappa- dociens, tels de ces peuples n'ayant pas encore appa- remment transporté leur demeure dans la presqu'île et tels autres se trouvant encore absorbés au sein de na- tions plus puissantes, comme on a vu les Idriéens et les

Termiles, par exemple, vivre si longtemps absorbés au
sein de la nation carienne, et les Dolions et les Bébryces
au sein de la nation phrygienne.

24. Or, de tout ce qui précède, il ressort pour nous
qu'Apollodore n'a pas fait du texte d'Éphore les critiques qu'il y avait à faire, et que, d'autre part, quand
il cite Homère, il ne respecte pas plus l'ordre que le sens
des paroles du Poète. Ce dont il fallait d'abord demander
compte à Éphore, c'est pourquoi il avait placé les Chalybes au dedans de la péninsule, eux qui habitaient tellement plus à l'est que Sinope et qu'Amisus; car ceux
qui représentent l'isthme de cette presqu'île par une ligne
allant d'Issus à l'Euxin conçoivent tous cette ligne comme
une manière de méridien, la faisant aboutir seulement,
les uns à Sinope, les autres à Amisus, mais on ne voit
pas qu'aucun ait figuré l'isthme par une ligne aboutissant
au pays des Chalybes, ligne qui serait nécessairement
oblique et fort différente du méridien du pays des Chalybes, puisque celui-ci, figuré graphiquement, traverse
la Petite-Arménie et coupe l'Euphrate, laissant en deçà ou
interceptant la Cappadoce tout entière, la Commagène,
l'Amanus et le golfe d'Issus. En supposant donc que nous
admettions la susdite oblique comme pouvant déterminer
à la rigueur et représenter l'isthme, la plus grande partie
des contrées que nous venons d'énumérer et notamment
la Cappadoce, ainsi que la contrée attenante à l'Euxin
nommée actuellement le Pont et qui n'est qu'un démembrement de la Cappadoce, demeureraient encore en dedans
de cette ligne. Et, comme on veut à toute force que les
Chalybes aient appartenu à la presqu'île elle-même, à
plus forte raison devait-on y comprendre les Cataoniens,
les Cappadociens de l'une et de l'autre Cappadoce, les
Lycaoniens. Or ces mêmes peuples ne figurent pas dans
l'énumération d'Éphore. Pourquoi aussi avoir rangé les
Chalybes parmi les populations *méditerranées*, puisqu'il
est avéré (nous l'avons démontré ci-dessus) que ce peuple
est le même qu'Homère a désigné sous le nom d'*Halizones?*

Il eût bien mieux valu partager en deux la nation des Chalybes et distinguer d'un côté, les Chalybes maritimes, et .
de l'autre les Chalybes de l'intérieur. Il eût fallu faire qui
plus est la même chose et pour la Cappadoce et pour la
Cilicie. Mais Éphore ne prononce même pas le nom de Cappadoce ; et, des deux Cilicies, la Cilicie maritime est la
seule qu'il mentionne, si bien qu'on se demande ce que
deviennent à ce compte et les sujets d'Antipater *Derbétès*
et les Homonadées et plusieurs autres peuples encore qui,
voisins notoires de la Pisidie, sont de ceux « *qui ne connaissent point la mer et qui ne mangent aucun mets
où le sel soit mêlé*[1]. » Où placer ces différents peuples?
Et les Lydiens, les Mæoniens, dont Éphore ne parle pas
non plus? sont-ce deux peuples distincts, ou le même
peuple sous deux noms différents? Étaient-ils indépendants ou vivaient-il mêlés et confondus avec une autre
nation? Que des noms si marquants aient pu rester ignorés, c'est ce qu'on ne saurait admettre : Éphore en ne les
mentionnant pas s'est donc rendu coupable d'une omission
capitale. Comment Apollodore ne l'a-t-il pas compris?

25. Et ces *Migades* d'Éphore, ces populations *mêlées*,
quelles sont-elles? Est-ce qu'indépendamment des peuples et des pays que nous énumérions tout à l'heure il
existe d'autres peuples encore, nommés ou omis par
Éphore, qui pourraient être attribués à cette catégorie
particulière? Nous ne le voyons pas. Nous ne voyons pas
davantage que la dénomination de *peuple* ou de *sang
mêlé* puisse convenir à une seule des nations [comprises
dans notre énumération] et mentionnées ou omises par
Éphore, car, y aurait-il eu chez quelqu'une *mélange* à l'o-
rigine, que, par suite de la prédominance d'un des éléments sur l'autre, cette nation serait devenue forcément
ou grecque ou barbare, mais rien d'autre, vu qu'il n'existe
pas, à notre connaissance, une troisième nationalité qu'on
puisse appeler du nom de *race mixte* ou *mêlée*.

---

1. *Odyss.*, II, 122.

26. Comment Éphore s'y est-il pris aussi pour compter
trois peuples grecs parmi les populations de la presqu'île?
Dira-t-on qu'anciennement Ioniens et Athéniens ne formaient qu'un seul et même peuple? Vite qu'on en dise
autant des Doriens et des Æoliens, et voilà les peuples
grecs habitants de la presqu'île réduits à deux. Consul-
tera-t-on de préférence une division plus moderne, celle
qu'ont établie les différences de mœurs et aussi de dialectes? C'est alors quatre peuples grecs distincts (juste
autant que de dialectes) que comprend la presqu'île. Il
est notoire en effet qu'il n'y a pas seulement que des Ioniens dans la presqu'île, et qu'il s'y trouve aussi des
Athéniens : rien ne le prouve plus que le soin avec lequel
Éphore lui-même distingue les deux peuples l'un de l'autre ; de notre côté nous l'avons bien montré en traitant de
chaque ville en particulier. Voilà quelles objections ou
difficultés il convenait de faire à Éphore, mais Apollodore
n'y a même pas pensé ; en revanche aux seize peuples énu-
mérés par Éphore il en ajoute un dix septième, le peuple
Galate : or, si l'addition en soi est utile, ce n'est pas dans
l'examen critique des assertions et omissions d'Éphore
qu'elle eût dû trouver place, et Apollodore nous en donne
lui-même la raison, quand il constate que tout ce qui a trait
aux Galates est postérieur au temps où Éphore écrivait.

27. Passant ensuite au témoignage d'Homère, Apollodore fait remarquer qu'une confusion très grande s'était
produite parmi tous les peuples barbares de la presqu'île
depuis l'époque de la guerre de Troie jusqu'à l'époque
actuelle, par suite des changements ou révolutions politiques, en quoi il a parfaitement raison, car il est
constant que, pendant cette période, de nouveaux peuples
sont venus s'ajouter aux anciens et que des anciens les
uns ont disparu, tandis que les autres ou se démem-
braient ou se rapprochaient jusqu'à se mêler. Par contre,
Apollodore s'abuse quand, pour expliquer comment Homère a pu omettre quelques-uns de ces peuples, il invoque les deux raisons que voici : ou que l'établissement

de ces peuples dans la presqu'île n'était pas encore consommé de son temps, ou que ces mêmes peuples vivaient alors perdus et absorbés au sein d'une autre nation. Ainsi Homère n'a compris dans son énumération ni la Cappadoce, ni la Cataonie, ni la Lycaonie non plus, sans qu'on puisse attribuer cette omission à l'une ou à l'autre des raisons alléguées par Apollodore, vu que nous ne trouvons trace dans l'histoire pour aucun de ces trois peuples ni d'un établissement tardif ni d'une absorption au sein d'une autre nation. N'est-il pas risible aussi de voir Apollodore, au même moment où il s'inquiète de l'omission faite par Homère des Cappadociens [1] et des Lycaoniens et où il cherche à la justifier, *omettre* de relever les *omissions* personnelles d'Éphore dans un texte que lui-même a choisi et cité tout exprès pour en faire l'objet d'un examen et d'une critique en règle? N'est-il pas risible de voir qu'au moment même où il nous apprend qu'Homère a désigné les Lydiens sous le nom de *Méoniens*, il oublie de noter qu'Éphore, lui, n'a prononcé le nom ni des Lydiens ni des Méoniens?

28. Prenons maintenant cette autre allégation d'Apollodore, que « quelques-uns des peuples mentionnés par « Homère sont aujourd'hui complètement inconnus » : vraie en ce qui concerne les Caucones, les Solymes, les Cétéens, les Lélèges et les Ciliciens de la plaine de Thébé, cette allégation n'est plus, en ce qui concerne les Halizones, qu'une pure supposition, ou que la reproduction, pour mieux dire, de l'erreur de ces grammairiens qui, les premiers, faute d'avoir su reconnaître qui étaient les Halizones, ont altéré, torturé le texte du poète et imaginé la fameuse *source d'argent*, et tant d'autres mines disparues, introuvables aujourd'hui. On sait en effet comment ces grammairiens, dans l'intérêt de leur fiction, ont à

---

1. Groskurd veut ajouter ici les mots [καὶ Κατάονας] après le nom de Καππάδοκας pour que l'énumération corresponde exactement à celle qui se trouve quelques lignes plus haut. Mais la vivacité de l'argumentation, non plus que celle de l'interruption (cf. la note 2 de la page 178), ne comporte pas cette parfaite symétrie. Aussi avons-nous rejeté l'intercalation proposée.

l'envi recueilli, rapproché tous les faits, toutes les traditions que leur fournissaient les historiens, et en particulier le Scepsien, qui lui-même ne parle que d'après Callisthène et d'autres auteurs suspects à nos yeux d'avoir
partagé le préjugé relatif aux Halizones ; comment ils
rappellent, par exemple, que toute la richesse de Tan-
tale et des Pélopides provenait des mines de la Phrygie et du mont Sipyle ; que celle de Cadmus était
toute tirée des mines de la Thrace et du mont Pangée ;
celle de Priam, des mines d'or d'Astyra voisines d'Abydos, lesquelles donnent aujourd'hui encore quelque petit
produit et attestent par la masse des déblais[1] et la
profondeur des excavations l'importance des exploita-
tions anciennes ; que la richesse de Midas provenait
des mines du mont Bermius ; celle enfin des Gygès, des
Alyatte, des Crésus, des mines de la Lydie et de ce canton compris entre Atarnée et Pergame, où, dans le voisinage d'une petite ville aujourd'hui déserte[2], on rencontre encore des traces d'exploitation de mines actuellement
épuisées.

29. Il est un dernier reproche qu'on pourrait adresser à Apollodore, c'est d'avoir au moins une fois
imité ces novateurs si peu respectueux de la parole
du Poète que lui-même en général maltraite si fort,
et d'avoir non seulement méconnu l'autorité d'Homère, mais rapproché violemment et confondu ce
qu'Homère avait pris soin de distinguer. Voici le fait :
Xanthus de Lydie avait déclaré en termes exprès que ce
fut seulement après la guerre de Troie que les Phrygiens, quittant sur la rive gauche du Pont le pays des
Bérécyntes et le territoire d'Ascanie, passèrent d'Europe en Asie sous la conduite de Scamandrius. Sur
ce, Apollodore prétend que c'est bien la même Ascanie

---

1. Πολλὴ δ'ἡ ἰκβολάς au lieu d'ἰκβολή, correction de Cobet. Voy. *Miscell. crit.*,
p. 197. — 2. Müller soupçonne qu'il s'agit là de Maliné ou de Maléné mentionnée
par Hérodote, 6, 29, et il incline à introduire ce nom dans le texte de Strabon.
Voy. *Index var. lect.*, p. 1032, au bas de la col. 1.

dont parle Xanthus qu'Homère a mentionnée dans ce passage [1] :

« Phorcys et Ascanius, Ascanius semblable aux dieux, mar-
« chaient à la tête des Phrygiens, venus avec eux de la loin-
« taine Ascanie. »

Mais, s'il en est ainsi, s'il est vrai que la migration phrygienne n'ait eu lieu que postérieurement à la guerre de
Troie et que les auxiliaires phrygiens, envoyés au secours
de Priam au moment même de la guerre, vinssent de
l'autre côté du Pont, du pays des Bérécyntes et des environs d'Ascanie, qui étaient ces Phrygiens qui plus anciennement [2]

« Guerroyaient le long des rives du Sangarius »,

quand Priam (il nous le dit lui-même)

« Vint, simple volontaire, se mêler à eux et combattre dans
« leurs rangs » ?

Comment est-ce de chez les Bérécyntes, à qui aucun
lien ne l'unissait, que Priam a tiré ses auxiliaires phrygiens ? Comment aurait-il omis de s'adresser de préférence aux Phrygiens, ses proches voisins, et que lui-
même en personne avait autrefois secourus ? Ajoutons
que ce qu'Apollodore dit ailleurs des Mysiens se trouve
en contradiction formelle avec sa présente allégation relative aux Phrygiens. « On cite, dit-il, comme apparte-
« nant encore à la Mysie, un bourg d'Ascanie, situé
« près d'un lac de même nom, d'où sort un fleuve, dit
« aussi l'Ascanius, qui se trouve mentionné et par Eu-
« phorion dans le vers suivant :

« Près des eaux de l'Ascanius, de l'Ascanius Mysien, »

« et par Alexandre l'Ætolien dans le passage que voici :

« Et les riverains de l'Ascanius, voisins du lac d'Ascanie,
« chez qui vivait naguère Dolion, héros illustre né des amours
« de Silène et de Mélie. »

---

1. *Ibid.*, II, 862. — 2. *Ibid.*, III, 187.

« On donne maintenant le nom de Dolionide (c'est tou-
« jours Apollodore qui parle) à certain canton de la Mysie
« situé aux environs de Cyzique, sur le chemin de Milé-
« topolis. » Or, si ces détails géographiques sont exacts
(et l'état actuel des lieux paraît bien confirmer le témoignage des poètes), qui pouvait bien empêcher qu'Homère ne pensât à cette Ascanie de Mysie plutôt qu'à
celle dont parle Xanthus? Mais nous avons déjà traité
cette question tout au long en décrivant précédemment
la Mysie et la Phrygie, il est donc grand temps que nous
nous arrêtions.

CHAPITRE VI.

Pour compléter la description de la Presqu'île, nous
n'avons plus qu'à tracer le périple de l'île de Cypre qui
la borde au midi. Nous avons déjà eu occasion de dire
que la mer qui se trouve enveloppée par l'Égypte, la
Phénicie, la Syrie et la côte comprise entre la Syrie et
la Pérée, rhodienne pouvait être considérée comme la
réunion de trois bassins distincts, la mer d'Égypte, la
mer de Pamphylie et le golfe d'Issus. Or c'est juste au
centre de cette mer qu'est située l'île de Cypre ; car, en
même temps qu'elle avoisine la Cilicie Trachée par sa
partie septentrionale, laquelle est aussi la plus rapprochée du continent, elle confine par sa côte orientale au
golfe d'Issus, par sa côte occidentale à la mer de Pamphylie, et par sa côte méridionale à la mer d'Égypte. La
mer d'Égypte, qui communique à l'ouest avec la mer de
Libye et la mer Carpathienne, se trouve avoir au midi et
au levant l'Égypte même et la côte qui lui fait suite
en remontant jusqu'à Séleucie et jusqu'à Issus, et au
nord l'île de Cypre et le bassin Pamphylien. Celui-ci à
son tour se trouve avoir pour limite septentrionale la
lisière extrême de la Cilicie Trachée, de la Pamphylie et

de la Lycie jusqu'à la Pérée rhodienne, pour limite occidentale l'île de Rhodes, pour limite orientale la partie de l'île de Cypre occupée par les cantons de Paphos et d'Acamas, et enfin pour limite méridionale la mer d'Égypte avec laquelle il communique et se confond.

2. Cypre a 3420 stades de circuit, toutes les sinuosités de la côte comprises. Sa longueur, prise par terre et de l'est à l'ouest, mesure 1400 stades depuis les Clides jusqu'à Acamas. On donne le nom de Clides à deux petites îles situées près de la côte orientale de Cypre, à 700 stades de Pyramus, et le nom d'Acamas à un promontoire surmonté d'un double mamelon et très-boisé, qui marque l'extrémité nord-ouest de l'île et se trouve à 1000 stades de Sélinûs, le point de la côte de la Cilicie Trachée et de tout le continent le plus rapproché, à 1600 stades de Side sur la côte de Pamphylie et à 1900 stades des Chélidonies. Vue d'ensemble, l'île paraît avoir plus de développement dans le sens de sa longueur, elle présente même entre les côtés qui la limitent dans le sens de sa largeur plus d'un isthme ou étranglement; veut-on maintenant les étudier dans le détail de son périple, voici comme on peut la décrire le plus succinctement possible, en prenant pour point de départ celui de ses caps qui s'avance le plus près du continent.

3. Nous avons dit quelque part que, juste en face de l'Anémurium, promontoire fort saillant de la Cilicie Trachée, la côte de Cypre projette une pointe, celle du Crommyus, distante de l'autre de 350 stades. Or, si l'on part du Crommyus, et qu'en ayant l'île à droite et le continent à gauche on navigue au nord-est et droit sur les Clides, on rencontre dans ce premier trajet, lequel est de 700 stades : 1° Lapathus, ville pourvue d'un bon mouillage en même temps que de cales ou abris pour les vaisseaux, et dont on attribue la fondation aux Lacédémoniens de Praxandre, qui la bâtirent juste en face de Nagidus ; 2° Aphrodisium, dont l'emplacement correspond à l'un des isthmes ou étranglements de Cypre,

puisque jusqu'à Salamine la traversée de l'île n'est que
de 70 stades; 3° la plage dite *des Achéens*[1], qui est le
lieu où la tradition place le débarquement de Teucer,
lorsque, chassé de sa patrie par Télamon, son père, ce
héros vint en Cypre fonder une autre Salamine; 4° juste
en face de la pointe Sarpédon, la ville et le port de Car-
pasie, séparés par un isthme de 30 stades des îles Carpasiennes et de l'autre mer qui baigne l'île au midi; 5° un
cap et une montagne. Le cap est connu sous le nom d'O-
lympus et supporte un temple dédié à Vénus Acréenne,
dont l'accès et même la vue sont interdits aux femmes.
Les Clides et plusieurs autres îles bordent la côte ici
auprès; puis viennent les îles Carpasiennes, et, tout de
suite après, Salamine, ville natale de l'historien Aristus.
A Salamine succèdent la ville et le port d'Arsinoé, un
autre port appelé Leucolla[2], et le cap Pédalium en arrière
duquel s'élève une colline très haute et très âpre d'aspect, qui a la forme d'un trapèze, et que la piété a dès
longtemps consacrée à Vénus. Ce second trajet, depuis les
Clides, est de 680 stades. Jusqu'à Citium, maintenant, la
côte est généralement sinueuse et escarpée[3]. Citium, en
revanche, a un port fermé. Nous saluons en elle la patrie
de Zénon, le premier chef de l'école stoïcienne, et du
médecin Apollonius. Puis une traversée de 1500 stades
nous amène à Béryte. Passé Béryte, nous cinglons sur
Amathûs, et, entre deux, nous relevons la petite ville de
Palæa, ainsi qu'une montagne du nom d'Olympus, montagne bien reconnaissable à sa forme mamelonnée. A la
ville d'Amathûs succède la pointe de Curias, qui figure
proprement une presqu'île et qu'un trajet de 700 stades
sépare de Throni. Puis vient la ville de Curium, en vue
de laquelle les vaisseaux peuvent mouiller, et qui est de
fondation argienne. Il nous est facile, à présent que nous
avons atteint Curium, de juger en connaissance de cause

---

1. Voy. Müller, *Ind. var. lect.*, p. 1032, au haut de la col. 2. — **2.** Ασύκολλα au
lieu de Λεύκολα, léger changement fait par Casaubon sur la foi de Pline. — **3.** Meineke soupçonne une lacune dans le texte de Strabon après le nom de Κίτιον.

de l'étourderie du poète qui a composé l'élégie commençant par ces deux vers :

« Troupeau sacré de Phébus, nous sommes venues, fendant
« les flots de la mer d'un élan rapide, chercher contre les
« traits du chasseur un asile sur ces bords. »

L'auteur, en effet, que ce soit Hédylus ou tout autre,
nous montre les biches sacrées s'élançant des cimes
escarpées du Corycus de la côte cilicienne, puis abor-
dant à la nage aux roches Curiades, après quoi il
ajoute :

« O sujet infini d'étonnement pour les hommes, que nous
« ayons pu, poussées par le zéphyr de printemps, franchir
« une mer impraticable ! ».

Or, en partant du Corycus pour gagner la pointe ou
presqu'île de Curias, il faut faire le tour de l'île, et, qu'on
prenne à droite ou à gauche, ce n'est pas le zéphyr qui
vous pousse ; surtout, il ne peut être question d'un trajet direct[1]. C'est donc ici à Curium que commence la côte
occidentale de l'île, la côte qui regarde Rhodes Nous
y relevons immédiatement après Curium, la pointe ou
roche avancée du haut de laquelle sont précipités les
sacrilèges qui ont osé toucher à l'autel d'Apollon. Viennent ensuite Treta, Boosura et Palæpaphos : cette dernière localité, bien que bâtie à 10 stades environ au-dessus de la mer, n'en a pas moins son port à elle. Elle
possède aussi un temple fort ancien, dédié à Vénus Pa-
phienne. Passé Palæpaphos, nous relevons encore successivement la pointe et le port ou mouillage de Zéphy-
ria[2] ; une autre pointe dite d'*Arsinoé* en vue de laquelle
les vaisseaux peuvent mouiller également en toute sûreté,
et qui supporte un temple, ainsi qu'un bois sacré ; voire
même Hiérocépie, bien qu'un peu éloignée de la mer ;

---

1. Voy., sur ce passage difficile, une note très importante de Meineke, *Vind.
Strabon.*, p. 228-229. Cf. Müller, *Index var. lect.*, p. 1032, col. 2. — 2. Le
ms. de l'Escurial ajoute, après Ζεφυρία πρότορμον ἔχουσα, les mots καὶ ἱερὰ τὰ κατε-
σκευασμένα, lesquels se retrouvent plus bas attribués à Paphos.

puis Paphos, ville fondée par Agapénor, et qui possède
avec un port des temples d'une magnifique ordonnance.
La distance par terre de Paphos à Palæpaphos est de
60 stades, et chaque année, à l'époque de la *Panégyrie*,
cette route est couverte d'hommes et de femmes qui, de
Paphos et des autres villes, se rendent à Palæpaphos.
Quelques auteurs prétendent que, de Paphos à Alexandrie, la distance est de 3600 stades. L'Acamas est le premier point qu'on relève après avoir passé Paphos ; puis,
l'Acamas une fois doublé, on atteint, en gouvernant droit
à l'est, la ville d'Arsinoé et le *Diosalsos* ou bois sacré
de Jupiter. Vient ensuite Soli, localité qui a le rang de
ville et qui possède, outre un port et une rivière, un
temple d'Aphrodité et d'Isis. Soli a eu pour fondateurs
Phalérus et Acamas, héros athéniens ; et ses habitants
s'appellent les Solii. Elle a vu naître Stasanor, l'un des
hétaires ou amis d'Alexandre, personnage considérable,
comme l'atteste la souveraineté dont il fut investi. Signalons encore au-dessus de la côte et dans l'intérieur même
la ville de Limenia, et ne nous arrêtons plus qu'à la
pointe de Crommyus.

4. Pourquoi s'étonnerait-on des inexactitudes des
poètes, de ceux notamment qui, comme le poète de tout
à l'heure, ne visent dans leurs vers qu'à l'harmonie de la
phrase, quand on peut leur opposer la bévue d'un Damastès, annonçant qu'il va nous donner la longueur du
nord au sud de l'île de Cypre et prenant hardiment
comme telle, cette longueur d'Hiérocépie aux Clides, et
l'erreur non moins forte d'un Ératosthène, qui, prétendant corriger Damastès, soutient qu'Hiérocépie n'est pas
au nord, mais bien au sud de l'île, tandis qu'en réalité
cette ville est au couchant, et appartient au même côté
occidental où se trouvent déjà Paphos et l'Acamas !

5. On connaît dans l'île de Cypre la situation respec-
tive de chaque localité. Disons maintenant que, sous le
rapport de la fertilité, Cypre n'est inférieure à aucune
autre île. Elle produit du vin et de l'huile en abondance

et du blé en quantité très-suffisante. Ajoutons qu'elle possède, à Tamassus, des mines de cuivre d'une très-grande richesse donnant en même temps de la couperose et du verdet, deux substances fort utilement employées en médecine. Si ce que dit Ératosthène est vrai, toutes les parties basses de l'île anciennement étaient tellement boisées que les arbres envahissaient tout et ne laissaient pas à proprement parler de place à la culture. L'exploitation des mines, à vrai dire, enraya un peu le mal en nécessitant de fréquents abatis d'arbres pour cuire et fondre le cuivre et l'argent; puis à ce premier remède vint s'ajouter le développement des constructions navales, une fois que la navigation maritime eut commencé à offrir une sécurité suffisante même pour de grandes escadres. Mais, comme on ne parvenait pas, avec ce double remède, à conjurer les progrès du mal, chacun fut laissé libre de couper autant d'arbres qu'il voudrait et pourrait et reçut en toute propriété, et exempt d'impôts qui plus est, tout le terrain qu'il aurait ainsi défriché.

6. Primitivement, chacune des villes de l'île de Cypre avait son tyran ; mais, après que les Ptolémées furent devenus les maîtres de l'Égypte, ils ne tardèrent pas à étendre leur domination sur l'île entière, et ils l'y maintinrent avec l'aide des Romains eux-mêmes, qui en plusieurs circonstances leur envoyèrent des secours. Toutefois Ptolémée, le dernier roi de Cypre et l'oncle paternel de la reine Cléopâtre qu'on a vue de nos jours gouverner l'Égypte, ayant paru aux Romains, ses bienfaiteurs, coupable d'abus de pouvoir et d'ingratitude, fut détrôné par eux ; après quoi ils prirent eux-mêmes possession de l'île et en composèrent une nouvelle province dont ils confièrent l'administration à un préteur. L'auteur principal de la ruine de Ptolémée avait été Publius Claudius Pulcher. Du temps où les pirates Ciliciens étaient à l'apogée de leur puissance, Claudius était tombé entre leurs mains, et, pour payer la rançon que les pirates exigeaient de lui, il s'était adressé au roi de Cypre, le priant de lui envoyer

la somme qui pouvait le libérer[1]. Le roi fit l'envoi, mais
d'une somme si minime, que les pirates eurent honte de
l'accepter et qu'ils aimèrent mieux renvoyer l'argent et
libérer gratuitement leur prisonnier. Une fois libre,
Claudius songea à s'acquitter des deux côtés, et, étant
devenu tribun, il fit si bien que Marcus Caton fut envoyé à Cypre pour détrôner et déposséder Ptolémée.
Celui-ci prévint le coup en mettant fin lui-même à ses
jours ; et, lorsque Caton arriva, il n'eut plus qu'à prendre possession : il fit mettre en vente les domaines du
roi et versa tout le numéraire dans le trésor public à
Rome. A partir de ce moment, Cypre devint ce qu'elle
est encore aujourd'hui, une province romaine administrée
par un préteur. Il y eut seulement une courte période
pendant laquelle Antoine livra Cypre à Cléopâtre et à sa
sœur Arsinoé ; mais il fut renversé et toutes les dispositions qu'il avait prises se trouvèrent renversées du même
coup.

1. λύσασθαι αὐτόν au lieu de ῥύσασθαι, correction de Cobet (*Misc. crit.*, p. 197).
Cf. Bernardakis, *Symb. crit. in Strab.*, p. 54.

FIN DU QUATORZIÈME LIVRE.

LIVRE XV[1].

CHAPITRE PREMIER.

Pour compléter notre description de l'Asie, nous n'avons plus à parler que de la région sise en dehors du Taurus (la Cilicie, la Pamphylie et la Lycie exceptées); en d'autres termes, nous n'avons plus à décrire que l'espace compris entre l'Inde et le Nil d'une part, entre le Taurus et la mer Extérieure ou mer Australe de l'autre. Puis il y a la Libye qui fait suite immédiatement à l'Asie. Mais nous traiterons de la Libye plus loin; présentement c'est par l'Inde qu'il nous faut commencer, vu qu'elle s'offre à nous la première du côté de l'Orient et qu'elle est la plus grande [des contrées appartenant à la région *ecto-Taurique*].

2. Au préalable, nous réclamerons l'indulgence du lecteur pour ce que nous avons à dire de l'Inde. L'Inde est un pays si reculé! Il y a si peu de Grecs jusqu'ici qui aient pu l'explorer! Ajoutons que ceux-là mêmes qui l'ont vue n'en ont vu que des parties et ont parlé de tout le reste sur de simples ouï-dire; que le peu qu'ils ont vu, ils l'ont mal vu, en courant, à la façon de soldats qui traversent un pays sans s'arrêter; qu'on s'explique

---

1. Voyez Vogel, *de Fontibus quibus Strabo in libro quinto decimo conscribendo usus sit*, etc. Gœtting. 1874, br. in-8°.

par là comment les mêmes choses ne sont pas dépeintes
de même dans des *Histoires* écrites toutes soi-disant avec
la plus scrupuleuse exactitude par des frères d'armes,
par des compagnons de voyage (ce qui est le cas de
tous ceux qui suivirent Alexandre à la conquête de
l'Inde); comment il arrive même que le plus souvent
ces auteurs disent tout le contraire les uns des autres.
Or, si leurs récits diffèrent à ce point sur les choses qu'ils
ont vues, que penser de celles qu'ils nous transmettent
sur de simples informations?

3. On pourrait croire au moins que les historiens qui
longtemps après ont eu occasion de parler de l'Inde, que
les navigateurs qui y ont abordé de nos jours, sont plus
exacts dans les renseignements qu'ils nous donnent, il
n'en est rien pourtant. Prenons pour exemple Apollodore,
qui, dans ses *Parthiques*, parle naturellement du démembrement du royaume de Syrie et de l'insurrection de la
Bactriane enlevée par des chefs grecs aux descendants de
Séleucus Nicator: il raconte bien comment ces mêmes
chefs en vinrent par l'accroissement de leur puissance à
attaquer l'Inde elle-même; mais, pour ce qui est des
notions précédemment acquises sur ce pays, nul éclaircissement à attendre de lui[1]; loin de là, il n'en tient nul
compte et affirmera, par exemple, en contradiction formelle avec ce qu'on sait, que ces rois grecs de la Bactriane conquirent une plus grande étendue du territoire
indien que n'avait fait l'armée macédonienne et qu'Eu-
cratidas notamment y possédait jusqu'à mille villes. Il
oublie qu'au rapport des anciens historiens[2] il existait,
rien que dans l'espace compris entre l'Hydaspe et l'Hypanis, jusqu'à neuf nations distinctes, lesquelles possédaient cinq mille villes toutes plus grandes que Cos Me-
ropis, et que cette immense contrée fut conquise par
Alexandre et cédée par lui à Porus.

---

1. Meineke soupçonne ici quelque altération du texte. — 2. « Persuasum mihi
est a Strabone voce quae est ἰκτῖνοι, a Plinio (*H. N.*, 6, 21, 4) comitibus Al. M.
significari Onesicritum. » (Vogel, *op. cit.*, p. 5.)

4. Quant aux marchands qui, de nos jours, se rendent de·l'Egypte dans l'Inde par la voie du Nil et du golfe Arabique, on pourrait compter (tant ils sont rares!) ceux qui ont rangé les côtes de l'Inde jusqu'au Gange. C'était d'ailleurs tous gens sans éducation et incapables par conséquent de nous renseigner utilement sur la disposition des lieux. D'autre part que nous a envoyé l'Inde? en tout et pour tout, une ambassade chargée pour César Auguste des présents et hommages d'une seule de ses provinces [la Gandaride] et d'un seul de ses rois Porus II[1], et un de ses sophistes qui est venu mourir sur un bûcher dans Athènes et renouveler ainsi le spectacle donné jadis par Calanus à Alexandre.

5. A défaut de ces sources d'information, consulterons-nous au moins les traditions antérieures à la conquête d'Alexandre, les ténèbres s'épaississent encore. Qu'A-lexandre ait ajouté foi à ces antiques traditions, la chose se conçoit à la rigueur, vu l'enivrement où l'avait jeté une telle continuité de succès; et il n'y a rien qui choque la vraisemblance dans cette affirmation de Néarque que, si Alexandre ramena son armée par la Gédrosie, ce fut par émulation et pour avoir entendu raconter comment Sémiramis et Cyrus, après avoir attaqué l'Inde, avaient dû battre en retraite aussitôt et s'enfuir, Sémiramis avec vingt compagnons en tout, et Cyrus avec sept : il trouvait beau apparemment, là où ces deux puissants monarques avaient éprouvé un tel revers, d'avoir su garder son ar-mée intacte et de l'avoir ramenée triomphante à travers les mêmes peuples et les mêmes contrées. Oui, on con-

---

1. **Madvig,** suivant nous, est le seul critique qui ait bien compris à quelles conditions devaient satisfaire les essais de restitution de ce passage : κἀκεῖθεν δὲ ἀφ᾿ἑνός τόπου καὶ παρ᾿ἑνὸς βασιλέως, Πανδίονος καὶ ἄλλου Πώρου, ἔχειν ὡς Καίσαρα τ. Σ. δῶρα καὶ πρεσβεῖα. Il faut absolument retrouver un nom de pays a joindre au nom du roi; et ce nom doit se cacher sous la forme grecque Πανδίονος qui n'a que faire ici. Un seul nom s'impose, précisément celui du royaume du second Porus, la Gandaride. Voy. Madvigii *Advers. crit. ad script græc.*, vol I, p. 561. Muller ne connaissait pas cette exquise restitution quand il a écrit : « Πανδίονος ἢ κατ᾿ ἄλ-λους Πώρου bene conj. Groskurd. » Vogel, (*op. cit.*, p. 6), fait remarquer de son côté qu'au § 73, où Strabon raconte le même fait avec plus de détails d'après Nicolas Damascène ce nom de Pandion ne figure pas.

çoit qu'Alexandre ait pu **croire** à de semblables récits.

6. Mais nous ! où serait **notre** excuse, si nous préten-
dions à toute force tirer d'expéditions comme celles de
Cyrus et de Sémiramis quelques notions positives sur
la géographie de l'Inde ? Mégasthène à cet égard semble
penser comme nous, car il invite ses lecteurs à se défier
des antiques traditions relatives à l'Inde, par la raison
que l'Inde n'a jamais envoyé au dehors de grande expédition et qu'en fait d'attaques extérieures et d'invasions,
elle n'a subi que la double conquête d'Hercule et de Bacchus, et, dans les temps modernes, la conquête des Macédoniens. Mégasthène avoue que l'Égyptien Sésostris et
l'Éthiopien Téarcon poussèrent leurs conquêtes jusqu'en
Europe, que Nabocodrosor, ce héros que les Chaldéens
élèvent au-dessus d'Hercule lui-même, pénétra, comme
Hercule, jusqu'au détroit des colonnes, où Téarcon du
reste avait déjà atteint; que Sésostris conduisit son armée victorieuse du fond de l'Ibérie aux confins de la
Thrace et aux rivages du Pont ; qu'enfin le Scythe Idan-
thyrse courut toute l'Asie et toucha à la frontière d'É-
gypte ; mais il nie en même temps qu'aucun de ces
conquérants ait mis le pied sur le sol indien. Quant
à Sémiramis, elle serait morte, paraît-il, avant même
d'avoir tenté l'entreprise qu'on lui prête. Suivant lui
aussi, les Perses, qui faisaient venir les Hydraques[1] de
l'Inde pour les employer comme mercenaires dans leurs
armées, n'auraient jamais envahi le territoire indien et
n'auraient fait qu'en approcher lors de l'expédition de
Cyrus contre les Massagètes.

7. Ajoutons que la double conquête d'Hercule et de
Bacchus, admise comme vraie par Mégasthène et un
petit nombre d'écrivains, est répudiée elle-même par la
plupart des historiens (Ératosthène tout le premier), qui
la qualifient d'absurde et de fabuleuse et l'assimilent à
tant d'autres fictions que le culte de ces deux divinités .
a accréditées parmi les Grecs. On se rappelle les fanfa-

Groskurd est d'avis qu'on lise ici ʹΟξυδράϰας au lieu de ʹΥδράϰας.

ronnades de Dionysos dans les *Bacchantes* d'Euripide[1] :

« Laissant alors derrière moi les plaines aurifères de la
« Lydie, je franchis et les chaudes campagnes des Phrygiens
« et des Perses, et l'enceinte de Bactres, et l'âpre pays des Mè-
« des, et l'heureuse Arabie et l'Asie tout entière. »

On se rappelle aussi le dithyrambe en l'honneur de Nysa,
ce mont sacré de Bacchus, que Sophocle met dans la
bouche d'un de ses personnages :

« De la place où j'étais, j'apercevais Nysa, premier théâtre
« à jamais glorieux des fureurs bachiques, Nysa en qui Iacchus
« au front armé de cornes aime et vénère son riant berceau[2],
« Nysa où l'on se demande s'il est un chant d'oiseau, un
« seul, qui manque au joyeux concert ».

On connaît la suite du passage[3]. On connaît aussi ces
vers d'Homère sur Lycurgue l'Édonien[4] :

« A la vue de Bacchus en délire il poursuit sur les cimes
« sacrées du Nyséum les nourrices du divin enfant. »

Toutes les fictions concernant Bacchus sont dans le
même goût. Quant aux fictions relatives à Hercule, s'il
en est dans le nombre qui nous le montrent poussant
ses conquêtes dans la direction diamétralement opposée
à celle qu'avait suivie Bacchus, c'est-à-dire seulement jusqu'aux bornes occidentales de la terre, d'autres lui font
parcourir tour à tour l'Orient et l'Occident.

8. Telles qu'elles sont, ces fictions ont été mises à
profit; on s'en est autorisé, par exemple, pour appeler du
nom de *Nyséens* l'un des peuples de l'Inde, en même
temps qu'on donnait le nom de Nysa à la capitale de ce
peuple fondée soi-disant par Dionysos, et le nom de
Méros à la montagne qui la domine. On avait vu croître sur le territoire de ce peuple à la fois le lierre et la
vigne, le prétexte parut suffisant; et, pourtant, la vigne

---

1. V. 13. — 2. οὐτόμαιαν au lieu de αὐτῷ μαῖαν, correction proposée par Meineke
(*Vind. Strabon.*, p. 230). — 3. Cette formule καὶ τὰ ἰξῆς paraît toujours suspecte
à Meineke (voy. *ibid.*, p. 230. Cf. p. 84). Il l'a pourtant maintenue dans le
texte, se contentant d'éliminer les quatre mots qui suivent : καὶ μηροτραφὴς δὲ
λέγεται. — 4. *Iliade*, VI, 132. — 5. Voy. les variantes de ce nom dans l'*Ind.
var. lect.* de Müller, p. 1032, col. 2.

en ces lieux ne produit jamais, les pluies trop abondantes font couler le raisin avant qu'il soit arrivé à maturité. On nous représente toujours aussi la nation des
Sydraques comme issue de Dionysos. Pourquoi? parce
que la vigne croît également chez eux et qu'on retrouve
certains détails de la pompe bachique dans les magni-
ficences que déploient leurs rois lorsqu'ils sortent, soit
pour une expédition militaire, soit pour tout autre motif,
au bruit des tambours et revêtus de la longue robe à
fleurs brodées (usage commun pourtant à tous les peuples de l'Inde). Certaine roche Aornos, dont l'Indus encore voisin de ses sources baigne le pied et qu'Alexandre
avait prise d'emblée, fut censée avoir soutenu jadis et
repoussé un triple assaut d'Hercule : il fallait bien rehausser la gloire du conquérant! On voulut aussi reconnaître dans les Sibes les descendants mêmes des compagnons d'Hercule, sous prétexte que ce peuple avait
conservé comme autant d'indices de sa noble origine
l'usage de se vêtir de peaux de bêtes ainsi que faisait
Hercule, et cet autre usage de porter la massue et d'imprimer à chaud la figure d'une massue en guise de marque sur tous les bestiaux leur appartenant, bœufs et
mulets. On fit plus, on se servit pour étayer ces fables
des traditions relatives au Caucase et à Prométhée, transportées tout exprès des bords du Pont ici sur un bien
mince prétexte, la rencontre chez les Paropamisades
d'une grotte ou caverne sacrée. De cette caverne on fit
la prison de Prométhée ; on prétendit qu'Hercule était
venu jusqu'ici pour opérer sa délivrance, et, comme
pour les Grecs le Caucase est le théâtre consacré du supplice de Prométhée, il fut décidé que le Paropamisus
était le vrai Caucase.

9. Que ce soient là de pures inventions, personnelles à
ceux qui cherchaient à flatter Alexandre, la chose est indubitable et ressort d'une double preuve : 1° il n'existe
aucun accord entre les historiens et ce qui se lit dans les
uns n'est pas même mentionné par les autres ; or il

n'est guère probable que des historiens (et notez que nous parlons précisément des plus sérieux, des plus autorisés) aient pu ignorer des détails si glorieux et si propres à rehausser l'éclat de la conquête, ou que, les ayant connus, ils les aient jugés indignes d'être relatés; 2° aucun des pays intermédiaires que Bacchus et Hercule avaient eus nécessairement à traverser pour parvenir jusqu'à l'Inde n'a conservé un seul monument qui puisse attester sûrement leur passage. Ajoutons que le costume attribué à Hercule [conquérant de l'Inde] date d'une époque bien postérieure à la guerre de Troie, et a dû être imaginé par un des auteurs de l'*Héraclée*, Pisandre ou quelque autre, les plus anciennes statues du dieu le représentant tout différemment.

10. Ici donc, comme toujours en pareil cas, il faut accepter ce qui s'éloigne le moins de la vraisemblance. Enfin nous-même, nous avons déjà eu occasion, dans les premiers livres de notre *Géographie*[1], de soumettre à un examen critique tout ce qui a été dit à ce sujet; nous l'avons fait de notre mieux et dans la mesure du possible. Or ce sont là des matériaux tout prêts que nous avons sous la main, servons-nous-en donc actuellement encore en nous bornant à ajouter quelques documents nouveaux là où quelque éclaircissement nous paraîtra nécessaire. De cet examen il résultait pour nous, en somme, que de tous les écrits sur l'Inde celui qui méritait le plus de créance était le tableau sommaire que, dans le IIIᵉ livre de sa *Géographie*, Ératosthène a tracé de la contrée appelée *Inde* au moment de l'invasion d'Alexandre et quand l'Indus formait encore la ligne de démarcation entre elle et l'Ariané, province plus occidentale appartenant à l'empire des Perses; car plus tard, du fait des Macédoniens, l'Inde s'est accrue d'une grande partie de l'Ariané. Laissons donc parler Ératosthène.

11. « L'Inde, dit-il, a pour limites : au nord, l'extré-

---

1. Liv. II, ch. ɪ, §§ 2 et su v.

« mité du Taurus comprise entre l'Ariané et la mer
« Orientale et désignée par les gens du pays sous les
« noms successifs de *Paropamisus*, d'*Emodus*, d'*Imaüs*
« et d'autres encore, et par les Macédoniens sous le nom
« unique de *Caucase*; à l'ouest le cours même de l'Indus.
« Quant au côté méridional et au côté oriental qui se
« trouvent être beaucoup plus grands que les deux
« autres, ils font saillie dans la mer Atlantique et déter-
« minent la forme rhomboïdale qu'affecte la contrée dans
« sa configuration générale, chacun des deux plus
« grands côtés excédant le côté qui lui est opposé de
« 3000 stades, juste la longueur de cette pointe avancée
« qui dépasse d'autant à l'est et au midi le reste du rivage
« et se trouve ainsi appartenir à la fois à la côte orientale
« et à la côte méridionale. Le côté occidental de l'Inde,
« mesuré, entre les montagnes du Caucase et la mer Mé-
« ridionale, le long de l'Indus jusqu'à son embouchure,
« est évalué en tout à 13 000 stades; le côté opposé ou
« côté oriental, augmenté des 3000 stades de cette pointe
« extrême, se trouvera donc avoir une étendue de 16 000 sta-
« des ; et ces deux nombres représenteront le *minimum*
« et le *maximum* de la largeur de l'Inde. Quant à sa lon-
« gueur, laquelle se prend de l'ouest à l'est, si l'on peut
« l'évaluer d'une façon plus précise dans sa première par-
« tie, c'est-à-dire jusqu'à Palibothra, vu qu'elle été a me-
« surée en schœnes et qu'elle se confond avec une route
« ou chaussée royale de 10 000 stades [1], elle ne se calcule
« plus au delà que par approximation d'après le temps
« que l'on met en moyenne pour remonter le Gange de-
« puis la mer jusqu'à Palibothra, et ce calcul donne quelque
« chose comme 6000 stades : d'où un total de 16 000 sta-
« des pour la plus petite longueur de l'Inde. »

Tel est le nombre qu'Ératosthène nous dit avoir tiré
du *Livre des Stathmes* réputé le plus exact; mais, ac-
cepté par Mégasthène, ce nombre est réduit de 1000 stades

---

1. μυρίων au lieu de διϛμυρίων, correction nécessaire, déjà indiquée par Casaubon.

par Patrocle. A ces 16 000 stades ajoutons maintenant la longueur de la pointe qui, dépassant le reste de la côte, forme une saillie si marquée dans sa direction de l'est, ces 3000 stades de surplus compléteront la longueur maximum, représentée alors par la ligne même du littoral depuis l'embouchure de l'Indus jusqu'au seuil de la susdite pointe et cette pointe elle-même jusqu'à son extrémité orientale qu'habite la nation des Coniaci[1].

12. Il est aisé maintenant, après ce que nous venons de dire, de se rendre compte de l'exagération des autres évaluations, de l'évaluation de Ctésias, par exemple, déclarant que l'Inde à elle seule égale en étendue tout le reste de l'Asie; de l'évaluation d'Onésicrite faisant de l'Inde le tiers de la terre habitée ou de celle de Néarque calculant que l'étendue de l'Inde équivaut à quatre mois de marche toujours en plaine; voire des évaluations plus modérées de Mégasthène et de Déimaque, comptant plus de 20 000 stades de distance, et même en certains endroits (l'allégation est de Déimaque) plus de 30 000 stades de la mer Australe au Caucase. Tous tant qu'il sont, ces auteurs ont été réfutés par nous dans les *Prolégomènes* de notre *Géographie*[2]; présentement qu'il nous suffise de dire que de semblables exagérations donnent encore plus raison à ceux qui, écrivant sur l'Inde, réclament l'indulgence du lecteur pour tout ce qu'ils seront obligés d'avancer sans y croire.

13. L'Inde est sillonnée de cours d'eau en tout sens. De ces cours d'eau une partie va grossir l'Indus et le Gange qui sont les deux plus grands fleuves du pays; le reste débouche directement dans la mer. Tous descendent du Caucase et commencent par couler au midi; mais, tandis que les uns (et ce sont généralement des affluents de l'Indus) conservent jusqu'au bout cette première direction, les autres tournent brusquement à l'est Le Gange est dans ce cas. A sa descente des montagnes,

---

1. « Κωλιαχοὶ legi vult Salmasius ad Solin., p. 783; probabiliter, » dit Müller (*Index var. lect.*, p. 1032, col. 2). — 2. Liv. I, c. II, § 3.

à peine ce fleuve a-t-il touché la plaine qu'il se détourne
vers l'est pour aller baigner les murs de Palibothra, l'une
des plus grandes villes de l'Inde, et pour gagner la mer
Orientale dans laquelle il se jette, mais par une embouchure unique[1], bien qu'étant le fleuve le plus considérable de toute la contrée. L'Indus [qui est moins grand]
tombe dans la mer Méridionale par deux bouches,
lesquelles enserrent le district de la Pattalène assez
semblable par sa nature .au delta d'Égypte. Au dire
d'Ératosthène, c'est l'évaporation des eaux de ces grands
fleuves, jointe à l'action des vents étésiens, qui produit
dans la saison chaude les pluies qui inondent l'Inde et
convertissent ses plaines en lacs. On profite de ces pluies
pour semer, non seulement le lin et le millet, mais aussi
le sésame, le riz et le *bosmorum*[2]. En revanche, c'est
pendant l'hiver que l'on sème le blé, l'orge et les légumes, sans parler de beaucoup d'autres végétaux alimen-
taires inconnus dans nos climats. Les animaux qu'on
rencontre dans l'Inde sont à peu de chose près les mêmes
qui naissent en Éthiopie et en Égypte ; les espèces flu-
viales aussi sont les mêmes, et, si l'on excepte l'hippopotame, les fleuves de l'Inde nourrissent toutes les autres. Encore Onésicrite prétend-il qu'on trouve l'hippopotame dans l'Inde. Quant à notre espèce, elle y est
représentée par deux types : le type des hommes du
Midi qui ressemblent aux Éthiopiens par la couleur de leur
peau et au reste des humains par leur physionomie et
la nature de leurs cheveux (la température de l'Inde étant
trop humide pour que les cheveux y deviennent crépus,
comme ils le sont en Éthiopie), et le type des hommes
du Nord qui rappelle plutôt le type égyptien.

14. Sous le nom de Taprobane, maintenant, on désigne une île de la haute mer, située à sept journées de
navigation au sud du point le plus méridional de l'Inde
(lequel dépend du territoire des Coniaci) et s'étendant en

---

1. Voy. Vogel, *op. cit.*, p. 8 (en note). 2. — Voy. Meyer, *Botan. Erläuter.*
zu Strabons Geogr., p. 62-64.

longueur l'espace de 5000 stades [1] environ dans la direction de l'Éthiopie. On assure que, comme l'Inde, elle nourrit des éléphants.—Telles sont les notions positives qu'Ératosthène nous fournit sur l'Inde. Mais ces notions peuvent être complétées; nous pouvons emprunter à d'autres écrivains quelques détails nouveaux qui, par exception, ont l'apparence de l'exactitude, et nous aurons rendu ainsi le tableau plus ressemblant [2].

15. Voici, par exemple, ce qu'Onésicrite nous apprend au sujet de Taprobane. Il donne à cette île une étendue de 5000 stades, sans spécifier, il est vrai, s'il entend parler de la longueur ou de la largeur, et la place à vingt journées de navigation du continent, mais avec cette réserve que les bâtiments sur lesquels se fait la traversée marchent mal, vu leur détestable voilure, leur double proue et le peu de courbure de leurs flancs [3]. Il ajoute qu'on rencontre d'autres îles dans le trajet, mais que, de toutes ces îles, Taprobane est la plus avancée au midi; qu'enfin il y a dans ses eaux un grand nombre de cétacés amphibies qui ressemblent ou à des bœufs, ou à des chevaux, voire à d'autres animaux terrestres.

16. Néarque, à son tour, parlant des alluvions ou atterrissements des fleuves [de l'Inde] et cherchant des exemples de faits analogues, rappelle l'usage de nos pays de dire : *Plaine de l'Hermus, Plaine du Caystre, Plaine du Méandre, Plaine du Caïcus* : « ces plaines, dit-il, doivent leur accroissement, ou, pour mieux dire, leur formation au limon qui s'y dépose, limon qui s'est détaché des montagnes après en avoir constitué la partie fertile et molle; et, comme ce sont les fleuves qui charrient et transportent ce limon, il est naturel de voir dans les plaines autant de créations des

---

1. Groskurd a fait remarquer le premier qu'il fallait lire ici πεντακισχιλίων au lieu d'ὀκτακισχιλίων. Meineke, partageant l'avis de Bernhardy, ad *Eratosth.*, p. 97, veut qu'on ajoute après le mot Αἰθιοπίαν les trois mots suivants [πλάτος δὲ πεντακισχιλίων]. — 2. ἰδοποιήσουσι au lieu de ᾿διοποιήσουσι, correction de Coray, adoptée par Meineke. — 3. Sur ce passage difficile, voy. Müller, *Index var. lect.*, p. 1032-1063.

fleuves eux-mêmes et parfaitement légitime aussi de
dire : *Plaine de tel fleuve, Plaine de tel autre.* Le mot
d'Hérodote sur le Nil et sur la contrée qu'il arrose, ce
mot fameux, que « l'Égypte est un présent du Nil[1] »,
n'exprime pas autre chose. Et Néarque, à cause de cela,
trouve fort bon qu'à l'origine le même nom d'*Ægyptus*
ait désigné à la fois le fleuve et la contrée.

17. Écoutons maintenant Aristobule. Suivant cet auteur, il ne pleut et ne neige dans l'Inde que sur le sommet et sur les pentes des montagnes, et les plaines,
exemptes aussi bien de pluies que de neiges, ne sont
arrosées que du fait des crues et des débordements des
fleuves. La neige tombe sur les montagnes pendant l'hiver, mais, avec le commencement du printemps, commencent aussi les pluies ; or les pluies, au fur et à
mesure qu'elles tombent, redoublent de violence ; elles
ne discontinuent même plus quand viennent à régner
les vents étésiens, et, jusqu'au lever de l'Arcturus, il
pleut à verse, à torrents, et le jour et la nuit. A leur
tour les fleuves, grossis par la fonte des neiges et par
ces pluies torrentielles, débordent et inondent les plaines.
Aristobule ajoute que ces faits ont été observés et par
lui et par tous ceux qui, comme lui, servaient dans le
corps expéditionnaire parti du pays des Paropamisades
pour l'Inde après le coucher des Pléiades : on passa
l'hiver dans la montagne au milieu des Hypasii[2] et sur
les terres d'Assacân[3] ; puis, au commencement du printemps, on se mit à descendre pour gagner les plaines
et l'immense ville de Taxila, et de là l'Hydaspe et le
royaume de Porus. Pendant tout l'hiver on n'avait pas
vu tomber une goutte de pluie, de la neige seulement ;
mais à peine l'armée atteignait Taxila, que la pluie commença ; et alors, tout le temps qu'on mit à descendre
jusqu'à l'Hydaspe, à s'avancer ensuite vers l'est jusqu'à

---

1. II, 5. — 2. Sur les différentes corrections proposées pour ce nom, voy. Müller,
Ind. var. lect., p. 1033, col 1. -- 3. Ἀσσακανοῦ au lieu de Μουσικανοῦ, correction
de Coray.

l'Hypanis après la défaite de Porus, puis à revenir en arrière et à regagner l'Hydaspe, il plut continuellement ; la pluie redoubla même avec les vents étésiens, pour ne cesser qu'au lever de l'Arcture. Enfin, après avoir séjourné sur les bords de l'Hydaspe le temps nécessaire à la construction de la flotte, on s'embarqua et le voyage de retour commença. « Peu de jours, dit Aristobule, « nous séparaient du coucher des Pléiades ; nous em- « ployâmes tout l'automne, l'hiver, le printemps suivant « et l'été à descendre jusqu'à la Pattalène, que nous at- « teignîmes vers l'époque du lever de la Canicule. Or, « pendant ce long trajet de dix mois, nous ne vîmes tom- « ber de pluie nulle part, même au plus fort des vents « étésiens ; nous assistâmes seulement à la crue des « fleuves et à l'inondation des plaines. Nous trouvâmes « aussi la mer rendue impraticable par la persistance des « vents contraires auxquels ne répondait et ne succédait « aucun souffle du côté de la terre. »

18. Ce dernier détail est confirmé aussi par Néarque, qui, en revanche, ne s'accorde pas avec Aristobule au sujet des pluies d'été. Suivant lui, les plaines reçoivent la pluie en été, et c'est seulement en hiver qu'elles sont exemptes de pluie. Quant aux crues des fleuves, elles sont attestées par l'un et par l'autre. Néarque raconte comment l'armée campée près de l'Acésine fut forcée, pendant la crue du fleuve, de chercher un autre lieu de campement dans une position plus élevée : c'était à l'époque du solstice d'été. Aristobule, lui, nous donne la mesure exacte de la crue : 40 coudées, sur lesquelles 20 coudées en plus de la profondeur d'eau préexistante remplissent le lit du fleuve jusqu'au bord, tandis que 20 autres coudées débordent et se répandent sur les plaines. Néarque et Aristobule s'accordent également pour nous dire que, comme en Égypte et en Éthiopie, les villes pendant l'inondation ressemblent à des îles, grâce aux levées sur lesquelles elles sont bâties ; qu'après le lever de l'Arcture les eaux commencent à se retirer

et que l'inondation cesse ; qu'enfin, sans attendre que le
sol soit tout à fait séché, on l'ensemence après quelques
légers sillons, ouverts avec un instrument tranchänt
quelconque, ce qui n'empêche pas que le grain qu'on
récolte n'arrive à parfaite maturité et n'ait la plus belle
apparence. Voici, maintenant, ce qu'Aristobule nous
apprend au sujet du riz : « Le riz vient dans des eaux
« closes où il est semé sur couches; il atteint une hau-
« teur de 4 coudées, pousse plusieurs épis et donne
« beaucoup de graines. On le récolte vers l'époque du
« coucher des Pléiades, et on le pile comme l'épeautre.
« Il croît également dans la Bactriane, dans la Babylo-
« nie, dans la Suside (nous dirons, nous : dans la basse
Syrie aussi) ». Suivant Mégillus, le riz se sème avant les
pluies[1] et [n'a] besoin [ni] d'irrigation [ni] de culture
particulière, étant sans cesse abreuvé par les eaux closes
dans lesquelles on le sème. Quant au *bosmorum*, il nous
est dépeint par Onésicrite comme une espèce de grain
plus petite que le froment et qui vient de préférence
dans les terrains *mésopotamiens*[2]. Onésicrite ajoute
qu'après avoir été battu il est à l'instant même torréfié,
tout le monde s'étant engagé par serment, au préalable, à
ne pas sortir de l'aire un seul grain qui n'ait passé au
feu, parce qu'on veut éviter qu'on n'emporte hors du
pays de la semence en nature.

19. Après avoir noté les points de ressemblance de
l'Inde avec l'Égypte et l'Éthiopie, et fait ressortir aussi
par contre les différences, celle-ci notamment que, tandis
que la crue du Nil est causée par les pluies du Midi,
celle des fleuves de l'Inde est due aux pluies du Nord,
Aristobule se pose cette question : pourquoi dans tout
l'espace intermédiaire ne pleut-il jamais? Il est constant
en effet qu'il ne pleut ni dans la Thébaïde jusqu'à Syène
et jusqu'aux environs de Méroé, ni dans l'Inde de la
Pattalène à l'Hydaspe. Il constate ensuite qu'au-dessus

---

1 [μὴ] δεῖσθαι, addition nécessaire faite par Coray. — 2. Voy. Meyer, *Botan.
Erläuter. zu Strabons Geogr.*, p. 62-64.

de cette zone intermédiaire, c'est-à-dire dans la région des pluies et des neiges, le sol est cultivé de la même façon absolument que dans les autres pays hors de l'Inde, et il l'attribue précisément à ce que le sol y reçoit l'action bienfaisante des neiges et des pluies. Malheureusement il y a lieu de croire, d'après ce que dit là Aristobule, que cette région des pluies et des neiges est en même temps très-sujette aux tremblements de terre, le sol détrempé à l'excès n'y ayant plus assez de consistance, et que ces tremblements de terre amènent à leur suite des dislocations capables de changer le lit des fleuves. Aristobule nous dit avoir vu, dans une de ses missions, toute une province contenant plus de mille villes (sans compter les bourgs et autres dépendances) abandonnée de ses habitants et réduite à l'état de désert, par suite d'un changement survenu dans le cours de l'Indus, qui, trouvant à sa gauche un terrain beaucoup plus bas, beaucoup plus encaissé, s'était détourné de ce côté et comme précipité dans ce nouveau lit : à partir de ce moment, en effet, tout le pays à droite dont le fleuve s'était éloigné avait cessé de participer au bienfait de ses débordements annuels, se trouvant désormais plus élevé non seulement que le nouveau lit du fleuve, mais que le niveau le plus haut de ses inondations.

20. L'exactitude des observations d'Aristobule au sujet des crues des fleuves et de l'absence des vents de terre se trouve vérifiée encore par cet autre passage d'Onésicrite : « Tout le littoral de l'Inde, surtout aux « embouchures des fleuves, est semé de bas-fonds à « cause du progrès des atterrissements, de l'effet des « marées et de la prédominance des vents de mer. » De même, quand Mégasthène, pour prouver l'extrême fertilité de l'Inde, nous dit que la terre y produit deux fois l'an et y donne deux récoltes, son témoignage concorde avec celui d'Ératosthène ; car Eratosthène nous parle de semailles d'hiver et de semailles d'été correspondant juste aux deux saisons pluvieuses. « Et, comme il n'y a pas

« d'exemple, ajoute-t-il, qu'en aucune année l'hiver et
« l'été se soient passés sans pluies, le sol ne demeure
« jamais improductif et l'on peut toujours compter sur
« d'abondantes récoltes. » Eratosthène ajoute que le
pays est riche aussi en arbres fruitiers et en plantes à
racines, telles que certains roseaux de haute taille dont
la saveur naturellement très-douce est adoucie encore par
une espèce de *coction* naturelle, résultant pour elles de
ce que l'eau qui les arrose (tant l'eau du ciel que l'eau
des fleuves) a chauffé pour ainsi dire aux rayons du soleil. Ératosthène semble vouloir dire par là que ce que
l'on appelle ailleurs *maturité* devient dans l'Inde une
véritable coction des fruits et de leurs sucs, aussi favorable
au développement de l'arome que peut l'être l'action du
feu pour tous les autres aliments. La même cause, suivant lui, explique l'extrême flexibilité des branches d'arbre, flexibilité qui permet d'en faire des roues. De là
vient aussi qu'il pousse de la laine sur certains arbres.
Il s'agit de la laine qui, au dire de Néarque, sert à
faire dans le pays ces toiles à trame si fine, si serrée,
mais que les Macédoniens employaient pour bourrer leurs
matelas et leurs selles à bâts. Les toiles connues sous
le nom de *sériques* sont faites de même, avec le byssus
que l'on carde après l'avoir tiré de l'écorce de certains
arbustes. Parlant aussi d'une espèce particulière de roseaux, Néarque dit que dans l'Inde on n'a pas besoin
d'abeilles pour faire du miel, car avec le fruit de cet
arbuste on prépare le miel directement. Il ajoute que le
même fruit, mangé cru, enivre [1].

21. Il est de fait que l'Inde produit des arbres vraiment
extraordinaires, un, entre autres, qui a les branches
tombantes et les feuilles de la largeur d'un bouclier.
Onésicrite, qui s'est attaché plus particulièrement à
bien décrire le royaume de Musicân, lequel forme,
suivant lui, la partie la plus méridionale de l'Inde, y

1. Sur tout ce paragraphe, voyez Meyer, *Botan. Erläuter. zu Strabons Geogr.*
p. 65-71.

signale la présence de grands arbres, remarquables en
ce que leurs branches, après avoir atteint une longueur
de 12 coudées pour le moins, ne poursuivent plus
leur croissance qu'en en-bas, si l'on peut dire, se cour-
bant de plus en plus jusqu'à ce qu'elles aient touché le sol,
où elles pénètrent même et prennent racine à la façon des
provins de vigne pour repousser bientôt comme autant de
tiges nouvelles ; les rameaux de ces nouvelles tiges,
parvenus au degré de croissance convenable, se recour-
bent à leur tour, et ainsi se forme un autre provin, puis
un autre encore et toujours de même, jusqu'à ce que d'un
seul arbre sorte pour ainsi dire un long parasol naturel
semblable à ces tentes que soutiennent une infinité de
piquets. Le même auteur fait remarquer la grosseur de
certains arbres dont cinq hommes ont peine à embrasser
le tronc. Aristobule dit aussi avoir vu sur les bords de
l'Acésine et au confluent de ce fleuve avec l'Hyarotis de
ces arbres aux branches retombantes et tellement grands
qu'un seul suffisait à abriter du soleil de midi jusqu'à
cinquante hommes à cheval (Onésicrite, lui, dit 400).
Aristobule cite encore une autre espèce d'arbre (ou
d'arbuste, pour mieux dire[1]) qui porte des gousses assez
semblables à celles de la fève, longues de 10 doigts et
toutes pleines de miel, ajoutant qu'on risque sa vie, si
l'on goûte seulement à ce miel. Mais tous ces détails
sur la grosseur de certains arbres sont dépassés par ce
que quelques auteurs racontent d'un arbre qu'ils auraient
vu de l'autre côté de l'Hyarotis et dont l'ombre à midi
mesurait 5 stades. Au sujet des arbres à laine, nous lisons encore dans Onésicrite que leur fleur a une partie
dure en forme de noyau, qu'on n'a qu'à enlever pour
pouvoir carder le reste aussi aisément que la laine d'une
toison.

22. Le territoire de Musicân offre aussi cette particularité, au dire d'Onésicrite, qu'il y vient sans culture

1. Voyez dans Kramer toutes les variantes de ce passage.

une espèce de grain ayant beaucoup de ressemblance avec
le froment, et que la vigne y réussit assez pour donner
d'importantes récoltes en vin, contrairement à ce qu'a-
vancent les autres auteurs, que l'Inde n'est pas un pays
vinicole, et que, [faute d'avoir des vendanges à faire,]
elle ignore, comme Anacharsis le disait [de la Scythie,]
l'usage de la flûte et des autres instruments de musique,
si ce n'est peut-être des cymbales, des tympanons, et aussi
des sistres, puisqu'on en voit aux mains de ses jongleurs.
Le sol de l'Inde produit en outre beaucoup de poisons,
beaucoup de racines salutaires ou nuisibles, ainsi qu'une
grande variété de plantes tinctoriales. Mais ce détail,
Onésicrite n'est plus seul à nous le donner, d'autres
historiens en confirment l'exactitude; seulement Onésicrite ajoute qu'il existe une loi, en vertu de laquelle tout
homme qui trouve un poison nouveau est condamné à
mort, s'il ne trouve en même temps le remède, et reçoit
au contraire une récompense des mains du roi au cas
qu'il ait découvert l'antidote du nouveau poison. Suivant
le même auteur, la partie méridionale de l'Inde produit
le cinnamome, le nard et les autres parfums, tout comme
l'Arabie et l'Éthiopie, contrées avec lesquelles elle offre
une certaine analogie sous le rapport de l'exposition, en
même temps qu'elle diffère de l'une et de l'autre par la
quantité d'eau bien autrement considérable qui l'arrose
et qui y rend l'air plus humide et par cela même plus
nourrissant, plus fécondant. Ces qualités de l'air, que
partagent aussi la terre et l'eau, expliquent, suivant
Onésicrite, pourquoi les animaux en général (tant les
animaux terrestres que ceux qui vivent dans l'eau) sont
plus grands dans l'Inde qu'ils ne sont ailleurs. Onésicrite fait remarquer, du reste, que les eaux du Nil sont
aussi par leur nature plus fécondantes que les eaux des
autres fleuves, et que les animaux qu'elles nourrissent
(non pas seulement les amphibies, mais les autres aussi)
sont tous de très-grande taille; qu'il n'est pas rare non
plus de voir des femmes en Égypte accoucher de quatre

enfants à la fois. Aristote cite même le cas d'une femme [égyptienne] qui serait accouchée en une fois de sept enfants[1], et, à ce propos, il exalte, lui aussi, les vertus fécondantes et nutritives des eaux du Nil, les attribuant à l'espèce de coction modérée que les feux du soleil exercent sur elles, et qui, en leur laissant leurs principes nourriciers, les dépouille par l'évaporation de tout principe inutile.

23. Il y a apparence que la propriété prêtée par Onésicrite à l'eau du Nil, d'avoir besoin pour bouillir d'un feu moitié moins fort que l'eau des autres fleuves, tient aussi à la même cause. Mais Onésicrite se rend bien compte que, comme les eaux du Nil traversent en droite ligne une étendue de pays beaucoup plus considérable et généralement fort étroite, passant ainsi par beaucoup de latitudes et de températures différentes, tandis que les eaux des fleuves de l'Inde se déploient librement dans des plaines plus spacieuses et plus larges et demeurent par conséquent longtemps sous les mêmes *climats*, les eaux des fleuves de l'Inde aient une vertu relativement plus nutritive que les eaux du Nil, et que les *cétacés* ou animaux qui y vivent soient à proportion plus grands et plus nombreux; sans compter que la pluie elle-même qui tombe dans les plaines de l'Inde n'atteint le sol qu'à l'état d'eau chaude, d'eau presque bouillante.

24. Aristobule, lui, n'accorderait point cette dernière circonstance, puisqu'il nie qu'il pleuve jamais dans les plaines de l'Inde. Mais, pour Onésicrite, c'est l'eau, et l'eau des pluies notamment, qui paraît être la cause des caractères particuliers qui distinguent les animaux de cette contrée, et la preuve qu'il en donne, c'est que le bétail étranger qui en boit ne tarde pas à perdre sa couleur propre pour prendre celle du bétail indigène.

---

1. *Hist. Anim.*, VII, 5. Mais Aristote dit cinq. Aulu-Gelle, qui cite le même passage (liv. X, c. 11), dit cinq également. Est-ce une raison pour corriger dans le texte de notre auteur, comme l'a fait Coray, après avoir lu la longue et savante note de Casaubon, ἑπτάδυμα en πεντάδυμα? Nous ne l'avons pas cru. Strabon encore une fois aura cité de mémoire et se sera trompé. Cf. Vogel, *op. cit.*, p. 12.

Certes l'argument en soi est valable, mais ce qui ne
l'est plus, c'est de prétendre attribuer aussi aux eaux,
rien qu'aux eaux, la couleur noire des Éthiopiens et la
nature crépue de leurs cheveux, et de faire un reproche à
Théodecte de ce qu'il a, dans les vers suivants, transporté
au soleil lui-même la vertu que lui, Onésicrite, réserve
aux eaux :

« Le char du soleil, en passant si près d'eux » (Théodecte
parle des Ethiopiens), « répand sur leur peau le sombre éclat
« de la suie, et, par l'ardeur torride de ses feux, il arrête leur
« chevelure dans sa croissance et la fait se replier, s'enrouler
« sur elle-même [1]. »

Non que la critique d'Onésicrite n'offre ici encore quelque chose de spécieux : il fait remarquer, par exemple,
qu'il n'est pas vrai que le soleil passe plus près des Éthiopiens que des autres peuples de la terre, que tout ce
qu'on peut dire, c'est qu'il tombe sur eux plus d'aplomb
que sur les autres et les brûle par conséquent davantage,
que le poète a donc eu tort d'appliquer au soleil cette épithète d'ἀγχιτέρμων, puisque le soleil est également distant
de tous les points de la terre. L'excès de la chaleur ne
saurait être non plus, suivant lui, la cause du phénomène
en question, car l'effet en est inapplicable aux enfants qui
sont encore dans le ventre de leurs mères, et à l'abri par
conséquent des rayons du soleil. Nous donnons néanmoins raison contre lui[2] à ceux qui reconnaissent pour
cause unique du phénomène le soleil et l'intensité de
ses feux, laquelle enlève toute humidité à la surface de la
peau. Nous dirons même que, si les Indiens n'ont point
les cheveux crépus, si la couleur de leur peau n'est pas
d'un noir aussi foncé[3], c'est précisément parce qu'ils res-

---

1. Voy. dans l'*Index var. lect.* de Müller tous les essais de restitution de ce
passage difficile. Cf. Meineke, *Vindic. Strabon.*, p. 230-231. Nous avons lu le
dernier vers comme Müller, d'après Kramer, κάρφαις ἀναυξήτοισι συντήξας πυρί. —
2. ΒέλτιΟΝ δ'οἱ τον ἥλιον αἰτιώμενοι, au lieu de ΒελτίΟΥC, correction de Cobet (voy.
Miscell. crit., p. 195-196). — 3. οὕτως ἀπεριτισμένως au lieu de οὕτω πεπιισμένως,
correction de Meineke, très-savamment justifiée, p. 231 des *Vind. Strabon.* La
correction πιπιτμίωι;, proposée par Madvig (*Advers. crit. ad script. gr.*, p. 561),
mérite aussi considération en ce qu'elle se rapproche beaucoup d'une des deux leçons
des mss πικυσμίνω;.

pirent un air encore imprégné de quelque humidité. Que
si les enfants, maintenant, déjà dans le ventre de leurs
mères, sont semblables à leurs parents, la cause en est
toute à la vertu transmissive du *sperme :* les cas de maladies héréditaires et toutes les autres ressemblances de
famille n'ont point d'autre explication. Quant à dire, enfin, que le soleil est à égale distance de tous les points de
la terre, c'est là une de ces propositions qui paraissent
vraies à ne consulter que les sens, mais qui n'ont rien
de rigoureux aux yeux de la raison. Il semble même
qu'au point de vue de nos sens elle n'offre qu'une apparence trompeuse et n'ait pas plus de valeur en somme que
cette autre proposition que « la terre n'est qu'un point
par rapport à la sphère solaire ». Consultons en effet
celui de nos sens à qui nous devons la sensation de la
chaleur, il est notoire que la chaleur ressentie est plus
ou moins forte, suivant que l'on est plus ou moins près
du corps qui la donne, mais que dans les deux cas la
chaleur ne saurait être égale ; or Théodecte n'a pas entendu dire autre chose en disant que le soleil était ἀγχιτέρμων, par rapport aux Éthiopiens, et Onésicrite s'est
trompé en interprétant ce mot autrement.

25. Ce dont tous les auteurs conviennent, en revanche,
et ce qui confirme bien la ressemblance de l'Inde avec l'É-
gypte et l'Éthiopie, c'est que toute la partie des plaines
que n'atteignent point les débordements des fleuves y
est frappée d'une stérilité absolue par suite du manque
d'eau. Néarque, enfin, croit avoir trouvé, grâce aux fleuves
de l'Inde, la solution si longtemps cherchée du problème
de la véritable cause des crues du Nil, et, par analogie,
c'est aux pluies de l'été qu'il les attribue. Il raconte même
à ce propos comment Alexandre, pour avoir vu des crocodiles dans l'Hydaspe et des fèves d'Égypte dans l'Acésine[1],
s'était imaginé avoir découvert les sources ou origines du
Nil : déjà il avait commandé à sa flotte de se tenir prête

---

1. Voy. Meyr, *Botan. Erläuter. zu Strabons Geogr.*, p. 72 et 152.

à appareiller pour l'Égypte, persuadé qu'il n'avait qu'à
descendre le fleuve qu'il avait devant lui pour gagner le
Nil, mais il ne tarda pas à comprendre que ce qu'il espé-
rait était impossible,

« Car il y a dans l'intervalle de grands fleuves et d'irrésis-
« tibles courants, l'Océan d'abord [1], »

dans lequel se jettent tous les fleuves de l'Inde ; il y a
ensuite toute l'Ariané, il y a le golfe Persique et le golfe
Arabique, l'Arabie elle-même et la Troglodytique.

Voilà en résumé ce qu'on sait touchant les vents et les
pluies de l'Inde, la crue de ses fleuves et l'inondation
périodique de ses plaines.

26. Mais il nous faut consigner encore ici tous les
détails proprement géographiques que nous fournissent
les différents historiens relativement aux fleuves de l'Inde.
Car, si les fleuves, généralement parlant et en tant que
limites naturelles propres à déterminer l'étendue et la
configuration d'une contrée, sont d'un grand secours
pour le géographe qui a entrepris, comme nous, la description de toute la terre habitée, le Nil et les fleuves de
l'Inde ont un avantage marqué sur tous les autres, c'est
que sans eux les pays qu'ils traversent, et dont nous admi-
rons à la fois les belles voies navigables et les riches cultures, seraient complètement inhabitables, eux seuls en
assurant les communications et les autres conditions
d'existence. Sur les principaux cours d'eau qui descendent des montagnes pour aller se jeter dans l'Indus et
sur les pays qu'ils traversent, nous trouvons dans les historiens des renseignements certains, positifs ; mais, relativement aux autres, ils nous laissent plus ignorants qu'instruits. Tout ce haut bassin de l'Indus en effet a été plus
particulièrement exploré par Alexandre et comme découvert par lui dans sa première expédition, quand, à la
nouvelle du meurtre de Darius et des tentatives de ses

1. *Odyssée*, II, 157.

meurtriers pour soulever la Bactriane, il jugea que le plus
pressé était de poursuivre ceux-ci et de les exterminer.
Il ne fit donc qu'approcher de l'Inde en traversant l'A-
riané, puis, la laissant sur la droite, il franchit le Paropamisus et pénétra dans les provinces septentrionales
et dans la Bactriane, et conquit de ce côté tout ce qui
avait appartenu aux Perses, voire quelque chose de plus.
L'idée lui vint alors dans son insatiable ambition de
soumettre aussi l'Inde, contrée dont beaucoup d'auteurs
avaient déjà parlé sans la faire bien connaître. Il revint
aussitôt sur ses pas, franchit les mêmes montagnes, par
une route plus courte et en ayant cette fois l'Inde à sa
gauche : puis, se détournant brusquement, il marcha droit
sur l'Inde, de manière à l'aborder par sa frontière occidentale et par le canton qu'arrose, non seulement le
fleuve Cophès, mais aussi le Choaspe qui se jette dans le
Cophès près de la ville de Plémyrium, après avoir baigné
les murs d'une autre ville nommée Gorys[1] et traversé la
Bandobène et la Gandaritide. Alexandre avait été informé
que l'Inde était habitable et fertile surtout dans sa région
montagneuse, dans sa partie septentrionale ; que l'Inde
méridionale au contraire, sèche et aride dans une de ses
parties, exposée dans une autre aux débordements périodiques des fleuves, et partout également brûlée par le
soleil, était plus propre à servir de repaire aux bêtes féroces que d'habitation à l'homme : naturellement il voulut
commencer sa conquête par la région qu'on lui avait
peinte sous les couleurs les plus favorables. Il avait bien
pensé aussi que les cours d'eau qu'il lui faudrait nécessairement franchir, puisqu'ils coupent obliquement la
contrée qu'il allait parcourir, seraient plus faciles à passer près de leurs sources. Ajoutons qu'il avait été averti
que plusieurs de ces cours d'eau se réunissent, que ces

1. Au lieu de Γώρυδι, qui est la leçon commune à tous les manuscrits moins un,
Müller propose de lire ΓῶρυN, ἄλλην πόλιν. Une autre correction consiste à lire, au lieu
de Γώρυδι ἄλλην, Γωρυδάλλην en un seul mot (la ville de Gorydallé). Cf. Madvigii,
Advers. crit. ad script. gr., vol. I, p. 561.

sortes de confluents se multiplieraient devant lui à mesure
qu'il avancerait, ce qui gênerait de plus en plus sa marche[1] dans l'extrême pénurie d'embarcations où était son
armée. La perspective de toutes ces difficultés est ce qui
le décida à passer le Cophès et à conquérir en premier le
pays de montagnes situé à l'est de ce fleuve.

27. Il devait rencontrer, après le Cophès, l'Indus, puis
successivement l'Hydaspe, l'Acésine, l'Hyarotis, et en dernier lieu l'Hypanis. Car il fut empêché d'aller plus loin
tant par sa crainte personnelle de désobéir à certains
oracles que par la mauvaise volonté de son armée que
l'excès de la fatigue avait démoralisée : elle avait eu à
souffrir surtout du fait des pluies, continuelles en cette
saison. On comprend maintenant que nous ne connais-
sions de la partie orientale de l'Inde que ce qui est en
deçà de l'Hypanis et ce que certains voyageurs, postérieurement à Alexandre, ont visité et décrit de la région
ultérieure jusqu'au Gange et jusqu'à Palibothra. — Ainsi,
nous l'avons dit, tout de suite après le Cophès vient l'Indus. L'intervalle des deux fleuves est occupé par les As-
tacêni, les Masiani, les Nysæi et les Hypasii, auxquels
succèdent le royaume d'Assacân et la ville de Masoga[2]
sa capitale ; et plus loin, sur les bords mêmes de l'Indus, une autre ville, chef-lieu de la Peucolaïtide, dans
le voisinage de laquelle fut jeté le pont qui servit à faire
passer l'armée.

28. Entre l'Indus et l'Hydaspe est la ville de Taxila,
cité aussi spacieuse que bien administrée, autour de laquelle s'étend une contrée populeuse d'une extrême
richesse qui déjà touche aux plaines. C'est avec le plus
grand empressement que les Taxiliens et leur roi Taxilès
accueillirent Alexandre, mais, comme ils reçurent de lui
plus encore qu'ils ne lui avaient donné, les Macédoniens
jaloux en prirent occasion de dire que leur roi, apparem-

---

1. Au lieu de ὥστε εἶναι δυσπερατοτέραν, Madvig veut qu'on lise δυσπερατότιζα
au pluriel neutre. Voy. *ibid.*, p. 561. — 2. Sur ce nom, voy. l'*Index var. lect.*
de Muller, p. 1033, au haut de la col. 2.

ment, avant d'avoir passé l'Indus, n'avait trouvé personne qui fût digne de ses bienfaits. Quelques auteurs font ce royaume plus grand que l'Égypte. Au-dessus, en pleine montagne, est le royaume dit d'*Abisar* en souvenir du prince de ce nom, le même qui, au dire de ses ambassadeurs, nourrissait deux énormes serpents, mesurant de longueur l'un 80 coudées, l'autre 140. Mais c'est Onésicrite qui rapporte le fait, et l'on peut dire que *l'archi-kybernète* de la flotte d'Alexandre était avant tout un *archi-menteur*, et que, si les amis et compagnons du conquérant, en général, ont dans leurs récits accueilli plus volontiers ce qui était de nature à étonner que ce qui était exact et vrai, Onésicrite par son goût du merveilleux semble les surpasser tous. Il lui arrive pourtant, quelquefois, disons-le, de relater des faits intéressants et qui ont un air de vraisemblance, et qu'à cause de cela celui-là même qui n'aurait pas en lui l'ombre de confiance ne saurait passer sous silence. Il n'est pas seul du reste à avoir parlé des serpents d'Abisar, et d'autres historiens nous apprennent que c'est dans les monts Émodes qu'on prend ces serpents monstrueux et qu'une fois pris on les nourrit dans des cavernes.

29. Un autre royaume dit *de Porus*, grand et riche pays pouvant contenir jusqu'à trois cents villes, s'étend entre l'Hydaspe et l'Acésine. Il en est de même de cette forêt voisine des monts Émodes dans laquelle Alexandre fit couper, pour les diriger ensuite sur l'Hydaspe, les sapins, pins, cèdres et autres bois nécessaires à la construction de sa flotte[1]. C'est en effet sur les bords de l'Hydaspe qu'il procéda à ce grand travail : il était là à portée de deux villes fondées par lui à droite et à gauche du fleuve, juste à la hauteur de l'endroit où il l'avait passé pour aller battre Porus. De ces deux villes il avait appelé l'une *Bucéphalie*, en l'honneur du cheval tué

---

1. Voy. Meyer, *Botan. Erläuter. zu Strabons Geogr.*, p. 72.

sous lui dans la bataille contre Porus. Bucéphale (on lui avait donné ce nom à cause de son large front) était un vrai cheval de guerre, et Alexandre dans toutes les batailles qu'il avait livrées n'en avait jamais monté d'autre. Quant à la deuxième ville, il l'avait appelée *Nicæa* pour rappeler sa victoire sur Porus. Cette même forêt passe pour être habitée par des *cercopithèques* ou singes à queue, et les détails que donnent les historiens tant sur le nombre que sur la taille de ees animaux sont également extraordinaires. Ils racontent, par exemple, qu'un jour un détachement macédonien aperçut au haut de collines pelées et nues toute une armée de ces singes qui le regardaient venir rangés en bon ordre (on sait que le singe est avec l'éléphant l'animal qui se rapproche le plus de l'homme pour l'intelligence), les Macédoniens y furent trompés et les prirent pour des ennemis, au point qu'ils allaient les charger, quand le roi Taxilès qui accompagnait alors Alexandre les avertit de leur erreur et les arrêta. La chasse au singe se fait de deux manières : comme cet animal est de sa nature très-imitateur, et que, d'autre part, il est très-prompt à s'enfuir au haut des arbres, les chasseurs ont pour habitude, quand ils le voient tranquillement assis sur les branches d'un arbre, d'apporter en vue de cet arbre un seau rempli d'eau, dans lequel ils font mine de puiser pour se baigner ensuite et s'humecter les yeux, après quoi, ils remplacent le seau d'eau par un pot de même forme et tout rempli de glu et s'éloignant se tiennent aux aguets. Le singe saute à bas de l'arbre et s'enduit les yeux de glu, et, comme la glu s'attache à ses paupières et l'empêche d'y voir[1], les chasseurs accourent et le prennent vivant. C'est là le premier moyen. Voici en quoi consiste le second : les chasseurs se passent aux jambes en guise de chausses de grands sacs, puis s'en vont laissant à terre d'autres sacs semblables garnis de poils et enduits de glu

---

1. καταμῖσαν δ'ἐπολησθῇ τὰ βλέφαρα, conjecture plausible de Kramer. Cf. Muller, *Index var. lcct.*, p. 1033, col. 2.

à l'intérieur, les singes naturellement essayent de les chausser et sont pris ensuite le plus facilement du monde.

30. Quelques auteurs placent encore la Cathée et le nome de Sopithès dans l'intervalle des deux mêmes fleuves ; mais, suivant d'autres, c'est par delà l'Acésine et l'Hyarotis qu'il faut les placer, sur les confins du royaume de l'autre Porus, cousin de celui qui fut prisonnier d'Alexandre : la contrée composant ce royaume est connue sous le nom de Gandaride. La particularité la plus curieuse que les historiens rapportent sur les mœurs des Cathéens, c'est l'espèce de culte qu'ils professent pour la beauté en général, qu'ils l'observent chez l'homme ou chez le cheval et le chien. Onésicrite prétend même que c'est toujours le plus beau d'entre eux qu'ils se choisissent pour roi. Il ajoute que tout enfant, deux mois après sa naissance, est soumis à un jugement public, pour qu'on sache s'il a ou non le degré de beauté prescrit par la loi et donnant le droit de vivre, et, suivant la sentence prononcée par le président de ce tribunal, l'enfant, paraît-il, vit ou meurt. Onésicrite nous apprend encore que les Cathéens, toujours dans le but de s'embellir, se teignent la barbe en couleurs différentes, mais toutes très-éclatantes, et que, chez plusieurs autres peuples, par suite des propriétés merveilleuses inhérentes aux substances tinctoriales de l'Inde, on étend le même raffinement aux cheveux et aux habits ; que toutes ces populations si simples, si mesurées pour tout le reste, ont un goût excessif pour la parure. Les historiens signalent aussi comme particulier aux Cathéens un double usage, l'usage qui autorise jeunes gens et jeunes filles à se choisir, à se fiancer entre eux ; et celui qui condamne la femme à se brûler sur le bûcher de son époux sous prétexte qu'il est arrivé souvent que les femmes, s'éprenant d'hommes plus jeunes aient abandonné leurs maris ou se soient débarrassées d'eux en les empoisonnant : on avait espéré, en édictant une loi pareille, mettre fin aux tentatives d'empoisonnement. Disons, nous, que l'existence de

cette loi, non plus que la cause qu'on en donne, ne
semble guère vraisemblable. — Il existe, à ce qu'on assure, dans le nome de Sopithès une mine de sel gemme
lapable de suffire aux besoins de l'Inde entière; non
coin de là aussi, mais dans d'autres montagnes, les historiens signalent la présence de mines d'or et d'argent, dont
Gorgus, *métalleute* célèbre, aurait démontré la richesse.
Seulement, inexpérimentés comme ils sont dans l'extraction et la fonte des métaux, les Indiens ne connaissent
même pas le prix de ce qu'ils possèdent et traitent la
chose plus à la grosse.

31. Ce même nome dit *de Sopithès* nourrit une race de
chiens dont on conte également des choses merveilleuses,
celle-ci entre autres : Alexande avait reçu de Sopithès
lui-même en présent cent cinquante de ces chiens;
pour éprouver leur force, il en mit deux aux prises avec
un lion, et, les voyant faiblir, il en fit lâcher deux
autres, ce qui rétablit l'équilibre. Alors Sopithès donna
ordre qu'on retirât un des chiens de la lice en le prenant
par une des pattes, et qu'au besoin, s'il résistait, on la
lui coupât. Par pitié pour son chien, Alexandre d'abord
ne voulut pas permettre qu'on allât jusqu'à le mutiler,
mais, sur la promesse que lui fit Sopithès de lui en rendre
quatre pour un, il consentit, et le chien, supportant la
douleur d'une lente amputation, se laissa couper la patte
avant de lâcher prise.

32. Jusqu'à l'Hydaspe, la direction générale suivie par
Alexandre avait été celle du midi; mais, à partir de ce
fleuve et pour gagner l'Hypanis, il avait marché plutôt
à l'est, rangeant de préférence le pied des montagnes et
évitant de s'engager dans les plaines. Des bords de l'Hypanis, maintenant, nous le voyons rétrograder vers l'Hydaspe où il a ses chantiers de construction, y presser
tant qu'il peut l'achèvement de sa flotte et s'embarquer
enfin pour descendre jusqu'à la mer. Tous les cours
d'eau que nous venons d'énumérer, et dont l'Hypanis clôt
la liste, se confondent en un seul courant qui est l'Indus.

On assure qu'en tout l'Indus reçoit quinze grands affluents, ce qui le grossit au point qu'en certains endroits
de son cours sa largeur est évaluée à 100 stades. Mais
nous empruntons cette évaluation à des autorités toujours suspectes d'exagération; suivant des évaluations
plus modérées, la largeur de l'Indus varie entre 50 stades au maximum, et 7 au minimum[1]. Enfin l'Indus se
jette dans la mer du Sud par une double embouchure
après avoir fait une île véritable de la province de Patalène. Deux choses avaient donné l'idée à Alexandre de
modifier ainsi son itinéraire et de renoncer à s'avancer
plus loin vers l'est : c'est d'abord qu'il s'était vu empêcher, comme nous l'avons dit, de franchir l'Hypanis, mais
c'est qu'il avait reconnu aussi par sa propre expérience à
quel point était injuste cette prévention contre les plaines
de l'Inde, représentées jusque-là comme des espaces torrides plus propres à servir de repaire aux bêtes féroces
que d'habitation à l'homme. Il n'hésita donc plus à abandonner la route qu'il avait suivie jusqu'alors pour s'engager dans ces plaines, que nous nous trouvons, à cause
de cela, connaître mieux encore que la partie montagneuse
de l'Inde.

33. La contrée entre l'Hypanis et l'Hydaspe renferme,
dit-on, neuf peuples et jusqu'à cinq mille villes, toutes
plus grandes que Cos Méropis. Mais ce nombre semble
exagéré. Nous avons eu nous-même occasion dans les
pages qui précèdent d'énumérer les principaux peuples
qui occupent l'intervalle compris entre l'Hydaspe et
l'Indus. Plus bas, maintenant, on voit se succéder les
Sibes, qui eux aussi ont été mentionnés par nous précédemment, puis les deux grandes nations des Malles
et des Sydraques. C'est chez les Malles, en assiégeant
une de leurs plus petites places, qu'Alexandre reçut cette
blessure qui mit ses jours en danger. Quant aux Sydraques, rappelons ce que nous avons déjà dit, que les my-

---

1. Les mots qui suivent, καὶ πολλὰ ἔθνη καὶ πόλεις εἰσὶ πέριξ, déjà dénoncés par
Kramer, comme une glose marginale évidente, ont été éliminés par Meineke.

thographes les font descendre de Dionysos lui-même. Aux
abords de la Patalène les historiens placent le nome de
Musicân et celui de Sabus, avec la ville de Sindomana[1],
le nome de Porticân aussi et d'autres encore échelonnés
de même sur les deux rives de l'Indus; or tous tombèrent au pouvoir d'Alexandre, précédant de peu la chute
de la Patalène, cette espèce d'île que forme l'Indus en
se divisant en deux branches, et par laquelle Alexandre
termina sa conquête de l'Inde. Aristobule évalue à
1000 stades la distance qui sépare ces deux branches
l'une de l'autre. Néarque augmente cette distance de
800 stades; quant à Onésicrite, il attribue à chacun des
deux côtés de l'île triangulaire interceptée entre les
branches du fleuve une longueur de 2000 stades et au
fleuve lui-même, pris à l'endroit où son cours bifurque,
une largeur de 200 stades environ[2]. Il donne en outre à
cette île le nom de delta, mais il se trompe quand il lui
attribue juste la même étendue qu'au delta d'Égypte,
car il est notoire que le delta d'Égypte mesure 1300 stades à sa base et que sa base surpasse en longueur ses
deux autres côtés. La Patalène contient une ville considérable, Patala, de laquelle l'île tire son nom.

34. Onésicrite nous représente cette partie du littoral
de l'Inde comme semée de bas-fonds principalement aux
embouchures des fleuves, par suite des atterrissements de
ces mêmes fleuves, du mouvement des marées et de l'absence des vents de terre, l'action des vents de mer étant
généralement prédominante dans ces parages. Le même
historien s'étend longuement et avec complaisance sur le
nome ou territoire de Musicân, mais beaucoup des traits
qu'il relève dans cette espèce de *panégyrique* sont communs
aussi, paraît-il, à d'autres parties de l'Inde : la longévité
par exemple, car, s'il est arrivé que des Musicâniens soient
morts ayant atteint l'âge de 130 ans, on prétend cependant[3]

---

1. Voy. Müller, *Index var. lect.*, p. 1033, col. 2. — 2. Chiffre suspect, voy.
Müller, *ibid.* Cf. Vogel, *op. cit.*, p. 26 (en note). — 3. Meineke change ici très-
heureusement καὶ γάρ en καὶ τοι. Voy. *Vind. Strabon.*, p. 231.

avoir observé chez les Sères des cas 'de longévité encore plus grande; la sobriété est dans le même cas, voire cette hygiène soi-disant exemplaire au sein de la plus plantureuse abondance. Ce qui, en revanche, semble appartenir en propre aux Musicâniens, c'est cet usage des *syssities* ou repas publics analogues à ceux de Lacédémone et alimentés par la mise en commun des produits de la chasse, cet autre usage de se passer absolument d'or et d'argent malgré la présence de mines dans le pays, l'usage aussi de n'avoir pour esclaves que de jeunes garçons à la fleur de l'âge rappelant les Aphamiotes de Crète et les Hilotes de Sparte, l'indifférence absolue pour toutes les sciences, la médecine exceptée, sous prétexte que l'homme fait mal en s'appliquant trop à certains arts, à l'art militaire par exemple et à d'autres semblables, l'ignorance enfin des procès, si ce n'est pour meurtre et pour violence, nul n'étant maître soi-disant de se préserver du meurtre et de la violence, tandis que, dans les contrats et marchés, où chacun peut veiller sur soi, on doit supporter sans mot dire les manquements de foi dont on a été victime, mais faire bien attention à qui se fier désormais pour éviter de remplir la ville de querelles et de procès. — Voilà ce que nous apprennent les amis et compagnons d'armes d'Alexandre.

35. Ajoutons qu'on a publié aussi une lettre de Cratère à sa mère Aristopatra[1], qui contient beaucoup d'allégations fort étranges, et en contradiction avec tous les autres témoignages connus, celle-ci notamment qu'Alexandre au rait poussé sa marche victorieuse jusqu'au Gange. Cratère prétend même avoir vu ce fleuve et les *cétacés* ou poissons énormes qu'il nourrit[2]; et il donne en outre sur la longueur de son cours, sur sa largeur, sur sa profondeur, des détails de telle nature, qu'on se sent, en les lisant,

---

1. « Virum 'haud mediocris ingenii se præstat Strabo cum epistolæ quæ Crateri esse ferebatur omnem fidem detrahit. Nam revera nil nisi miseri falsarii cuiusdam misera inventa continuisse videtur. » (Vogel, *op. cit.*, p. 26.) — 2. Voyez, dans l'*Index var. lect.* de Müller, p. 1033, col. 2, les différents essais de restitution de ce passage altéré.

moins porté à croire qu'à douter. Que le Gange, en effet,
soit le plus grand des fleuves connus dans les trois continents, que l'Indus soit le plus grand après lui, que
l'Ister vienne en troisième et le Nil en quatrième, personne n'y contredit ; mais, quand on passe aux détails
que nous indiquions tout à l'heure, on trouve que les témoignages ne s'accordent plus du tout, les uns attribuant au fleuve 30 stades, et les autres 3 stades seulement de largeur *minimum*, et Mégasthène, d'autre part,
lui prêtant, avec une largeur moyenne de 100 stades,
20 orgyes de profondeur au *minimum*.

36. Au confluent du Gange et de son autre branche
[l'Erannoboas [1]], Mégasthène place la ville de Palibothra,
qu'il nous dépeint comme un parallélogramme long de
80 stades et large de 15, ayant une enceinte de bois percée de jours ou de meurtrières pour donner passage aux
flèches des archers, et précédée d'un fossé qui sert à la
fois de défense et de réceptacle d'immondices. Mégasthène ajoute que le peuple chez lequel s'élève cette ville
porte le nom de Prasii, et se trouve être le plus puissant
de beaucoup de tous les peuples de l'Inde, que le prince
régnant est tenu d'ajouter le nom de *Palibothrus*, qui
est celui de la ville, au nom que lui-même a reçu à sa
naissance, que tel était le cas notamment du roi Sandrocottus, le même auprès de qui, lui, Mégasthène, avait
été accrédité. Notons que cet usage existe aussi chez les
Parthes, dont tous les souverains portent le nom d'*Arsace*
joint à leur nom particulier, que ce nom soit *Orode*,
Phraate, ou tout autre.

37. On convient généralement que, dans tout le pays
au delà de l'Hypanis, le sol est d'une grande fertilité,
mais les renseignements précis sur cette contrée font absolument défaut. Pour suppléer à leur ignorance, les his-

---

1. On peut voir dans l'*Index var. lect.* de Müller que c'est à Schneider (ad
Arr. Ind., c. 10 qu'est due l'idée de restituer ici le nom de l'Erannoboas, mais que
Kramer et Meineke, en faisant droit à cette conjecture, ont disposé les mots de la
phrase d'une façon différente. La restitution de Meineke τοῦ ἄλλου ποταμοῦ ['Εραν-
νόβοα] est celle que nous avons cru devoir suivre.

toriens, encouragés d'ailleurs par l'extrême éloignement
des lieux, ont eu recours à l'exagération et aux plus
monstrueuses fictions, témoin ce qu'ils racontent des fourmis *chercheuses d'or* et de ces animaux, voire de ces
hommes, à figures étranges, doués de certaines qualités
extraordinaires, comme voilà les Sères *macrobiens*, qui
sont censés atteindre et dépasser deux cents ans de vie,
témoin encore ce qu'ils nous disent d'un État gouverné
aristocratiquement par un sénat de 5000 membres dont
chaque membre est tenu de fournir un éléphant. Ajoutons que les tigres, notamment ceux du pays des Prasii,
sont décrits par Mégasthène comme d'énormes animaux,
deux fois grands comme des lions, ou peu s'en faut, et tellement forts, qu'un jour l'un d'eux, apprivoisé et mené
par quatre hommes, aurait tiré à lui, malgré sa résistance,
un mulet qu'il avait attrapé rien qu'avec une de ses pattes de derrière. Les singes à queue ou *cercopithèques*,
toujours au dire de Mégasthène, sont ici plus grands
que les plus grands chiens, ils ont le corps tout blanc,
sauf la face, qui est noire (chez quelques individus, c'est
l'inverse qui a lieu), et leurs queues ont plus de deux
coudées ; mais ce sont des animaux très-doux, qui n'ont
aucun mauvais instinct, car ils n'attaquent pas l'homme
et ne volent jamais. Nous lisons encore dans Mégasthène
que l'on tire de la terre des pierres ayant la couleur de
l'encens et une saveur plus douce que les figues ou le
miel ; — qu'il existe dans certains cantons des serpents
longs de deux coudées, pourvus d'ailes à membranes
comme les chauves-souris, et qui, comme elles, ne volent
que la nuit, laissant alors tomber des gouttes d'urine ou
de sueur, qui, si l'on n'y prend garde, peuvent faire venir sur la peau une espèce de gale ; — qu'il s'y trouve
aussi des scorpions ailés de dimensions extraordinaires ;
— que la même contrée produit l'ébène[1], et nourrit une
race de chiens extrêmement forts et ardents, auxquels

1. Voy. Meyer, *Botan. Erläuter. zu Strabons Geogr.*, p. 73.

on ne peut faire lâcher prise qu'en leur versant de l'eau
dans les narines, et qui même quelquefois font de tels
efforts en mordant et s'acharnent tellement, que leurs yeux
se retournent et vont jusqu'à saillir hors de leurs orbites.
A ce propos-là même, Mégasthène raconte comment un
de ces chiens, à lui seul, arrêta un lion et un taureau, et
comment le taureau, tenu à la gorge par le chien, succomba avant que le chien eût lâché prise.

38. Mégasthène signale encore, dans la partie montagneuse de la même contrée, un fleuve appelé le Silas [1],
dont les eaux ont cette propriété, que rien n'y surnage,
propriété « que Démocrite, naturellement, révoque en
« doute [2], au nom de ces longs voyages, de ces longues
« *erreurs*, qui lui ont fait connaître soi-disant la plus
« grande partie de l'Asie. » [Mégasthène oublie de dire
qu']Aristote n'y croit pas davantage, bien que sachant qu'il
y a dans l'atmosphère des couches entières où l'air est si
subtil, si raréfié, qu'aucun animal ailé ne s'y peut soutenir, et que, de même qu'on constate dans certaines vapeurs ou émanations la propriété d'attirer et pour ainsi
dire de humer tout ce qui vole au-dessus d'elles, à l'instar de ce que fait l'ambre pour la paille et l'aimant pour
le fer, on pourrait aussi, à la rigueur, supposer à l'eau
des propriétés ou vertus analogues. Mais ces questions
sont plutôt du domaine de la physique, vu qu'elles se rat-
tachent à la théorie des *corps flottants*, et c'est dans les
traités spéciaux qu'il convient de les étudier. Pour le moment, bornons-nous à recueillir les faits qui, comme les
suivants, ont un rapport plus immédiat à la géographie.

39. Mégasthène nous apprend que l'immense population de l'Inde se divise en sept classes. La première
dans l'ordre hiérarchique, et en même temps la moins

---

1. Silas est la forme donnée par l'*Epitome*. Tous les manuscrits portent Σιλαν.
— 2. Il ne faut pas oublier de noter que Coray entendait autrement ce passage, et
qu'au moyen de l'addition de la négation οὐκ après le mot οὖν il mettait en opposition Démocrite et Aristote. Voy. la longue note de la traduction française, vol. V,
p. 61. Ajoutons que cette interprétation hardie n'a été ratifiée par aucun des derniers éditeurs.

nombreuse, comprend les *philosophes*, lesquels rendent
des services, tantôt privés (chacun d'eux pouvant être
appelé par un simple particulier à figurer dans un sacrifice ou dans une cérémonie funèbre), tantôt publics, comme
lorsque le roi les convoque au grand synode du nouvel
an (lequel se tient devant la porte de son palais), pour
exposer là, en public, ce que chacun d'eux a imaginé ou
observé d'utile en vue d'assurer l'abondance et la bonne
qualité des récoltes, la santé des bestiaux et le plus grand
bien de l'État. Seulement, quiconque parmi eux a été
trois fois convaincu de mensonge est condamné à se
taire pour tout le reste de sa vie, tandis que celui dont les
communications se sont heureusement vérifiées est déclaré à tout jamais exempt d'impôt et de contribution.

40. La seconde classe, composée des *cultivateurs*, est
la plus nombreuse des sept, et celle dont les mœurs
sont le mieux réglées, ce qu'elle doit à l'exemption de tout
service militaire et à l'entière sécurité de ses travaux, à
son éloignement de la ville et du tracas des nécessités et
affaires communes. Il n'est pas rare, en effet, que dans
le même temps et dans la même province, pendant
qu'une partie de la population livre bataille à l'ennemi
et s'expose aux plus grands dangers pour le repousser,
une autre partie, comptant sur le courage de ses défenseurs, laboure et bêche la terre tranquillement. Partout,
du reste, la terre appartient au Roi, qui la loue aux cultivateurs moyennant le quart du produit.

41. La troisième classe comprend les *pâtres* et les
chasseurs, à qui est réservé le privilège de la chasse et de
l'élève du bétail, ainsi que de la vente et de la location
des bêtes de somme. Reconnaissant de ce qu'ils purgent
la contrée des bêtes féroces et des oiseaux nuisibles aux
semailles, le Roi leur distribue aux uns et aux autres le
blé nécessaire à leur subsistance [et qu'ils ne pourraient
récolter,] menant, comme ils font, une vie toujours errante, et n'habitant jamais que sous la tente. Aucun particulier n'a le droit d'entretenir, pour son service, che-

val ni éléphant, car les chevaux et les éléphants sont
considérés comme la propriété exclusive du Roi, et la
garde en est confiée à des préposés ou intendants royaux.

42. Voici comment se fait la chasse aux éléphants.
On choisit un emplacement découvert de 4 à 5 stades,
qu'on entoure ensuite d'un fossé profond, dont on réunit
les deux bords par un pont très-étroit, destiné à servir
d'unique entrée. Cela fait, les chasseurs lâchent dans
l'enclos trois ou quatre éléphants femelles des mieux apprivoisées, puis ils vont se cacher eux-mêmes et se tenir à
l'affût dans de petites cahutes dont la vue est masquée.
Tant que dure le jour, les éléphants sauvages n'approchent point; mais, une fois la nuit venue, ils s'engagent
à la file sur le pont et entrent. Les chasseurs, après les
avoir vus entrer, ferment tout doucement le passage et
ne le rouvrent plus que pour introduire dans l'enclos les
plus forts et les plus vaillants de leurs éléphants de combat, qui doivent les aider à vaincre les éléphants sauvages, affaiblis déjà par la faim. Quand ils voient ceux-ci
presque épuisés, les plus hardis d'entre les *cornacs* se
laissent couler, sans faire de bruit, sous le ventre de leurs
montures, et, s'élançant de là comme d'un fort, ils passent sous le ventre de l'éléphant sauvage et lui lient fortement les jambes. Cette opération terminée, les chasseurs
font battre par leurs bêtes apprivoisées ceux des éléphants sauvages qui ont été ainsi entravés, jusqu'à ce
que ceux-ci tombent par terre, et, quand ils les voient
étendus tout de leur long, ils leur passent au cou des
lanières de cuir de bœuf dont l'autre bout est solidement
attaché au cou des éléphants apprivoisés. De plus, pour
éviter que leurs soubresauts ne fassent perdre l'équilibre
aux premiers cornacs qui essaieront de les monter, ils
leur font de profondes incisions tout autour du cou et
juste à l'endroit où doivent porter les courroies, pour
que, vaincus par ces douleurs aiguës, les éléphants cèdent
à la pression du lien et se tiennent tranquilles. Entre
tous les éléphants qu'ils ont ainsi capturés, ils mettent à

part ceux qui se trouvent être ou trop vieux ou trop jeunes pour pouvoir servir, et conduisent les autres dans de vastes écuries où ils les tiennent les jambes fortement liées ensemble et le cou attaché à une colonne ou à un poteau très-solide, pour achever de les dompter par la faim. Plus tard, on les réconforte à l'aide de roseaux très tendres et d'herbes fraîches. Pour les dresser maintenant, on emploie, avec les uns la parole, avec les autres une espèce de mélopée accompagnée du tambourin, qui agit sur eux comme un charme. Ceux qu'on a de la peine à apprivoiser sont rares, car, de sa nature, l'éléphant est un animal doux et si peu farouche, que la distance qui le sépare des êtres raisonnables est à peine sensible. On en a vu, par exemple, au plus fort d'une bataille, ramasser leurs cornacs qui étaient tombés grièvement blessés, les tirer de la mêlée ou les laisser se tapir entre leurs jambes de devant, et combattre ensuite vaillamment pour les protéger. Il est arrivé aussi plus d'une fois que l'éléphant, dans un accès de fureur, tuait un des hommes chargés de lui apporter la nourriture ou de le dresser, il en ressentait alors un tel regret, qu'il s'abstenait de manger en signe de deuil, et qu'on en a vu qui s'entêtaient jusqu'à se laisser mourir de faim.

43. Les éléphants s'accouplent et mettent bas comme les chevaux : c'est généralement au printemps que leur accouplement a lieu. On reconnaît que le moment du rut approche pour le mâle, quand il est pris d'accès de fureur et qu'il s'effarouche aisément. En même temps il lui sort une liqueur huileuse par l'espèce d'*event* qu'il a près des tempes. On reconnaît pareillement que les femelles vont entrer en chaleur, quand, chez elles, ce même orifice s'ouvre et demeure béant. Elles portent dix-huit mois au plus, et seize mois au moins. La mère nourrit six ans. Généralement la vie de ces animaux égale en durée celle des hommes les plus vieux, mais quelques-uns atteignent jusqu'à deux cents ans. Ils sont d'ailleurs sujets à plusieurs maladies toutes difficiles à guérir. Le meilleur

remède contre leurs ophthalmies consiste en lotions de
lait de vache très-abondantes. Dans presque toutes
leurs autres maladies on leur donne à boire du vin
rouge. En cas de blessures, on ajoute au remède ordinaire, c'est-à-dire aux potions de vin rouge, [des frictions[1]
faites] avec du beurre, le beurre ayant, comme on sait,
la propriété de faire sortir les fers de dard; quant à leurs
plaies, on les brûle avec de la chair de porc. Onésicrite
prétend que les éléphants vivent jusqu'à trois cents ans,
et peuvent même atteindre jusqu'à cinq cents, mais
que ce sont là des exceptions assez rares, qu'à l'âge
de deux cents ans ils sont dans toute leur force, et que
les femelles portent pendant dix ans. Il ajoute (et sur ce
point là d'autres témoignages s'accordent avec le sien)
qu'ici les éléphants sont plus grands et plus forts qu'en
Libye, qu'on les voit par exemple se dresser sur leurs
jambes de derrière et avec leurs trompes renverser des pa-
lissades et déraciner des arbres. Néarque, lui, nous fournit
cet autre renseignement, que, dans les chasses, on place
des pièges à certains carrefours, et qu'ensuite on y pousse
les éléphants sauvages à l'aide des éléphants apprivoisés,
qui sont généralement plus forts et qui ont de plus l'a-
vantage d'être dirigés par leurs cornacs. Suivant lui aussi,
les éléphants sont si faciles à dresser, si dociles, qu'ils
apprennent à lancer une pierre contre un but, à manier
certaines armes et à nager dans la perfection. Il prétend
enfin que l'acquisition considérée comme la plus précieuse
par les gens du pays est celle d'un char attelé d'éléphants
(il est d'usage aussi dans l'Inde d'atteler les chameaux [2]);
à l'en croire même, il n'y a pas, pour une femme, de distinction plus flatteuse que de recevoir en don de son galant

---

1. Madvig a bien senti qu'il manquait quelque chose à la symétrie de cette
phrase τραυμασι δὶ ποτὸν μὲν βουτυρον et il propose de lire τ. δ. π. μ. (ἄχος), [χρῖσμα
δὶ] βούτυρον. Voy. *Advers. crit. ad script. gr.*, vol. I, p. 561. — 2. Nous nous
sommes rangé à l'avis de Müller qui croit que la leçon des manuscrits est la bonne
(ἄγισθαι δ'ὐπὸ ζυγὸν καὶ καμήλους) et qu'il n'y a lieu par conséquent de tenir
compte ni des corrections de Tzschucke et de Groskurd (ἄ. δ' ὐ. ζ [ὡς] κ. κ.), ni
de celle qu'avait proposée Coray (ἀγαλίνους), ni même de celle que lui a inséré
dans la traduction latine de sa propre édition (καταλλήλους).

un éléphant. [Mais] ce qu'avance là Néarque ne saurait s'accorder avec cet autre témoignage qui attribue aux rois seuls le droit de posséder chevaux et éléphants [1].

44. Revenons aux fourmis chercheuses d'or. Néarque prétend avoir vu de leurs peaux qui ressemblaient tout à fait à des peaux de léopards. Mégasthène, de son côté, nous fournit à leur sujet les détails suivants. « Il existe, « dit-il, dans le pays des Derdes (on nomme ainsi l'un « des principaux peuples de la partie orientale et monta- « gneuse de l'Inde), un haut plateau de 3000 stades de « tour environ, au pied duquel sont des mines d'or, fouil- « lées uniquement par des fourmis monstrueuses, aussi « grosses, pour le moïns, que des renards, et qui, douées « d'une vitesse extraordinaire, ne vivent que de chasse. « C'est en hiver qu'elles creusent la terre. Comme les « taupes, elles forment avec les déblais de petits monti- « cules à l'ouverture de chaque trou. Ces déblais ne sont « à proprement parler que de la poudre ou poussière d'or, « laquelle n'a besoin [pour être purifiée] que d'être pas- « sée très légèrement au feu. Aussi les habitants du voi- « sinage en enlèvent-ils le plus qu'ils peuvent à dos de « mulets, mais en se cachant soigneusement, car, s'ils le « faisaient ouvertement, ils seraient attaqués par les « fourmis, mis en fuite et poursuivis, voire même, si « les fourmis les atteignaient, étranglés eux et leurs « mulets. Pour tromper la surveillance des fourmis, « les Derdes exposent de côté et d'autre des morceaux de « viande, et, quand les fourmis se sont dispersées, ils « enlèvent à leur aise la poudre d'or, qu'ils sont réduits « du reste à vendre à l'état brut et pour n'importe quel « prix aux marchands qui les visitent, faute de rien en- « tendre eux-mêmes à la fonte des métaux. »

45. Puisqu'à propos des chasseurs [qui composent avec les pâtres la troisième classe des habitants de l'Inde]

---

1. « Sed fortasse, dit Meineke (*Strab. Geogr.*, vol. III, p. v), après avoir rétabli le δὶ du commencement de la phrase, omnia hæc οὗτος — ἰλίφαντα in marginem rejicienda sunt ».

nous avons cru devoir rappeler ce que Mégasthène et les
autres historiens racontent des animaux eux-mêmes, complétons notre digression par les détails que voici. Néarque
s'étonne de la quantité de reptiles que nourrit l'Inde
et de tout le mal qu'ils peuvent faire, vu qu'à l'éoque
des inondations ils fuient en masse loin des plaines,
et que, remontant vers les différents centres de population que l'eau ne doit pas atteindre, ils y envahissent
jusqu'aux habitations. C'est pour cette raison, ajoute
Néarque, qu'on fait partout les lits très-hauts. Il arrive
même souvent qu'une fois dans les maisons ces reptiles y
pullulent au point que les habitants prennent le parti de
les évacuer. Si même les eaux n'en détruisaient une bonne
partie, le pays tout entier ne serait bientôt plus qu'une
vaste solitude, d'autant que ces animaux sont tous également redoutables, les plus petits par la difficulté où
l'on est de se garer d'eux, les plus grands par leur
taille et leur force extraordinaire (on voit en effet
dans l'Inde des vipères qui ont jusqu'à seize coudées
de long). Mais dans tout le pays circulent des char-
meurs de serpents qui excellent, dit-on, à guérir les
blessures faites par leurs morsures. C'est même là l'u-
nique genre de médecine auquel les Indiens aient recours : car, sobres comme ils sont, et s'abstenant toujours de vin, ils sont sujets à très-peu de maladies, et,
quand par hasard ils se sentent malades, ce sont les
[gymno]sophistes qu'ils appellent auprès d'eux pour les
guérir. Aristobule avoue qu'il n'a pu vérifier par lui-
même les dimensions extraordinaires que la renommée
attribue à certains reptiles, il dit seulement avoir vu une
vipère femelle qui mesurait neuf coudées une spithame
de longueur. Nous-même, étant en Égypte, avons vu
de nos yeux une vipère à peu près de même taille, apportée de l'Inde précisément. Aristobule, en revanche,
vit beaucoup de vipères mâles et beaucoup d'aspics infi-
niment plus petits ; beaucoup de scorpions aussi, ceux-là
très-grands. Mais, s'il faut l'en croire, aucun de ces rep-

tiles ne serait aussi incommode, aussi dangereux, que
certains petits serpents ou ophidiens longs d'une spithame tout au plus, car on trouve ceux-ci cachés partout,
sous les tentes, au fond des vases et dans les haies, et
leur morsure détermine une hémorrhagie générale, accompagnée de vives douleurs et bientôt suivie de la mort,
s'il ne se trouve pas là quelqu'un tout prêt à porter secours. Le secours, du reste, est chose facile, l'Inde pro-
duisant beaucoup de racines et de simples d'une grande
efficacité. Aristobule a constaté aussi la présence des
crocodiles dans l'Indus, mais il nie qu'ils soient très-
nombreux ni très-dangereux pour l'homme. Quant aux
autres animaux que nourrissent les eaux de l'Indus, ce
sont tous les mêmes, suivant lui, que l'on retrouve dans
le Nil, l'hippopotame excepté. Encore Onésicrite prétend-il qu'on y trouve aussi l'hippopotame. Enfin
Aristobule fait remarquer qu'à l'exception de l'alose, du
muge et du dauphin, aucun poisson de mer ne remonte
le Nil à cause de la présence des crocodiles, tandis que les
poissons de mer qui remontent l'Indus sont en quantité
innombrable, que les squilles notamment le remontent
en foule, les plus petites jusqu'à sa sortie des montagnes[1],
les plus grosses jusqu'à son confluent avec l'Acésine.

Mais nous en avons assez dit sur les animaux particuliers à l'Inde, revenons à Mégasthène et reprenons la
suite du passage que nous avions interrompu.

46. Après les chasseurs et les pâtres, Mégasthène
indique une quatrième classe composée des artisans, des
petits marchands ou revendeurs, et de tous ceux qui
vivent du travail de leurs bras. Des membres de cette
classe, les uns acquittent une contribution, les autres
doivent à l'État certaines corvées ou prestations ; mais il
y en a d'autres aussi, tels que les ouvriers armuriers et
les charpentiers de la flotte, qui, travaillant exclusive-

---

1. « μέχρι τῶν ὁρῶν conj. Grosk. ; μέχρι Οὔρων conj. Cor., quoniam Uros quosdam
Indi accolas commemorat Plinius (VI, 20, 23 § 7[1]) ; urbis nomen latere putat
Tyrwh. » (Index var. lect. de l'édit. de Müller, p. 1034 en haut de la col. 1.)

ment pour le Roi, sont payés et nourris par lui. En outre le roi a son *stratophylax* ou intendant d'armée qui distribue les armes aux soldats et son *navarque* ou amiral qui loue, soit aux voyageurs, soit aux trafiquants par mer, les vaisseaux dont ils ont besoin.

47. La cinquième classe est celle des guerriers qui passent à boire et à se divertir tout le temps [qu'ils n'emploient pas à se battre]. Le Roi les défraye de tout, à une condition, c'est que, n'ayant à fournir que leurs personnes, ils seront, en cas de besoin, toujours prêts à marcher.

48. Les inspecteurs ou *éphores*, qui forment la sixième classe, ont pour fonction spéciale de surveiller tout ce qui se passe et d'en faire au Roi des rapports secrets. Ils s'aident à cet effet des courtisanes, celles de la ville renseignant les éphores urbains, tandis que celles qui suivent l'armée renseignent les éphores ou inspecteurs militaires. Le Roi prépose à ces fonctions toujours les plus vertueux et les plus fidèles de ses sujets.

49. Dans la septième classe sont rangés les conseillers et assesseurs du Roi, et c'est de cette classe qu'on tire les grands dignitaires de l'État, les juges et les différents fonctionnaires et officiers d'administration. Les mariages d'une classe à l'autre sont interdits. Il n'est pas permis de changer de profession ou de métier, ni d'exercer plusieurs métiers à la fois, à moins que l'on n'appartienne à la classe des philosophes : pour ceux-ci en effet la chose est tolérée eu égard à leur grande vertu.

50. Parmi les hauts dignitaires on distingue les *agoranomes*, les *astynomes* et les *préfets militaires*. Les premiers ont dans leurs attributions la surintendance des cours d'eau, l'arpentage des terres comme en Égypte, et la surveillance des écluses servant à distribuer l'eau dans les canaux d'irrigation, surveillance destinée à assurer à tous les cultivateurs une égale quantité d'eau. Les mêmes magistrats ont sous leur juridiction les chasseurs, et ils les récompensent ou les punissent suivant leurs mérites ; ce sont eux aussi qui perçoivent les im-

pôts et qui inspectent les différentes industries auxquelles la terre fournit la matière première, à savoir les
bûcherons, les charpentiers, les forgerons, les mineurs.
Enfin ce sont eux qui font faire les routes et qui veillent
au placement de dix en dix stades des bornes ou colonnes destinées à indiquer les distances et les changements de direction.

51. Les *astynomes* ou édiles sont divisés en six *pen-*
tades ou sections de cinq membres : les uns surveillent
les arts et métiers, les autres reçoivent les étrangers,
leur assignent des logements et observent leur conduite
par les yeux d'acolytes qu'ils attachent à leurs personnes,
les faisant escorter à leur départ, ou, s'ils sont morts
pendant leur séjour, renvoyant dans leur pays tout ce qui
leur a appartenu, après les avoir soignés et assistés dans
leur maladie et avoir pourvu à leur sépulture. Ceux de
la troisième pentade recherchent les naissances et les
morts et en constatent la date et toutes les circonstances
dans l'intérêt de l'impôt et aussi parce qu'il y a utilité
publique à ce que la naissance et la mort des puissants
et des humbles, des bons et des méchants, soient également enregistrées. Ceux de la quatrième font la police
des marchés, de la vente au détail et des menus échanges :
ils ont dans leurs attributions les poids et mesures, ainsi
que l'inspection des denrées de chaque saison, lesquelles
ne peuvent être apportées au marché que quand ils ont
publié le ban de vente. Ce sont eux aussi qui empê-
chent que le même marchand, s'il ne paie double impôt, vende ou échange deux espèces de denrées. Quant
aux membres de la cinquième pentade, ils président à la
vente des objets manufacturés et font vendre à part, après
annonces distinctes, les objets neufs et les objets vieux,
défendant de les mêler sous peine d'amende. Ceux enfin
de la sixième et dernière pentade prélèvent la dîme sur
chaque objet vendu, et quiconque fraude sur ce droit est
puni de mort. Telles sont les fonctions attribuées à chaque collège en particulier, mais les membres des six

sections exercent en outre une surveillance commune
sur les intérêts privés et collectifs de leurs administrés,
sur la réparation des édifices publics, sur les prix[1], sur
la tenue du marché, sur les ports, sur les temples.

52. Après le collège des astynomes vient, avons-nous
dit, celui des intendants de la milice, qui forme également
six pentades. La première est adjointe au navarque,
la seconde adjointe à l'inspecteur général des transports,
lesquels se font à l'aide d'attelages de bœufs et comprennent
le charroi des machines de guerre, les convois de
vivres et de fourrages et en général tous les approvisionnements
de l'armée. C'est la seconde aussi qui pourvoit aux
services subalternes, l'armée y recrutant ses tambours,
ses trompettes, voire même ses palefreniers, ses machinistes
et ses aides-machinistes. Enfin, c'est elle qui, au
son de la trompette, réunit et expédie les fourrageurs, et
qui, par le droit de récompenser et de punir dont elle
est armée, accélère et assure ce service important. La
troisième section s'occupe uniquement de l'infanterie,
comme la quatrième de la cavalerie, la cinquième des
chars de guerre et la sixième des éléphants. Le Roi a dans
ses écuries les chevaux et les éléphants. De même les
armes sont déposées dans l'arsenal royal, et c'est là qu'au
retour d'une campagne chaque soldat rapporte les différentes
pièces de son fourniment, en même temps que
chaque cheval et chaque éléphant sont ramenés dans les
écuries du Roi. On n'emploie le mors ni pour les chevaux
ni pour les éléphants. Dans les marches, ce sont des
bœufs qui traînent les chars de guerre ; quant aux chevaux,
on les mène au licou, pour leur éviter l'engorgement des
jambes et dans la crainte de leur faire perdre tout leur feu
si on les laissait attelés aux chars trop longtemps. Chaque
char est monté par deux combattants, non compris le

---

1. Au lieu de τιμῶν, que nous avons cru devoir maintenir, Meineke a introduit
dans le texte τιμῶν d'apres une conjecture de Kramer. Madvig propose ῥυμῶν *platearum :* « Les places, les marchés, les ports et les temples.» La symétrie est séduisante,
mais pourquoi cet ἀγορᾶς au singulier ? Voy. Madvig, *Advers. crit.,*
vol. I, p 562.

conducteur, et chaque éléphant par trois archers, non compris le cornac, qui fait le quatrième.

53. Sobres en tout temps, les Indiens le sont encore plus à la guerre. Leurs armées ne sont pas encombrées d'une foule inutile et présentent à cause de cela un ordre parfait. Il y a notamment en temps de guerre comme une trêve de vols : ainsi dans l'armée de Sandrocottus, une armée de 400 000 hommes, Mégasthène, qui accompagnait le Roi, dit n'avoir jamais vu dénoncer de vols de plus de deux cents drachmes. « Et pourtant, « ajoute-t-il, les Indiens n'ont pas de lois écrites. Ils ne « connaissent pas l'écriture et traitent toutes les affaires « de mémoire. Mais ils ne s'en trouvent pas plus mal, « grâce à la simplicité de leurs mœurs et à leur sobriété : « on sait qu'ils ne boivent jamais de vin, si ce n'est « pendant leurs sacrifices, et le vin qu'ils boivent alors « n'est pas même fait avec de l'orge, c'est du vin de « riz[1], comme le fond de leur nourriture est une espèce « de soupe au riz. La rareté des procès atteste encore « l'ingénuité avec laquelle leurs lois sont faites et la fran- « chise qu'ils apportent dans leurs contrats. Jamais la « réclamation d'un gage ou d'un dépôt ne donne lieu « chez eux à une action judiciaire, bien que l'engagement « ou le dépôt ne soit garanti ni par la présence de té- « moins ni par l'apposition de scellés, mais uniquement « par la bonne foi du dépositaire. Dans leurs maisons « mêmes la plupart du temps rien n'est enfermé. Toutes « ces coutumes assurément sont autant de preuves de sa- « gesse, ils en ont d'autres en revanche qu'on ne saurait « approuver autant. On regrette par exemple que chaque « famille vive et mange toujours seule, l'heure des repas « du matin et du soir n'étant pas la même pour tout le « monde et variant au gré de chacun, car l'usage contraire, « tant pour l'agrément de la société que pour les néces- « sités de la vie publique, offre bien plus d'avantages. »

1. Voy. Meyer, *Botan. Erläuter. zu Strabons Geogr.*, p. 73.

54. En fait d'exercices gymnastiques, les Indiens prisent surtout la friction. Il y en a de plusieurs sortes, mais celle qu'ils préfèrent est la friction faite à l'aide d'étrilles d'ébène soigneusement polies, lesquelles rendent la peau du corps lisse et unie. Leurs sépultures sont sans apprêt et consistent en *tumulus* fort peu élevés. Quelque chose cependant jure avec cette simplicité qu'ils apportent dans tout le reste, c'est leur goût pour la parure. Leurs vêtements sont couverts d'or ou garnis de pierres précieuses et faits de fines étoffes brodées de différentes couleurs. Ajoutons qu'ils se font suivre toujours de parasols. Ayant le culte de la beauté, ils ne négligent rien naturellement de ce qui peut rehausser l'éclat du visage. D'autre part il y a deux choses qu'ils honorent également : la vérité et la vertu, et c'est pour cela qu'ils n'accordent à la vieillesse aucune prérogative qui ne soit méritée en même temps par la supériorité de la sagesse et de la raison. Chaque Indien a plusieurs femmes achetées par lui à leurs parents et reçues en échange d'un attelage de bœufs : des unes il attend docilité et obéissance, des autres, plaisir et fécondité. Mais toutes celles qui n'ont pas reçu de leur mari l'ordre exprès de demeurer chastes sont libres de se prostituer. On ne voit personne se ceindre la tête d'une couronne pour offrir aux dieux un sacrifice, de l'encens ou une libation. La victime n'est pas égorgée, elle expire étouffée, l'homme ne devant consacrer à la divinité rien de mutilé, rien qui ne soit parfaitement entier. Quiconque est pris en flagrant délit de faux témoignage se voit condamner à avoir les pieds et les mains coupés. Quiconque estropie un de ses semblables, non seulement subit le même traitement, mais est condamné en outre à avoir une main coupée, et, si c'est un artisan qu'il a fait perdre par sa faute soit un œil, soit un bras, il n'encourt rien moins que la peine capitale. Mégasthène prétend encore qu'aucun Indien n'a d'esclaves, mais Onésicrite attribue cette horreur de l'esclavage aux seuls habitants du nome de Musicân, et il la leur impute à grand honneur, comme une preuve de plus de la supériorité de leur constitution, si fort prônée par lui.

55. Le Roi n'a autour de lui pour les soins de sa personne que des femmes, qu'il a achetées lui aussi à leurs parents, pas un garde du corps, pas un militaire ne doit franchir le seuil de son palais. Si le Roi est vu ivre par une de ses femmes et que cette femme le tue, elle en est récompensée en devenant l'épouse de son successeur ; or, le successeur du Roi est toujours un de ses enfants. Le Roi ne repose jamais pendant le jour, et, la nuit, on l'oblige à changer de chambre et de lit d'heure en heure pour le soustraire aux tentatives d'assassinat. Des sorties que fait le Roi hors de son palais, trois seulement ont un autre objet que la guerre. La première a pour but d'aller tenir ses assises de juge souverain. Il passe alors la journée entière à donner audience, sans s'interrompre même quand est venue l'heure habituelle de sa toilette, laquelle consiste, avons-nous dit, en frictions faites sur tout le corps au moyen d'étrilles d'ébène, de sorte qu'il continue à écouter les parties, même après qu'il s'est livré aux mains des quatre masseurs chargés de le frictionner. Quant à la seconde et à la troisième sortie, elles ont lieu, l'une à l'occasion des sacrifices publics et l'autre à l'occasion des grandes chasses. Cette dernière rappelle proprement la pompe bachique. La personne du Roi est protégée par ses femmes d'abord, qui se rangent en cercle autour de lui, puis par ses gardes du corps, qui forment en quelque sorte un second cercle ou cercle extérieur. Sur tout le parcours du cortège royal, la route est bordée de cordes, et quiconque ose les franchir et pénétrer jusqu'aux femmes est mis à mort. Des tambours et des trompettes ouvrent la marche. Quand le Roi chasse dans un parc, il est assis l'arc à la main sur une haute estrade avec deux ou trois de ses femmes armées à ses côtés, et il tire de là sur le gibier qui passe ; hors des parcs, il ne chasse que monté sur un éléphant. Quant à ses femmes, les unes le suivent en char, les autres sont

à cheval, d'autres enfin sont montées sur des éléphants, comme lorsqu'elles l'accompagnent à la guerre en Amazones exercées à manier toutes les armes.

56. Comparés aux nôtres, ces usages assurément paraissent fort étranges, mais voici qui paraîtra plus étrange encore. Suivant Mégasthène, les habitants du Caucase n'ont commerce avec leurs femmes qu'en public, et, après la mort de leurs parents, ils mangent leurs corps. Le même auteur signale l'existence de singes *pétrokylistes*, qui, des hauteurs inaccessibles où ils se réfugient, roulent des quartiers de roche sur la tête des chasseurs. Il prétend en outre que la plupart de nos animaux domestiques se trouvent dans cette partie de l'Inde à l'état sauvage ; qu'il s'y trouve aussi des chevaux à tête de cerf surmontée d'une seule corne, des roseaux droits longs de trente orgyes et des roseaux rampants longs de cinquante et tellement gros que leur diamètre mesure trois coudées et quelquefois le double[1].

57. Il va plus loin, et, donnant en plein dans la fiction, il nous décrit toute une race d'hommes dont la taille varie de trois à cinq spithames, et chez qui le nez est remplacé par un double orifice placé au-dessus de la bouche et qui leur sert à respirer. Il ajoute que ces petits hommes hauts de trois spithames entretiennent une guerre perpétuelle, non seulement avec les grues (comme l'indique déjà Homère), mais encore avec des perdrix d'une espèce particulière, aussi grosses que des oies, qu'ils dénichent les œufs des grues et les détruisent sans pitié, que c'est dans leur pays que les grues ont l'habitude de pondre, et qu'on s'explique alors pourquoi l'on ne voit jamais nulle part ni les œufs ni les petits des grues, qu'enfin il arrive souvent qu'une grue vienne tomber en nos pays lointains portant encore le fer de flèche dont ses mortels ennemis l'ont percée. Ce que dit Mégasthène des *Énotocœtes*, des *Hommes sauvages*, et d'autres monstruosités semblables, est de

---

1. Voy. Meyer, *Botan. Erläuter. zu Strabons Geogr.*, p. 74.

même force. Il avoue qu'on n'avait pu amener à Sandrocottus un seul individu appartenant à cette race d'hommes sauvages, car, une fois pris, ils se laissent tous mourir de faim. Ils ont d'ailleurs les pieds renversés, c'est-à-dire le talon en avant et le cou-de-pied ainsi que les doigts tournés en arrière. En revanche, on avait pu présenter à ce prince des *hommes sans bouche* appartenant à une race relativement civilisée qui habite aux sources du Gange. Ces hommes se nourrissent uniquement du fumet des viandes cuites, et du parfum des fruits et des fleurs, car la bouche chez eux est remplacée par un double évent pour les besoins de la respiration, et, comme rien ne les incommode plus que les mauvaises odeurs, ils ont beaucoup de peine à vivre, surtout dans un camp. Ce qu'ajoute Mégasthène est censé recueilli de la bouche des philosophes indiens, et c'est d'après eux qu'il distingue et énumère les *Okypodes*, race de coureurs capables de distancer les chevaux les plus rapides; les *Énotocœtes* reconnaissables à leurs longues oreilles, lesquelles leur pendent jusqu'aux pieds et les enveloppent quand ils dorment, ainsi qu'à leur force prodigieuse qui leur permet de déraciner des arbres et de rompre des nerfs de bœuf; les *Monommates* caractérisés par leurs oreilles de chien et leur œil unique au milieu du front, leur chevelure hérissée et leurs poitrines velues; les *Amyctères* enfin, qui, omnivores de leur nature, mangent cru tout ce qu'ils mangent, n'ont d'ailleurs qu'une vie éphémère (car ils meurent tous sans exception avant d'avoir atteint à la vieillesse) et doivent le nom qu'ils portent à la conformation de leur bouche et à ce que leur lèvre supérieure avance beaucoup sur la lèvre inférieure. Mégasthène nomme encore les *Hyperboréens*, ce peuple chez qui la vie se prolonge jusqu'à l'âge de mille ans; mais, en parlant d'eux comme il fait, il répète simplement ce qui est déjà tout au long dans Simonide, dans Pindare et dans les autres mythologues. C'est en mythologue aussi que s'exprime Timagène

quand il nous décrit ces pluies de cuivre tombant à
grosses gouttes et déposant le précieux métal sur le sol,
qu'on râcle ensuite soigneusement. Dans ce que dit Mégasthène, au contraire, des paillettes d'or charriées par
les fleuves de l'Inde en assez grande quantité pour
constituer au roi un gros revenu, il n'y a rien que de
très vraisemblable , car le même fait s'observe en Ibérie.

58. En revanche, quand Mégasthène prétend, à propos
des philosophes indiens, que ceux de la montagne sont
des adeptes inspirés du culte de Dionysos, qui même invoquent, comme autant de preuves de l'origine indienne
de ce culte, la présence en leur pays de *la vigne sauvage*
inconnue soi-disant partout ailleurs, la présence aussi
du lierre, du laurier, du myrte, du buis et d'autres arbustes au feuillage persistant, dont pas un ne croît au delà
de l'Euphrate si ce n'est à l'état de rareté dans des parcs
ou jardins d'agrément et à grand renfort de précautions et
de soins[1]; quand il cite, toujours comme pratiques dionysiaques, l'usage de porter la *sindoné* et la *mitre*, de se
parfumer tout le corps et de s'en teindre certaines parties avec des essences de fleurs, l'usage aussi de faire
marcher des tambours et des trompettes en tête du cor-
tége dans les *sorties* solennelles des rois ; quand il nous
montre, [en regard des philosophes de la montagne ado-
rateurs de Bacchus,] ceux de la plaine voués au culte
exclusif d'Hercule, il retombe là dans la pure fiction et
s'expose à de trop faciles démentis, notamment en ce qui
concerne la vigne et le vin : quels pays trouve-t-on, en
effet, par delà l'Euphrate? Une bonne partie de l'Arménie,
la Mésopotamie tout entière, voire, à la suite de la Mésopotamie, la Médie jusqu'aux confins de la Perse et de la
Carmanie ; or tout le monde sait que chacun de ces pays
est à peu près partout couvert de vignes, et de vignes
excellentes donnant les meilleurs vins.

59. [A côté, maintenant, de cette division des philoso-

---

1. Voy. Meyer, *Botan. Erläuter. zu Strabons Geogr*, p. 75-78.

phes en philosophes de la montagne et en philosophes
de la plaine], Mégasthène [1] en signale une autre, la division en *Brachmanes* et en *Garmanes* [2]. Les Brachmanes,
suivant lui, sont [plus [3]] honorés que les autres : on reconnaît que leur conduite est plus en rapport avec leurs
principes. Le Brachmane, à peine conçu, est déjà l'objet
des soins de sages personnages, appelés en apparence
uiquement pour attirer par leurs prières et incantations
les faveurs du ciel sur la mère et sur l'enfant qu'elle
porte dans son sein, mais qui donnent en réalité de bons
conseils pratiques et d'utiles recettes de santé, d'où la
croyance générale que les mères qui écoutent le plus
docilement leurs avis sont destinées à être les plus heureusement partagées en enfants. Après sa naissance, le
Brachmane passe successivement aux mains de plusieurs
surveillants, le choix de ses maîtres étant toujours proportionné à son âge et de plus en plus épuré à mesure
qu'il grandit. Mégasthène ajoute que les Brachmanes
demeurent dans des bois sacrés de médiocre étendue
qui partout précèdent les villes, que là ils n'ont pour
lits que de simples paillasses recouvertes de peaux de
bêtes, qu'ils s'y nourrissent de la façon la plus frugale,
s'abstenant de rien manger qui ait eu vie, qu'ils s'abstiennent de même d'avoir aucun commerce charnel et
passent tout leur temps à écouter de doctes dissertatiuns
sur les matières les plus sérieuses, admettant comme au-
diteur quiconque en manifeste le désir, à condition
seulement qu'on écoutera sans parler, sans tousser, ni
cracher, autrement on est puni de son peu d'empire sur
soi-même et chassé de l'assemblée pour le reste du jour.

---

1. « In superioribus Megasthenis disputationem exposuit [Strabo] de philosophis
Indorum, quorum qui montes incolant Bacchum, qui campos et planitiem Herculem
venerari. Ex quibus intellegitur alteram illam distributionem philosophorum in
Brachmanes et Garmanes vel Sarmanes ad eundem auctorem vix revocari posse;
arguit id etiam orationis forma, ita potius instituenda ἔτι δὲ ἄλλήν vel ἄλλην δ'ἔτι
διαίρεσιν ποιεῖται. Quo accedit quod præpositioni περί nullus hic locus est; quod
quia intellexerunt Coraes et Kramerus eam astericis incluserunt. Mihi oŭ eas quas
dixi caussas in περί scriptoris nomen latere videtur. » (Meineke, *Vindic. Strabon.
liber*, p. 232.) — 2. « Σαρμᾶνες dicuntur ap. Clem. Alex. *Strom.*, I, p. 305. »
(Muller, *Ind. var. lect.*, p. 1034, col. 1.) — 3. εὐδοκιμεῖν [μᾶλλον], addition de Coray.

Toutefois, après trente-sept ans d'une semblable existence,
chaque Brachmane est libre de se retirer dans sa propriété et d'y vivre à sa guise et d'une vie moins austère.
Il peut alors s'habiller de ces fines étoffes appelés *sindo-
nés*, et, sans affecter un luxe exagéré, il peut porter des
anneaux d'or à ses oreilles et à ses doigts; il peut se
faire servir de la viande à ses repas, pourvu que ce ne
soit jamais de la chair d'animaux domestiques associés
au travail de l'homme, pourvu aussi que le goût n'en
soit pas relevé par des sauces trop piquantes et par un
assaisonnement trop épicé. Il peut enfin épouser autant
de femmes qu'il voudra et cela dans le but d'avoir beaucoup d'enfants, car il est persuadé que la vertu n'a qu'à
gagner à ce que les familles soient nombreuses, et persuadé aussi (vu qu'à défaut d'esclaves qu'il lui est interdit d'avoir, c'est le service de ses enfants qui est le plus
à sa portée) que son intérêt est d'en avoir le plus possible[1]. Les Brachmanes du reste ne font pas part aux
femmes qu'ils épousent de leurs doctrines philosophiques :
ils craindraient en le faisant de s'exposer à l'une ou à
l'autre de ces alternatives, ou que leurs femmes, cédant
à leur nature vicieuse, ne communiquassent à des profanes le secret des dieux, ou que, converties sincèrement
à la vertu, elles ne se décidassent à les quitter, le vrai
sage, autrement dit quiconque méprise également et le
plaisir et la peine, et la vie et la mort (on sait que c'est
en cela qu'ils font consister la perfection de la vertu
pour la femme aussi bien que pour l'homme), le vrai sage
ne pouvant plus consentir à plier sous la volonté de personne. Le sujet habituel de leurs entretiens est la mort.
Ils croient que la vie d'ici-bas est quelque chose comme
l'état du fœtus dans les premiers moments qui suivent
la conception, et que la mort au contraire est, pour les
purs esprits initiés à la philosophie, la naissance à la vie
réelle, à la vie heureuse. Aussi s'exercent-ils, se pré-

---

1. Sur cette phrase, voyez l'*Index var. lect.* de l'édit. de Müller, p. 1034, col. 1.

parent-ils de toute manière à la mort. Ils croient encore
que rien de ce qui arrive à l'homme n'est absolument bon
ni mauvais, qu'autrement on ne verrait pas les hommes,
au gré de leurs opinions, aussi flottantes que les trompeu-
ses images des rêves, tantôt s'affliger, tantôt se réjouir
d'un même évènement, ni surtout un même homme passer brusquement d'un état à un autre et se réjouir de
l'évènement qui naguère encore l'affligeait. En matière de
physique, ils ont certaines idées qui, au dire de Mégasthène, attestent une grande simplicité d'esprit, la simplicité d'hommes dont les actions valent mieux que les paroles et qui expliquent tout par des fables ; mais il reconnaît
aussi que, sur beaucoup de points, leurs idées s'accordent
avec celles des Grecs ; que pour eux, par exemple, comme
pour les Grecs, le monde a eu un commencement, et qu'il
aura une fin ; qu'il a la forme d'une sphère et que le
Dieu qui l'a créé et qui le gouverne le pénètre et circule
dans toutes ses parties ; qu'il y a plusieurs principes ou
éléments constitutifs de l'Univers, mais qu'un seul,
l'Eau, a servi à la formation de notre monde ; qu'indépendamment des quatre éléments il existe une cinquième
substance, avec laquelle ont été faits le Ciel et les Astres ;
que la Terre, enfin, occupe le centre de l'Univers. Sur la
nature du sperme, sur celle de l'âme et sur mainte autre
question encore, leurs sentiments sont conformes aux
nôtres. Ils ont le tort seulement de trop mêler la fable
à leur philosophie. Mais n'est-ce pas là aussi ce que fait
Platon, quand il traite par exemple de l'*Immortalité de
l'âme*, des *Jugements aux enfers*, etc. etc. ? — Voilà
ce que dit [Mégasthène] au sujet des Brachmanes.

60. Passant aux Garmanes, le même auteur nous
apprend que les plus considérés d'entre eux sont désignés
sous le nom d'*Hylobii* et qu'ils vivent en effet dans les
bois, se nourrissant là de feuilles et de fruits sauvages,
s'habillant[1] avec l'écorce des arbres, et s'abstenant à la fois

---

1. ἐσθῆτοὺς φλοιῷ δενδρείῳ au lieu de ἐσθῆτος φλοίων δενδρείων, correction de Mei--

des plaisirs de l'amour et de l'usage du vin. Il ajoute
qu'ils n'en correspondent pas moins régulièrement avec
les Rois, que ceux-ci les consultent par messagers sur les
causes des évènements, et se servent d'eux comme d'intermédiaires auprès de la divinité, soit pour l'adorer, soit
pour la fléchir. Le second rang dans l'estime et le respect des populations appartient aux médecins et à ceux
d'entre les philosophes qui ont fait une étude spéciale
de l'homme. Mais, bien qu'ils vivent eux aussi avec une
extrême frugalité, ils ne sont pas tenus, comme les Hylobii, de demeurer toujours en plein air. Le riz et l'orge
nécessaires à leur nourriture leur sont fournis libérale-
ment par la première personne à qui ils s'adressent et
qui leur a ouvert sa porte. On leur attribue le pouvoir de
rendre les femmes fécondes et de les faire accoucher à volonté de garçons ou de filles au moyen de certaines drogues
qu'ils leur administrent. En général pourtant la médecine
qu'ils pratiquent consiste plutôt à prescrire un bon régime
de nourriture qu'à appliquer des remèdes. Les seuls mé-
dicaments qui trouvent grâce à leurs yeux sont les lini-
ments et les cataplasmes, tous les autres leur paraissent
plus ou moins entachés de maléfices. Du reste, médecins
et Hylobii pratiquent également la constance; on les
voit les uns et les autres s'exercer à supporter la fatigue et
la douleur, et rester par exemple tout un jour dans la
même attitude sans bouger. Les Garmanes comptent
encore parmi eux des devins, des enchanteurs, des philosophes experts dans les formules et autres rites funé-
raires, qui s'en vont mendiant de ville en ville, et de
village en village, et d'autres philosophes, qui, tout en
étant plus éclairés et moins grossiers de manières, ne se
font pas faute, au nom de la religion et de la vertu [1],
d'encourager cette croyance à l'Enfer si répandue dans

---

aeke. Voy. *Vind. Strabon.*, p. 232. Cf. Cobet, *Miscell. crit.*, p. 198, qui propose
de lire en suppléant deux mots [ἔχοντας] ἐσθῆτας [ἐκ] φλοιῶν δενδρείων.
1. ὅσα δοκεῖ [προσκαλεῖσθαι] πρὸς εὐσέβειαν καὶ ὁσιότητα, correction de M. Bernardakis, mieux justifiée que celle qu'avait proposée M. Cobet, ὅσα δοκεῖ [ὠφελεῖν]
π. ε. κ. ὁ. Voy. *Symb. crit. in Strab.*, p. 54, 55. Cf. *Miscell. crit.*, p. 198.

le vulgaire. Quelques-uns sont accompagnés de femmes qui prennent part à tous leurs exercices, à tous leurs entretiens philosophiques, et qui, comme eux, ont renoncé aux plaisirs de l'amour.

61. Aristobule raconte comment il lui fut donné de voir deux des philosophes de Taxila, Brachmanes l'un et l'autre : le plus âgé avait la tête rasée, le plus jeune au contraire portait les cheveux longs. Tous deux avaient à leur suite un certain nombre de disciples. Ils se tenaient habituellement sur la place publique, où chacun les saluait comme des oracles vivants, les laissant libres de prendre sans payer ce qui leur plaisait parmi les denrées exposées. Tout marchand de qui ils s'approchaient leur versait sur la tête de l'huile de sésame avec une profusion telle qu'il leur en coulait jusque dans les yeux, après quoi il leur laissait prendre aussi généreusement de son miel et de sa sésame ce qu'il leur fallait pour en faire les espèces de gâteaux dont ils se nourrissent. Il leur arriva de se présenter à la table du roi Alexandre, d'y prendre place et de manger avec lui; puis on les vit s'écarter en un lieu voisin, pour se livrer à leurs exercices de patience [1], et là le plus âgé des deux, se couchant à terre sur le dos, demeura bravement exposé au soleil et à la pluie (on était à l'entrée du printemps et les premières pluies tombaient déjà), tandis que le plus jeune se tenait debout sur une jambe élevant en l'air de ses deux mains une longue perche qui pouvait avoir trois coudées, et, quand il se sentait fatigué, changeant de jambe ou de point d'appui et passant ainsi la journée tout entière. Des deux brachmanes ce fut le plus jeune qui se montra de beaucoup le plus rigide; car, après avoir suivi quelque temps le Roi, il s'empressa de regagner sa résidence habituelle, et, quand on vint plus tard de la part du Roi le mander de nouveau, il répondit que le Roi n'avait qu'à se rendre auprès de lui s'il avait quelque chose à lui de-

---

1. παραστάντας δεικνύειν· καρτερίαν δ' ἀσκεῖν παραχωροῦντας au lieu de π. δ. [καὶ] καρτερίαν διδάσκειν π., correction excellente due à M. Cobet. (*Miscell. crit.*, p. 198.)

mander. L'autre, au contraire, ne quitta plus Alexandre,
et il se transforma dans sa compagnie, changeant son
costume et sa manière de vivre, et à ceux qui l'en blâ-
maient il se contentait de répondre qu'il avait accompli
les quarante années d'exercice, durée de son engagement.
Alexandre lui en sut gré et combla ses enfants de bienfaits.

62. Entre autres coutumes inouïes, entre autres bizar-
reries observées par Aristobule chez les habitants de
Taxila, nous remarquons celle-ci : Certains pères de famille, trop pauvres pour pouvoir espérer d'établir leurs
filles, les amènent sur la place du marché quand elles
sont nubiles, et là, après que la foule a été rassemblée
à son de trompe et de caisse (comme s'il s'agissait d'un
appel aux armes), ces jeunes filles, relevant leurs robes jusqu'aux épaules, par derrière d'abord, puis par devant, se
font voir nues à quiconque s'approche d'elles, et, si elles
trouvent quelqu'un à qui elles plaisent et de qui les conditions soient à la rigueur acceptables, le mariage est
conclu séance tenante. Notons encore cet usage particulier aux Taxiliens de jeter aux vautours les corps de leurs
morts. Ils ne sont pas seuls en revanche à pratiquer la
polygamie, et cette coutume est commune à beaucoup
d'autres peuples. Quant à cet autre renseignement
recueilli par Aristobule, que, dans quelques parties de
l'Inde, les femmes se laissent brûler vives sur le bûcher
de leurs maris et que celles qui n'ont pas ce courage sont
déshonorées pour toujours, il nous est confirmé par différents témoignages encore [1].

63. Onésicrite nous apprend comment il fut envoyé
par Alexandre pour conférer avec les Gymnosophistes.
Alexandre avait entendu parler d'eux, on lui avait dit
que ces philosophes allaient toujours tout nus et qu'ils
passaient leur vie à s'exercer à la patience, qu'entourés
de la vénération universelle ils refusaient de se déranger
pour personne, et que, quand on les appelait, ils répon-

---

1. « εἴρηται καὶ ἄλλοις ταῦτα. Hæc fortasse delenda. » (Meineke, *Strab. Geogr.*,
vol. III, præf., p. v.)

daient que c'était à ceux qui avaient affaire de leurs paroles ou de leurs exemples à venir les trouver. Cela étant, Alexandre n'avait pas cru convenable d'aller les visiter en personne, il n'avait pas voulu non plus leur faire faire de force quelque chose, qui répugnât à leurs habitudes et à leurs traditions, et c'est alors qu'il avait confié à Onésicrite la mission en question. Or Onésicrite rencontra à 20 stades de la ville une quinzaine d'hommes tout nus se tenant dans des attitudes différentes, les uns debout, les autres assis ou couchés à terre, attitudes qu'ils conservaient sans bouger jusqu'au soir, après quoi ils rentraient en ville. Ce qu'ils faisaient de plus difficile, au dire d'Onésicrite, c'était de rester exposés en plein soleil, alors qu'il faisait tellement chaud, que personne autre dans le pays n'eût osé sortir à midi et marcher les pieds nus.

64. Onésicrite raconte encore l'entretien qu'il eut avec un de ces Gymnosophistes, nommé Calanus, le même qui accompagna Alexandre jusqu'en Perse et qui mourut, fidèle à la tradition nationale, brûlé sur un bûcher. Onésicrite l'avait trouvé couché sur un tas de pierres. Après l'avoir abordé et salué, il lui dit qu'il était envoyé par le roi Alexandre pour entendre leurs sages discours et pour lui en transmettre l'impression, qu'en conséquence, s'il n'y voyait aucun inconvénient, il était prêt à assister à leur première conférence. Mais en le voyant enveloppé de sa chlamyde, le chapeau à larges bords sur la tête et les sandales de voyage aux pieds, Calanus lui rit au nez et prononça les paroles suivantes : « Anciennement, la surface de la terre était couverte de « farine d'orge et de froment, comme elle est couverte « aujourd'hui de poussière. Les fontaines en coulant versaient, les unes de l'eau, les autres du lait ou du miel, « d'autres du vin, quelques-unes même de l'huile. Mais, « par un effet naturel de la satiété et de l'excès de bien-« être, les hommes tombèrent dans l'insolence. Indigné « d'un pareil état de choses, *Zeus* supprima tous ces « biens et soumit la vie de l'homme à la loi du travail

« La Sagesse et les autres Vertus firent alors leur appa-
« rition dans le monde et eurent bientôt ramené l'abon-
« dance. Au point où nous voilà, cependant, on sent
« que de nouveau la satiété et l'insolence approchent et
« il est à craindre que l'homme ne se voie[1] supprimer
« une fois encore tous les biens dont il jouit. » Cela
dit, il engagea Onésicrite, s'il voulait assister à leur
conférence et en tirer profit, à se dépouiller au préalable
de ses vêtements et à se coucher nu à côté de lui sur le
même tas de pierres. Onésicrite n'était pas peu embarrassé, lorsque Mandanis[2], le plus âgé et le plus sage des
Gymnosophistes, après avoir reproché à Calanus de faire
ainsi l'insolent dans le même moment où il dénonçait
l'insolence des hommes, appela l'étranger auprès de lui
et lui dit qu'il félicitait le Roi, son maître, de ce qu'ayant
un si vaste empire à gouverner il conservait encore le
désir d'acquérir et de posséder la sagesse, qu'Alexandre
était le premier guerrier philosophe qu'il eût rencontré,
et que ce serait cependant une chose éminemment utile
si l'on voyait partout en possession de la souveraine sagesse ceux qui ont le pouvoir de rendre sages les autres
hommes par la persuasion quand ils sont dociles, par la
force quand ils résistent ; qu'il aurait aimé à lui démontrer en règle l'utilité d'un pareil résultat, mais
qu'obligé d'emprunter le secours de trois interprètes qui,
s'ils entendaient sa langue, n'entendaient pas plus sa
pensée que le reste du vulgaire, il le priait de l'excuser,
car autant vaudrait faire passer de l'eau claire par des
conduits bourbeux.

65. En somme, Onésicrite comprit que le sens des paroles
de Mandanis revenait à ceci : que la plus sage philosophie est celle qui enlève à l'âme les sensations de plaisir
et de peine ; qu'il ne faut pas confondre la peine et le

---

1. « γενισθαι non infrequenti errore scriptum est pro longiore forma γενήσεσθαι,
ut apud Strabonem XV, p. 715, ubi Calanus mundi interitum adesse prædicit :
κινδυνεύει τι ἀφανισμὸς τῶν ὄντων γενήσεσθαι, non, ut editur, γενέσθαι. » (Madvig, *Advers.*
crit., vol. I, p 175) — 2. « Κάνδο ιν E. Alus est Δάνδαμις. » (Muller, *Index var.*
lect., p. 1034. col. 1)

travail; que les philosophes voient dans la peine une ennemie, et un ami dans le travail; qu'en exerçant leurs corps
au travail ils ne font que fortifier leurs esprits pour être en
état un jour de mettre fin aux querelles des peuples et
de faire accepter universellement, dans l'intérêt de tous
et de chacun, l'autorité de leurs conseils. N'était-ce pas
lui, Mandanis, qui avait conseillé au roi Taxile d'accueillir Alexandre, parce que, de deux choses l'une : ou Alexandre lui était supérieur, et il avait tout à gagner à le connaître ; ou il lui était inférieur, et Taxile était tenu à son
tour de l'éclairer? Son discours fini, Mandanis demanda
à Onésicrite si l'on entendait en Grèce de semblables en-
seignements, et, sur sa réponse qu'on en avait recueilli
de semblables de la bouche de Pythagore, qui enseignait même à s'abstenir de rien manger qui eût eu vie,
de la bouche de Socrate également, voire de celle de Diogène, de qui lui, Onésicrite, avait été le disciple, il déclara qu'en général les philosophes grecs lui paraissaient
penser sagement, mais qu'ils avaient un tort, celui de faire
passer la loi et la coutume avant la nature; qu'autrement
ils ne rougiraient pas de faire comme lui, d'aller nus et
de vivre aussi simplement, la meilleure maison étant
celle qui a le moins besoin d'un ameublement somptueux. Onésicrite ajoute que les gymnosophistes se livrent
aussi à de grandes recherches sur les phénomènes naturels, sur les signes ou pronostics, sur la pluie, la sécheresse, les maladies; que, quand ils vont à la ville,
ils s'y dispersent dans les places et dans les carrefours,
arrêtant tout homme qui passe chargé de figues et de
raisin et s'en faisant donner par lui gratis, de même
qu'ils se font verser de l'huile sur la tête et oindre tout
le corps par le premier marchand d'huile qu'ils rencontrent ; que, comme toutes les maisons des riches jusqu'au
seuil du gynécée leur sont ouvertes, ils y entrent librement, s'asseoient à la table du maître et prennent part à
la conversation. Nous savons encore par lui que la maladie corporelle est aux yeux des gymnosophistes la flétris-

sure la plus honteuse, et qu'aussitôt qu'ils se sentent
atteints de quelque mal ils prennent la résolution de
mourir par le feu, élèvent leur bûcher de leurs propres
mains, se font frotter d'huile une dernière fois, puis, montant au haut du bûcher, s'y asseoient, donnent eux-mêmes l'ordre d'y mettre le feu, et se laissent brûler sans
faire un mouvement.

66. Voici maintenant ce que dit Néarque au sujet des
gymnosophistes : « Tandis que les brachmanes sont mê-
« lés à la politique et accompagnent les rois en qualité
« de conseillers, les autres philosophes s'occupent unique-
« ment d'observer la nature. Calanus était du nombre
« de ces derniers. Des femmes, initiées aux mêmes doc-
« trines philosophiques, vivent au milieu d'eux; mais,
« pour tous, hommes et femmes, la vie est également
« dure et austère. » Parlant ensuite des institutions et
des usages du reste de l'Inde, Néarque nous apprend que
nulle part il n'y a de lois écrites et qu'à côté de coutumes générales il y a des coutumes locales, coutumes
souvent bizarres et qui font disparate avec celles des peuples voisins; qu'ainsi dans certains pays il est d'usage
de proposer comme prix du pugilat de jeunes vierges qui
deviennent les épouses des vainqueurs et qui trouvent de
cette manière à se marier sans apporter de dot; que dans
d'autres pays le travail des champs est fait en commun
par tous les membres d'une même famille, qui, après la
récolte, prennent ce qui est nécessaire à chacun pour sa
subsistance de l'année et brûlent le reste pour qu'on soit
obligé de recommencer à travailler sans avoir jamais de
prétexte à rester oisif. Suivant le même auteur, voici
quelles sont les armes qui composent l'équipement militaire chez les Indiens : 1° un arc avec des flèches de trois
coudées, ou un javelot; 2° un bouclier rond; 3° une *machæra*, couteau à large lame, long de trois coudées. Avec
leurs chevaux, ils se servent, au lieu de mors, de caves-
sons, qui ne diffèrent guère de nos muselières que parce
que le double bord en est garni de clous.

67. Pour donner une idée de l'adresse et de la dextérité des Indiens, Néarque raconte qu'il leur suffit de voir les Macédoniens se servir d'éponges, et qu'ils eurent bientôt fait de se fabriquer quelque chose d'approchant. Ils prirent de la laine, et, à l'aide d'un carrelet, y passèrent, en tout sens, du crin, de la ficelle, des lacets, puis, soumettant le tout à une presse de foulon, obtinrent ainsi une espèce de feutre, en retirèrent le crin, la ficelle, le lacet, et le teignirent ensuite de couleurs appropriées. Beaucoup d'entre eux s'improvisèrent de même fabricants d'étrilles et de flacons à huile. Un autre détail que nous donne Néarque, c'est que les Indiens écrivent leurs lettres sur des toiles apprêtées : or, ce renseignement contredit l'assertion des autres historiens, que les Indiens ne font pas usage de l'écriture. Suivant lui aussi, ils se servent de cuivre fondu, jamais de cuivre battu : mais d'où leur vient cette préférence, c'est ce qu'il ne dit pas, bien qu'il relève les conséquences absurdes d'un pareil usage, les ustensiles de cuivre fondu qui tombent à terre se brisant en morceaux comme de simples poteries. N'omettons pas non plus un curieux détail de mœurs qu'on dit être particulier à l'Inde. Quand on approche la personne des rois ou des grands dignitaires et fonctionnaires de l'État, on ne se borne pas, comme ailleurs, à les saluer en s'inclinant devant eux : la loi veut qu'on les *adore*, comme on fait la Divinité. — Ajoutons enfin que l'Inde produit une grande quantité de pierres précieuses, de cristaux de roche, d'escarboucles diversement colorés et de perles fines.

68. Mais veut-on un exemple du peu d'accord des historiens qui ont écrit sur l'Inde? On n'a qu'à comparer leurs récits en ce qui concerne Calanus. Que ce philosophe ait suivi Alexandre et qu'il soit mort de mort volontaire brûlé sur un bûcher sous les yeux de ce prince, tous en conviennent, ils sont loin seulement de raconter tous de même les circonstances de cette mort, qu'ils attribuent du reste à des causes différentes. Ainsi, suivant

les uns, Alexandre se serait attaché Calanus comme un
simple flatteur à gage, et il l'aurait emmené avec lui
quand il avait quitté l'Inde, le faisant contrevenir ainsi
à la première règle des gymnosophistes, qui est de rester
toujours dans le pays à la disposition de leurs rois, puisque ceux-ci les ont investis d'une sorte de ministère
sacré analogue à celui qu'exercent les mages en Perse ;
Calanus serait tombé malade, pour la première fois de
sa vie, à Pasargades (il était dans sa 73ᵉ année), et, sans
avoir égard aux prières, aux instances d'Alexandre, il aurait aussitôt pris la résolution d'en finir avec la vie. On
lui aurait alors élevé un bûcher, surmonté d'un lit en or
massif ; il s'y serait couché, et, s'enveloppant la tête, se
serait laissé brûler. Mais, suivant d'autres, c'est une
maison en bois qu'on lui avait bâtie ; cette maison avait
été ensuite emplie de ramée, on y avait dressé un bûcher sur le toit, puis on avait amené Calanus en grande
pompe. Calanus avait donné l'ordre lui-même que la
maison fût fermée, et l'on n'avait pas tardé à le voir, semblable à une poutre qui s'écroule dans un brasier ardent,
se précipiter du haut du bûcher dans les flammes pour y
périr consumé. Mégasthène assure que le suicide n'est
nullement un dogme pour les philosophes indiens et que
ceux d'entre eux qui finissent ainsi sont jugés sévèrement
par les autres, qui les regardent comme autant de têtes
folles ; [qu'on fait du reste des distinctions entre eux, suivant leur genre de mort ;] que ceux qui se jettent sur la
pointe d'une épée ou se brisent le corps contre des rochers sont appelés les *durs*, ceux qui cherchent la mort
au fond des flots les *douillets*, ceux qui s'étranglent les
entêtés, ceux enfin qui meurent brûlés les *ardents ;* que
Calanus était de ceux-là, que, sans force contre ses
passions, il était devenu l'esclave de sa gourmandise et le
parasite d'Alexandre, qu'en raison de cette conduite tout
le monde lui jetait la pierre, que Mandanis au contraire
était porté aux nues, pour avoir répondu comme il avait
fait aux messagers royaux qui l'appelaient auprès du fils

de Jupiter, avec promesse de récompense, s'il obéissait,
avec menace de châtiment, s'il refusait d'obéir : il leur avait
déclaré qu'il ne reconnaissait pas comme fils de Jupiter
un prince qui ne possédait en somme qu'une assez mince
portion de la terre, que, n'ayant aucune passion à
assouvir [1], il n'avait que faire de ses présents, et qu'il
ne redoutait pas davantage l'effet de ses menaces, par
la raison que, tant qu'il vivrait, il avait dans l'Inde, sa
patrie, une bonne nourrice qui suffirait à sa subsistance,
et qu'à sa mort, débarrassé [2] d'une guenille charnelle déjà
usée par [3] la vieillesse, il gagnerait en échange une vie
meilleure, une vie plus pure. Belle réponse, qui lui avait
valu l'admiration et le pardon d'Alexandre !

69. Empruntons encore aux historiens quelques renseignements curieux.

Les divinités pour lesquelles les Indiens ont le plus
de vénération sont, après Zeus Ombrios, le Gange, un de
leurs fleuves, et les génies dits *indigètes*.

Le jour où le roi lave sa chevelure est un jour de
grande fête, pendant lequel tous les Indiens à l'envi,
pour montrer leur richesse, envoient au souverain des
présents magnifiques.

Il y a des fourmis ailées parmi les fourmis chercheuses d'or.

Les fleuves de l'Inde charrient des paillettes d'or,
tout comme les fleuves de l'Ibérie.

Dans les *pompes* ou processions solennelles, les jours
de grande fête, on voit défiler de nombreux éléphants
couverts de riches caparaçons d'or et d'argent, précédant une foule de chars attelés de quatre chevaux ou
traînés par deux bœufs, puis viennent des hommes de
guerre revêtus de leurs plus belles armures, et, après eux,

---

1. Nous avons cherché à rendre la force de l'expression κόρος. Peut-être au-
rions-nous dû admettre le changement proposé par Kramer de κόρος en πόθος. Cf.
Arrian., VII, 2, 3. — 2. ἀπαλλάξοιτο au lieu de ἀπαλλάξαιτο, correction de Cobet
(voy. *Miscell. crit.*, p. 198). — 3. ὑπό au lieu de ἀπό, correction de Coray confir-
mée par Cobet (*ibid.*), qui ajoute : « Sexcenti apud Strabonem loci hoc vitio infecti
adhuc inemendati circumferuntur. »

une suite interminable de chefs-d'œuvre d'orfèvrerie (urnes gigantesques, cratères mesurant jusqu'à une orgye de circonférence, tables, trônes, vases à boire et bassins à laver), le tout en cuivre du pays incrusté d'émeraudes, de bérils et d'escarboucles d'Inde, et une variété infinie de riches étoffes brodées d'or ; enfin, pour clore le cortège, des urochs[1], des léopards, des lions apprivoisés, avec une quantité innombrable d'oiseaux aux couleurs éclatantes ou au chant harmonieux. Clitarque parle en outre de chariots à quatre roues portant des arbres entiers à larges feuilles, et, sur les branches de ces arbres[2], toute une volière d'oiseaux privés, parmi lesquels on admire surtout l'*orion* pour l'incomparable douceur de son ramage et le *katrée* pour l'éclat et la variété de ses couleurs qui lui donnent, paraît-il, beaucoup de ressemblance avec le paon. Mais il faut lire dans le texte même de Clitarque la description complète du **katrée**.

70. Aux brachmanes certains historiens opposent d'autres philosophes appelés *Pramnes,* grands disputeurs de leur nature, qui, habitués à ergoter sur tout, tournent en ridicule les recherches physiques et astronomiques des brachmanes, et traitent ceux-ci de bavards présomptueux et insensés. Les pramnes se divisent en trois classes : les *montagnards*, les *gymnètes* et les *politiques,* autrement dits les *urbains* et les *suburbains*. Les montagnards sont vêtus de peaux de cerfs et portent des besaces remplies de racines et de simples : ils se donnent pour médecins, mais n'usent en réalité que de sorcellerie, de charmes et d'amulettes. Les gymnètes, eux, vont toujours nus, ainsi que leur nom l'indique ; ils ne vivent guère qu'en plein air et s'exercent, nous l'avons déjà dit, pendant trente-sept années consécutives, à la patience, admettant des femmes dans leur société, mais sans avoir avec elles aucun commerce charnel.

---

1. Voy. dans l'*Index var. lect.* de Müller, p. 1034, au bas de la col. 1, les différents essais de restitution auxquels a donné lieu ce passage. — 2. Cf. Ælien. *An.*, XII, 22.

Aussi inspirent-ils aux populations de l'Inde une admiration incroyable.

71. Quant aux politiques, ils ont pour vêtements, soit la *sindoné* dans l'intérieur des villes, soit la *nébride* ou peau de daim à la campagne. A ce propos-là, les mêmes historiens nous font remarquer que les Indiens ne s'habillent guère que de blanc, de toile ou de gaze blanche, contrairement à ce que d'autres avancent, que les Indiens n'ont de goût que pour les couleurs voyantes, les étoffes brochées et les robes à fleurs. Ils ajoutent que l'usage général chez eux est de se laisser pousser les cheveux et de porter toute sa barbe, et que la coiffure qu'ils ont adoptée consiste à se tresser les cheveux et à les relever au moyen d'un bandeau.

72. Suivant Artémidore, le Gange descend des monts Émodes et coule d'abord droit au midi; mais, quand il a atteint la ville de Gangé, il tourne brusquement à l'est, pour ne plus changer de direction jusqu'à Palibothra, voire jusqu'à son embouchure dans la mer. Entre tous les affluents de ce fleuve, Artémidore distingue l'Œdanès[1], qui nourrit dans ses eaux, paraît-il, des crocodiles et des dauphins. Ces renseignements ne sont pas les seuls qu'Artémidore ait donnés sur l'Inde, mais ce qu'il en dit est si confus, si oiseux, qu'il n'y a pas lieu de s'y arrêter. Complétons plutôt ce qui précède avec un extrait de Nicolas Damascène.

73. Cet historien raconte comment, étant dans Antioche *Épidaphné*, il se rencontra avec l'ambassade que les Indiens envoyaient à César Auguste. Les ambassadeurs,

---

1. « Οἰδάνην] *Iomanem*, quem dicit Plin., 6, 17, 19, indicari putans, Οἰμάνην conj. Cor.; potius Ἰομάνην leg. videri censet Kr. At dubium vix est quin Œdanes, crocodilos et delphinos alens, idem sit cum eo qui Dyardenes vocatur apud Curtium, 8, 9,9 : *Dyardenes* (*Deardenes* var. lect.) *minus celeber* (sc. quam Indus) *auditus est, quia per ultima Indiæ currit; ceterum non crocodilos modo, uti Nilus, sed etiam delphinos ignotasque aliis gentibus belluas alit.* Itaque pro Οἰδάνην legendum videtur Διοιδάνην vel fort. Διαρδάνην. Literæ ΔΙ, præcedente N, facile exciderunt. Ceterum intelligendus videtur hodiernus *Brahmaputra* fluvius, quem et in Gangem influere et suo ostio in mare exire dicere licebat » (Müller, *Ind. var. lect.*, p. 1034, au haut de la col. 2).

qui, d'après ce que marquait leur lettre d'introduction, avaient dû être très-nombreux au départ, se trouvaient actuellement réduits à trois, que Nicolas de Damas certifie avoir vus de ses yeux. Quant aux autres, ils étaient morts des fatigues d'un trop long voyage. La lettre était écrite en grec sur parchemin et marquait que Porus en était l'auteur, qu'il était seigneur et maître de six cents rois, mais qu'il n'en attachait pas moins un grand prix à l'amitié de César, qu'il était prêt à lui livrer passage sur ses terres pour aller partout où il voudrait, voire à l'aider de sa personne dans toute entreprise honnête et juste. Telle était, au dire de Nicolas de Damas, la teneur de cette lettre, qu'accompagnaient des présents portés par huit serviteurs, dont le corps, vêtu d'un simple caleçon et d'ailleurs absolument nu, était imprégné de parfums. Voici en quoi consistaient ces présents: 1° un monstre en manière d'*hermès*, amputé des deux bras depuis sa plus tendre enfance, et que nous-même avons pu voir à Rome; 2° des vipères de la plus grande taille; 3° un serpent long de 10 coudées; 4° une tortue de rivière de 3 coudées; 5° une perdrix plus grosse qu'un vautour. Les ambassadeurs avaient aussi avec eux ce philosophe qui se brûla dans Athènes. « Les philosophes « indiens, dit à ce propos Nicolas de Damas, ont recours « à ce genre de mort, non seulement dans l'adversité pour « se soustraire aux maux qui les accablent, mais dans la « prospérité même (et c'était précisément le cas de celui- « ci). Ils prétendent que l'homme qui a toujours connu « le bonheur doit sortir volontairement de la vie, et cela « par précaution, pour prévenir quelque revers de fortune « inattendu. » Nicolas de Damas ajoute que le gymnosophiste, vêtu d'un simple caleçon, et le corps bien frotté d'huile[1], avait escaladé en riant son bûcher. L'inscription que l'on grava sur son tombeau était ainsi conçue : . « Ci-gît Zarmanochégas, Indien natif de Bargosa[2],

---

1. λίπ' ἀληλιμμένον au lieu de ἐπαληλιμμένον, correction de Meineke. Cf. Kramer. — 2. Voir sur ce nom l'*Index var. lect.* de Müller.

MORT DE MORT VOLONTAIRE[1], FIDÈLE A LA COUTUME DE
SES PÈRES. »

CHAPITRE II[2].

L'Ariané qui succède à l'Inde est la première province
de l'empire Perse après l'Indus et la première des hautes
satrapies ou satrapies de l'Asie *trans-taurique*. Bornée
au midi et au nord par la même mer et par les mêmes
montagnes qui servent de limites à l'Inde, séparée de
l'Inde même par l'Indus qui sert ainsi de commune frontière aux deux pays, l'Ariané se prolonge au couchant
depuis ce fleuve jusqu'à la rencontre de la ligne que
nous avons tirée des Pyles Caspiennes à la Carmanie,
ce qui lui donne exactement la figure d'un carré. Or le
côté méridional de ce carré commence aux bouches de
l'Indus et à la Patalène, aboutit à la Carmanie et à l'entrée
du golfe Persique, où il projette vers le midi une pointe
assez marquée, puis, faisant un coude, se replie dans la
direction du golfe comme pour remonter vers la Perse. La
première nation qui se présente de ce côté est celle des
Arbies : elle tire son nom d'un fleuve, l'Arbis, qui la sépare de ses proches voisins les Orites, et occupe sur la
côte, au dire de Néarque, une étendue de 1000 stades environ, comprise encore dans les limites de l'Inde. Quant
aux Orites qui viennent ensuite, ils forment une nation
indépendante. La côte qu'ils habitent mesure 1800 stades
et précède celle des Ichthyophages qui en mesure 7400,
et, comme la côte de Carmanie qui vient ensuite et qui se
prolonge jusqu'à la Perse est de 3700 stades, on voit que le
côté méridional de l'Ariané mesure en tout 13 900 stades[3].

2. La côte des Ichthyophages est basse et presque entièrement dépourvue d'arbres, autres que des palmiers,

---

1. ἀποθανατίσας, « pro specioso isto ἀπαθανατίσας » (Müller).— 2. Voy. Vogel, *Op.
cit.*, caput alterum in quo *de Arianorum et Persicorum fontibus agitur.* —
3. τρισχίλιοι au lieu de διστίλιοι, correction de Kramer.

des arbustes épineux .d'une espèce particulière et des tamariscs [1]. L'eau et les céréales y étant d'une extrême rareté, les habitants n'ont, pour se nourrir, eux et leurs bestiaux, que du poisson, et, pour s'abreuver, que de l'eau de pluie et de l'eau qu'ils tirent de puits creusés [au fur et à mesure de leurs besoins]. Ajoutons que la chair de leur bétail sent le poisson. Leurs maisons sont généralement bâties avec des os de cétacés et avec des écailles soit d'huîtres, soit d'autres coquillages : les côtes des cétacés leur tiennent alors lieu de poutres et de piliers, et des mâchoires ils font des portes. Ils utilisent jusqu'aux vertèbres, s'en servant comme de mortiers, pour y piler le poisson, préalablement cuit au soleil, qui, mélangé d'un peu de farine, est leur unique pain. Les Ichthyophages ont en effet des meules pour moudre leur blé, bien que leur pays ne produise pas de fer. Mais le fer, on peut toujours en faire venir du dehors, il n'y a donc à cela rien d'étonnant. Ce qu'on se demande, c'est comment ils font pour aiguiser leurs meules quand le frottement les a usées. On croit pourtant qu'ils se servent à cet effet des mêmes pierres, avec lesquelles ils affilent leurs flèches et leurs épieux durcis au feu. Les Ichthyophages ont aussi des fours où ils mettent cuire quelquefois leur poisson, mais le plus souvent ils le mangent cru. Pour le prendre, ils se servent de filets faits d'écorces de palmiers.

3. Au-dessus de la côte des Ichthyophages est la Gédrosie, contrée moins torride que l'Inde, mais plus chaude que le reste de l'Asie. Très pauvre aussi en céréales et très dépourvue d'eau, si ce n'est dans la saison d'été, elle n'offre guère plus de ressources que la côte des Ichthyophages. Ce qu'elle produit le plus, c'est le nard et la myrrhe, que les soldats d'Alexandre, pendant leur marche à travers ce pays, arrachaient pour s'en faire des abris et des lits [2], heureux de pouvoir avec ces plantes aromatiques parfumer l'air et le rendre plus respirable

1. Voy. Meyer, *Botan. Erläut. su Strab. Geogr.*, p. 79.—2. Voy. Meyer, *ibid.*

et plus salubre. Alexandre avait choisi exprès l'été pour
opérer son retour de l'Inde : il savait qu'en cette saison
il pleut dans toute la Gédrosie assez pour grossir les
rivières et pour remplir les citernes et les aiguades,
tandis qu'en hiver on y manque d'eau. C'est dans le nord
de la Gédrosie, dans la partie qui avoisine les montagnes,
qu'il pleut l'été ; mais, comme ces pluies grossissent les
rivières jusqu'à les faire déborder, les grandes plaines
qui descendent vers la mer se trouvent arrosées aussi, et
toutes les citernes, toutes les aiguades en demeurent ali-
mentées pour longtemps. Le roi s'était fait précéder dans
le désert de mineurs chargés de rechercher ces différents
puits et de fourriers ayant mission de préparer les étapes
de l'armée et les stations de la flotte.

4. Il avait en effet divisé ses forces en trois corps : à
la tête du premier, il traversa toute la Gédrosie sans
jamais s'éloigner de la mer de plus de 500 stades, pour
assurer les communications de sa flotte avec la côte, et
en longeant parfois la mer elle-même là où elle est bordée de falaises presque impraticables. Il avait fait partir
le second corps avant le premier, sous la conduite de
Cratère, avec ordre de s'engager dans l'intérieur des
terres, mais de se diriger, tout en se battant et en dispu-
tant le pays pied à pied aux indigènes, vers le même
point qu'Alexandre se proposait d'atteindre avec le premier corps. Quant à la flotte, confiée, comme on sait,
à Néarque et à l'*archikybernète* Onésicrite, elle dut, tout
en demeurant libre de se choisir les stations les plus
commodes, suivre tous les mouvements de l'armée et
se régler sur la marche d'Alexandre.

5. Or Néarque lui-même nous apprend que le premier
corps, sous le commandement du roi, était déjà en marche,
quand, à l'époque du lever acronyque des Pléiades, c'est-
à-dire en automne, il donna à la flotte le signal d'appareiller, sans pouvoir attendre que les vents favorables
eussent commencé à souffler, parce que les Barbares les
serraient de près et menaçaient de les forcer dans leurs

positions, le départ du roi ayant réveillé chez eux l'audace et l'amour de l'indépendance. — Parti des bords de l'Hydaspe, Cratère traversa l'Arachosie et la Drangiane et parvint à gagner la Carmanie. Mais Alexandre eut beaucoup à souffrir, ayant trouvé partout sur sa route le sol le plus pauvre et le plus aride. Ses approvisionnements tirés de fort loin étaient nécessairement irréguliers et insuffisants, et son armée ressentit souvent les horreurs de la faim. De plus, les bêtes de somme vinrent.à manquer, et il fallut abandonner une bonne partie des bagages sur les routes et dans les différents campements que l'on quittait. L'armée dut son salut aux palmiers dont le fruit et la moelle les nourrit. On s'accorde[1] à attribuer à un sentiment d'ambitieuse rivalité l'obstination que mit Alexandre à prendre cette route, bien qu'il sût parfaitement à quoi s'en tenir sur les difficultés qu'elle présentait : il voulait prouver au monde que, dans les mêmes déserts où la renommée nous montre Sémiramis et Cyrus, après leur désastreuse campagne de l'Inde, se sauvant à grand'peine, Sémiramis avec vingt, Cyrus avec sept compagnons seulement, lui, Alexandre, saurait faire passer une armée innombrable et surmonter à sa tête tous les obstacles, et quels obstacles! on va en juger.

6. Le manque de vivres n'était pas la seule difficulté contre laquelle il fallût lutter, il y avait encore l'extrême élévation de la température, la profondeur et la chaleur du sable, et la rencontre de temps à autre de hautes dunes, dans lesquelles on avait, outre la peine de retirer ses jambes de l'espèce de mer mouvante où l'on enfonçait à chaque pas, l'ennui de toujours monter et descendre. Il fallait, en outre, pour gagner les puits, éloignés les uns des autres de deux, de quatre, voire même quelquefois de 600 stades, faire de très longues étapes et le plus souvent des marches de nuit. Ajoutons que l'on dut plus d'une fois camper à 30 stades des puits pour éviter aux

---

1. Coray lisait ici φησι au lieu de φασι, ajoutant : ἀναφέρεται γὰρ εἰς τὸν Νέαρχον.

soldats emportés par la soif des excès dangereux. On en avait vu beaucoup, en effet, quand ils trouvaient de l'eau, s'y jeter tout armés et boire à même, jusqu'à ce qu'ils coulassent au fond asphyxiés : au bout d'un certain temps leurs cadavres tout gonflés reparaissaient à la surface et en surnageant infectaient l'eau généralement peu profonde de ces fontaines. D'autres, épuisés par une longue marche en plein soleil et consumés par la soif, tombaient le long de la route sans avoir le courage de se relever, et, bientôt pris d'un tremblement général analogue au frisson de la fièvre, avec crampes dans les bras et dans les jambes, ils mouraient sur place. Il y en eut aussi qui, s'étant écartés du chemin que suivait l'armée, s'endormirent vaincus par le sommeil et la fatigue, et qui, au réveil, après s'être épuisés à chercher leur route, succombèrent à la fois au besoin et à la chaleur, ou n'échappèrent qu'au prix des plus cruelles souffrances. On perdit beaucoup de monde encore et beaucoup de matériel une nuit que l'armée fut surprise endormie et presque submergée par un torrent : une bonne partie des équipages du roi notamment fut emportée. Une autre fois, ce furent les guides eux-mêmes qui se fourvoyèrent et qui engagèrent l'armée trop avant dans les terres : déjà l'on avait perdu de vue la mer, quand le roi, s'étant aperçu de la faute commise, s'élança aussitôt de sa personne à la recherche du rivage et ne s'arrêta qu'après l'avoir atteint et s'y être assuré en creusant de la présence d'eau potable. Il envoya alors à l'armée l'ordre de rejoindre et ne la laissa plus s'écarter du rivage pendant les sept jours de marche qui suivirent, toute cette partie de la route s'étant trouvée abondamment pourvue d'eau. Ce n'est que le huitième jour qu'il s'en écarta de nouveau pour s'enfoncer dans l'intérieur.

7. N'oublions pas de dire aussi qu'il y a dans ce pays un arbuste assez semblable au laurier, et que toutes les bêtes de somme qui en mâchaient seulement quelques feuilles mouraient dans les convulsions de l'épilepsie et l'écume à

la bouche [1]; qu'on y rencontre également en très grande quantité certaine plante rampante, certaine épine, avec des fruits couchés semblables à des concombres, et pleine d'un suc si âcre que quelques gouttes tombant dans l'œil soit d'un homme, soit d'un animal, suffisaient à le rendre aveugle [2]; qu'enfin beaucoup de soldats périrent étouffés en voulant manger des dattes vertes. Un autre danger dont l'armée eut à se préserver fut la morsure des serpents, car partout dans les dunes croît une herbe sous laquelle les serpents se glissent et se tiennent cachés, et quiconque était piqué mourait infailliblement. Enfin, les Orites passent pour imprégner de poisons mortels les flèches dont ils se servent et qui sont faites de bois durci au feu. Ptolémée, blessé par une de leurs flèches, était en danger de mort, dit-on, quand Alexandre eut un songe : il crut voir pendant son sommeil un homme s'approcher de lui, cet homme tenait à la main une racine avec sa tige et ses feuilles, et, en la lui montrant, il lui recommandait d'en exprimer le suc et d'en faire une application sur la plaie du blessé. A peine réveillé, Alexandre, se rappelant toutes les circonstances de son rêve, s'était mis en quête de la précieuse racine, et, l'ayant trouvée (sans grand'peine du reste, car elle croît fort abondamment dans ces déserts), il en avait fait usage avec succès pour Ptolémée et pour d'autres blessés. De leur côté, les Barbares, frappés de la découverte miraculeuse de ce contre-poison, étaient venus en foule apporter leur soumission au roi. Il est probable que quelque indigène, instruit des propriétés de cette plante, avait livré son secret à Alexandre, mais par flatterie on crut devoir ajouter un peu de merveilleux à la réalité. Parvenu enfin à la capitale de la Gédrosie, soixante jours après son départ de chez les Orites [3], Alexandre y fit reposer quelque temps son armée, puis il se remit en route pour la Carmanie.

---

1. Voy. Meyer, *Botan. Erläuter. zu Strabons Geogr.*, p. 81-82. — 2. Voy. Meyer, *ibid.*, p. 83.—3. Sur ce nom, voy. l'*Index var. lect.* de Müller, p. 1034, col. 2.

8. Tel est le côté méridional de l'Ariané par rapport au littoral proprement dit et à la partie de la Gédrosie et du territoire des Orites située immédiatement au-dessus. Le reste de la Gédrosie (et ce n'en est pas la moindre partie) remonte assez avant dans l'intérieur pour toucher aux confins de la Drangiane, de l'Arachosie et des Paropamisades, tous pays pour lesquels, à défaut de renseignements meilleurs, nous suivrons les indications d'Ératosthène. Déjà, au sujet de l'Ariané, Ératosthène s'exprime ainsi : « Bornée à l'est par l'Indus, l'Ariané l'est encore « au sud par la Grande Mer, au nord par le Paropamisus « et les montagnes qui lui font suite jusqu'aux Pyles « Caspiennes, enfin à l'ouest par le prolongement de la « ligne de démarcation qui déjà sépare la Parthyène de « la Médie et la Carmanie de la Parætacène et de la « Perse. » Or, d'après cette délimitation, on peut prendre pour la largeur de l'Ariané les 12 ou 13 000 stades que mesure le cours de l'Indus depuis sa sortie du Paropamisus jusqu'à son embouchure. Quant à sa longueur, on peut, en partant des Pyles Caspiennes et en empruntant les distances du *Recueil des Stathmes d'Asie*, l'évaluer de deux manières : jusqu'à Alexandrie dite d'*Arie* il n'y a qu'une route, qui part des Pyles Caspiennes et traverse la Parthyène, mais, parvenue à Alexandrie, cette route bifurque, et, tandis que l'une des branches, continuant droit par la Bactriane et la traversée de la montagne, vient tomber auprès d'Ortospana chez les Paropamisades à cette espèce de carrefour que forment les trois routes venant de Bactres, la seconde branche se détourne un peu de l'Arie, pour courir au sud dans la direction de Prophthasia en Drangiane, puis, repartant de là, gagne la frontière de l'Inde et la rive même de l'Indus. Naturellement cette seconde branche, qui traverse la Drangiane et l'Arachosie et qui peut mesurer en tout 15 300 stades, est un peu plus longue que l'autre. Retranchons de ce total 1300 stades [pour la différence des deux branches], le reste (soit 14 000 stades)

représentera assez exactement la longueur de l'Ariané en
ligne droite, puisque [nous ˙avons dit que l'Ariané avait
la figure d'un carré] et qu'il est notoire que son côté maritime ne mesure guère moins de 14 000 stades aussi, en
dépit de certains calculs exagérés qui l'évaluent à 16 000
stades (dont 6000 attribués à la Carmanie), calculs dans
lesquels on a dû faire entrer en ligne de compte ou toutes
les sinuosités des golfes ou la partie de la côte de Carmanie qui se trouve en dedans du golfe Persique. Du
reste, ce nom d'Ariané s'étend encore par delà les limites
indiquées ci-dessus et s'applique non seulement à une
partie de la Perse et de la Médie, mais à une partie
aussi de la Bactriane septentrionale et de la Sogdiane,
car les populations de ces différents pays parlent à peu
de chose près la même langue.

9. Voici maintenant dans quel ordre [Ératosthène]
place les peuples dont nous parlions tout à l'heure : 1° sur
les bords mêmes de l'Indus, au pied du Paropamisus, les
Paropamisades ; 2° les Arachoti au sud des précédents ;
3° à la suite des Arachoti, en avançant toujours vers le
sud, les Gédrosènes et les autres peuples du littoral. Chacune de ces nations a son territoire bordé dans le sens
de sa largeur par l'Indus. Une partie de ces provinces
riveraines de l'Indus, la même qui anciennement dépendait de la Perse, et qu'Alexandre, après l'avoir enlevée aux
Ariani, avait peuplée de colonies grecques, dépend aujourd'hui de l'Inde, Séleucus Nicator l'ayant cédée à Sandrocottus comme garantie d'une convention matrimoniale
et en échange de cinq cents éléphants. Le territoire des
Paropamisades est bordé à l'Ouest par celui des Arii,
comme l'Arachosie et la Gédrosie le sont par le territoire
des Dranges. Ces derniers sont bordés par le territoire
des Arii tant au couchant qu'au nord; et peu s'en faut en
réalité qu'ils n'en soient enveloppés. A son tour la Bactriane borde au nord l'Arie et le pays des Paropamisades :
on sait en effet que c'est sur le territoire de ces derniers
qu'Alexandre franchit le Caucase dans sa marche sur

Bactres. Enfin, immédiatement après les Arii, on rencontre en allant vers l'ouest les Parthyæi et les peuples voisins des Pyles Caspiennes, au sud desquels s'étendent le désert de Carmanie d'abord, puis le reste de la Carmanie avec la Gédrosie.

10. Mais on connaîtra mieux encore tout ce pays de montagnes, si l'on détaille avec nous l'itinéraire que suivit Alexandre depuis la Parthyène jusqu'à Bactres pour atteindre Bessus. De la Parthyène il passa dans l'Arie[1], et de l'Arie dans la Drangiane, et c'est là qu'il fit mettre à mort le fils de Parménion, Philotas, pris en flagrant délit de complot contre sa personne, en même temps qu'il expédiait à Ecbatane des émissaires chargés de le débarrasser aussi sommairement du père, suspect à ses yeux de complicité avec le fils. A ce propos-là, on assure que ses envoyés, montés sur des dromadaires, ne mirent pas plus de onze jours à franchir une distance de trente ou quarante journées et à s'acquitter de leur mission. Des Dranges tout ce qu'on sait, c'est qu'ils vivent en général à la façon des Perses, mais que, chez eux, le vin est rare et que toute leur richesse consiste en mines d'étain. Au delà de la Drangiane, Alexandre gagna le pays des Évergètes, peuple qui doit son nom à Cyrus; il traversa ensuite le territoire des Arachoti; puis, étant entré chez les Paropamisades avec le coucher des Pléiades, il s'engagea dans la montagne. Tout ce haut pays qu'il avait à traverser était déjà couvert de neige, et sa marche en était singulièrement gênée. Mais, comme il rencontrait de nombreux villages dont les habitants l'accueillaient avec empressement et dans lesquels son armée trouvait à s'approvisionner de tout (si ce n'est d'huile pourtant), on fut vite consolé des difficultés de la route. Alexandre avait d'ailleurs laissé sur sa gauche les plus hauts sommets du Paropamisus. On sait que le versant méridional de cette chaîne est compris dans les limites de l'Inde et de

---

1. Ἀρίαν au lieu de Ἀριανήν, correction faite par Meineke sur l'indication de Coray.

l'Ariané; quant à son versant septentrional, deux nations
se le partagent, les Bactriens à l'ouest et les populations
barbares [tributaires] des Bactriens [à l'est][1]. Alexandre
prit ses quartiers d'hiver sur le territoire des Paropamisades, non loin de la frontière de l'Inde, qu'il avait alors
à sa droite; il y bâtit même une ville; puis, l'hiver fini,
s'étant remis en marche, il acheva de franchir le Paropamisus, et, pour gagner la Bactriane, dut suivre une route
qui aurait été absolument nue, si elle n'avait été bordée
d'espace en espace par quelques touffes ou buissons de
térébinthes[2]. Les vivres étant venus à manquer, il fallut
se nourrir de la chair des bêtes de somme, et qui plus
est la manger crue, faute de bois [pour la faire cuire].
Heureusement, le silphium[3] croissait en abondance dans
le pays qu'on traversait alors, et il aida à digérer cette
viande crue. Enfin, à quinze journées de marche de la
ville qu'il venait de fonder et des quartiers d'hiver qu'il
avait pris chez les Paropamisades, il atteignit la ville
bactrienne d'Adrapsa.

11. C'est à peu près du même côté par rapport à la
frontière de l'Inde qu'il nous faut placer la Chaarène[4].
La Chaarène en effet passe pour être, de toutes les provinces soumises aux Parthyæi, la plus rapprochée de
l'Inde, et l'on y arrive après avoir franchi, sur la route qui
part [d'Alexandrie] d'Arie[5] et qui coupe l'Arachosie et
le susdit pays de montagnes, une distance de 9 à 10 000
stades. — Tel est dans toute son étendue le pays que
Cratère eut à traverser : sans cesser de châtier sur son
passage les populations qui refusaient de se soumettre,
il y accéléra sa marche autant que possible pour opérer
à temps sa jonction avec le roi, [et il y réussit,] car les
deux corps d'armée arrivèrent presque en même temps
en Carmanie au rendez-vous marqué. De son côté, peu

---

1. Voy. comment Müller supplée cette lacune, *Index var. lect.*, p. 1034-1035.
— 2. Voy. Meyer, *Botan. Erläuter. zu Strabons Geogr.*, p. 83-84. — 3. Voy.
Meyer, *ibid.*, p. 39 et 178. — 4. « Aliunde de hac Chaarene nihil constat. Ni
fallor, Gandararum regio memoratur et in τὴν Χααρηνή, latet τὴν [Γα]νδαρηνήν
quam Γανδαρίδα [leg. Γανδαρῖτιν] vocat, l. XV, c. I, § 26. » Müller. — 5. « Ἀριάνη

de temps après la flotte de Néarque entrait dans le golfe
Persique, bien que beaucoup d'obstacles[1], et notamment
la rencontre de baleines énormes, eussent contrarié sa
marche.

12. Il est vraisemblable que les marins de Néarque ont
par jactance singulièrement exagéré leurs aventures, mais,
à travers toutes leurs exagérations, ils laissent parfaitement deviner ce qui leur est arrivé en réalité, à savoir
que l'appréhension chez eux a toujours dépassé le danger.
Les dimensions de ces énormes *souffleurs,* le bruit
qu'ils font en nageant et l'agitation qu'ils communiquent
aux flots, l'espèce de brouillard qu'ils forment en lançant
de l'eau par leurs évents et qui empêche de voir pour
ainsi dire à quatre pas devant soi[2], les avaient troublés
plus que tout. Seulement, quand leurs pilotes, qui les
voyaient frappés de terreur et incapables de se rendre
compte par eux-mêmes de la cause du phénomène qu'ils
avaient sous leurs yeux, leur eurent expliqué qu'ils avaient
affaire à d'énormes poissons que le son des trompettes
ou tout autre bruit suffirait à disperser, Néarque donna
ordre à sa flotte de se porter avec impétuosité vers le
point où les baleines barraient le passage et fit sonner
en même temps de toutes ses trompettes pour les effrayer.
Les baleines en effet plongèrent à l'approche des vaisseaux, mais pour reparaître et se reformer bientôt en
arrière de l'escadre, et l'on eut un moment sous les yeux
le spectacle d'un commencement de combat naval; heureusement elles ne tardèrent pas à disparaître de nouveau et cette fois définitivement.

13. Aujourd'hui encore, les voyageurs qui font la tra-

h. 1. pro Ἀρία dicitur eodem modo quo supra (XV, II, 10), sive auctoris ne-
gligentia, sive errore librariorum. Ab Ariæ Alexandria ad Indum per Arache-
siam via sec. Strabonem est 9000 fere stadiorum; quem numerum habes in
sqq.; nam recte monuerunt viri docti pro μυρίων ἰνακισχιλίων, quod nihili est,
legendum esse μ. [ἢ] l. » Müller. — 1. διά τε τὴν ἄλλην ταλαιπωρίαν au lieu de διὰ
τὴν ἄλην καὶ τὴν ταλαιπωρίαν, correction de Coray, « præeunte Xylandro », comme
dit Müller. — 2. Sur l'expression τὰ πρὸ ποδῶν et sur le retranchement nécessaire dans le présent passage du mot μέρη, voy. une note de Cobet (*Miscell.
crit.*, p. 198); mais Coray (Στραβ. Γεωγρ. Μερ... Γ, πρὸς τὸν ἀναγνώστ., σελ. ια′)
avait déjà dit : « Τὸ ΜΕΡΗ, ἂν καὶ συμφώνως ὅλοι τὸ ἔχωσι, ἠ φαίνεται περιττόν. »

versée de l'Inde parlent de ces monstres marins et des rencontres qu'ils en ont faites, mais il ne s'agit jamais que de rencontres isolées et presque toujours inoffensives, les baleines s'effarouchant et s'enfuyant dès qu'elles entendent les cris de l'homme ou le bruit des trompettes. Les mêmes voyageurs ajoutent que ces animaux n'approchent point des côtes, mais qu'après leur mort, quand leurs os ont été dépouillés de toute chair, la mer les rejette aisément, fournissant ainsi aux Ichthyophages (nous-mêmes l'avons dit plus haut) de précieux matériaux pour la construction de leurs huttes. La longueur des baleines, s'il faut en croire Néarque, peut atteindre à vingt-trois orgyes [1]. Il y avait aussi parmi les marins de la flotte un préjugé fortement enraciné. Néarque raconte comment il en démontra la fausseté. Il s'agissait d'une île située sur leur route et dont aucun vaisseau soi-disant ne pouvait approcher sans disparaître à l'instant. On citait pour exemple certain *kerkure* qui, naviguant dans les mêmes parages, avait été perdu de vue comme il approchait de cette île, et dont on n'avait plus eu de nouvelles. On avait envoyé des hommes à sa recherche, mais ces hommes n'avaient pas osé débarquer dans l'île et s'étaient contentés d'en ranger les bords de très-près [2] en appelant à grands cris les absents; puis, comme personne ne leur avait répondu, ils avaient rebroussé chemin. Voyant que tout son monde s'en prenait à l'île elle-même de la perte de ce kerkure, Néarque (c'est lui qui le raconte) s'y transporta de sa personne, et, y ayant abordé, il descendit à terre avec une partie des matelots qui l'avaient accompagné et fit le tour de l'île, mais sans plus trouver trace de ceux qu'il cherchait. Il renonça alors à chercher davantage, et, ayant rejoint sa flotte, il déclara

---

1. πηχῶν δύο καὶ ἑβδομήκοντα *Epit.*; εἴκοσι καὶ πέντε ὀργυιῶν sec. Arriani, *Ind.*, c. 30. — 2. παραπλέοντας δ'ἀνακαλεῖν au lieu de ἐκπλέοντας, ἀνακαλεῖν δὲ, etc., correction de Groskurd, admissible au moins pour le sens. « Quod etsi non recipiendum sit, dit Muller, tamen simile quid Strabo scripsisse videtur. Apud Arrianum legitur (*Indic.*, c. 31): μὴ κατασχεῖν μὲν ἐς τὴν νῆσον, ἐμβοᾶν δὲ τοὺς ἀνθρώπους· ὡς μάλιστα ἐν χρῷ παραπλώοντας·

à tous les équipages assemblés que l'île avait été calomniée, puisque autrement lui et ses compagnons auraient infailliblement péri[1], et qu'en conséquence il fallait attribuer la perte et la disparition du kerkure à une autre cause, c'est-à-dire à l'une des mille chances de destruction qui menacent le navigateur.

14. Avec la Carmanie finit la longue côte que nous avons vue commencer à l'Indus. Mais la Carmanie est située beaucoup plus au nord que l'embouchure de ce fleuve, bien que le premier cap qu'elle projette s'avance dans la Grande Mer passablement loin au midi; seulement, après avoir formé l'entrée du golfe Persique avec un promontoire que l'Arabie Heureuse envoie en quelque sorte à sa rencontre, la côte de Carmanie fait un coude et remonte dans la direction de ce même golfe jusqu'aux confins de la Perse. Ajoutons que la Carmanie s'enfonce aussi fort avant dans l'intérieur entre la Gédrosie et la Perse, et qu'elle dépasse même de beaucoup la Gédrosie vers le nord, comme l'atteste du reste son extrême fertilité. Il n'y a rien en effet que son sol ne produise, et, à l'exception de l'olivier, elle possède toutes les grandes espèces d'arbres; de plus, on peut dire que des cours d'eau la sillonnent en tous sens. La Gédrosie au contraire diffère à peine de la côte des Ichthyophages, et, comme elle est exposée elle aussi à de fréquentes disettes, ses habitants sont tenus à réserver toujours une partie de la récolte de l'année en vue des années suivantes. Onésicrite parle en outre d'un fleuve de la Carmanie qui roule des paillettes d'or; il signale même la présence dans le pays de mines d'argent, de cuivre et de minium, voire d'une montagne d'orpiment et d'une montagne de sel. En revanche, dans la partie où elle touche à la Parthyène et à la Parétacène, la Carmanie n'est plus qu'un désert. Ailleurs, ses productions agricoles sont absolument les mêmes que celles de la Perse; on y cultive beau-

---

1. Voy. sur ce membre de phrase une remarque grammaticale de Cobet, *Miscell. crit.*, p. 199.

coup la vigne notamment. Le plant connu dans nos pays sous le nom de *plant de Carmanie* donne parfois des grappes de deux coudées, à grains déjà très gros et très serrés, mais il y a apparence que, dans le pays même dont il est originaire, il a encore plus de force. Les indigènes de la Carmanie se servent communément, voire pour la guerre, d'ânes au lieu de chevaux, les chevaux chez eux étant très-rares. Aussi est-ce toujours un âne qu'ils offrent à Mars comme victime, à Mars, la seule divinité qui soit chez eux l'objet d'une grande vénération. Ils sont en effet naturellement belliqueux; et pas un homme chez eux ne se marie avant d'avoir coupé la tête à un ennemi et avant de l'avoir rapportée au roi. Le roi garde la tête pour exposer le crâne plus tard sur son palais, mais il arrache la langue, la coupe en menus morceaux qu'il saupoudre de farine de froment, goûte lui-même à ce mets friand et donne le reste à celui qui lui a apporté le trophée, pour qu'il s'en régale avec ses parents et amis. La gloire du roi se mesure au nombre de têtes qui lui ont été apportées. D'autre part, Néarque assure que les Carmanites ont emprunté aux Perses et aux Mèdes la plus grande partie de leurs usages et des mots de leur langue. — L'entrée du golfe Persique n'a pas en largeur plus d'une journée de navigation.

CHAPITRE III.

La Perse, qui fait suite à la Carmanie, a déjà une bonne partie de son territoire qui borde le golfe appelé de son nom *golfe Persique*, mais le reste, c'est-à-dire tout ce qui, remontant vers l'intérieur, s'étend dans le sens de sa longueur, du sud au nord, ou, en d'autres termes, depuis la Carmanie jusqu'aux populations limitrophes de la Médie, en constitue de beaucoup la plus grande partie. Considérée par rapport au climat et à la nature du sol,

la Perse offre trois zones distinctes : une première zone
maritime, torride, sablonneuse, pauvre en produits autres
que les fruits des palmiers, zone qui peut mesurer 4300
ou 4400 stades d'étendue et qui s'arrête au cours de
l'Oroatis [1], le plus grand fleuve de la contrée ; une seconde
zone située au-dessus de celle-là, zone riche en productions
de toute sorte, composée de plaines et d'excellents pâturages et de plus abondamment pourvue de rivières et de
lacs ; une troisième zone enfin, boréale, froide et montagneuse, habitée à sa limite extrême par des pâtres ou
conducteurs de chameaux. Dans le sens de sa longueur,
c'est-à-dire du sud au nord, la Perse, suivant Eratosthène,
mesure : 1º [jusqu'à la frontière de Médie,] 8 [ou 9000
stades,] [2] suivant qu'on part de tel promontoire du golfe
Persique ou de tel autre ; 2º de la frontière de Médie aux
Pyles Caspiennes, 3000 stades au plus [3]. Quant à sa longueur, on peut, en la prenant dans l'intérieur des terres,
la décomposer ainsi : 1º de Suse à Persépolis, 4200 stades ;
2º de Persépolis à la frontière de Carmanie, 16 000 stades.
Parmi les différentes tribus qui habitent la Perse, on distingue les Patischores, les Achæménides, les Mages zélés
observateurs de la morale et de la vertu, les Cyrtii et les
Mardes, dont une partie est adonnée au brigandage, tandis que le reste s'occupe uniquement d'agriculture.

2. A la rigueur on peut dire que la Suside, province
située entre la Perse et la Babylonie et qui renferme la
grande et belle ville de Suse, est devenue elle aussi depuis
longtemps partie intégrante de la Perse. Et en effet,
après que les Perses et Cyrus eurent vaincu les Mèdes,
ils ne tardèrent pas à faire la comparaison entre leur propre pays, relégué en quelque sorte aux extrémités de la
terre, et la Suside, qui, par sa position centrale, se trouvait plus à portée de la Babylonie et des autres grands
États de l'Asie, et ils y transportèrent le siége de leur

---

1. Voy. toutes les variantes de ce nom dans l'*Index var. lect.* de Müller,
p. 1035, col. 1. — 2. Voy. Müller, *ibid.* — 3. τριαχιλίων au lieu de διοχιλίων, « ut
monuit Grosk., coll. p. 525, ed. Cas. » Müller.

empire. Outre cet avantage de la proximité, outre le prestige attaché au nom de Suse, une troisième[1] considération les avait décidés, c'est que jamais la Suside n'avait
par elle-même rien entrepris ni rien réalisé de grand;
c'est qu'elle avait toujours eu des maîtres, qu'elle avait
toujours dépendu d'empires plus vastes, si ce n'est peut-
être à l'origine et aux époques héroïques de son histoire.
Suse passe en effet pour avoir été fondée par Tithon,
père de Memnon, qui lui aurait donné, avec un mur d'enceinte de 120 stades, la forme oblongue qu'elle a. Ajoutons que sa citadelle de toute antiquité s'est appelée le
Memnonium et que, suivant Eschyle, Memnon avait pour
mère Cissia, ce qui explique pourquoi les habitants de
la Suside sont souvent appelés les Cissiens; que Memnon,
du reste [n'a pas son tombeau à Suse], qu'il a été enseveli
aux environs de Paltos en Syrie, sur les bords du fleuve
Badas[2], comme le marque Simonide dans le dithyrambe
qu'il a intitulé *Memnon* et qui fait partie de son recueil
de *Chants déliaques*. Si ce qu'on dit est vrai, les murs,
les temples, les palais de Suse, comme ceux de Babylone,
auraient été bâtis de briques cuites au feu et d'asphalte.
Mais[3] s'en rapporte-t-on à Polyclète, Suse aurait eu à
l'origine 200 stades de tour et point de mur d'enceinte.

3. Toutefois la prédilection marquée avec laquelle les
Perses embellirent le palais de Suse ne leur fît rien
perdre de leur vénération pour les monuments de Persépolis et de Pasargades. Ils entretenaient dans ces deux
villes, tant à cause de leur assiette plus forte que parce
que les plus antiques traditions nationales se rattachaient à elles, les *gazophylakia*, les *trésors* et les tombeaux de leurs rois. Ils avaient aussi d'autres palais,
d'autres résidences royales, ils en avaient à Gabæ dans

---

1. τρίτον au lieu de κρείττον, correction commune à Tyrwhitt et à Coray, et que
Müller paraît agréer : « fort. recte, » dit-il dans son *Index var. lect.*, p. 1035,
col. 1. — 2. « Pro Βαδᾶν legendum esse suspicor Βαλᾶν seu Βαλῆνα, i. e. βαλῆνα,
regem, siquidem fluvius iste hodie vocatur *Nahr el Melech*; nam melech (μάλχος)
regem significat » (Müller, *ibid.*). — 3. δέ au lieu de τι, correction commune à
Coray, à Meineke et à Müller.

la haute Perse et à Taocé[1] sur la côte. Du moins en était-il ainsi au temps de la domination ou suprématie persane, mais dans la suite, après que la Perse eut été démembrée par les Macédoniens et plus encore par les Parthes, ces antiques palais se virent abandonner pour des demeures naturellement plus modestes : car, si jusqu'à présent la Perse a conservé des rois à elle, ceux-ci ont beaucoup perdu de leur puissance et ils dépendent en fait aujourd'hui du roi des Parthes.

4. Suse est située dans l'intérieur des terres sur la rive ultérieure du Choaspe, juste à la hauteur du *Zeugma*[2], mais son territoire, autrement dit la Suside, s'avance jusqu'à la mer, occupant là, depuis le point extrême du littoral de la Perse jusqu'aux bouches du Tigre, une étendue de côtes qui peut être évaluée à 3000 stades[3]. Le Choaspe vient finir en un point de cette même côte son cours commencé sur le territoire des Uxiens et poursuivi à travers toute la Suside. On sait qu'il existe un pays de montagnes dont les escarpements forment entre la Suside et la Perse une barrière percée de défilés à peine praticables et défendue par une population de brigands qui rançonnaient naguère le Grand Roi lui-même, quand il quittait sa résidence de Suse pour se rendre en Perse. [C'est là l'Uxie ou le pays des Uxiens.] Suivant Polyclète, le Choaspe, l'Eulæus, voire le Tigre, tombent dans un même lac, puis en ressortent pour aller se jeter séparément dans la mer. Polyclète ajoute qu'on a dû établir sur les bords de ce lac une sorte d'entrepôt[4] pour les marchandises qui, ne pouvant remonter depuis la mer ni descendre jusqu'à la mer par la voie des fleuves, à cause des nombreux barrages dont on a exprès obstrué le cours inférieur de ceux-ci, sont toutes trans-

---

1. Ταόχην au lieu de Ὤχην ou Ὤχην, correction de Casaubon empruntée à Arrien et à Ptolémée. — 2. Coray voulait qu'on lût ici περαιτέρω [ἢ] κατὰ τὸ ζεῦγμα : « *perperam*, » dit Müller. — 3. Gossellin conjecture qu'il y a ici une faute, et qu'il faudrait lire δισχιλίων au lieu de τρισχιλίων. — 4. « Fortasse intelligenda est Ἀγινις κώμη illa quam ad Tigris ostia sitam atque D stadia Susis abesse tradidit Nearchus. Voy. § 5, et Arrian. *Ind*., c. 42 » (Kramer).

portées par terre jusqu'au lac d'où elles n'ont plus
que 800 stades [1] à franchir pour être rendues à Suse [2].
D'autres prétendent que toutes les rivières de la Suside se
réunissent avec le Tigre en un seul courant, juste à la
hauteur [3] des canaux intermédiaires dérivés de l'Euphrate
dans le Tigre, et que c'est pour cette raison que le cours
inférieur du Tigre a reçu le nom de Pasitigris.

5. Néarque, qui a rangé toute cette côte de la Suside,
la représente comme semée partout de bas-fonds, et la
termine au cours de l'Euphrate. « Là, dit-il, tout près de
l'embouchure, se trouve un gros bourg qui sert d'entrepôt aux marchandises venant d'Arabie, car de l'autre
côté de l'embouchure de l'Euphrate et du Pasitigris c'est
la côte de l'Arabie qui fait suite immédiatement. Quant
à l'intervalle des deux embouchures, il est tout entier
couvert par un lac ou étang dans lequel se déverse le
Tigre. En remontant le cours du Pasitigris l'espace de
150 stades, on atteint le pont de bateaux qui de la Perse
mène à Suse, mais qui débouche encore à 60[0] [4] stades
de cette ville. » Néarque ajoute qu'il y a une distance de
2000 stades environ de l'embouchure du Pasitigris à celle
de l'Oroatis; — qu'en traversant le lac et en remontant
jusqu'à l'endroit [de sa rive supérieure] où débouche le
Tigre on a à franchir une distance de 600 stades, et que
tout à côté de ce débouché du Tigre il y a un bourg [dit
Aginis] [5], dépendant de la Suside et distant de Suse de
500 stades; — qu'en remontant d'autre part le cours de
l'Euphrate depuis son embouchure jusqu'à Babylone on
traverse, sur une étendue de plus de 3000 stades, un
pays riche et bien cultivé. Au dire d'Onésicrite maintenant, tous ces fleuves, et l'Euphrate aussi bien que le

---

1. « χιλίους excidisse ante ὀκτακοσίους suspicantur conjectura parum firma Gossellin et Grosk., coll. Arrian., Ind., c. 42, Plin., 6, 27, 31 » (Müller). —
2. « ἄλλοι om. Coray. Potius λέγουσιν ἄλλοι delenda esse, utpote ex sequenti-
bus orta, et præcedentia ad unam Polyclitum pertinere probabiliter statuit Kramerus » (Müller, Index var. lect., p. 1035, au bas de la col. 1). — 3. κατά
au lieu de καί, correction de Coray admise par Meineke. — 4. « Pro ἑξάκοντα
legendum ἑξακοσίους, ut bene monuit Kramerus » (Müller, ibid.). — 5. « Excidisse
Ἀγινιν, nomen istius vici (V. Arrian., Ind., c. 42), conj. Cor., Grosk., Kramer,
probabiliter » (Müller, ibid.).

Tigre, déboucheraient dans le lac, mais l'Euphrate en ressortirait et irait se jeter dans la mer par une embouchure distincte.

6. Après qu'on a franchi les cols de l'Uxie et qu'on est entré en Perse, il semble que les défilés se multiplient. Alexandre put vérifier le fait, car il força tous ces défilés les uns après les autres, soit dans sa marche pour atteindre les Pyles Persiques, soit dans ses diverses reconnaissances pour observer les positions les plus fortes du pays et pour rechercher ces *gazophylakia*, ces trésors, où étaient venus s'accumuler pendant tant d'années les tributs levés par les Perses sur l'Asie tout entière. Mais plus nombreux encore étaient les fleuves qu'il eut à franchir dans ces différentes expéditions. Qu'on en juge, voici tous les cours d'eau qui coupent le pays pour aller se jeter dans le golfe Persique. Au Choaspe succède immédiatement le Copratas[1] [qui, comme le Choaspe, descend des montagnes de l'Uxie;] puis vient le Pasitigris. Il y a aussi le Cyrus qui traverse toute la *Cœlé-Perside* ou Perse Creuse et qui baigne l'enceinte de Pasargades[2]. Le Cyrus est le même fleuve de qui le fondateur de la monarchie persane emprunta[3] le nom, ayant quitté pour le prendre le nom d'Agradate qu'il avait porté jusque-là. Près de Persépolis enfin Alexandre dut franchir l'Araxe. Persépolis était assurément après Suse la ville la plus grande, la plus belle de tout l'empire perse, et elle possédait entre autres monuments un palais dont la magnificence extérieure n'était rien au prix des richesses de toute sorte qui y étaient enfermées. L'Araxe descend de la Parætacène : il se grossit du Médus, qui vient, lui, de la Médie. Une fois réunis, ces deux cours d'eau parcourent une vallée extrêmement fertile, limitrophe de la

---

1. L'un des mss du Vatican donne la forme Κοπράτης, qui se trouve également dans Diodore, XIX, 18. — 2. Cobet veut qu'on lise παρὰ Πασαργάδας au lieu de περὶ, et il ajoute : « Etiam aliis locis apud Strabonem vitiose dicitur fluvius urbem *circum* fluere pro *præter* fluere (περὶ pro παρά) » (*Miscell. crit.*, p. 199). — 3. μετέβαλε, correction suggérée à Tzschucke et à Coray par une conjecture de Casaubon.

Carmanie, et qui, comme Persépolis elle-même, se trouve comprise dans la partie orientale de la Perse. Alexandre incendia le palais de Persépolis, pour venger les **Grecs** de l'injure que les Perses leur avaient faite naguère en dévastant par le fer et le feu les temples et les villes de la Grèce.

7. Puis il se rendit à Pasargades, curieux de visiter l'antique palais de cette ville. Il y vit en même temps, dans l'un des parcs ou jardins, le tombeau de Cyrus, construction en forme de tour, assez peu haute pour qu'elle demeurât presque cachée par les ombrages épais qui l'entouraient : pleine et massive par le bas, cette tour se terminait par une terrasse surmontée d'une chambre sépulcrale où donnait accès une entrée unique, extrêmement étroite. Aristobule raconte comment, sur l'ordre d'Alexandre, il franchit cette étroite entrée et pénétra dans le sanctuaire pour déposer sur le tombeau l'offrande royale : il y vit un lit en or, une table chargée de coupes, un cercueil également en or, enfin une quantité de belles étoffes et de bijoux précieux enrichis de brillants. Tel était l'aspect que présentait le tombeau de Cyrus à l'époque du premier voyage d'Aristobule ; mais, plus tard, quand il le revit, le tombeau avait été pillé et ses différents ornements avaient disparu, à l'exception pourtant du lit et aussi du cercueil, qu'on s'était contenté de briser, après avoir déplacé le corps, preuve évidente que cette profanation était le fait de vulgaires brigands qui n'avaient laissé que ce qui était par trop difficile à enlever, et que le satrape n'y était pour rien. En tout cas ceux qui avaient fait le coup avaient opéré malgré la présence d'une garde permanente composée de mages, qui recevaient un mouton chaque jour pour leur nourriture[1], plus un cheval tous les mois. Mais le départ de l'armée d'Alexandre pour ses expéditions lointaines de la Bac-

---

1. σιτῆσιν au lieu de σιτίσιν, correction de Cobet, qu'il motive ainsi : « Quoniam anseres et aliæ volucres σιτίζονται, sed sacerdotes σιτοῦνται, corrigendum σιτῆσιν » (*Misc. crit.*, p. 199).

triane et de l'Inde avait été un signal général de troubles
et de désordres, et c'est ainsi qu'entre autres malheurs on
avait eu à déplorer cette profanation du tombeau de Cyrus.
Tel est le récit d'Aristobule, qui, par la même occasion,
nous fait connaître l'inscription que portait le tombeau :

« Passant, je suis cyrus; j'ai donné aux perses l'empire
« du monde; j'ai régné sur l'asie : ne m'envie donc point
« cette tombe. »

Onésicrite, lui, prétend que la tour avait dix étages,
et que le corps de Cyrus avait été déposé à l'étage supérieur. Il ajoute qu'on lisait sur le tombeau une première
inscription rédigée en grec, mais gravée en caractères
persans, dont voici la teneur :

« C'est ici que je repose, moi, cyrus, le roi des rois, »

et qu'il y en avait une autre à côté en langue persane disant absolument la même chose.

8. Onésicrite nous a conservé également l'inscription
du tombeau de Darius :

« J'ai été l'ami de mes amis. Je suis devenu le meilleur
« cavalier, l'archer le plus-habile et le roi des chas-
« seurs. J'ai su, j'ai pu tout faire. »

Nous lisons maintenant dans Aristus de Salamine,
auteur, à vrai dire, beaucoup plus moderne que les deux
précédents, que la tour était à deux étages seulement,
mais très haute; que son érection datait de l'époque où
la domination persane avait succédé à celle des Mèdes et
qu'une garde permanente y veillait sur le tombeau de
Cyrus. Le même auteur ajoute que l'inscription en question était en langue grecque et qu'il y en avait une autre
à-côté en langue persane ayant à peu près le même
sens. La grande vénération de Cyrus pour Pasargades
venait de ce qu'il avait livré sur l'emplacement de cette
ville la dernière bataille dans laquelle Astyage le Mède
avait été vaincu, bataille décisive qui avait transporté

entre ses mains l'empire de l'Asie. C'était même pour consacrer à tout jamais le souvenir de cet événement qu'il avait fondé la ville et bâti le palais de Pasargades.

9. Alexandre recueillit toutes les richesses de la Perse et les fit transporter à Suse, pour les réunir aux trésors et aux monuments dont cette ville était déjà pleine. Mais il n'en fit pas pour cela sa capitale : il lui préféra Babylone, dont il avait dès longtemps projeté la restauration et qui contenait elle-même de riches trésors. On assure qu'en dehors de ces trésors de Babylone et du trésor pris dans le camp de [Gaugamèle] [1], les trésors de Suse et ceux de la Perse représentaient une valeur réelle de 40 à 50 000 talents. Suivant d'autres témoignages, tous les trésors recueillis dans les différentes parties de l'empire avaient été dirigés sur Ecbatane et montaient ensemble à la somme de 180 000 talents. Restait une somme de 8000 talents que Darius avait emportée avec lui, quand il s'était enfui loin de la Médie ; cette somme-là fut pillée par les meurtriers de Darius, qui se la partagèrent.

10. En préférant Babylone à Suse pour en faire sa capitale, Alexandre avait eu égard assurément aux dimensions incomparablement plus grandes de son enceinte et aux autres avantages de sa position, mais il avait dû considérer aussi que la Suside, toute riche et toute fertile qu'elle est, a un climat de feu, et que la chaleur y est intolérable dans la partie précisément où est Suse. C'est ce que dit [Polyclète] [2]. Il ajoute même qu'à midi, quand

---

. 1. « Raro vidi feliciorem emendationem quam qua Madvigius in integrum restituit locum Strabonis, pag. 731, ubi enumerat πάντα τὰ ἐν τῇ Περσίδι χρήματα prædam Alexandri : φασὶ δὲ χωρὶς τῶν ἐν Βαβυλῶνι καὶ τῶν ἐν τῷ στρατοπέδῳ τῶν περὶ ΤΑΥΤΑ ΜΗ Ληφθέντων αὐτὰ τὰ ἐν Σούσοις... τέτταρας μυριάδας ταλάντων ἐξιτασθῆναι. Felicissime repperit Strabonis manum, quæ hæc est : τῶν ἐν τῷ στρατοπέδῳ ΤΩΙ περὶ ΓΑΥΓΑΜΗΛΑ ληφθέντων. Cf. p. 737. Γαυγάμηλα κώμη ἐν ᾗ συνέβη νικηθῆναι καὶ ἀποβαλεῖν τὴν ἀρχὴν Δαρεῖον, et addit : οἱ μέντοι Μακεδόνες περὶ Ἄρβηλα τὴν μάχην κατεγγυμισων » (Cobet, Miscell. crit., p. 199. Cf. Madvigii Advers. crit., vol. I, p. 136).
— 2. Ὥς φησιν ἐκεῖνας (ut ille dicit). Ce pronom, intraduisible en français, vu que quo referendum sit prorsus obscurum est, a fort embarrassé les éditeurs, traducteurs et commentateurs de Strabon. Coray avait été tenté d'abord de le rattacher au dernier nom propre exprimé, au nom d'Alexandre. « Il serait bien possible, disait-il (t. V, p. 126, de la trad. franç. de Strabon), que ce prince eût parlé du climat de la Suside dans les lettres qu'il envoyait à sa mère ou à Antipater ».

le soleil est le plus ardent, lézards et serpents n'ont pas le temps de franchir les rues de la ville et meurent grillés à moitié chemin. Or nulle part en Perse il n'arrive rien de pareil, bien que la situation du pays soit sensiblement plus méridionale. Aristobule dit encore que des baignoires d'eau froide exposées là au soleil s'échauffent instantanément ; — que l'orge dans les sillons saute et

Mais un scrupule grammatical a arrêté Coray : « Strabon, ajoute-t-il avec toute raison, aurait dit dans ce cas ὥς φησιν αὐτός. » D'autres, comme Kramer, n'ont vu dans ce malencontreux pronom qu'une négligence de rédaction (Voy. *Strab. Geogr.*, vol. III, p. 253) ; seulement, pour avoir fait suivre son jugement de cette accusation un peu trop vague à la vérité : « haud pauca praeterea negligentiæ vestigia in hac Straboniani operis parte offenduntur », Kramer s'est attiré toutes les sévérités de M. Madvig. « Hujus modi [negligentiæ], s'écrie celui-ci (*Advers. crit.*, vol. I, p. 136-137 en note), saltem unum exemplum posuisset. » M. Madvig, lui, est de ceux qui voient dans le mot ἱκέτνος une altération du texte primitif et qui croient qu'il cache dans ses flancs un nom propre, le nom de l'historien ou du géographe que Strabon a entendu citer. Mais, il faut bien le dire, il n'a pas eu dans cet essai de restitution le même bonheur qu'au paragraphe précédent, quand il tirait le nom de ΓΑΥΓΑΜΗΛΑ des trois mots vulgaires ΤΑΥΤΑ ΜΗ Λῃφθέντων, il a essayé de dégager d'ΕΚΕΙΝΟC le nom de ΠΟΛΥΚΛΕΙΤΟC qu'il soupçonnait devoir y être contenu, et lui-même reconnaît que « litteræ longe recedunt ab eo ». Il est facile de voir qu'on n'en dégagerait pas plus facilement le nom d'Ἀριστόβουλος, qu'en désespoir de cause Coray et Müller ont introduit, le premier dans sa traduction française, le second dans la traduction latine de l'édition Didot. Comme critique, M. Müller, dans son *Ind. var. lect.*, constate que le problème est embarrassant : « Quæritur, dit-il, an negligentius dictum sit, an corruptum », mais, non plus que M. Meineke dans ses *Vind. Strab.*, il ne hasarde un mot d'explication. Cela étant, et les maîtres de la philologie et de la paléographie se récusant en quelque sorte, on nous pardonnera de proposer une explication qui, pour être, nous l'avouons, tirée d'un peu loin, mérite néanmoins d'être pesée. Nous commençons par dire que nous maintenons dans le texte le mot ἱκέτνος, que nous le croyons bien et dûment écrit (n'en déplaise à M. Madvig) par Strabon, qu'avec Kramer nous y voyons une négligence ou pour mieux dire une inadvertance de l'auteur, et qu'avec MM. Madvig et Vogel (*op. cit.*, p. 46-47) nous croyons que c'est bien réellement du nom de Polyclète que ce pronom tient la place. Nous ajouterons que, dans tout le cours de notre traduction, nous avons cherché à surprendre et à noter au passage les procédés de travail de Strabon, et par là nous entendons, non pas seulement son plan, sa méthode de composition, ses habitudes de rédaction, mais jusqu'aux dispositions matérielles dans lesquelles avait pu s'élaborer une pareille compilation. Cette multiplicité de citations, mises bout à bout et dont quelques-unes sont fort longues, implique une installation appropriée, une salle de bibliothèque, où se trouvent réunis et classés tous les auteurs à consulter, bibliothèque familière à l'auteur, et où il puisse commodément puiser soit par ses propres mains, soit plutôt par les mains d'un secrétaire instruit et bien dressé, au fur et à mesure que le travail de rédaction avance. Or, dans le cas présent, nous le supposons assis à sa table de travail et écrivant. Il en est arrivé à la description de la Suside ; sur ses indications, son secrétaire a dû atteindre et dérouler un certain nombre de volumes : 1° un Hérodote (cet Hérodote que M. Cobet lui reproche de consulter sans cesse et de citer la moins qu'il peut) ; 2° le recueil des *Déliaques* de Simonide ou tout au moins un exemplaire de son *Memnon* ; 3° le *Journal* ou Périple de Néarque ; 4° l'ouvrage de Polyclète, qui paraît avoir été son guide préféré, pour cette partie de l'Asie ; 5° l'histoire ou le roman d'Onésicrite ; 6° les *Mémoires* d'Aristobule ; 7° l'ouvrage plus récent d'Aristus de Salamine. Il vient de consulter ces trois derniers auteurs pour les besoins de sa longue description du tombeau de Cyrus ; il vient de se livrer, au sujet des trésors laissés ou emportés par

frétille [1] au soleil comme les pois dans la poêle ; — que,
pour protéger les maisons contre l'excès de la chaleur,
on en recouvre les toits de deux coudées de terre ; que le
poids de cette terre oblige à faire toutes les maisons
étroites et longues [2], bien qu'on dispose rarement de poutres très longues ; mais qu'il faut absolument avoir de
l'espace dans les maisons, sans quoi on y étoufferait
immanquablement. Le même auteur, à ce propos, constate une singulière propriété de la poutre de palmier [3].
« Les plus solides, dit-il, au lieu de céder avec le temps
« et de fléchir sous le poids qu'elles supportent, se voû-
« tent de bas en haut en se roidissant, et n'en soutien-
« nent que mieux le toit de l'édifice. » On attribue du
reste ces chaleurs excessives de la Suside à ce que la
haute chaîne de montagnes qui lui sert de bordure septentrionale intercepte pour ainsi dire les vents du nord,
qui, soufflant alors de très-haut, passent pour ainsi dire
au-dessus des plaines de la Suside sans les toucher et
atteignent seulement l'extrémité méridionale du pays.
Ajoutons que la Suside est sujette à de longs calmes, qui
coïncident précisément avec l'époque de l'année pendant
laquelle les vents étésiens rafraîchissent les autres contrées de la terre que les grandes chaleurs ont brûlées et
desséchées.

11. En revanche, la Suside est si fertile en grains, que,

Darius, à des calculs qui ont bien pu absorber son attention et qui seraient alors
pour quelque chose dans sa prochaine étourderie. C'est alors qu'il reprend le
cours de sa description proprement géographique ; il s'agit de traiter de l'intérieur de la Suside. Il lui faut naturellement recourir de nouveau à Polyclète. Mais
son Polyclète est relégué pour le moment un peu loin de lui et le désignant du
doigt à son secrétaire il prononce quelque chose comme les paroles suivantes :
« Au tour de CELUI-LA maintenant », ou « revenons à CELUI-LA, LA-BAS. Que
dit-il ? » Et le secrétaire de répondre : Celui-là dit : Εὐδαίμων δ'οὖσα ἡ Σουσίς, etc. »
Strabon écrit sous sa dictée, et la phrase finie, quand il en est arrivé à sa formule
ordinaire ὥς φησιν, au lieu d'inscrire le nom de Polyclète, c'est le malencontreux
ἐκεῖνος prononcé par lui-même, répété par son secrétaire, qu'il écrit machinale-
ment. — 1. ἀλλᾶσθαι au lieu de ἀλιαίνεσθαι ou d'ἀλήθεσθαι, correction suggérée à
Coray par un double passage de Plutarque (Alex.. 35) et de Théophraste (De pl., 8.
11), reproduite par Meineke et approuvée par Müller. Voy. Index var. lect,
p. 1035, col. 2. Kramer, en revanche, s'efforce de défendre la leçon des manuscrits. — 2. Il n'y a pas à tenir compte de la correction μικροὺς faite par Xylander et reproduite par Tzschucke. — 3. Voy. Meyer, Botan. Erläuter. zu Strabons
Geogr., p. 84-86.

dans les terrains plats et unis, l'orge et le froment y
rendent cent, et parfois même deux cents pour un. Il est
vrai qu'on a grand soin de n'y pas creuser les sillons
trop près les uns des autres, ces plantes ayant besoin,
pour ne pas être gênées dans leur développement, que
leurs racines ne soient pas trop serrées. De même, quand
la vigne, que le pays ne produisait pas originairement,
y fut importée par les Macédoniens qui l'avaient im-
plantée déjà en Babylonie, on n'eut point de fosses à
creuser, on se contenta d'enfoncer en terre des piquets,
des échalas, garnis de fer à leur extrémité, qu'on enleva
ensuite pour les remplacer tout aussitôt par les ceps
eux-mêmes. — Tel est l'aspect que présente l'intérieur de la
Suside [1]. Quant au littoral, il se trouve être, avons-nous
dit, semé de bas-fonds et dépourvu de ports, et c'est ce
qui explique l'impossibilité où fut Néarque (lui-même a
raconté son embarras dans son *Journal*) de se procurer
des pilotes indigènes, lorsque, venant de l'Inde, il eut
à ranger toute cette côte pour gagner la Babylonie, sans
pouvoir y trouver ni un port ni un mouillage, et sans
avoir avec lui un seul marin qui connût ces parages et
qui pût l'y guider.

12. La province de la Babylonie qui confine à la
Suside s'appelait anciennement la Sitacène, elle a reçu
plus tard le nom d'Apolloniatide. Au-dessus et au nord-
est des deux provinces limitrophes habitent les Élymæens
et les Paraetacènes, populations de brigands qui se croient
protégés par la force de leurs montagnes et de leurs rochers. Seulement, comme les Apolloniates sont plus
rapprochés des Paraetacènes, ils souffrent de leurs incursions beaucoup plus que les Susiens. Quant aux Élymæens, ils gênent les deux autres peuples autant l'un
que l'autre. Ajoutons que les Susiens ont à se défendre en
outre contre les agressions des Uxiens. Il est vrai que

---

1. Sur une étrange transposition de phrases, qu'on ne s'explique pas, et qui
se retrouve ici dans tous les manuscrits, voy. Müller, *Index var. lect.*, p. 1035,
col. 2.

ces agressions sont devenues aujourd'hui moins fréquentes, à cause de la prépondérance des Parthes,
prépondérance reconnue par tous les peuples de cette
partie de l'Asie. Mais voici ce qui arrive d'ordinaire :
quand la situation politique de l'empire parthe est florissante, celle de tous les peuples qui en relèvent l'est
également; au contraire, quand les discordes civiles
(comme il arrive de temps à autre et comme on l'a vu
notamment de nos jours) viennent à troubler cette prospérité, les États tributaires s'en ressentent nécessairement, mais pas tous de la même manière, les troubles
pouvant tourner en même temps au profit des uns et
au préjudice des autres.

Ici s'arrêtera notre description géographique de la
Perse et de la Susiane.

13. Les mœurs de la Perse, qui sont aussi celles de
la Susiane, de la Médie et des pays circonvoisins, ont
été souvent dépeintes; nous ne saurions pourtant nous
dispenser d'en retracer à notre tour les caractères principaux. Nous dirons donc que les Perses n'élèvent à leurs
dieux ni statues ni autels ; — qu'ils sacrifient sur les
lieux hauts, à ciel ouvert, le ciel étant pour eux ce qu'est
pour nous Jupiter ; — qu'ils honorent en outre le Soleil
sous le nom de Mithras, et, avec le Soleil, la Lune,
Vénus, le Feu, la Terre, les Vents et l'Eau ; — qu'avant
de célébrer leurs sacrifices ils choisissent une place nette
de toute impureté, la sanctifient par leurs prières et y
amènent ensuite la victime couronnée de fleurs; — que
le mage qui préside à la cérémonie dépèce lui-même la
victime, dont les assistants se partagent les morceaux,
sans rien réserver pour la divinité, après quoi ils se
séparent. Ils prétendent que les dieux ne réclament de
la victime que son âme et rien autre chose. Toutefois
quelques auteurs assurent qu'il est d'usage de mettre
sur le feu un peu de l'*épiploon*.

14. C'est au feu et à l'eau que les Perses offrent leurs
sacrifices les plus solennels. S'agit-il du feu, ils dres-

sent un bûcher avec du bois très-sec dépouillé de .son
écorce, au haut de ce bûcher ils déposent de la graisse,
puis ils allument le feu par-dessous en l'attisant avec
d'abondantes libations d'huile, mais sans employer le
soufflet : ce n'est qu'avec l'éventail qu'il leur est permis
d'agiter l'air. Souffler le feu, et y jeter soit un corps
mort, soit de la fiente de bestiaux, sont autant de sacrilèges qui seraient punis de mort à l'instant. S'agit-il de
l'eau, ils se transportent au bord d'un lac, d'un fleuve
ou d'une fontaine, puis, creusant une grande fosse à
côté, ils égorgent la victime juste au-dessus de cette
fosse, en ayant bien soin que pas une goutte de sang ne
se mêle à l'eau qui est là auprès et qui en serait souillée.
Cela fait, les mages disposent sur un lit de feuilles de
myrte et de feuilles de laurier les viandes du sacrifice,
mais sans y toucher autrement qu'avec de longues baguettes[1]. Ils entonnent alors certaines formules d'incanta-
tion, et, procédant aux libations, versent non sur le feu,
non dans l'eau, mais sur le sol, de l'huile mélangée
de lait et de miel. Tout le temps que durent les incantations (et d'habitude elles sont fort longues), ils tiennent à la main de menues tiges de bruyères réunies en
faisceau au moyen d'un lien.

15. En Cappadoce, où[2], pour desservir cette infinité de
temples consacrés aux dieux de la Perse, la tribu des
mages (la tribu des *pyræthes*, comme on l'appelle aussi)
se trouve être fort nombreuse, l'usage du couteau dans les
sacrifices est interdit, et la victime est abattue avec un
énorme bâton qui a la forme d'un pilon. Indépendamment
des temples, il y a aussi en Cappadoce des *pyræthées*,
et, dans le nombre, quelques sanctuaires véritablement
imposants, avec un autel au milieu, sur lequel, parmi
des monceaux de cendre, brûle le feu éternel entretenu
par les mages. Chaque jour les mages entrent dans le

---

1. Sur ce passage, voy. une note intéressante de Coray, Στραϐ. Γεωγραφ. μέρος IV,
p. 325. — 2. Πολὺ γὸρ ἐκεῖ au lieu de π. γ. ἐστι, correction de Meineke, approuvée par Muller.

pyræthée et y restent à peu près une heure à chanter debout devant le feu. Chacun d'eux tient à la main une poignée de verges ét porte sur la tête une tiare en laine foulée dont les oreilles pendantes descendent des deux côtés le long des joues de manière à cacher les lèvres. On reconnaît là les rites qui se pratiquent dans les temples d'Anaïtis et d'Oman. Ces deux divinités ont aussi leurs *séki* ou pyræthées. Oman a de plus sa statue. C'est une grossière image que l'on porte en procession [dans de certaines fêtes] : nous pouvons en parler, l'ayant vue de nos yeux. Quant aux autres détails, tant ceux qui précèdent que ceux qui vont suivre, nous les donnons d'après les anciens historiens.

16. Jamais les Perses n'urinent dans un fleuve, jamais ils ne s'y lavent ni ne s'y baignent; jamais ils n'y jettent rien qui soit réputé impur, rien comme un cadavre, comme une charogne, par exemple. Quelle que soit la divinité à laquelle ils rendent hommage, leurs sacrifices commencent toujours par une invocation au Feu.

17. Leurs rois sont toujours pris dans la même famille par voie de succession directe. Le sujet rebelle est puni de mort : on lui tranche la tête et l'un des bras, et ses restes ainsi mutilés sont jetés aux bêtes. Chaque homme épouse plusieurs femmes, et, pour avoir le plus grand nombre d'enfants possible, entretient en même temps un très-grand nombre de concubines. Il faut dire que les rois encouragent les naissances par des primes ou récompenses qu'ils proposent chaque année. Avant l'âge de quatre ans, les enfants ne sont pas amenés en présence de leurs pères. C'est au commencement de l'équinoxe du printemps que se célèbrent les mariages [1]..... Le mari mange, avant d'entrer dans la chambre nuptiale, une pomme ou un peu de moelle de chameau, c'est son unique nourriture ce jour-là.

18. De cinq ans à vingt-quatre, les jeunes Perses

---

1. « Lacunæ signum ante παρέρχεται posuit Mein. » (Müller.)

apprennent uniquement à tirer de l'arc, à lancer le javelot, à monter à cheval et à dire la vérité. Leurs institu-
teurs, toujours choisis parmi les hommes les plus sages
et les plus vertueux, ont soin aussi, dans un but moral
et utile, d'entremêler leurs leçons d'ingénieuses fictions
et de récits ou de chants, dans lesquels ils célèbrent
l'œuvre des dieux et l'histoire des grands hommes. Il
arrive souvent qu'en vue d'une·prise d'armes ou d'une
chasse on rassemble en un même lieu tous ces jeunes
gens que l'airain sonore a réveillés dès l'aube. On les
range alors par bandes de cinquante ayant chacune à sa
tête ou l'un des fils du roi ou le fils d'un satrape. Le chef
part en courant, et la bande doit le suivre jusqu'à un
but fixé d'avance et distant de 30 à 40 stades. On
exige aussi que les élèves rendent compte exactement de
chaque leçon, et l'on met à profit cet exercice pour développer leur voix, leur poitrine, leurs poumons. On cherche en outre à les rendre insensibles au chaud, au froid,
à la pluie, et, à cet effet, on les habitue à franchir les
torrents sans mouiller ni leurs armes ni leurs vêtements,
à faire paître les troupeaux, ·à passer la nuit dans les
champs, et à se contenter pour toute nourriture des fruits
sauvages du térébinthe, du chêne et du poirier[1]. Mais en
temps ordinaire voici quel est leur régime de vie : tous
les jours, après les exercices du gymnase, chacun d'eux
reçoit un pain, une galette de froment, du cresson, du
sel en grain, et un morceau de viande rôtie ou bouillie.
Ajoutons qu'ils ne boivent que de l'eau. Ils chassent toujours à cheval, avec l'arc, le javelot et la fronde indifféremment. Le travail de l'après-midi consiste pour eux à
planter des arbres, à cueillir des simples, à fabriquer des
armes et des engins de chasse, à faire du filet notamment. Ils ne touchent jamais au gibier qu'ils ont
tué ou pris et doivent le rapporter intact. Il y a des
prix pour la course et pour tous les exercices du penta-

---

1. « Verba καλοῦνται… λέγεται, ej. Mein.; a Strabone aliena videri jam monuerun:
Cor., Grosk., Kr. » (Müller, *ibid.*)

thle [1], et ces prix sont proposés et délivrés par le roi. L'or
brille sur leurs vêtements, même sur ceux des enfants,
parce que les Perses ont en grand honneur ce métal
dont la couleur leur rappelle l'éclat du feu. C'est
même pour cela que, chez eux, l'or, non plus que le
feu, n'approche jamais d'un cadavre, ils craindraient que
le contact ne souillât l'objet de leur culte.

19. Les Perses servent, dans l'infanterie ou dans la
cavalerie, comme soldats ou comme officiers, depuis
l'âge de vingt ans jusqu'à l'âge de cinquante. [Tout ce
temps-là,] ils ne mettent pas le pied dans un marché, vu
qu'ils n'ont rien à vendre ni rien à acheter. Les armes
dont ils se servent sont le bouclier d'osier en losange, et,
outre le carquois, la *sagaris* ou hache à deux tranchants,
et le coutelas. Ils portent en outre sur la tête un bonnet
de laine foulée, étagé comme une tour, et sur la poitrine une cuirasse à écailles. Voici maintenant quel est
leur costume : celui des chefs se compose d'une triple
anaxyride, de deux tuniques à manches descendant jusqu'aux genoux (celle de dessous blanche, celle de dessus
violette [2]), d'un manteau d'été pourpre ou violet, d'un
manteau d'hiver toujours violet, de tiares semblables à
celles des mages, enfin de doubles chaussures qui enveloppent et cachent le pied, et, avec le pied, le bas de la
jambe. Quant au costume des gens du peuple, il consiste
en une double tunique tombant jusqu'à mi-jambe, et en
un morceau de toile qu'ils s'enroulent autour de la tête.
Ajoutons qu'ils vont toujours armés de leur arc et de leur
fronde. On aime en Perse les repas somptueux : dans
ces repas, il y a toujours grande quantité et grande variété
de viandes ; on y sert même quelquefois des animaux
entiers. On y remarque aussi un luxe étincelant de lits,
de coupes et de vaisselle, au point que la salle du festin
resplendit d'or et d'argent.

---

1. « τῶν [ἄλλων τῶν] ἐν » legendum fuerit, monente Grosk. » (Müller, *ibid.*) —
2. [ανθινόν au lieu de ἀνθινόν, correction suggérée à Coray par une conjecture de
Casaubon.

20. C'est à table et la coupe en main que les Perses agitent les plus importantes questions : ils estiment que les décisions prises dans ces conditions sont plus solides que celles qu'on prend à jeun. Quand deux Perses se rencontrent dans la rue, s'ils se connaissent et qu'ils soient de même rang, ils s'abordent et échangent un baiser ; si l'un des deux est de rang inférieur à l'autre, le supérieur lui présente la joue et reçoit son baiser ; si la condition de celui-là est encore plus humble, il doit se borner à se prosterner devant l'autre. Les morts ne sont enterrés qu'après avoir été jetés en quelque sorte dans un moule de cire ; seuls, les corps des mages ne sont pas enterrés, on les laisse devenir la proie des corbeaux et des vautours. On sait que, par suite d'une antique coutume, les mages peuvent avoir commerce avec leurs propres mères.

Ce sont là les principales coutumes des Perses.

21. Mais il est d'autres particularités, que relate Polyclète[1] et qui mériteraient peut-être qu'on les rangeât également au nombre des coutumes nationales de la Perse. A Suse, par exemple, dans la citadelle, chaque roi se fait construire un bâtiment séparé, avec trésor et magasins de dépôt, bâtiment destiné à recevoir les tributs levés pendant son règne, et qui doit rester comme un monument de son administration. C'est en argent que se perçoivent les tributs des provinces maritimes, mais, dans l'intérieur, l'impôt se paie en nature avec les produits mêmes de chaque province, substances tinctoriales, drogues, crins, laine, etc., etc., voire en têtes de bétail. Polyclète ajoute que l'organisateur de l'impôt en Perse fut Darius[2]. En général l'or et l'argent sont convertis en pièces d'orfèvrerie, et l'on n'en monnaye que la moindre partie. On juge que ces métaux précieux, artistement travaillés, ont meilleure grâce, soit pour être offerts en cadeau, soit

---

1. « Pro Πολύχριτος legendum Πολύκλιτος. » (Müller, *ibid.*) — 2. « Verba τὸν Μακρόχειρα... γονάτων a Strabone non profecta videri monuit, Kr.; ej. Mein. » (Müller, *ibid.*)

pour figurer dans les trésors et dans les dépôts royaux ;
qu'il est inutile d'ailleurs d'avoir en monnaies d'or et
d'argent plus que le strict nécessaire et qu'on est quitte
pour en faire frapper de nouvelles au fur et à mesure de
ses dépenses.

22. La plupart de ces usages assurément sont sages,
mais l'excès des richesses finit par jeter les rois de Perse
dans tous les raffinements de la mollesse : on les vit,
par exemple, ne plus consommer d'autre froment que
celui d'Assos en Æolide, d'autre vin que le meilleur
chalybonien de Syrie, d'autre eau enfin que celle de
l'Eulæus, sous prétexte que l'eau de ce fleuve est plus
légère qu'aucune autre et qu'une cotyle attique remplie
d'eau de l'Eulæus pèse une drachme de moins que la
même mesure remplie d'autre eau.

23. De tous les peuples barbares, celui qui a obtenu
parmi nous le plus de célébrité est incontestablement le
peuple perse, et la chose est facile à concevoir, des
nations qui avaient successivement dominé sur l'Asie
aucune autre n'ayant soumis les Grecs. Toutes ces nations
ignoraient même l'existence des Grecs, et les Grecs de leur
côté n'avaient recueilli sur elles que de faibles et lointaines rumeurs. Homère, tout le premier, ne connaissait ni l'empire syrien, ni l'empire des Mèdes : autrement lui qui nomme *Thèbes aux cent portes* et qui
exalte ses richesses et celles de la Phénicie eût-il omis de
célébrer de même les richesses de Babylone, de Ninive,
d'Ecbatane? Les Perses sont donc les premiers qui
aient régné véritablement sur des populations grecques.
Sans doute, les Lydiens en avaient compté quelques-
unes parmi leurs tributaires, mais les Lydiens n'ont jamais été les dominateurs de l'Asie, ils n'en ont possédé
qu'une très-faible partie sise en deçà de l'Halys et pendant très-peu de temps, pendant les seuls règnes de
Crésus et d'Alyatte, après quoi les Perses les ont vaincus, leur enlevant ainsi le peu de gloire qu'ils avaient
pu acquérir. Les Perses, au contraire, avaient à peine

vaincu et conquis la Médie, qu'ils s'emparaient coup sur coup des possessions lydiennes et des établissements grecs de la côte d'Asie; puis ils passaient la mer, envahissaient la Grèce elle-même, et, bien que battus par les Grecs à plusieurs reprises et dans de mémorables[1] journées, ils restaient jusqu'à l'époque de la conquête macédonienne les dominateurs incontestés de l'Asie (tout le littoral compris).

24. C'est à Cyrus que les Perses ont dû de pouvoir exercer cette longue suprématie. Cyrus eut pour successeur son propre fils, Cambyse, qui fut renversé par les mages. Les mages à leur tour furent massacrés par *les Sept*, après quoi ceux-ci remirent le pouvoir royal aux mains de Darius l'Hystaspide, l'un d'entre eux. La succession directe de Darius s'arrête à Arsès, que l'eunuque Bagoos assassina et remplaça par un autre Darius qui n'appartenait point à la famille royale. C'est celui-ci qu'Alexandre détrôna pour régner à son tour pendant douze ans[2]. Alors l'empire d'Asie se démembrant passa à un certain nombre des successeurs d'Alexandre et de la descendance de ceux-ci et demeura entre leurs mains environ deux cent cinquante ans. Actuellement, les Perses forment toujours un corps de nation séparé, mais leurs rois dès longtemps ont appris à obéir à d'autres rois, et, tributaires d'abord de rois macédoniens, ils le sont aujourd'hui des rois Parthes.

---

1. μεγάλοις au lieu de πολλάκις, correction de Kramer. — 2. Deux manuscrits donnent ici δώδεκα au lieu de δέκα, aussi Coray, approuvé en cela par Müller, propose-t-il de rejeter les deux mots ἢ ἔνδεκα.

FIN DU QUINZIÈME LIVRE.

LIVRE XVI.

Le seizième livre comprend l'Assyrie, laquelle possède deux très grandes villes, Babylone et Nisibe; puis, avec l'Assyrie, l'Adiabène et la Mésopotamie, toute la Syrie, la Phénicie, la Palestine, l'Arabie entière et la partie de l'Inde qui y touche, le territoire des Sarrasins dits *Scénites*, et, pour finir, tout le pays qui borde la mer Morte et tout le littoral aussi de la mer Rouge.

CHAPITRE PREMIER.

Le pays qui confine à la Perse et à la Susiane est l'Assyrie. On comprend sous ce nom la Babylonie et une grande partie de la contrée environnante, laquelle renferme, outre l'Aturie dont Ninive est le chef-lieu, l'Apolloniatide, l'Élymée, la Paraetacène, le canton du Zagros (autrement dit la Chalonitide), les plaines de la Dolomène, celles de la Calachène, de la Chazène et de l'Adiabène autour de Ninive, deux des cantons de la Mésopotamie aussi qui s'étendent jusqu'au Zeugma de l'Euphrate et sont habités, l'un par les Gordyéens, l'autre par les Mygdons de Nisibe, enfin, de l'autre côté de l'Euphrate, l'immense territoire que se partagent les Arabes et ceux d'entre les Syriens qu'on appelle aujourd'hui les *Syriens proprement dits*[1], territoire qui se prolonge jusqu'aux frontières de la Cilicie, de la Phénicie, de la Judée[2], et jusqu'aux rivages de la mer d'Égypte et du golfe d'Issus.

---

1. οἱ ἰδίως ὑπὸ τῶν νῦν λεγόμενοι Σύροι. Dans deux manuscrits, après le mot νῦν, on lit Ἰουδαίων. — 2. Sur la substitution de Ἰουδαίων à la leçon des mss Λιβύων, voyez la note de Kramer (*Strab. Geogr.*, t. III, p. 263).

2. Il semble que la dénomination de Syriens, qui ne
s'étend plus aujourd'hui que de la Babylonie au golfe
d'Issus, ait dépassé anciennement le golfe d'Issus ·et
atteint aux rivages de l'Euxin. Ainsi les populations de
l'une et de l'autre Cappadoce, de la Cappadoce Taurique
et de la Cappadoce Pontique, sont, même de nos jours,
souvent appelées les *Leucosyri* ou Syriens blancs, par
opposition apparemment à d'autres Syriens dits *Melano-
syrı* ou Syriens Noirs, qui ne peuvent être que les
Syriens établis par delà le Taurus, et, quand je dis le
Taurus, je donne à ce nom sa plus grande extension, je
prolonge la chaîne jusqu'à l'Amanus. D'autre part,
quand les historiens qui ont écrit des *Antiqvités de la
Syrie* nous disent que la puissance des Mèdes fut détruite par· les Perses, comme celle des Syriens auparavant l'avait été par les Mèdes, il est évident que pour
eux les seuls et vrais Syriens sont ceux qui avaient fixé
le siège de leur empire dans Babylone et dans Ninive
et qui eurent pour maîtres Ninus et Sémiramis. On sait
que Ninus est le roi qui bâtit Ninive dans les plaines de
l'Aturie et qu'après lui Sémiramis, sa femme, succédant
à son pouvoir, fonda et bâtit Babylone. Ninus et Sémiramis avaient conquis l'Asie. Il reste même encore de la
domination de Sémiramis, comme vestiges subsistants,
sans parler des grands travaux de Babylone, d'innombrables monuments répandus sur toute la surface du
continent, des terre-pleins ou terrasses dites *de Sémiramis*, des murailles, des forteresses avec galeries sou-
terraines [1], des aqueducs, des escaliers taillés dans la
montagne, des canaux dérivés de fleuves, des émissaires
ouverts à des lacs, des chaussées, des ponts. Ajoutons
que l'empire de Ninus et de Sémiramis se conserva aux
mains de leurs descendants jusqu'au jour où, Sardana-
palle ayant été vaincu par Arbacès [2], le pouvoir passa aux
mains des Mèdes.

---

1. Voyez, sur le mot grec συρίγγων, une note très intéressante de Coray (Στρα6.
γεωγρ., t. IV, p. 328). — 2. μέχρι τῆς Σαρδαναπάλου καὶ Ἀρβάκου. Kramer a si-

3. La ville de Ninive ne survécut pas un seul instant à la destruction de l'empire syrien. Beaucoup plus grande que Babylone, elle était située en Aturie dans une plaine. L'Aturie est limitrophe du canton d'Arbèles et le cours du Lycus forme la ligne de démarcation. Ainsi, d'un côté, Arbèles, province de la Babylonie, mais province autonome, séparée [1]; et, de l'autre côté, sur la rive ultérieure du Lycus, les plaines de l'Aturie qui entourent Ninive. Une des bourgades de l'Aturie, Gaugamèles, est le lieu où Darius livra et perdit la bataille qui lui coûta son trône. Par lui-même le lieu est donc assez remarquable [2], mais le nom qu'il porte ne l'est pas moins ; car, traduit en grec, il signifie la *Maison du chameau*. C'est Darius, fils d'Hystaspe, Darius lui-même, qui eut l'idée de ce nom le jour où, voulant assurer la subsistance de celui de ses chameaux qui avait eu le plus à souffrir dans l'expédition de Scythie, puisque, chargé des mêmes bagages que les autres, il avait porté en outre jusqu'au bout, dans toute l'étendue de ces immenses déserts, les provisions de bouche du roi, il lui avait attribué la propriété même de l'un des bourgs de l'Aturie. Mais les Macédoniens, en voyant, d'un côté, une humble bourgade comme Gaugamèles, et, de l'autre,

gnalé avec raison l'étrangeté de cette phrase, « mirabilis haec Sardanapali atque Arbacis connexio » ; il propose timidement d'ajouter le mot μάχης après Ἀρβάκου. Müller, d'après une phrase de Ctésias citée par Athénée, serait tenté de reconstituer ainsi le texte de Strabon : μέχρι τῆς [ἥττης ου τελευτῆς] Σαρδαναπάλου [τοῦ καταλυθέντος ὑπ'] Ἀρβάκου. J'avoue que la correction de Kramer me plaît davantage. La bataille entre Sardanapale et Arbacès avait été une de ces journées mémorables qui décident du sort des empires, comme le furent, plus tard, la bataille de Thymbrée et cette bataille d'Arbèles (ou plutôt de Gaugamèles), ἐν ᾗ συνέβη νικηθῆναι καὶ ἀποβαλεῖν τὴν ἀρχὴν Δαρεῖον. On concevrait donc fort bien que Strabon s'en fût servi ici en guise de date. — 1. τὰ μὲν οὖν Ἄρβηλα τῆς Βαβυλωνίας· ἐπαρχία καθ' αὑτήν ἐστι au lieu de τ. μ. ο. Ἀ. τ. Β. ὑπάρχει ἃ καθ' αὑτήν ἐστι. Excellente correction de Madvig, qui cite à l'appui une phrase analogue tirée de Strabon même (XVI, 1, 19), καὶ αὐτὴ τῆς Βαβυλωνίας μέρος οὖσα, ἔχουσα δ' ὅμως ἄρχοντα ἴδιον. Vcy. *Advers. crit.*, vol. I, p. 562. Cf. Muller, *Ind. var. lect.*, p. 1036, col. 1. — 2. Voy. la note par laquelle Kramer rejette l'insertion de la négation οὐκ devant ἐπίσημος opérée par Coray. Il trouve que Coray n'a pas tenu compte de l'opposition qui suit : οἱ μέντοι Μακεδόνες, κτλ. Il aurait pu dire encore plus justement qu'avec le mot οὖν, qui précède τόπος et qui rappelle les titres de gloire de Gaugamela, la négation est incompréhensible. Coray a tout simplement fait un contre-sens en rapportant οὖν à κώμη, au lieu de le rapporter à ἐν ᾗ συνέβη νικηθῆναι καὶ ἀποβαλεῖν τὴν ἀρχὴν Δαρεῖον. Ajoutons que ce contre-sens l'a entraîné à supprimer le mot γὰρ après μεθερμηνευθέν, bien que ce mot se trouve dans tous les manuscrits, à l'exception de deux. Cf. la note (3) de Letronne, dans le vol. V de la trad. franç., p. 159.

une ville aussi importante qu'Arbèles, soi-disant fondée
par Arbélus l'Athmonéen, décorèrent hardiment du nom
d'Arbèles le champ de bataille où ils avaient vaincu,
et livrèrent ce mensonge à l'histoire.

4. Au delà d'Arbèles et du Nicatorium, montagne
ainsi nommée par Alexandre lui-même au lendemain de
la journée d'Arbèles, on rencontre, juste à la même
distance qui sépare d'Arbèles le Lycus, un autre cours
d'eau, le Caprus; puis, dans le canton intermédiaire qui
est ce qu'on appelle l'Artacène[1], on voit se succéder
plusieurs lieux remarquables, une ville, Démétrias, très
proche voisine d'Arbèles, la fameuse source de naphte,
les puits de feu, le temple d'Anæa[2], le palais de Sa-
draques, résidence favorite de l'Hystaspide, une localité
du nom de Cyparissôn[3], et enfin le gué du Caprus[4], qui
touche en quelque sorte à Séleucie et à Babylone.

5. Babylone est située, elle aussi, dans une plaine.
Ses remparts ont 365[5] stades de circuit, 32 pieds d'é-
paisseur et 50 coudées de hauteur dans l'intervalle des
tours, qui elles-mêmes sont hautes de 60 coudées. Au
haut de ce rempart on a ménagé un passage assez large
pour que deux quadriges puissent s'y croiser. On
comprend qu'un pareil ouvrage ait été rangé au nombre des *sept merveilles du monde*, et le Jardin suspendu pareillement. Ce jardin, immense carré de 4
plèthres de côté, se compose de plusieurs étages de terrasses supportées par des arcades dont les voûtes re-
tombent sur des piliers de forme cubique. Ces piliers
sont creux et remplis de terre, ce qui a permis d'y faire

---

1. « Nomen aliunde non notum ; Ἀρ6ηλην̀ (Ἀρ6ιλῖτις, ap. Ptolem., 6, 1, et
Plin., 6, 13, 16), Cellarius et Grosk.; Ἀδια6ην̀ mavult Kr. Fort. legendum Γα-
ραμην̀ ex Ptolemæo » (Muller, *Ind. var. lect.*, p. 1036, col. 2). — 2. Ἀναίας au
lieu de ἀνία;, correction de Kramer, de qui il faut lire toute la note. — 3. Voy.
Meyer, *Botan. Erläuter. zu Strabons Geogr.*, p. 87. — 4. « Patet fluvium
hunc non eundem esse cum eo qui supra, lin. 21, Κάπρος vocatur (v. Ritter,
Erdk., t. IX. p. 520). Res postulat ut sit aut *Gordus* fl., quem Ptolomæus
dicit, aut *Dialas* (*Diabas*, ap. Amm. Marcellin., 23, 6, 20), s. *Dellas*, s. *Sillas*.
Quare ante διά6ασιν excidisse Διάλα vel Διάλου, deinde vero ex antecc. male Κάπρου
suppletum esse censeo » (Müller, *ibid.*). — 5. « [ὀγδοήκοντα]. Haud dubie ἑξήκοντα
Strabonem scripsisse viri docti [Letronne, Groskurd, Meineke] conjiciunt probabiliter » (Muller, *ibid.*).

.venir les plus grands arbres. Piliers, arcades et voûtes ont été construits rien qu'avec des briques cuites au feu et de l'asphalte. On arrive à la terrasse supérieure par les degrés d'un immense escalier, le long desquels ont été disposées des *limaces* ou vis hydrauliques, destinées à faire monter l'eau de l'Euphrate dans le jardin, et qui fonctionnent sans interruption par l'effort d'hommes commis à ce soin. L'Euphrate coupe en effet la ville par le milieu. Sa largeur est d'un stade et le jardin suspendu le borde. Le Tombeau de Bélus, aujourd'hui détruit, était dans le même cas. Ce monument, qu'on dit avoir été renversé par Xerxès, avait la forme d'une pyramide carrée, faite de briques cuites au feu, et mesurant un stade de hauteur en même temps qu'un stade de côté. Alexandre avait eu l'intention de le rebâtir, mais c'était là un travail immense, et qui eût demandé beaucoup de temps, car, rien que pour élever la terrasse qui devait servir à déblayer le terrain, il fallut faire travailler dix mille ouvriers pendant deux mois. Alexandre ne put donc pas achever le travail commencé : la maladie l'ayant surpris, il mourut auparavant. Et de ses successeurs pas un ne songea même à reprendre son projet. Les autres monuments de Babylone furent également négligés, et la ruine de la ville elle-même, œuvre à la fois des Perses, du temps et de l'incurie des Macédoniens en fait d'art, se trouva définitivement consommée, le jour surtout où Séleucus Nicator eut fondé Séleucie sur le Tigre à 300 stades tout au plus de Babylone. Séleucus et tous ses successeurs s'étaient intéressés vivement à la ville nouvelle et ils y avaient transporté le siège du gouvernement. Or, de progrès en progrès, Séleucie en est venue à être aujourd'hui plus grande que Babylone, et, de son côté, Babylone, actuellement, est presque entièrement déserte, au point qu'on serait autorisé à lui appliquer ce mot cruel d'un comique à l'adresse des Mégalopolitains d'Arcadie :

« Un grand désert, votre grande ville ! »

Vu la rareté du bois dit *de charpente*, on n'emploie pour bâtir les maisons dans toute la Babylonie que des poutres et des piliers en bois de palmier. On a soin seulement d'entortiller chaque pilier avec des cordelettes de jonc qu'on recouvre ensuite de plusieurs couches de peinture. Quant aux portes, c'est avec de l'asphalte qu'on les enduit. Ces portes sont faites très hautes, ainsi que les maisons. Ajoutons que toutes les maisons sont voûtées, par suite du manque absolu de longues poutres. Le pays, généralement nu et découvert, ne produit pas de grands arbres, et, à l'exception du palmier [1], on n'y rencontre guère que des touffes d'arbrisseaux épineux. Le palmier, en revanche, est très abondant en Babylonie, de même qu'en Susiane, sur tout le littoral de la Perse [2] et en Carmanie. De toits couverts en tuile il ne saurait être question dans un pays où il ne pleut pas, et tel est le cas de la Babylonie, aussi bien que de la Susiane et de la Sitacène.

6. Il y avait naguère dans un des quartiers de Babylone [3] un logement réservé aux philosophes indigènes, connus sous le nom de *Chaldéens*, qui s'occupent surtout d'observations astronomiques. On compte bien dans le nombre quelques astrologues, quelques faiseurs d'horoscopes, mais les vrais philosophes les renient et les bannissent du milieu d'eux [4]. Il ne faut pas confondre ces Chaldéens astronomes avec une tribu du même nom qui habite un canton de la Babylonie situé vers les confins de l'Arabie, non loin de la mer ou du golfe Persique, et appelé naturellement du nom de cette tribu la *Chaldée*. Mais, même parmi les Chaldéens astronomes, il y a plusieurs divisions : on distingue notamment les Orchènes, les Borsippènes et plusieurs autres sectes ou écoles qui, sur les mêmes questions fondamentales, professent des

---

1. Voy Meyer, *Botan. Erläuter. zu Strabons Geogr.*, p. 86-87. — 2. ἐν τῇ παραλίᾳ [τῇ] Περσίδι, addition de Meineke. — 3. Βαβυλῶνι au lieu de Βαβυλωνίᾳ, correction prop isée par Groskurd, approuvée par Kramer et admise par Meineke dans le texte de son édition. — 4. οὓς οὐκ ἀποδέχονται οἱ ἕτεροι, au lieu de ο. ο. κατα- δέχονται ο. ἕ., correction de Meineke qui paraît être généralement approuvée.

opinions fort différentes. Il est souvent question dans les
ouvrages des mathématiciens de quelques-uns de ces
astronomes chaldéens, de Kidîn, par exemple, de Nabu-
riân et de Sudîn. Séleucus de Séleucie et plusieurs autres
savants distingués comptent également parmi les célébrités chaldéennes.

7. Borsippa est une ville sainte, consacrée à la fois à
Artémis et à Apollon, c'est aussi le centre d'une grande
fabrication de tissus de lin. Les chauves-souris abondent
à Borsippa, et nulle part elles ne sont d'aussi grande
taille. On les prend et on les sale pour les manger.

8. La Babylonie [proprement dite] a pour bornes, à l'est,
la Susiane, l'Élymée et la Parætacène; au sud, le golfe
Persique et la Chaldée jusqu'aux Arabes de la Mésène[1];
à l'ouest, le territoire des Arabes Scénites jusqu'aux confins de l'Adiabène et de la Gordyée; au nord, l'Arménie
et la Médie jusqu'au Zagros et aux pays circonvoisins.

9. Elle est arrosée par plusieurs fleuves, par l'Euphrate et le Tigre notamment, qui sont sans conteste les
plus importants de tous, puisque, dans la nomenclature
hydrographique de l'Asie méridionale, on leur assigne le
second rang, et qu'on les classe tout de suite après les
fleuves de l'Inde. L'Euphrate et le Tigre peuvent être
remontés, l'un jusqu'à la hauteur d'Opis et de la moderne Séleucie (Opis est l'*emporium* ou marché de tout
le pays environnant), l'autre jusqu'à Babylone, à plus de
3000 stades de la mer. Les Perses, il est vrai, dans la
crainte d'attaques extérieures, avaient voulu empêcher
qu'on remontât aisément ces deux fleuves depuis leur embouchure, et ils en avaient à cet effet obstrué le cours inférieur par des estacades et des cataractes artificielles; mais
Alexandre ne fut pas plus tôt arrivé dans le pays qu'il
fit détruire tout ce qu'il put de ces ouvrages de défense,
principalement tous les barrages du Tigre au-dessous

---

1. Ἀράβων τῶν Μεσηνῶν, au lieu de Ἀ. τ. Ἀλισηνῶν, correction de Letronne universellement admise. Voy. la note de la p. 170 du tome V de la trad. franç. de
Strabon. Cf. Coray, Στραβ. Γεωγρ. Μέρ. Γ, πρὸς τὸν ἀναγνώστ. σελ. ιδ.

d'Opis. Alexandre donna aussi tous ses soins aux canaux. On sait que l'Euphrate déborde chaque année dans
les premiers jours de l'été : la crue du fleuve, qui a commencé avec le printemps et dès la fonte des neiges dans
les montagnes de l'Arménie, prend alors de telles proportions que les campagnes seraient immanquablement
converties en lacs et submergées, si, à l'aide de fossés
et de canaux, on ne dérivait ces eaux débordées et ce trop-
plein du fleuve, comme on fait en Égypte pour les débordements du Nil. C'est ce danger qui a donné naissance aux canaux de la Babylonie. Mais les canaux, de
leur côté, exigent de grands travaux d'entretien. La
couche de terre végétale dans tout ce pays est si profonde, cette terre est si molle, elle a si peu de consistance, qu'elle cède aisément à la force du courant. Or,
en même temps qu'elle est perdue pour les plaines et
qu'elle laisse celles-ci dénudées et appauvries d'autant,
cette terre encombre le lit des canaux, dont elle a bientôt
fait d'envaser et d'obstruer l'embouchure. Par suite de
cet envasement, les canaux naturellement débordent à
leur tour et l'on voit se former de leur fait, sur toute
l'étendue des plaines du littoral, des lacs, des étangs, des
marais, bientôt couverts de roseaux et de joncs. Disons
à ce propos qu'avec les fibres artistement tressées de
ces plantes on fait dans le pays toute sorte de petits
ustensiles, dont quelques-uns peuvent même contenir de
l'eau (ceux-là sont revêtus tout autour d'un enduit d'asphalte), mais généralement on les laisse dans leur état
naturel et on les affecte à d'autres usages. On fait aussi
de la même manière des voiles de navire qui ressemblent
à des nattes, à des claies.

10. Empêcher absolument ces débordements [des ca-
naux] n'est sans doute point possible, mais il est du
devoir d'une bonne et sage administration d'apporter au
mal tous les remèdes qui sont en son pouvoir. Or voici
quels sont ces remèdes : empêcher au moyen de digues
que ces débordements s'étendent trop loin sur les terres

environnantes, et, par l'opération inverse, c'est-à-dire
en curant les canaux et en dégageant bien leurs embouchures, prévenir l'envasement et la crue qui en est la
conséquence naturelle. Malheureusement, si le curage
des canaux est une opération facile, il n'en est pas de
même de l'endiguement, qui réclame un grand concours
de bras. Comme en effet le sol offre très-peu de résistance
et qu'il est très-mou de sa nature, il supporte mal le
poids des terres rapportées, il cède et les entraîne avec
lui, gênant ainsi singulièrement l'opération qui consiste
à bien fermer l'entrée du canal, [opération très-importante,] car c'est de célérité qu'on a besoin avant tout pour
que les canaux soient fermés dans le moins de temps possible et ne perdent pas toute leur eau. Qu'ils soient à
sec en effet dans le courant de l'été, ils épuisent le fleuve
du même coup, et le fleuve ne peut plus avec des eaux
trop basses fournir en temps utile aux irrigations, qui,
dans un pays comme celui-là, où le soleil est si ardent et
la température si chaude, sont absolument indispensables durant la plus grande partie de l'été. Dans les deux
cas, on le voit (que les récoltes périssent noyées par le
fait d'eaux surabondantes et de débordements ou brûlées
et desséchées par suite du manque d'eau), le danger est
le même. La navigation aussi, cette branche si utile du
service public, se trouve également gênée et par l'extrême
sécheresse et par des eaux trop hautes, et l'unique remède dans les deux cas est de pouvoir ouvrir ou fermer
les canaux avec la plus grande célérité, de manière à y
maintenir toujours l'eau à un niveau moyen, en empê-
chant qu'il y en ait tantôt trop, tantôt trop peu.

11. Aristobule raconte comment Alexandre en personne
remonta [le fleuve] sur une barque, dont lui-même tenait le gouvernail, à l'effet d'inspecter l'état des canaux
et d'en faire exécuter le curage par la multitude d'ouvriers dont il s'était fait suivre, comment aussi, dans la
même tournée, il fit fermer définitivement telle embouchure, pour en ouvrir une autre à sa place. S'étant

aperçu, par exemple, qu'à l'embouchure d'un de ces canaux
(de celui-là précisément qu'on avait creusé dans la direction des marais et des étangs situés en avant de l'Arabie)
les manœuvres de la digue se faisaient mal et qu'à cause
de la nature molle et inconsistante des terres notamment
ce canal ne pouvait pas être fermé avec assez de facilité,
Alexandre lui fit ouvrir un nouveau débouché dans un
terrain distant de 30 stades du premier, dont il avait
reconnu le fond pour être rocheux ou pierreux, et dé-
tourna l'eau du canal de ce côté. Du reste, au dire d'Aristobule, ces travaux dans la pensée d'Alexandre avaient
encore un autre but, il s'agissait surtout pour lui d'empêcher que l'Arabie, qui forme déjà quasi une île (tant
est grande la quantité d'eau qui l'entoure), fût rendue complètement inaccessible, si on laissait les lacs et
les marais s'étendre encore davantage, car il songeait
sérieusement à conquérir aussi l'Arabie, sa flotte était
tout équipée, les stations ou points de relâche étaient
déjà désignés, les embarcations elles-mêmes avaient
été construites, les unes en Phénicie et dans l'île de
Cypre, d'où elles avaient été transportées démontées,
mais munies de leurs chevilles [1], à Thapsaque, en sept
stations [2], pour descendre ensuite le fleuve jusqu'à Babylone, et les autres dans la Babylonie même, avec les
cyprès des enceintes sacrées et des parcs royaux, les bois
de construction étant, comme on sait, fort rares en Babylonie et n'étant guère plus abondants dans les montagnes des Cosséens et de leurs voisins. Le prétexte que
donnait Alexandre pour justifier cette nouvelle guerre,
c'est que les Arabes étaient le seul peuple qui ne lui eût
pas envoyé d'ambassadeurs ; au fond, la vraie et l'unique raison était qu'il aspirait à devenir le maître de la
terre entière ; et, comme il avait appris que les Arabes

---

1. Voyez, sur les deux mots διάλυτα et γομφωτά, les explications de Letronne :
note (2) de la p. 174 du tome V de la trad. franç. — 2. σταθμοῖς ἑπτά au lieu de
σταδίοις ἑπτά, correction excellente empruntée par Letronne à Forster, le célèbre
traducteur de l'Anabase, et bien préférable à celle qu'une conjecture de Gossellin
avait suggérée à Coray, σταδίοις [χιλίοις] ἑπτα[κοσίοις].

nc rendent hommage qu'à deux divinités seulement, à
celles qui dispensent aux hommes les biens les plus indispensables à la vie, à savoir *Zeus* et *Dionysos* , il sup-
posait qu'il pourrait aisément devenir leur troisième
divinité, quand, après les avoir vaincus, il leur ren-
drait cette indépendance que leurs pères leur avaient
transmise et dont ils avaient joui jusque-là. Tel fut
l'ensemble des mesures prises par Alexandre au sujet des canaux de la Babylonie. Aristobule ajoute que le
conquérant, par la même occasion, avait fait fouiller toutes les sépultures des anciens rois et *dynastes*, qui se
trouvaient pour la plupart construites dans les lacs
mêmes.

12. Eratosthène, ayant eu occasion de parler des lacs
qui touchent à la frontière de l'Arabie, prétend que l'eau
de ces lacs, faute d'issues naturelles, se fraie des passages
souterrains qui la conduisent jusqu'en Cœlé-Syrie, où
on la voit jaillir et reparaître à la surface du sol aux
environs de Rhinocorura et du mont Casius pour former les lacs et les gouffres ou *barathres* que l'on remarque en ces lieux. Je doute, pour ma part, que l'assertion d'Ératosthène convainque personne. Les amas
d'eau provenant des débordements de l'Euphrate qui alimentent les lacs et marais contigus à l'Arabie sont très
peu éloignés de la mer Persique, et, l'isthme qui les en
sépare n'étant ni très large ni de constitution rocheuse,
il est plus naturel de penser que l'eau des lacs franchit
cet isthme, soit sous terre, soit à la surface, pour se rendre à la mer, que de supposer qu'elle parcourt un trajet de plus de 6000 stades à travers une contrée tellement aride et desséchée, et cela malgré la présence
d'obstacles tels que le Liban, l'Antiliban et le Casius.
— Voilà ce que disent [Aristobule et Ératosthène].

13. Polyclète, lui, nie formellement que l'Euphrate
déborde, il fait remarquer que ce fleuve coule à travers
des plaines immenses, s'éloignant parfois des montagnes
jusqu'à la distance de 2000 stades; que les montagnes

des Cosséens, beaucoup plus rapprochées, puisqu'elles sont à 1000 stades à peine de ses rives, sont en revanche très peu élevées, que la neige qui les couvre n'a qu'une médiocre épaisseur et ne fond que lentement et par petites quantités ; que les montagnes vraiment hautes ne se trouvent en réalité qu'au-dessus d'Ecbatane sur le versant septentrional de la chaîne ; que le versant opposé se divise en branches nombreuses, mais qu'en même temps qu'il s'élargit il s'abaisse considérablement ; que c'est d'ailleurs au Tigre que ce versant envoie la plus grande partie de ses eaux [et que les débordements réguliers de ce fleuve n'ont pas d'autre cause[1]]. Or ce qu'avance là Polyclète en dernier est manifestement absurde, par la raison que le Tigre descend dans les mêmes plaines que l'Euphrate, et que, s'il est vrai qu'il existe une inégalité marquée entre les deux versants de la chaîne en question, le versant septentrional étant sensiblement plus élevé et le versant méridional s'abaissant à proportion qu'il s'élargit, il est constant aussi que, pour juger de la quantité de neige qui couvre le sommet des montagnes, il faut tenir compte, non seulement de leur altitude, mais aussi du *climat* sous lequel elles sont situées, car il tombera naturellement plus de neige dans la partie septentrionale que dans la partie méridionale d'une même chaîne, et la neige tiendra, persistera, plus longtemps dans la partie septentrionale que dans la partie méridionale ; que le Tigre par conséquent, qui n'a pour le grossir que l'eau provenant de la fonte des neiges des montagnes situées dans le sud de l'Arménie, et par conséquent

---

1. « καὶ οὕτως quid in hoc connexu significare possint haud facile dixeris, nec magis liquet quo modo montes possint πλημμυρεῖν ; neque est denique in proximis, quod respondeat membro priori τὸ μὲν οὖν... ἄτοπον : corruptus igitur videatur esse hic locus ac nescio an verba καὶ οὕτως πλημμυρεῖν collocanda sint post Τίγριν, ac scribendum sit τὰ δὲ λεχθέντα » (Kramer). Meineke, approuvant la conjecture de Kramer, a introduit dans le texte le changement proposé par lui. Nous avons cru bien faire en traduisant à notre tour tout ce passage d'après l'édition de Meineke. Cf. cependant l'*Ind. var. lect.* de Müller, p. 1036, col. 2, et surtout les *Advers. crit.* de Madvig (p. 562), dont l'élégante et simple restitution (εἰς γὰρ τὰ αὐτὰ κατέρχεται πεδία καὶ οὗτος (Tigris) τὰ πλημμυρεῖν λεχθέντα) ne me suggère qu'une objection, mais décisive, c'est qu'il me paraît impossible que le mot πλημμυρεῖν puisse s'appliquer à des *plaines*, et signifier autre chose que *grossir*, *déborder*.

assez près de la Babylonie (ce qui représente en somme un assez mince tribut, ces neiges appartenant au versant méridional, et non au versant septentrional de la chaîne), doit être moins sujet à déborder que l'Euphrate. L'Euphrate, au contraire, reçoit les eaux de l'un et de l'autre versant, non seulement d'une même chaîne, mais de plusieurs chaînes différentes, comme nous l'avons montré dans notre description de l'Arménie. Ajoutons que l'extrême longueur de son cours [achève de réfuter l'assertion de Polyclète] : car, en additionnant ensemble et son trajet à travers la Grande et la Petite Arménie et l'espace qu'il parcourt ensuite depuis la Petite Arménie et la Cappadoce pour gagner Thapsaque après avoir franchi le Taurus, et l'espace pendant lequel il forme la ligne de démarcation entre la Syrie basse et la Mésopotamie, et enfin son trajet jusqu'à Babylone et au-dessous de Babylone jusqu'à la mer, on trouve une longueur de 36 000 stades !

Nous n'en dirons pas davantage au sujet des canaux de la Babylonie.

14. Il n'y a pas de contrée sur la terre qui produise autant d'orge que la Babylonie : on assure en effet que le rendement d'un champ d'orge y est de trois cents pour un [1]. Mais tout le reste de sa subsistance, elle le tire du palmier : c'est le palmier qui lui fournit le pain, le vin, le vinaigre, le miel et la farine. Avec les fibres du palmier, les Babyloniens font toutes sortes d'ouvrages, nattés ou tressés ; avec les noyaux de dattes leurs forgerons suppléent au manque de charbon ; avec ces mêmes noyaux, qu'on a laissés exprès se macérer dans l'eau, on nourrit les bœufs et les moutons que l'on veut engraisser. Bref, si ce qu'on dit est vrai, on chante en Perse une vieille chanson dans laquelle sont énumérées jusqu'à trois cent soixante

---

1. τριακοσιοντάχουν au lieu de τριακοσάχοα, correction de Meineke justifiée par les formes analogues διακοσιοντάχουν, τριακοντάχουν, πιντάχουν, fournies par Strabon lui-même, et qui nous paraît à cause de cela devoir être préférée à la double correction proposée par Tyrwhitt et Lobeck, τριακοσιάχοα ου τριακοσιόχοα. Voy. *Vindic. Strabon.*, p. 232, 233, et *Strab. Geographica*, recogn. Aug. Meineke, vol. III, Praef., p. 6. Cf. Kramer, *Strab. Geogr.*, vol. III, p. 272-273.

manières d'utiliser le palmier [1]. Chacun de nous sait aussi combien le sésame est rare dans les autres pays, eh bien, en Babylonie, on ne se sert guère que d'huile de sésame.

15. Une autre substance qu'on y recueille aussi très-abondamment est l'asphalte. Voici ce qu'en dit Ératosthène : « L'asphalte liquide, autrement dit le *naphte*, provient de la Suside ; quant à l'asphalte sec, lequel se reconnaît à la propriété qu'il a de durcir, c'est en Babylonie qu'on le trouve. La source d'où on l'extrait est voisine de l'Euphrate ; et, quand l'Euphrate grossi par la fonte des neiges commence à déborder, elle-même grossit, et, se déversant dans le fleuve, s'y coagule en énormes morceaux qu'on utilise avec succès dans les constructions pour assembler les briques cuites au feu. » Suivant d'autres témoignages, on trouverait aussi de l'asphalte liquide en Babylonie. Nous avons nous-même parlé plus haut de l'asphalte sec et des secours précieux qu'en tire l'industrie du bâtiment. Mais, dans ce pays, où les embarcations sont faites rien que de joncs tressés, on s'en sert aussi, paraît-il, pour leur donner la solidité qui leur manque ; on les enduit toutes d'asphalte avant de les mettre à l'eau. Voici maintenant les propriétés merveilleuses qu'on attribue à l'asphalte liquide. Un morceau de naphte présenté au feu attire le feu à lui ; un corps quelconque qu'on a simplement enduit ou frotté de naphte, approché du feu si peu que ce soit, s'enflamme sans qu'il soit possible avec de l'eau de l'éteindre, car l'eau, à moins qu'on ne la verse à flots, ne fait que l'enflammer davantage, et c'est uniquement avec de la boue, du vinaigre, de l'alun ou de la glu qu'on parvient à étouffer la flamme. A ce propos-là même, on raconte qu'Alexandre, un jour, par manière d'expérience, fit verser du naphte sur un esclave au bain et donna ordre ensuite qu'on approchât de lui un flambeau allumé, que l'esclave fut instantanément enve-

---

1. Voy. Meyer, *Botan. Erläuter. zu Strabons Geogr.*, p. 88.

loppé de flammes et qu'il serait mort brûlé infailliblement,
si les assistants avec des torrents d'eau n'étaient venus à
bout du feu et n'avaient sauvé le malheureux. Posidonius, de son côté, affirme que les sources de naphte en
Babylonie sont de deux sortes, qu'il y a celles de naphte
blanc et celles de naphte noir ; que les premières (j'entends celles de naphte blanc) ne sont proprement que du
soufre liquide,. ce qui explique que ces mêmes sources
attirent la flamme ; que les sources de naphte noir ne donnent au contraire que de l'asphalte liquide, lequel se met
dans les lampes en guise d'huile à brûler.

16. Anciennement, c'était Babylone qui était la capitale de l'Assyrie, aujourd'hui c'est Séleucie, dite *Séleucie sur le Tigre*. Tout près de Séleucie est un gros
bourg, appelé Ctésiphon, dont les rois parthes, par
égard pour les Séleuciens, avaient fait leur résidence
d'hiver : ils avaient voulu épargner à Séleucie l'ennui de
loger à perpétuité ces bandes de Scythes et toute cette
soldatesque qu'ils traînaient à leur suite. Mais le développement de l'empire parthe a profité à Ctésiphon, qui,
de la condition de simple bourg, s'est élevé aujourd'hui
au rang de ville, tant par l'extension de son enceinte
dans laquelle toute cette multitude tient à l'aise, que par
le nombre des constructions dont ses nouveaux hôtes
l'ont orné, et par l'importance croissante de ses approvisionnements et des diverses industries afférentes aux
besoins d'une semblable colonie. L'air est si pur à Ctésiphon que les rois parthes ont conservé l'habitude d'y passer tous leurs hivers ; mais l'été, c'est à Ecbatane ou bien
en Hyrcanie qu'ils transportent leur résidence, à cause du
prestige qui demeure attaché à ces noms illustres.
Comme la présente contrée s'appelle la Babylonie, il est
clair que c'est de son nom, et nullement du nom de la
ville de Babylone, qu'on a tiré la dénomination de Babyloniens qu'on applique à l'ensemble de ses habitants.
Cela est si vrai que, même pour désigner un personnage natif de Séleucie, on se sert plus volontiers du nom

de Babylonien que du nom de Séleucien, comme le prouve l'exemple du stoïcien Diogène.

17. En s'avançant vers l'est de 500 stades environ au delà de Séleucie, on rencontre une autre ville également fort importante, appelée Artémita. On rencontre aussi, toujours dans la même direction, la Sitacène, province dont la richesse égale l'étendue. Cette province est exactement comprise entre Babylone et la Suside, de sorte que la route qui va de Babylone à Suses la traverse de l'ouest à l'est dans toute sa longueur. En poussant encore plus loin vers l'est à partir de Suses, on arrive à travers l'Uxie droit au centre de la Perse, et, en achevant de traverser la Perse, dans cette même direction, droit au centre de la Carmanie. La Perse, qui est fort étendue, enveloppe la Carmanie [au couchant] et au nord[1], et se prolonge d'autre part jusqu'aux confins de la Parætacène et de la Cossée, provinces habitées par cette même population de montagnards et de brigands que l'on rencontre jusqu'aux Pyles Caspiennes. L'Élymaïde (encore un pays de montagnes habité par une population de brigands) confine de même à la Suside et se prolonge à l'opposite jusqu'au canton ou district du mont Zagros et jusqu'à la Médie.

18. Les Cosséens sont presque tous d'excellents archers, comme les autres montagnards leurs voisins ; comme eux aussi, ils vivent au jour le jour uniquement de leurs déprédations. Le peu d'étendue et la stérilité de leur territoire les réduisait nécessairement à vivre aux dépens des autres ; nécessairement aussi, avec leurs habitudes belliqueuses, ils étaient appelés à former tôt ou tard un État puissant. Or on a pu juger de leur puissance quand on les a vus fournir aux Élyméens jusqu'à treize mille auxiliaires pour les aider à lutter contre les forces réunies des Babyloniens et des Susiens. Les Parætacènes ont, plus que les Cosséens, le goût de l'agriculture, sans pour

---

1. πρὸς [ἐσπέραν καὶ] ἄρκτον, addition suggérée à Meineke par une conjecture de Groskurd.

cela s'abstenir plus qu'eux de vols ni de brigandages.
Mieux partagés, les Élyméens possèdent un territoire à
la fois plus étendu et plus varié de nature et d'aspect ;
la partie fertile en est habitée par une population exclusivement agricole, mais la partie montagneuse n'a pour
habitants à proprement parler que des soldats qui sont
presque tous de très habiles archers. Spacieuse comme elle
est, cette partie de l'Élymaïde recrute largement les armées
du dynaste élyméen, et il en résulte que celui-ci, plein
de confiance dans ses ressources militaires, refuse aujourd'hui avec hauteur au roi des Parthes l'hommage que
lui rendent les autres princes ses voisins. L'Élymée pra-
tiquait du reste cette même indépendance [et à l'endroit
des rois de Perse], et plus tard [1] à l'endroit des rois macédoniens devenus les maîtres de la Syrie. Ainsi, quand
Antiochus le Grand entreprit de piller le temple de Bélus,
toutes les tribus barbares des environs se levèrent en
armes, et, sans appeler personne à leur aide, elles atta-
quèrent le conquérant et l'écrasèrent. Cette fin déplorable
d'Antiochus servit de leçon au Parthe, qui, longtemps
après, attiré par la renommée des richesses que contenaient
les temples de l'Élymaïde, mais prévenu que les Elyméens
étaient gens à résister, envahit leur pays avec des forces
très supérieures, s'empara successivement du temple d'A-
théné et de celui d'Artémis dit l'*Azara*, et en enleva un
butin évalué à dix mille talents. Dans la même expédition, la grande ville de Séleucie, que baigne le fleuve
Hédyphon et qui n'est autre que l'antique Solocé, tomba
au pouvoir du Parthe. Il y a trois passages commodes
qui donnent accès dans l'Élymaïde : un premier passage
venant de la Médie et du district du Zagros, qui débouche par la Massabatique ; un second passage, qui vient
de la Suside et aboutit à la Gabiané (la Gabiané et la
Massabatique sont deux provinces de l'Élymée) ; enfin,

---

1. Nous avons adopté la conjecture de Kramer, ὁμοίως δὲ [καὶ πρὸς τοὺς Πέρσας]
καὶ, etc. Cf. cependant la note de Letronne (t. V, p. 185, de la traduction française), à laquelle Meineke a fait droit en changeant dans le texte ὕστερον en πρότερον.

un troisième passage venant de la Perse [qui débouche
sur] la Corbiané, autre province de l'Élymée contiguë aux
petites principautés indépendantes des Sagapènes et des
Silacènes.

Tels sont les différents peuples qui habitent à l'est et
au-dessus de la Babylonie, laquelle, avons-nous dit, se
trouve déjà bornée au nord par l'Arménie et la Médie, et
au couchant par l'Adiabène et la Mésopotamie.

19. L'Adiabène, province presque entièrement composée
de plaines, peut être considérée encore comme faisant partie
de la Babylonie, bien qu'elle ait un prince à elle et qu'à
diverses reprises elle se soit vu annexer à l'Arménie. On
sait quelles ont été dès l'origine les relations des trois
plus grands peuples de cette partie de l'Asie, à savoir
des Mèdes, des Arméniens et des Babyloniens, et comment
chacun de ces peuples, à la première occasion favorable,
tombait sur ses voisins, quitte à traiter avec eux et à se
réconcilier avec la même facilité ; comment aussi cet état
de choses se perpétua jusqu'au moment où la suprématie militaire des Parthes se fut solidement établie.
Aujourd'hui, en effet, Mèdes et Babyloniens se reconnaissent les tributaires des Parthes. Seuls les Arméniens
n'ont pu être conquis. Les Parthes ont plusieurs fois envahi leur territoire, mais sans jamais réussir à s'en emparer définitivement. Il est même arrivé que Tigrane ait
pris contre les Parthes une vigoureuse offensive : c'est
ce que nous avons raconté précédemment en faisant l'histoire de l'Arménie. Nous ne dirons rien de plus de l'A-
diabène [1]. Mais avant de passer à la description de la
Mésopotamie et des contrées plus méridionales, description à laquelle nous sommes maintenant arrivé, nous
croyons devoir résumer brièvement ce qu'on sait des coutumes assyriennes.

---

1. Les mots καλοῦνται... Σακκόποδες, déjà suspects aux yeux de Kramer, ont été
éliminés par Meineke avec toute raison. Ceux qui connaissent les habitudes de
style de Strabon savent qu'après la formule consacrée ἡ μὲν οὖν Ἀ. τοιαύτη, la description d'un pays est close sans rémission et qu'il n'y ajoute plus un mot.

20. En général, ces coutumes rappellent celles de la Perse ; il en est une pourtant qui semble propre à l'Assyrie. Voici en quoi elle consiste : dans chaque tribu, trois hommes sages investis de l'autorité produisent en public les jeunes filles d'âge à se marier, et là, devant les prétendants assemblés, ils font annoncer par la voix du crieur le prix de chacune d'elles en commençant toujours par celles à qui [leur beauté ou leur naissance] assigne le plus haut prix. Aucun mariage en Assyrie ne se fait autrement. — Toutes les fois qu'il y a eu rapprochement charnel entre deux époux, ils descendent de leur lit l'un après l'autre, et vont brûler de l'encens dans un endroit séparé. Puis, le matin venu, avant de toucher à aucun vase ou ustensile de ménage, ils procèdent à leurs ablutions. Car on ne fait pas de différence, et, de même que les ablutions sont de règle quand il y a eu contact avec un corps mort, de même il faut qu'elles succèdent à l'acte vénérien.— Une autre coutume impose à toutes les femmes babyloniennes, pour obéir à je ne sais quel ancien oracle, la nécessité d'avoir une fois dans leur vie commerce avec un étranger. Elles se rendent à cet effet en grande pompe et suivies d'un nombreux cortège dans un *Aphrodisium*. Chacune d'elles a le front ceint d'une cordelette ou bandelette tressée. L'étranger s'approche et dépose sur les genoux de la femme tel poids d'argent qu'il lui paraît juste d'offrir ; puis, l'entraînant loin du sanctuaire, il accomplit avec elle l'acte vénérien. Cet argent est censé consacré à Vénus. — Il y a en Assyrie trois conseils ou tribunaux distincts composés, l'un d'anciens militaires, l'autre de nobles et le troisième de vieillards, sans compter la commission royale spécialement instituée pour présider à l'établissement des filles nubiles et pour juger les cas d'adultère. Un de ces conseils a dans ses attributions le jugement des vols, un autre connaît exclusivement des actes de violence. — Il est d'usage aussi que l'on expose les malades dans les carrefours et que l'on interroge les passants pour savoir s'ils n'auraient

pas connaissance de quelque remède applicable au cas
présent. Or aucun passant n'est assez méchant pour refuser d'indiquer un remède qu'il croirait de nature à
sauver le malade qu'il a sous les yeux. — Le vêtement
national se compose d'une tunique de lin descendant
jusqu'aux talons, d'un surtout de laine et d'un manteau
blanc. Tous les Assyriens ont les cheveux longs; leurs
chaussures ressemblent à nos *embades*. Chacun d'eux
porte au doigt un cachet gravé et à la main, au lieu d'un
simple bâton tout uni, une canne élégante surmontée
d'une pomme, d'une rose, d'un lis ou de tel autre ornement. Tous se frottent le corps d'huile de sésame.
Comme les Égyptiens et comme maint autre peuple, ils
pleurent leurs morts. Ils les ensevelissent dans du miel
après avoir au préalable enduit leurs corps de cire. Trois
tribus comprennent [tous les indigents] qui ne récoltent
pas le grain nécessaire à leur subsistance, ces tribus
sont reléguées dans les marais et réduites à se nourrir
uniquement de poissons et à vivre à la façon des Ichthyophages de la Gédrosie.

21. La Mésopotamie tire son nom de sa situation
même : on a pu voir en effet dans ce qui précède qu'elle
s'étend entre l'Euphrate et le Tigre, le Tigre baignant
son côté oriental, et l'Euphrate ses côtés occidental et
méridional. Quant à son côté nord, il est formé par le
Taurus, qui sépare en effet l'Arménie de la Mésopotamie.
C'est au pied des montagnes que l'intervalle entre les
deux fleuves est le plus grand; or on peut considérer cet intervalle comme l'équivalent juste de la distance qu'Ératosthène compte entre Thapsaque où était
anciennement le passage de l'Euphrate et l'endroit du
cours du Tigre où Alexandre franchit ce fleuve, et l'évaluer de même à 2400 stades. Mais l'intervalle le plus petit,
lequel n'excède guère 200 stades, se trouve à la hauteur à
peu près de Séleucie et de Babylone. Le Tigre traverse
le lac Thopitis dans le sens de sa largeur juste par le milieu; puis, une fois arrivé sur l'autre rive, il se perd sous

terre avec un grand bruit et en faisant beaucoup de
vent, demeure ainsi caché sur un très long espace,
et ne reparaît à la surface du sol qu'à une faible distance de la Gordyée. Si l'on en croit Ératosthène, son
courant est si fort dans toute cette traversée du lac
Thopitis, que les eaux de ce lac, très peu poissonneuses
ailleurs à cause de leur nature saumâtre, deviennent sur
son passage douces, vives et poissonneuses.

22. Par sa forme extrêmement allongée, forme qu'elle
doit au rapprochement graduel de ses côtés oriental et
occidental, la Mésopotamie ressemble en quelque sorte
à un navire. Le cours de l'Euphrate dessine la plus
grande partie de sa circonférence et mesure, au dire
d'Ératosthène, 4800 stades depuis Thapsaque jusqu'à
Babylone. Ajoutons que, depuis le Zeugma de la Commagène qui marque l'entrée de la Mésopotamie jusqu'à
Thapsaque, il n'a guère moins de 2000 stades.

23. Toute la partie de la Mésopotamie qui borde les
montagnes, toute la *Parorée*, comme on dit, est passablement fertile. Quant à la région riveraine de l'Euphrate,
région comprise entre le Zeugma actuel ou Zeugma de
la Commagène et l'ancien Zeugma de Thapsaque, elle est
occupée par un peuple à part à qui les Macédoniens
avaient donné le surnom de *Mygdoniens*. C'est là, au
pied du mont Masius, qu'est située la ville de Nisibe,
mais cette ville, appelée quelquefois aussi *Antioche de
Mygdonie*, n'est pas la seule localité remarquable du
pays, et l'on peut citer encore Tigranocerte, Carrhes,
Nicéphorium, Chordiraza, et cette Sinnaca, où périt Crassus, victime du guet-apens dans lequel l'avait fait tomber Suréna, le général des Parthes.

24. A son tour, la partie riveraine du Tigre est occupée
par les Gordyéens, descendants des anciens Carduques :
entre autres villes remarquables que renferme la Gordyène, nous citerons Sarisa, Satalca[1], et la forteresse de

---

1. Meineke incline à lire Σάταλα, d'après Étienne de Byzance.

Pinaca, bâtie sur trois collines escarpées, dont chacune a
son mur d'enceinte, ce qui donne à l'ensemble l'aspect
d'une cité *tripolitaine*. Si forte qu'elle fût, cette place
obéissait depuis longtemps au roi d'Arménie, quand les
Romains à leur tour l'enlevèrent d'assaut, en dépit de
la réputation que les Gordyéens s'étaient faite d'être des
architectes, des ingénieurs militaires incomparables, réputation qui les avait fait employer souvent en cette
qualité par Tigrane. Tout le reste de la vallée du Tigre[1]
étant tombé de même au pouvoir des Romains, Pompée
en attribua à Tigrane la plus grande et la meilleure partie. Or le pays possède de très-riches pâturages et des
cantons entiers où la végétation a tant de force, qu'il y
pousse jusqu'à des arbres à feuillage persistant et qu'on
y récolte jusqu'à des aromates, jusqu'à de l'*amome*[2], par
exemple. Ajoutons que le pays nourrit un très grand
nombre de lions, qu'il possède des sources de naphte et
cette pierre dite *gangitide* qui écarte les serpents.

25. Suivant la tradition, la Gordyène aurait reçu deux
colonies grecques, une première amenée par Gordys, fils
de Triptolème, et une autre bien postérieure composée
des Érétriens que les Perses avaient arrachés à leurs foyers.
Nous aurons occasion tout à l'heure, quand nous décrirons la Syrie proprement dite, de reparler de Triptolème.

26. En revanche, dans sa partie méridionale, c'est-à-
dire là où elle est le plus éloignée des montagnes, la Mésopotamie n'offre plus qu'un sol aride et pauvre et n'est
plus habitée que par les Arabes Scénites, population de
pâtres et de brigands, toujours prêts à se déplacer quand
les pâturages sont épuisés et que le butin vient à manquer. De là une situation difficile pour les populations
agricoles de la Mésopotamie *Parorée*, exposées en même
temps aux incursions des Scénites et aux menaces des

1. ἡ λοιπὴ ποταμία au lieu de ἡ. λ. Μεσοποταμία, excellente correction de Meineke, et bien préférable à l'insertion violente du mot Γορδυαία proposée par Letronne. Meineke fait remarquer d'ailleurs que « consimiliter ποταμία in μεσοποταμία abiit, lib. XI, p. 527. » (*Vind. Strabon.*, p. 233.) — 2. Voy. Meyer, *op. cit.*,
p. 88-90.

Arméniens : déjà très supérieurs en force, les Arméniens occupent par rapport à elles une position dominante et ils en abusent. Ces populations ont même fini par ne plus s'appartenir, et aujourd'hui, quand elles n'obéissent pas aux Arméniens, elles obéissent aux Parthes, qui, maîtres à la fois de la Médie et de la Babylonie, se trouvent placés en quelque sorte sur leurs flancs.

27. Entre l'Euphrate et le Tigre coule un autre fleuve, connu sous le nom de Basilius ; puis, dans le canton d'Anthémusie, on rencontre encore l'Aborrhas. L'itinéraire suivi par les marchands qui de la Syrie se dirigent vers Séleucie et vers Babylone traverse tout le territoire et tout le désert des Arabes Scénites (des Maliens, pour dire comme certains[1] auteurs aujourd'hui) : c'est à la hauteur d'Anthémusie, localité dépendant de la Mésopotamie, qu'ils passent l'Euphrate ; ils laissent derrière eux, à 4 schœnes au-dessus du fleuve, la ville de Bambycé, ville qu'on désigne aussi sous les noms d'Édesse et de Hiérapolis et dont les habitants ont un culte particulier pour Atargatis, l'une des déesses syriennes ; puis, après avoir passé le fleuve[2], ils coupent le désert dans la direction de la frontière babylonienne et atteignent ainsi Scenæ, ville importante bâtie sur le bord d'un canal. Du passage de l'Euphrate à Scenæ on compte vingt-cinq journées de marche. Dans le trajet, on rencontre des hôtelleries tenues par des chameliers et toujours bien pourvues d'eau, soit d'eau de citerne (ce qui est le cas le plus habituel), soit d'eau apportée [à dos de chameau comme les autres provisions]. Les Scénites n'inquiètent pas ces marchands, ils modèrent même en leur faveur les droits qu'ils exigent d'ordinaire. Les marchands le savent, et, plutôt que de continuer à suivre la rive ultérieure du fleuve, ils s'engagent hardiment dans le désert, en ayant soin d'avoir toujours le fleuve à leur droite et de s'en te-

1. ὑπ' ἐνίων au lieu de ὑπὸ τῶν, correction de Groskurd, plus simple que celle que proposait Letronne, ὑπὸ τῶν νυνὶ Μαλίων λεγ. — 2. διαβάντων δὲ au lieu de

nir à une distance moyenne de trois journées : autrement, ils auraient affaire aux chefs des tribus établies
des deux côtés du fleuve, lesquelles possèdent là[1] des
terrains moins arides que le désert lui-même, mais encore
assez pauvres; et, comme ces *phylarques* sont tous indépendants les uns des autres, il leur faudrait payer à chacun un droit particulier et toujours fort élevé, vu qu'il
serait bien difficile d'amener un si grand nombre d'intéressés, d'humeur généralement peu traitable, à fixer un
tarif commun qui fût avantageux aux marchands. —
Scenæ est à 18 stades de Séleucie.

28. La rive ultérieure de l'Euphrate sert de limite à
l'empire parthe. Sa rive citérieure, maintenant, jusqu'à
la Babylonie, se trouve occupée en partie par les Romains, en partie par des phylarques, qui obéissent, les
uns aux Parthes, les autres aux Romains leurs plus proches voisins. Il est à remarquer toutefois que les Scénites
nomades les plus rapprochés de l'Euphrate acceptent
moins facilement le joug que ceux qui s'éloignent plus
du fleuve en tirant davantage du côté de l'Arabie Heureuse. Il fut un temps où les Parthes eux-mêmes avaient
paru attacher quelque prix à l'amitié des Romains;
mais, quand Crassus eut commencé les hostilités, ils re-
poussèrent la force par la force. Il est vrai qu'on leur rendit la pareille, lorsqu'à leur tour ils voulurent prendre
l'offensive et qu'ils envoyèrent Pacorus[2] ravager l'Asie.....
Plus tard Antoine, pour avoir trop écouté son conseiller
arménien, se vit encore trahi et vaincu en plusieurs rencontres. Mais, quand le pouvoir eut passé aux mains de
Phraate, héritier du dernier roi, celui-ci s'appliqua au
contraire à gagner l'amitié de César Auguste, et, non content de lui avoir renvoyé les trophées que les Parthes

---

δ. γάρ, correction nécessaire opérée par Meineke. — 1. « Scribendum : χώραν οὐκ
εὔχορον, ἦττον δὲ ἄπορον νεμόμενοι, sublato ἔχοντις, quod interpretandi causa post
εὔχορον additum, orationem turbat; necessario adiectiva contraria uni participio
adiunguntur. » (Madvig, *Advers. crit.*, t. I, p. 562.) — 2. « Post Πάκορον excidisse τὸν τοῦ 'Ορώδου παῖδα ex sqq. collegit Letronnius. » (Muller.)

avaient jadis élevés avec les dépouilles des Romains [1], il invita à une conférence Titius, alors gouverneur de la Syrie, et remit entre ses mains comme otages ses quatre fils légitimes Séraspadanès, Rhodaspès, Phraate et Bononès, plus les femmes de deux d'entre eux et quatre enfants à eux appartenant. Il craignait les factions et les attentats qu'elles pourraient diriger contre sa personne [2], et, bien persuadé qu'elles ne seraient jamais les plus fortes tant qu'elles n'auraient pu lui opposer quelque prince arsacide, vu l'extrême attachement des Parthes pour le sang d'Arsace, il avait pris le parti d'éloigner ses fils, afin d'enlever aux mécontents ce vivant espoir. On peut voir encore à Rome quelques-uns des fils de Phraate menant un train royal aux dépens du trésor public. Ajoutons que les rois parthes [depuis Phraate] ont toujours continué à envoyer des ambassades à Rome et à avoir des conférences [avec les gouverneurs romains de la Syrie].

CHAPITRE II.

1. La Syrie est bornée au nord par la Cilicie et par l'Amanus : depuis la mer jusqu'au Zeugma de l'Euphrate, on ne compte pas moins de [1]400 stades [3], et ces 1400 stades représentent exactement la longueur dudit côté.

---

1. « Φραάτης τοσοῦτον ἐσπούδασε περὶ τὴν φιλίαν τὴν πρὸς Καίσαρα τὸν Σεβαστὸν ὥστε καὶ τὰ τρόπαια ἐπεμψεν ἃ κατὰ Ῥωμαίων ἀνέστησαν Παρθυαῖοι. Solet Strabo sua repetere ; jam ante dixerat, pag. 288 : Παρθυαῖοι δὲ... τὰ τρόπαια ἐπεμψαν εἰς Ῥώμην, ἃ κατὰ τῶν Ῥωμαίων ἀνέστησάν ποτε. Sed utrobique negligentius et minus perspicue scripsit. Melius Suetonius in *Aug.*, 21 : Parthi SIGNA MILITARIA quæ *M. Crasso et M. Antonio ademerant reposcenti* (Augusto) *reddiderunt*, et Dio Cassius (LIII, 33) : τὰ σημεῖα τὰ στρατιωτικὰ τὰ ἔντε τῇ τοῦ Κράσσου καὶ ἐν τῇ τοῦ Ἀντωνίου συμφορᾷ ἁλόντα. Non est alia res illis temporibus celebratior apud scriptores, in monumentis, in nummis, quam SIGNA RECEPTA. Vide quæ plena manu Fabricius effudit ad Dionem Cassium (LIV, 8). Ergo fallitur Strabo scribens « *ut* « *etiam* tropæa *remitteret quæ Parthi de Romanis erexerant.* » Etiam in eo Strabo errat quod Phraatem narrat φιλίᾳ πρὸς Καίσαρα τὸν Σεβαστόν id fecisse. Veriora docebit Dio Cassius (ll. ll.). » (Cobet, *Miscell. crit.*, p. 200-201.) — 2. καθ' ἑαυτοῦ au lieu de καθ' ἑαυτόν, correction de Madvig (*Advers. crit.*, t. I, p. 562). — 3. Sur l'avis de Kramer, Meineke a éliminé comme une superfétation évidente

Quant aux autres limites de la Syrie, elles sont formées, celle de l'est par le cours même de l'Euphrate et par les possessions des Arabes scénites de la rive citérieure, celle du sud par l'Arabie Heureuse et l'Égypte; celle enfin du couchant par la mer d'Égypte et par [la mer de Syrie][1] jusqu'à Issus.

2. Voici maintenant comment nous divisons la Syrie à partir de la Cilicie et de l'Amanus: 1° la Commagène; 2° la Séleucide dite de *Syrie;* 3° la Cœlé-Syrie; 4° une dernière division comprenant une partie maritime qui est la Phénicie et une partie intérieure qui est la Judée. Quelques auteurs, il est vrai, n'admettent pour toute la Syrie que trois divisions: la Cœlé-Syrie, la Syrie [proprement dite] et la Phénicie; mais en même temps ces auteurs constatent la présence dans le pays de quatre nations étrangères mêlées aux populations indigènes, à savoir la nation juive, l'iduméenne, la gazæenne et l'azotienne; lesquelles .sont ou bien vouées à l'agriculture comme les Syriens et les Cœlé-Syriens, ou bien occupées de commerce à la façon des Phéniciens.

3. Au surplus laissons les généralités et passons aux détails, en commençant par la Commagène. Le pays qui porte ce nom est peu étendu, mais il renferme une place d'assiette très-forte, Samosate, ancienne résidence royale, devenue aujourd'hui le chef-lieu d'une province romaine. Le territoire de Samosate, très limité lui-même, est d'une rare fertilité. Le Zeugma actuel de l'Euphrate se trouve également dans la Commagène, et juste vis-à-vis est la forteresse de Séleucie, qui, bien que située en Mésopotamie, fut attribuée naguère par Pompée à la Commagène. C'est dans cette même forteresse de Séleucie que Tigrane fit mettre à mort Cléopâtre Séléné, princesse chassée récemment de la Syrie et que depuis lors il retenait en captivité.

les mots ἀπὸ τοῦ Ἰσσικοῦ κόλπου μέχρι τοῦ ζεύγματος τοῦ κατὰ Κομμαγηνήν. Quant aux mots [χιλίων καὶ], c'est Tzschucke qui les a ajoutés sur l'autorité de Pline (5, 12, 13). — 1. Addition empruntée à l'*Epitome.*

4. Des quatre divisions que nous énumérions tout à l'heure, la Séleucide est assurément la plus riche, la plus fertile. On l'appelle souvent aussi la *tétrapole* de la Syrie, et, à ne considérer que ses villes principales, elle mérite effectivement ce nom : autrement elle possède plus de quatre villes. Antioche *Épidaphné*, Séleucie *de Piérie*, Apamée et Laodicée sont les quatre plus grandes villes du pays, et telle est la *concorde* qui règle leurs rapports qu'on les a surnommées dès longtemps *les quatre sœurs*. Elles ont été fondées toutes les quatre par Séleucus Nicator, qui s'est plu à donner le nom de son père à la plus grande, son propre nom à la plus forte, à Apamée le nom de la reine Apama sa femme, à Laodicée enfin le nom de sa mère. Il était naturel que, formant déjà une tétrapole, la Séleucide fût divisée en quatre satrapies, et Posidonius nous apprend qu'elle le fut en effet, que la Cœlé-Syrie de son côté en comptait tout autant, mais que [la Commagène et la Parapotamie][1] ne formaient qu'une seule satrapie à elles deux. Antioche, du reste, peut être considérée elle-même comme une *tétrapole*, car elle se compose de quatre quartiers distincts, dont chacun a sa muraille particulière, bien qu'ils soient tous enfermés dans une enceinte commune. Le premier de ces quartiers fut formé par Séleucus Nicator aux dépens d'Antigonie, ville voisine bâtie peu de temps auparavant par Antigone, fils de Philippe, et dont Séleucus transplanta tous les habitants; devenus trop nombreux à leur tour, ceux-ci se divisèrent et formèrent un second quartier; puis Séleucus Callinicus en fonda un troisième, et Antiochus Épiphane un quatrième.

5. D'après ce qui précède, on conçoit qu'Antioche soit devenue la métropole de toute la Syrie: les anciens rois l'avaient déjà choisie pour en faire leur lieu de résidence et il est constant que, par la force de sa position et par l'étendue de son enceinte, elle ne le cède ni à la ville de Séleucie que baigne le Tigre ni à la fameuse Alexandrie

1. εἰς μίαν δ' ἡ Κομμαγηνὴ καὶ ὁμοίως ἡ Παραποταμία, conjecture de Groskurd.

d'Égypte. Ajoutons que Nicator, outre les habitants
d'Antigonie, y avait transporté les derniers descendants
de Triptolème de qui nous prononcions le nom tout à
l'heure, que c'est même pour cela que les Antiochéens ont
élevé un *héróon* à Triptolème et qu'ils célèbrent tous
les ans une fête en son honneur sur le mont Casius, aux
portes de Séleucie. On raconte que Triptolème, envoyé
par les Argiens à la recherche d'Io dont on avait commencé à perdre la trace dans Tyr, poussa sa course jusqu'en Cilicie, que là une partie des Argiens qui l'accompagnaient se séparèrent pour fonder Tarse, que lui,
avec le reste de ses compagnons, remonta alors toute la
côte jusqu'à ce que, désespérant du succès de sa recherche,
il s'arrêta ainsi qu'eux dans la vallée de l'Oronte et
s'y établit, qu'un dernier détachement, sous la conduite
de Gordys son fils, alla coloniser la Gordyée, mais que
tous les autres persistèrent et firent souche dans le pays.
Et ce sont leurs descendants, paraît-il, que Nicator dé-
plaça et réunit aux habitants d'Antioche.

6. A 40 stades au-dessus d'Antioche est Daphné, localité peu importante comme centre de population, mais
qui possède un bois sacré de très-grande étendue, rempli des plus beaux arbres et sillonné d'eaux courantes,
avec un asile au milieu de ce bois et un temple d'Apollon et de Diane. Les Antiochéens et leurs voisins y tiennent
leurs *panégyries*. Le bois sacré a 80 stades de tour.

7. Le fleuve Oronte, qui passe près de la ville, prend
sa source dans la Cœlé-Syrie, puis il se perd sous
terre; il reparaît plus loin, traverse alors le territoire
d'Apamée, entre ensuite dans celui d'Antioche, et, après
avoir baigné les murs mêmes de la ville, va se jeter
dans la mer tout auprès de Séleucie. C'est à Orontès,
constructeur du premier pont jeté de l'une à l'autre
de ses rives, que le fleuve a dû le nouveau nom qu'il
porte. Primitivement il s'appelait le *Typhon*, et en effet
la fable place ici quelque part la scène du foudroie-
ment de Typhon et de cette nation des Arimes, dont nous

avons eu occasion de parler précédemment. Tout meurtri
des coups répétés de la foudre, Typhon, le serpent
Typhon, fuyait cherchant un trou dans la terre où il pût
se cacher. En sillonnant le sol, les anneaux de son corps
creusèrent le lit que devait remplir le fleuve ; puis, de
l'endroit où il finit par disparaître, jaillit la source elle-
même. De là ce premier nom de Typhon qui fut donné
au fleuve. Le territoire d'Antioche est borné à l'ouest
par la mer de Séleucie où vient déboucher l'Oronte. On
compte 40 stades de Séleucie aux bouches du fleuve, et
120 stades de Séleucie à Antioche. Pour remonter
depuis la mer jusqu'à Antioche, le trajet est d'un jour.
Quant à la limite orientale dudit territoire, elle est
formée par le cours de l'Euphrate et par les places de
Bambycé, de Bérée et d'Héraclée, qui composaient
naguère un petit État appartenant à Denys, fils d'Héra-
cléon. Héraclée est à 20 stades de distance du temple
d'*Athéné* Cyrrhestide.

8. Elle précède la Cyrrhestique même, laquelle se prolonge jusqu'à l'Antiochide. Du côté du nord, c'est
l'Amanus avec la Commagène qui forme la limite du
territoire d'Antioche, et cette limite fort rapprochée de
la ville se trouve être aussi celle de la Cyrrhestique,
puisque la Cyrrhestique s'avance parallèlement à l'Antiochide dans la direction du nord. De ce côté-là précisément est la forteresse de Gindarus, qui est comme la
clef de la Cyrrhestique et qui, par sa position, semble un
repaire tout préparé pour le brigandage. Cette localité,
ainsi que le temple qui l'avoisine et que l'on connaît
sous le nom d'*Héracléum*, fut témoin de la mort de
Pacorus, fils aîné du roi des Parthes, tué de la main de
Ventidius, comme il venait d'envahir la Syrie. Pagræ
qui touche à Gindarus est un lieu également très-fort,
mais dépendant de l'Antiochide ; il est situé juste au
débouché du col de l'Amanus, qui des Pyles Amanides
conduit dans la Syrie, et domine toute la plaine d'Antioche en même temps que le triple cours de l'Arceuthus,

de l'Oronte et du Labotas. La même plaine renferme le
fossé de Méléagre, et la rivière d'Œnoparas; qui vit se
livrer sur ses bords la bataille dans laquelle Ptolémée
Philométor, vainqueur d'Alexandre Bala, fut lui-même
mortellement blessé. Juste au-dessus s'élève la colline de
Trapezôn, qui tire son nom de sa ressemblance avec *une*
table (τράπεζα), et au pied même de la colline eut lieu
cette autre rencontre entre Ventidius et le général parthe
Phranicatès[1]. Dans sa partie maritime, le territoire d'Antioche comprend Séleucie, le mont Piérie qui se rattache
à l'Amanus, et la ville de Rhosus située entre Issus et
Séleucie. Séleucie portait anciennement le nom d'*Hyda-*
topotami. Grande et forte comme elle est, cette ville
peut être regardée comme une place imprenable :
aussi Pompée, après en avoir débusqué Tigrane, s'em-
pressa-t-il de lui donner le titre de *ville libre*. En avançant maintenant dans la direction du midi, nous trouvons, juste au sud d'Antioche, dans l'intérieur des terres,
Apamée, et, juste au sud de Séleucie, le Casius et l'Anti-
casius. Mais, avant d'atteindre ces deux montagnes, signalons encore, immédiatement après Séleucie, les bouches
de l'Oronte et la grotte sacrée du Nymphæum. Le mont
Casius ne vient qu'après, précédant lui-même la petite
ville de Posidium et celle d'Héraclée.

9. Laodicée à laquelle nous arrivons maintenant est
une ville maritime magnifiquement bâtie, et qui à l'avantage de posséder un excellent port joint celui d'avoir un
territoire d'une extrême fertilité, mais particulièrement
riche en vignes, ce qui lui permet de fournir à la population d'Alexandrie la plus grande partie du vin qu'elle con-
somme. Signalons notamment au-dessus de la ville une
montagne plantée de vignes presque jusqu'à son sommet, lequel se trouve être du reste fort éloigné des murs

1. Tzschucke et Coray, d'après la double autorité de Dion Cassius et de Plutarque, ont introduit ici dans le texte de Strabon, au lieu de la forme Φρανικάτην
qui paraît, il est vrai, quelque peu suspecte, la forme Φαρνακάτην. Mais ni Kramer, ni Groskurd, ni Letronne, ni Meineke n'ayant osé les imiter, nous avons cru
devoir imiter leur réserve.

de Laodicée, la montagne s'élevant de ce côté graduelle-
ment et par une pente très douce, tandis qu'elle
surplombe Apamée et forme au-dessus de cette ville
comme une muraille à pic. Laodicée eut beaucoup à
souffrir du fait de Dolabella, qui, après s'être réfugié
dans ses murs, ne tarda pas à y être assiégé par Cassius, se défendit jusqu'à la mort et entraîna dans sa
ruine des quartiers entiers de la ville.

10. Le canton d'Apamée contient une ville [de même
nom], qui, à en juger par les défenses naturelles qu'elle
présente sur presque tous les points, paraît devoir être
aussi une forteresse imprenable. Qu'on se figure en effet
une colline abrupte s'élevant du milieu d'une plaine très
basse, et qui, ceinte déjà de très belles et de très fortes
murailles, se trouve protégée en outre et convertie en
une véritable presqu'île par le cours de l'Oronte et par
un immense lac dont les débordements[1] forment des
marécages et des prairies à perte de vue où paissent en
foule les chevaux et les bœufs. On conçoit quelle sécurité
offre une situation pareille. Mais ce n'est pas là l'unique
avantage d'Apamée : cette ville, qu'on appelle quelquefois aussi Chersonesus à cause de sa configuration même,
possède un territoire à la fois très étendu et très fertile,
traversé par l'Oronte et où sont répandus de nombreux
villages qui forment en quelque sorte sa banlieue. Ajoutons que Séleucus Nicator et tous les rois ses successeurs
l'avaient choisie pour y loger leurs cinq cents éléphants
et la plus grande partie de leur armée; qu'au commencement de l'occupation macédonienne elle avait reçu le
nom de Pella, parce que la plupart des vétérans s'étaient
établis de préférence dans ses murs et que ce nom rap-
pelait la ville natale de Philippe et d'Alexandre devenue
la métropole de toute la Macédoine, et qu'enfin elle se

---

1. Madvig lit ce passage comme Casaubon et comme Coray : καὶ λίμνη περικειμένη
μεγάλη καὶ εἰς ἵλη... λειμῶνάς τε... ἱπποβότους διαχεομένη (au lieu de διαχεομένους)
ὑπερβάλλοντας τὸ μέγεθος. Et il ajoute : « Præcedens et subsequens accusativus
masculini generis traxit participium interpositum. » Voy. *Advers. critic.*, vol. I,
p. 562 (en note).

trouvait posséder encore les bureaux de recensement de l'armée, les haras royaux, c'est-à-dire plus de 30 000 juments avec 300 étalons au moins, et tout un monde de dresseurs de chevaux, de maîtres d'armes et d'instructeurs experts dans tous les exercices militaires, nourris et entretenus à grands frais. Mais rien ne prouve mieux les ressources infinies de cette ville que la fortune rapide de Tryphon dit *Diodote* et que la tentative hardie de cet ambitieux pour s'emparer du trône de Syrie en faisant d'elle sa place d'armes. Né dans Casiana, l'une des forteresses du territoire d'Apamée, Tryphon avait été élevé à Apamée même, sous la tutelle du roi et de ses ministres; et, quand il leva l'étendard de la révolte, c'est d'Apamée et des villes qui l'entourent, à savoir de Larisa, de Casiana, de Mégara, d'Apollonie et d'autres localités semblables, toutes tributaires d'Apamée, qu'il tira les ressources et subsides qui lui permirent de se faire proclamer roi de toute cette partie de la Syrie et de s'y maintenir si longtemps. Cæcilius Bassus, à son tour, à la tête de deux légions, entraîna Apamée dans son insurrection, et soutint dans ses murs un siège opiniâtre contre deux puissantes armées romaines, qui ne réussirent à le prendre que quand lui-même se fut livré volontairement (encore avait-il au préalable obtenu les conditions qu'il désirait). C'est qu'il avait trouvé abondamment de quoi nourrir son armée dans tout le territoire d'Apamée, et qu'il avait pu recruter aisément de nombreux auxiliaires en s'adressant aux *phylarques* des environs, tous maîtres d'inexpugnables positions, au phylarque de Lysias, par exemple (Lysias est ce château qui domine le lac d'Apamée), à Sampsicéram aussi et à Iamblique, son fils, chefs émisènes cantonnés dans Aréthuse, enfin à ses autres voisins, le phylarque d'Héliopolis, et le phylarque de Chalcis Ptolémée, fils de Mennæus, qui, de cette forteresse, commande tout le Massyas[1] et le massif monta-

---

1. La forme Μαρσύαν que donnent quelques manuscrits se retrouve dans Polybe (5, 45, 61).

gneux de l'Iturée. Au nombre des alliés de Bassus avait
figuré également Alchædamnus[1], roi des Rhambæi, l'un
des peuples nomades de la rive citérieure de l'Euphrate.
Autrefois ami des Romains, Alchædamnus s'était cru
lésé dans ses intérêts du fait de leurs préfets; il avait
alors repassé l'Euphrate pour se jeter en Mésopotamie,
et c'était là que Bassus l'avait trouvé et pris à sa solde.
Disons, pour finir, qu'Apamée a vu naître le stoïcien
Posidonius, de tous les philosophes de notre temps assurément le plus érudit.

11. Le canton d'Apamée est borné à l'est par ce vaste
territoire dépendant des phylarques arabes que l'on
nomme la *Parapotamie*, et par la Chalcidique, laquelle
commence à partir du Massyas. Quant au territoire
situé au sud d'Apamée[2], il est peuplé surtout de Scénites, dont les mœurs rappellent tout à fait celles des
populations nomades de la Mésopotamie. En général,
à mesure qu'elles se rapprochent de la Syrie, les populations nomades se civilisent davantage, elles ont
moins l'air d'Arabes et de Scénites, et le pouvoir de
leurs chefs, le pouvoir d'un Sampsicéram dans Aréthuse, d'un Gambar à Thémellas[3], etc., etc., prend
de plus en plus le caractère d'un gouvernement régulier.

12. Tel est l'aspect de la Séleucide intérieure; achevons maintenant de ranger la côte à partir de Laodicée.
Dans le voisinage immédiat de cette ville sont les petites
places de Posidium, d'Héracléum et de Gabala. Puis

---

1. Le même personnage est appelé Ἀλχαυδόνιος dans Dion Cassius, 47, 27. —
2. Voyez, dans les *Advers. critica* de Madvig (t. I, p. 562), une correction proposée pour ce passage, mais qui nous a paru médiocrement utile. — 3. « Sec.
vulgatam lectionem habemus (in Θίμιλλᾳ) nomen principis Arabum. Casau-
bonus vero et Letronnius et Groskurdjius legendum putant : ἡ Γαμβάρου
Θιμίλλα, adeo ut Themella oppidum sit, sedes Gambari principis, sicut Arethusa
est Sampsicerami. Hoc ut ipse etiam censeam, eo inducor, quod non longe ab
Arethusa *Theledam* locum notari video in Tab. Peutingeriana. Id enim nomen in
tanta Tabulæ corruptione ad Themellæ Strabonis revocandum esse puto. Situs
locus est inter Apameam et Occarabam (hod. *Okarebe*) ab hac 48 m. p., ab illa
28 m. p. distans, adeo ut Theleda pertinuerit ad ruinas quæ a Occaraba boream
versus notaptur in, Syriæ tabula Berghausiana. » (Müller, *Index nominum rerumque*, p. 924, 925. Cf. *Index var. lect.*, p. 1037, col. 1.)

commence la Pérée [1] aradienne avec Paltus, Balanée et le
petit port de Carnus, dont les Aradiens ont fait leur arsenal maritime. Viennent ensuite Énydra, Marathus, ville
très ancienne, d'origine phénicienne, aujourd'hui en ruines, et dont les Aradiens se sont partagé le territoire par
la voie du sort; puis, immédiatement après Marathus, la
petite localité de Simyra; et, pour finir, Orthosie, et,
à une très petite distance d'Orthosie, l'embouchure de
l'Éleuthérus, fleuve que quelques auteurs considèrent
comme formant la limite entre la Séleucide d'une part, et
la Phénicie et la Cœlé-Syrie de l'autre.

13. Aradus fait face à la partie de la côte comprise
entre Carnus, son arsenal, et les ruines de Marathus,
côte qui se trouve bordée par une chaîne de falaises que
n'interrompt aucun port. Elle occupe là, à 20 stades
de la terre ferme, un rocher battu de tous côtés par
la mer, et qui peut avoir 7 stades de tour. Toute la
surface de ce rocher, aujourd'hui, est couverte d'habitations, et d'habitations à plusieurs étages, tant la population y a toujours été nombreuse et dense. Suivant la tradition, c'est par des exilés de Sidon qu'elle aurait été
fondée. La ville tire son eau, en partie de puisards et de
réservoirs destinés à recevoir l'eau de pluie, en partie des
aiguades de la côte voisine. Mais en temps de guerre, on
en va chercher dans le détroit même, un peu en avant de
la ville, en un point où a été reconnue la présence d'une
source d'eau douce abondante. A cet effet, on se sert d'un
récipient ayant la forme d'une gueule de four renversée,
que du haut de la barque envoyée pour faire de l'eau on
descend dans la mer juste au-dessus de la source : ce récipient est en plomb; très large d'ouverture, il va se
rétrécissant toujours jusqu'au fond, lequel est percé d'un
trou assez étroit. A ce fond est adapté et solidement fixé
un tuyau en cuir, une outre, pour mieux dire, destinée à
recevoir l'eau qui jaillit de la source et que lui transmet

1. περαία au lieu de παλαιά, excellente correction de Letronne, préférable à celle
que proposait Tzschucke, παραλία.

le récipient. La première eau recueillie ainsi n'est encore
que de l'eau de mer, mais on attend que l'eau pure, l'eau
potable de la source, arrive à son tour, et l'on en remplit
des vases préparés à cet effet en nombre suffisant, que
la barque transporte ensuite à la ville en retraversant le
détroit.

14. Anciennement, et comme toutes les autres villes
phéniciennes, Aradus avait ses rois particuliers; mais
plus tard l'influence étrangère (celle des Perses d'abord,
celle des Macédoniens ensuite et de nos jours celle des
Romains) a modifié sa constitution et lui a donné la
forme que nous lui voyons actuellement. Comme tout le
reste de la Phénicie, elle avait dû accepter l'amitié soi-
disant, en réalité le joug des rois de Syrie, quand la
discorde éclata entre les deux frères Séleucus Callinicus et Antiochus dit *Hiérax*. Les Aradiens se ran-
gèrent du côté de Callinicus et passèrent avec lui un traité,
dans lequel ils stipulaient qu'ils auraient le droit d'accueillir dans leurs murs tous les Syriens fugitifs et de
refuser de les livrer si eux-mêmes ne consentaient à
leur extradition, s'engageant en revanche à ne pas les
laisser se rembarquer ni sortir de l'île sans la permission
expresse du roi. Or ils retirèrent de cette convention de
très grands avantages, car les fugitifs qui vinrent leur
demander asile n'étaient pas les premiers venus, c'étaient
en général d'illustres personnages qui avaient pu craindre
pour eux-mêmes les derniers dangers, et qui, reconnaissants de l'hospitalité qu'on leur avait accordée, considé-
rèrent leurs hôtes comme des bienfaiteurs, des sauveurs, et
cherchèrent, surtout après être rentrés dans leurs foyers,
tous les moyens de s'acquitter envers eux. A partir
de ce moment en effet, les Aradiens eurent toute facilité
pour s'annexer une bonne partie de la côte qui leur fait
face et qu'ils possèdent aujourd'hui presque en totalité,
et ils virent leurs autres entreprises réussir tout aussi
heureusement. Il est vrai qu'ils avaient aidé cette heureuse chance par leur prévoyance et leur zèle à dévelop-

per leur marine, sans que l'exemple des Ciliciens leurs
voisins et les efforts faits par eux pour organiser la piraterie eussent pu les entraîner, même un jour, à s'associer à une aussi coupable industrie.

15. Passé Orthosie et l'embouchure de l'Éleuthérus,
on arrive à Tripolis, ville qui doit son nom aux circonstances mêmes de sa fondation, ayant eu à la fois pour
métropoles les trois villes de Tyr, de Sidon et d'Aradus.
Théûprosopon qui fait suite à Tripolis est proprement
l'extrémité du mont Liban ; mais, avant d'y arriver, on
rencontre la petite localité intermédiaire connue sous le
nom de Triérès.

16. C'est la chaîne du Liban qui, par son parallélisme
avec l'autre chaîne appelée l'Anti-Liban, forme la Cœlé-
Syrie ou Syrie Creuse. Les deux chaînes commencent à
une faible distance au-dessus de la mer, le Liban dans le
canton de Tripolis, près de Théûprosopon précisément, et
l'Anti-Liban dans le territoire même de Sidon, pour aller
se relier en quelque sorte à la chaîne arabique (laquelle
court au-dessus de la Damascène) et à une autre chaîne
que les gens du pays appellent les monts Trachônes, mais
en s'abaissant considérablement jusqu'à n'être plus qu'une
double ligne de collines et de mamelons verdoyants. Entre elles deux s'étend une plaine très basse, dont la largeur mesurée dans le sens de la côte est de 200 stades,
tandis que sa longueur (à prendre celle-ci depuis la mer
jusque dans l'intérieur des terres) en mesure à peu près
le double. Bon nombre de cours d'eau arrosent cette heureuse contrée et lui procurent une fertilité exceptionnelle.
Le plus important de ces cours d'eau est le Jourdain.
Elle possède aussi un grand lac le Gennésaritis, dans les
eaux duquel croissent et le jonc aromatique et le roseau
odorant[1], et, indépendamment de ce lac, différents marécages. Ajoutons qu'elle produit en abondance le balsamier[2]. Un autre cours d'eau de la Cœlé-Syrie, le Chry-

---

1. Voy. Meyer, *Botan. Erläuter. zu Strabons Geogr.*, p. 90, 91. — 2. Voy.
Meyer, *ibid.*, p. 91.

sorrhoas, se dépense, pour ainsi dire, tout en canaux d'irrigation, ayant à arroser un canton très étendu et très riche en terre végétale. Par le Lycus et le Jourdain, les marchandises (celles surtout qui viennent d'Aradus) peuvent remonter dans l'intérieur du pays.

17. La première plaine à partir de la mer qu'on voit s'ouvrir devant soi s'appelle la plaine de Macras ou le *Macropédion*. C'est dans cette plaine, au dire de Posidonius, qu'on aurait vu gisant sur le sol sans mouvement et sans vie un serpent tellement long qu'il mesurait presque un plèthre et en même temps assez gros pour que deux cavaliers l'ayant entre eux ne pussent s'apercevoir. Posidonius ajoute que sa gueule énorme aurait pu engloutir un homme à cheval et que chaque écaille de sa peau était plus large qu'un bouclier.

18. A cette plaine de Macras succède le canton de Massyas, dont une partie tient déjà à la montagne et où l'on remarque, entre autres points élevés, Chalcis, véritable citadelle ou acropole du pays. C'est à Laodicée, dite *Laodicée du Liban*, que commence ce canton de Massyas. Toute la population de la montagne, composée d'Ituréens et d'Arabes, vit de crime et de brigandage; celle de la plaine, au contraire, est exclusivement agricole, et, à ce titre, a grand besoin que tantôt l'un, tantôt l'autre la protège contre les violences des montagnards ses voisins. Les montagnards du Massyas ont des repaires fortifiés qui rappellent les anciennes places d'armes du Liban, soit celles de Sinnas, de Borrama, etc., qui en couronnaient les plus hautes cimes; soit celles qui, comme Botrys et Gigartum, en défendaient les parties basses; soit enfin les cavernes de la côte et le château fort bâti au sommet du Théûprosopon, tous repaires détruits naguère par Pompée parce qu'il en partait sans cesse de nouvelles bandes qui couraient et dévastaient le pays de Byblos et le territoire de Bérytus qui lui fait suite, ou, en d'autres termes, tout l'espace compris entre Sidon et Théûprosopon. Byblos, dont Cinyras avait fait sa rési-

dence, est consacrée, comme on sait, à Adonis. Pompée
fit trancher la tête à son tyran et la rendit ainsi à la liberté. Elle est bâtie sur une hauteur, à une faible distance
de la mer.

19. Passé Byblos, on rencontre successivement l'embouchure de l'Adonis, le mont Climax et Palæbyblos;
puis, vient le fleuve Lycus, précédant la ville de Béryte,
qui, détruite par Tryphon, s'est vu relever de nos jours
par les soins des Romains, après qu'Agrippa y eut établi
deux légions romaines. Agrippa voulut en même temps
que le territoire de cette ville fût agrandi d'une bonne
partie du Massyas, et il en reporta ainsi la frontière jusqu'aux sources de l'Oronte, lesquelles sont voisines à la
fois du Liban, de la ville de Paradisos et de l'*Ægyptiôn-
tichos* et touchent par conséquent au territoire d'Apamée. — Mais quittons le littoral.

20. Au-dessus du Massyas, est l'*Aulôn Basilikos* ou
Val du Roi; puis commence la Damascène, cette contrée si
justement vantée, dont le chef-lieu Damas, de très grande
importance encore aujourd'hui, pouvait, à l'époque de la
domination persane, passer pour la cité la plus illustre
de toute cette partie de l'Asie. En arrière de Damas on
voit s'élever deux chaînes de collines[1], dites *les deux
Trachônes;* puis, en se portant du côté de l'Arabie et de
l'Iturée, on s'engage dans un pêle-mêle de montagnes
inaccessibles, remplies d'immenses cavernes qui servent
de places d'armes et de refuges aux brigands dans leurs
incursions et qui menacent de toute part le territoire des
Damascènes : une de ces cavernes est assez spacieuse,
paraît-il, pour contenir jusqu'à 4000 hommes. Il faut
dire pourtant que ce sont les caravanes venant de l'Arabie
Heureuse qui ont le plus à souffrir des déprédations de
ces barbares. Encore les attaques dirigées contre les caravanes deviennent-elles chaque jour plus rares, depuis
que la bande de Zénodore tout entière, grâce aux sages

---

1. « δύο... λεγόμενοι E, et in marg. λόφοι; quod recepit Mein. legens δύο λεγόμενοι λόφοι Tp. » (Müller.)

dispositions des gouverneurs romains et à la protection
permanente des légions cantonnées en Syrie, a pu être
exterminée.

21. Tout le pays qui s'étend au-dessus de la Séleucide,
dans la direction de l'Égypte et de l'Arabie, est rangé
sous la dénomination de *Cœlé-Syrie*, mais cette dénomination s'applique plus particulièrement au territoire compris entre le Liban et l'Anti-Liban, et l'on se sert de deux
autres noms pour désigner le reste du pays, du nom de
Phénicie pour désigner la côte étroite et basse qui s'é-
tend depuis Orthosie jusqu'à Péluse et de celui de *Judée*
pour désigner les cantons intérieurs, lesquels se prolongent jusqu'à la frontière de l'Arabie et se trouvent compris entre Gaza et l'Anti-Liban.

22. Mais nous avons achevé de parcourir la Cœlé-Syrie
proprement dite, passons maintenant à la Phénicie, dont
nous avons déjà du reste décrit une partie (la partie s'é-
tendant d'Orthosie à Béryte). Passé Béryte, on atteint,
après un trajet de [2]00 stades[1] environ, la ville de Sidon ;
et les points intermédiaires qu'on relève sont l'embouchure du Tamyras, le Bois sacré d'Esculape et la ville
des Lions dite *Léontopolis*. Tyr qui succède à Sidon
passe pour la plus grande et la plus ancienne ville de la
Phénicie, et le fait est que, par son étendue, par sa
renommée, par son ancienneté même qu'attestent tant
de fables relatives à ses origines, Tyr est digne de rivaliser avec Sidon, car, si le nom de Sidon revient plus
souvent dans les vers des poètes (on sait qu'Homère ne
mentionne même pas Tyr), les colonies que Tyr a en-
voyées en Libye, en Ibérie et par delà les colonnes d'Hercule, ont plus fait pour la gloire de son nom que tous les
dithyrambes du monde. Toujours est-il que ces deux villes ont eu dans l'antiquité et ont encore de nos jours

---

1. M Isambert, dans son Rapport à la Soc. de géogr. de Paris *sur trois publi-
cations relatives à la Palestine, au Jourdain et à la mer Morte*, a démontré
qu'il y avait ici une erreur matérielle, et que les copistes avaient écrit ʋ ' là où il
fallait σ '. Voy. *Bullet. de la Soc. de géogr.*, 4ᵉ série, t. VI, p. 210-212.

beaucoup de célébrité et d'éclat. Mais laquelle des deux a droit au titre de métropole de la Phénicie, c'est ce qu'on ne saurait dire, et la contestation entre elles n'est pas près de finir. Sidon est bâtie sur le continent à proximité d'un très beau port dont la nature a fait tous les frais.

23. Tyr, au contraire, est bâtie presque tout entière dans une île, situation qui rappelle assez exactement celle d'Aradus; seulement l'île qu'elle occupe est rattachée à la terre ferme par un môle qu'Alexandre fit construire pendant qu'il assiégeait la ville. Des deux ports que possède Tyr, l'un est fermé; l'autre, appelé le *port Égyptien*, est ouvert. On dit que les maisons y sont toutes très hautes et comptent encore plus d'étages que les maisons de Rome, ce qui explique comment, à plusieurs reprises, des tremblements de terre faillirent détruire la ville de fond en comble. Une autre circonstance dans laquelle Tyr eut également beaucoup à souffrir, c'est quand Alexandre, à la suite d'un assaut victorieux la mit à sac; elle surmonta néanmoins ces différentes épreuves, et, grâce à sa marine (la marine, comme on sait, a toujours été la grande supériorité des nations phéniciennes), grâce aussi à l'industrie de la pourpre, elle réussit toujours à réparer ses pertes. Il est notoire que la pourpre de Tyr est universellement réputée la plus belle : on la recueille à proximité de la ville, et dans la ville même se trouvent réunies toutes les conditions les plus favorables aux diverses opérations de la teinture. Il faut convenir seulement que, si cette industrie enrichit la ville, le nombre toujours grossissant des teintureries en rend le séjour fort incommode. Tyr, qui avait acheté des rois de Perse sa pleine autonomie, la conserva même sous les Romains, ayant obtenu d'eux, moyennant quelques légers sacrifices d'argent [1], la confirmation des anciens décrets royaux. Le culte que les Tyriens rendent à Hercule est

---

1. Nous n'avons pas osé imiter Meineke et transporter les mots μικρὰ ἀναλώσαντες après μόνον, d'autant que cette transposition, suggérée par Kramer, en améliorant la construction de la phrase, gâte singulièrement le sens.

empreint d'exagération et de fanatisme. Leur puissance
maritime est attestée par le nombre et l'importance de
leurs colonies. Nous ne pousserons pas plus loin le portrait des Tyriens.

  24. Pour ce qui est des Sidoniens, l'histoire de tous
les temps nous les représente comme un peuple indus-
trieux, un peuple d'*artistes* (Homère déjà leur donne
ce nom), de philosophes, de savants, puisque, des plus
simples notions de calcul et de navigation indispensables
au marchand pour trafiquer et au marin pour se guider
la nuit, ils surent s'élever jusqu'aux abstractions de l'astronomie et de l'arithmétique, ni plus ni moins que les
Égyptiens, chez qui la géométrie est née, paraît-il, des
fréquentes opérations d'arpentage nécessitées par les
inondations du Nil et par les bouleversements qu'elles
apportaient dans le bornage des terres. On croit généralement que les Grecs ont appris des Égyptiens la géométrie, mais il y a lieu de croire aussi que leurs connais-
sances en arithmétique et en astronomie leur sont venues
des Phéniciens. Aujourd'hui encore quiconque veut s'instruire dans les différentes branches de la science trouve
à Tyr et à Sidon plus de ressource que dans aucune autre
ville. Il faudrait même, si l'opinion de Posidonius est fondée, faire honneur de la théorie atomistique à un ancien
philosophe de Sidon, Mochus, antérieur à la guerre de
Troie. Mais ne remontons pas si haut. Même de nos jours,
Sidon a produit d'illustres philosophes, nous nommerons
par exemple Boëthus, en compagnie de qui nous *aristo-
télisâmes* jadis, Diodote aussi, le frère de Boëthus. Tyr de
son côté a vu naître Antipater et cet Apollonius, quelque
peu notre aîné, qui a dressé le tableau des philosophes
de l'école de Zénon et le catalogue de leurs ouvrages.
—La distance qui sépare Tyr de Sidon n'est pas de plus
de 200 stades, et les seuls points à relever dans l'intervalle sont la petite place d'Ornithopolis et l'embouchure
d'une rivière tout près de Tyr. Au delà de Tyr, à
30 stades de distance est la ville de Palætyros.

25. Puis on arrive à Ptolémaïs, ville spacieuse, appelée primitivement Acé, et dont les Perses avaient fait en quelque sorte leur place d'armes contre l'Égypte. Entre Acé et Tyr, la côte n'est qu'une suite de dunes formées surtout d'*hyalitis* ou de sable vitrifiable. Sur les lieux mêmes, ce sable, dit-on, ne peut pas fondre : mais transporté à Sidon, il devient aisément fusible. Quelques auteurs présentent la chose autrement et se contentent de dire que les Sidoniens possèdent aussi et recueillent sur leur territoire du sable *hyalitis* particulièrement propre à la fusion. D'autres enfin prétendent que tout sable, quel qu'il soit, est fusible de sa nature. Me trouvant à Alexandrie, j'appris de la bouche d'ouvriers verriers que l'Égypte possède une terre particulière, une terre vitrifiable, que sans cette terre ils ne pourraient pas exécuter ces magnifiques ouvrages en verre de plusieurs couleurs, et que dans d'autres pays [où cette terre manque] il faut avoir recours à différents mélanges. Et en effet à Rome il s'invente chaque jour, paraît-il, de nouvelles compositions, de nouveaux procédés, pour colorer le verre et pour simplifier la fabrication, et l'on est parvenu ainsi à obtenir une imitation de cristal [tellement bon marché] qu'un verre à boire avec sa soucoupe ne coûte pas plus d'un *chalque*.

26. L'histoire rapporte un phénomène étrange et des plus rares survenu sur cette partie de la côte qui se trouve comprise entre Tyr et Ptolémaïs. C'était pendant le combat que les habitants de Ptolémaïs livrèrent, précisément en ce lieu, aux troupes du général Sarpédon, et dans lequel ils eurent le dessous : au moment où la déroute était complète, on vit s'élever de la mer d'immenses vagues, semblables au flot d'une marée, qui, surprenant les fuyards, en entraînèrent une partie dans la mer où ils périrent, et noyèrent le reste sur place dans les creux que présente ici la côte. Puis vint le reflux, qui, en découvrant le rivage, laissa voir les cadavres de ces malheureux, couchés pêle-mêle avec une quantité de

poissons morts. Un phénomène analogue se produit de
temps à autre aux environs du mont Casius, à la frontière d'Égypte : à la suite d'une brusque et unique se-
cousse de tremblement de terre, on voit s'opérer à la surface du sol un premier changement, les parties basses du
rivage s'élèvent tout à coup de manière à refouler les
flots de la mer, et les parties hautes, au contraire, s'affais-
sent et se remplissent d'eau ; puis, un second changement
survient qui remet toutes choses en place. Le phénomène
à vrai dire ne se produit pas toujours d'une manière absolument identique ; tantôt il modifie l'aspect du pays,
tantôt il ne laisse aucune trace ; mais [malgré ces diffé-
rences] il peut parfaitement dépendre du retour périodique d'une même cause encore ignorée, comme les crues
du Nil, en dépit des différences qu'elles peuvent présenter entre elles, obéissent, dit-on, à une loi invariable,
bien qu'encore mystérieuse pour nous.

27. Nommons après Acé une station navale importante, dite la *Tour de Straton;* mais auparavant, dans
l'intervalle d'Acé à cette station navale, signalons le
mont Carmel et quelques petites villes, telles que Syca-
minônpolis, Bucolônpolis [1], Crocodilopolis et autres aussi
insignifiantes, dont on a tout dit en somme quand on a
prononcé leurs noms. Au delà de la Tour de Straton, maintenant, la côte déroule aux yeux une grande et belle forêt.

28. Puis vient Iopé, point particulièrement remarquable
en ce que la côte qui court jusque-là droit à l'est en continuant celle d'Égypte, tourne alors brusquement au nord.
Suivant certains mythographes, c'est à Iopé qu'Andro-
mède aurait été exposée [et disputée par Persée] au monstre
marin. Le site est, en effet, très-élevé [2], assez même
pour que de là on découvre Hiérosolyme, métropole de la
Judée. Il fut un temps où la Judée descendait jusqu'à la
mer. Les Juifs d'alors avaient fait leur port de Iopé, mais

---

1. Au lieu de Βουκόλων, Müller soupçonne qu'il faut lire Βουκαναν, et les déve-
loppements qu'il donne dans l'article *Bubulcorum urbs* de son *Index nominum
rerumque* prêtent une grande vraisemblance à sa conjecture. — 2. Müller pense
qu'on pourrait lire ici ἐν ὄψει γάρ au lieu de ἐν ὕψει γάρ. Cf. Kramer, ad h. l.

un port comme celui-là n'est pas impunément hanté par
des brigands, et, pour peu que le brigandage y élise domicile, il en a bientôt fait un repaire : la chose est forcée. Les Juifs s'étaient emparés également du mont
Carmel et de la forêt qui y touche. [Entre les mains des
Juifs] tout ce pays [de Iopé] était devenu si populeux,
que du bourg voisin de Iamnia et des autres localités environnantes on pouvait tirer jusqu'à 40 000 soldats. La
distance pour aller de Iamnia au Casius, près de Péluse,
est d'un peu plus de 1000 stades ; elle s'augmente de
300 stades si l'on pousse jusqu'à Péluse même.

29. Nommons encore, comme points intermédiaires,
Gadaris dont les Juifs avaient également pris possession,
Azot après Gadaris, puis Ascalon, et disons que, depuis
Iamnia jusqu'à ces deux villes d'Azot et d'Ascalon, la distance est de 200 stades environ [1]. Les environs d'Ascalon
constituent une incomparable *oignonière* [2], mais Ascalon
même n'est qu'une très-petite ville. Le philosophe Antiochus qui florissait peu de temps avant l'époque actuelle
était d'Ascalon. De même Gadara a vu naître l'épicurien
Philodème, Méléagre, Ménippe le satirique [3] et le rhéteur Théodore, mon contemporain.

30. On trouve ensuite près d'Ascalon le port des Ga-

---

1. « Haud falsa traderentur, dit Müller, si abessent verba Ἄζωτὸν καί. » —
2. « Memorata urbe Ascalone sic pergit [Strabo] : κρομμύων τ' ἀγαθός ἐστιν ἡ χώρα
τῶν Ἀσκαλωνιτῶν, πόλισμα δὲ μικρόν. Haec in pejoribus libris varie scripta sunt,
κρομμύων τ' ἀγαθῶν vel κρομμυοις τ' ἀγαθή, unde Kramerus coniecit κρομμύῳ τ' ἀγαθή.
Scribendum potius mutato accentu κρομμυῶν τ' ἀγαθός ἐστιν ἡ χώρα, ut Ascaloni-
tarum agrum bonum esse dicat hortum ceparium. » Hinc etiam Κρομμύων sive
Κρομμυῶν oppidi nomen in vicinia Ascalonis, de quo Steph. Byz., p. 386, 14,
Κρομμύων πολις, πόλις πλησίον Ἀσκάλωνος. Φιλήμων ἐν Ἐφήδοις· Idque ipsum significat Strabo verbis πόλισμα δὲ μικρόν. De cepis Ascaloniis praeter alios Eudoxus,
apud Stephanum Byz., p. 132. Ceterum ante Strabonis verba supra adscripta lacu-
nam indicandam arbitror. » (Meineke, *Vindic. Strab.*, p. 233-234.) De cette longue
note nous n'acceptons que la première partie, mais nous ne croyons pas le moins du
monde que les mots de πόλισμα μικρόν s'appliquent à la petite localité mentionnée
par Étienne de Byzance. Le paragraphe est consacré à la fois à Gadara et à Ascalon. Antiochus représente les célébrités d'Ascalon, comme Philodème, Méléagre,
Ménippe et Théodore représentent celles de Gadara. Or, dans le système de Meineke, il faudrait rapporter ἐντεῦθεν à Crommyônpolis ; Antiochus ne gagnerait pas
au change, et la symétrie que nous avons cru apercevoir dans tout ce passage de
Strabon disparaîtrait. — 3. Voy., dans les *Vind. Strabon.* de Meineke, p. 234,
une note intéressante sur le mot σπουδογέλοιος. Meineke profite de l'occasion pour
restituer à Ménippe de Gadara certaines œuvres qu'il avait cru devoir attribuer
d'abord à Hermippe, l'un des poètes de l'ancienne comédie.

zæens. La ville même de Gaza est située au-dessus, à
7 stades de distance. Très célèbre autrefois, cette ville fut
détruite par Alexandre, et depuis elle est toujours restée
déserte[1]. Entre Gaza. et Æla[na] (cette dernière ville est
située tout au fond du golfe Arabique) la traversée de
l'isthme mesure, dit-on, 1260 stades. Le fond du golfe
Arabique est partagé en deux bras qui remontent, l'un
du côté de l'Arabie et de Gaza (celui-ci est appelé le
golfe Ælanitès du nom de la ville qui est située sur ses
bords), l'autre du côté de l'Égypte et d'Héroopolis[1] :
c'est entre Péluse et l'extrémité de ce dernier bras, que
la traversée de l'isthme se trouve être la plus courte.
Mais, d'un côté ou de l'autre, cette traversée ne se fait
qu'à dos de chameau, et il faut franchir d'immenses espaces déserts et sablonneux, infestés qui plus est de
reptiles.

31. A Gaza succède Raphia, où eut lieu la bataille entre Ptolémée IV et Antiochus le Grand. Puis vient Rhinocorura[2], dont le nom rappelle que le premier établissement, formé en ce lieu, se composait de malheureux à
qui l'on avait coupé le nez. L'idée était d'un conquérant
éthiopien, qui, devenu maître de l'Égypte, avait cru devoir substituer ce genre de mutilation à la peine de mort,
et tous les malfaiteurs, à qui il avait fait couper le
nez, il les internait ici, dans la pensée que, retenus par
la conscience de leur difformité, ils n'oseraient plus[4] mal
faire à l'avenir.

32. Tout le pays, de Gaza à Rhinocorura, est aride [et]
sablonneux; mais celui qui lui fait suite immédiatement
l'est encore davantage, surtout dans sa partie intérieure,
là où l'on voit le lac Sirbonis s'étendre presque[5] parallèle-

---

1. « καὶ μένουσα ἔρημος glossema esse putarunt Wesseling, Palmer, Sainte-
Croix, Ritter (Geogr., t. XVI, p. 58). Deserta urbs fuerit tempore ejus, quem
h. l. Strabo exscripsit. » (Müller.) — 2. Αἴλανα au lieu de Αἴλαν, correction de
Meineke. Coray avait déjà changé Αἴλαν en Αἴλαναν, et plus anciennement Xylander avait proposé Ἐλανά et Casaubon Ἐλάναν. — 3. « Ῥινοκόλουρα codd. exc.
E.; Ῥινοκούρουρα Strabo ap. Steph. s. v. » (Müller.)— 4. ὡς οὐκ ἂν ἔτι τολμήσαντας
au lieu de τολμήσοντας, correction de Cobet (voy. Miscell. crit., p. 201). — 5. πως
au lieu de πρός, correction de Casaubon.

ment à la mer, en ne laissant de praticable, jusqu'au lieu dit *l'Ecregma* qu'une étroite chaussée intermédiaire, longue de 200 stades environ et large au plus de 50. Cette ancienne embouchure du lac, qui est ce qu'on appelle *l'Ecregma*, est aujourd'hui comblée. Au delà, jusqu'au mont Casius, voire jusqu'à Péluse, la côte continue sans changer de nature[1].

33. Le Casius est une colline, ou, pour mieux dire, une dune aride, en forme de promontoire, qui sert de tombeau au grand Pompée et que couronne un temple dédié à *Zeus* Casius. C'est ici près, en effet, que le grand Pompée est tombé victime d'un guet-apens, sous les coups de sicaires égyptiens. Tout de suite après le Casius, commence la route qui mène à Péluse en passant par Gerrha, par le Fossé ou Rempart de Chabrias, et par les Barathra dits *de Péluse*, lesquels sont formés par les débordements du Nil, le terrain autour de Péluse étant généralement bas et marécageux. — Nous avons achevé de décrire la Phénicie. Ajoutons qu'Artémidore évalue la distance d'Orthosie à Péluse à 3650 stades, en ayant égard aux détours et sinuosités de la côte; qu'il compte en outre 1900 stades[2] depuis Melænæ ou Melaniæ, petite localité située en Cilicie, près de Celenderis jusqu'à la frontière commune de la Cilicie et de la Syrie, plus 520 stades de cette frontière aux bords de l'Oronte, et 1130 stades encore de l'Oronte à Orthosie.

34. L'extrémité occidentale de la Judée voisine du mont Casius est occupée par l'Idumée et le lac [Sirbonis.] Les Iduméens sont d'anciens Nabatéens chassés de leur patrie à la suite de discordes intestines, et qui, mêlés aux Juifs, ont fini par adopter leurs mœurs et leurs coutumes. Quant au lac Sirbonis, il couvre la plus grande partie de la Judée maritime, laquelle comprend en outre tout le pays à la suite du lac jusqu'à Hiérosolyme. Et,

---

1. τοιαύτη ou lieu de τοσαύτη, correction de Letronne.— 2. Voy., sur ce passage, la note de Kramer, *Strab. geogr.*, t. III, p. 302.

en effet, on peut dire que cette ville, qui, ainsi que nous
le faisions remarquer tout à l'heure, s'aperçoit depuis le
port de Iopé, dépend encore de la Judée maritime : seulement elle en représente l'extrémité septentrionale. A
partir de là, presque tout le reste de la Judée s'offre à
nous fractionné entre des tribus mélangées d'Égyptiens,
d'Arabes et de Phéniciens. Tel est effectivement l'aspect
du pays dans la Galilée, dans les cantons de Hiéricho et de
Philadelphie et dans le canton de Samarie (on sait qu'au
nom ancien de *Samarie* Hérode a substitué le nom de
Sébaste). Mais, malgré la présence de ces éléments étrangers, ce qui se dégage de plus certain de l'ensemble des
traditions relatives au temple de Hiérosolyme, c'est que
les Égyptiens sont les ancêtres directs des Juifs actuels.

35. Ce fut Moïse, en effet, prêtre égyptien, qui, après
avoir été préposé au gouvernement d'une partie de la
[basse][1] Égypte, voulut, par dégoût de l'ordre de choses
établi, sortir d'Égypte, et qui emmena à sa suite en Judée
tout un peuple attaché comme lui au culte du vrai Dieu. Il
disait et enseignait que les Égyptiens et les Libyens étaient
fous de prétendre représenter la divinité sous la figure de
bêtes féroces ou d'animaux domestiques, et que les Grecs
n'étaient guère plus sages quand ils lui donnaient la
forme et la figure humaine ; que la divinité ne saurait être
autre chose que ce qui nous enserre, nous, la terre et
la mer, autre chose par conséquent que ce que [nous
autres stoïciens] appelons *le ciel et le monde* ou *la nature*. Quel est l'esprit en pleine possession de sa raison,
disait-il encore, qui eût osé concevoir une image de la
divinité faite d'après tel ou tel modèle humain ? Non, il
faut renoncer à tous ces vains simulacres de la statuaire,
et se borner, pour honorer la divinité, à lui dédier une
enceinte et un sanctuaire dignes d'elles, sans vouloir y
placer ni statue, ni effigie d'aucune sorte. Il faut aussi que,
dans ces sanctuaires, ceux qui sont sujets à faire d'heu-

---

1. [κάτω], addition de Coray.

reux songes viennent dormir et provoquer ainsi, pour
les autres comme pour eux-mêmes, les réponses de la
divinité, de qui les sages et les justes doivent toujours
attendre quelque manifestation bienveillante [1] sous la
forme d'une faveur ou d'un avertissement sensible, mais
les sages et les justes seuls, cette attente étant interdite
aux autres mortels.

36. Voilà ce qu'enseignait Moïse. Or, persuadés par sa
parole, beaucoup d'hommes de bonne volonté le suivirent
dans le pays où s'élève la ville de Hiérosolyme. Et,
comme ce pays était par lui-même un séjour peu en-
viable et qu'il ne méritait en aucune façon d'être énergiquement disputé, Moïse put s'en emparer aisément. L'emplacement de Hiérosolyme est en effet pierreux : l'eau
à la vérité abonde dans l'intérieur même de la ville,
mais aux alentours tout le terrain est pauvre et aride,
et le reste du pays, dans un rayon de 60 stades, n'est
à proprement parler qu'une carrière de pierres. Ce n'était
pas d'ailleurs en conquérant menaçant, mais en prêtre,
en prophète chargé d'une mission divine, que Moïse s'é-
tait présenté aux populations. Il ne leur demandait que
de le laisser dresser à son Dieu un autel durable et leur
promettait en échange de les initier à une religion et à un
culte qui ne gênent en rien leurs sectateurs, puisqu'ils
ne leur imposent ni dépenses excessives, ni enthousiasme et délire divin, ni superstitions et absurdités d'aucune sorte. Accueilli avec faveur, Moïse réussit à fonder
un État qui, par l'accession volontaire de toutes les populations environnantes, gagnées à sa vive et familière
éloquence et à ses séduisantes promesses, eut bientôt pris
un développement fort respectable.

37. Les successeurs de Moïse demeurèrent pendant
un certain temps fidèles aux mêmes principes, observant
comme lui en toute vérité la justice et la piété; mais
plus tard, la dignité de grand prêtre changeant de mains

---

1. « Non est Græcum, pag. 761, προσδοκᾶν ἔτι ἀγαθὸν παρὰ τοῦ θεοῦ, sed ἀγαθόν
TI, quod sq. Π absorbsit. » (Cobet, *Miscell. crit.*, p. 201.)

dégénéra en superstition d'abord, puis en tyrannie : la
superstition imposa, avec l'abstinence de tel ou tel aliment (abstinence qui s'est maintenue jusqu'à présent
dans les usages du peuple juif), la *circoncision*, l'*excision* et mainte autre pratique semblable; et la tyrannie
à son tour engendra le brigandage, aussi bien le brigandage intérieur exercé dans les limites mêmes de la
Judée et sur ses frontières par des bandes insurrection-
nelles, que le brigandage extérieur dirigé par le gouvernement lui-même et ses armées contre les gouvernements
voisins pour aboutir à la conquête d'une portion notable
de la Syrie et de la Phénicie. Toutefois un certain prestige demeura attaché à l'*acropole* du pays, et les populations, qui auraient pu la maudire comme l'asile et le fort
de la tyrannie, continuèrent à la vénérer comme le sanctuaire auguste de la divinité.

38. C'est qu'en effet ce sentiment est conforme à la
nature des choses et commun à la fois aux Grecs et aux
Barbares. Pour vivre en société, les hommes ont besoin
de reconnaître une seule et même autorité; autrement il
serait impossible que les individus qui forment la masse
du peuple agissent avec unité et concertassent efficacement leurs efforts en vue d'un but commun (ce qui est
proprement l'objet de tout État), impossible même qu'ils
continuassent à former une société quelconque [1]. Mais il
y a deux principes d'autorité : il y a l'autorité qui émane
des dieux [2] et l'autorité qui émane des hommes. Les Anciens étaient plus portés à consulter et à respecter la première, aussi voyait-on alors les mortels, tous également
avides d'interroger la divinité, se porter en foule, les uns
à Dodone [3],

« pour que du haut du chêne fatidique le commandement de
« Zeus descendît jusqu'à eux, »

---

1. Coray inclinait à changer ἄλλως πως en ἁμωσγέπως. — 2. « Hoc loco in
marg. F add. haec : ὁ στραβὶ στράβων παρὰ θεοῦ γράφε καὶ μὴ παρὰ θεῶν· εἷς γὰρ θεός,
ὁ λατρευόμεν, ἐν τρισὶ ταῖς ὑποστάσεσι γνωριζόμενος. » (Kramer.) — 3. *Odyss.*,
XIV, 328.

les autres à Delphes, comme ce père dont parle Euripide [1],

« Qui brûle de savoir si le fils exposé par ses ordres vit
« encore ou ne vit plus, »

ou comme ce fils lui-même [2],

« qui, voulant enfin connaître ceux à qui il doit le jour, vole
« au temple de Phébus »,

ou bien encore comme Minos le roi de Crète, de qui le
Poète a dit [3] :

« Il régnait, et tous les neuf ans, confident intime du dieu,
« il s'inspirait des leçons du grand Zeus. »

Minos en effet, si l'on en croit Platon [4], montait tous
les neuf ans à l'Antre de Jupiter, et recueillait là de la
bouche même du dieu ses prescriptions sacrées, qu'il
rapportait ensuite parmi les hommes. Lycurgue, qui fut,
on le sait, l'émule jaloux de Minos, agissait de même, et
souvent, à ce qu'il semble, il fit le voyage de Delphes
pour s'instruire auprès de la Pythie de ce qu'il convenait
de prescrire aux Lacédémoniens.

39. Quoi qu'on puisse penser de la réalité historique
de ces faits, toujours est-il que les hommes anciennement les admettaient tous, qu'ils y croyaient, et que, par
suite de cette croyance, ils honoraient les *devins* d'une
façon toute particulière, jusqu'à revêtir parfois de la dignité royale ces messagers inspirés qui nous apportent
les avertissements et les ordres de la divinité, non seulement pendant leur vie, mais même après leur mort,
témoin Tirésias et ce que dit de lui Homère [5] :

« A lui seul il a été donné par une faveur spéciale de Pro-
« serpine de conserver, même mort, l'esprit et la sagesse ;
« mais les autres ne sont plus que des ombres fugitives. »

1. *Phœniss.*, 36. — 2. *Ibid.*, 34. — 3. *Odyss.*, XIX, 179. — 4. *Min.*, II,
p. 319. — 5. *Odyss.*, X, 494.

Or ce qu'ont été[1] chez les Grecs les Amphiaraüs, les
Trophonius, les Orphée, les Musée; ce qu'ont pu être
pour les Gètes les différents personnages qu'ils ont appelés du nom de *Théos*, tels que le pythagoricien Zamolxis
dans les temps anciens, et, de nos jours, Décæneus, ce
ministre inspiré de Byrébistas; ce qu'ont pu être pour les
Bosporènes Achaïcar, pour les Indiens les gymnosophistes, pour les Perses les mages (avec leurs nécyo-
mantes, voire leurs lécanomantes et leurs hydromantes),
pour les Assyriens les Chaldæi, pour les Romains enfin
les haruspices[2] tyrrhéniens, Moïse et ses successeurs
immédiats l'ont été pour les Juifs : je dis ses successeurs
immédiats, car, ainsi que nous en avons déjà fait la remarque, la dignité de grand prêtre, si pure, si bienfaisante à ses débuts, n'avait pas tardé à dégénérer.

40. La Judée était donc ouvertement livrée à tous les
excès de la tyrannie quand on vit, pour la première fois,
un grand prêtre, Alexandre, s'attribuer le titre de roi.
Alexandre avait deux fils, Hyrcan et Aristobule, qui à
leur tour se disputèrent ardemment le pouvoir. C'est
alors que Pompée intervint : il déposa les deux frères
l'un après l'autre, et démantela leurs différentes places
d'armes, à commencer par Hiérosolyme. Mais, pour se
rendre maître de cette dernière ville, il avait dû faire un
siége en règle et livrer un furieux assaut. Hiérosolyme,
en effet, est bâtie sur un rocher qu'entoure une forte
enceinte, et, tandis que l'eau manque absolument aux
abords de la place, dans la place même elle abonde. Il y a
de plus, pour en défendre les approches, un fossé creusé

---

1. « Vates in magno honore fuisse dicit [Strabo], ὡς τὰ παρὰ τῶν θεῶν ἐκφέροντες
παραγγέλματα καὶ ἐπανορθώματα καὶ ζῶντες καὶ ἀποθανόντες, καθάπερ καὶ ὁ Τειρεσίας,
« τῷ καὶ τεθνηῶτι... τοὶ δὲ σκιαὶ ἀίσσουσιν. » Τοιοῦτος δὲ ὁ Ἀμφιάρεως καὶ ὁ Τροφώνιος κ. τ.
λ. Haec qui non recte procedere intellexit Coraes, in postrema loci parte scripsit
τοιοῦτος δὲ καὶ ὁ Ἀμφιάρεως. Sed recte habet edita lectio, modo Homericum exemplum, quod parum apte allatum est cum verbis καθάπερ καὶ ὁ Τειρεσίας auferas. »
(Meineke, *Vindic. Strabon.*, p. 235.) La mesure nous a paru par trop radicale
pour être adoptée. Strabon vient de faire coup sur coup plusieurs citations de l'O-
dyssée, il est donc tout simple que le nom de Tirésias lui soit venu ici le premier
à l'idée. — 2. οἰωνοσκόποι, au lieu de ἱεροσκόποι, correction de Coray. Letronne
proposait de lire ἱεροσκόποι.

en plein roc et qui ne mesure pas moins de 60 pieds
de profondeur et de 250 pieds de largeur, de sorte qu'a-
vec la pierre retirée du fossé on a pu construire tout le
mur extérieur du Temple. On assure même que Pompée ne put s'emparer de Hiérosolyme qu'en choisis-
sant, pour faire combler le fossé et appliquer les échelles,
un de ces jours de jeûne public pendant lesquels les
Juifs s'abstiennent de tout travail. Pompée ordonna donc
que toutes ces fortifications de Hiérosolyme fussent ra-
sées, et il fit tout son possible pour détruire de même
les différents repaires où les brigands s'étaient refran-
chés et les *gazophylakies* où les tyrans conservaient
leurs trésors. Deux de ces gazophylakies, Threx et Taurus, commandaient le défilé donnant accès dans Hiéricho, mais la Judée en renfermait beaucoup d'autres,
tels que Alexandrium, Hyrcanium, Machærûs et Lysias,
sans compter toutes les forteresses du canton de Philadelphie et celle de Scythopolis en Galilée.

41. Sous le nom de Hiéricho on désigne une plaine
circulaire entourée de montagnes dont le versant intérieur figure en quelque sorte les gradins d'un amphithéâtre. C'est dans cette plaine que se trouve le *Phœnicôn*, grand bois planté d'arbres fruitiers de toute espèce,
mais principalement de palmiers. Ce bois s'étend sur une
longueur de 100 stades, des eaux courantes le sillonnent
en tout sens et un grand nombre d'habitations y sont
répandues. On y voit aussi un château royal avec un
parc dit le *Jardin du Balsamier*. Le balsamier est un
arbuste assez semblable au cytise et au térébinthe, et qui,
comme eux, porte des baies odoriférantes[1]. À l'aide
d'incisions profondes faites dans son écorce, on en fait
découler un suc crémeux qu'on recueille dans des espèces de godets pour le transvaser ensuite dans des coquilles où il se coagule et finit par former une sorte
d'opiat, merveilleux soit pour dissiper les maux de tête,

1. Voy. Meyer, *Botan. Erläuter. zu Strabons Geogr.*, p. 93.

soit pour arrêter à leur début les fluxions sur les yeux
et les cas d'*amblyopie*. Naturellement cette substance est
chère, d'autant qu'on ne la recueille nulle autre part. Le
Phœnicôn est également le seul endroit (si l'on excepte
toutefois Babylone et le canton situé immédiatement à
l'est de cette ville), où croisse le palmier *caryote*. Aussi
tire-t-on de cet arbre, comme du balsamier, de très gros
revenus. Il n'est pas jusqu'au bois du balsamier qu'on
n'utilise aussi : on l'emploie comme aromate.

42. Le lac Sirbonis est assurément fort grand, puisque
certains auteurs lui donnent jusqu'à 1000 stades de
tour. Sa longueur cependant, mesurée par rapport au
littoral (sa direction générale est parallèle à celle de
la côte), ne dépasse guère 200 stades. Ses eaux sont
très profondes même sur le bord et tellement pesantes,
qu'il n'y a pas possibilité pour un plongeur d'y exercer ses talents, car celui qui y entre n'a pas plus tôt
enfoncé jusqu'à mi-corps qu'il se sent soulevé hors de
l'eau. Ajoutons que l'asphalte se trouve dans le lac en
très grande quantité : à des époques dont le retour n'a
rien de régulier, on voit cette substance jaillir du milieu, du plus profond du lac, avec une forte ébullition
qui rappelle tout à fait celle de l'eau bouillante. En re-
tombant, elle forme une sorte de monticule arrondi. Il
se dégage en même temps beaucoup de suie, mais à
l'état de gaz, et, pour ne pas être visible, cette suie n'en
atteste pas moins sa présence en ternissant le cuivre,
l'argent et tous les corps brillants, jusqu'à l'or lui-même,
et c'est en voyant leurs vases et autres ustensiles se
rouiller, que les riverains habituellement pressentent
l'approche d'une éruption. Ils se préparent alors à recueillir l'asphalte et disposent à cet effet des radeaux
faits de joncs tressés. L'asphalte est une substance ter-
reuse, qui, liquéfiée par la chaleur, jaillit et fait expan-
sion, mais pour changer d'état aussitôt, car au contact
de l'eau, d'une eau aussi froide que l'est celle du lac, elle
se solidifie et arrive à former une masse tellement dure,

qu'il faut la couper, la briser en morceaux. Par suite de la nature toute particulière des eaux du lac, dans lesquelles, avons-nous dit, l'art du plongeur ne trouve absolument pas à s'exercer, puisqu'à peine entré on s'y sent porté et soulevé sans pouvoir enfoncer, l'asphalte y surnage, et les gens du pays, montés sur leurs radeaux, se portent vers l'endroit où s'est faite l'éruption, coupent l'asphalte et en emportent autant de morceaux qu'ils peuvent.

43. Voilà réellement comme les choses se passent; mais, au dire de Posidonius, les gens du pays, qui sont tous plus ou moins sorciers, ont un procédé pour donner à l'asphalte cette dureté et cette consistance qui permet de la couper en morceaux : ils prononcent certaines formules ou incantations magiques, et, pendant ce temps-là, imbibent l'asphalte d'urine et d'autres liquides également fétides, tantôt versés à flot, tantôt exprimés goutte à goutte. Il pourrait se faire pourtant qu' [au lieu de tirer cette propriété de formules magiques] l'urine la possédât naturellement, et qu'elle agît en cette circonstance comme quand il se forme des calculs dans la vessie et de la *chrysocolle* dans l'urine des enfants. Ajoutons qu'on s'explique aisément comment le phénomène en question se produit juste au milieu du lac, le centre du lac devant correspondre exactement au foyer intérieur et à la source la plus abondante de l'asphalte. Enfin, si l'éruption n'a lieu qu'à des époques irrégulières, cela tient à ce que les mouvements du feu, non plus que les mouvements de beaucoup d'autres gaz, n'obéissent à aucun ordre apparent. C'est aussi un phénomène analogue qu'on observe à Apollonie en Épire.

44. On a constaté, du reste, beaucoup d'autres indices de l'action du feu sur le sol de cette contrée. Aux environs de Moasada[1], par exemple, on montre, en même temps que d'âpres rochers portant encore la trace du feu,

---

1. « Μασάδα cett. scriptoribus; rectius. » (Müller.)

des crevasses ou fissures, des amas de cendres, des gouttes
de poix qui suintent de la surface polie des rochers, et
jusqu'à des rivières dont les eaux semblent bouillir et
répandent au loin une odeur méphitique, çà et là enfin
des ruines d'habitations et de villages entiers. Or cette
dernière circonstance permet d'ajouter foi à ce que les
gens du pays racontent de treize villes qui auraient existé
autrefois ici même autour de Sodome, leur métropole,
celle-ci, ayant seule conservé son enceinte (une enceinte
de 60 stades de circuit). A la suite de secousses de
tremblements de terre, d'éruptions de matières ignées
et d'eaux chaudes, bitumineuses et sulfureuses, le lac
aurait, paraît-il, empiété sur les terres voisines ; les
roches auraient été calcinées, et, des villes environnantes,
les unes auraient été englouties, les autres se seraient
vu abandonner, tous ceux de leurs habitants qui avaient
survécu s'étant enfuis au loin. Mais Eratosthène contredit
cette tradition : il prétend, lui, qu'à l'origine tout ce pays
n'était qu'un lac immense, qu'avec le temps seulement
plus d'une issue s'était ouverte qui n'existait pas auparavant, que le fond de la plus grande partie du lac avait
été laissé ainsi à découvert, ce qui avait donné naissance
à une autre [Thessalie [1]].

45. Dans le canton de Gadara également se trouve un
grand lac ou étang, dont on croirait les eaux empoison-
nées, à voir comment tous les bestiaux qui s'y abreuvent
perdent infailliblement leurs poils, leurs sabots et leurs
cornes. Le poisson du lac de Tarichées, en revanche,
préparé et salé sur les lieux, dans des établissements
spéciaux, constitue un mets délicieux. Ajoutons que les
bords de ce même lac sont couverts d'arbres à fruits
assez semblables à nos pommiers [2]. Les Égyptiens se
servent de l'asphalte pour embaumer leurs morts.

46. Pompée, qui avait commencé par reprendre aux

1. Θετταλίαν au lieu de θάλατταν, excellente correction de Coray, mais qui ne
dispense pas de lire la note de Letronne (t. V, p. 246 de la trad. franç.). —
2. Voy. Meyer, *Botan. Erläuter. zu Strabons. Geogr.*, p. 93.

Juifs une partie des provinces qu'ils s'étaient appropriées
en usant de violence, éleva ensuite [Hyrcan [1]] à la dignité
de grand prêtre. Un parent et compatriote d'Hyrcan,
nommé Hérode, usurpa plus tard la même dignité; mais
il se montra tellement supérieur à ses prédécesseurs,
dans l'art surtout de négocier avec Rome et d'administrer, qu'il réussit, du consentement d'Antoine d'abord, et
de César Auguste ensuite, à échanger son titre de grand
prêtre contre celui de roi. Meurtrier de plusieurs de ses
fils qu'il soupçonnait de comploter contre sa vie, il voulut, quand sa dernière heure fut venue, faire plusieurs
parts de ses États et attribuer lui-même à chacun de ses
enfants survivants le lot qui lui revenait. César combla
d'honneurs ces fils d'Hérode, ainsi que sa sœur Salomé
et la fille de celle-ci, Bérénice. Le règne des fils d'Hérode
toutefois ne fut rien moins qu'heureux : ils durent répondre à de graves accusations, et l'un d'eux mourut en
exil, interné chez les Gaulois Allobroges. Quant aux
autres, ils durent s'abaisser au métier de courtisans, et,
même à ce prix, n'obtinrent qu'à grand'peine de pouvoir
rentrer en Judée, pour y reprendre l'administration de
leurs tétrarchies respectives.

CHAPITRE III.

Au-dessus de la Judée et de la Cœlé-Syrie on voit s'é-
tendre dans la direction du midi, jusqu'à la Babylonie et
jusqu'à la vallée de l'Euphrate, l'Arabie proprement dite,
ou, en d'autres termes, l'Arabie sans le pays des Scénites,
lequel dépend de la Mésopotamie. Mais nous avons
parlé ci-dessus de la Mésopotamie et des différents peuples qui l'habitent; nous avons décrit de même, de l'autre côté de l'Euphrate, tout le territoire voisin des bou-

---

1. Ὑρκανῷ au lieu d'Ἡρώδη, correction de Coray.

ches du fleuve qu'habitent les Babyloniens et les Chaldéens; disons maintenant que le pays qui fait suite à la
Mésopotamie et qui s'étend jusqu'à la Cœlé-Syrie offre
deux parties distinctes, la partie la plus rapprochée du
fleuve qui, comme la Mésopotamie elle-même [1], est occupée par la nation des Arabes scénites, nation fraction-
née en petits États et qui se voit réduite par la nature
pauvre et aride du pays qu'elle habite à ne s'occuper que
peu ou point de culture, pour se consacrer toute à l'é-
lève des troupeaux, à l'élève des chameaux principalement; et une autre partie au-dessus de celle-là, composée
uniquement d'immenses déserts. Au sud de ces déserts,
maintenant, commence l'Arabie Heureuse, qui se trouve
avoir de la sorte pour côté septentrional le désert indiqué par nous tout à l'heure, pour côté oriental le golfe
Persique, pour côté occidental le golfe Arabique, et enfin
pour côté méridional la Grande Mer (on emploie de préférence ce dernier nom quand on n'entend désigner que
la partie de mer extérieure aux deux golfes Persique et
Arabique, tandis que le nom de mer Érythrée embrasse
en même temps les deux golfes).

2. Le golfe Persique est appelé souvent aussi la *mer
de Perse*, notamment par Eratosthène qui en donne la
description suivante : « L'entrée de cette mer, dit-il, est
« tellement étroite, que du cap Harmoza [2], situé sur la côte
« de Carmanie, on voit juste en face de soi le cap Macæ
« se détacher de la côte d'Arabie. A partir de l'entrée, la
« côte de droite décrit une ligne courbe, qui, parvenue
« à la Carmanie, commence à incliner un peu vers l'est,
« puis remonte vers le nord, et se détourne de nou-
« veau au couchant, pour ne plus se départir de cette di-
« rection jusqu'à Térédon et jusqu'à l'embouchure de
« l'Euphrate, contournant ainsi, sur une étendue de
« 10 000 stades environ, la Carmanie, la Perse, la Su-

---

1. [ὡς] καὶ τὴν Μεσοποταμίαν, conjecture de Kramer. Tzschucke, Coray, Müller,
ont lu τὸ μὲν πλησιάζον τῷ ποταμῷ καὶ τῇ Μεσοποταμίᾳ au lieu de καὶ τὴν Μισ. —
2. Sur la vraie forme de ce nom, voyez l'*Ind. var. lect.* de Muller, p. 1037-1038.

siane, et une partie de la Babylonie. » Nous avons nous-
même précédemment [1] décrit ces différentes contrées.
Ajoutons qu'Ératosthène compte, de l'embouchure de
l'Euphrate à l'entrée du golfe, [le long de la côte opposée,] juste le même nombre de stades, en se fondant
sur le témoignage d'Androsthène de Thasos, qui, après
avoir accompagné Néarque [jusqu'à l'embouchure de
l'Euphrate,] fut chargé seul [d'achever l'exploration
du golfe [2]], et tirons de là cette conclusion évidente
que l'étendue de la mer de Perse égale, à peu de
chose près, celle du Pont-Euxin. [Sur cette dernière
partie de l'exploration], Ératosthène nous fournit quelques détails empruntés à Androsthène lui-même : c'est
ainsi qu'il nous le montre partant de Térédon avec toute
la flotte, contournant le fond du golfe, puis, avançant
dès là avec la terre à sa droite, jusqu'à une certaine île
dite d'*Icare*, qui semble toucher à la côte et dans laquelle il signale la présence à la fois d'un temple d'Apollon et d'un oracle [d'Artémis] Tauropole.

3. Quand on a rangé la côte d'Arabie l'espace de
2400 stades, on atteint, dans l'intérieur d'un golfe qui
pénètre fort avant dans les terres, une ville appelée
Gerrha, dont les habitants, descendants d'une ancienne
colonie de Chaldéens bannis de Babylone, [vivent pour
ainsi dire dans le sel.] Tous les terrains environnants
sont en effet complètement imprégnés de sel, les maisons
elles-mêmes sont faites de gros quartiers de sel, et,
comme sous l'action des rayons solaires ce sel s'écaille
incessamment, les habitants n'ont d'autre moyen pour
consolider les murs de leurs maisons que de les asperger
continuellement à grande eau. La ville de Gerrha est à
200 stades de la mer. La principale industrie des Gerrhéens consiste à transporter par terre les aromates et les
autres marchandises de l'Arabie. Ce n'est pourtant pas

---

1. L. XV, c. II, § 14. — 2. τὸν καὶ Νεάρχῳ συμπλεύσαντα [καὶ τὴν Ἀράδων χώραν
παραπλεύσαντα] καθ' αὑτόν, restitution de Letronne conforme au texte d'Arrien
(7,20) et approuvée par Müller.

ce que dit Aristobule : il affirme, au contraire, que les
Gerrhéens font le commerce surtout par eau, transpor-
tant leurs marchandises en Babylonie à l'aide de radeaux,
remontant l'Euphrate jusqu'à Thapsaque et prenant là
seulement la voie de terre pour se rendre à leurs différentes destinations.

4. Pour peu qu'on avance au delà de Gerrha, on rencontre encore d'autres îles, à savoir Tyrus et Aradus, lesquelles renferment des temples fort semblables d'aspect
aux temples phéniciens. Les habitants prétendent même
que leurs deux îles sont les métropoles des îles et des
villes de mêmes noms qui dépendent de la Phénicie.
Séparées de Térédon par un trajet de dix journées, ces
deux îles ne sont plus qu'à une journée de distance du
cap Macæ, situé juste à l'entrée du golfe.

5. A 2000 stades, maintenant, au sud de la Carmanie,
en pleine mer, Néarque et Orthagoras [1] placent l'île de
Tyriné [2], et, dans cette île, ils signalent certain tertre
élevé, ombragé de palmiers sauvages, comme étant soi-
disant le tombeau d'Erythras. Néarque ajoute qu'Érythras, ancien roi de la contrée, est le même qui laissa son
nom à la mer Érythrée, et qu'Orthagoras et lui avaient
recueilli ces détails de la bouche de Mithrôpastès, fils
d'Aréinos [3], le satrape de Phrygie. Contraint de fuir la
colère de Darius, Mithrôpastès avait, paraît-il, résidé

---

1. « [Pro Ὀρθαγορας] Πυθαγορας, conj. Bernhardyus ad Eratosth., p 101, absque
causa idonea. » (Müller, Ind. var. lect., p. 1038, col. 1. Cf. Kramer, Strab. Geogr.,
t. III, p. 313.) — 2. Nous avons maintenu la leçon des mss Τυρίνην, parce que, dans
la double dissertation consacrée par lui à ce passage (Index var. lect.. p. 1038 et
Ind. nom. rerumque, p. 868, s. v. Ogyris), Müller nous paraît avoir démontré
irréfragablement les deux points suivants : 1° que emendatio Salmasii (correction consistant à changer Τυρίνην en Ὤγυριν sur la foi de Denys le Périégète, de
Pline, de Méla, d'Etienne de Byzance) non tam certa est quam putari possit ; 2° que
« nostram hanc insulam e Strabonis mente eandem esse quæ lin. 54 Ὤγυρο;
in codd. vocatur, minime liquet. » Ajoutons que, pour bien comprendre l'argumentation de Müller tendant à identifier cette νῆσον πελαγίαν avec l'île Bahraïn
actuelle, il est indispensable d'avoir sous les yeux, dans sa carte de l'Asia Orientalis et Meridionalis (laquelle forme la 13e des Tabulæ in Strab. Geogr.), le tracé
spécial intitulé Sinus Persici figura sec. Eratosthenem. — 3. Ici aussi nous
avons maintenu la leçon des mss au lieu de la remplacer, comme Kramer et
Meineke, par la forme Arsités empruntée à Arrien et à Pausanias : nous avons
pensé, avec Müller, que « sane eumdem hominem h. l. intelligendum esse probabile est, [sed] de nominis scriptura Straboniana nihil licet asseverare. »

pendant un certain temps dans cette île ; puis il avait eu occasion, quand les chefs de la flotte macédonienne avaient pénétré dans le golfe Persique, de s'aboucher avec eux, et il leur avait demandé alors de lui fournir les moyens de rentrer dans son pays.

6. Tout le littoral de la mer Érythrée est bordé d'une vraie forêt sous-marine, composée d'arbres assez semblables au laurier et à l'olivier [1]. Cette forêt qui, à marée basse, émerge tout entière hors de l'eau, se trouve quelquefois, à marée haute, complètement couverte et submergée ; or le manque absolu d'arbres dans tout le pays au-dessus de la côte ajoute encore à l'étrangeté du fait.

Telle est la description donnée par Ératosthène de la mer de Perse, laquelle forme, avons-nous dit, le côté oriental de l'Arabie Heureuse.

7. On voit par le récit de Néarque que c'est par Mazênès que Mithrôpastès leur avait été amené. Mazênès était gouverneur d'une des îles du golfe Persique, de l'île Aoracta [2] précisément, où Mithrôpastès s'était réfugié en quittant Ogyris [3] et où il avait reçu l'hospitalité. Voulant se faire recommander aux chefs de la flotte macédonienne par Mazênès qui allait leur servir de pilote, il l'avait naturellement accompagné. Néarque parle aussi d'une île qu'ils rencontrèrent, comme ils commençaient à ranger la côte de Perse, et où se trouvaient en quantité des perles du plus grand prix. Dans d'autres îles qu'il signale également ce n'étaient plus des perles qu'on ramassait, paraît-il, mais de simples cailloux brillants et transparents. Enfin, dans les îles qui précèdent immédiatement l'embouchure de l'Euphrate, Néarque constata la présence d'arbres exhalant une odeur d'encens, dont les racines laissaient découler, quand on les brisait, un

---

1. Voy. Meyer, *Botan. Erläuter. zu Strabons Geogr.*, p. 94-97. — 2. Ἀώρακτα au lieu de Δώρακτα, conjecture probable de Muller. Coray et Meineke n'ont pas hésité à introduire dans le texte la forme Ὀάρακτα que leur fournissaient Arrien et Marcien d'Héraclée. — 3. Ὠγύριος, au lieu d'Ὠγύρου, correction suggérée à Tzschucke, à Kramer, à Meineke, par une conjecture de Saumaise.

suc très abondant[1], et la présence en même temps de
crabes et d'oursins de dimensions énormes, circonstance
commune, du reste, à toute la mer Extérieure : Néarque
dit avoir vu, par exemple, des crabes plus grands que
des *causies*[2], et des oursins dont la coquille pouvait
avoir la capacité d'un double cotyle. Il affirme avoir vu
là également, échouée sur la côte, une baleine longue de
50 coudées.

CHAPITRE IV.

La première province d'Arabie où l'on entre, en sortant
de la Babylonie, est la Mæsène[3], qui, bornée d'un côté
par le grand désert d'Arabie, et protégée d'un autre côté
par ces marais de la Chaldée qu'alimentent les débordements de l'Euphrate, touche en outre par un troisième
côté à la mer de Perse. Malgré son climat malsain et
brumeux, à la fois chaud et pluvieux, la Mæsène est
d'une grande fertilité. La vigne y croît en pleins marais
sur des claies d'osier qu'on a recouvertes d'une couche
de terre suffisante pour que les racines de la plante y
puissent prendre ; et, comme ces claies sont sujettes à de
fréquents déplacements par suite du mouvement des
eaux, on les repousse avec de longues perches de manière à les ramener à leur place primitive[4].

2. Mais revenons à Ératosthène et au tableau méthodique qu'il a tracé de l'Arabie. Suivant lui, l'Arabie
septentrionale ou *Arabie Déserte*, comprise comme elle

---

1. Voy. Meyer, *Botan. Erläuter. zu Strabons Geogr.*, p. 98-104. — 2. « Pa-
guros vix a Strabone cum pileis (ταῖς καυσίαις) comparatos putem, sed cum ser-
pentum genere μείζους καύσων. » (Madvig, *Advers. crit.*, t. I, p. 563.) Nous citons
l'opinion de Madvig, pour mémoire ; mais elle nous paraît peu heureuse : Néarque
évidemment a dû prendre pour terme de comparaison un objet des plus communs
et dont les dimensions fussent connues de tous ses lecteurs. — 3. Μαισηνή, au lieu
de Μαικινή, Μακινή, Μαικηνή, leçons fournies par les différents manuscrits. Voy.
Müller, *Ind. var. lect.*, p. 1038, col. 1. — 4. Voy. Meyer, *Botan. Erläuter. zu
Strabons Geogr.*, p. 104.

est entre l'*Arabie Heureuse* d'une part et la Cœlé-Syrie,
et la Judée d'autre part, puisqu'elle s'étend jusqu'au fond
du golfe Arabique, mesure depuis l'extrémité de ce golfe
qui regarde le Nil[1] c'est-à-dire depuis Héroopolis, dans
la direction de Pétra (de Pétra *de Nabatée*[2]) et jusqu'à
Babylone, une longueur de 5600 stades, et cette longueur peut être représentée par une ligne tirée droit
au levant d'été qui couperait les territoires des tribus
Nabatéenne, Chaulatéenne et Agræenne, toutes trois d'o-
rigine arabe, et qui se trouvent échelonnées sur la frontière dudit pays. Au-dessus de ces tribus, maintenant,
est l'Arabie Heureuse, qui s'étend sur un espace de
12 000 stades et s'avance au midi jusqu'à la mer Atlantique. L'Arabie Heureuse est habitée par une population
exclusivement agricole, la première de cette sorte que
nous ayons rencontrée depuis les populations agricoles
de la Syrie et de la Judée. Vient ensuite une contrée
sablonneuse et stérile, qui offre pour toute végétation
quelques rares palmiers, avec des acanthes et des tama-
ris[3], et qui n'a, comme la Gédrosie, que de l'eau de
puits : cette contrée est habitée uniquement par des
Arabes et par des pâtres ou éleveurs de chameaux. L'extrémité méridionale du pays en revanche, ou, en d'autres
termes, la partie de l'Arabie qui semble s'avancer à
la rencontre de l'Éthiopie, est largement arrosée par les
pluies de l'été et donne, ainsi que l'Inde, deux récoltes
par an. Ajoutons qu'elle possède un certain nombre de
fleuves ou de cours d'eau qui vont se perdre, soit dans
les plaines, soit dans des lacs ; que tous les produits de
la terre y sont excellents, qu'elle fait en outre beaucoup
de miel et nourrit une très grande quantité de têtes de
bétail, parmi lesquelles, il est vrai, ne figurent ni chevaux, ni mulets, ni porcs, de même qu'on ne compte ni

---

1. ἥτις ἐστὶν [ὁ] πρὸς τῷ Νείλῳ μυχὸς ; τοῦ Ἀραβίου κόλπου, correction excellente de
Muller et parfaitement motivée dans son *Index var. lect.*, p. 1038, col. 1-2. —
2. « [Hic] exciderunt quædam ob vocem bis positam : πρὸς μὲν τὴν Ναβαταίων Πέτραν
στάδιοι εἰσιν', ἀπὸ δὲ Πέτρας εἰς Βαβυλῶνα πεντακισχίλιοι ἑξακόσιοι. » (Madvig, *Advers.
crit.*, t. I, p. 563.) — 3. Voy. Meyer, *op. cit.*, p. 105.

poules ni oies dans ¡la multitude de volatiles qu'elle
nourrit également. Quatre peuples principaux se partagent cette extrémité de l'Arabie : les Minæi le long de la
mer Érythrée avec Carna ou Carnana pour capitale ; immédiatement après, les Sabæi avec Mariaba pour chef-
lieu ; troisièmement les Cattabanées, dont le territoire
s'étend jusqu'à l'étroit canal où s'opère habituellement
la traversée du golfe et dont les rois ont pour résidence
une ville appelée Tamna ; puis, pour finir, à l'extrémité
orientale du pays, les Chatramôtitæ avec la ville de Sa-
bata pour capitale.

3. Ces différentes cités, qui forment un seul et même
État monarchique, ont toutes l'aspect de l'opulence et
sont toutes ornées de temples et de palais magnifiques.
Leurs maisons, par l'assemblage de la charpente, rappellent tout à fait les maisons égyptiennes. Pris ensemble les quatre nomes couvrent un espace plus grand que
le delta d'Égypte. Dans cette monarchie, le pouvoir ne
passe pas du père au fils, le successeur désigné est le
premier enfant de sang noble né depuis l'avènement du
roi. Aussi est-il d'usage, en même temps qu'on procède
à l'installation du roi, de dresser une liste des femmes
des principaux seigneurs de la cour qui se trouvent alors
enceintes et de leur donner à chacune des surveillants :
on sait ainsi quelle est celle qui accouche la première, et,
si c'est un fils qu'elle a mis au monde, la loi veut qu'on
le lui prenne et qu'on l'élève royalement, comme étant
l'héritier présomptif de la couronne.

4. Le nome de Cattabanie produit surtout de l'encens,
et le nome de Chatramôtitide surtout de la myrrhe ; et
ces deux précieuses denrées [1], jointes aux autres aromates [2], servent aux échanges que font les indigènes avec
les marchands étrangers, soit avec ceux qui sont venus
d'Ælana et qui ont mis soixante-dix jours à atteindre le

1. Voy. Meyer, Botan. Erläuter. zu Strabons Geogr., p. 105-106 et 130-150. —
2. καὶ ταῦτά τε καὶ τὰ ἄλλα ἀρώματα μεταβάλλονται au lieu de καὶ ταῦτα δὲ καὶ τ. ἄ. ἀ.
μ., correction de Meineke (Vind. Strabon., p. 236).

nome de Minée (on sait qu'Ælana occupe le fond de
cette autre branche du golfe Arabique qui tire vers Gaza
et qu'on appelle la branche Ælanite), soit avec les
marchands gerrhéens [1] qu'un trajet de quarante jours a
amenés dans la Chatramôtitide. Le côté du golfe Arabique qui part du fond de la branche Ælanite et qui
longe l'Arabie mesure, au rapport d'Alexandre et d'A-
naxicratès [2], 14 000 stades, mais c'est là un calcul quelque peu exagéré. Le côté opposé, le même qui borde la
Troglodytique et qu'on se trouve avoir à droite quand
on range la côte depuis Héroopolis, mesure 9000 stades
jusqu'à Ptolémaïs et jusqu'à la région où l'on chasse l'éléphant, et, dans cet intervalle, à l'exception d'un endroit
où il incline légèrement à l'est, ce côté conserve sa même
direction au midi ; mais, à partir de là et jusqu'à la partie
étroite du golfe, il mesure 4500 stades environ en inclinant à l'est d'une manière beaucoup plus marquée. C'est
le cap Diré, avec une petite ville de même nom, habitée toute par des Ichthyophages, qui forme, sur la rive
éthiopienne, le détroit [donnant accès dans le golfe Arabique.] On voit encore, paraît-il, à Diré une *stèle* ou colonne
du roi d'Égypte Sésostris avec inscription hiéroglyphique
commémorative du passage du détroit par le conquérant. Il y a toute apparence, en effet, que Sésostris, après
avoir conquis, lui le premier, l'Éthiopie et la Troglodytique, passa en Arabie et partit de là pour parcourir
triomphalement toute l'Asie, comme l'attestent et les re-
tranchements dits *de Sésostris* qu'on rencontre en maint
endroit de cette contrée, et tant de sanctuaires aussi, bâtis
évidemment sur le modèle des temples égyptiens. Le golfe,
à la hauteur de Diré, se rétrécit au point de n'avoir plus
qu'une largeur de 60 stades. Toutefois ce qu'on appelle
aujourd'hui le Détroit n'est pas à Diré : c'est plus loin
qu'il faut le chercher, en un endroit où la distance, à

---

1. Γερραῖοι au lieu de Γαβαῖοι. Voy. Müller, *Ind. var. lect.*, p. 1038, col. 2. —
2. Voy. dans son *Ind. var. lect.* (p. 1038, col. 2) par quelle raison péremptoire
Müller maintient la leçon des manuscrits οἱ περὶ Ἀλέξανδρον καὶ Ἀναξικράτη.

vrai dire, d'un continent à l'autre est encore de 200 stades
environ, mais où se trouve un groupe de six îles qui
obstrue le golfe de manière à n'y laisser que des passes
extrêmement étroites. C'est là, nous l'avons déjà dit, que
se fait au moyen de radeaux le transport des marchandises entre les deux continents et que l'on place le *Détroit proprement dit.* Une fois ces îles dépassées, la
navigation continue le long de la région Myrrhifère, et
jusqu'à la Cinnamomifère, dans une direction sud-est,
et ce trajet, quand on tient compte des moindres enfoncements de la côte, représente à peu près 5000 stades.
Jusqu'à présent (c'est toujours Ératosthène qui parle[1])
aucun navigateur n'a poussé plus loin que la Cinnamomifère. Ératosthène ajoute que les villes ne sont guère
nombreuses sur la côte, mais qu'en revanche l'intérieur
en compte beaucoup et qui pour la plupart sont très
peuplées. Tels sont les renseignements qu'Ératosthène
nous donne sur l'Arabie, mais certains géographes nous
en fournissent d'autres, et nous croyons bien faire en
complétant les siens par ceux-là.

5. Suivant Artémidore, le promontoire qui se détache
de la côte d'Arabie en s'avançant pour ainsi dire à la
rencontre du cap Diré est connu sous le nom d'Acila[2].
Un autre renseignement que nous lui devons, c'est que,
dans le canton de Diré, tous les hommes ont le gland
déformé. Il nous apprend encore que le premier point de
la Troglodytique où l'on aborde quand on vient d'Héroopolis est Philôtère, ville fondée par Satyrus, qui lui
donna le nom de la sœur de Ptolémée II. Satyrus était
venu dans le pays, avec la mission de rechercher les
emplacements les plus favorables à la chasse de l'éléphant. A Philôtère succèdent : 1° une autre ville qu'Artémidore appelle Arsinoé; 2° plusieurs fontaines jaillis-
santes, dont les eaux, à la fois chaudes, amères et
saumâtres, se précipitent dans la mer du haut d'une

---

1. φησι au lieu de φασι, conjecture de Kramer, adoptée par Meineke et que Müller
approuve également. — 2. Sur ce nom, voy. l'*Index var. lect.* de Müller, p. 1038.

roche très élevée ; 3° un peu plus loin, une plaine, du milieu de laquelle on voit surgir une montagne qui a la couleur vive du minium. Le point qu'Artémidore signale ensuite est appelé indifféremment Myos-Hormos et Aphroditès-Hormos : c'est un port spacieux, mais dont l'entrée est tortueuse et difficile. Juste en face de cette entrée sont situées trois îles, deux qui sont couvertes d'oliviers et très ombragées [1], et la troisième, où les arbres sont plus rares, qui est toute remplie de pintades. Le golfe Acathartos (autrement dit *Immonde*), lequel fait suite immédiatement à Myos-Hormos, se trouve, ainsi que ce port, encore à la hauteur de la Thébaïde. Il ne justifie que trop son nom, tant est grande l'impression d'horreur qu'on éprouve à l'approche de ses écueils cachés, de ses longs bancs de récifs et à la vue de ses eaux presque toujours soulevées par des vents furieux. Tout au fond de ce golfe Artémidore place une ville, Bérénice.

6. Passé le golfe Acathartos, on atteint l'île Ophiôdès, ainsi nommée du grand nombre de serpents qu'elle nourrissait, avant que le roi Ptolémée II, tant pour prévenir les cas de piqûre et de mort devenus trop fréquents parmi les équipages qui y abordaient, que pour donner toute sécurité aux chercheurs de topazes, l'en eût tout à fait purgée. La topaze est une pierre transparente qui a les reflets fauves de l'or, si bien que, le jour, aux rayons trop ardents du soleil [2], elle n'est pas facile à apercevoir; la nuit, au contraire, rien n'empêche ceux qui la cherchent de la bien voir. Ils marquent alors la place de chaque topaze au moyen d'un petit godet solidement attaché, et, quand vient le jour, ils procèdent à l'extraction de la pierre. Il y avait autrefois un corps spécial, entretenu aux frais des rois d'Égypte, qui était préposé à la garde de ce précieux gisement ainsi qu'à la recherche des topazes.

---

1. Voy. Meyer, *Botan. Erläuter. zu Strabons Geogr.*, pp. 94-97 et 106. —
2. ὑπεραυγεῖται γάρ au lieu de περιαυγεῖται γάρ, leçon fournie par l'un des manuscrits du Vatican et adoptée par Meineke, d'après le conseil de Kramer. |

7. Au delà de l'île Ophiôdès, on voit se succéder un grand nombre de tribus d'Ichthyophages et de Nomades. Puis vient le port de Sôtira, lequel aura reçu son nom apparemment de commandants de vaisseaux reconnaissants, qui, y ayant trouvé un refuge au sortir de dangereuses tempêtes, voulurent consacrer ainsi le souvenir de l'événement. Plus loin un changement très marqué se produit dans l'aspect de la côte et du golfe. La côte cesse d'être âpre et rocheuse ; elle se rapproche de plus en plus de l'Arabie et semble au moment d'y toucher ; en même temps on entre dans des eaux basses dont la profondeur n'est plus que de 2 orgyes et qui présentent à leur surface une teinte d'herbe verte très prononcée due à la grande quantité de mousses et d'algues [1] que la transparence de l'eau laisse apercevoir au fond de la mer dans toute l'étendue du détroit, circonstance au surplus qui n'a rien d'étonnant, puisque la présence d'arbres sous-marins a été constatée dans ces mêmes parages. Ajoutons qu'on y rencontre aussi un très grand nombre de chiens de mer et que le détroit en est comme infesté. Les Taures qu'on relève ensuite sont deux montagnes, qui, vues de loin, offrent effectivement dans leurs contours une certaine ressemblance avec des *taureaux*. Puis vient une autre montagne que couronne un temple d'Isis, monument de la piété de Sésostris, et qui précède une île toute plantée d'oliviers, souvent couverte par les eaux de la mer. Immédiatement après cette île, est la ville de Ptolémaïs, qui fut bâtie à proximité de la région où l'on chasse l'éléphant par un officier de Philadelphe, nommé Eumêdès : envoyé exprès pour préparer cette chasse, Eumêdès avait commencé par fermer secrètement au moyen d'un fossé et d'un mur une des presqu'îles de la côte, il avait ensuite désarmé par d'habiles ménagements les populations qui menaçaient de gêner son établissement, et avait réussi ainsi à se faire de voisins malveillants des amis sûrs et dévoués.

---

1. Voy. Meyer, *Botan. Erläuter. zu Strabons Geogr.*, p. 106-108.

8. Dans l'intervalle [de l'île à Ptolémaïs] on voit déboucher un bras de l'Astaboras, fleuve qui, une fois sorti du lac où il prend sa source, se divise, envoie à la mer directement une partie de ses eaux, et, par sa branche principale, va se réunir au Nil ; puis, on relève successivement le groupe des îles Latomies, lesquelles sont au nombre de six, l'estuaire Sabaïtique et le fort que Suchos [1] a bâti dans l'intérieur des terres [au-dessus de cet estuaire], un port connu sous le nom d'Élæa [2], une île dite *de Straton*, et le port de Saba avec un *cynêgion* de même nom où l'on chasse l'éléphant. La contrée à laquelle on accède en pénétrant jusqu'au fond de ces derniers ports *ou estuaires*, est appelée du nom de Ténesside par Artémidore, qui la dit occupée par des Égyptiens descendants des déserteurs de l'armée de Psammitichus. Le nom de Sembrites [3], qui est celui sous lequel cette population est connue dans le pays, signifie en effet *étrangers, venus d'ailleurs*. Artémidore nous apprend en outre que le pays est gouverné par une reine, la même qui a déjà sous sa domination Méroé. Ce nom de Méroé désigne une île formée par le Nil dans le voisinage de la Ténesside et au-dessous d'une autre île où les mêmes déserteurs égyptiens avaient fondé un premier établissement. De Méroé à la partie de la côte que nous avons atteinte présentement, la distance, à ce qu'on assure, est de 15 journées pour un bon marcheur. C'est aussi près de Méroé qu'est le confluent de l'Astaboras et de l'Astapus, voire celui de l'Astasobas avec le Nil.

9. Quant aux noms de *Rhizophages* et d'*Héléens* sous lesquels on désigne les populations riveraines de ces différents cours d'eau, ils rappellent que ces populations vivent uniquement des racines (*rhizæ*) qu'elles coupent

---

1. « Τοσουχου] sic *E.* Cor. Kr. Mein.; τὸ Σουχου codd. Legendum potius fuerit φρουρίόν τι, Σούχου ἴδρυμα. Suchus erat nomen Ægyptium ; cf. p. 689, 39.» [Müller, *Index var. lect.*, p. 1038, col. 2 et *Geogr. gr. min.*, Prolegom. p. LX (note **).]
— 2. « Male h. l. Strabo Artemidorum excerpsisse videtur. Dixerit auctor νῆσος καὶ λιμὴν Ἐλαία vel Ἐλαίου. Certe omittere Artemidorus insulam in toto sinu longe maximam vix potuit. » (Müller, *Geogr. gr. min.* Prolegom., p. LXX, 26) —
3. « Σαβρίται *F*, Σιβρίται cett. codd. em. Cor. » (Müller.)

dans l'*Hélos* ou marais voisin [1]: de ces racines, écrasées
avec des pierres, elles font des espèces de gâteaux qu'elles
mangent après les avoir cuits au soleil. Tout leur pays est
infesté de lions; mais, dans les premiers jours qui suivent
le lever de Sirius, les lions disparaissent, mis en fuite jusqu'au dernier, par les piqûres de mouches énormes. D'autres populations, voisines de celles-là, se nourrissent de
grains (σπέρματα), d'où leur nom de *Spermophages*; seulement si le grain vient à manquer, elles sont réduites à vivre de glands [2] qu'elles apprêtent alors de la même manière
que font les Rhizophages leurs racines. Après Élée, nous
signalerons [sur la côte] les *Démétriûscopies* et les *Conônobômi* et dans l'intérieur une vaste région où croissent en abondance les roseaux indiens [3]. Tout au fond
de ce pays connu sous le nom de nome de Coracium,
s'élevait naguère une ville, Endera, chef-lieu de la tribu
des Gymnètes. Pour toutes armes les Gymnètes ont des
arcs de jonc et des flèches durcies au feu par le bout;
mais ils montent sur les arbres, et de là visent et abattent les bêtes féroces, quand ils ne les tirent pas de plain-
pied, ce qui leur arrive quelquefois. Il y a aussi dans le
pays beaucoup de buffles, et la viande de buffle jointe à la
chair des autres bêtes sauvages auxquelles ils donnent la
chasse fait le fond de leur nourriture. Parfois il leur
arrive de revenir de la chasse sans avoir rien tué, ils se
contentent alors pour assouvir leur faim de faire griller
sur des charbons des peaux sèches. Les Gymnètes ont
une coutume remarquable : chaque année ils instituent
un concours de tir à l'arc où ne sont admis que de tout
jeunes garçons non encore parvenus à l'âge de puberté.
Aux *Conônobômi* ou Autels de Conon succède le port de
Mélinûs, et dans l'intérieur juste au-dessus de ce port se
trouvent le château de Coraüs avec une chasse de même
nom, un autre château encore, et plusieurs autres chasses; puis vient le port d'Antiphile, qui se trouve être

adossé en quelque sorte au territoire des Créophages. Chez ce peuple, tous les hommes ont le gland déformé et comme mutilé, et toutes les femmes, conformément à la coutume rigoureuse des Juifs, subissent l'excision [des petites lèvres].

10. En s'avançant encore plus loin dans l'intérieur, mais plus dans la direction du midi, on rencontre la tribu des *Cynamolges,* ou, comme on l'appelle dans le pays même, la tribu des *Agrii.* Les hommes de cette tribu laissent pousser leurs cheveux et portent toute leur barbe. Leurs chiens sont de la plus grande taille et leur servent à chasser les troupeaux de bœufs indiens qui de temps à autre font irruption des cantons voisins sur leur territoire, soit pour fuir la dent des bêtes féroces, soit parce que leurs pâturages ordinaires sont épuisés. C'est habituellement entre le solstice d'été et le milieu de l'hiver que l'irruption de ces animaux a lieu. Immédiatement après le port d'Antiphile, on relève : 1° un autre port appelé le *Colobônalsos;* 2° une ville connue sous le nom de *Bérénice-lez-Sabæ;* 3° Sabæ même, qui est une ville de très grande étendue : 4° *Eumenûsalsos.* Juste au-dessus est la ville de Darada[1] avec une chasse d'éléphants dite la *Chasse du puits.* C'est la tribu des Éléphantophages qui occupe tout ce canton, et, [comme son nom l'indique,] son unique occupation est la chasse aux éléphants. Quand, du haut des arbres où ils se postent, ils aperçoivent un troupeau d'éléphants qui tra-. verse la forêt, les Éléphantophages ne se hâtent pas de l'attaquer; mais, pour peu qu'un des éléphants qui forment l'arrière-garde s'écarte, ils s'approchent de lui sans faire de bruit et lui coupent les jarrets. Quelquefois aussi ils percent les éléphants de flèches qu'ils ont au préalable trempées dans du fiel ou de la bave de serpent. Le maniement de leurs arcs exige le concours

---

1. « Δαραδλ *moxz;* Δάραδα cett. codd. Kr. et Mein. Series locorum nos ducit in eum tractum in quo magna insula quæ *Darmaba* vocatur, oræ adjacet. » (Muller, *Ind. var. lect.*, p. 1038, au bas de la col. 2.)

de trois hommes : deux de ces hommes, la jambe en
avant, tiennent l'arc et le troisième tire la corde. D'autres
chasseurs marquent les arbres contre lesquels les éléphants ont coutume de se reposer, puis passant de l'autre côté ils coupent l'arbre au pied. Alors, quand la
bête vient pour s'y appuyer, l'arbre tombe et l'entraîne
dans sa chute, et, comme il lui est impossible de se relever, l'os de la jambe chez l'éléphant étant tout d'une
pièce et ne pouvant se plier, les chasseurs postés sur les
arbres voisins se hâtent d'en descendre et égorgent leur
proie. Les Nomades n'appellent jamais les chasseurs
d'éléphants autrement que les *Impurs*.

11. Au-dessus des Éléphantophages habite une tribu
moins importante, la tribu des *Struthophages*, dont
le territoire nourrit force oiseaux, grands comme des
cerfs, trop lourds pour voler, mais qui peuvent courir
avec une extrême vitesse, à la façon des autruches. Les
indigènes chassent ces oiseaux de deux façons: les uns
les poursuivent et les abattent à coups de flèches; les
autres s'affublent de la dépouille même de quelqu'un de
ces oiseaux, la main droite engagée dans le long cou
de la bête pour lui imprimer les mêmes mouvements
que ces oiseaux ont l'habitude de faire avec leur cou;
puis, de leur autre main, ils prennent du grain dans une
besace pendue à leur côté et le répandent à terre, ils
attirent les oiseaux au moyen de cet appât dans des
ravins ou vallées sans issue, où des gens embusqués les
attendent pour les abattre à coups de bâton. Les Struthophages s'habillent avec la peau des oiseaux qu'ils ont
tués et ils s'en font aussi des couvertures dans lesquelles
ils s'enveloppent pour dormir. Ils sont perpétuellement
en guerre avec les Simi, tribu éthiopienne qui n'a d'autre arme que des cornes d'*oryges*.

12. Dans le voisinage des peuples que nous venons de
nommer habitent les *Acridophages*. Plus noirs de peau
que les autres, les Acridophages sont beaucoup plus
petits de taille et vivent aussi comparativement très peu

dc temps ; il est rare en effet qu'ils dépassent quarante
ans, circonstance qu'on attribue à ce qu'ils ont le corps
rongé de vermine. Ils vivent de sauterelles que les vents
du sud-ouest et de l'ouest, toujours très forts au printemps dans ces régions, emportent et chassent vers leur
pays. Pour les prendre, ils entassent au fond des vallées
du bois qui a la propriété de faire beaucoup de fumée en
brûlant, puis ils l'allument lentement[1]..... En passant
au-dessus, les sauterelles sont aveuglées [et suffoquées]
par la fumée, elles tombent, et, après qu'on les a ramas-
sées, on les écrase, on les pile dans de la saumure, pour
en faire des espèces de gâteaux qui forment le fond de la
nourriture des Acridophages. Derrière le territoire de
ce peuple s'étend une vaste contrée, entièrement déserte,
bien que renfermant de gras pâturages : on donne pour
cause de cet abandon la présence d'une quantité infinie
de scorpions et de phalanges dites *à quatre mâchoires*,
qui, à force de pulluler, ont fini par mettre en pleine
déroute tous les habitants du pays.

13. Passé le port d'Eumène, toute la côte jusqu'à Diré
et jusqu'au *Détroit des six îles* est occupée par des Ichthyophages, des Créophages et des Colobes, lesquels s'enfoncent même assez avant dans l'intérieur. On y rencontre aussi, avec un certain nombre de *cynégies* ou de
chasses d'éléphants, plusieurs villes de peu d'importance. Ajoutons que quelques petites îles bordent cette
partie de la côte. La plupart des peuples que nous venons de nommer sont nomades ; quelques-uns dans le
nombre sont agriculteurs, et sur beaucoup de points du
territoire de ces derniers le styrax croît en abondance[2]. C'est
à la marée basse que les Ichthyophages ramassent le poisson ; une fois qu'ils l'ont ramassé, ils le jettent contre les rochers et l'y laissent cuire au soleil. Puis ils le désossent[3],

---

1. « Decem fere literarum lacuna in *E.*; θηρεύουσι vel λαμβάνουσιν αὐτάς vel simile
quid excidisse monet Grosk. » (Muller, *Ind. var. lect.*, p. 1038, au bas de la col. 2.)
— 2. Voy. Meyer, *Botan. Erläuter. zu Strabons Geogr.*, p. 113-114. — 3. εἶτ'
ἐξοστεΐσαντες au lieu de εἶτ' ἐξοπτήσαντες, très élégante correction de Madvig (*Advers.
crit.*, t. I, p. 563.)

et, recueillant les arêtes, ils les entassent; quant à la
chair, ils la pétrissent avec les pieds, et en font ensuite
des gâteaux ou des pâtes, qu'ils recuisent au soleil
et qu'ils gardent comme provisions. Lors des gros
temps, ne pouvant ramasser de poisson, ils broient
les arêtes qu'ils ont entassées et les arrangent de
même en pâtes qu'ils mangent ensuite. Ils aiment
aussi beaucoup à sucer les arêtes fraîches. Bon nombre
d'Ichthyophages engraissent dans des fondrières, qui
sont autant de relais de mer, certains coquillages charnus, et cela au moyen de menus poissons ou de fretin
qu'ils y jettent : autre ressource précieuse pour eux quand
le poisson devient rare. Ils entretiennent d'ailleurs aussi
des viviers de toute sorte pour y garder en réserve le
poisson lui-même. D'autres tribus, de celles qui habitent
la partie de la côte où l'eau douce fait défaut, se déplacent tous les cinq jours au grand complet, avec femmes
et enfants[1], et en poussant des cris d'allégresse remontent vers les puits et aiguades de l'intérieur; puis, à
peine arrivés, tous s'élancent vers l'eau, et courbés, pen-
chés au-dessus comme des bestiaux, ils boivent, boivent,
jusqu'à ce que leur ventre, tendu et ballonné, devienne
aussi dur qu'une peau de tambour, après quoi ils rega-
gnent comme ils peuvent le bord de la mer. Ces populations habitent au fond de cavernes ou dans de gros-
sières cahutes, que supportent des os et arêtes de cétacés en guise de poutres et de solives, et qui sont
couvertes en branchages d'olivier.

14. Les *Chélonophages* profitent des dimensions énormes des *chéloniens* ou tortues de ces parages et avec
leurs écailles se font des abris, voire même des embarcations. D'autres tirent parti des masses de fucus que la
mer rejette ici sur la côte et qui y forment des espèces
de tertres ou de hautes dunes, ils les creusent en dessous et s'y logent. Un autre usage particulier à ces peu-

---

1. πανοίκιοι au lieu de πανοικί, correction de Meineke (*Vindic. Strabon.*, p. 235)
approuvée par Müller.

ples consiste à jeter leurs morts en proie aux poissons,
encore laissent-ils au reflux le soin de les emporter
loin de la rive. Parmi les îles qui bordent leur côte on
distingue l'île des Tortues, l'île des Phoques et l'île des
Éperviers, rangées toutes trois à la suite les unes des autres. Quant à la côte même, elle est couverte de palmiers
et de plantations d'oliviers et de lauriers, et cela non
pas seulement en deçà du Détroit, mais encore au delà
sur un assez grand espace. Il y a aussi l'île de Philippe, qui se trouve située juste à la même hauteur
que la chasse d'éléphants dite *de Pythangelus* dans l'intérieur. Puis vient la ville d'Arsinoé avec un port de
même nom, précédant Diré et ayant aussi une chasse
d'éléphants située juste au-dessus d'elle. A Diré commence alors la côte des Aromates, dont la première partie, encore occupée par des Ichthyophages et des Créophages, produit surtout de la myrrhe, mais beaucoup
de *persée* aussi et de *sycamin d'Égypte*[1]. Au-dessus,
dans l'intérieur, est Licha, chasse célèbre d'éléphants,
parsemée de ces immenses flaques d'eau qui se forment
pendant la saison des pluies, et où les éléphants viennent
s'abreuver jusqu'à ce que les ayant mises à sec ils n'aient
plus d'autre ressource pour trouver de l'eau que de se
creuser avec leurs trompes et leurs défenses de véritables puits. Sur la côte même, en deçà du promontoire
de Pytholaüs, il y a deux immenses lacs, l'un d'eau saumâtre auquel on donne le nom de *mer*, l'autre d'eau
douce qui nourrit force hippopotames et force crocodiles,
et sur les bords duquel le papyrus croît en abondance[2].
On rencontre aussi beaucoup d'ibis dans tout ce canton.
Ajoutons qu'aux environs du promontoire de Pytholaüs,
la pratique des mutilations corporelles commence à disparaître. Suit la région de l'encens, dite *libanôtophore*,
dont le seuil est marqué par une pointe avancée que
couronne un temple entouré d'une plantation de peu-

---

1. Voy. Meyer, *Botan. Erläuter. zu Strabons Geogr.*, p. 114-117. — 2. Voy.
Meyer, *ibid.*, p. 119.

pliers [1]. Puis, à la même hauteur, dans l'intérieur des
terres, courent l'Isidopotamie et une autre vallée [2] (celle
du Nil), couvertes l'une et l'autre de ces précieux arbustes qui donnent la myrrhe et l'encens. On y signale
également la présence d'un grand réservoir qu'alimentent
les eaux qui descendent des montagnes. Sur la côte,
maintenant, on voit se succéder *Léontoscopé, Pythan-
gelû-limên*, un canton qui, [outre la myrrhe et l'encens,] produit aussi beaucoup de fausse casse, puis,
jusqu'au seuil de la Cinnamômophore, différentes vallées
qui sont bordées d'arbres à encens dans toute leur longueur et qui portent les noms de leurs fleuves respectifs.
Le fleuve qui marque la limite de la cinnamômophore
offre cette particularité que le *phléûs* [3] croît sur ses bords
en très grande quantité. Un autre fleuve fait suite à celui-
là; puis viennent le port Daphnûs et l'*Apollonopotamie*,
qui produit, non seulement de l'encens, mais aussi de
la myrrhe et du cinnamôme. Toutefois cette dernière
plante croît en plus grande quantité dans les cantons de
l'intérieur. Le mont Eléphas qu'on relève ensuite avance
sensiblement dans la mer et précède: 1° une crique ou
coupure formant une sorte de canal naturel; 2° un port
spacieux dit de *Psygmus;* 3° l'aiguade des Cynocéphales; 4° le Notû-céras, qui est le dernier point saillant de
toute cette côte. Car au delà, pour doubler ce promontoire et nous avancer au midi, « nous n'avons plus, dit
Artémidore, ni relevés de ports, ni listes de noms
de lieux, n'y ayant jamais eu d'exploration méthodique
qui ait permis de ranger ce littoral extrême au nombre
des terres connues. »

15. Il est à noter cependant que, même sur cette côte
ultérieure [4], on signale encore la présence de colonnes et
d'autels, dits *de Pytholaüs, de Lichas, de Pythangelus*,
du *Lion* et de *Charimortus*, et portant, comme on voit,

1. Voy. Meyer, *op. cit.*, p. 119. — 2. Sur le sens du mot ποταμία, voy. Meyer, *ibid.*, p. 118. — 3. Voy. Meyer, *ibid.*, p. 120. — 4. « Oratio sic distinguenda et scribenda est :... διὰ τὸ μηκέτι εἶναι γνώριμον. 15. Ἐν δὲ τῇ ἑξῆς παραλίᾳ εἰσὶ καὶ

les mêmes noms que telle et telle localité de la côte parfaitement connue et explorée qui est comprise entre Diré
et le Notû-céras ; mais à quelle distance se trouvent ces
colonnes, ces autels ? C'est ce qu'on ignore absolument.
Tout le pays est plein d'éléphants et de *fourmis-lions*,
animaux singuliers qui ont les testicules renversés,
la couleur fauve de l'or et le poil tout à fait ras. Ceux
de l'Arabie ne l'ont pas au même degré. Le pays nourrit
aussi des léopards d'une force prodigieuse et des rhinocéros. Il n'est pas exact de dire, comme le fait Artémidore,
un peu bien légèrement pour un homme qui affirme ne
parler que d'après ce qu'il a vu lui-même à Alexandrie,
que la longueur du corps des rhinocéros diffère à peine
de celle des éléphants ; et, à en juger du moins par
l'individu que nous avons vu, nous, il y a entre les
rhinocéros et les éléphants sous ce rapport à peu près
la même différence que sous le rapport de la taille[1].
Il n'est pas exact non plus de dire que la couleur de
leur peau soit celle du buis, elle rappelle beaucoup plus
celle de la peau de l'éléphant. De même taille que le
taureau, les rhinocéros ressemblent beaucoup extérieure-
ment, par la forme de leur museau surtout, au sanglier,
si ce n'est qu'ils ont sur le nez une corne courte et
comme aplatie, mais plus dure que pas un os, qui leur
sert d'arme et leur rend les mêmes services qu'aux
sangliers leurs défenses. Ils ont en outre deux gros plis,
partant l'un de la nuque, et l'autre de la région lom-
baire, qui les enveloppent depuis l'échine jusque sous le
ventre, comme pourraient le faire les orbes ou anneaux
d'un serpent. C'est toujours d'après l'individu vivant que

στῆλαι καὶ βωμοὶ Πυθολάου.... καὶ Χαριμόρτου [καθάπερ] κατὰ τὴν γνώριμον παραλίαν
τὴν ἀπὸ Δειρῆς μέχρι Νότου κέρως, τὸ δὲ διάστημα οὐ γνώριμον. Cur exciderit καθάπερ,
palet. » (Madvig, *Advers. crit.*, t. I, p. 563.) Cf. cependant Muller, *Ind. var.
lect.*, p. 1039, col. 1. — 1. « Scribendum primum : Οὗτοι (pro οὗτοι) δὲ μικρὸν
ἀπολείπονται τῶν ἐλεφάντων οἱ ῥινοκέρωτες, ὥσπερ Ἀρτεμίδωρός φησιν...... τῷ μήκει, καίπερ
ἑωρακέναι φήσας ἐν Ἀλεξανδρείᾳ, ἀλλὰ σχεδόν τι ὅσον τῷ ὕψει omni de tota periodi
forma et sententia sublata dubitatione. Sed restat, quod omisi, mirum illud inter
φησιν et τῷ μήκει interpositum ἐπὶ σειράν, pro quo scribendum est : φησιν ἐκισύρων,
neglegenter festinans. » (Madvig, *Advers. crit.*, t. I, p. 563.) Cf. cependant
Müller, *Ind. var. lect.*, p. 1039, col. 1.

nous avons vu que nous donnons ces détails. Mais Artémidore ajoute quelques renseignements intéressants,
celui-ci par exemple qui est caractéristique, que le rhinocéros est perpétuellement en guerre avec l'éléphant à
qui il dispute ses pâturages, et que sa manœuvre pour le
combattre consiste à glisser son museau sous le ventre
de l'éléphant et à le lui labourer avec sa corne, à moins
que de sa trompe et de sa double défense l'éléphant ne
le prévienne.

16. Le même pays nourrit aussi beaucoup de girafes
ou de *camélopards* [1], qui, en dépit de leur nom, n'ont
aucun point de ressemblance avec le *léopard ;* le bariolage
de leur robe, en effet, qui se trouve être à la fois rayée,
tachetée, mouchetée, rappelle plutôt le pelage du daim.
Ajoutons que le camélopard a la partie postérieure beaucoup plus basse que la partie antérieure, si bien qu'à
voir ce train de derrière qui n'excède pas la taille d'un
bœuf et ces jambes de devant, aussi longues pour le
moins que celles du chameau, on croirait l'animal toujours assis ; mais, comme son cou en revanche est très
droit et très élevé, sa tête dépasse de beaucoup celle du
chameau. J'ajouterai que ce défaut de proportion entre
les différentes parties de son corps m'empêche de croire
que le camélopard soit doué d'une vitesse aussi grande
que le dit Artémidore, qui le représente comme supérieur
sous ce rapport à tous les animaux connus. On ne saurait le ranger non plus au nombre des animaux sauvages
mais bien plutôt au nombre des animaux domestiques,
tant il se montre peu farouche. Artémidore signale encore la présence dans le pays de sphinx, de cynocéphales
et de *cèbes*, animaux étranges, qui passent pour avoir la
face d'un lion, le corps d'une panthère et la taille d'un
daim. Il s'y trouve aussi, paraît-il, des taureaux sauvages, des taureaux carnivores, qui surpassent singulièrement en force et en vitesse les taureaux de nos pays, et

1. « In marg. D. pr. m. addita sunt h. l. : τὰ ιῇ δημότιδι γλώσσῃ ζιράφια ἀδόμενα. »
'Kramer)

qui sont de couleur rousse. Quant au *crocutta*, Artémidore en parle comme d'un animal hybride, produit de
l'accouplement d'un loup et d'une chienne. Métrodore de
Scepsis parle du même animal dans son traité *de
l'Habitude*, mais tout ce qu'il en dit paraît fabuleux et
ne mérite pas qu'on s'y arrête. Il y aurait enfin, si l'on
en croit Artémidore, dans ce même pays, des serpents
longs de 30 coudées et assez forts pour pouvoir étouffer
éléphants et taureaux; or c'est là une assertion relativement modérée, et les serpents de l'Inde et de la Libye,
ces serpents sur le dos desquels on voit soi-disant l'herbe
pousser, sont bien autrement fabuleux.

17. Dans toute la Troglodytique, les populations mènent la vie nomade. Chaque tribu a son chef, son *tyran*.
Les femmes et les enfants sont possédés en commun :
il n'y a d'exception que pour les femmes et les enfants
des chefs, et quiconque s'est rendu coupable d'adultère
avec l'une des femmes du chef est puni d'une amende consistant dans le paiement d'un mouton. Les Troglodytes apportent le même soin que leurs femmes [1] à se peindre les
sourcils et le dessous des yeux avec de la poudre d'anti-
moine, et, comme elles, ils s'entourent le cou de coquilles
enfilées [en guise d'amulettes] pour conjurer les charmes.
Le grand sujet de querelle entre les différentes tribus est
la possession des pâturages. Au commencement, on ne
fait que se pousser avec les mains, puis on se lance des
pierres, et, à la première blessure, on en vient aux flèches et aux couteaux; mais les femmes interviennent et
leurs supplications mettent fin au combat. Le fond de la
nourriture des Troglodytes consiste en une espèce de
hachis de viande et d'os qu'ils roulent ensemble dans
la peau même, et qu'ils font cuire ensuite; on pourrait
donc leur donner la double qualification d'*ostophages* et
de *dermatophages* aussi bien que le nom de *créophages*.
Les cuisiniers toutefois (les *impurs*, comme ils les

---

1. Στιβίζονται δ'ἐπιμελῶς [ὡς] αἱ γυναῖκες, addition nécessaire due à Coray et imi-
tée par Meineke.

appellent) ont encore plusieurs autres façons d'apprêter la viande : avec du sang et du lait mélangés, par exemple, ils font un excellent ragoût. Il y a aussi deux espèces de boisson, pour les gens du commun l'infusion de paliure, et pour les chefs le *mélicras*, lequel se prépare avec le miel qu'on exprime d'une certaine fleur [1]. L'hiver, pour les Troglodytes, commence avec les vents étésiens, car il est notoire que ce sont ces vents qui amènent les grandes pluies ; ils ont l'été le reste du temps. Leur habitude est d'aller nus, mais il leur arrive aussi de se vêtir de peaux. Ils portent toujours une massue à la main. La *colobie* ou simple incision du prépuce ne leur suffit pas, et beaucoup d'entre eux subissent la circoncision proprement dite à la façon des Égyptiens. Les Éthiopiens Mégabares ajoutent à leurs massues des pointes en fer, et se servent en outre de lances et de boucliers faits de cuir cru, tandis que les autres Éthiopiens n'ont pour armes que l'arc et la lance. Voici comment chez certaines tribus troglodytes on procède à la sépulture des morts : on commence par attacher solidement le cou aux jambes au moyen de baguettes de *paliure*, et tout de suite après, avec un entrain joyeux, voire avec de grands éclats de rire, on fait pleuvoir sur le corps une grêle de pierres, jusqu'à ce qu'il en soit couvert et qu'on n'en puisse plus rien voir ; on plante alors une corne de chèvre au haut du tas de pierres, et, cela fait, on se disperse. Les Troglodytes ne marchent jamais que la nuit, et, avant de se mettre en route [avec leurs troupeaux,] ils attachent des clochettes au cou des mâles pour que le bruit écarte les bêtes féroces. Ils se servent aussi contre ces dangereux ennemis de l'éclat des torches et de l'adresse de leurs archers ; enfin il leur arrive souvent, pour la sûreté de leurs troupeaux, d'allumer de grands feux et de veiller auprès en chantant certaines mélopées.

18. Après cette digression sur les Troglodytes et les Éthiopiens leurs voisins, Artémidore revient aux Ara-

---

1. Voy. Meyer. *Botan. Erläuter. zu Strabons Geogr.*, p. 120-122.

bes, et, partant du Posidium, il passe en revue les différentes tribus qui bordent le golfe Arabique et qui font
face aux Troglodytes. Le Posidium, il le dit lui-même,
se trouve encore plus enfoncé dans les terres[1] que ne
l'est l'extrémité du golfe Ælanitès. Tout de suite après
est le Phœnicôn, lieu largement arrosé, qu'entoure une
sorte de vénération publique, tant il contraste heurcuse-
ment avec le reste de la contrée, laquelle est absolument
brûlée par le soleil et manque à la fois d'eau et d'ombre. Ajoutons que les arbres du Phœnicôn donnent des
fruits en quantité véritablement prodigieuse. La surintendance du bois sacré appartient à un homme et à une
femme que leur naissance a désignés pour cet office :
l'un et l'autre s'habillent de peaux de bêtes, tirent toute
leur nourriture des palmiers et dorment dans de petites
cahutes de feuillage qu'ils se sont construites au haut
des arbres par peur des bêtes féroces si nombreuses aux
alentours. Au Phœnicôn succède une île, connue sous le
nom d'île des Phoques à cause de la quantité de phoques qui en infestent les parages. Près de cette île est
la pointe extrême de la grande presqu'île qui remonte
jusque vers Pétra, le chef-lieu des Arabes Nabatéens,
et jusqu'en Palestine, c'est-à-dire jusqu'au double
marché où les Minæens, les Gerrhæens et toutes les
tribus des pays voisins portent et vont vendre leur récolte d'aromates. La côte attenante à ce promontoire
s'appelait primitivement la côte des Maranites, du nom
de la tribu qui l'habitait, composée en partie d'agriculteurs, en partie de scénites ; aujourd'hui, elle a passé
aux mains d'un autre peuple qui a exterminé le premier
par trahison, et elle s'appelle du nom de ce peuple la
côte des Garindæi. Les Maranites célébraient leur fête

---

1. « τοῦ Αἰλανίτου Gosselinus, Letronnius, Grosk., Kramer., Mein. a Strabone
alienum esse censent, ideoque Mein. ejecit. Sed quidni Strabo dixerit Posidium
interius positum esse quam recessum Ælaniticum, adeo ut ὁ τοῦ Ποσειδίου μυχός,
quem Diodorus (5, 42) simpliciter τὸ Ποσείδιον vocat, longius in terram penetret
quam Ælaniticus. Revera ita res habet, multo magis vero res ita habet in tabulis
Ptolemæi, in quibus Ælaniticus sinus mirum quantum truncatur. » (Muller, *Ind.
var. lect.*, p. 1039, col. 1.)

ou assemblée quinquennale, quand ils furent assaillis à
l'improviste par les Garindæi, qui, non contents d'avoir
massacré tous ceux qui étaient présents, se mirent à
poursuivre les autres et les exterminèrent jusqu'au dernier[1]. Passé la côte des Garindæi, on voit s'ouvrir devant soi le golfe Ælanite et commencer en même temps
la Nabatée, laquelle forme une contrée aussi riche en
hommes qu'elle est riche en troupeaux. Les Nabatéens
n'habitent pas seulement le continent, ils occupent aussi
les îles voisines. D'humeur tranquille et pacifique à l'origine, les Nabatéens finirent par s'adonner à la piraterie,
et on les vit, montés sur de simples radeaux, enlever et
piller les bâtiments venant d'Égypte. Mais ils en furent
bientôt punis, car on envoya contre eux une forte escadre
qui, fondant sur leurs ports à l'improviste, eut bientôt fait
de dévaster tous leurs établissements. A la Nabatée succède un pays de plaine où abondent les grands arbres
et les belles eaux, et qui nourrit toute espèce de troupeaux, surtout des troupeaux d'hémiones. Les chameaux sauvages[2], les cerfs, les antilopes s'y trouvent
aussi en très grand nombre, et l'on peut en dire autant
des lions, des léopards et des loups. En vue de cette
plaine est l'île Dia, puis vient un golfe, qui peut mesurer 500 stades environ et que des montagnes enserrent
de toute part en ne lui laissant qu'une entrée étroite et
difficile. Sur les bords habite toute une population de
chasseurs très ardents à poursuivre les hôtes du désert.
Trois îles succèdent à ce golfe, toutes trois inhabitées et
couvertes d'oliviers, qui, fort différents des nôtres, constituent une espèce particulière au pays, dite à cause de
cela *éthiopique*, et dont la larme est même censée posséder des vertus ou propriétés médicales[3]. Le rivage
qui fait suite immédiatement est de nature pierreuse, puis
commence une côte très âpre de 1000 stades environ,

1. καὶ τούτους τε διέφθειραν καὶ, etc., au lieu de καὶ τούτους δὲ δ. κ., correction de
Meineke (*Vind. Strabon.*, p. 236). — 2. Sur la transposition du mot ἀγρίων,
que les manuscrits placent après ἡμιόνων, voyez la note de Kramer. — 3. Voy.
Meyer, *op. cit.*, p. 122.

qui, entièrement dépourvue de ports et d'ancrages, offre
de sérieuses difficultés à la navigation. Tout le long de
cette côte règne une chaîne de montagnes, à la fois très
hautes et très escarpées, dont le pied s'avance jusque
dans la mer et y forme des écueils sur lesquels un vaisseau risque de se perdre sans pouvoir être secouru, surtout à l'époque des vents étésiens et des grandes pluies
que ces vents amènent. Un golfe s'ouvre ensuite, dans
lequel on aperçoit quelques îles éparses, puis on relève
l'une après l'autre trois dunes de sable noir, extrêmement élevées, avant d'atteindre le port de Charmothas.
Ce dernier port mesure quelque chose comme 100 stades
de tour, mais a une entrée tellement étroite, qu'il y a
danger pour n'importe quelle embarcation à la franchir.
Ajoutons qu'un fleuve y débouche et qu'il s'y trouve au
beau milieu une île ombragée de grands arbres et propre
à toute espèce de culture. Après qu'on a rangé une côte
d'aspect très âpre et dépassé encore plusieurs golfes ou
enfoncements, on arrive à la hauteur d'une contrée possé-
dée [en partie] par des nomades, qui ne vivent et ne subsistent, on peut dire, que par leurs chameaux, ceux-ci
leur servant à la fois pour la guerre, pour les voyages,
pour les transports, et leur fournissant leur lait comme
boisson et leur chair comme aliment. Le territoire occupé par ces peuples est traversé par un fleuve qui roule
des paillettes d'or; malheureusement ils ne savent pas
mettre en œuvre le précieux métal. La nation des Dèbes
(tel est le nom qu'on leur donne) se partage en tribus
nomades et en tribus agricoles. [C'est par exception que
j'ai nommé les Dèbes], en général[1] je passe sous silence

1. « Οὐ λέγω δὲ τῶν ἐθνῶν τὰ ὀνόματα τὰ παλαιὰ διὰ τὴν ἀδοξίαν καὶ ἅμα τὴν ἀτο-
πίαν τῆς ἐκφορᾶς αὐτῶν. Pro παλαιά neque cum Letronnio τὰ ἄλλα, neque cum Kramero τὰ πλείω scripserim, sed quod unice ad sententiam aptum est τὰ πολλά, *multa
ista populorum nomina*, de quo dicendi usu vide Wyttenbach. ad Juliani
Orat., I, p. 6 d. Πολλά et παλαιά permutantur in libris Strabonis etiam aliis locis,
ut libro I, p. 64. Eundem barbarorum nominum horrorem confitetur scriptor,
libro III, p. 155. » (Meineke, *Vind. Strabon.*, p. 236.) Müller approuve la correction de Meineke. Cobet paraît l'avoir trouvée de son côté, mais sans l'interpré-
ter de même. Cobet croit (et nous inclinons à penser comme lui) que Strabon dit
simplement « *pleraque nomina se omittere.* »

. les noms des tribus que je rencontre, ils sont si peu connus en vérité! et d'autre part leur forme étrange les
rend pour nous si difficiles à prononcer et à trans-
crire. Du reste, les populations qui confinent aux Dèbes
ont un air plus civilisé, ce qui tient apparemment à la
nature plus tempérée de la côte qu'ils habitent : il est de
· fait que cette côte est bien pourvue de cours d'eau et
qu'elle reçoit en outre des pluies abondantes. J'ajouterai
qu'il s'y trouve des mines d'or et que dans ces mines l'or
ne se présente pas en simples paillettes, mais bien à
l'état de pépites, grosses au moins comme un noyau, au
plus comme une noix, mais le plus habituellement comme
une nèfle, et n'ayant avec cela besoin que d'un très léger
affinage. Les gens du pays percent ces pépites et les enfi-
lent en les faisant alterner avec de petites pierres trans-
parentes, puis ils s'en entourent les poignets et le cou.
Ils vendent leur or aux populations voisines à un prix
très bas, en donnant le triple pour du cuivre, le double
pour du fer et le décuple pour de l'argent [1], ce qui s'explique, tant par leur inexpérience métallurgique que par
cette circonstance, que les autres métaux qu'ils prennent.
en échange de leur or manquent absolument dans leur
pays et sont bien autrement nécessaires aux besoins et
aux usages de la vie.

19. Le pays qui fait suite à celui-là appartient à la plus
puissante nation de l'Arabie, aux Sabéens, et constitue
aussi la partie de l'Arabie la plus fertile, *la plus heureuse.*
Il produit à la fois la myrrhe, l'encens, le cinnamome,
sans compter le balsamier qui croît de préférence sur la
côte et une autre herbe fort odoriférante, dont le parfum
malheureusement s'évapore très vite. Le palmier odorant
et le *calamus* s'y rencontrent également [2]. En fait d'animaux, il s'y trouve de petits serpents longs d'une spithame et d'un rouge éclatant, qui sautent à la ceinture

---

1. « διπλάσιον [δὲ τοῦ σιδήρου καὶ δικαπλάσιον] τοῦ ἀργύρου ex Agatharchide sup-
plenda esse probabiliter censet Bochartus (*Phaleg*, II, 27, p. 139). Groskurdius
ἀργύρου in σιδήρου mutari voluit. » (Muller) — 2. Voy. Meyer, *Botan. Erläuter.*
u Strabons Geogr., p. 123-130.

du piéton et lui font des morsures sans remède. Les Sabéens subissent l'influence d'un pays aussi plantureux :
ils sont mous et nonchalants. La plupart d'entre eux,
pour dormir, montent dans les arbres et s'y font [un lit]
sur les branches [1]. Ils s'en remettent aux autres du soin
de transporter leurs marchandises et les confient à leurs
voisins pour qu'à leur tour ceux-ci les fassent passer de
main en main jusqu'en Syrie et en Mésopotamie [2]. Sujets
aux maux de tête, par suite de l'atmosphère trop chargée
de parfums dans laquelle ils vivent, les Sabéens les dis-
sipent à l'aide de fumigations d'asphalte et de barbe de
bouc. Mariaba, leur capitale, est située sur une montagne couverte d'arbres magnifiques et sert de résidence
à un roi, qui est non seulement le juge suprême des con-
testations de ses sujets, mais qui dispose en maître de
tout dans ses États. Seulement, il est interdit à ce roi
de sortir de son palais [3], autrement il risquerait d'être
lapidé sur l'heure par la foule qu'un très ancien oracle
autorise dans ce cas à s'ameuter contre lui. A l'intérieur
de son palais, le roi et ceux qui l'entourent mènent la
vie la plus molle, la plus efféminée. Quant au peuple, il
partage ses soins entre l'agriculture et le commerce, et
son commerce ne se borne pas à écouler les aromates que

---

1. « Fort. leg. ἐπὶ τῶν ὄζων (pro ῥιζῶν τὸν δένδρων [καλύβας vel λέχος vel tale quid]
τικταίνοντες (pro ἐκτέμνοντες) vel λίχος; sive θάμνους ἐκτείνοντες. » (Müller, *Ind. var.*
lect., p. 1039, col. 1, 2.) Cette excellente correction a été suggérée par cette autre
phrase de Strabon (Kramer avait déjà fait le rapprochement), qui se lit p. 776 de
l'éd. de Casaubon : κοιτάζουσι δ' ἐπὶ δένδρων, καλυβοποιησάμενοι διὰ τὸ πλῆθος τῶν
θηρίων. Muller ajoute que « οἱ .. δημοτικοὶ om. *moz*, uncis inclusit Cor. » —
2. « Plurium verborum et totius sententiæ trajectæ exemplum Græcum sumi
potest e Strabonis, lib. XVI, p. 778, ubi mediæ narrationi de Arabibus in stratis
ex radicibus fruticum odoriferorum dormientibus prorsus inepte interponuntur
aliquot verba de mercibus odoratis ab Arabiæ finibus per propinquos populos
ultra portatis : διαδεχόμενοι δ'οἱ σύνεγγυς ἀεὶ τὰ φορτία τοῖς μεθ' αὑτοὺς (editur μετ'
αὐτοὺς) παραδιδόασι μέχρι Συρίας καὶ Μεσοποταμίας, quæ manifesto transferenda et
ponenda infra sunt post ea verba, quibus merces ab ipsis Arabibus portatæ descri-
buntur hoc est post δερματίνοις πλοίοις. » (Madvig, *Advers. crit.*, t. I, p. 48.)
N'en déplaise à M. Madvig, il n'y a pas ici lieu à transposition. Que veut prouver Strabon? la mollesse et l'indolence des Sabéens. Or rien ne le prouve mieux,
suivant nous, que cette habitude de s'en remettre à d'autres du soin de transporter d'aussi précieuses marchandises pour n'avoir pas à affronter les fatigues d'un
voyage à travers le désert, d'un voyage de caravane. — 3. « τῶν (ἄλλων) βασιλείων
codd.; coll. Diodoro et Agatharchide em. Leopardi : fort. ἄλλων natum ex δόμων,
quæ esse poterat varia lectio vocis βασιλείων. » (Müller.)

produit le pays : les marchands sabéens tirent beaucoup
d'aromates aussi de l'Éthiopie. On les voit à cet effet sur
leurs barques de cuir passer et repasser le détroit [1]. Ajoutons que l'abondance de cette denrée est telle dans toute
la Sabée, qu'on y brûle le cinnamome, la casse et les autres aromates comme on brûle ailleurs les broussailles et
le bois pour se chauffer. Le *larimnum*, le plus odorant de
tous les aromates, croît aussi dans la Sabée. C'est au commerce que les Sabéens doivent d'être devenus, avec les
Gerrhéens, la nation la plus riche de toute l'Arabie.
Comme les Gerrhéens, ils ont un très grand luxe d'ameublement, de vaisselle d'or, d'argenterie, un très grand
luxe aussi de lits, de trépieds, de cratères et de coupes,
bien en rapport du reste avec la magnificence d'habitations, dans lesquelles les portes, les murs, les toits, ont des
revêtements d'ivoire, d'or et d'argent incrustés de pierres
précieuses. Voilà ce que dit Artémidore [de plus intéres-
sant] au sujet des Arabes, car dans tout le reste de sa
description ou bien il se rencontre avec Ératosthène,
ou bien il se borne à citer textuellement les autres historiens.

20. Après avoir cité par exemple l'opinion de certains
auteurs qui prétendent que la mer [Australe] a reçu le
nom d'*Érythrée* [ou de mer Rouge] parce que ses eaux
semblent se colorer en rouge par l'effet de la réfraction
de la lumière, soit de la lumière qui vient directement
du soleil quand cet astre est parvenu au point le plus
élevé de sa course, soit de celle que dégagent les rochers du littoral chauffés et rougis par les feux du jour,
Artémidore cite encore l'opinion de Ctésias de Cnide,
lequel croit plutôt à l'existence d'une source déversant
dans la mer une eau rougeâtre et chargée de minium; il
cite de même tout au long ce qu'Agatharchide, compatriote de Ctésias, dit avoir recueilli de la bouche d'un
certain Boxus, originaire de la Perse, au sujet du Perse

1. Voy. la note 2 de la p. 381.

Érythras, [gardien] d'un des haras [royaux]. Une lionne,
exaspérée par la piqûre d'un taon, avait chassé devant elle
jusqu'à la mer, voire plus loin, jusque dans une île qu'un
bras de mer sépare de la côte, toutes les bêtes du haras.
Érythras s'était alors construit un solide radeau, et il
avait passé dans l'île où jamais homme avant lui n'avait
mis le pied. Il l'avait trouvée pourvue de tous les avantages qui rendent une terre habitable, si bien qu'après
avoir ramené à terre le troupeau fugitif il s'était occupé
de réunir une colonie, et cette colonie avait peuplé, non
seulement l'île en question, mais plusieurs autres îles
encore des mêmes parages, ainsi que la côte qui leur fait
face ; après quoi il avait donné son nom à la mer elle-
même. Artémidore mentionne aussi l'opinion qui fait
d'Érythras un fils de Persée et qui le fait régner sur
toute cette contrée. A notre tour, nous rappellerons que
quelques géographes comptent depuis les passes du golfe
Arabique jusqu'à l'extrémité de la Cinnamômophore un
trajet de 5000 stades, mais sans préciser si cette partie
de la côte se dirige au midi ou au levant. Un autre renseignement digne d'intérêt, que nous fournissent quelques auteurs, c'est qu'on trouve l'émeraude et le béryl
dans les mines d'or du pays. Enfin, au dire de Posidonius, il y aurait en Arabie jusqu'à du sel odoriférant.

21. Les Nabatéens et les Sabéens, qui sont les premiers peuples qu'on rencontre dans l'Arabie Heureuse
au-dessus de la Syrie, faisaient de fréquentes incursions
dans cette dernière contrée avant que les Romains l'eussent rangée au nombre de leurs provinces ; mais aujour-
d'hui Nabatéens et Sabéens, à l'imitation des Syriens,
ont fait leur soumission aux Romains. La capitale des
Nabatéens, Pétra, tire son nom de cette circonstance particulière, que, bâtie sur un terrain généralement plat et
uni, elle a tout autour d'elle comme un rempart de rochers (πέτρα), qui, escarpé et abrupt du côté extérieur,
contient sur son versant intérieur d'abondantes sources, précieuses pour l'alimentation de la ville et l'arrosage

des jardins. Hors de cette enceinte de rochers, le pays
n'est plus guère qu'un désert, surtout dans la partie qui
avoisine la Judée. Depuis Pétra jusqu'à Hiéricho, qui est
de ce côté la ville la plus proche, on compte trois ou
quatre journées; on en compte cinq [dans la direction
opposée] jusqu'au Phœnicôn. Pétra a un roi particulier
toujours issu du sang royal nabatéen, mais celui-ci dé-
lègue ses pouvoirs à un des compagnons de son enfance,
qui a le titre de ministre et qu'il appelle *son frère*. Il
règne à Pétra un ordre parfait, j'en ai pour preuve ce
que le philosophe Athénodore, mon ami, qui avait visité
Pétra, me contait avec admiration : il avait trouvé fixés
et domiciliés dans Pétra un grand nombre de Romains
parmi d'autres émigrants étrangers, et, tandis que les
étrangers étaient perpétuellement en procès soit entre
eux soit avec les gens du pays, jamais ceux-ci ne s'appelaient en justice, vivant toujours en parfaite intelligence
les uns avec les autres.

22. Ce qui nous a encore beaucoup appris sur les curiosités de l'Arabie, c'est la récente expédition des Romains, expédition entreprise de nos jours et commandée
par Ælius Gallus. César Auguste avait confié à Gallus la
mission de sonder les dispositions des Arabes et d'explorer en même temps leur pays, ainsi que le pays des
Éthiopiens, leurs voisins. Frappé de la proximité où est
par rapport à l'Éthiopie la Troglodytique, laquelle confine d'autre part à l'Égypte, frappé en même temps du
peu de largeur du golfe Arabique à l'endroit où il sépare
l'Arabie de la Troglodytique, Auguste avait songé à négocier une alliance avec les Arabes ou à s'assurer la soumission de ce peuple par les armes. Une autre raison
l'avait déterminé, c'est qu'il avait entendu vanter la richesse séculaire de ce peuple, qui échange ses parfums,
ses pierres précieuses, contre l'or et l'argent des autres
nations, sans jamais rien dépenser ni rien écouler au dehors de ce qu'il a ainsi reçu en paiement ; il avait donc
tout lieu d'espérer trouver dans les Arabes ou bien des

amis riches capables de l'aider de leurs trésors, ou bien de riches ennemis faciles à vaincre et à dépouiller. Et ce qui achevait d'exalter sa confiance, c'est qu'il croyait pouvoir compter sur l'amitié des Nabatéens, qui lui avaient promis de l'assister dans toutes ses entreprises.

23. Voilà sur quelles assurances Auguste fit partir l'expédition de Gallus; mais celui-ci se laissa tromper par le ministre du roi nabatéen Syllæus, qui, après lui avoir promis de lui servir de guide en personne, d'assurer ses approvisionnements et de lui prêter en tout un loyal concours, ne fit, au contraire, que le trahir, ne lui indiquant jamais la route la plus sûre, soit pour sa flotte le long des côtes, soit pour son armée dans l'intérieur des terres, engageant l'armée dans des chemins impraticables par exemple, ou bien l'amenant, après d'interminables détours, dans des lieux où tout manquait, engageant de même la flotte, au bout d'une longue côte droite et dépourvue d'abris, au milieu de bas-fonds hérissés de rochers à fleur d'eau, où le danger du flux et du reflux, toujours si redoutable pour les vaisseaux romains, se trouvait singulièrement aggravé. La première faute avait été de construire des vaisseaux longs, alors qu'il n'y avait point de guerre maritime engagée et qu'on ne pouvait guère s'attendre à en voir éclater une : car les Arabes, qui ne sont rien moins que belliqueux sur terre en leur qualité de marchands et de trafiquants, sont naturellement sur mer encore moins hardis. Gallus n'y avait pas songé et avait fait construire jusqu'à quatre-vingts birèmes, trirèmes et *phasèles* à Cléopatris, sur le vieux canal du Nil. Plus tard seulement il reconnut son erreur, et, s'étant commandé cent trente transports, il s'y embarqua avec dix mille hommes environ, tous fantassins, tirés des légions romaines et des troupes auxiliaires d'Égypte, lesquelles lui avaient fourni notamment cinq cents Juifs et mille Nabatéens aux ordres de Syllæus. Après quinze jours d'une traversée pénible et malheureuse, il arriva à Leucécômé, qui est le grand marché des Nabatéens : il avait perdu

une bonne partie de ses embarcations (quelques-unes
même avec leur équipage), mais du fait de la mer uniquement et à cause des difficultés de la navigation ; l'ennemi n'y avait été pour rien, et la responsabilité de ce
désastre incombait tout entière à Syllæus, qui, mécham-
ment, avait affirmé que la route de terre jusqu'à Leucé-
côme n'était point praticable pour une armée, quand les
caravanes exécutent sans cesse entre Pétra et Leucécômé
le voyage d'aller et retour sans accident et en toute sécurité, et cela avec un nombre d'hommes et de chameaux
qui ne diffère en rien de l'attirail d'une armée véritable.

24. Du reste, si pareille trahison avait pu se produire,
c'est que le roi Obodas, par une négligence commune à
tous les rois arabes, s'occupait à peine des affaires publiques, et surtout des affaires militaires, se reposant
sur son ministre Syllæus du soin de les conduire et
de les administrer. Mais, maintenant, quand je réfléchis
aux procédés de Syllæus et à sa façon d'user en tout et
toujours de ruse et de perfidie, j'ai idée qu'il s'était proposé pour but, en guidant les Romains dans leur expédition et en les aidant à réduire quelques-unes des forteresses et des tribus de l'Arabie, d'explorer le pays pour
son propre compte et d'en rester seul maître quand la
faim, la fatigue et les maladies, jointes au bon effet de
ses ruses et machinations, l'aurait débarrassé de la présence de ses alliés. Et de fait, quand Gallus atteignit Leucé-
côme, son armée était déjà très éprouvée par la *stoma-
caccé* et la *skélotyrbé*, maladies du pays, causées, dit-on,
par la mauvaise qualité des eaux et des herbes, et carac-
térisées, la première, par une altération des gencives, et
la seconde, par une sorte de paralysie des membres in-
férieurs ; aussi, fut-il obligé, après avoir passé l'été à
Leucécômé, d'y rester encore tout l'hiver pour laisser à
ses malades le temps de se remettre.

D'habitude [1] les marchandises étaient transportées de

---

1. On pourrait être choqué ici, à plus juste raison encore que ne l'était
M. Madvig tout à l'heure (Voy. la note 2 de la p. 381), de cette longue inter-

Leucécômé à Pétra, d'où elles gagnaient Rhinocolura, ville phénicienne voisine de la frontière d'Égypte, pour être expédiées de là dans toutes les directions, mais aujourd'hui la plus grande partie des marchandises gagnent Alexandrie par la voie du Nil : on les amène par mer de l'Arabie et de l'Inde jusqu'à Myoshormos, on leur fait ensuite traverser le désert à dos de chameaux, jusqu'à une ville de la Thébaïde, Coptos, qui est située sur le canal du Nil, [puis][1] de là, on les dirige sur Alexandrie.

Gallus put enfin quitter Leucécômé et se remettre en route avec son armée; mais telle était la sécheresse du pays qu'il traversait, qu'il dut faire porter l'eau à dos de de chameaux : c'était encore là un méchant tour de ses guides, et qui retarda singulièrement son arrivée dans les États d'Arétas, parent d'Obodas. Celui-ci du moins l'accueillit avec bienveillance, il alla même jusqu'à lui offrir de riches présents; mais Syllæus, par ses trahisons, trouva moyen de lui susciter des embarras, même sur cette terre amie. Ainsi l'armée mit trente jours à la traverser, ne trouvant sur son passage, à cause des mauvais chemins qu'on lui avait fait prendre, que de l'épeautre, de rares palmiers et du beurre au lieu d'huile. La contrée qu'elle dut franchir tout de suite après celle-là n'était peuplée que de nomades et constituait dans sa majeure partie un vrai désert : on l'appelait l'Ararène, et elle avait pour roi Sabus. Égaré encore une fois par les fausses indications de ses guides, Gallus employa cinquante jours à traverser ce désert et à atteindre la ville de Négrana et l'heureuse contrée qui l'entoure. Le roi du pays s'était enfui, et sa ville fut enlevée d'as-

---

ruption apportée au récit de l'expédition d'Ælius Gallus, et rien ne serait plus aisé que de trouver dans ce qui précède une place, où tout cet alinéa transposé ferait meilleure figure qu'ici. Mais quand on comprend bien les habitudes de rédaction de Strabon, on est moins prompt à opérer ce genre de transpositions. Strabon vient d'avoir à plusieurs reprises occasion d'écrire le nom de Leucécômé, ce nom, qui ne se représentera peut-être plus, lui a rappelé un détail important qu'il a à cœur de ne pas laisser perdre ; il ouvre alors une parenthèse et ce que nous autres mettrions en note, il l'insère lui en plein récit, sans avoir égard à l'art non plus qu'à la logique. — 1. [εἶτ'], addition de Letronne.

saut. Six jours après, l'armée arrivait au bord du fleuve
de....[1], les Barbares l'y attendaient et lui livrèrent bataille : dix mille des leurs succombèrent et du côté des
Romains deux hommes seulement furent tués ; mais ces
Barbares sont très peu belliqueux de leur nature, et rien
n'égale la maladresse avec laquelle ils manient leurs différentes armes, l'arc, la lance, l'épée, la fronde, voire même
la hache à double tranchant qui était l'arme du plus
grand nombre. Plus loin Gallus prit la ville d'Asca que
son roi avait également abandonnée[2]; puis, marchant sur
Athrula, il s'en empara sans coup férir, y mit garnison et
s'y approvisionna largement surtout en blé et en dattes ;
après quoi il poussa en avant jusqu'à Marsiaba[3], chez
les Rhammanites, nation qui avait alors pour roi Ilasar.
Il attaqua cette ville et la bloqua six jours durant, mais
le manque d'eau lui fit lever le siège. Il n'était plus là
qu'à deux journées de marche du pays des *Aromates*, à
ce que donnaient à entendre les rapports des prisonniers.
Son expédition, par la faute de ses guides, lui avait donc
pris six grands mois. Il comprit, en effectuant son retour,
ce qui s'était passé, et parce qu'on finit par lui révéler
la trahison de Syllæus, et parce que, pour revenir, il
ne suivit pas les mêmes chemins. Ainsi, en neuf jours,
il avait regagné Négrana[4] où s'était livrée la bataille,
une autre marche de onze jours l'amena à une localité
dite des *Sept-Puits* parce qu'il s'y trouve effectivement ce
nombre de puits, et de là, traversant une contrée parfaitement paisible, il atteignit le bourg de Chaalla, et, plus
loin, sur le bord d'une rivière, celui de Malotha. Il eut
ensuite à franchir un désert, mais un désert où se trouvaient encore quelques puits ou aiguades, et finit par

---

1. « Nomen fluvii excidit. » (Müller.) — 2. « Pro absurdo συλληφθεῖσαν conjiciunt
ἀπολειφθεῖσαν aut καταλειφθεῖσαν. Neutri horum locus est: si quis *urbe excedit
eamque hosti relinquit*, dicitur constanter Ἐκλείπειν τὴν πόλιν, quamobrem ἐκλει-
φθεῖσαν reponendum. » (Cobet, *Miscell. crit.*, p.201.) — 3. Kramer, d'après Pline,
incline à écrire ce nom Μαρίαβα. — 4. « Ἀνάγρανα codd. exc. w, in quo est ἀνάγρανα
et F, qui exhibet Νέγρανα, quod Cor. reposuerat de conj. : quae a Cas. affertur
e mss. scriptura εἰς τὰ νάγρανα in nullo extat. » (Kramer.)

atteindre Égracômé[1], localité maritime dépendante du territoire d'Obodas. Or tout ce voyage de retour s'était effectué en soixante jours, quand l'aller avait pris six mois. D'Égracômé, il fit repasser le golfe à son armée, atteignit Myoshormos en onze jours, franchit rapidement l'espace qui le séparait de Coptos, et, avec tous les hommes [valides et] transportables[2] qui lui restaient, s'embarqua sur le canal pour Alexandrie. Il avait perdu tout le reste non par les coups de l'ennemi (les différents combats ne lui ayant coûté en tout que sept hommes), mais par le fait des maladies, des fatigues, de la faim, et des fautes volontaires de ses guides, lesquels furent cause en somme que l'expédition ne profita pas autant qu'elle aurait dû à la connaissance géographique du pays. Quant à Syllæus, le vrai coupable, il subit sa peine à Rome : malgré ses protestations de dévouement, il fut convaincu, non seulement de trahison dans cette dernière circonstance, mais de maint autre méfait antérieur, et eut la tête tranchée.

25. Le pays des *Aromates* forme, avons-nous dit, quatre divisions. Des différents aromates auxquels il doit son nom, les uns, comme l'encens et la myrrhe, sont

---

1. « ὑγρᾶς *iw.* νιγρᾶς *moz,* unde νιρᾶς Ald.; Ἔγρας Cor., atque ita legitur ap. Steph. s. v. Ἰάθριππα. » (Kramer.) — 2. « De infelici Aelii Galli, præfecti Augustalis, adversus Arabes expeditione scribens Strabo narrat quo pacto multis ærumnis in Aegyptum redierit. ἐπεραίωσι τὴν στρατιὰν ἐνδεκαταῖος εἰς Μυὸς ὅρμον, εἶθ' ὑπερθεὶς; εἰς Κοπτὸν μετὰ τῶν ὈΝΗθῆναι δυναμίνων κατῆριν εἰς Ἀλιξάνδρειαν. Frustra adhuc absurdum ὠνηθῆναι Critici tentaverunt. Coraes ὀνηθῆναι conjecit, Kramerus σωθῆναι, sed οὐδὶν ἡμᾶς ὤνησεν. Natura rei affert lucem. Partem copiarum Alexandriam reduxit relictis in itinere τοῖς μὴ δυναμίνοις — quid? an ὀνηθῆναι? an σωθῆναι? Sensu carent hæc omnia; sed reliquit τοὺς ΠΟΡΕΓθῆναι μὴ δυναμίνους, et hoc ipsum pro ὠνηθῆναι est reponendum. » (Cobet, *Miscell. crit.*, p. 201-202.) Mais Cobet, si sévère pour les autres, n'a pas mieux trouvé qu'eux. Ecoutez les objections péremptoires de M. Bernardakis, qui nous paraît avoir trouvé le mot de l'énigme ΑΝΑΧθῆναι : « πορευθῆναι mihi non placet primo quod scripturæ librorum (ὠνηθῆναι) proximum non est, deinde quod, meo quidem judicio, neque in loci sententiam convenit. Conveniret, si probabile esset, Aelium Gallum tantas post ærumnas miseriasque terra profecturum, at non fluvio, qui patebat, Alexandriam transiturum fuisse. At contrarium est verum quum viæ brevitatis causa, tum propter usum verbi καταίριιν quod de navigantibus dici solet = κατάγισθαι, κατακλιθ, deferri, ut pag. 781, ubi dicit Gallum ex Aegypto ad Λευκὴν κώμην delatum fuisse (appulisse) : εἰς τὴν Λευκὴν κώμην (τῆς Ἀραβίας) κατῆρι... Emendationi igitur Cobeti adversatur etiam κατῆριν; potestne enim dici : μετὰ τῶν πορευθῆναι δυναμίνων κατέπλευσιν εἰς Ἀλιξάνδρειαν? Ego conjicio : ἀναχθῆναι, quod et facilius in ὠνηθῆναι depravari poterat, et sententiæ maxime convenit. » (*Symb. crit. in Strab.*, p. 55-56.)

recueillis sur des arbres proprement dits ; [tandis que le cinnamôme l'est sur de simples] arbustes et que la casse vient sur le bord des lacs, des étangs [1]. Quelques auteurs toutefois prétendent que la plus grande partie de la casse que les Arabes exportent leur vient de l'Inde, de même qu'ils tirent leur meilleur encens de la frontière de Perse. D'après une division différente, l'Arabie Heureuse formerait cinq États comprenant, le premier les guerriers qui sont chargés de pourvoir à la sûreté générale, le second les cultivateurs qui approvisionnent de blé le reste du pays, le troisième les artisans, tandis que le quatrième et le cinquième produisent, l'un la myrrhe, et l'autre l'encens, sans parler de la casse, du cinnamôme et du nard communs à tous les deux. Personne ne peut passer d'un état dans un autre et chacun doit rester attaché à la profession paternelle. On ne boit guère d'autre vin dans le pays que du vin de palmier. Les frères passent toujours avant les enfants. Et le droit de primogéniture règle, non seulement la succession au trône, mais en général la transmission de toutes les charges ou magistratures. La communauté des biens existe entre tous les membres d'une même famille, mais il n'y a qu'un maître, qui est toujours le plus âgé de la famille. Ils n'ont aussi qu'une femme pour eux tous : celui qui, prévenant les autres, entre le premier chez elle, use d'elle après avoir pris la précaution de placer son bâton en travers de la porte (l'usage veut que chaque homme porte toujours un bâton). Jamais, en revanche, elle ne passe la nuit qu'avec le plus âgé, avec le chef de la famille. Une semblable promiscuité les fait tous frères les uns des autres. Ajoutons qu'ils ont commerce avec leurs propres mères. En revanche l'adultère, c'est-à-dire le commerce avec un

---

1. « θάμνων Cor., Kr., Mein.; λιμνῶν codd.; hanc vocem sanam esse, contra vero post verba σμύρναν ἐκ δένδρων γίνεσθαί φασι addendum : κιννάμωμον δὲ ἐκ θάμνων, vidit Meyerus (*Botanische Erläuter. zu Strabons Geogr.*, p. 130), collato Arriano (*Exp.*, 7, 20, 4) : ἥκουσιν ἐκ μὲν τῶν λιμνῶν τὴν κασίαν γίνεσθαι αὐτοῖς, ἀπὸ δὲ τῶν δένδρων τὴν σμύρναν τε καὶ τὸν λιβανωτὸν, ἐκ δὲ τῶν θάμνων τὸ κιννάμωμον τέμνεσθαι. » (Müller, *Ind. var. lect.*, p. 1039, col. 2.)

amant qui n'est pas de la famille, est impitoyablement
puni de mort. La fille de l'un des rois du pays, merveilleusement belle, avait quinze frères, tous éperdument
amoureux d'elle, et qui, pour cette raison, se succédaient
auprès d'elle sans relâche. Fatiguée de leurs assiduités,
elle s'avisa, dit-on, du stratagème que voici : elle se pro-
cura des bâtons exactement semblables à ceux de ses frères, et, quand l'un d'eux sortait d'auprès d'elle, elle se
hâtait de placer contre la porte le bâton pareil à celui du
frère qui venait de la quitter, puis, peu de temps après,
le remplaçait par un autre, et ainsi de suite, en ayant
toujours bien soin de ne pas y mettre le bâton pareil à celui du frère dont elle prévoyait la visite. Or, un jour que
tous les frères étaient réunis sur la place publique, l'un
d'eux s'approcha de sa porte et à la vue du bâton comprit que quelqu'un était avec elle ; mais, comme il avait
laissé tous ses frères ensemble sur la place, il crut à un
flagrant délit d'adultère, courut chercher leur père et
l'amena avec lui. Force lui fut de reconnaître en sa présence qu'il avait calomnié sa sœur.

26. Les Nabatéens sont sobres et parcimonieux au
point que la loi chez eux frappe d'une amende celui qui
a écorné son bien et décerne au contraire des honneurs à
celui qui l'a augmenté. Comme ils ont peu d'esclaves, ils
sont servis habituellement par des parents, à charge de
revanche bien entendu ; bien souvent il leur arrive aussi
de se servir eux-mêmes, et cette nécessité s'étend jusqu'aux rois. Ils prennent leurs repas par tables de treize,
et à chaque table sont attachés deux musiciens. Le roi
a une grande salle qui lui sert à donner de fréquents
banquets. Dans ces banquets personne ne vide plus
de onze coupes (l'usage est, chaque fois qu'on a bu,
d'échanger contre une autre la coupe d'or que l'on vient
de vider). Le roi, ici, est si mêlé à la vie commune, que,
non content de se servir souvent lui-même, il sert parfois[1]

---

1. καί ποτ' au lieu de καὶ τό, correction de Coray.

les autres de ses propres mains. Quelquefois aussi il est tenu de rendre des comptes à son peuple et voit alors toute sa conduite soumise à une sorte d'examen public. Les habitations, construites en très belle pierre, sont magnifiques, mais les villes n'ont pas de mur d'enceinte par la raison que la paix est l'état habituel du pays. Le sol de la Nabatée est généralement fertile et productif, l'olivier est le seul arbre auquel il ne convienne pas, aussi [à défaut d'huile d'olive] ne se sert-on que d'huile de sésame. Les moutons ont tous la laine blanche ; les bœufs sont grands ; le pays ne nourrit pas de chevaux, mais les chameaux en tiennent lieu et les suppléent en tout. Les Nabatéens ne portent pas de tunique et vont vêtus de simples caleçons et chaussés de *babouches*, même les rois ; seulement pour les rois, caleçons et babouches sont teints en pourpre. Il est certains articles que les Nabatéens tirent complètement du dehors et d'autres qu'ils n'en tirent qu'en partie, vu que leur propre pays leur en fournit déjà, tel est le cas pour l'or, l'argent et la plupart des aromates[1] ; pour ce qui est du cuivre, du fer, des tissus de pourpre, du *styrax*, du safran, des *costaries*, de l'orfèvrerie, des tableaux, des sculptures, l'industrie indigène ne fournissant rien, ils tirent tout de l'étranger. Aux yeux du Nabatéen, les restes mortels n'ont pas plus de prix que du fumier[2], croyance analogue à cette pensée d'Héraclite : « *L'homme mort ne vaut pas le fumier qu'on jette dans les rues.* » Conséquemment, ils enterrent leurs rois eux-mêmes à côté de leurs trous à fumier. Le soleil est pour les Nabatéens l'objet d'un culte particulier, ils lui dressent des autels sur les terrasses de leurs maisons, et là chaque jour, pour l'honorer, ils font des libations et ils brûlent de l'encens.

---

1. ἀλλ᾿ ὥστε καὶ ἐπιχωριάζειν, καθάπερ χρυσὸν καὶ ἄργυρον, au lieu de ἄλλως τι καὶ ἐπιχωριάζει, καθάπερ χρυσὸς καὶ ἄργυρος, correction de Madvig (*Advers. crit.*, t. I, p. 563-564). Cf. Müller, *Ind. var. lect.*, p. 1039, col. 2. — 2 « ἰσόκοπρα δ᾿ ἡγοῦνται τὰ νεκρὰ σώματα pro ἴσα κοπρίαις ἡγοῦνται. Cod. F. : ἴσα κόπρα ἡγ., ceteri : ἴσα κοπρίαν ἡγ. » (Madvig, *ibid.*, p. 564.)

27. Ce passage d'Homère [1]

« Puis je visitai encore les Éthiopiens, les Sidoniens, les
« Érembes »

offre plus d'une difficulté : d'une part, en ce qui concerne
les Sidoniens, on ne sait pas si le Poète a voulu désigner certain peuple du même nom établi dans le golfe
Persique et dont les Sidoniens de notre mer Intérieure
ne seraient qu'une colonie, comme on prétend que nos
Tyriens et nos Aradiens ne sont que des colons venus de certaines îles du golfe Persique appelées aussi
Tyr et Aradus, ou s'il a entendu désigner les Sidoniens mêmes de la Phénicie. Encore moins sait-on si
sous le nom d'Erembes il faut reconnaître les Troglodytes, comme font certains auteurs, qui, recourant à
l'étymologie (procédé d'argumentation toujours un peu
violent) [2], dérivent ce nom des mots « εἰς τὴν ἔραν ἐμβαίνειν,
se blottir sous terre », ou s'il convient plutôt de l'entendre des Arabes. C'est à ce dernier parti que se sont
rangés et Zénon (notre Zénon) et Posidonius : mais,
tandis que Zénon, changeant hardiment la leçon consacrée, introduit dans le texte le mot Ἄραβας

καὶ Σιδονίους Ἄραβάστε,

Posidonius, avec plus de vraisemblance, parce qu'il touche
à peine au texte, propose de corriger simplement Ἐρεμβούς
en Ἀραμβούς et de voir dans ce nom ainsi modifié la forme
primitive du nom d'Arabes, seule usitée au temps d'Homère. Il est probable qu'en faisant cela Posidonius avait
en vue ces trois peuples, si proches voisins les uns des
autres et si manifestement frères, à qui, pour cette raison, l'on a donné des noms de formes si rapprochées, les

---

1. Odyss., IV, 84. — 2. « Corrupit hunc locum Kramerus pro Codicum scriptura
τῇ ἐτυμολογίᾳ βιαζόμενοι, de suo substituens τὴν ἐτυμολογίαν. Straboni et Stoicis,
qui in etymologiis saxa et durissima quæque concoquebant, nihil de genere hoc
coactum videbatur, sed eos dicit qui etymologia tanquam instrumento ad demon-
strandum utebantur. » (Cobet, Miscell. crit., p. 202.)

noms d'*Arméniens*, d'*Araméens*, d'*Arambes* : car, s'il est
aisé de concevoir qu'une nation une à son origine finisse,
sous l'influence des changements de plus en plus mar-
qués que produit dans son sein la différence des climats, par se diviser en trois rameaux distincts, il est
naturel aussi de penser qu'on n'a pas dû se contenter
d'un seul nom pour désigner ces trois rameaux une fois
formés et que chacun a dû recevoir le sien. Quelques auteurs proposent bien encore de lire dans le passage d'Homère Ἐρεμνούς (*noirs*) au lieu d'Ἐρεμβούς, mais cette
leçon n'est pas admissible, vu le sens du mot qui s'appliquant beaucoup mieux aux Éthiopiens [ferait par
conséquent double emploi]. Enfin [pourquoi Homère
n'eût-il pas parlé des Arabes?] Il parle bien des Arimes[1],
et il le fait de telle manière que ce nom, chez lui, ainsi
que Posidonius le démontre, ne saurait s'appliquer à
aucune localité particulière, soit de la Syrie, soit de la
Cilicie, soit d'ailleurs, mais désigne évidemment la Syrie
elle-même, puisque la Syrie avait pour habitants les Araméens. Il pourrait se faire seulement que les Grecs
eussent changé ce nom d'*Aramæi* en celui d'*Arimæi*,
voire en celui d'*Arimi* : ils ont toujours aimé, on le
sait, à changer les noms, les noms barbares surtout, à
dire par exemple : *Darius* pour *Dariécès*, *Parysatis*
pour *Pharziris* et *Atargatis* pour *Athara*[2] (la *Dercéto*
de Ctésias).

On pourrait au surplus invoquer, comme un sûr garant
de la réalité de cette richesse séculaire des Arabes le témoignage d'Alexandre lui-même, puisqu'il avait rêvé,
dit-on, après son retour de l'Inde, d'établir chez les
Arabes le siège de son empire. On sait qu'il était en
plein cours de projets et de préparatifs, quand sa mort,
survenue brusquement, vint tout mettre à néant. Or un
de ses projets favoris était précisément celui-là, et il était
bien décidé à le réaliser, que les Arabes l'appelassent

---

1. *Iliade*, II, 783. — 2. Casaubon croyait que la vraie forme était Ἀσθάραν.

d'eux-mêmes ou qu'il dût les réduire par la force; et, comme, ni avant ni après son retour de l'Inde, il n'avait vu venir la députation qu'il attendait, c'est au parti de la guerre qu'il s'était arrêté, et il s'y préparait activement, ainsi qu'on a pu le lire dans ce qui précède.

FIN DU SEIZIÈME LIVRE.

LIVRE XVII.

Le dix-septième livre comprend la description de toute l'Égypte et de toute la Libye.

CHAPITRE PREMIER.

Nous avons cru devoir comprendre dans notre périégèse de l'Arabie les deux golfes qui resserrent cette contrée et qui en font une péninsule, à savoir le golfe Persique et le golfe Arabique; nous avons même, à propos de ce dernier golfe, entamé la description de l'Égypte et de l'Éthiopie, rangeant les côtes de la Troglodytique et des pays qui lui font suite jusqu'aux limites extrêmes de la Cinnamômophore. Il nous reste, pour compléter cette description, à présenter le tableau des pays qui confinent à ceux-là et qui ne sont autres que le bassin du Nil. Après quoi, nous n'aurons plus à parcourir que la Libye, division dernière de notre *Géographie universelle*. — Ici encore Ératosthène sera notre premier guide.

2. « Le Nil, dit Ératosthène, est à 900 [ou] 1000 stades[1] « à l'ouest du golfe Arabique, et, [par la direction gé- « nérale de son cours,] il rappelle assez bien la forme[2] « d'un N renversé. Après avoir, en effet, depuis Méroé,

---

1. ἰνναχοσ[ίους ἤ] χιλίους au lieu de la leçon des mss ἰνναχισχιλίους. — 2. σχῆμα, au lieu de στόμα, excellente correction due à Müller.

« coulé droit au nord, sur un espace qui peut être évalué
« à 2700 stades, il change brusquement de direction, et,
« comme s'il voulait revenir aux lieux d'où il est parti,
« il coule vers le midi et le couchant d'hiver pendant
« 3700 stades environ, ce qui le ramène presque à la
« hauteur de Méroé et au cœur de la Libye; mais alors,
« par un nouveau détour, il se remet à couler vers le
« nord, et, à une légère déviation près du côté du levant,
« conserve cette même direction l'espace de 5300 stades,
« jusqu'à la grande cataracte, atteint, 1200 stades plus
« loin, la petite cataracte ou cataracte de Syène, fran-
« chit un dernier espace de 5300 stades et débouche enfin
« dans la mer. Deux cours d'eau se jettent dans le Nil :
« ils viennent tous deux de certains lacs situés au loin
« dans l'est et enserrent une très grande île connue sous
« le nom de Méroé; l'un de ces cours d'eau, appelé
« l'Astaboras, forme le côté oriental de ladite île; on ap-
« pelle l'autre l'Astapus. Toutefois quelques auteurs don-
« nent à ce second cours d'eau le nom d'Astasobas, et ap-
« pliquent le nom d'Astapus à un autre cours d'eau qu'ils
« font venir de lacs situés dans la région du midi et
« qu'ils considèrent en quelque sorte comme le tronc, au-
« trement dit comme le cours principal et direct du Nil,
« ajoutant que c'est aux pluies de l'été qu'il doit ses
« crues périodiques. » A 700 stades au-dessus du confluent
de l'Astaboras et du Nil Ératosthène place une ville
nommée Méroé comme l'île elle-même, il parle aussi
d'une autre île située encore plus haut que Méroé et
qui serait occupée par les descendants de ces Égyptiens fugitifs, déserteurs de l'armée de Psammitichus[1],
que les gens du pays appellent les *Sembrites*, comme
qui dirait les *Étrangers*, population chez laquelle le
pouvoir royal est exercé par une femme, qui elle-même
reconnaît l'autorité du souverain de Méroé. Au-dessous
de l'île des Sembrites, des deux côtés de Méroé, on ren-

---

1. ἀπό au lieu de ἐπι, correction de Coray, approuvée par Müller.

contre différentes nations, et d'abord, sur la rive du Nil
(j'entends sur celle des deux rives qui regarde la mer
Érythrée), la nation des Mégabares et celle des Blemmyes,
(cette dernière sujette des Éthiopiens, bien que limitrophe de l'Égypte); puis le long de la mer Érythrée, sur
le rivage même, la nation des Troglodytes (ceux des
Troglodytes qui habitent à la hauteur de Méroé se trouvent à 10 ou 12 journées de marche de distance du Nil).
Sur la rive gauche du Nil, maintenant, et en pleine Libye, on rencontre les Nubæ, nation considérable, qui
commence à Méroé et s'étend jusqu'aux coudes ou tour-
nants du fleuve. Indépendants des Éthiopiens, les Nubæ
forment un État à part, mais divisé en plusieurs royaumes.
Quant au littoral de l'Égypte compris entre la bouche
Pélusiaque du Nil et la bouche Canopique, il mesure
une longueur de 1300 stades [1].

2. Ératosthène se borne à ces renseignements généraux; mais nous sommes tenu, nous, à donner plus de
détails, et c'est ce que nous allons faire en commençant
par l'Égypte. Nous partirons ainsi de ce qui nous est le
mieux connu, [comme d'une base sûre,] pour nous avancer ensuite de proche en proche. Il y a d'ailleurs entre
l'Égypte et la contrée que les Éthiopiens habitent dans
son voisinage immédiat et juste au-dessus d'elle certains
traits ou caractères communs dus au régime du Nil, qui,
dans ses crues périodiques, les inonde l'une et l'autre de
telle sorte qu'il ne s'y trouve à proprement parler d'habitable que la partie que ses débordements ont couverte,
tandis que le reste des terres situées sur ses deux rives,
trop loin et trop au-dessus du niveau de ses eaux, demeurent complètement inhabitées et à l'état de désert,
faute d'eau précisément pour les fertiliser. En revanche,
tandis que l'Égypte n'a qu'un seul et unique cours d'eau,
le Nil, qui l'arrose tout entière et en ligne droite depuis
la petite cataracte sise au-dessus de Syène et d'Éléphan-

---

1 « Leg. esse χίλιοι pro τρισχ. ex ipso Strabone patet. κάτω χίλιοι λέγει in marg. h. »
(Muller.)

tine, bornes respectives de l'Égypte et de l'Éthiopie, jusqu'aux bouches par lesquelles il se déverse dans la mer,
le Nil ne traverse pas l'Éthiopie tout entière, il n'est pas
seul à l'arroser, il n'y coule pas en ligne droite et n'y
rencontre pas de ces grands centres de population.
Ajoutons que les Éthiopiens vivent en général à la façon
des peuples nomades, c'est-à-dire pauvrement, à cause
de la stérilité du sol de l'Éthiopie et de l'intempérie
de son climat, à cause aussi de l'extrême éloignement
où ils sont de nous, tandis que pour les Égyptiens les
conditions de la vie sont absolument différentes. Dès le
principe, en effet, les Égyptiens, établis dans une contrée
parfaitement connue, forment un État régulier et civilisé au point que ses institutions sont universellement
citées et proposées comme modèle, et l'on se plaît à reconnaître que, par leur sage division [des personnes et
des terres,] par leur administration vigilante, ils ont su
tirer en somme des richesses naturelles du pays qu'ils
habitent le meilleur parti possible. On sait en effet que
les Égyptiens, après s'être donné un roi, se partagèrent
en trois classes: la classe des guerriers, la classe des
cultivateurs et la classe des prêtres, celle-ci étant chargée naturellement de tout ce qui a rapport au culte divin, tandis que les deux autres avaient mission de veiller
aux intérêts purement humains, la classe des guerriers
en temps de guerre, et la troisième classe en temps de
paix par les travaux de l'agriculture et des autres arts,
ces deux dernières classes étant tenues en outre de constituer aux rois des revenus réguliers par leurs contribu-
tions, tandis que les prêtres, en plus de leurs fonctions,
ne faisaient rien qu'étudier la philosophie et l'astronomie et que converser avec les rois. Lors de sa première
division, l'Égypte fut partagée en nomes : dix pour la
Thébaïde, dix pour le Delta, et seize pour la région intermédiaire. Quelques auteurs prétendent que l'on en
comptait en tout juste autant qu'il y avait de chambres
dans le labyrinthe; mais ils oublient que le nombre des

chambres dont se composait le labyrinthe était bien
inférieur à 3[6][1]. A leur tour, les nomes avaient été
soumis à différentes coupures ou subdivisions, le plus
grand nombre avait été partagé en *toparchies*, les toparchies elles-mêmes s'étaient fractionnées, et l'on était
descendu ainsi de subdivision en subdivision jusqu'à
l'*aroure*, la dernière des coupures et la plus petite de
toutes. Et qui est-ce qui avait nécessité une division aussi
exacte, aussi minutieuse? la confusion, la perpétuelle confusion que les débordements du Nil jetaient dans le bornage des propriétés, retranchant, ajoutant à l'étendue de
celles-ci, changeant leur forme et faisant disparaître les
différentes marques employées par chaque propriétaire
pour distinguer son bien du bien d'autrui, de sorte
qu'il fallait recommencer, et toujours et toujours, le me-
surage ou arpentage des champs. On veut même que
ce soit là l'origine de la géométrie, tout comme le calcul
et l'arithmétique paraissent être nés chez les Phéniciens
des nécessités du commerce maritime. La division générale de la population en trois classes se retrouvait naturellement dans chaque nome en particulier et y correspondait à une division du territoire en trois parties
égales. Telle est, maintenant, l'excellence des dispositions
prises à l'égard du Nil qu'on peut bien dire qu'à force de
soins et d'art les Égyptiens ont vaincu la nature. Dans
l'ordre naturel des choses, en effet, l'abondance des récoltes est en raison directe de l'abondance de l'inondation; plus le niveau de l'inondation est élevé, plus naturellement est grande l'étendue de terres recouverte par
les eaux, et, cependant, il est arrivé plus d'une fois que
l'art ait suppléé aux défaillances de la nature et qu'il
soit parvenu, au moyen de canaux et de digues, à faire
que, dans les moindres crues, il y eût autant de terres
couvertes par les eaux qu'il y en a dans les plus grandes.
Autrefois, dans les temps antérieurs à l'administration

---

1. τριάχοντα [καὶ ἕξ], conjecture très plausible de Groskurd.

de Pétrone, quand les eaux du Nil montaient à 14 coudées, la crue était censée avoir atteint son *maximum*,
et l'on croyait pouvoir compter sur la plus abondante
récolte ; quand les eaux, en revanche, ne montaient qu'à
8 coudées, il y avait infailliblement disette ; mais,
avec l'administration de Pétrone, tout changea de face,
et, pour peu que la crue eût monté à 12 coudées, on
fut assuré d'obtenir le maximum de la récolte ; il arriva
même, une année que la crue n'avait point dépassé
8 coudées, que personne dans le pays ne s'aperçut qu'il
y eût disette. Voilà ce que peut une sage et prévoyante
administration. Mais continuons.

4. A partir des frontières de l'Éthiopie, le Nil coule droit
au nord jusqu'au lieu appelé Delta. Au-dessous de ce
point, comme un arbre dont le sommet se bifurque (pour
nous servir d'une expression de Platon), il se divise en
deux branches et se trouve faire du Delta en quelque
sorte le sommet d'un triangle, les deux côtés du triangle étant figurés par ces deux branches qui aboutissent à
la mer et qui s'appellent, celle de droite la branche Pélu-
sienne, celle de gauche la branche de Canope ou (du
nom d'un bourg voisin de Canope) la branche d'Héracléum, tandis que la base est figurée par la partie du littoral comprise entre Péluse et Héracléum. Le triangle
ainsi formé par lesdites branches du fleuve et par la mer
constitue en somme une île véritable qu'on a appelée
le Delta à cause de la ressemblance que sa configuration
offre [avec la lettre de ce nom] ; mais il était naturel que
le point initial de la figure en question prît le nom de la
figure elle-même, et c'est pourquoi le village qui est
bâti au sommet du triangle s'appelle *Deltacômé*. Voilà
donc déjà deux bouches, la bouche dite Pélusiaque et la
bouche dite Canopique ou Héracléotique, par lesquelles
le Nil se déverse dans la mer. Mais entre ces deux bouches on en compte encore d'autres, dont cinq grandes
parmi beaucoup de plus petites : des deux premières
branches en effet se détachent une infinité de rameaux,

qui se répandent par toute l'île en y formant autant de
courants distincts et en y dessinant une quantité d'îlots ;
or ces rameaux reliés entre eux par tout un système de
canaux constituent un réseau complet de navigation intérieure, et de navigation si facile, que les transports s'y
font souvent sur de simples barques en terre cuite. Le
circuit total de l'île est de 3000 stades environ.
Dans l'usage il n'est pas rare qu'on lui donne aussi le
nom de *Basse Égypte;* mais on comprend alors dans
cette dénomination la double vallée qui fait face au
Delta. Dans les crues du Nil, le Delta est couvert tout
entier par les eaux, et, n'étaient les lieux habités, il pa-
raîtrait alors former une mer : tous les lieux habités, en
effet, les simples bourgs comme les plus grandes villes,
sont bâtis sur des hauteurs (monticules naturels ou terrasses), et, vus de loin, font l'effet d'îles. Les eaux qui
débordent ainsi l'été conservent leur même niveau pendant plus de quarante jours, après quoi on les voit décroître peu à peu tout comme on les a vues croître. Enfin
au bout de soixante jours la plaine apparaît complètement découverte et commence à se sécher. Mais plus cet
assèchement se fait vite, plus il faut accélérer le travail
du labour et des semailles, dans les lieux surtout où la
chaleur est la plus forte. La partie de l'Égypte située au-
dessus du Delta est arrosée et fertilisée de la même manière. Il y a toutefois cette différence que, dans cette partie de son cours, le Nil coule en ligne droite, sur un
espace de 4000 stades environ, et ne forme qu'un seul
et unique courant, à moins que par hasard quelque
île (celle qui renferme le nome Héracléotique par exemple, pour ne citer que la plus grande) ne vienne à diviser
ses eaux, à moins encore qu'une partie de ses eaux n'ait
été dérivée pour les besoins de quelque canal destiné
(comme c'est le cas le plus ordinaire), soit à alimenter
un grand lac, soit à fertiliser tout un canton, comme voilà
le canal qui arrose[1] le nome Arsinoïte et qui alimente

1. ποτιζούσης au lieu de ποιούσης, correction de Letronne.

le lac Mœris, ou bien encore les canaux qui se déversent dans le lac Maréotis. L'Égypte se réduit donc, on le voit, à ce que les eaux du Nil débordées peuvent, sur l'une et l'autre de ses rives, couvrir[1] de la vallée qu'il traverse, c'est-à-dire à une étendue de terrain habitable et cultivable, qui, des limites de l'Éthiopie au sommet du Delta, offre rarement une largeur de 300 stades tout d'un seul tenant, ce qui permet, en faisant abstraction d'une manière générale des bras et canaux qui ont pu être dérivés du fleuve, de la comparer à un ruban qu'on aurait déroulé[2] dans toute sa longueur. Et ce qui contribue le plus à donner cette forme non seulement à la vallée dont je parle, mais encore à l'ensemble du pays, c'est la disposition des montagnes qui bordent le fleuve des deux côtés et qui descendent depuis Syène jusqu'à la mer d'Égypte. Car, suivant que ces deux chaînes de montagnes, en bordant le fleuve, s'écartent plus ou moins l'une de l'autre, le fleuve se resserre ou s'élargit davantage, modifiant du même coup naturellement la figure de la zone habitable correspondante. En revanche, au delà des montagnes, tout devient également inhabitable.

5. Les auteurs anciens et modernes, les anciens généralement sur de simples conjectures, les modernes sur la foi d'observations personnelles, ont attribué le phénomène des crues du Nil aux pluies torrentielles qui tombent l'été dans la haute Éthiopie, et en particulier dans les montagnes situées aux derniers confins de ce pays, le fleuve commençant à décroître peu à peu une fois que les pluies de l'Éthiopie ont cessé. Mais la chose a pris un caractère d'évidence surtout pour les navigateurs qui ont poussé l'exploration du golfe Arabique jusqu'à la Cinnamômophore, ainsi que pour les chasseurs envoyés à la

---

1. ἐπιχώστη au lieu de ἰσχάτη, correction proposée par Müller. — 2. ἀνικτυγμίνη ου ἀνακτυσσομίνη, au lieu de ψυχομίνη, conjecture de Kramer, que Müller préfère à tous les autres essais de restitution, notamment à ceux de Letronne et de Groskurd, qui, suivant lui, « *longe petita tentarunt.* »

découverte dans la région de l'éléphant, et en général pour tous les agents ou représentants que les rois d'Égypte de la dynastie des Ptolémées, dans un but d'utilité quelconque, ont dirigés vers ces contrées lointaines. Les Ptolémées, on le sait, s'intéressaient aux questions de ce genre, le second surtout dit *Philadelphe*, qui, curieux et chercheur de sa nature, avait en outre besoin, vu son état valétudinaire, de changer continuellement de distractions et de passe-temps. Les anciens rois, au contraire, n'attachaient pas grande importance à ces recherches scientifiques, et cependant, tout comme les prêtres, dans la société desquels se passait la meilleure partie de leur vie, ils faisaient profession d'aimer et d'étudier la philosophie. Il y a donc là quelque chose qui pourrait déjà étonner; mais ce qui étonne encore davantage, c'est que Sésostris avait parcouru l'Éthiopie tout entière jusqu'à la Cinnamômophore, témoin mainte stèle, mainte inscription, qu'il a laissée comme monument de sa marche conquérante et qu'on peut voir encore dans le pays; c'est que Cambyse, lui aussi, une fois maître de l'Égypte, s'était avancé avec une armée composée [en grande partie] d'Égyptiens jusqu'à Méroé (on prétend même que, si l'île et la ville de Méroé portent ce nom, c'est de lui qu'elles l'ont reçu, parce que sa sœur, d'autres disent sa femme, Méroé, était morte en ce lieu, et qu'il avait voulu apparemment rendre ainsi un dernier hommage à cette princesse et honorer sa mémoire en perpétuant son nom). Il y a donc lieu de s'étonner, je le répète, qu'avec des circonstances si favorables à l'observation on n'ait pas, dès lors, éclairci complètement cette question des pluies, quand on pense surtout au soin extrême qu'apportaient les prêtres à consigner dans leurs livres sacrés et à y conserver comme en dépôt tous les problèmes dont la solution exige une science supérieure. Or c'était bien à le cas: voici en effet quelle était la question, question non encore résolue à l'heure qu'il est : « *Pourquoi est-ce l'été et non l'hiver, pourquoi est-ce dans les*

*régions les plus méridionales, et non dans la Thébaïde
et aux environs de Syène, que tombent les pluies?* »
Il ne s'agissait nullement de prouver que les crues du
fleuve ont pour cause les pluies ; il n'était pas besoin
surtout, pour démontrer un fait semblable, d'appeler
en témoignage les imposantes autorités qu'énumère
Posidonius. « Callisthène, dit Posidonius, proclamait que
« la cause des crues du Nil est dans les pluies de la sai-
« son d'été ; mais cette explication, il l'avait recueillie
« de la bouche d'Aristote, qui lui-même la tenait de Thra-
« syalcès de Thasos, l'un des membres de la secte des
« anciens physiciens, Thrasyalcès l'ayant empruntée à
« son tour de Thalès[1], qui avouait enfin l'avoir trouvée
« dans Homère, puisque Homère, à en juger par le pas-
« sage où il dit[2] :

« avant d'avoir revu les bords du fleuve Ægyptus, de ce
« fleuve tombé du sein de Zeus »,

« fait bien réellement naître le Nil des eaux du ciel. »
    Mais je ne veux pas insister et répéter ce que tant d'au-
tres ont déjà dit, ce qu'ont dit notamment [pour ne citer
que ces deux noms] Eudore et Ariston le péripatéticien,
deux de mes contemporains, dans leur *Livre sur le Nil :*
[je dis à dessein DANS LEUR LIVRE au singulier,] car, si l'on
excepte l'ordre des matières, tout le reste chez ces deux
auteurs est tellement semblable[3], on retrouve tellement
chez l'un et chez l'autre les mêmes phrases, les mêmes
raisonnements, qu'ayant à vérifier un jour divers passages
dans un de ces deux traités je pus, à défaut d'une double
copie de ce même traité, le collationner avec le texte de
l'autre. Lequel des deux maintenant était le plagiaire?
Allez le demander à Ammon. Eudore, je le sais, a accusé
Ariston de plagiat, il m'a semblé pourtant que le style
de l'ouvrage était plus dans la manière d'Ariston. Tous
les auteurs anciens ne donnaient le nom d'*Égypte* qu'à

---

1. « Pro παρ'ἄλλου leg. puto παρὰ Θαλοῦ (genitivum Θαλοῦ habes etiam, p. 5, 49).»
(Muller.) — 2. *Od.*, IV, 581. — 3. ταὐτά au lieu de ταῦτα, correction de Coray.

la partie habitable de la vallée, c'est-à-dire à la partie comprise dans les limites des débordements du fleuve depuis Syène jusqu'à la mer ; mais plus tard on prêta à cette dénomination une bien autre extension, et il fut d'usage d'appeler *Égypte* (comme on le fait encore aujourd'hui) : 1° du côté de l'est, presque tout l'intervalle qui sépare le Nil du golfe Arabique, vu que les Éthiopiens n'usent pour ainsi dire pas de la mer Rouge ; 2° du côté de l'ouest, tout ce qui se prolonge dans l'intérieur jusqu'aux *Auasis* et sur la côte de la bouche Canopique au Catabathmus et à l'ancien royaume de Cyrène. Telles étaient, en effet, les limites véritables du royaume des successeurs de Ptolémée, bien qu'à plusieurs reprises ces princes eussent occupé la Cyrénaïque elle-même et en eussent fait une sorte d'annexe politique de l'Égypte et de Cypre ; et les Romains, à leur tour, héritiers des Ptolémées, conservèrent à l'Égypte, devenue province romaine, en vertu d'un décret [du Sénat,] les mêmes limites que ces princes lui avaient assignées. — Sous le nom d'*Auasis*, les Égyptiens désignent certains cantons fertiles et habités, mais entourés de tout côté par d'immenses déserts, ce qui les fait ressembler à des îles perdues au milieu de l'Océan. La présence d'auasis est un fait fréquent en Libye. L'Égypte, elle, en a trois dans son voisinage immédiat, et qui administrativement dépendent d'elle [1].

A ces considérations générales et sommaires sur l'Égypte nous joindrons maintenant une description détaillée du pays et une énumération complète de ses curiosités les plus remarquables.

6. Mais dans ce monument à élever [à la gloire de l'Égypte], la description d'Alexandrie et de ses environs se trouvant être le plus gros morceau, le morceau principal, c'est naturellement par Alexandrie qu'il nous faut commencer. — Le littoral compris entre Péluse, à l'est, et

---

1. ὑπ' αὐτῇ au lieu de ἐπ' αὐτῇ τεταγμέναι, leçon du ms. 378 de Venise, adoptée par Coray et par Meineke.

la bouche Canopique, à l'ouest, mesure une première distance de 1300 stades, et c'est là, avons-nous dit, ce qui représente la base du Delta. Une autre distance de 150 stades sépare la bouche Canopique de l'île de Pharos. On désigne sous ce nom un simple îlot de forme oblongue et tellement rapproché [1] du rivage, qu'il forme avec lui un port à double ouverture. Le rivage, en effet, dans cet endroit, présente entre deux caps assez saillants un golfe ou enfoncement, que l'île de Pharos, qui s'étend de l'un à l'autre de ces caps et dans le sens de la longueur de la côte, se trouve fermer naturellement. L'une des deux extrémités de l'île de Pharos (celle qui regarde l'Orient) est plus rapprochée que l'autre du continent et du cap qui s'en détache, cap connu sous le nom de pointe Lochias, de sorte que l'entrée du port de ce côté en est très sensiblement rétrécie [2]. Ce peu de largeur de la passe est déjà un inconvénient; mais il y en a un autre, c'est que la passe même est semée de rochers en partie cachés, en partie apparents, obstacle contre lequel la mer semble s'acharner incessamment et comme à chaque lame qu'elle envoie du large. La pointe qui termine la petite île de Pharos n'est elle-même qu'un rocher battu de tous côtés par les flots. Sur ce rocher s'élève une tour à plusieurs étages, en marbre blanc, ouvrage merveilleusement beau, qu'on appelle aussi le Phare, comme l'île elle-même. C'est Sostrate de Cnide qui l'a érigée et dédiée, en sa qualité d'*ami des rois*, et pour la sûreté des marins qui naviguent dans ces parages, ainsi que l'atteste l'inscription apposée sur le monument [3]. Et, en effet, comme la côte à droite et à gauche de l'île est assez dépourvue d'abris, qu'elle est de plus bordée de récifs et de basfonds, il était nécessaire de dresser en un lieu haut et très apparent un signal fixe qui pût guider les marins venant du large et les empêcher de manquer l'entrée du

---

1. προσεχίστατον au lieu de προσίσχατον, excellente correction de Casaubon. — 2. A ἀρτίστομον Coray préfère, à tort suivant nous, la leçon ἀμφίστομον, fournie par le ms. 379 de Venise. — 3. Sur l'élimination, faite par Coray, des mots Σώστρατος Κνίδιος Δεξιφάνους θεοῖς σωτῆρσιν ὑπὲρ τῶν πλωϊζομένων, voy. la note de Kramer.

port. La passe ou ouverture de l'ouest, sans être non
plus d'un accès très facile, n'exige pourtant pas les mêmes
précautions. Elle aussi forme proprement un port, un second port *dit de l'Eunostos;* mais elle sert plutôt de rade
au *port fermé*, bassin intérieur creusé de main d'homme.
Le *grand port* est celui dont la tour du Phare domine
l'entrée, et les deux autres ports lui sont comme adossés,
la digue ou chaussée de l'*Heptastade* formant la séparation. Cette digue n'est autre chose qu'un pont destiné à
relier le continent à la partie occidentale de l'île; seulement, on y a ménagé deux ouvertures donnant accès aux
vaisseaux dans l'Eunostos et pouvant être franchies par
les piétons au moyen d'une double passerelle. Ajoutons
que la digue à l'origine ne devait pas faire uniquement
l'office de pont conduisant dans l'île; elle devait aussi,
quand l'île était habitée, servir d'aqueduc. Mais depuis
que le divin César, dans sa guerre contre les Alexandrins, a dévasté l'île pour la punir d'avoir embrassé le
parti des rois, l'île n'est plus qu'un désert et c'est à peine
si quelques familles de marins y habitent, groupées au
pied du Phare. Grâce à la présence de la digue et à la
disposition naturelle des lieux, le *grand port* a l'avantage d'être bien fermé; il en a encore un autre, celui
d'avoir une si grande profondeur d'eau jusque sur ses
bords, que les plus forts vaisseaux peuvent y accoster les
échelles mêmes du quai. Et comme il se divise en plusieurs bras, ces bras forment autant de ports distincts.
Les anciens rois d'Égypte, contents de ce qu'ils possédaient, croyaient n'avoir aucun besoin des importations
du commerce : aussi voyaient-ils de très mauvais œil les
peuples navigateurs, les Grecs surtout, lesquels du reste
n'étaient encore qu'une nation de pirates réduits à con-
voiter le bien d'autrui, faute de terres suffisantes pour
les nourrir, et par leur ordre il avait été placé une garde
sur ce point de la côte, avec mission de repousser par la
force toute tentative de débarquement. L'emplacement
assigné pour demeure à ces gardes-côtes se nommait

Rhacotis : il se trouve compris aujourd'hui dans le quartier d'Alexandrie qui est situé juste au-dessus de l'Arsenal ; mais il formait alors un bourg séparé, entouré de
terres que l'on avait cédées à des pâtres ou bouviers, capables eux aussi à l'occasion d'empêcher que des étrangers
ne missent le pied sur la côte. Survint la conquête d'A-
lexandre. Frappé des avantages de la position, ce prince
résolut de bâtir la ville qu'il voulait fonder sur le port
même. On sait quelle prospérité s'ensuivit pour Alexandrie. Du reste, si ce qu'on raconte est vrai, cette prospérité aurait été présagée par un incident survenu pendant
l'opération même de la délimitation de la ville nouvelle.
Les architectes avaient commencé à tracer avec de la craie
la ligne d'enceinte, quand la craie vint à manquer ; justement le roi arrivait sur le terrain ; les intendants des
travaux mirent alors à la disposition des architectes une
partie de la farine destinée à la nourriture des ouvriers,
et ce fut avec cette farine que fut tracée une bonne partie des alignements de rues, et le fait fut interprété sur
l'heure, paraît-il, comme un très heureux présage.

7. Les avantages qu'Alexandrie tire de sa situation sont
de plus d'une sorte : et d'abord elle se trouve située par
le fait entre deux mers, baignée comme elle est, au nord
par la mer d'Égypte, et au midi par le lac Maréa. Ce lac,
qu'on nomme aussi Maréotis, est alimenté par un grand
nombre de canaux, tous dérivés du Nil, et qu'il reçoit à
sa partie supérieure ou sur ses côtés, et, comme il arrive
plus de marchandises par ces canaux qu'il n'en vient par
mer, le port d'Alexandrie situé sur le lac est devenu vite
plus riche que le port maritime. Mais ce dernier port lui-
même exporte plus qu'il n'importe : quiconque aura été à
Alexandrie et à Dicæarchie aura pu s'en convaincre en
voyant la différence du chargement des vaisseaux à l'aller
et au retour, et combien ceux qui sont à destination de
Dicæarchie sont plus lourds et ceux à destination d'Alexandrie plus légers. Outre cet avantage de la richesse qu'A-
lexandrie doit au mouvement commercial de ses deux

ports, de son port maritime et de celui qu'elle a sur le
lac Maréotis, il faut noter aussi l'incomparable salubrité
dont elle jouit et qui paraît tenir non seulement à cette
situation entre la mer et un lac, mais encore à ce que les
crues du Nil se produisent juste à l'époque la plus favorable pour elle. Dans les villes situées au bord des lacs,
l'air qu'on respire est en général lourd et étouffant quand
viennent les grandes chaleurs de l'été; par suite de l'évaporation que provoque l'ardeur des rayons solaires, les
bords des lacs se changent en marais, et la fange de ces
marais dégage une telle quantité de vapeurs méphitiques,
que l'air en est bientôt vicié et ne tarde pas à engendrer
la peste et autres affections épidémiques. A Alexandrie,
au contraire, précisément quand l'été commence, les eaux
débordées du Nil remplissent le lac et ne laissent subsister
sur ses bords aucun dépôt vaseux de nature à produire des
miasmes délétères. Enfin, c'est à la même époque que les
vents étésiens soufflent du nord, et, comme ils viennent
de traverser toute cette vaste étendue de mer, ils procurent toujours aux habitants d'Alexandrie un été délicieux.

8. Le terrain sur lequel a été bâtie la ville d'Alexandrie affecte la forme d'une *chlamyde*, les deux côtés
longs de la chlamyde étant représentés par le rivage de
la mer et par le bord du lac, et son plus grand diamètre
pouvant bien mesurer 30 stades, tandis que les deux
autres côtés, pris alors dans le sens de la largeur, sont
représentés par deux isthmes ou étranglements, de 7
à 8 stades chacun, allant du lac à la mer. La ville est
partout sillonnée de rues où chars et chevaux peuvent
passer à l'aise, deux de ces rues plus larges que les autres (car elles ont plus d'un plèthre d'ouverture) s'entre-
croisent perpendiculairement. A leur tour, les magnifiques jardins publics et les palais des rois couvrent le
quart, si ce n'est même le tiers de la superficie totale,
et cela par le fait des rois, qui, en même temps qu'ils
tenaient à honneur chacun à son tour d'ajouter quelque

embellissement aux édifices publics de la ville, ne manquaient jamais d'augmenter à leurs frais de quelque bâtiment nouveau l'habitation royale elle-même, si bien qu'aujourd'hui on peut en toute vérité appliquer aux palais d'Alexandrie le mot du Poète[1],

« Ils sortent les uns des autres. »

Quoi qu'il en soit, toute cette suite de palais tient le long du port et de l'avant-port. A la rigueur on peut compter aussi comme faisant partie des palais royaux le *Muséum*, avec ses portiques, son *exèdre* et son vaste cénacle qui sert aux repas que les doctes membres de la corporation sont tenus de prendre en commun. On sait que ce *collège* d'érudits philologues vit sur un fonds ou trésor commun administré par un prêtre, que les rois désignaient autrefois et que César désigne aujourd'hui. Une autre dépendance des palais royaux est ce qu'on appelle le *Sêma*[2], vaste enceinte renfermant les sépultures des rois et le tombeau d'Alexandre. L'histoire nous apprend comment Ptolémée, fils de Lagus, intercepta au passage le corps du Conquérant et l'enleva à Perdiccas qui le ramenait de Babylone [en Macédoine], mais qui, par ambition et dans l'espoir de s'approprier l'Égypte, s'était détourné de sa route. A peine arrivé en Egypte, Perdiccas périt de la main de ses propres soldats : il s'était laissé surprendre par une brusque attaque de Ptolémée et bloquer dans une île déserte, et ses soldats furieux s'étaient rués sur lui et l'avaient percé de leurs sarisses. Les membres de la famille royale qui étaient avec lui, à savoir Aridée, les jeunes enfants d'Alexandre et sa veuve Roxane, purent [continuer leur route] et s'embarquer pour la Macédoine ; seul le corps du roi fut retenu par Ptolémée qui le transporta à Alexandrie et l'y ensevelit en grande pompe. Il y est encore, mais non plus dans le même cercueil ; car le

1. *Odyssée*, XVII, 266. — 2. La leçon des manuscrits Σῶμα a pour elle l'autorité du Pseudo-Callisthène (3, 34).

cercueil actuel est de verre, et celui où l'avait mis Ptolémée était d'or. C'est Ptolémée dit *Coccès* ou *Parisactos*
qui s'empara de ce premier cercueil, dans une expédition
à main armée préparée au fond de la Syrie, mais très
vivement repoussée, ce qui l'empêcha de tirer de son
sacrilège le parti qu'il en avait espéré.

9. Quand on entre dans le grand port, on a à main
droite l'île et la tour de Pharos et à main gauche le
groupe des rochers et la pointe Lochias, avec le palais
qui la couronne. Une fois entré, on voit se dérouler sur la
gauche, à mesure qu'on avance, les palais, dits *du dedans du port*, qui font suite à celui du Lochias, et qui
étonnent par le nombre de logements qu'ils renferment, la
variété des constructions et l'étendue des jardins. Au-dessus
de ces palais est le bassin que les rois ont fait creuser [1]
pour leur seul usage et que l'on appelle le *port fermé*.
Antirrhodos qui le précède est un îlot avec palais et
petit port, dont le nom ambitieux semble un défi jeté à
la grande île de Rhodes. En arrière d'Antirrhodos est le
théâtre, après quoi l'on aperçoit le Posidium, coude que
fait la côte à partir de ce qu'on appelle l'*Emporium* et
sur lequel on a bâti un temple à Poséidôn ou Neptune.
Antoine ayant ajouté un môle à ce coude, il se trouve par
le fait avancer maintenant jusqu'au milieu du port. Le
môle se termine par une belle *villa* royale qu'Antoine a
fait bâtir également et à laquelle il a donné le nom de
Timonéum [2]. Ce fut là, à proprement parler, son dernier ouvrage : il le fit exécuter quand, après sa défaite
d'Actium, se voyant abandonné [3] de tous ses partisans, il
se fut retiré à Alexandrie, décidé à vivre désormais
comme un autre Timon, loin de cette foule d'amis qui
naguère l'entouraient. Vient ensuite le *Cæsaréum*, précédant l'entrepôt, les docks et les chantiers de la marine,
lesquels se prolongent jusqu'à l'Heptastade. Voilà tout ce
qui borde le grand port.

1. ὀρυκτόι au lieu de κρυπτός, correction de Coray. — 2. Cobet veut qu'on écrive
Τιμωνεῖον au lieu de Τιμώνιον. (Voy. *Miscell. crit.*, p. 202.) — 3. Cobet corrige

10. Le port de l'Eunoste fait suite immédiatement à
l'Heptastade; puis, au-dessus de l'Eunoste, se présente
un bassin creusé de main d'homme, dit le *Cibôtos*, et
qui a aussi ses chantiers et son arsenal. Un canal navi-
gable débouche à l'intérieur de ce bassin et le met en
communication directe avec le Maréotis. La ville s'étend
un peu au delà de ce canal, puis commence la *Nécropole*,
faubourg rempli de jardins, de tombeaux et d'établissements pour l'embaumement des morts. En deçà du
canal, maintenant, il y a le *Sarapéum*[1] et plusieurs autres enclos sacrés, d'origine fort ancienne, mais à peu près
abandonnés aujourd'hui par suite des nouvelles constructions faites à Nicopolis. Nicopolis a, en effet, maintenant son amphithéâtre et son stade, c'est à Nicopolis
que se célèbrent les jeux quinquennaux, et, comme toujours, les choses nouvelles ont fait négliger les anciennes.

La ville d'Alexandrie peut être dépeinte d'un mot
« une agglomération de monuments et de temples ». Le
plus beau des monuments est le *Gymnase* avec ses portiques longs de plus d'un stade. Le tribunal et ses jardins occupent juste le centre de la ville. Là aussi s'élève,
comme un rocher escarpé au milieu des flots, le *Panéum*,
monticule factice, en forme de toupie ou de pomme de
pin, au haut duquel on monte par un escalier en limaçon
pour découvrir de là au-dessous de soi le panorama de la
ville. La grande rue qui traverse Alexandrie dans le sens
de sa longueur va de la Nécropole à la porte Canobique
en passant près du Gymnase. Au delà de cette porte est
l'*Hippodrome* qui donne son nom à tout un faubourg[2]
s'étendant en rues parallèles jusqu'au canal dit *de Canope*. Puis on traverse l'Hippodrome et l'on arrive à Nicopolis, nouveau centre de population qui s'est formé
sur le bord même de la mer et qui est devenu déjà pres-

προλειφθείς en ἀπολειφθείς. (Voy. *ibid.*, p. 202.) — 1. Σαράπειον au lieu de Σαράπιον,
correction de Meineke. — 2. « Post ἄλλαι excidisse κατοικίαι vel simile verbum
susp. Kr.; fort. pro ἄλλαι leg. καλιαί conj. Mein. parum apte. » (Müller.)

que aussi important qu'une ville. La distance d'Alexandrie à Nicopolis est de 30 stades. César Auguste a beaucoup fait pour l'embellissement de cette localité, en mémoire de la victoire remportée par lui naguère sur les
troupes qu'Antoine en personne avait menées à sa rencontre, victoire qui, en lui livrant d'emblée la ville, réduisit Antoine à se donner la mort et Cléopâtre à se remettre vivante entre ses mains; mais on sait comment peu
de temps après Cléopâtre, dans la tour où on la gardait,
attenta elle aussi secrètement à ses jours, soit en se faisant piquer par un aspic, soit en usant d'un de ces poisons subtils qui tuent par le seul contact (car l'une et
l'autre tradition ont cours). Quoi qu'il en soit, cette mort
mit fin à la monarchie des Lagides, laquelle avait duré
une longue suite d'années.

11. Des mains de Ptolémée, fils de Lagus, successeur
immédiat d'Alexandre, le sceptre de l'Égypte avait passé
aux mains de Philadelphe, puis d'Évergète, de Philopa-
tor l'amant d'Agathocléo, d'Épiphane et de Philométor,
le fils prenant au fur et à mesure la place de son père.
Seul Philométor eut pour successeur son frère Évergète II
dit *Physcon*, puis vint Ptolémée Lathyre, et, après lui,
de nos jours Aulétès, propre père de Cléopâtre. Passé le
troisième des Ptolémées, tous ces Lagides, perdus de
vices et de débauches, furent de très mauvais rois, mais
les pires de tous furent le quatrième, le septième et le dernier, Aulétès, qui à la honte de ses autres déportements
ajoutait celle de professer pour la flûte une véritable passion, se montrant même si fier de son talent de virtuose,
qu'il ne rougissait pas d'établir dans son palais des concours de musique et de se mêler aux concurrents pour
disputer le prix. Indignés, les Alexandrins le chassèrent,
et, de ses trois filles ayant choisi l'aînée qui seule était légitime, ils la proclamèrent reine. Quant à ses fils, encore tout
jeunes enfants, ils furent complètement écartés, comme
ne pouvant être alors d'aucune utilité. A peine la nouvelle
reine avait-elle pris possession du trône, qu'on fit venir

de Syrie pour l'épouser un certain Cybiosactès [1], qui se prétendait issu du sang des rois de Syrie ; mais, au bout de quelques jours, la reine, qui n'avait pu se faire à ses manières basses et ignobles, s'en débarrassait en le faisant étrangler. Un remplaçant, Archélaüs, se présenta, il se disait lui aussi de sang royal et se faisait passer pour le fils de Mithridate Eupator : en réalité il était fils d'Archélaüs, cet adversaire de Sylla que les Romains avaient plus tard comblé d'honneurs, l'aïeul par conséquent du dernier roi de Cappadoce, notre contemporain. Ajoutons qu'il était grand prêtre de Comana dans la province du Pont. Il se trouvait dans le camp de Gabinius, au moment de faire campagne avec lui contre les Parthes, quand tout à coup il partit sans prévenir Gabinius pour rejoindre des amis sûrs qui le conduisirent à la reine et le firent [agréer d'elle et] proclamer roi. Cependant Aulétès était venu à Rome : là, il se voit accueilli par le grand [Pompée] qui le recommande au Sénat et fait décréter son retour dans ses États en même temps que le supplice en masse de la majeure partie de l'ambassade, composée de cent membres, que les Alexandrins avaient envoyée pour déposer contre lui, et dont le chef était Dion l'académicien qui fut compris naturellement au nombre des victimes. Ramené par Gabinius, Ptolémée fait mettre à mort Archélaüs et sa propre fille ; mais il ne prolonge que de bien peu les années de son règne et meurt de maladie, laissant deux fils et deux filles, dont l'aînée n'était autre que Cléopâtre. Les Alexandrins se donnent alors pour rois l'aîné des fils et Cléopâtre. Bientôt les partisans du jeune roi se soulèvent, Cléopâtre est chassée et s'embarque avec sa sœur pour la Syrie. Sur ces entrefaites, le grand Pompée, réduit à fuir de Palæopharsale, arrive en vue de Péluse et du mont Casius et est assassiné lâchement par les familiers du roi. César, qui le suivait de près, fait mettre à mort le roi malgré son

---

1. L'un des manuscrits de Paris a la forme Κυβιοσάκτην.

jeune âge, et rétablit sur le trône Cléopâtre en lui adjoignant seulement pour collègue le frère qui lui restait et qui était à peine sorti de l'enfance. Antoine à son tour, après la mort de César et la campagne de Philippes, passe en Asie et met le comble aux honneurs et à la fortune de Cléopâtre en l'épousant. Cléopâtre lui donne plusieurs enfants, partage avec lui les dangers de la guerre d'Actium et l'entraîne dans sa fuite. César Auguste accourt sur leurs traces, assiste à une double catastrophe et met fin à cette longue orgie dont l'Égypte avait été le théâtre.

12. L'Égypte est aujourd'hui province romaine et acquitte à ce titre un tribut considérable; en revanche elle trouve dans les différents préfets que Rome lui envoie autant d'administrateurs sages et éclairés. Le *légat* romain a le rang de roi. Immédiatement au-dessous de lui est le *dicæodote*, juge souverain de la plupart des procès. Il y a aussi l'*idiologue*[1], officier spécialement chargé de rechercher les biens vacants et qui comme tels doivent échoir à César. Ces hauts dignitaires ont pour les assister des affranchis de César et des *économes*, à qui ils confient des affaires plus ou moins importantes. Ajoutons que les forces militaires se composent de trois corps d'armée, dont un est caserné en ville, tandis que les deux autres stationnent en pleine campagne. Indépendamment de ces trois corps, il y a neuf cohortes romaines qui sont ainsi réparties : trois à Alexandrie, trois à Syène sur la frontière de l'Éthiopie en guise de poste avancé, trois dans le reste de l'Égypte. On compte enfin trois détachements de cavalerie cantonnés de même dans les positions les plus favorables. En fait de magistratures indigènes, Alexandrie nous offre : 1° l'*exégète*, qui porte la robe de pourpre, représente la loi et la tradition nationale et pourvoit aux besoins de la ville; 2° le notaire ou *hypomnématographe;* 3° l'*archidicaste*[2] ou chef de la justice; 4° le commandant

---

1. ἰδιόλογος au lieu de ἴδιος λόγος, correction de Coray. — 2. Ad ἀρχιδικάστης adscripsit Hemsterhusius : « hic intelligendus in Manethone, I, 104.» (Cobet, *Misc. crit.*, p. 202.)

de la garde de nuit. Ces différentes magistratures existaient encore au temps des Ptolémées, mais, par suite
de l'incurie des rois, les lois et règlements avaient cessé
d'être appliqués et dans cette anarchie la prospérité de la
ville avait complètement péri. Polybe, qui avait visité
Alexandrie [à cette époque], flétrit l'état de désordre
dans lequel il l'avait trouvée. Il distingue dans sa population un triple élément : 1° l'élément égyptien et indigène, vif et irritable de sa nature, et partant fort difficile à
gouverner[1]; 2° l'élément mercenaire, composé de gens
lourds et grossiers, devenus très nombreux et très indis-
ciplinés, car il y avait longtemps déjà qu'en Égypte la coutume était d'entretenir des soldats étrangers, et ces mercenaires, encouragés par le caractère méprisable des
rois, avaient fini par apprendre à commander plutôt qu'à
obéir; 3° l'élément alexandrin, devenu pour les mêmes
causes presque aussi ingouvernable, bien que supérieur
aux deux autres par sa nature : car, pour être de sang mêlé,
les Alexandrins n'en avaient pas moins une première origine grecque et ils n'avaient pas perdu tout souvenir du
caractère national et des mœurs de la Grèce. Et, comme
cette partie de la population, [la meilleure des trois,] était
menacée de disparaître complètement, ayant été presque
exterminée par Évergète et par Physcon, sous le règne
duquel précisément Polybe visita l'Égypte (on sait comment Physcon, tiraillé entre les factions, avait à plusieurs reprises lâché ses soldats sur le peuple alexandrin
et autorisé ainsi de vrais massacres), on peut juger de
l'état dans lequel était tombée cette malheureuse cité. Il
ne restait plus, en vérité, s'écrie Polybe, qu'à redire ces
paroles découragées du Poète[2] :

« Aller en Égypte ! voyage long et pénible ! »

13. Cet état de choses durait encore, si même il n'avait
empiré, sous le règne des derniers Ptolémées. En revan-

---

1. ἀπολιτικόν au lieu de πολιτικόν, correction de Kramer. Müller propose de lire
ὀχλητικόν. — 2. *Odyss.*, IV, 483.

che, on peut dire que les Romains ont fait tout ce qui
dépendait d'eux pour corriger la plus grande partie de
ces abus, en établissant dans la ville l'excellente police
dont j'ai parlé plus haut, et en maintenant dans le reste
du pays, mais avec des pouvoirs limités aux affaires de
peu d'importance, certaines magistratures locales confiées à des *épistratèges*, des *nomarques*, des *ethnarques*.
Toutefois, ce qui aujourd'hui encore contribue le plus à
la prospérité d'Alexandrie, c'est cette circonstance qu'elle
est le seul lieu de l'Égypte qui se trouve également bien
placé et pour le commerce maritime par l'excellente disposition de son port, et pour le commerce intérieur par la
facilité avec laquelle lui arrivent toutes les marchandises
qui descendent le Nil, ce qui fait d'elle le plus grand entrepôt de toute la terre. Tels sont les avantages particuliers à la ville d'Alexandrie. — Pour ce qui est de
l'Égypte maintenant, Cicéron nous apprend dans un de
ses *discours* [1] que le tribut annuel payé à Ptolémée Aulétès, le père de Cléopâtre, s'élevait à la somme de
12 500 talents. Mais, du moment que l'Égypte pouvait
fournir encore d'aussi forts revenus au plus mauvais, au
plus nonchalant de ses rois, que ne peut-elle pas rapporter aujourd'hui que les Romains surveillent son adminis-
tion avec tant de soin et que ses relations commerciales
avec l'Inde et la Troglodytique ont pris tant d'extension !
Comme en effet les plus précieuses marchandises viennent
de ces deux contrées d'abord en Égypte, pour se répandre
de là dans le monde entier, l'Égypte en tire un double
droit (droit d'entrée, droit de sortie), d'autant plus fort que
les marchandises elles-mêmes sont plus précieuses, sans
compter les avantages inhérents à tout monopole, puisque Alexandrie est pour ainsi dire l'unique entrepôt de
ces marchandises et qu'elle peut seule en approvisionner
les autres pays.

Mais, pour se rendre encore mieux compte de cette si-

1. Aujourd'hui perdu.

tuation incomparable d'Alexandrie, on n'a qu'à parcourir
le reste du pays, en rangeant d'abord la côte à partir du
Catabathmus, car l'Égypte s'étend en réalité jusque-là, et
la Cyrénaïque, avec les possessions circonvoisines des
barbares Marmarides, ne commence qu'après.

14. Depuis le Catabathmus jusqu'à Parætonium, le
trajet en ligne droite est de 900 stades. Il y a là une
ville et un grand port de 40 stades de tour environ. La
ville est appelée tantôt Parætonium, tantôt Ammonia.
Dans l'intervalle se succèdent *Ægyptiŏncŏmé*, la pointe
d'Ænésisphyre[1], une chaîne de rochers connue sous le
nom de *Roches Tyndarées* et un groupe de quatre petites îles avec un port commun aux quatre; puis viennent le cap Drépanum, l'île d'Ænésippée[2], qui a aussi son
port, et le bourg d'Apis, qui est à 100 stades de Parætonium et à cinq journées de marche du temple d'Ammon.
De Parætonium, maintenant, [à Alexandrie] on compte,
à peu de chose près, 1300 stades. Des principaux points
intermédiaires le premier qui se présente est la pointe
de Leucé-Acté, ainsi nommée de ce qu'elle est formée
d'une terre blanchâtre; le port de Phœnicûs lui succède,
ainsi que le bourg de Pnigeus; puis vient l'île de Sido-
nie[3], laquelle possède un port. Antiphres, qui suit immédiatement, n'est pas située sur la mer même, mais un
peu au-dessus. Il s'en faut que cette partie de la côte soit
favorable à la vigne, et c'est à croire en vérité qu'on y
met dans les tonneaux plus d'eau de mer que de vin : le
bicium[4] (c'est ainsi qu'on nomme ce vin) est, avec la
bière, la boisson ordinaire des gens du peuple à Alexandrie, mais les quolibets portent surtout sur le vin d'Antiphres. Le port de Derris, situé plus loin, tire son
nom du voisinage d'un rocher tout noir qui ressemble
assez à une peau de bête (δέρρις). La localité après Derris

---

1. Αἰνησίσφυρα au lieu de Νησισφύρα, correction faite par Xylander d'après Ptolémée (4, 5) et adoptée par Kramer et Meineke. Tzschucke et Coray ont maintenu
la leçon des mss. — 2. Voy. sur ce nom la note de Kramer. — 3. On peut hésiter
pour ce nom entre les formes Πηδωνία et Σιδονία, ou mieux Σιδωνία. Voy. Müller,
Ind. var. lect., p. 1040, col. 2, l. 37. — 4. « Pro Λιβυκόν fort. leg. Βύξιον vel
Βίκιον, conj. Mein. ad Steph. Byz. v. 'Αντίφρα. » (Müller.)

a aussi un nom [significatif,] celui de Zéphyrium; puis
vient le port Leucaspis, précédant plusieurs autres
ports encore. On relève plus loin la position de Cynossêma. Celle de Taposiris[1], qui suit, n'est pas à proprement parler maritime. Taposiris est un lieu de *panégyris* ou d'assemblée très-fréquenté, qu'il ne faut pas
confondre avec une autre localité du même nom située
de l'autre côté d'Alexandrie, à une distance passablement grande de la ville. Dans le voisinage de Taposiris, mais sur le bord même de la mer, un site rocheux
et escarpé attire aussi en toute saison les bandes joyeuses[2]
du pays. Viennent maintenant Plinthiné et Niciûcômé, et,
après ces deux localités, Cherronesus, position fortifiée,
qui se trouve déjà très près d'Alexandrie et de Nécropo-
lis, puisqu'elle n'en est qu'à 70 stades. Le lac Maria, qui
s'étend jusqu'ici, a 150 stades et plus de largeur et un peu
moins de 300 stades de longueur. Il renferme huit îles,
et ses bords sont partout couverts de belles habitations.
Ils produisent aussi du vin, et en telle quantité qu'on met
en tonneaux pour l'y laisser vieillir une partie de la récolte :
ce vin est connu sous le nom de *maréotique.*

15. Entre autres plantes qui croissent dans les lacs et
marais de l'Égypte, nous signalerons le *byblus*[3] et le *cyamus* dit d'*Égypte* dont on fait [ces vases appelés] *ciboires.* Les tiges de l'une et de l'autre plantes ont à peu près
la même hauteur, 10 pieds environ; mais, tandis que le
byblus a sa tige lisse jusqu'en haut et n'est garni qu'à
son sommet d'une houppe chevelue, le cyamus porte des
feuilles et des fleurs en plus d'un endroit de sa tige. Il

---

1. Sur ce nom, voyez les différentes leçons des mss dans l'édit. de Kramer ou
dans l'*Index var. lect.* de Müller. — 2. « Pro absurdo ἀκμάζοντας recepta est
infelix Tyrwithii conjectura κωμάζοντας. Rem acu tetigit Hemsterhusius in anno-
tatione ms. reponens ἀκτάζοντας, id est, ἐν ἀκτῇ εὐωχουμένους. Vide Hesych. v.
Ἀκτή " Cui non nota *acta* Verris ? Hinc igitur ἀκτάζειν dicebatur. (Plutarchus,
Sympos., IV, 8. Cf. Casaub. ad Athen., p. 846, ubi dicitur Ptolemaeus Philadel-
phus, quum æger decumberet ex alta regia prospexisse in plebeculam ἀκτάζουσαν
et exclamasse : " τάλας ἐγώ, τὸ μὴ ἐμὲ τούτων ἵνα γενέσθαι. Habemus igitur ex certa
Hemsterhusii emendatione verbi rarissimi novum exemplum. » (Cobet, *Miscell.
crit.*, p. 202-203.) — 3. Voy. Meyer, *Botan. Erläuter. zu Strabonis Geogr.*,
p. 151-154.

produit aussi un fruit semblable à la fève de nos pays (la différence n'est que dans la grosseur et dans le goût). Les *cyamons* offrent un charmant coup d'œil et servent de riant abri à ceux qui veulent se divertir et banqueter en liberté. Montés sur des barques à tentes, dites *thalamèges*, les gais compagnons s'enfoncent au plus épais des cyames et vont goûter le plaisir de la bonne chère à l'ombre de leur feuillage. Les feuilles des cyames sont en effet extrêmement larges, au point qu'on peut s'en servir en guise de coupes et d'assiettes, elles présentent une concavité naturelle qui les rend même très-propres à cet usage. Cela est si vrai, que les ateliers d'Alexandrie en sont remplis et qu'on n'y emploie guère d'autres vases. Ajoutons que la vente de ces feuilles constitue une source de revenu pour les gens de la campagne. Voilà ce que l'on peut dire au sujet du cyamus. Quant au byblus, assez rare ici, [aux environs d'Alexandrie,] où il n'est pas l'objet d'une culture spéciale, il croît surtout dans la partie inférieure du Delta. On en distingue deux espèces, une médiocre et une bonne ; celle-ci est connue sous le nom d'*hiératique*. Mais dans le Delta même on a vu introduire par quelques particuliers avides d'augmenter leurs revenus l'adroite pratique[1] appliquée en Judée au palmier, au palmier caryote surtout et au balsamier : on y empêche en beaucoup d'endroits le byblus de pousser, la rareté naturellement en augmente le prix, l'intérêt des consommateurs en souffre à coup sûr, mais les propriétaires en revanche y gagnent un gros accroissement de revenus.

16. Quand on sort d'Alexandrie par la porte Canobique, on voit à droite le canal de Canope, qui borde le lac. Ce canal a une branche qui mène à Schédia sur le Nil et une autre qui aboutit à Canope, mais avant de bifurquer il touche à Éleusis. On nomme ainsi un village situé près d'Alexandrie et de Nicopolis, sur le bord même du

---

1. Cobet veut qu'on lise κακεντρεχίαν au lieu de ἰντρεχίαν. Voy. *Miscell. crit.*, p. 203.

canal Canobique, et rempli de maisons de plaisance et de
riants belvédères ouverts aux voluptueux, hommes et
femmes, qui, en y mettant le pied, franchissent en quelque sorte le seuil du *canobisme* et de la perdition. Un
peu plus loin qu'Éleusis, sur la droite, se détache la
branche qui mène à Schédia. Il y a quatre schœnes de distance entre Alexandrie et Schédia, ville naissante, qui
possède à la fois la station des *thalamèges,* où les
gouverneurs viennent s'embarquer pour aller inspecter
le haut du fleuve, et le bureau de péage chargé de per-
cevoir les droits sur les marchandises qui descendent
ou remontent le fleuve : c'est même en vue de ce service qu'a été établi en cet endroit du fleuve le pont de
bateaux (σχεδία) qui a donné son nom à la ville. Passé
l'embranchement de Schédia, le canal principal jusqu'à
Canope ne cesse de suivre parallèlement la partie de la
côte comprise entre le Phare et la bouche Canobique, la
mer et le canal n'étant plus séparés l'un de l'autre que
par l'étroite bande de terre sur laquelle on a bâti, tout
de suite après Nicopolis, la *Petite Taposiris*, et qui projette ce cap Zéphyrium au haut duquel a été érigé un
petit temple en l'honneur de Vénus Arsinoé. Ajoutons
que la tradition place en ce même endroit de la côte certaine ville des temps anciens appelée Thonis, du nom
du roi qui offrit l'hospitalité à Ménélas et à Hélène.
On se rappelle ce que dit Homère à propos de ces remèdes dont Hélène avait le secret,

« baumes précieux que la reine Polydamna, épouse de Thôn,
« lui avait appris à connaître[1]. »

17. La ville de Canope est à 125 stades d'Alexandrie
par la route de terre : son nom rappelle le pilote de Ménélas, Canobus, mort, dit-on, ici même. Elle a pour principal monument ce temple de Sarapis, objet dans tout le
pays de la plus profonde vénération pour les cures mer-

---

1. *Odyssée*, IV, 228.

veilleuses dont il est le théâtre et auxquelles les hommes les plus instruits et les plus considérables·sont les premiers à ajouter foi, car ils y envoient de leurs gens pour y coucher et dormir à leur intention, quand ils ne peuvent y venir coucher et dormir en personne. Il y en a dans le nombre qui écrivent l'histoire de leur propre guérison, il y en a d'autres qui recueillent les différentes prescriptions médicales émanées de l'oracle de Sarapis, et qui en font ressortir l'efficacité. Mais le spectacle le plus curieux à coup sûr est celui de la foule qui, pendant les *panégyries* ou grandes assemblées, descend d'Alexandrie à Canope par le canal : le canal est alors couvert, jour et nuit, d'embarcations toutes chargées d'hommes et de femmes, qui, au son des instruments, s'y livrent sans repos ni trêve aux danses les plus lascives, tandis qu'à Canope même les auberges qui bordent le canal offrent à tout venant les mêmes facilités pour goûter le double plaisir de la danse et de la bonne chère.

18. A Canope succède immédiatement Héracléum, qui possède un temple dédié à Hercule; puis on voit s'ouvrir la bouche *Canobique* et commencer le Delta. A la droite du canal de Canope s'étend le nome Ménélaïte, qu'on a appelé ainsi bel et bien pour honorer le frère de Ptolémée I⁰ʳ, et point du tout, j'en donne ma foi, pour faire honneur au héros, [frère d'Agamemnon,] quoi qu'en aient pu dire certains géographes, et Artémidore tout le premier. La bouche Bolbitique du Nil succède à la bouche Canobique, puis vient la bouche Sébennytique, précédant elle-même la bouche Phatnitique. Sous le rapport de l'importance, la branche Phatnitique du Nil occupe le troisième rang après les deux branches principales, qui se trouvent comprendre et déterminer le Delta: car c'est à une faible distance du sommet du Delta que cette branche intérieure a son point de départ. La bouche Mendésienne, qui vient après, est presque contiguë à la bouche Phatnitique et précède la bouche Tanitique, qui

elle-même précède la bouche Pélusiaque, la dernière de toutes. Dans l'intervalle que laissent entre elles ces différentes bouches, il s'en trouve encore d'autres qui sont moins indiquées, moins apparentes, et que l'on pourrait appeler à cause de cela de *fausses bouches*. Aucune des bouches du Nil n'est à proprement parler inaccessible, mais, dans presque toutes, à cause des récifs et des bas-fonds marécageux qui s'y trouvent, l'entrée est singulièrement incommode, et cela, non pas seulement pour les grands bâtiments, elle l'est même pour les simples transports. Malgré cet inconvénient, le commerce adopta de préférence la bouche Canobique comme port ou *emporium*, tant que les ports d'Alexandrie demeurèrent fermés pour les causes que nous avons mentionnées ci-dessus. Tout de suite après avoir dépassé la bouche Bolbitine, on voit s'avancer assez loin dans la mer une pointe basse et sablonneuse dite l'*Agnûcéras;* puis on relève l'une après l'autre la *vigie de Persée* et le *Milèsiôntichos*, château fort ainsi nommé en mémoire des Milésiens qui, sous le règne de Psammitichus (on sait que ce roi était contemporain de Cyaxare le Mède), abordèrent avec trente vaisseaux à la bouche Bolbitine, débarquèrent là et élevèrent l'ouvrage en question, pour remonter plus tard jusqu'au nome Saïtique, où, après avoir vaincu Inarus dans un combat naval, ils bâtirent la ville de Naucratis un peu au-dessus de Schédia. Au delà de Milèsiôntichos, en s'avançant vers la bouche Sébennytique, on aperçoit plusieurs lacs ou étangs, le lac Butique entre autres, ainsi appelé de la ville de Buto ; puis vient la ville même de Sébennys, précédant Saïs, qui est la *métropole* ou capitale du Delta inférieur, et qui professe pour Athéné un culte particulier. Le tombeau de Psammitichus est dans le temple même de cette déesse. Non loin de Buto, dans une île, est une autre ville appelée Hermopolis. Buto possède, elle, un *mantéum* ou oracle de Latone.

19. Dans l'intérieur des terres, au-dessus des bouches Sébennytique et Phatnitique, mais dans les limites du

nome Sébennytique, se trouvent l'île et la ville de Xoïs.
On y remarque également Hermopolis, Lycopolis et cette
Mendès, dont les habitants adorent, en fait de divinités,
le dieu Pan; et en fait d'animaux sacrés, le bouc, les
boucs y ayant même, si l'on en croit Pindare, commerce
avec les femmes [1]. Les environs de Mendès maintenant
nous offrent Diospolis avec sa ceinture de marais et Léontopolis; puis un peu plus loin se présente la ville de Busiris en plein nome Busirite, précédant celle de Cynopolis. Ératosthène prétend que la *xénélasie*, c'est-à-dire
la proscription de l'étranger, était une coutume commune à tous les peuples barbares; qu'en ce qui concerne
les Égyptiens l'accusation repose surtout sur le mythe
sanglant dont Busiris est le héros et le nome Busirite le
théâtre; mais que ce mythe, d'origine évidemment moderne, paraît être l'œuvre de gens qui, pour se venger
d'avoir été mal accueillis par les habitants dudit nome,
auront voulu dénoncer et flétrir leur caractère inhospi-
talier, vu que jamais, au grand jamais, il n'a existé de
roi ni de *tyran* du nom de Busiris; que le vers d'Homère, ce vers tant de fois cité [2],

« Aller en Égypte! voyage long et pénible! »

a dû contribuer singulièrement aussi à accréditer l'accusation, rapproché de cette double circonstance que la côte
d'Égypte est dépourvue d'abris et que son seul port
naturel, le port de Pharos, est demeuré longtemps fermé
par suite de la consigne donnée à ces bandes de bouviers ou de brigands, pour mieux dire, de s'opposer par
la force à toute tentative de débarquement; mais qu'il ne
faut pas oublier que les Carthaginois, de leur côté, cou-
laient à fond impitoyablement tout navire étranger qu'ils
rencontraient naviguant dans leurs parages et se diri-

1. « Post μίγνυνται codd., exc. EF, et editt. ante Kr. inseruerunt versus hosce :
Μένδητα παρὰ κρημνὸν θαλάσσης
ἔσχατον, Νείλου κέρας, αἰγίβατοι (αἰγιβάται em. Herm.).
ὅθι τράγοι γυναιξὶ μίσγονται. » (Müller.)

2. *Odyssée*, IV, 483.

geant, soit vers l'île de Sardaigne, soit vers les Colonnes [d'Hercule], et que c'est même là ce qui explique
comment la plupart des renseignements sur les contrées
occidentales de la terre sont si peu dignes de foi; qu'enfin
les Perses avaient soin d'égarer les ambassadeurs qu'on
leur envoyait en les promenant dans des labyrinthes sans
issue ou dans des chemins impraticables.

20. Au nome Busirite confine, non seulement le nome
Athribite avec la ville d'Athribis, mais encore le nome
Prosopite, lequel a pour chef-lieu Aphroditépolis. Au-dessus, maintenant, des bouches Mendésienne et Tanitique,
s'étendent, outre un grand lac, le nome Mendésien, le
nome Léontopolite dont le chef-lieu s'appelle [aussi]
Aphroditépolis, voire un troisième nome dit le nome
Pharbétite. Puis vient la bouche Tanitique, ou, comme on
l'appelle quelquefois, la bouche *Saïtique*, et, [au-dessus de
cette bouche,] le nome Tanite, lequel comprend la grande
ville de Tanis.

21. Dans l'intervalle des bouches Tanitique et Pélusiaque il n'y a, à proprement parler, qu'une suite de lacs
et de grands marécages entrecoupés de nombreux villages.
Péluse elle-même est tout environnée de marais et de
fondrières (certains auteurs donnent à ces marais le nom
de *barathres*); la ville est bâtie à plus de 20 stades de
la mer et son mur d'enceinte mesure également 20 stades
de tour. Son nom lui vient précisément de la boue [πηλός]
des fondrières qui l'entourent. On s'explique aussi par
cette disposition des lieux comment l'entrée de l'Égypte
est si difficile du côté du levant, c'est-à-dire par la frontière de Phénicie et de Judée, seule route pourtant que
puisse prendre le voyageur qui vient du pays des Nabatéens, bien que cette partie de l'Arabie, la Nabatée,
soit elle-même contiguë à l'Égypte. Tout l'espace compris entre le Nil et le golfe Arabique, dont Péluse se
trouve former le point extrême, appartient en effet déjà
à l'Arabie, et n'offre qu'un désert ininterrompu qu'une
armée ne saurait franchir. Quant à l'isthme qui sépare

Péluse du fond du golfe d'Héroopolis, isthme long
de 1000 stades [1], si ce n'est même de 1500, au dire
de Posidonius, il a l'inconvénient, non seulement d'être
sablonneux et de manquer d'eau, mais d'être infesté de
serpents qui se cachent sous le sable.

22. En remontant depuis Saladia dans la direction de
Memphis, on aperçoit sur la droite une quantité de villages s'étendant jusqu'au lac Maria; la vue porte même
de ce côté jusqu'au village dit de Chabrias (en grec *Cha-
briûcômé*). Mais Hermopolis est bâtie sur le bord même
du fleuve précédant Gynæcopolis et le nome Gynæcopolite,
qui à leur tour précèdent immédiatement Momemphis
et le nome Momemphite. Dans l'intervalle rien à noter
que l'ouverture de plusieurs canaux qui se dirigent vers
le lac Maréotis. Les Momemphites adorent Aphrodité.
On entretient de plus chez eux une vache sacrée, tout
comme à Memphis on entretient le bœuf Apis et à Héliopolis le bœuf Mnévis. Seulement, tandis que le bœuf Apis
et le bœuf Mnévis sont rangés au nombre des dieux,
les animaux qu'on entretient ailleurs (et c'est un usage
commun à bon nombre de villes, tant au dedans qu'au
dehors du Delta, d'entretenir ainsi soit des bœufs, soit
des vaches) n'ont pas le rang de divinités, mais reçoivent
simplement un caractère sacré.

23. Au-dessus de Momemphis s'étend le nome Nitriote
avec une double nitrière qui donne une très-grande quantité de nitre. Sarapis est l'objet d'un culte particulier dans
tout ce nome, qui est en même temps le seul lieu de
l'Égypte où la brebis figure comme victime dans les sacrifices. Tout près desdites nitrières, et dans les limites
mêmes du nome Nitriote, est la ville de Ménélaüs. A
gauche, maintenant, dans le Delta, on aperçoit sur le
fleuve même Naucratis, à 2 schœnes du fleuve Saïs,
et un peu au-dessus de Saïs *l'asile d'Osiris*, ainsi
nommé de ce que la tradition y place la sépulture de ce

---

1. « χιλίων Epit.; ἰνακοσίων codd. Cf. Herodot. 2, 158; 4, 41, et ipse Strabo,
35 et 836 ad Cas. » (Müller.)

dieu, mais il faut dire que cette tradition est très contes-
tée, qu'elle l'est surtout par les habitants de l'île Philæ,
île située au-dessus de Syène et d'Éléphantine, lesquels
invoquent une autre fable et racontent qu'Isis avait déposé
dans le sein de la terre, en plusieurs endroits de l'Égypte,
des coffres en aussi grand nombre qui étaient censés contenir le corps d'Osiris, qu'entre tous ces coffres personne
n'aurait pu distinguer le vrai cercueil, et qu'en agissant
ainsi Isis avait voulu dérouter la vengeance de Typhon
et empêcher qu'il n'arrachât le corps à son tombeau.

24. Tels sont les détails qu'une description méthodique des lieux relève dans l'intervalle d'Alexandrie au
sommet du Delta. Artémidore estime que la distance,
quand on remonte le fleuve jusque-là, est de 28 schœnes,
et que ces 28 schœnes (à 30 stades par schœne) équivalent à 840 stades. Nous avons observé toutefois, en faisant précisément ce même trajet sur le Nil, que les gens
du pays, dans les indications de distances qu'ils donnaient, se servaient de schœnes de différentes longueurs,
pouvant atteindre, d'après l'évaluation commune, jusqu'à 40 stades et plus suivant les lieux. La mesure du
schœne en Égypte n'a donc jamais eu rien de fixe, et
Artémidore lui-même nous en fournit la preuve dans la
suite du passage que nous venons de citer, car il déclare
en termes exprès que, depuis Memphis jusqu'à la Thébaïde, le schœne employé est de 120 stades, tandis que
de la Thébaïde à Syène on se sert d'un schœne de 60. En
revanche, pour mesurer le trajet que l'on fait en remontant le fleuve depuis Péluse jusqu'à ce même sommet du
Delta, Artémidore revient au schœne de 30 stades et
évalue la distance totale à 25 schœnes, soit 750 stades. Il
ajoute que le premier canal qui se présente à partir de
Péluse est le même qui alimente les lacs connus sous le
nom de *lacs des marais* : ces lacs, au nombre de deux,
sont situés à gauche par rapport au *grand fleuve*, juste
au-dessus de Péluse et en pleine Arabie. Mais ce ne sont
pas les seuls que contienne la région qui forme le côté

extérieur du Delta, Artémidore en signale encore plusieurs
autres qu'alimentent respectivement d'autres canaux.
L'un des deux lacs dits *des marais* est bordé par le nome
Séthroïte, qu'Artémidore range cependant au nombre des
dix nomes du Delta. Deux autres canaux viennent encore
grossir ces deux mêmes lacs[1].

25. Un dernier canal débouche dans l'Érythrée, c'est-à-
dire dans le golfe Arabique près de la ville d'Arsinoé, ou
de Cléopatris, comme on l'appelle aussi quelquefois : ce
canal traverse les *lacs amers*, ainsi nommés parce qu'en
effet primitivement leurs eaux avaient un goût d'amertume,
mais, depuis, par suite du mélange des eaux du fleuve
résultant de l'ouverture du canal, la nature de ces eaux
a changé, elles sont devenues poissonneuses et attirent
une foule d'oiseaux, de ceux qui hantent d'ordinaire les
lacs. Le premier roi qui entreprit de creuser ce canal fut
Sésostris, dès avant la guerre de Troie; suivant d'autres,
ce fut le fils de Psammitichus, mais ce prince n'aurait pu
que commencer les travaux, ayant été interrompu par la
mort. Plus tard, Darius, Ier du nom, en reprit la suite et
il allait les achever quand, se laissant ébranler par une
erreur alors commune, il renonça à l'entreprise : on lui
avait dit et il avait cru que la mer Érythrée était plus
élevée que l'Égypte, et que, si l'on perçait de part en
part l'isthme intermédiaire, l'Égypte entière serait submergée par les eaux de cette mer. Les Ptolémées néanmoins passèrent outre, et, ayant achevé le percement, ils
en furent quittes pour fermer par une double porte l'espèce d'*euripe* ainsi formé, de manière à pouvoir, à volonté et sans difficulté, sortir du canal dans la mer
Extérieure ou rentrer de la mer dans le canal. Mais il a
été traité tout au long du niveau des mers dans les premiers livres du présent ouvrage[2].

26. Arsinoé a dans son voisinage, outre les deux villes
d'Héroopolis et de Cléopatris situées l'une et l'autre à

---

1. τὰς αὐτάς au lieu de τοσαύτας, correction de Groskurd. — 2. Livre I, c. II,
§ 20; c. III, § 8.

l'extrémité du golfe Arabique au fond de la branche qui
regarde l'Égypte, des ports, des villages, plusieurs canaux aussi, et des lacs à portée de ces canaux. Du même
côté est le nome Phagrôriopolite avec la ville de Pha-
grôriopolis [qui lui donne son nom]. C'est du bourg de
Phacuse maintenant (lequel semble ne faire qu'un avec
Philônocômé) que part le canal qui débouche dans la
mer Erythrée. Ledit canal a une largeur de 100 coudées et une profondeur d'eau suffisante pour donner
passage à un bâtiment jaugeant dix mille. Ces localités
[de Phacuse et de Philônocômé] sont situées à peu de
distance du sommet du Delta.

27. Tel est le cas aussi de la ville de Bubaste et du
nome Bubastite, voire du nome Héliopolite, qui est situé
un peu au-dessus. Héliopolis, chef-lieu de ce dernier
nome, est bâtie sur une terrasse très-élevée et doit son
illustration à son temple d'Hélios ou du Soleil et à la
présence du bœuf Mnévis qui y est nourri dans un *sécos*
ou sanctuaire particulier et qui reçoit là des populations
de tout le nome les mêmes honneurs divins que le bœuf
Apis reçoit à Memphis. En avant de la terrasse sur laquelle
s'élève Héliopolis s'étendent des lacs où se déverse le
trop-plein des eaux du canal voisin. Aujourd'hui, à vrai
dire, la ville tout entière n'est plus qu'un désert, mais
son ancien temple, bâti dans le pur style égyptien, est
encore debout : il porte seulement en maints endroits
la trace de cette fureur sacrilège qui poussa Cambyse
à gâter par le fer, par le feu, tous les temples, voire tous
les obélisques [qu'il rencontrait sur son passage] et qu'il
a laissés derrière lui ou mutilés, ou brûlés. Deux de ces
obélisques qui n'étaient pas complètement détériorés
ont été transportés à Rome, mais on en voit d'autres,
tant ici qu'à Thèbes (aujourd'hui Diospolis), les uns encore debout, bien que mangés par le feu, les autres gi-
sants sur le sol.

28. En général, voici quelle est la disposition de ces
anciens temples [d'Égypte]. A l'entrée du *téménos* ou de

l'enceinte sacrée, se trouve une avenue pavée en pierre, ayant de largeur un plèthre environ (plutôt moins que plus) et de longueur le triple et le quadruple, voire même quelquefois davantage : on appelle cette avenue le *dromos* : témoin ce vers de Callimaque :

« Voilà le dromos, le dromos sacré d'Anubis ».

Sur toute la longueur et des deux côtés règne une suite de sphinx en pierre, espacés entre eux de 20 coudées ou d'un peu plus de 20 coudées, de sorte qu'il y a double rangée de sphinx, la rangée de droite et la rangée de gauche. Au bout de cette avenue de sphinx, on arrive à un grand *propylée* auquel en succède un second, puis un troisième, sans que le nombre des propylées pourtant, non plus que celui des sphinx, ait rien de fixe : ce nombre varie d'un temple à l'autre, de même que la longueur et la largeur du dromos. Au delà des propylées commence le *néós* [ou temple proprement dit], qui se compose d'un grand *pronaos* d'un effet imposant, et d'un *sécos* proportionné à la grandeur du pronaos, mais qui ne contient aucune statue, du moins aucune statue d'homme (car on y trouve parfois la statue de tel ou tel animal sacré). Les deux côtés du pronaos sont couverts par ce qu'on appelle les *ptères* (*les ailes*), deux murs de même hauteur que le néós, qui, distants l'un de l'autre à leur point de départ d'un peu plus que la largeur même du soubassement du temple, suivent en avançant deux lignes convergentes [1], de manière à ne plus être séparés au bout que par une distance de 50 à 60 coudées. Ces murs sont décorés de bas-reliefs représentant de grandes figures, assez semblables par leur style à celles des bas-reliefs tyrrhéniens et aux plus anciennes sculptures grecques. Ajoutons que, [dans certains temples,] à Memphis, par exem-

---

1. Nous avons cru devoir, à l'exemple de Meineke, maintenir la leçon ἐπινευούσας que donnent les manuscrits. Mais Coray et Groskurd, approuvés par Müller, ont substitué le mot ἀπονευούσας.

ple, on a ajouté un édifice à plusieurs rangées de
colonnes qui rappelle par son ordonnance le style
barbare, car, à part les dimensions imposantes des
colonnes, leur grand nombre et leur alignement sur
plusieurs rangées, l'édifice n'a rien de gracieux ni de
pittoresque, il accuse plutôt l'effort, et l'effort impuis-
sant.

29. A Héliopolis, nous avons vu aussi certains bâtiments très vastes qui servaient au logement des prêtres.
On assure en effet que cette ville avait été choisie comme
séjour de prédilection par les anciens prêtres, tous
hommes voués à l'étude de la philosophie et à l'observation des astres. Aujourd'hui malheureusement rien ne
subsiste plus, ni de ce corps savant, ni de ses doctes
exercices. Il n'y a plus personne pour diriger ces utiles
travaux et nous n'avons plus trouvé que de simples
desservants et de pauvres guides bons tout au plus pour
expliquer aux étrangers les curiosités du temple. Un
certain Chærémon, que le gouverneur Ælius Gallus
avait avec lui quand il entreprit de remonter le Nil
depuis Alexandrie pour visiter l'Égypte, s'était bien
annoncé comme possédant une partie de la sciente [des
anciens prêtres], mais le malheureux ne réussit par sa
fanfaronnade et sa sottise qu'à faire rire tout le monde à
ses dépens. Nous vîmes, je le répète, à Héliopolis les édifices consacrés jadis au logement des prêtres; mais ce n'est
pas tout, on nous y montra aussi la demeure de Platon
et d'Eudoxe. Eudoxe avait accompagné Platon jusqu'ici.
Une fois arrivés à Héliopolis, ils s'y fixèrent tous deux et
vécurent là treize ans [1] dans la société des prêtres : le
fait est affirmé par plusieurs auteurs. Ces prêtres, si
profondément versés dans la connaissance des phénomènes célestes, étaient en même temps des gens mys-
térieux, très peu communicatifs, et ce n'est qu'à force
de temps et d'adroits ménagements qu'Eudoxe et Platon

1. « τρία Epitome Palat·; Epit. codicis Parisini, ut cett. codd., habet τριςκαί-
δεκα. » (Müller.)

purent obtenir d'être initiés par eux à quelques-unes de leurs spéculations théoriques. Mais ces Barbares en retinrent par devers eux cachée la meilleure partie. Et, si le monde leur doit de savoir aujourd'hui combien de fractions de jour (de jour entier) il faut ajouter aux 365 jours pleins pour avoir une année complète, les Grecs ont ignoré la durée vraie de l'année et bien d'autres faits de même nature jusqu'à ce que des traductions en langue grecque des *Mémoires* des prêtres égyptiens aient répandu ces notions parmi les astronomes modernes, qui ont continué jusqu'à présent à puiser largement dans cette même source comme dans les écrits et observations des Chaldéens.

30. A Héliopolis commence la partie du cours du Nil dite *au-dessus du Delta*. Et, comme on appelle *Libye* tout ce qu'on a à sa droite en remontant depuis là, y compris même les environs d'Alexandrie et ceux du lac Maréotis, et *Arabie* tout ce qu'on a à sa gauche, Héliopolis, on le voit, se trouve être en Arabie, tandis que la ville de Cercésura, qui est juste en face de l'Observatoire d'Eudoxe, appartient à la Libye. On montre aujourd'hui encore en avant d'Héliopolis, tout comme en avant de Cnide, l'observatoire qui servit à Eudoxe à déterminer certains mouvements des corps célestes. A Cercésura, on est dans le nome Létopolite. Plus haut, sur le fleuve, on rencontre Babylone, place forte située au haut d'une montagne escarpée, dont le nom rappelle certaine insurrection de captifs Babyloniens, qui, [s'étant retranchés en ce lieu, ne capitulèrent] qu'après avoir obtenu du roi l'autorisation d'en faire désormais leur demeure. L'une des trois légions chargées aujourd'hui de garder l'Égypte y a son cantonnement : une rampe descend du camp au bord du Nil, et un système de roues et de limaces, disposé le long de cette rampe et mû par les bras de cent cinquante captifs, élève l'eau du Nil jusqu'au camp. De Babylone on aperçoit très distinctement les Pyramides situées de l'autre côté du Nil vers Memphis, à une distance en somme assez rapprochée.

31. Memphis elle-même, cette ancienne résidence des
rois d'Égypte, n'est pas loin non plus, car depuis la
pointe du Delta jusqu'à cette ville on ne compte que
3 schœnes. Elle possède plusieurs temples, un entre
autres, qui est consacré à Apis, c'est-à-dire à Osiris : là,
dans un sècos particulier, est nourri le bœuf Apis dont
la personne, avons-nous dit, est considérée comme divine. Le bœuf Apis n'a de blanc que le front et quelques
autres petites places encore, d'ailleurs il est tout noir, et
ce sont là les signes d'après lesquels, à la mort du titulaire, on choisit toujours le successeur. Son sècos est précédé d'une cour contenant un autre sècos qui sert à loger
sa mère. A une certaine heure du jour on lâche Apis dans
cette cour, surtout pour le montrer aux étrangers, car,
bien qu'on puisse l'apercevoir par une fenêtre dans son
sècos, les étrangers tiennent beaucoup aussi à le voir dehors en liberté ; mais, après l'avoir laissé s'ébattre et sau-
ter quelque temps dans la cour, on le fait rentrer dans sa
maison. Le temple d'Apis est tout à côté de l'*Héphes-
tæum*, temple non moins magnifique, et qui, entre autres
détails remarquables, offre un néôs de dimensions extraordinaires. En avant du temple, dans le dromos même, on
voit se dresser un colosse monolithe, L'usage est de donner dans ce dromos le spectacle de combats de taureaux,
et l'on élève des taureaux exprès en vue de ces combats,
comme on élève ailleurs des chevaux pour les courses.
Une fois lâchés dans le dromos, ces taureaux engagent
une espèce de mêlée, et celui qui est reconnu vainqueur
reçoit un prix. Memphis a un autre de ses temples qui
est dédié à Vénus, à l'*Aphrodité* grecque, s'il ne l'est à
Hélène [1], comme quelques-uns le prétendent.

32. Il y a enfin le *Sarapéum* [2], mais ce temple est
bâti en un lieu tellement envahi par le sable, qu'il s'y est
formé par l'effet du vent de véritables dunes, et que,

---

1. « Pro Σελήνης lege Ἑλένης, ex. conj. Noltii, coll. Herodot., 2, 112. » (Muller.)
— 2. Voy., sur les différentes formes de ce nom dans les manuscrits, l'*Index
var. lect.* de l'édit. de Müller, p. 1041, col. 1.

quand nous le visitâmes, les sphinx étaient déjà enseve-
lis, les uns jusqu'à la tête, les autres jusqu'à mi-corps
seulement, et qu'il était facile d'imaginer quel danger on
eût couru à être surpris sur le chemin du temple par une
violente bourrasque. Memphis est une grande ville, très-
peuplée, qui, ainsi qu'Alexandrie, a vu se fixer dans ses
murs un grand nombre d'étrangers de toute nation : aussi
occupe-t-elle le second rang après Alexandrie parmi les
villes de l'Égypte. Ses abords et ceux des palais des rois
sont défendus par différents lacs : ces palais, qui sont
aujourd'hui presque tous ruinés et abandonnés, cou-
vraient tout le sommet d'une colline et descendaient jusqu'au niveau de la basse ville, qui en cet endroit touche à
la fois à un lac et à un grand bois.

33. A 40 stades au delà de Memphis, règne une côte
montagneuse sur laquelle se dressent plusieurs pyramides, qui sont autant de sépultures royales. Trois de ces
pyramides sont particulièrement remarquables. Il y en
a même deux, sur les trois, qui sont rangées au nombre
des *sept merveilles du monde*, et rien n'est plus juste :
elles n'ont pas moins d'un stade de hauteur, leur forme
est quadrangulaire et la longueur de chacun de leurs côtés
n'est inférieure que de très peu à leur hauteur. L'une
des deux pyramides est un peu plus grande que l'autre.
A une certaine hauteur sur un de ses côtés se trouve une
pierre qui peut s'enlever, et, qui une fois enlevée, laisse
voir l'entrée d'une galerie tortueuse ou *syringe*, aboutissant au tombeau. Ces deux pyramides sont bâties l'une à
côté de l'autre sur le même plan. Plus loin maintenant
et sur un point plus élevé de la montagne est la troisième
pyramide, qui, de dimensions beaucoup moindres que
les deux autres, se trouve cependant avoir coûté beaucoup
plus cher de construction : cette différence tient à ce que,
depuis la base jusqu'à moitié de la hauteur environ, il
n'a été employé d'autre pierre que cette pierre noire qui
entre aussi dans la composition des mortiers, pierre
qu'on fait venir des montagnes situées tout à l'extrémité

de l'Éthiopie, et qui, par son extrême dureté et sa difficulté à se laisser travailler, augmente beaucoup le prix
de la main-d'œuvre. La pyramide en question passe pour
être le tombeau d'une courtisane célèbre et pour avoir
été édifiée aux frais de ses amants, et ladite courtisane
ne serait autre que cette Doricha dont parle Sappho, l'illustre *mélographe*, comme ayant été la maîtresse de son
frère Charaxus, au temps où celui-ci, négociant en vins
de Lesbos, fréquentait Naucratis pour ses affaires. Quelques auteurs donnent à cette même courtisane le nom
de Rhodôpis et racontent à son sujet la fable ou légende
que voici: un jour, comme elle était au bain, un aigle
enleva une de ses chaussures des mains de sa suivante, et
s'envola vers Memphis où, s'étant arrêté juste au-dessus
du roi, qui rendait alors la justice en plein air dans une
des cours de son palais, il laissa tomber la sandale dans les
plis de sa robe. Les proportions mignonnes de la sandale
et le merveilleux de l'aventure émurent le roi, il envoya
aussitôt par tout le pays des agents à la recherche de la
femme dont le pied pouvait chausser une chaussure pareille; ceux-ci finirent par la trouver dans la ville de
Naucratis, et l'amenèrent au roi, qui l'épousa et qui,
après sa mort, lui fit élever ce magnifique tombeau.

34. En visitant les pyramides, nous avons observé un
fait extraordinaire et qui nous a paru mériter de ne pas
être passé sous silence. Il s'agit de gros tas d'éclats de
pierre qui couvrent le sol en avant des pyramides et
dans lesquels on n'a qu'à fouiller pour trouver de petites
pétrifications ayant la forme et la dimension d'une len-
tille et reposant parfois sur un lit de débris [également
pétrifiés] assez semblables à des épluchures de légumes
à moitié écossés. On prétend que ces pétrifications sont
les restes des repas des ouvriers qui ont élevé les pyramides, mais la chose n'est guère vraisemblable [1]. Il existe
en effet dans une des plaines de notre pays une colline

---

1. οὐκ ἱκίουκι δί au lieu de οὐκ ἀπίουκι, correction de Letronne. Cf. la note de
Kramer.

allongée, remplie, comme celle-ci, de fragments de tuf
siliceux qui ont aussi cette configuration lenticulaire. La
formation des cailloux de la mer et des rivières qui soulève
à peu près les mêmes difficultés s'explique à la rigueur
par la nature du mouvement qu'imprime aux corps tout
courant d'eau, mais ici la question est plus embarrassante.
Un autre fait curieux [que nous n'avons pas observé
nous-même,] mais dont nous devons la connaissance à
autrui[1], c'est qu'aux environs de la carrière d'où furent
extraites les pierres des pyramides (cette carrière est située en vue[2] des pyramides mêmes, de l'autre côté du Nil,
sur la rive Arabique) il existe une montagne passablement rocheuse appelée le Troïcum, dans laquelle s'ouvre
une caverne profonde, et qu'il y a en outre à une très petite distance de cette caverne et du fleuve un gros bourg,
du nom de Troïa, qui passe pour avoir été fondé anciennement par les prisonniers troyens que Ménélas traînait à
sa suite, ce prince leur ayant permis de s'établir en ce lieu.

35. Après Memphis, et toujours en Libye, se trouve la
ville d'Acanthus, avec son temple d'Osiris et son bois
d'*acanthes thébaïques*[3] (l'acanthe est l'arbre qui donne
le *commi*). Puis vient, sur la rive opposée, en Arabie, le
nome Aphroditopolite, qui a pour chef-lieu une ville de
même nom où l'on nourrit une vache blanche à titre
d'animal sacré. Le nome Héracléote qu'on atteint ensuite occupe une grande île du Nil. Juste en face de cette
île on voit commencer le canal qui va, en Libye[4], arroser
le nome Arsinoïte, et, comme ce canal a double ouverture, il semble intercepter une portion de l'île entre ses
deux branches[5]. De tous les nomes d'Égypte, le nome
Arsinoïte est le plus remarquable sous le triple rapport

1. Nous avons lu ici, sur l'autorité de Meineke, au lieu de εἴρηται δ'ἐν ἄλλοις·
mots qu'on avait entendus jusqu'ici comme contenant un vague renvoi de Strabon
à son *Histoire* (auj. perdue), εἴρηται δὲ ἄλλοις, et nous avons vu dans cette formule une manière d'opposition aux premiers mots du paragraphe, ἓν δέ τι τῶν
ὁραθέντων ὑφ' ἡμῶν.— 2. ὄψει au lieu de ὕψει, correction de Coray. — 3. Voy. Meyer,
Botan. Erläuter. zu Strabons Geogr., p. 154-156. — 4. Voy. sur ce passage
une conjecture malheureuse de Bunsen (*Ægypt.*, t. II, p. 221). — 5. A Bunsen
qui lit τῆς au lieu de τῆς et supprime νήσου et à Kramer qui substitue νόμου à
νήσου Muller fait cette réponse péremptoire : « Secundum codicum scripturam

du pittoresque, de la fertilité et de la culture. Il est le
seul notamment où vienne l'olivier, où surtout il gran-
disse, acquière toute sa croissance et donne, non seulement de beaux et bons fruits, mais aussi (à condition
que la cueille en soit bien faite) de l'huile excellente :
faute de soins suffisants, la récolte la plus abondante ne
donnerait qu'une huile ayant mauvaise odeur. Dans tout
le reste de l'Égypte l'olivier fait défaut, il ne se rencontre guère que dans les vergers d'Alexandrie, mais là, s'il
a été possible de faire venir l'arbre même, on n'est pas
parvenu à en tirer de l'huile. Le nome Arsinoïte produit
en outre beaucoup de vin, du blé, des légumes et en général toutes les plantes ou semences utiles. Il possède
aussi cet admirable lac Mœris, qu'on prendrait en vérité pour une mer, à voir son étendue et la couleur bleue
de ses eaux. Ajoutons que ses rives ressemblent tout à
fait aux plages marines et que cette ressemblance donne
lieu de supposer que ce qui s'est produit aux environs du
temple d'Ammon s'est produit également ici, d'autant
que les deux emplacements, peu distants l'un de l'autre,
ne sont guère loin non plus de Parætonium. Or il y a
tout lieu de croire, tant les preuves abondent, que le
temple d'Ammon était situé primitivement sur le bord de
la mer : il est donc naturel aussi de supposer qu'à l'origine toute cette région du lac Mœris était également maritime, la basse Égypte et la contrée qui s'étend jusqu'au
lac Sirbonitis formant alors une mer, laquelle même pouvait communiquer avec l'Érythrée, j'entends avec la partie voisine aujourd'hui d'Héroopolis et du fond de la
branche Ælanitique.

36. Mais nous avons déjà traité et discuté cette question tout au long dans le premier livre de notre Géographie [1] : si nous y revenons donc présentement, ce ne sera
que pour résumer dans une vue d'ensemble l'œuvre de la

---

canalis ille duplici ostio Nili aquas excipit, quod cur ita mutemus ut sensus sit
canalem duplici ostio in Mœridem lacum intrare, causa est nulla. » (*Ind. var. lect.*,
p. 1041, col. 1, l. 29.) — 1. C., III, § 4.

nature et l'œuvre de la Providence et pour les comparer. Or qu'a fait la nature? Elle a, dans le mouvement
de gravitation qui emporte tous les corps vers un seul
et même point, centre de l'univers autour duquel tous
ces corps se disposent circulairement, réuni les parties
les plus denses et les plus rapprochées du centre pour en
former la terre, réuni de même les parties moins denses
et moins centrales, qui se présentaient immédiatement
après les autres, pour en former l'eau, ces deux éléments
figurant chacun une sphère, la terre une sphère solide,
l'eau une sphère creuse capable d'enserrer la terre. Et la
Providence, à son tour, qu'a-t-elle fait? Elle a VOULU, elle
qui aurait pu varier son œuvre à l'infini et la produire
sous mille et mille formes, créer d'abord les êtres animés
à titre d'êtres supérieurs, et, parmi les êtres animés,
comme les plus parfaits, les dieux et les hommes, pour
qui même elle a créé et arrangé tout le reste. Aux dieux
elle a assigné le ciel pour demeure, aux hommes elle a
donné la terre, les plaçant ainsi les uns et les autres aux
deux extrémités du monde (car on sait que les extrémités d'une sphère sont le centre et la surface courbe qui
la termine). Seulement, comme l'eau entoure la terre et
que l'homme, animal terrestre et nullement aquatique, a
besoin de vivre dans l'air et de participer ainsi que la plupart des êtres créés au bienfait de la lumière[1], elle a ménagé sur la terre quantité de hauteurs et de cavités
destinées, celles-ci à recevoir la totalité ou la plus grande
partie des eaux qui cachent et recouvrent la terre, celles-là à recéler l'eau dans leurs flancs de manière à n'en
laisser écouler que la portion utile à l'homme et à ce qui
l'entoure en fait d'animaux et de plantes. Mais, puisque la
matière est toujours en mouvement et qu'elle est soumise à de grands changements (double loi sans laquelle
on ne saurait même concevoir la possibilité de gouverner

---

1. « Recte in codicibus scribitur : καὶ πολλοῖς κοινωνικὸν φωτός, pro quo casu
substitutum videtur πολλοῦ. Non de multitudine lucis agitur, sed ejus usum hominem communem habere cum multis aliis (τοῖς περὶ τὸ ἀνθρώπειον γένος ζῴοις καὶ
φυτοῖς, ut statim dicitur). » (Madvig, *Advers. crit.*, t. I, p. 564.)

un monde tel que celui-ci, à la fois si vaste et si compliqué), il faut bien supposer que la terre, non plus que
l'eau, ne restent pas toujours identiquement les mêmes,
sans éprouver ni accroissement ni diminution, et qu'elles
ne conservent pas, l'une par rapport à l'autre, éternelle-
ment la même position, alors surtout que la permutation
entre elles serait la chose la plus naturelle et la plus facile, eu égard à leur proximité, il faut bien supposer (tran-
chons le mot) qu'une notable portion de la terre se change
en eau et qu'une notable partie des eaux se solidifie et
devient continent ou terre ferme, en passant par divers
états successifs analogues aux différences d'aspect et de
nature que présente en si grand nombre la terre elle-
même [1]; car, si la terre est ici friable, là au contraire
dure, si ailleurs elle est rocheuse, ferrugineuse et que
sais-je encore? la même diversité s'observe dans l'élément
liquide, l'eau pouvant être saumâtre ou douce et potable,
salubre avec des propriétés médicales, ou insalubre, froide
enfin ou thermale. Mais, si les choses se passent ainsi,
pourquoi donc s'étonner que quelques parties de la terre
aujourd'hui habitées aient été primitivement couvertes
par la mer et que plus d'une mer actuelle ait été anciennement habitée, pourquoi s'étonner que, de même qu'on
voit à la surface de la terre, ici se tarir d'anciennes sources, d'anciennes rivières, d'anciens lacs, là au contraire
s'en ouvrir et s'en former de nouveaux, des montagnes y
aient pris la place de plaines, et réciproquement des
plaines la place de montagnes? Mais n'oublions pas que
nous avons déjà ailleurs amplement traité le même sujet et bornons-nous à ce que nous venons de dire.

37. Le lac Mœris, par son étendue et sa profondeur,
est apte à contenir, lors des crues du Nil, l'excédant de
l'inondation, sans en rien laisser déborder sur les terres
habitées et cultivées ; il peut aussi, lorsque les eaux commencent à se retirer, rendre au Nil cet excédant par l'une

---

1. καθ'ἥν αὐτήν au lieu de καθ'ἑαυτήν, correction de Groskurd. — Disons pourtant
que Madvig insiste pour le maintien de la leçon des manuscrits.

ou l'autre des embouchures du canal en gardant encore
assez d'eau (et le canal pareillement) pour suffire aux
arrosements. La nature à elle seule eût apparemment
produit ce double effet, mais on a voulu aider la nature
et à cette fin on a fermé les deux bouches du canal par
des portes-écluses pour permettre aux *architectes* de
mesurer exactement l'eau qui entre et l'eau qui sort. Indépendamment de ces ouvrages, citons encore le labyrinthe, monument qui, par ses proportions et ses dispositions étranges, égale presque les pyramides, et tout à
côté du labyrinthe le tombeau du roi qui l'a édifié.
Après avoir dépassé sur le fleuve de 30 ou 40 stades
environ la première entrée du canal, on aperçoit un terrain plat en forme de table sur lequel sont bâtis un village et un vaste palais ou plutôt un assemblage de palais :
autant en effet on comptait de nomes dans l'ancienne
Égypte, autant on compte de ces palais, de ces *aulæ*,
pour mieux dire, entourées de colonnes, et placées à la
suite les unes des autres toutes sur une seule ligne et
le long d'un même côté de l'enceinte, de sorte qu'on les
prendrait à la rigueur pour les piliers ou contreforts d'un
long mur. Leurs entrées respectives font face à ce mur,
mais se trouvent précédées ou masquées par de mysté-
rieuses constructions appelées *cryptes*, dédale de longues et innombrables galeries reliées ensemble par des
couloirs tortueux, dédale tellement inextricable, qu'il
serait de toute impossibilité à un étranger de passer
d'une *aula* dans l'autre et de ressortir sans guide. Le
plus curieux, c'est qu'à l'imitation des chambres, [des
aulæ,] dont chacune a pour plafond un monolithe, les
cryptes sont recouvertes, mais dans le sens de leur largeur, de dalles ou de pierres d'un seul morceau de dimensions extraordinaires, sans mélange de poutres ni
d'autres matériaux d'aucune sorte, si bien qu'en montant sur le toit (lequel n'est pas très élevé [1], vu que l'édi-

---

1. « Kramerus ἐν ante οὐ desiderat : scribendum potius videtur οὐ μέγα τῷ ὕψει. »
(Meineke.)

fice n'a qu'un étage) on découvre une véritable plaine
pavée, et pavée de ces énormes pierres. Et maintenant, que
l'on se retourne[1] pour reporter sa vue sur les *aulæ*, on
voit se dérouler devant soi toute une enfilade de palais
flanqués chacun de vingt-sept colonnes monolithes, bien
que les pierres employées dans l'assemblage des murs
soient déjà de dimensions énormes. A l'extrémité enfin
de cet édifice, qui couvre plus d'un stade de terrain, est
le tombeau en question : il a la forme d'une pyramide
quadrangulaire pouvant avoir 4 plèthres de côté et autant de hauteur. Imandès[2] est le nom du roi qui y est
enseveli. On explique le nombre des *aulæ* du labyrinthe,
en disant qu'il était d'usage anciennement que des dépu-
tations de chaque nome, précédées de leurs prêtres et
prêtresses, se rassemblassent en ce lieu pour y sacrifier en
commun et pour y juger solennellement les causes les
plus importantes. Or chaque députation était conduite
à l'*aula* qui avait été spécialement affectée au nome
qu'elle représentait.

38. Après avoir rangé et dépassé ces monuments, on
atteint, 100 stades plus loin, la ville d'Arsinoé. Cette
ville portait anciennement le nom de *Crocodilopolis*, et
en effet le crocodile est dans tout le nome l'objet d'un
culte particulier. Le crocodile sacré est nourri dans un
lac à part, les prêtres savent l'apprivoiser et l'appellent
Such. Sa nourriture consiste en pain, en viandes, en
vin, que lui apporte chacun des visiteurs étrangers qui se
succèdent. C'est ainsi que notre hôte, personnage considérable dans le pays, qui s'était offert à nous servir de
guide ou de *cicerone*, eut la précaution, avant de partir
pour le lac, de prendre sur sa table un gâteau, un morceau de viande cuite, ainsi qu'un flacon d'hydromel ;

1. Müller propose de lire ἱκκύπτοντα au lieu de ἱκπίπτοντα. Kramer inclinait
à lire εἰσβλέποντα. Meineke défend en ces termes la leçon des manuscrits : « ut
ἱκπίπτειν τοῖς ὀφθαλμοῖς ἄλλοσι recte dici potest is qui aliorsum oculos vertit, ita
etiam simplex ἱκπίπτειν, quando de contemplantibus sermo est, recte dici posse
crediderim. » (*Vind. Strabon.*, p. 236.) — 2. « Μαίνδης Epit.; Ἰσμάνδης codd. plu-
rimi habent, p. 690, 52. Quidnam Strabo scripserit, incertum. Epitomes scripturam utroque loco reponi vult Bunsen, t. III, p. 83. » (Müller.)

nous trouvâmes le monstre étendu sur la rive, les prêtres s'approchèrent, et, tandis que les uns lui écartaient les mâchoires, un autre lui introduisit dans la gueule le gâteau, puis la viande, et réussit même à lui ingurgiter l'hydromel. Après quoi le crocodile s'élança dans le lac et nagea vers la rive opposée; mais un autre étranger survint muni lui aussi de son offrande, les prêtres la lui prirent des mains, firent le tour du lac en courant, et, ayant rattrapé le crocodile, lui firent avaler de même les friandises qui lui étaient destinées.

39. Passé le nome Arsinoïte, on entre dans le nome[1] Héracléotique et l'on atteint Héracléopolis, ville dont les habitants rendent les honneurs divins à l'ichneumon, prenant en cela le contre-pied des croyances des Arsinoïtes. On a vu quelle adoration les Arsinoïtes ont pour le crocodile, adoration qui va jusqu'à ne pas oser porter la main sur un seul de ces animaux et jusqu'à laisser infestés de crocodiles le lit du canal et les eaux du lac Mœris. Or, en adorant comme ils font l'ichneumon, les Héracléopolites rendent hommage par le fait à l'ennemi mortel du crocodile, voire à celui de l'aspic. L'ichneumon, en effet, détruit les œufs de ces animaux et parfois ces animaux eux-mêmes contre lesquels il se façonne avec de la boue une espèce de cuirasse. Après s'être bien roulé dans la vase, et bien séché ensuite au soleil, il saisit brusquement l'aspic, soit par la tête, soit par la queue, l'entraîne dans le fleuve et l'y noie. Avec le crocodile il procède autrement : il épie le moment où celui-ci se chauffe au soleil, la gueule toute grande ouverte, et, se glissant dans ce gouffre béant pour ronger l'intestin et l'estomac de son ennemi, il n'en ressort qu'après que le corps du crocodile n'est déjà plus qu'un cadavre.

40. Vient ensuite le nome Cynopolite avec la ville de Cynopolis. Les habitants de cette ville adorent Anubis, et attribuent aux chiens certains privilèges, notamment celui

---

1. κατὰ τον 'H. ν. au lieu de καὶ τ. 'H. ν., correction de Letronne.

de recevoir la nourriture spéciale réservée aux *animaux sacrés*. De l'autre côté du Nil est la ville d'Oxyrynchus ainsi que le nome du même nom. L'animal appelé *oxyrrhynque* est ici particulièrement honoré, on lui a même élevé un temple; toutefois on peut dire que son culte est commun à toute la nation égyptienne. Il y a en effet un certain nombre d'animaux que tous les Égyptiens sans distinction respectent et honorent : on en compte trois parmi les quadrupèdes, le bœuf, le chien et le chat; deux parmi les oiseaux, l'épervier et l'ibis; deux également parmi les poissons, le lépidote et l'oxyrrhynque. A côté de ceux-là, il en est d'autres dont le culte est essentiellement local : le culte de la brebis, par exemple, est particulier aux Saïtes et aux Thébaïtes, celui du *latos* (l'un des principaux poissons du Nil) est particulier aux Latopolites; celui du loup est spécial aux Lycopolites ; celui du cynocéphale spécial aux Hermopolites. Les Babyloniens (j'entends ceux d'auprès de Memphis) sont seuls à adorer le *cébus*, animal [étrange] à figure de satyre, tenant le milieu d'ailleurs entre le chien et l'ours et originaire d'Éthiopie ; les Thébains sont seuls à adorer l'aigle; les Léontopolites seuls à adorer le lion. La chèvre et le bouc ne sont honorés qu'à Mendès; la musaraigne ne l'est qu'à Athribis, et il en est de même pour beaucoup d'autres. Quant aux causes qui ont pu donner naissance à ces différents cultes, elles sont très-diversement rapportées par les Égyptiens.

41. A Cynopolis succède *Hermopoliticophylacé*, bureau de péage pour les marchandises qui descendent le fleuve venant de la Thébaïde. On commence là à faire usage des schœnes de 60 stades et jusqu'à Syène et Éléphantine on n'en connaît point d'autres. Les points qu'on relève ensuite sont : 1° *Thébaïcophylacé;* 2° l'entrée du canal qui mène à Tanis; 3° Lycopolis ; 4° Aphroditopolis ; puis vient Panopolis, dont la population anciennement était toute composée de tisserands et de tailleurs de pierre.

42. Ptolémaïs, qui suit, est la plus grande ville de la Thébaïde, elle ne le cède même pas en étendue à Memphis et possède une administration ou municipalité calquée toute sur le modèle grec. Au-dessus d'elle est Abydos avec le *Memnonium*, palais d'une magnifique ordonnance, construit tout en pierres de taille sur un plan à peu près semblable à celui que nous avons décrit en parlant du labyrinthe, mais un peu moins compliqué. Ajoutons qu'il s'y trouve une source à une grande profondeur, et que, pour descendre à cette source, on a construit des galeries basses avec voûtes creusées dans des blocs monolithes [1] dont les dimensions et la structure sont également extraordinaires. Un canal dérivé de la *Grande Eau* aboutit à Abydos en longeant un bois d'acanthes ou d'acacias d'Égypte consacré à Apollon. Abydos paraît avoir été jadis une très-grande ville, puisqu'elle venait tout de suite après Thèbes, ce n'est plus aujourd'hui qu'une localité de très-mince importance. Peut-être faut-il voir dans Memnon, comme quelques-uns l'affirment, le même prince que les Égyptiens appellent Ismandès dans leur langue, seulement, à ce compte, le labyrinthe ne serait lui aussi qu'un memnonium, œuvre de la même main qui a élevé les monuments d'Abydos et de Thèbes (on sait que Thèbes a son memnonium ainsi qu'Abydos).

Juste à la hauteur d'Abydos, mais à une distance de sept journées de marche dans le désert, se trouve la première des trois *auasis* que possède la Libye. Cette *auasis* est aujourd'hui un centre de population important, ce qui s'explique par l'abondance de ses **eaux** et par la fertilité de son sol, qui, plus particulièrement favorable à la vigne, se prête aussi aux autres genres de culture. La seconde *auasis* située en face du lac Mœris et la troisième qui avoisine le *mantéum* ou oracle d'Ammon sont également de grands centres de population.

43. Nous avons déjà eu occasion de parler d'Ammon

1. Voy., sur ce passage difficile, la note de Müller, *Index var. lect.*, p. 1041, au bas de la col. 1.

et d'en parler longuement, si nous y revenons [1] encore,
c'est uniquement pour faire remarquer que l'art de la divination en général et les oracles en particulier étaient
plus en honneur anciennement qu'ils ne le sont aujour-
d'hui, qu'il règne actuellement à leur égard une grande
indifférence, les Romains se bornant aux oracles sibyl-
lins et à la science augurale tyrrhénienne, laquelle en-
seigne à tirer des présages des entrailles des victimes, du
vol ou du chant des oiseaux, et des signes ou apparences
célestes. De là cet abandon presque complet dans lequel
on laisse l'oracle d'Ammon lui-même, si vénéré pourtant
autrefois, à en juger surtout par le témoignage des historiens d'Alexandre. Car parmi toutes les exagérations que
leur inspire leur esprit de flatterie, ces historiens ne laissent pas de nous donner quelques renseignements dignes
de foi. Tel est le cas, par exemple, de Callisthène, quand
il nous dit que ce fut principalement par un sentiment d'ambitieuse émulation, et parce qu'il avait appris que Persée
et Hercule y étaient montés avant lui, qu'Alexandre voulut pénétrer jusqu'à l'oracle d'Ammon, qu'il partit à cet
effet de Parætonium et s'opiniâtra en dépit des vents du
sud qui l'avaient assailli; que, s'étant égaré, il faillit être
englouti sous des tourbillons de poussière, et qu'il ne
dut son salut qu'à des pluies bienfaisantes et à la rencontre de deux corbeaux qui lui servirent de guide.
Ici pourtant la flatterie perce déjà pour ne plus se dé-
mentir dans toute la suite du récit. Qu'ajoute en effet
Callisthène? Que le prêtre ne permit qu'au roi tout seul
de franchir le seuil du temple dans son costume ordinaire, mais que toute sa suite dut changer d'habit au
préalable, qu'elle dut également demeurer en dehors
du sanctuaire pour entendre la réponse de l'oracle,
Alexandre seul ayant été admis à l'entendre du dedans:
que l'oracle d'Ammon, différent en cela de l'oracle de
Delphes et de celui des Branchides [2], ne s'exprimait pas

1. « Sententia postulat ut ἐπανέλθ (pro εἶπεῖν) corrigatur, addere dicris. »
(Cobet, Miscell. crit., p. 203.) — 2. Meineke a rétabli très ingénieusement la

au moyen de sons articulés, mais généralement au moyen
de gestes et de signes analogues à ceux qu'Homère attribue à Jupiter [1] :

« Il dit, et de ses noirs sourcils le souverain des dieux fait
« un signe, »

le *prophète*, bien entendu, se substituant à Jupiter et
jouant pour ainsi dire son rôle, que cette fois-ci pourtant
le prophète répondit au roi de vive voix et très distinctement qu'il était fils de Jupiter. Et Callisthène ne s'en
tient pas là : pour dramatiser encore plus les choses, il
nous montre, tant d'années après qu'Apollon avait abandonné l'oracle des Branchides en haine du sacrilège de
ces amis de la Perse, de ces partisans de Xerxès devenus
les spoliateurs du temple dont ils étaient les gardiens,
tant d'années après que la fontaine fatidique avait cessé
de couler, il nous montre cette fontaine jaillissant de
nouveau et des députés milésiens apportant à Memphis
force oracles qui non seulement proclamaient la naissance
divine d'Alexandre, mais qui prédisaient la victoire d'Arbèles, la mort prochaine de Darius et jusqu'aux révolutions de Lacédémone. Il nous montre même Athénaïs
d'Érythrée, soi-disant héritière de l'inspiration de l'antique sibylle érythréenne, se prononçant hautement sur
l'illustre origine [2] du héros macédonien. Et les autres historiens confirment ce que dit là Callisthène.

44. Les habitants d'Abydos adorent Osiris, mais, contrairement à ce qui se pratique pour les autres dieux, il
est expressément défendu dans le temple d'Osiris de faire
entendre, soit un morceau de chant, soit un prélude
d'instrument (flûte ou cithare), avant de procéder au sacrifice. Diospolis, dite *Diospolis parva*, qui fait suite à
Abydos, précède elle-même Tentyra. Les Tentyrites se

---

ponctuation de ce passage en lisant : τοῦτον δ'ἔνδοθεν εἶναι· οὐχ ὥσπερ ἐν Δελφοῖς καὶ
Βραγχίδαις, etc. (*Vindic. Strabon.*, p. 236-237.) Cf. Cobet, *Miscell. crit.*, p. 203.
—1. *Iliade*, I, 528. « Homericum exemplum parum opportune allatum vide ne
interpolatori debeatur. » (Meineke, *Vind. Strabon.*, p. 237.)—2. « Agitur de diali
Alexandri origine quæ cum minus apte εὐγενεία; nomine indicari videatur, nescio
an διογενείας vel θεογενείας scribendum sit. » (Meineke, *ibid.*)

distinguent entre tous les Égyptiens par le mépris et le
dégoût qu'ils professent pour le crocodile, le regardant
comme la bête la plus malfaisante qu'il y ait au monde.
Partout ailleurs en Égypte, bien qu'on sache à quoi s'en
tenir sur la férocité du crocodile et sur les dangers dont
il menace l'homme, on le respecte et on s'abstient de
lui faire aucun mal, les Tentyrites, au contraire, le harcè-
lent et le détruisent par tous les moyens. Quelques auteurs prétendent que les Tentyrites bénéficient à l'égard
du crocodile de la même antipathie naturelle qui pré-
serve les Psylles de la Cyrénaïque de la morsure des serpents, et que c'est parce qu'ils savent n'en avoir rien à
craindre qu'ils plongent dans le Nil et le traversent à la
nage tranquillement, tandis qu'aucun autre Égyptien
n'oserait le faire. Les premiers crocodiles qui furent ap-
portés à Rome pour y être montrés étaient accompagnés
par des Tentyrites. Le bassin où on les avait mis avait un
de ses côtés surmonté d'un plat-bord, sorte de chauffoir
en plein soleil destiné à recevoir ces animaux à leur sortie de l'eau : or il fallait que les Tentyrites se missent à
l'eau soit pour les tirer avec un filet jusqu'à cette plate-
forme et les y exhiber aux yeux du public, soit pour les
en arracher et les faire se replonger dans le bassin.
C'est Aphrodite que l'on adore à Tentyra. Il y a de plus
derrière le sanctuaire de cette déesse un temple consacré à Isis, et à la suite de ce temple certains édifices
appelés *Typhonia*, lesquels précèdent eux-mêmes l'entrée du canal qui mène à Coptos. On sait que les Égyptiens et les Arabes se partagent la ville de Coptos.

45. De Coptos part une espèce d'isthme qui aboutit à
la mer Rouge près de Bérénice. Cette ville de Bérénice
n'a pas de port, mais les ressources qu'elle tire de l'isthme
lui permettent d'avoir toujours ses hôtelleries largement
approvisionnées. C'est Philadelphe qui entreprit, dit-on,
de faire ouvrir par ses troupes une route à travers cet
isthme, et qui, pour parer au manque d'eau, y disposa
de distance en distance des stations pourvues [d'aiguades

pour les voyageurs et d'écuries pour les chameaux][1] ; et ce qui paraît lui avoir suggéré l'idée d'un semblable travail, c'est l'extrême difficulté de la navigation de la mer Rouge pour les bâtiments surtout qui viennent du fond du golfe. Or l'expérience a vérifié à quel point l'idée était utile et pratique, et aujourd'hui toutes les marchandises de l'Inde et de l'Arabie, et, parmi les marchandises de l'Éthiopie, toutes celles qu'on expédie par le golfe Arabique sont amenées à Coptos qui en est devenu, pour ainsi dire, l'entrepôt général. Non loin de Bérénice, maintenant, est la ville de Myoshormos, qui peut offrir, elle, un abri sûr aux bâtiments naviguant dans ces parages. Apollonopolis non plus n'est guère éloignée de Coptos : on voit donc que l'isthme se trouve compris entre quatre villes se correspondant deux à deux; néanmoins Coptos et Myoshormos ont la vogue, et le commerce passe tout entier par elles deux. Autrefois les marchands montés sur leurs chameaux voyageaient de nuit, se guidant, comme font les marins, d'après les astres, et portant avec eux leur eau; mais aujourd'hui on a disposé sur la route un certain nombre d'aiguades, soit sous forme de puits creusés à une très-grande profondeur, soit sous forme de citernes destinées à recevoir les eaux du ciel, bien que les pluies soient rares dans le pays. La route en question est de six à sept journées. C'est dans l'isthme également que se trouvent les fameuses mines d'émeraudes et autres pierres précieuses : pour exploiter ces mines, les Arabes ont creusé des galeries à de grandes profondeurs.

46. La ville qui fait suite à Apollonopolis est Thèbes, ou, comme on l'appelle aujourd'hui, Diospolis. On connaît les vers d'Homère [2] :

« Thèbes a cent portes, et chacune de ses cent portes peut

---

1. « Pro ὥσπερ τοῖς ἰμπορίοις ὀδεύμασι καὶ διὰ τῶν καμήλων, legendum est [ἐν] οἷσπερ (vel οὖσπερ) τοῖς ἰμπόροις ὑδρεύματα καὶ [αὔ]λια τῶν καμήλων. Cf. Plin., 6, 26, 102 : A Copto camelis iter aquationum ratione mansionibus dispositis, etc. » (Müller. — 2. *Iliade*, IX, 383.

« donner passage à deux cents guerriers avec leurs chevaux
« et leurs chars. »

Ailleurs encore[1], pour donner une idée de la richesse
de cette ville, Homère s'exprime ainsi :

« Me donnât-il tout ce que possède Thèbes, la Thèbes
« d'Égypte, où les maisons recèlent tant de trésors ! »

Et ce que dit là le Poète maint auteur le confirme, s'au-
torisant même de cette richesse pour décerner à Thèbes
le titre de métropole de l'Égypte. On peut, du reste, se
figurer aujourd'hui encore quelle était anciennement
l'étendue de cette cité, car une partie de ses monuments
subsiste et couvre une étendue de terrain qui ne mesure
pas moins de 80 stades en longueur. En général, ces
monuments sont des édifices sacrés, mais presque tous
ont été mutilés par Cambyse. Quant à la ville actuelle,
elle se compose de bourgades éparses, bâties les unes
sur la rive Arabique du Nil du même côté où était l'ancienne ville, les autres sur la rive opposée aux environs du Memnonium. Sur cette même rive se dressaient
naguère presque côte à côte deux colosses monolithes :
de ces colosses, l'un s'est conservé intact, mais toute la
portion supérieure de l'autre à partir du siège a été renversée, à la suite, paraît-il, d'un violent tremblement de
terre. On croit généralement dans le pays qu'une fois par
jour la partie du second colosse qui demeure encore
assise sur son trône et d'aplomb sur sa base fait entendre
un bruit analogue à celui que produirait un petit coup
sec. Effectivement, lors de la visite que je fis à ce monument en compagnie d'Ælius Gallus et de sa nombreuse
cohorte d'amis et de soldats (c'était vers la première heure
du jour), j'entendis le bruit en question, mais d'où ve-
nait-il ? De la base de la statue ou de la statue elle-même ?
Je n'ose rien affirmer à cet égard. Il se pourrait même qu'il

1. *Iliade*, IX, 381.

eût été produit exprès par une des personnes alors rangées autour du piédestal, car dans une question aussi
mystérieuse on peut admettre toutes les explications ima-
ginables, avant de croire qu'une masse de pierre ainsi
disposée soit capable d'émettre un son. Il y a, maintenant,
au-dessus du Memnonium, des sépultures royales taillées
en plein roc dans des cavernes, elles sont au nombre de
quarante, le travail en est admirable et mérite d'être vu.
Je signalerai enfin dans Thèbes [1] même un certain nombre
d'obélisques avec inscriptions attestant la richesse de ces
anciens rois et l'étendue de leur domination (laquelle
comprenait la Scythie, la Bactriane, l'Inde et jusqu'à
l'Ionie actuelle), et indiquant en outre le montant de
leurs revenus et le nombre de leurs soldats, nombre égal
ou peu s'en faut à un million d'hommes. Les prêtres de
Thèbes passent pour s'occuper surtout d'astronomie et de
philosophie. C'est d'eux que vient l'usage de rapporter le
cours du temps non plus à la lune, mais au soleil : aux
douze mois de trente jours ainsi formés ils ajoutent
chaque année cinq jours complémentaires, et, comme il
reste encore pour parfaire l'année entière une certaine
fraction de jour, tenant compte de cet excédant, ils forment une période composée d'autant d'années de 365
jours en nombre rond qu'il faut additionner ensemble
de ces fractions excédantes de jour pour obtenir un jour
entier. Du reste, les prêtres de Thèbes font remonter à
Hermès toute leur science en pareille matière. Quant à
Zeus, leur divinité principale, ils l'honorent en lui con-
sacrant une de ces jeunes vierges que les Grecs appellent
Pallades[2], vierges chez qui la plus exquise beauté s'al-
lie à la naissance la plus illustre. [Une fois au service du
dieu,] cette jeune fille est libre de prostituer sa beauté
et de s'abandonner à qui elle veut, jusqu'à sa première
purgation menstruelle ; passé cette époque, on la marie,

---

1. « Pro θήκαις, Θήβαις versione expressit Guarinus ; idem conj. Zoega (*De usu obelisc.* p. 169), recte procul dubio. » (Müller.) — 2. « καλλακίδας [pro καλλάδα;] conj. Xyl. et Dindorf. in *Thesauro*, s. v. κάλλαξ, perperam. » (Müller.)

non sans avoir, au préalable, pris le deuil en son honneur, à l'expiration de son temps de prostitution.

47. La ville d'Hermonthis, qui succède à Thèbes, partage ses respects entre Apollon et Zeus et entretient en
outre un bœuf sacré. Crocodilopolis, qui est la ville
qui vient ensuite, a naturellement le crocodile pour animal sacré ; puis on arrive à Aphroditèpolis et tout de
suite après à Latopolis, dont les habitants adorent à la
fois Athéné et le Latos. A Latopolis succèdent la ville et
le temple d'Ilithye, et, sur la rive opposée, Hiéracônpolis,
ainsi nommée du culte que l'on y rend à l'épervier (ίέραξ) ;
enfin l'on atteint Apollonopolis, qui, [ainsi que Tentyra,]
fait une guerre d'extermination aux crocodiles.

48. Les noms de Syène et d'Éléphantine désignent, le
premier une ville située sur la frontière même de l'Éthiopie
et de l'Égypte, le second à la fois une île et une ville :
l'île est située dans le Nil à un demi-stade en avant de
Syène, et la ville, contenue dans l'île même, possède
un temple de Cnuphis et un nilomètre comme Memphis.
Le nilomètre est un puits, bâti en pierres de taille tout
au bord du Nil, dans lequel l'eau monte et s'abaisse
comme dans le fleuve lui-même, ce qui permet d'annoncer sûrement si la prochaine inondation atteindra le maximum, le minimum ou le niveau moyen des crues. A cet
effet, on a gravé sur les parois du puits des raies correspondant aux crues normales et aux autres hauteurs
auxquelles le fleuve a pu atteindre, et des inspecteurs
spéciaux communiquent leurs observations à qui veut en
prendre connaissance, car ils savent longtemps à l'avance
sur des indices certains la date précise [et l'importance]
de la future inondation [1], et ils n'en font pas mystère.
Bien de plus utile qu'un semblable renseignement tant
pour les cultivateurs qu'il fixe sur la quantité d'eau
qu'ils auront à mettre en réserve, sur les travaux qu'ils
auront à exécuter en fait de digues et de canaux et sur

---

1. « An fuit καὶ τὴν ἡμέραν τῶν ἰσομένων ἀναβάσεων ? » (Müller.)

les autres précautions à prendre, que pour les gouverneurs qui règlent les taxes en conséquence, toute augmentation dans la crue du fleuve impliquant naturellement une surélévation de l'impôt. Signalons aussi le fameux puits de Syène, qui, par suite de la position de Syène juste sous le tropique, permet de reconnaître le moment précis du solstice d'été[1]. C'est ici en effet pour la première fois depuis notre départ de nos pays (j'entends de notre Grèce d'Asie), que, dans notre marche au midi, nous nous trouvons avoir le soleil juste au-dessus de notre tête et que nous observons que le gnomon ne projette point d'ombre à midi. Or, de ce que le soleil donne d'aplomb sur notre tête, il résulte forcément que ses rayons doivent atteindre à n'importe quelle profondeur la surface de l'eau dans les puits, les parois des puits ayant la même direction que le corps de l'observateur quand il est debout, c'est-à-dire la direction verticale.

Il y a à Syène en permanence trois cohortes romaines qui sont préposées à la garde de la frontière.

49. Un peu au-dessus d'Éléphantine est la petite cataracte, où les bateliers du pays donnent parfois aux gouverneurs un curieux spectacle. La cataracte se trouve juste au milieu du fleuve et consiste en une chaîne de rochers, dont la partie supérieure, plate et unie, laisse couler l'eau avec une extrême rapidité jusqu'à un escarpement qui l'interrompt brusquement et du haut duquel l'eau tombe avec fracas, non sans laisser subsister des deux côtés près de la rive un chenal praticable et qu'il est même assez facile en somme de remonter. Les bateliers remontent par là au-dessus de la cataracte, puis s'abandonnant au courant, eux et leur barque, ils sont emportés jusqu'au bord de l'escarpement et le franchissent sans qu'il leur arrive jamais d'accident, à eux non plus qu'à leur embarcation. Un peu en amont de la petite cataracte se trouve [l'île de] Philæ, dont la popu-

---

1. « καὶ ποιοῦσιν ἀσκίους τοὺς γνώμονας κατὰ μεσημβρίαν, ejici jussit. Kr., ejecit Meineke. » (Muller.)

lation est mi-partie éthiopienne, mi-partie égyptienne,
et qui, déjà semblable à Éléphantine par l'étendue, lui
ressemble encore par l'aspect de ses monuments, de ses
temples notamment, tous bâtis dans le style égyptien.
Ajoutons que la divinité adorée dans ces temples est un
oiseau, auquel on donne le nom d'*épervier*, sans qu'il
m'ait paru avoir aucune ressemblance ni avec les éperviers de nos pays ni même avec ceux de l'Égypte, vu
qu'il est beaucoup plus grand et que son plumage est
bien autrement brillant et varié. On nous assura qu'il
était originaire d'Éthiopie et qu'à la mort de chaque
titulaire, voire dès avant sa mort [1], on fait venir de ce
même pays l'oiseau qui doit lui succéder. L'épervier
que nous vîmes était malade et bien près de sa fin.

50. Depuis Syène jusqu'à la hauteur de Philæ nous
avions fait la route en char, une route de 100 stades
environ [2], à travers une plaine unie comme une table,
mais où nous pûmes voir, tout le long du chemin à
droite et à gauche, se dresser, comme autant d'*Hermées*,
maints rochers ronds de forme presque cylindrique, et si
parfaitement polis à leur surface qu'il serait absolument
impossible d'y monter : chacun de ces rochers, de la même
pierre noire, et dure qui sert à faire les mortiers, était
posé sur un rocher plus grand et supportait à son tour
un bloc plus petit ou bien se présentait tout d'une pièce,
formant une seule masse complètement isolée. Le plus
grand de ces rochers ne mesurait pas moins de 12 pieds
de diamètre, le diamètre de tous les autres sans exception dépassait 6 pieds. Pour passer dans l'île, nous
nous servîmes d'un *pactôn* : on donne ce nom à une petite embarcation formée de simples lattes ou layettes, ce
qui la fait ressembler à une natte flottante. En nous
tenant tantôt debout les pieds dans l'eau, tantôt assis
sur des espèces de banquettes, nous fîmes la traversée

---

1. [ἢ] καὶ πρότερόν, conjecture de Meineke, voy. *Vind. Strabon.*, p. 237. — 2.
« Pro ἱκανὸν, πεντήκοντα, conj. Parthey, *De Philis ins.*, p. 81. Cum Strabone facit
Heliodor. *Æthiop.*, 8, 1. » (Müller.)

aisément [un peu confus seulement] d'avoir eu peur pour
rien, car il n'y a vraiment pas de danger pourvu que le
radeau ne soit pas trop chargé.

51. Partout en Égypte les palmiers qu'on rencontre
sont de l'espèce la plus commune, souvent même le fruit
en est immangeable, tel est le cas en particulier pour le
Delta et pour les environs d'Alexandrie. En revanche on
peut dire que le palmier de la Thébaïde[1] l'emporte sur
les palmiers de tous les autres pays. Mais, cela étant,
il y a lieu de s'étonner que le Delta et le canton d'A-
lexandrie, placés comme ils sont sous le même *climat*
que la Judée, et limitrophes d'un pays qui produit, outre le palmier ordinaire, un palmier *caryote* généralement supérieur à celui de la Babylonie[2], offrent à cet
égard une telle différence. La Thébaïde a aussi, comme
la Judée, les deux espèces, le palmier ordinaire et le
caryote; le caryote y donne un fruit plus dur peut-être,
mais plus agréable au goût, plus sucré. Les plus beaux
fruits viennent d'une île qui est même à cause de cela
une source de très gros revenus pour les gouverneurs.
Dépendante autrefois du domaine royal, cette île a passé
directement aux mains des gouverneurs romains, sans
avoir jamais été la propriété d'un particulier.

52. Parmi les nombreuses sornettes que débitent Hérodote et tant d'autres historiens, qui, comme lui,
mêlent le merveilleux à leurs récits pour leur donner
quelque chose de plus poétique, de plus artistique, et
pour en relever le goût si l'on peut dire, figure l'assertion suivante, que « le Nil a ses sources dans le voisi-
« nage des îles qui se pressent aux abords de Syène et
« d'Éléphantine et que le canal à traverser pour s'y
« rendre est proprement un abîme, une mer sans fond. »
[Or la vérité est que] le prétendu abîme est encombré
d'îles, dont les unes sont couvertes tout entières lors des
débordements du fleuve, tandis que les autres ne le sont

---

1. Voy. Meyer, *Botan. Erläuter. zu Strabons Geogr.*, p. 156-158. — 2. « Nescio an fuerit : ὡς τὸ πολὺ, κρείττονα. » (Müller.)

qu'en partie, ce qui force même à avoir recours à des limaces pour y arroser les endroits trop élevés.

53. Si l'Égypte dès l'origine a joui d'une paix inin-
terrompue, elle le doit à une double circonstance, à ce
que les ressources qu'elle tire d'elle-même lui ont toujours suffi et à ce que ses abords sont très difficiles pour
une armée venant du dehors : déjà protégée du côté du
nord par la mer d'Égypte et par l'absence de ports et
autres abris sur tout le littoral de cette mer, elle l'est
encore à l'orient et au couchant par les solitudes de la
double chaîne libyque et arabique, dont nous avons
parlé plus haut. Enfin du côté du midi, au-dessus de
Syène, elle se trouve avoir pour voisins les Troglodytes,
les Blemmyes, les Nubæ et les Mégabares, tous peuples
éthiopiens qui mènent la vie nomade et ne sont en somme
ni bien nombreux ni bien belliqueux, quoique les Anciens
les aient jugés tels pour quelques actes de brigandage
commis à l'égard de voyageurs sans défiance. Ajoutons
que les Éthiopiens plus méridionaux, dont les possessions
s'étendent dans la direction de Méroé, ne sont pas plus
nombreux, qu'habitant cette longue, étroite et sinueuse
vallée du Nil que nous avons décrite précédemment, ils
n'ont pas réussi davantage à former un État uni et compacte, et qu'ils se trouvent par le fait aussi mal pourvus
pour la guerre que pour les besoins et nécessités de la
vie commune. Encore actuellement la même tranquillité
règne dans toute l'Égypte, et ce qui le prouve, c'est que
trois cohortes romaines, pas même complètes, suffisent à
garder la frontière[1], et que, toutes les fois que les Éthiopiens ont osé prendre l'offensive, ils ont compromis leurs
propres possessions. Dans le reste du pays non plus on
ne voit pas que les Romains entretiennent de bien grandes forces, les gouverneurs n'ont même jamais eu besoin de concentrer leurs troupes, tant les Égyptiens, en
dépit de leur nombre, tant leurs voisins aussi sont d'hu-

1. « σημεῖον δέ· τρισὶ γάρ (pro γοῦν) σπείραις. Ubicumque praecedit σημεῖον δέ vel
τεκμήριον δέ vel μαρτύριον δέ constanter γάρ sequitur. » (Cobet, Miscell. crit., p. 203.)

meur peu guerrière. Cornélius Gallus, le premier gouverneur établi en Égypte par César [Auguste] n'hésita pas à attaquer avec une poignée d'hommes Héroopolis qui s'était soulevée, et il la prit d'assaut. Il comprima de même en peu de temps une insurrection survenue en Thébaïde à cause des impôts. Plus tard Pétrone tint tête, rien qu'avec sa garde, à l'innombrable populace d'Alexandrie qui l'avait assailli à coups de pierres, il lui tua quelques hommes et dispersa aisément le reste. Enfin nous avons raconté l'expédition d'Ælius Gallus en Arabie à la tête d'une partie de la garnison d'Égypte, et cette expédition démontre en somme le peu de solidité des troupes arabes, car, sans la trahison de Syllæus, Gallus eût infailliblement conquis toute l'Arabie Heureuse.

54. Les Éthiopiens cependant avaient cru pouvoir mépriser la faiblesse des Romains depuis qu'une partie de leurs troupes avait été retirée d'Égypte et avait suivi Gallus dans son expédition contre les Arabes, et ils s'étaient jetés sur la Thébaïde et sur les trois cohortes cantonnées à Syène, ils avaient même réussi par la rapidité de leurs mouvements à s'emparer coup sur coup et de Syène, et d'Éléphantine, et de Philæ, et, non contents d'avoir fait de nombreux prisonniers, ils avaient emporté comme trophées les statues de César. Pétrone accourut, et, avec moins de dix mille hommes d'infanterie que soutenaient huit cents cavaliers, il ne craignit pas d'attaquer une armée de trente mille Éthiopiens, les rejeta d'abord en désordre sur Pselchis de l'autre côté de leur frontière, puis leur envoya des députés chargés de réclamer d'eux tout le butin qu'ils avaient pris et de leur demander des explications sur les motifs de leur agression. Leur réponse fut qu'ils avaient eu à se plaindre des nomarques, à quoi Pétrone objecta que les nomarques n'étaient point les maîtres de l'Égypte et que le seul souverain du pays était César. Ils demandèrent alors trois jours pour délibérer, mais ils s'en tinrent là, et, comme ils ne faisaient rien de ce que Pétrone était en droit d'attendre, celui-ci

marcha à eux et les força de se battre. Il eut bientôt fait
de mettre en pleine déroute une multitude aussi mal
commandée qu'elle était mal armée (on sait qu'avec leurs
boucliers longs faits de cuir de bœuf même pas apprêté,
les Éthiopiens ont pour toutes armes offensives des haches
ou des épieux, auxquels un petit nombre seulement
ajoutent des sabres). Une partie des vaincus fut refoulée
dans la ville, une autre s'enfuit dans le désert, d'autres
enfin trouvèrent un refuge non loin du champ de bataille
dans une île du fleuve où ils avaient pu passer à la
nage, la force du courant en cet endroit écartant les crocodiles. Parmi les fuyards se trouvaient les généraux de
la reine Candace, cette femme à l'âme virile à qui [une
blessure reçue en combattant] avait fait perdre un œil, et
qui de nos jours exerçait le pouvoir suprême en Éthiopie.
Mais Pétrone, à son tour, fait traverser le fleuve à ses
gens sur des radeaux et dans des barques et prend
comme avec un filet tous les fuyards que l'île avait recueillis ; il les dirige aussitôt vers Alexandrie, et, marchant de sa personne sur Pselchis, il lui donne l'assaut
et s'en empare. Pour peu qu'on ajoute aux prisonniers
faits dans l'île le nombre de ceux qui avaient péri dans
le combat, on trouve qu'en réalité très peu d'ennemis
échappèrent. De Pselchis, Pétrone se transporta devant
Premnis, autre place très forte, et il dut franchir pour
s'y rendre les mêmes dunes, sous lesquelles l'armée de
Cambyse, surprise par un tourbillon de vent, était de-
meurée naguère engloutie. Attaquée résolument, Premnis tomba en son pouvoir ; puis ce fut le tour de Napata, propre capitale de la reine Candace. Le prince
royal s'y était enfermé ; quant à elle, retranchée dans une
forteresse voisine, elle essaya d'arrêter le vainqueur au
moyen d'une ambassade chargée de solliciter son amitié
et de lui offrir de lui rendre les prisonniers faits dans
Syène ainsi que les statues de César. Mais Pétrone passant outre attaqua Napata d'où le fils de Candace s'était
sauvé à temps, et, une fois maître de la ville, il la fit

raser de fond en comble et réduisit tous les habitants
en esclavage. Cela fait, il rebroussa chemin avec tout son
butin, ayant jugé que plus loin le pays devait être impraticable à une armée. Il avait eu soin seulement, avant
de s'éloigner, de rendre Premnis plus forte qu'elle n'é-
tait auparavant, et y avait mis à cet effet une garnison de
quatre cents hommes avec des vivres pour deux ans. C'est
alors qu'il se mit en route pour regagner Alexandrie. Il
avait, au préalable, disposé de ses prisonniers, en avait
vendu une partie à l'encan et, prélevant sur le reste un
millier, il l'avait envoyé à César, comme celui-ci justement revenait de son expédition contre les Cantabres.
Quant aux autres, ils périrent tous de maladie. Cependant Candace avait repris l'offensive et mis sur pied des
forces encore plus considérables, avec lesquelles elle
menaçait la garnison de Premnis. Heureusement Pétrone
eut le temps d'arriver à son secours, il pénétra dans la
place et pourvut à sa sûreté mieux encore qu'auparavant.
Candace ayant essayé alors de parlementer, Pétrone invita ses émissaires à se rendre plutôt en ambassade auprès de César; et, comme ceux-ci prétendaient ne pas
savoir qui était César et par quels chemins ils pourraient
arriver jusqu'à lui, Pétrone leur fournit une escorte.
Ils parvinrent ainsi à Samos où se trouvait César prêt
à passer en Syrie et ayant déjà dépêché Tibère en Arménie, ils le virent et obtinrent de lui tout ce qu'ils de-
mandaient, jusqu'à la remise du tribut que lui-même
leur avait imposé.

CHAPITRE II.

Nous avons déjà beaucoup parlé de l'Éthiopie dans les
pages qui précèdent, et l'on pourrait à la rigueur considérer ce que nous en avons dit en parcourant l'Égypte

comme une description complète et méthodique du
pays. [Ajoutons cependant encore quelques traits généraux.] On sait que toute contrée reléguée aux extrémités
de la terre habitée, par cela seul qu'elle touche à cette
zone inclémente que l'excès de la chaleur ou du froid
rend inhabitable, se trouve vis-à-vis de la zone tempérée dans un état de désavantage et d'infériorité marquée. Or cette infériorité ressort avec la dernière évidence des conditions d'existence de la nation éthiopienne
et du dénuement dans lequel elle est pour toutes les
choses nécessaires à la vie de l'homme. La plupart des
Éthiopiens, en effet, mènent une vie misérable; ils vont
nus et en sont réduits à errer de place en place à la suite
de leurs troupeaux. Le bétail qui compose ces troupeaux
est lui-même de très petite taille, et cela est vrai des
bœufs aussi bien que des brebis et des chèvres. Les
chiens aussi sont très petits, mais rachètent ce défaut par
leur vitesse[1] et leur ardeur belliqueuse. A la rigueur on
pourrait croire que c'est ce rapetissement, propre aux
races de l'Éthiopie, qui a donné l'idée de la fable des
Pygmées, car il est notoire qu'aucun voyageur digne de
foi n'a parlé de ce peuple comme l'ayant vu.

2. Le mil et l'orge[2] qui forment le fond de la nourriture des Éthiopiens leur fournissent en outre leur boisson
habituelle. Ils n'ont point d'huile et se servent de beurre
et de graisse à la place[3]. Leurs seuls arbres fruitiers
sont quelques palmiers qui ornent les jardins de leurs
rois. Pour une partie de la population le fond de la
nourriture consiste en herbes, en jeunes pousses d'arbres, en lotus[4] ou en racines de calamus, mais comporte
aussi l'usage de la viande, du sang, du lait et du fromage. Tous révèrent à l'égal des dieux la personne de
leurs rois, lesquels vivent enfermés et comme invisibles
au fond de leurs palais. La plus grande des villes ou ré-

---

1. L'*Epitomé* a ταχιῖς au lieu de τραχῖῖς.— 2. Voy. Meyer, *Botan. Erläuter. zu
Strabons Geogr.*, p. 158, 159. — 3. « Verba non mutanda sunt, modo verba
αὐτοῖς ἐστιν ponas post ἔλαιον δί. » (Muller.) — 4. Voy. Meyer, *ibid.*, p. 159.

sidences royales s'appelle Méroé, comme l'île elle-même. L'île a, dit-on, la forme d'un bouclier, mais peut-être exagère-t-on ses dimensions, quand on lui attribue 3000 stades de longueur sur 1000 de largeur. Elle est couverte de montagnes et de grandes forêts et compte pour habitants à la fois des nomades, des chasseurs et des cultivateurs. Elle possède aussi des mines de cuivre, de fer et d'or, ainsi que des gisements importants de diverses pierres précieuses. Bornée du côté de la Libye par de hautes dunes et du côté de l'Arabie par une chaîne d'escarpements, limitée dans sa partie supérieure, c'est-à-dire au midi, par les confluents de l'Astaboras, de l'Astapus et de l'Astasobas, elle a pour limite septentrionale la suite du cours du Nil et les innombrables détours que fait ce fleuve jusqu'à la frontière d'Égypte, détours dont nous avons déjà eu occasion de parler. Les maisons dans les villes sont faites de petites lattes de palmier assemblées en manière de treillis[1] ou bâties en briques. Ici comme en Arabie se trouvent quelques mines de sel gemme. Les arbres ou arbrisseaux qu'on rencontre le ·plus sont le palmier, le persea, l'ébénier et le cératia[2]. On chasse surtout l'éléphant, le lion et le léopard, mais le pays est infesté en outre de serpents assez forts pour s'attaquer à l'éléphant lui-même et de beaucoup d'autres bêtes féroces, qui toutes fuient les régions trop desséchées, trop brûlées par le soleil, pour chercher les terrains humides et marécageux.

3. Au-dessus de Méroé se déploie le grand lac Psébo, dont une île encore assez peuplée occupe le milieu. Le voisinage des Libyens et des Éthiopiens, placés comme ils sont des deux côtés du Nil en regard les uns des autres, fait que la possession des îles et de la vallée du fleuve passe tour à tour aux mains de chacun de ces deux peuples : dès que l'un se sent le plus fort, il chasse l'au-

---

1. « Pro διακλεχόμεναι, διακλεκομένων leg. vid. e conj. Grosk.; dein τοίχων ejiciendum videri censet Kr. » (Muller.) — 2. Voy. Meyer, *Botan. Erläuter. zu Strabons Geogr.*, p. 159-160.

tre et le force à reculer devant lui. Les Éthiopiens se
servent d'arcs hauts de 4 coudées [et d'épieux] en bois
durci au feu [1]. Leurs femmes portent les mêmes armes
et ont presque toutes la lèvre percée pour y passer
un anneau de cuivre. Les Éthiopiens s'habillent de
peaux de bêtes, faute de pouvoir utiliser la laine de
leurs brebis, qui est aussi dure, aussi rude, que du poil
de chèvre. Quelques-uns même vont nus, ou peu s'en
faut, ayant pour unique vêtement une ceinture faite de
peaux étroites ou d'une étoffe de poil artistement tissue.
Indépendamment d'un dieu immortel, cause et principe
de toutes choses, ils reconnaissent un dieu mortel, mais
sans le désigner par un nom particulier et sans définir
nettement sa nature. Généralement aussi, ils rendent les
honneurs divins à la personne de leurs bienfaiteurs et de
leurs rois, attribuant à la protection et à la tutelle des
rois un caractère plus général et à celle des *évergètes*
ou bienfaiteurs un caractère plus particulier, plus domestique. Il y a aussi parmi les Éthiopiens qui touchent
à la zone torride quelques tribus qui passent pour *athées :*
du moins professent-elles pour le Soleil une véritable
haine, maudissant chaque jour, quand il se lève, ses feux
dévorants et malfaisants, et, pour le fuir, allant se cacher tout au fond des marais. A Méroé, c'est Hercule
qu'on adore en compagnie de Pan, d'Isis, et d'une autre
divinité d'importation barbare. Pour ce qui est des morts
[l'usage varie] : ici on les jette dans le Nil, ailleurs on
les garde dans les maisons sous des carreaux de pierre
spéculaire ajustés à leur taille ; ailleurs encore on les
inhume autour des temples après les avoir mis dans des
cercueils de terre cuite. Quand il s'agit de faire jurer
quelqu'un, on l'amène là au-dessus des tombeaux : cette
forme de serment est la plus sacrée aux yeux des Éthiopiens. On choisit de préférence pour rois les hommes
les plus beaux, les pasteurs les plus exercés, ou ceux

---

3. « Hæ sudes fuerint ξύλα ista πεπυρακτωμένα, quæ Diodorus (3, 25), Æthiopibu‑
tribuit. » (Müller.)

que désigne la plus grande réputation de bravoure ou
de richesse. A Méroé, anciennement, le premier rang
appartenait aux prêtres, et telle était leur autorité qu'il
leur arrivait parfois de signifier au roi par messager qu'il
eût à mourir et à céder la place à un autre qu'ils proclamaient du même coup. Mais plus tard un roi vint qui
abolit pour toujours cette coutume; suivi d'une bande
d'hommes armés, il assaillit l'enceinte sacrée où s'élève
le *Temple d'or*, et égorgea tous les prêtres jusqu'au dernier. Il est encore d'usage en Éthiopie, que, quand le
roi, par accident ou autrement, a perdu l'usage d'un
membre ou ce membre lui-même, tous ceux qui composent son cortège habituel (et qui sont destinés d'ailleurs à mourir en même temps que lui) s'infligent une
mutilation semblable. Et c'est ce qui explique le soin extrême avec lequel ils veillent sur la personne du roi. —
Nous n'en dirons pas davantage au sujet des Éthiopiens.

4. Mais nous ferons pour l'Égypte ce que nous venons
de faire pour l'Éthiopie, afin de compléter ce que nous
avons dit précédemment de cette contrée, nous énumére-
rons [tout ce qui n'appartient qu'à elle], tout ce qui
constitue son originalité : en premier lieu la *fève d'É-
gypte*, qui donne les vases appelés *ciboires; le *byblus*
aussi, qui ne croît qu'ici et dans l'Inde ; le *perséa*, arbre
de haute taille aux fruits charnus et succulents ; le
sycaminus, dont le fruit appelé *sycomorus* ressemble
effectivement à la figue (*sykê*), mais a un goût et une
saveur qui ne sont pas autrement estimés ; enfin le *cor-
sium* joint à certain condiment qu'on prendrait pour du
poivre, si ce n'est qu'il est un peu plus gros [1]. Les nombreuses espèces de poissons que nourrit le Nil ont également un caractère particulier et pour ainsi dire local;
les plus connues sont : l'*oxyrhynque*, le *lépidote*, le *la-
tus*, l'*alabès*, le *coracinus*, le *chœrus*, le *phagrorius* (ou
comme on l'appelle aussi le *phagrus*), le *silurus*, le *ci-

1. Sur tout ce passage, voy. Meyer, *op. cit.* p. 160-162.

tharus, le *thrissa*, le *cestreus*, le *lychnus*, le *physa*, le
bœuf. En fait de coquilles, nous citerons ces énormes
conques sonores d'où semblent sortir des cris, des hur-
lements plaintifs; et, en fait d'animaux terrestres, l'*ichneumon*, et l'*aspic d'Égypte* ainsi nommé parce que,
comparé aux aspics des autres pays, il offre quelque
chose de particulier : on en compte deux espèces, la
petite, qui n'a pas plus d'une spithame de long, mais de
qui la morsure tue plus vite; et la grande, qui, ainsi
que le marque déjà Nicandre, l'auteur des *Thériaques*,
mesure près d'une orgye. En fait d'oiseaux, maintenant,
il y a l'ibis et l'*hiérax* ou épervier d'Égypte, distinct
des autres espèces en ce que, comme le chat, il se laisse
ici quasi apprivoiser. Le *nycticorax* a de même en
Égypte un type à part : celui de nos pays est grand
comme un aigle et a un son de voix grave et rauque;
celui d'Égypte, au contraire, n'est pas plus grand qu'un
geai et a un son de voix fort éclatant[1]. Quant à l'ibis, on
peut l'appeler ici l'oiseau domestique par excellence.
Sa figure et sa taille sont celles de la cigogne, et il forme
deux espèces distinctes, reconnaissables à leur couleur,
l'une ayant le plumage absolument pareil à celui de la
cigogne l'autre l'ayant tout noir. Il n'y a pas un carrefour
d'Alexandrie qui ne soit rempli de ces oiseaux, utiles
peut-être à certains égards, mais parfaitement inutiles
pour tout le reste : s'ils servent en effet jusqu'à un certain point, en ce qu'ils donnent la chasse à toute espèce
de bête ou de reptile immonde et en ce qu'ils se nourrissent de tous les *détritus* des boucheries et des marchés aux poissons, ils sont d'autre part extrêmement in-
commodes par leur voracité et leur malpropreté et par
la peine qu'on a à les écarter des objets qu'on voudrait
tenir propres et préserver de toute souillure.

5. Cet autre détail que donne Hérodote[2] est bien exact
et bien particulier à l'Égypte, oui, « les Égyptiens pé-

---

1. « Pro ultimo [διάφορος] requiro aliquid quod gravi sono oppositum sit, quale
est ὁ ἄτορος i. e. ὀξύφωνς. » (Meineke.) — 2. II, 36.

« trissent la boue avec les mains et la pâte à faire le
« pain avec les pieds. » Ils font aussi une espèce de pain
appelé *caces*[1], qui a la propriété d'arrêter la diarrhée,
et appellent *cici*[2] le fruit d'une plante qu'ils sèment beaucoup dans leurs champs, parce qu'en l'écrasant ils en
extraient une huile qui est à peu près la seule qui se
brûle dans les lampes et qui en même temps serve aux
petites gens, aux gens de métier, hommes et femmes, à
se frotter, à s'oindre le corps. Le nom de *koïkina*, maintenant, désigne certains tissus, propres à l'Égypte, que
l'on confectionne avec les fibres d'une plante particulière, mais qui ressemblent assez en somme aux tissus
fabriqués ailleurs avec les fibres du jonc ou l'écorce de
palmier. La manière dont les Égyptiens préparent la bière
n'appartient aussi qu'à eux, mais la bière est une boisson commune à beaucoup de peuples, et naturellement
chacun d'eux a une façon différente de la préparer. Un
autre usage spécial aux Égyptiens, et l'un de ceux auxquels ils tiennent le plus, consiste à élever scrupuleuse-
ment tous les enfants qui leur naissent et à pratiquer la
circoncision sur les garçons et l'excision sur les filles.
Il est vrai que cette double coutume se retrouve aussi
chez les Juifs; mais, ainsi que nous l'avons dit plus haut,
en décrivant leur pays actuel, les Juifs sont originaires
d'Égypte. Aristobule prétend qu'aucun poisson de mer
ne remonte le Nil à cause des crocodiles, qu'il en est trois
pourtant qu'on y rencontre, à savoir le *dauphin*, le *cestreus* et le *thrissa*, le dauphin parce qu'il est plus fort
que le crocodile, et le cestreus parce qu'il range la terre
de très près toujours escorté par le chœrus, qui obéit en
cela à une sorte d'affinité ou de sympathie naturelle : or le
crocodile ne touche jamais au chœrus, à cause de sa forme
ronde et des forts piquants qui lui garnissent la tête et
qui risqueraient de blesser le vorace animal. C'est au
printemps pour frayer que les cestreus remontent ainsi

---

1. « κυλλάττεις conj. Dindorf. in *Thesauro*, s. v. » (Müller.) Cf. Meyer, *op.
cit.*, p. 163. — 2. Voy. Meyer, *ibid.*

le fleuve; puis on les voit, un peu avant le coucher des Pléiades, redescendre en bancs serrés pour la ponte des œufs; et rien n'est plus facile alors que de les prendre, car ils se précipitent en masse[1] dans les parcs ou enclos ménagés à cet effet. Il est naturel de penser qu'une cause analogue pousse le thrissa à remonter le Nil. — Voilà ce que nous avions encore à dire au sujet de l'Égypte.

CHAPITRE III.

Abordons maintenant ce qui doit former la dernière partie de notre *Géographie universelle,* c'est-à-dire la description de la Libye; et, comme nous avons déjà eu occasion à plusieurs reprises de parler de cette contrée, commençons par rappeler ce que nous en avons dit précédemment d'essentiel, après quoi nous ajouterons tout ce qui manquait encore. — Ce que nous ferons remarquer d'abord, c'est que ceux qui ont prétendu diviser la terre habitable d'après le nombre des continents l'ont très inégalement divisée : une division en trois parties impliquait que ces parties fussent égales. Or il s'en faut du tout au tout que la Libye soit le tiers de la terre habitable, puisqu'on n'arriverait pas, en l'augmentant de l'Europe, à l'égaler à l'Asie, et qu'on risquerait même, en la comparant à l'Europe, de la trouver autant inférieure à cette contrée en étendue, qu'elle lui est sensiblement inférieure sous le rapport de la richesse et de la fertilité. On sait, en effet, quel aspect la Libye offre, non seulement dans sa région intérieure, mais dans toute la *Parocéanitide :* l'aspect de déserts parsemés, tachetés, pour mieux dire, de rares habitations sans importance et le plus souvent sans fixité. Et cet inconvénient de vastes

---

1. ἀθρόων au lieu de ἀθρόον, correction de Coray, adoptée par Meineke.

solitudes sans eau n'est pas le seul, il y a encore le voisinage des bêtes féroces, lequel écarte l'homme de cantons entiers qui autrement seraient fort habitables. Ajoutons enfin qu'une bonne partie de la Libye se trouve comprise dans les limites de la zone torride. Il est vrai de dire que tout le littoral de notre mer Intérieure, depuis le Nil jusqu'aux colonnes d'Hercule, constitue, notamment dans l'ancien territoire de Carthage, un pays riche et populeux, bien que là encore les espaces arides, les déserts ne manquent pas, témoins ceux qu'on rencontre aux abords des Syrtes, des Marmarides et du Catabathmus. — Représentée sur une carte, sur une surface plane, la Libye figurerait donc assez exactement un triangle rectangle ayant pour base tout le littoral précisément de notre mer Intérieure qui va de l'Égypte et du Nil à la Maurusie et aux colonnes d'Hercule, pour côté perpendiculaire à la base le cours même du Nil jusqu'à l'Éthiopie et à partir de l'Éthiopie une ligne droite tirée en manière de prolongement jusqu'aux bords de l'Océan, pour hypoténuse enfin toute la Parocéanitide de l'Éthiopie à la Maurusie. Du reste, quand nous disons que la partie de la Libye contiguë au sommet du triangle en question doit se trouver déjà comprise dans les limites de la zone torride, nous émettons une pure conjecture, vu que cette région est absolument inaccessible. Nous ne saurions même, à cause de cela, indiquer d'une façon précise ce que la Libye a d'étendue dans sa plus grande largeur. Toutefois en nous reportant à ce que nous avons dit dans les livres précédents, que la distance comprise entre Alexandrie au nord et Méroé capitale de l'Éthiopie au sud était de 10 000 stades environ, et que, de Méroé à la limite commune de la zone torride et de la terre habitée, on pouvait compter encore 3000 stades, nous sommes autorisé à supposer que la plus grande largeur de la Libye est de 13 à 14 000 stades et que sa longueur mesure un peu moins du double de cette distance. Mais ne poussons pas plus loin ces considérations générales sur

la Libye, et passons aux détails en commençant notre
description par la région la plus occidentale, qui se
trouve être en même temps la plus célèbre.

2. Les peuples qui l'habitent sont appelés *Maurusii* par
les Grecs, *Mauri*[1] par les Romains et par les indigènes : ils
sont d'origine libyque et forment une nation puissante et
riche en regard des Ibères, dont ils ne sont séparés que
par un bras de mer, le fameux détroit des colonnes d'Hercule si souvent cité dans le présent ouvrage. Une fois
hors du détroit, si l'on gouverne à gauche, on voit se
dresser sur la côte de Libye une haute montagne, l'*Atlas*
des Grecs, le *Dyris* des Barbares. Un contrefort de cette
montagne forme en s'avançant dans la mer l'extrémité
occidentale de la Maurusie : c'est ce qu'on appelle les
Côtes. Tout près de ce cap, mais un peu au-dessus de la
mer, est une petite ville connue des Barbares sous le nom
de *Trinx*[2] et qui est appelée *Lynx*[3] dans Artémidore,
Lixus dans Ératosthène. A cette ville correspond de l'autre côté du détroit la ville de Gadira et le trajet de l'une
à l'autre de ces villes mesure 800 stades, tout juste autant
que la distance de chacune d'elles au détroit des Colonnes.
Lixus et le cap des Côtes sont bordés au midi par le
golfe Emporique, ainsi nommé parce qu'il renferme en
effet plus d'un *emporion* ou établissement de commerce
phénicien. Toute la côte qui fait suite à ce golfe est
sinueuse et découpée, mais si l'on veut bien, étant donnée la figure triangulaire que nous tracions tout à
l'heure, faire abstraction par la pensée de toutes les parties saillantes ou rentrantes de cette côte, on concevra
aisément que c'est dans la direction du sud-est que le
continent libyque reçoit sa plus grande extension. La
chaîne de montagnes qui traverse toute la Maurusie
depuis le cap des Côtes jusqu'aux Syrtes est habitée par
les Maurusii, qui occupent de même les premières pen-

1. « Μαῦροι... ἐπιγωρίων post εὐδαίμον leguntur in codd.; transposuit Kr. » (Müller.) — 2. « Τρίγεα E, Τίγγα editt. ante Kr. » (Müller.) — 3. « Δίγεα E, Δίγγα editt.
ante Kr. » (Müller.)

tes des autres chaînes parallèles à celle-là ; mais plus avant dans l'intérieur, la montagne n'est plus habitée que par les Gétules, la plus puissante des nations libyques.

3. Depuis la première description qui en fut donnée dans le périple d'Ophélas[1], tout ce que les historiens ont publié sur cette côte de la Libye extérieure au détroit n'est qu'un tissu de fables et de mensonges. Nous en avons donné un échantillon quelque part dans les livres qui précèdent [et à la rigueur nous pourrions nous en tenir là] : si nous y revenons présentement, c'est que nous craindrions, en ne tenant aucun compte des assertions de ces historiens et en les passant purement et simplement sous silence, de paraître tronquer et mutiler l'histoire. Nous prierons seulement qu'on nous pardonne si nous-même involontairement, nous laissant gagner par l'exemple, nous donnons quelque peu dans le merveilleux. A propos du golfe Emporique, précisément, les historiens affirment qu'on voit s'ouvrir sur ses bords un antre où la mer pénètre à marée haute jusqu'à la distance de 7 stades et qu'en avant de cet antre il existe un terrain bas et uni sur lequel on a bâti un autel d'Hercule, que le flot respecte et ne submerge jamais. Voilà bien, j'imagine, un de ces contes inventés à plaisir dont je parlais tout à l'heure. En veut-on un autre à peu près de même force puisé à la même source ? Il y aurait eu anciennement dans l'intérieur des golfes qui font suite au golfe Emporique des établissements tyriens, et ces établissements, dont il ne reste plus trace aujourd'hui, n'auraient pas compté moins de trois cents villes ; les trois cents villes jusqu'à la dernière auraient été détruites par les Pharusii et les Nigrites, peuples que les mêmes historiens placent à trente journées de marche de la ville de Lynx.

4. Il est un point cependant sur lequel tous les témoignages s'accordent, c'est que la Maurusie, à l'exception

---

1. « Pro ʼΟφΩα, ʼΟφρύα Ald.; ʼΑκΩλα conjecit Tyrwh., quum apud Marcianum Apellas *peripli scriptor* commemoretur; sed Marcianum potius e Strabone corrigendum esse probabilius est. » (Müller.)

de quelques déserts peu étendus, ne comprend que des
terres fertiles et bien pourvues de cours d'eau et de lacs.
Ajoutons qu'elle est très boisée, que les arbres y atteignent une hauteur prodigieuse et que toutes les productions du sol y abondent. Ces belles tables d'un seul morceau, notamment, si nuancées de couleurs et de dimensions si énormes, c'est la Maurusie qui les fournit à
Rome. Les fleuves qui l'arrosent nourrissent, dit-on, des
crocodiles, comme le Nil, et toutes les mêmes espèces
d'animaux que l'on trouve dans le Nil. Quelques auteurs
vont jusqu'à croire que les sources du Nil sont voisines des extrémités de la Maurusie. On parle aussi
de sangsues qu'on n'y pêcherait que dans une certaine rivière et qui, longues de 7 coudées, auraient pour respirer
des branchies percées de part en part. Autres détails à
joindre aux précédents : le pays produit soi-disant une
espèce de vigne tellement grosse, que deux hommes ont
de la peine à en embrasser le tronc et que les grappes
qu'elle donne mesurent presque une coudée ; toutes les
herbes, de plus, y sont très hautes ; tel est le cas aussi
de certaines plantes potagères, comme voilà l'*arum*[1]
et le *dracontium*[2] ; enfin les tiges des *staphylinus*, des
hippomarathus et des *scolymus* ont jusqu'à 12 coudées
hauteur avec un diamètre de 4 palmes. Dans un pays
aussi plantureux, les serpents, les éléphants, les gazelles,
les bubales et autres animaux semblables, les lions, les
léopards naturellement abondent, on y signale aussi la
présence d'une espèce de belette ayant exactement même
taille et même figure que le chat, si ce n'est que son museau est plus proéminent ; enfin il s'y trouve une quantité innombrable de singes, comme l'atteste Posidonius,
qui raconte que, jeté sur la côte de Libye pendant sa
traversée de Gadira en Italie, il y vit dans un bois qui
bordait le rivage une multitude de ces animaux, les uns
montés dans les arbres, les autres assis à terre, et dans

1. « Pro νιασυν, ἔφυν conj. Cor.; recte, ut videtur. » (Müller.) — 2. Sur tout ce
passage, voy. Meyer, *Botan. Erläuter. zu Strabons Geogr.*, p. 165-173.

le nombre des femelles tenant leurs petits et leur donnant à téter, et que le spectacle de ces mamelles pendantes, de ces têtes chauves, de ces descentes et de mainte autre infirmité exhibée avec complaisance, lui parut singulièrement réjouissant.

5. Au-dessus de la Maurusie, sur la mer Extérieure, est le pays des Éthiopiens occidentaux, qui, dans sa plus grande partie, n'est à proprement parler qu'un désert, peuplé surtout (c'est Hypsicrate qui le dit) de girafes, d'éléphants et de *rhizes*, animaux, qui, avec l'encolure des taureaux, ont les habitudes, la taille et l'ardeur belliqueuse des éléphants. Hypsicrate[1] parle aussi de serpents énormes à qui l'herbe pousse sur le dos. Il ajoute que le lion dans ce désert attaque le petit de l'éléphant, mais le lâche à l'approche de la mère, après l'avoir mis tout en sang ; que la mère, quand elle voit son petit ainsi couvert de sang, l'achève ; que le lion revient alors, et que, trouvant sa victime étendue à terre, il dévore son cadavre. Hypsicrate raconte encore comment Bogus, roi de Maurusie, à la suite d'une expédition heureuse contre les Éthiopiens occidentaux, envoya à sa femme en présent des cannes semblables à celles que produit l'Inde, mais tellement grosses que chaque nœud pouvait avoir la capacité de huit chœnices. Il y avait joint des asperges également énormes[2].

6. En remontant, maintenant, vers la mer Intérieure, on voit se succéder à partir de Lynx les villes de Zélis[3] et de Tiga[4], les Tombeaux des Sept frères, et un peu au-dessus de la côte le mont Abyla, rempli de bêtes féroces et couvert de grands arbres. On prétend que le détroit des Colonnes a 120 stades de longueur et, là où il est le plus resserré, près d'Éléphas, 60 stades de largeur. Après s'y être engagé, on relève [sur la côte de Libye]

---

1. Ὑψικράτης au lieu de Ἰψικράτης, correction de Coray. — 2. Voy. Meyer, *Botan. Erläuter. zu Strabons Geogr.*, p. 173, 174. — 3. « Ζῆλις F. Ζῆλος, Steph. s. v. laudato Strabone. » (Müller.) — 4. « Pro Τίγα, aut Τίγξ aut Τίγγις legendum. » (Müller.)

un certain nombre de villes et de cours d'eau jusqu'au fleuve Molochath, qui sert de limite entre le territoire des Maurusii et celui des Masæsylii. Le nom de Metagonium[1] désigne à la fois un grand promontoire voisin de l'embouchure de ce fleuve, un canton aride et pauvre, et, à la rigueur, toute la chaîne de montagnes qui part des Côtes et se prolonge[2] jusqu'ici. La distance du cap des Côtes à la frontière des Masæsylii représente une longueur de 5000 stades. Le point qui correspond le plus exactement au cap Métagonium de l'autre côté du détroit est Carthage-la-Neuve, et Timosthène se trompe quand il dit que c'est Massilia. La traversée depuis Carthage-la-Neuve jusqu'à Métagonium est de 3000 stades en ligne droite et de Carthage-la-Neuve à Massilia il y a encore un trajet de 6000 stades à faire le long de la côte.

7. Bien qu'habitant un pays généralement si fertile, les Maurusii ont conservé jusqu'à présent les habitudes de la vie nomade. Mais ces habitudes n'excluent pas chez eux un goût très vif pour la parure, comme l'attestent et leurs longs cheveux tressés et leur barbe toujours bien frisée, et les bijoux d'or qu'ils portent et le soin qu'ils ont de leurs dents et de leurs ongles. Ajoutons qu'on les voit rarement s'aborder dans les promenades publiques et se toucher la main, de peur de déranger si peu que ce soit l'économie de leur coiffure. Leurs cavaliers ne combattent guère qu'avec la lance et le javelot, ils guident leurs chevaux avec une simple corde qui leur tient lieu de mors et les montent toujours sans selle. Quelques-uns portent aussi le sabre court ou *machæra*. Ceux qui combattent à pied se servent de peaux d'éléphants en guise de boucliers, et de peaux de lions, de léopards ou d'ours en guise de manteaux et de couvertures. Au reste, on peut dire que les Maurusii, les Masæ-

---

1. Voir, sur ce nom, la longue note que Müller a insérée dans son *Index var. lect.*, p. 1042, col. 1-2, et dont voici la conclusion : « Strabonis verba non sollicitanda sunt, modo Μεταγώνιον transponas post verba καλεῖται δὲ vel etiam post ποταμοῦ. » — 2. « Nescio an legendum sit παρατεῖνον, adeo ut mons quoque, regioni superjacens, Metagonii nominis particeps fuerit. » (Muller.)

sylii leurs voisins les plus proches, et tous les peuples compris sous la dénomination commune de Libyens, ont les mêmes armes, le même équipement, et en général toutes les mêmes habitudes. Ils se servent tous, par exemple, des mêmes petits chevaux, si vifs, si ardents, et avec cela si dociles, puisqu'ils se laissent conduire avec une simple baguette. On leur passe au cou [pour la forme] un harnais léger, en coton ou en crin, auquel est attachée la bride, mais il n'est pas rare d'en voir qui suivent leurs maîtres comme des chiens, sans qu'on ait même besoin d'une longe pour les tenir en laisse. Le petit bouclier rond en cuir est commun aussi à tous ces peuples, et il en est de même du javelot court à fer plat, de la tunique lâche à larges bandes, et de la peau de bête dont j'ai parlé, agrafée par-dessus cette tunique, et qui peut servir de plastron ou de cuirasse. Les Pharusii et les Nigrètes qui habitent au-dessus des Maurusii dans le voisinage des Éthiopiens occidentaux sont, en outre, comme les Éthiopiens eux-mêmes, d'habiles archers. Ajoutons que l'usage des chars armés de faux leur est familier. Les Pharusii communiquent bien encore, mais à de rares intervalles, avec les Maurusii. Ils suspendent alors, pour la traversée du désert, des outres d'eau sous le ventre de leurs chevaux. Dans une autre direction, ils poussent jusqu'à Cirta à travers toute une région de marais et de lacs. Quelques-unes de leurs tribus vivent, dit-on, sous terre, à la façon des Troglodytes, dans des trous creusés exprès. Un autre détail qu'on donne sur le pays des Pharusii, c'est que l'été y est la saison des grandes pluies et l'hiver, au contraire, la saison sèche. Enfin l'on assure que quelques peuples barbares voisins des Pharusii se font des manteaux et des couvertures avec des peaux de serpents et des écailles de poissons. Certains auteurs voient dans les Maurusii[1] les descendants des Indiens qui

---

1. « Pharusii cum Hercule advenisse dicuntur apud Sallust. (*Jug.* c. 18), Melam (3, 10), Plin. (5, 8). Quapropter Φαρουσίους ap. Strabonem quoque scribi voluit Letronnius, scripsitque Mienekius. » (Muller.)

vinrent en Libye à la suite d'Hercule. A une époque de
bien peu antérieure à l'époque actuelle, la Maurusie eut
pour rois deux princes amis du peuple romain, Bogus [1]
et Bocchus. Mais, ceux-ci étant morts sans laisser de
postérité, elle passa aux mains de Juba, qui la reçut en
don de César Auguste pour l'ajouter à ses États héréditaires : Juba était fils du prince de même nom qui avait
fait la guerre, comme allié de Scipion, au divin César.
Juba du reste vient de mourir à son tour laissant pour
successeur et héritier son fils Ptolémée, né d'une fille
d'Antoine et de Cléopâtre.

8. Artémidore adresse à Ératosthène, [au sujet de la
Maurusie,] plusieurs critiques : il lui reproche d'avoir
appelé *Lixus*, et non *Lynx*, certaine ville située à l'extrémité occidentale du pays; d'avoir parlé de plusieurs cen-
taines de villes phéniciennes répandues sur cette côte,
bien qu'on n'y retrouve pas trace d'une seule ; enfin d'avoir
dit que, dans le pays des Éthiopiens [2] occidentaux, il y a
d'épais brouillards tous les jours, le matin et le soir. Car,
ajoute-t-il, comment concilier cette dernière circonstance
avec la sécheresse habituelle de cette contrée et l'extrême
chaleur qui y règne? — Mais lui qui parle, dirons-nous
à notre tour, il énonce sur le même pays de bien autres
énormités, quand il parle, par exemple, d'émigrants
lotophages qui seraient venus habiter toute la région
privée d'eau et y auraient trouvé pour unique nourriture
les feuilles et la racine du lotus, qui du moins dispense
de boire, et que, prolongeant ensuite le territoire de ce
peuple jusqu'au-dessus de Cyrène, il nous le montre là,
c'est-à-dire sous le même climat, buvant du lait et man-
geant de la viande! Gabinius, auteur d'une *Histoire romaine* célèbre, n'a guère su éviter non plus le merveilleux dans ce qu'il dit de la Maurusie, témoin ce prétendu
tombeau d'Antée qu'il signale dans le voisinage de Lynx [3]

---

1. Sur ce nom, voyez Cobet, *Miscell. crit.*, p. 203-204. — 2. Les mots τοὺς
ἀέρας πλατεῖς φήσας, placés dans le texte après Αἰθίοψι, ont été éliminés comme
n'étant pas de Strabon. — 3. « Λίγγι, Dmoxz, Τιγγι Tzsch. Cor., coll. Mela, 1,5,

et ce squelette long de 60 coudées, que Sertorius aurait
exhumé, puis enterré de nouveau; témoin aussi ces
détails passablement fabuleux sur les éléphants, qu'à la
différence des autres animaux, qui fuient devant le feu,
eux le combattent et cherchent à le repousser comme
étant le plus grand ennemi des forêts; que, dans leurs
combats contre l'homme, ils se font précéder d'éclaireurs
et qu'ils prennent la fuite quand ils voient ceux-ci [fuir] [1];
qu'enfin, lorsqu'ils se sentent grièvement blessés, ils
tendent à leurs vainqueurs comme pour implorer leur
pitié une branche d'arbre, une touffe d'herbe ou un peu
de poussière.

9. Au territoire des Maurusii succède celui des Masæsylii, qui part du fleuve Malochath et finit au cap [Trê-
tum [2],] limite commune des Masæsylii et des Masyliæi.
Il y a 6000 stades du cap Métagonium au cap Trêtum.
Quelques auteurs réduisent un peu cette distance. Dans
l'intervalle, la côte présente, avec une campagne générale-
lement fertile, bon nombre de villes et de cours d'eau,
mais nous nous bornerons à mentionner ici les localités
les plus en renom, et d'abord, à 1000 stades de ladite
frontière, la ville de Siga. Cette ville, aujourd'hui en
ruines, servait anciennement de résidence à Sophax [3].
Quant au royaume même de Sophax, après avoir passé
successivement sous la domination de Masanassès, sous
celle de Micipsa et des héritiers de Micipsa, il échut de
nos jours à Juba, premier du nom, et père de Juba II,
que nous avons vu mourir tout récemment. Zama, résidence ou capitale de ce prince, est également en ruines,
ayant été détruite par les Romains. A 600 stades de Siga
on rencontre un port dit *Théûlimên*, mais plus loin il
n'y a plus que des localités obscures. Au-dessus de la
côte, à l'exception de quelques parties cultivées appartenant aux Gétules, le pays n'offre, jusqu'aux Syrtes, qu'une

Plutarch. *Sert.*, 9, Solin. c. 45. At cum Strabone facit Plinius 5,1, 13. » (Müller.)
— 1. [φεύγοντας] addition de Coray.— 2. « [Τρητόν] additum e conj. Cas. » (Müller.)
— 3. Sur les variantes de ce nom voy. l'*Index var. lect.*, de l'édit. de Müller.

suite de montagnes et de déserts, seulement aux abords
des Syrtes on voit de riches plaines descendre jusqu'à la
mer[1] et les villes en grand nombre, ainsi que les fleuves
et les lacs, se succéder le long de la côte.

10. Je doute que Posidonius ait dit vrai, quand il a
prétendu que la Libye n'était arrosée que par un petit
nombre de cours d'eau, et de cours d'eau sans importance,
car tous les fleuves que signale Artémidore comme dé-
bouchant dans la mer entre Lynx[2] et Carthage, Posidonius
lui aussi les mentionne, et il en fait ressortir qui plus est
le nombre et l'importance. Si encore il n'eût parlé que
de l'intérieur du pays, son assertion eût pu paraître plus
fondée. Au surplus, voici son explication : c'est à l'extrême rareté des pluies dans tout le nord [de la Libye],
voire aussi, paraît-il, dans toute l'Éthiopie septentrionale, qu'il attribue le fait en question, et « de là vient,
« ajoute-t-il, cette sécheresse extrême qui engendre les
« épidémies, envase les lacs de manière à les convertir en
« marais et fait pulluler les sauterelles. » Autre erreur
de Posidonius : il prétend que le côté du soleil levant est
toujours plus humide par la raison que le soleil, au moment de son lever, semble fuir et passe très vite, et que
le côté de l'occident, au contraire, est plus sec, vu qu'en
cet endroit de sa course, le soleil, ayant à tourner, [sé-
journe plus longtemps[1].] On sait que ces mots d'humidité
et de sécheresse peuvent s'entendre, soit du plus ou
moins d'eau, soit du plus ou moins de soleil. Or, ici,
point de doute possible, et Posidonius évidemment veut
parler de la sécheresse causée par l'excès de la chaleur
solaire. Mais habituellement c'est au *climat*, c'est à la
position septentrionale ou méridionale des lieux, que se
mesure la chaleur solaire. Quant à l'orient et à l'occident (dénominations purement relatives), ils varient au-

---

1. « Fortassis fuit : τὰ μὲν οὖν... ὀρεινά (καὶ ἀρόσιμα [δ'] ἴσθ' ὅπη παρίσπαρται) ἃ
ἔχουσιν, etc. » (Müller.) — 2. « Scribendum : αὐτός γὰρ (pro αὐτοὺς γὰρ), οὓς Ἀρτε-
μίδωρος εἴρηκε, τοὺς μεταξὺ τῆς Λυγγὸς καὶ Καρχηδόνος, καὶ πολλοὺς εἴρηκε καὶ μεγάλους. »
(Madvig, *Advers. crit.*, t. I, p. 564.) — 2. « Ante ὑγρά γάρ quædam excidisse
videntur. Groskurdius proponit : [ἀλλὰ καὶ ταῦτα οὐ πιθανῶς εἴρηκε]. » (Muller.)

tant vaut dire à l'infini, suivant les lieux et à chaque
changement d'horizon, et il s'ensuit qu'il est absolument
interdit d'énoncer d'une manière générale que l'orient est
humide et que l'occident est sec. A la rigueur, et vu
qu'on emploie quelquefois ces deux mêmes termes par
rapport à la terre entière et pour désigner ses deux extrémités, l'Inde d'un côté, l'Ibérie de l'autre, c'est dans
ce sens-là qu'on pourrait entendre l'assertion de Posidonius. Mais, même à la prendre ainsi, son explication en
deviendrait-elle plus plausible? Dans un mouvement con-
tinu et ininterrompu comme l'est la révolution du soleil,
un seul moment d'arrêt est-il admissible? Non, la vitesse avec laquelle le soleil passe successivement devant
tous les lieux de la terre est partout la même. N'est-ce
pas d'ailleurs aller contre l'évidence des choses que de
présenter comme étant les pays les plus secs de la terre
les extrémités occidentales de l'Ibérie ou de la Maurusie,
contrées qui jouissent notoirement, elles et leurs alentours, du climat le plus tempéré, en même temps qu'elles
possèdent les plus belles eaux, les eaux les plus abondantes. Que si, maintenant, Posidonius, en parlant de
cette conversion du soleil, a entendu dire que là, aux
derniers confins de la terre habitée[1], le soleil surplombe
la terre [au lieu de l'effleurer], en quoi cette circonstance, je le demande, pourrait-elle être une cause de sécheresse plus grande, puisque, pour ces points extrêmes,
aussi bien que pour les autres lieux situés sous le même
climat, l'intervalle de la nuit, pendant lequel le soleil
disparaît pour revenir ensuite échauffer la terre, est absolument le même?

11. On a constaté quelque part dans ce même pays la
présence d'une source d'asphalte et celle de mines de
cuivre; il s'y trouve aussi, dit-on, un très grand nombre
de scorpions, ailés et non ailés, de dimensions [extraor-
dinaires[2],] et dont la queue a jusqu'à sept articles. Enfin

---

1. Voy., sur ce passage, une correction de Madvig, *Advers. crit.*, t. I, p. 564.
— 2. « μεγέθει δὲ [ὑπερβαλλόντων καὶ] ἱπτασκ. bene conj. Letr. » (Muller).

on parle d'innombrables araignées également énormes,
voire de lézards qui mesurent 2 coudées de long. Partout au pied de la montagne on peut extraire soit des *lych-
nites*, soit des *carchédoines;* on peut de même, partout
dans la plaine, observer des gisements considérables de
coquilles et de moules, circonstance que nous avons déjà
signalée dans les livres qui précèdent en parlant des environs du temple d'Ammon. Le même pays produit un
arbre, le *mélilotus* [1], duquel les indigènes tirent une espèce de vin. Dans quelques cantons la terre porte deux
fois l'an, et l'on y fait deux récoltes, l'une en été, l'autre
au printemps. La tige du blé y atteint une hauteur de
5 coudées et une grosseur égale à celle du petit doigt, et
l'épi y rend 240 pour un. Au printemps, on ne prend
pas la peine d'ensemencer la terre de nouveau, on se
contente de la sarcler avec des épines de paliures liées
en bottes, mais les grains tombés des épis pendant la
moisson suffisent comme semailles et donnent une pleine
récolte à l'été. La quantité de serpents qui infestent le
pays fait que personne ne travaille à la terre sans avoir
les jambes protégées par des cnémides et le reste du corps
couvert de peaux de bêtes. De plus à l'heure du coucher
on a la précaution, pour éloigner les scorpions, de frotter les pieds de son lit avec de l'ail et de lier fortement
tout autour des épines de paliure.

12. Comme point remarquable sur cette côte, je signalerai l'ancienne ville de Iôl, rebâtie par Juba, le
père de Ptolémée, qui changea son nom en celui de *Césarée.* J'ajouterai que cette ville possède un port et qu'il y
a une petite île juste en avant de ce port. Entre Césarée,
maintenant, et le promontoire Trêtum s'ouvre un autre
port très spacieux, connu sous le nom de Saldas.
C'est là que vient tomber [actuellement] [2] la limite
entre le royaume de Juba et la province romaine :
je dis actuellement, car la division intérieure du

1. Voy. Meyer, *Botan. Erläuter. zu Strabons Geogr.*, p. 174, 177. — 2. «An
ἐστὶ [τὸ νῦν] ὅριον? » (Müller.)

pays a subi de fréquents remaniements, tant à cause
du grand nombre de tribus qui y habitent côte à côte,
que parce que les Romains, suivant qu'ils étaient amis
ou ennemis de ces tribus, étaient souvent aux unes pour
donner aux autres, et cela sans s'astreindre à aucune
règle fixe. Il fut un temps où la partie du pays contiguë
à la Maurusie fournissait plus d'argent et de soldats,
mais aujourd'hui les cantons qui confinent à la frontière
carthaginoise et au territoire des Masyliæi sont comparativement plus florissants et mieux pourvus de toute
chose, bien qu'ils aient eu beaucoup à souffrir, des
guerres puniques d'abord, puis de la guerre contre Jugurtha, lorsque ce prince, en assiégeant Adarbal dans
Ityque et en mettant à mort cet ami des Romains, dé-
chaîna sur le pays de sanglantes représailles, prélude
d'une série d'autres guerres qui ont duré sans interruption, pour ainsi dire, jusqu'à cette dernière guerre du
divin César contre Scipion, dans laquelle périt Juba. La
ruine des chefs avait entraîné naturellement celle de leurs
principales places d'armes, Tisiaüs[1], Uata, Thala, Capsa
le trésor de Jugurtha, Zama et Zincha, et celle des différentes localités qui figurèrent dans la campagne de César[2] contre Scipion. On sait que, vainqueur une première fois de Scipion près de Ruspinum, César le battit
encore à Uzita, à Thapsus, tant sur les bords du lac
qui avoisine cette ville que sur les bords de l'étang des
Salines[3] (plus près par conséquent des deux villes libres

---

1. Voy., sur ce nom, une très importante note de Müller, *Ind. var. lect.*,
p. 1042-1043. — 2. « In hoc loco mendum adhuc latet. Quæ est ea verborum com-
positio : κατεπολέμησε Καῖσαρ Σκιπίωνα ὁ θεός. Poteratne ineptiore sede ὁ θεός collo-
cari? Non tamen transponenda verba sunt, sed ὁ θεός delendum. » (Cobet, *Miscell.
crit.*, p. 199-200.) — 3. « Perversissime in distincta trium præliorum enumeratione
ejus urbis nomini, ad quod postremo pugnatum est, adhæret illud infinitum καὶ
ταῖς ἄλλαις. Nam τῇ πλησίον λίμνῃ ideo additur, quod circa urbem et lacum vicinum
pugnatum est, ut ex bellı Africani libro, qui cum Cæsaris commentariis servatus
est, constat. Atqui ejus scriptor pugnæ narrationem ordiens sic incipit (c. 80) :
Erat stagnum Salinarum inter quod et mare angustiæ quædam non amplius mille
et D passus intererant. Itaque Strabo scripserat una littera minus, Πρὸς Θάψῳ καὶ
τῇ πλησίον λίμνῃ καὶ ταῖς ἅλαις. Nam Salinæ a Strabone ἅλαι appellantur, non ἅλις,
apertissime lib. XII, p. 561 : εἰσὶ δ' ἐν τῇ Σιμήνῃ ἅλαι ὀρυκτὸν ἁλῶν. Femininum
genus apparet etiam XII, p. 546 : ὠνόμασται δὲ ἀπὸ τῶν ἁλῶν ἃς παραρρεῖ. » (Madvig,
Adv. crit., t. I, p. 137-138.) Cobet déclare la correction indubitable.

de Zella et d'Acholla); qu'il enleva en outre de vive force
l'île de [Cercinna][1] et la petite place de Théna, située
sur le bord même de la mer. Or, de ces différentes localités les unes ont complètement disparu, les autres sont
restées debout, mais à moitié détruites. Quant à [Taph-
rura[2],] elle a été brûlée par les cavaliers de Scipion.

13. Tout de suite après le cap Trêtum commence le
territoire des Masyliæi, puis vient la *Carchédonie* ou
province Carthaginoise, dont l'aspect offre une grande
analogie avec le pays précédent. Cirta, capitale de Masanassès et de ses successeurs, est située dans l'intérieur [du territoire des Masyliæi] : c'est une ville très
forte et merveilleusement pourvue de toutes choses,
grâce surtout à Micipsa, qui y a établi une colonie grecque et qui a mis la ville en état de lever au besoin dix
mille cavaliers et le double de fantassins. Le pays contient en outre les deux Hippones, l'une voisine d'Ityque,
l'autre plus éloignée dans la direction du cap Trêtum,
toutes deux anciennes résidences royales. Quant à Ityque, elle occupe dans le pays le second rang après Carthage, tant par son étendue que par son importance, on
peut même dire que, depuis la ruine de Carthage, elle
est devenue pour les Romains une sorte de métropole et
comme le centre de toutes leurs opérations en Libye.
Elle est située dans le golfe de Carthage[3] près de l'un
des deux caps qui le forment. Celui-ci est le cap Apollo-
nium, l'autre est connu sous le nom de cap Hermæas :
les deux villes sont en vue l'une de l'autre. Tout près
d'Ityque coule le fleuve Bagradas. — Du cap Trêtum à
Carthage on compte 2500 stades, mais tout le monde
ne s'accorde point sur cette distance, non plus que sur
celle qui sépare Carthage des Syrtes.

14. Carthage est bâtie sur une presqu'île qui décrit
une circonférence de 360 stades. Un mur l'entoure. Une

---

1. « [Κέρκιναν] additum e conj. Cas. » (Müller.) — 2. « Φαρὰν nomen corruptum
esse puto; legerim Ταφρούραν, quod oppidum erat Thenis vicinum. » (Müller.) —
3. ἐν αὐτῷ τῷ κόλπῳ au lieu de ἐν τῷ αὐτῷ κ., correction de Meineke.

partie de ce mur, sur un espace de 60 stades, coupe, en allant d'une mer à l'autre, l'isthme même ou le col de la presqu'île et passe par conséquent sur l'emplacement du vaste enclos où les Carthaginois enfermaient naguère leurs éléphants. Tout au milieu de la ville, s'élève l'acropole, ou, comme on l'appelait anciennement, *Byrsa* : c'est une colline passablement haute et escarpée (ce qui n'empêche pas que les pentes n'en soient couvertes d'habitations), couronnée à son sommet par le fameux *Asclépieum*, auquel la femme d'Asdrubas, lors du sac de Carthage, mit elle-même le feu pour s'ensevelir sous ses ruines. Au pied de l'acropole s'étendent les ports de Carthage et la petite île Côthôn, de forme circulaire, qu'entoure un étroit canal ou *euripe* bordé sur ses deux rives d'une double rangée de cales à loger les vaisseaux.

15. Carthage fut fondée, comme on sait, par Didon, qui avait amené avec elle une nombreuse colonie de Tyriens : or tel fut le profit que les Phéniciens retirèrent de ce premier établissement et de ceux qu'ils fondèrent ensuite dans les différentes parties de l'Ibérie, tant en deçà qu'au delà des colonnes d'Hercule, qu'en Europe ils se trouvent posséder aujourd'hui encore les meilleures terres, soit du continent, soit des îles qui en dépendent, et qu'en Libye ils avaient fini par s'annexer tous les pays qui ne comportaient pas la vie nomade. Fiers d'une telle puissance, ils posèrent Carthage en rivale de Rome et soutinrent contre le peuple romain trois terribles guerres : celle des trois qui mit peut-être le plus en lumière l'immensité de leurs ressources fut précisément la dernière, dans laquelle ils furent vaincus par Scipion Émilien et virent leur ville détruite de fond en comble. Quand commença cette guerre, en effet, ils possédaient trois cents villes en Libye, et Carthage, leur capitale, ne comptait pas moins de sept cent mille habitants ; assiégée et réduite à capituler, elle livrait deux cent mille[1] armures et

---

1. « διαχίλια, conj. Letr., coll. Polyb , 36, 4 ; Appian. *Pun.*, 80. »

trois mille catapultes comme gage de sa pleine ₍
entière soumission ; puis tout à coup se ravisant elle dé
crétait la continuation de la lutte, se remettait à fabri
quer des armes, versait par jour dans ses arsenaux cen
quarante boucliers épais et forts, trois cents sabres, cin₍
cents lances et jusqu'à mille traits ou carreaux de cata
pultes, les femmes esclaves ayant donné leurs cheveu₍
pour qu'on en fît les câbles nécessaires à la manœuvre d₍
ces machines. Ajoutons qu'on vit ce peuple, dont le₍
forces navales, depuis cinquante ans et par suite de₍
stipulations du traité qui avait mis fin à la second₍
guerre [punique], avaient été réduites à douze navires, s₍
construire en deux mois de temps et bien qu'il fût singulièrement à l'étroit dans l'enceinte de Byrsa, cent ving₍
vaisseaux *cuirassés*, et, comme l'entrée du Côthôn était blo-
quée, s'ouvrir dans le roc une autre issue et faire sortir pa₍
là une flotte entière improvisée. Il faut dire qu'il y avai₍
dans Byrsa une réserve considérable d'anciens matériau₍
et tout un monde d'ouvriers logés et entretenus aux frais
de l'État. En dépit de tout, Carthage fut prise et détruite. Du pays même les Romains firent deux parts : le
territoire proprement dit de Carthage forma une nouvelle *province*, le reste fut donné à Masanassès et passa
à ses descendants de la branche de Micipsa. Les Romains avaient toujours eu pour Masanassès une estime
particulière à cause de ses vertus et de son loyal attachement à leur cause. Et il est de fait que c'est ce prince
qui le premier civilisa les Numides et les façonna à la
vie agricole, en même temps qu'il les déshabituait du
brigandage pour leur apprendre le métier de soldat.
Jusque-là les Numides avaient offert ce spectacle étrange
d'un peuple, en possession de terres éminemment fertiles, mais infestées de bêtes féroces, qui, au lieu d'exterminer celles-ci[1] pour cultiver ensuite ses champs en
toute sûreté, avait mieux aimé se livrer à un brigan-

---

1. « Scribendum ἰάσαντες ἐκφθείρειν (pro ἐκφέρειν) ταῦτα, omissa cura feras de
lendi. » (Madvig, *Advers. crit.*, t. I, p. 564.) Cf. Cobet, *Miscell. crit.*, p. 204.

dage [1] sans frein et abandonner la terre aux reptiles et aux
bêtes féroces, se réduisant ainsi volontairement à mener
une vie errante et nomade ni plus ni moins que les peuples
qui y sont condamnés par la misère, l'aridité de leur sol
et la rigueur de leur climat [2]. C'est même là ce qui a fait
donner aux Masæsylii la dénomination particulière de *Numides*. Dans ce temps-là naturellement leur vie était des
plus simples, ils mangeaient plus souvent des racines que
de la viande, se nourrissant en outre de lait et de fromage.
Après être restée déserte longtemps, presque aussi longtemps que Corinthe, Carthage se vit, à la même époque à
peu près que Corinthe, restaurer par le divin César, qui
avait fait partir de Rome à cette fin une colonie composée de tous les citoyens romains qui s'étaient présentés
. et d'un certain nombre de vétérans ; et aujourd'hui il n'y
a pas dans toute la Libye de ville plus peuplée qu'elle.

16. L'île de Corsura [3] occupe le milieu de l'entrée du
golfe de Carthage. Juste vis-à-vis à une distance de
1500 stades environ, la côte de Sicile projette le cap
Libybæum. On s'accorde en effet à compter 1500 stades
pour la traversée de Carthage à Lilybée. Dans l'intervalle, et à une faible distance, soit de Corsura, soit de
la Sicile, on rencontre d'autres îles dont la plus remarquable est Ægimuros [4]. Un trajet de 60 stades sépare la
ville même de Carthage du bord opposé du golfe. Puis,
du point où l'on aborde, une montée de 120 stades amène
jusqu'à Néphéris, ville bâtie tout au haut d'un rocher
dans une situation très forte. Mais dans le golfe même
où est Carthage on relève successivement : 1° la ville de

---

1. Cobet a très-heureusement éclairci tout ce passage et corrigé ἐπ' ΑΛΛΗΛΟΙΣ
en ΕΠΙ ΛΗΙΣΤΕΙΑΝ (ἐπ' ἀλλήλοις en ἐπὶ ληστείαν) ἐτράποντο. « Et hoc ipsum est,
ajoute-t-il, in his singulare (ἴδιον), quoniam latrocinari illi tantum solebant, quos
ager suus non satis alebat et stimulabat inopia et fames. » (*Ibid.*) 2. « Scribendum : μηδὲν ἧττον τῶν ὑπὸ ἀπορίας... εἰς τοῦτο περιισταμένων τῷ βίῳ (pro τῶν βίων),
(Madvig, *Advers. crit.*, t. I, p. 564.) Nous préférons de beaucoup la correction
de Cobet : « εἰς τοῦτοΝ περιισταμένων τὸν βίον, qui egestate aut sterilitate soli aut cæli
insalubritate ad hoc vitæ genus redacti sunt. » (*Miscell. crit.*, p. 205.) — 3. Voy.,
sur ce nom, une longue note de Müller dans son *Index var. lect.*, p. 1043,
col. 1. — 4. « Verba Κατὰ μέσον... Αἰγίμουρος ejecit Meinekius, de conj. Krameri.»
(Müller.)

Tunis avec des sources thermales et quelques carrières
de pierres : 2° l'Hermée, pointe rocheuse et escarpée qui
domine une ville de même nom; 3° Néapolis; 4° la pointe
Taphitis, et, sur cette pointe, le mamelon d'Aspis ainsi
nommé de sa ressemblance avec un bouclier (ἀσπίς) et
que couronnait naguère une ville fondée par Agathocle, le
célèbre tyran de Sicile, lors de son expédition contre
Carthage. Mais toutes ces villes ont été ruinées par les
Romains en même temps que Carthage. A 400 stades
de la pointe Taphitis et juste en face du fleuve Sélinus
en Sicile est l'île de Cossurus, avec une ville de même
nom : cette île peut avoir 150 stades de circuit et se
trouve à 600 stades environ de la Sicile. Une autre île,
Mélité, est à 500 stades de distance de Cossurus [1]. On
relève ensuite la ville d'Adrymès qui possédait naguère
un arsenal maritime important, le groupe des Tarichées
composé d'un grand nombre de petites îles très-rappro-
chées les unes des autres, la ville de Thapsus, et à la
même hauteur, en pleine mer, l'île de Lopadussa [2] ; puis,
sur la côte, le promontoire d'Ammon Balithon, dans le
voisinage duquel on a bâti un *thynnoscopium*, autrement dit un signal pour épier la marche des thons [3],
enfin la ville de Thaïna [4] à l'entrée même de la Petite
Syrte, sans parler de maintes autres petites places intermédiaires, dont aucune n'a d'importance. Deux îles bordent l'entrée de la Petite Syrte : Cercinna, qui est de forme
allongée et très-grande et qui renferme une ville de
même nom, et Cercinnitis qui est beaucoup moins spacieuse que l'autre.

17. Immédiatement après ces îles, s'ouvre la Petite
Syrte, ou, comme on l'appelle quelquefois aussi, la *Syrte*

---

1. « Πεντακοσίους quæritur an genuinus sit numerus. Distantia est 1200 stadiorum
et amplius. An χιλίων excidit? » (Muller.) — 2. « Pro μετὰ ταύτην, κατὰ ταύτην habet
Stephanus s. v. Λοπαδοῦσσα, laudato Artemidoro. Idem ap. Strabonem reponendum
esse cum Kramero censeo. » (Müller.) — 3. Voy., sur ce passage, la note de Müller,
qui résume tous les essais antérieurs de restitution, *Ind. var. lect.*, p. 1043, au
bas de la col. 1. Cf. cependant Meineke, *Vind. Strabon.*, p. 238. — 4. Müller
insiste pour qu'on revienne à la forme Θαίνα des mss, abandonnée à tort par Coray
et Kramer pour la forme *Thena,* qui se lit dans Pline et dans les itinéraires.

Lotophagite : c'est un golfe qui mesure 1600 stades de circuit et dont l'ouverture a bien 600 stades de large. A chacune des deux pointes qui la forment correspond une île qui touche en quelque sorte au continent, à savoir : l'île Cercinna dont nous parlions tout à l'heure, et l'île Meninx, l'une et l'autre de dimensions presque égales. On croit généralement que l'île Meninx n'est autre que la *terre des Lotophages* mentionnée par Homère[1] ; et, entre autres indices, on signale la présence dans cette île d'un autel d'Ulysse et celle du fruit même [auquel les Lotophages ont dû leur nom]. Il est de fait que l'arbre appelé *lotus*[2] abonde dans l'île et y donne des fruits excellents. Il s'y trouve aussi plusieurs petites villes, une entre autres qui s'appelle du même nom que l'île. En dedans de la Syrte, on compte également plusieurs petites villes, mais tout au fond s'élève un très-grand *emporium* [Tacapé][3] que traverse une rivière qui débouche dans le golfe même. L'effet du flux et du reflux se fait sentir jusque-là et les gens du pays profitent pour pêcher du moment même où la mer se retire, ils la suivent alors en courant de toutes leurs forces et en sautant sur le poisson à mesure qu'elle le laisse.

18. Le Zuchis qui succède à la Petite Syrte est un lac de 400 stades de tour à embouchure fort étroite, avec une ville de même nom sur ses bords, laquelle possède des *porphyrobaphées* ou teintureries de pourpre et toute espèce d'établissements pour la salaison du poisson. Le lac Zuchis est immédiatement suivi d'un autre lac beaucoup plus petit, puis viennent différentes villes, Abrotonum d'abord, et d'autres moins importantes, qui précèdent Néapolis, ou, comme on l'appelle aussi quelquefois, Leptis. De Leptis à Locri Epizephyrii la traversée est de 3600 stades. Passé Leptis on atteint les bords

---

1. *Odyssee*, IX, 84. — 2. Voy. Desfontaines, *Rech. sur un arbrisseau connu des anciens sous le nom de lôtos de Libye,* dans les *Mém. de l'Acad. des sc. de Paris,* 1788, p. 443. Cf. Meyer, *Botan. Erläuter. zu Strabons Geogr.,* p. 177-178. — 3. Voy. Müller., *Ind. var. lect.,* p. 1043, au haut de la col. 2.

du [Cinyphus]¹ et le mur que les Carthaginois ont bâti
en guise de tête de pont, en avant de la chaussée destinée
à traverser les *barathres* ou fondrières qui, en cet endroit,
pénètrent fort avant dans les terres. Ajoutons que, sur
certains points, cette côte, généralement bien pourvue de
ports, n'offre aucun abri. La pointe de Céphales qui vient
ensuite, pointe élevée et bien boisée, marque l'entrée de
la Grande Syrte. Jusque-là, depuis Carthage, la distance
est d'un peu plus de 5000 stades.

19. Au-dessus de la côte que nous venons de parcourir,
et qui va de Carthage à la pointe de Céphales et à la frontière des Masæsylii, s'étend jusqu'aux montagnes des
Gétules (lesquelles appartiennent à la Libye proprement
dite) le territoire des Libophéniciens. Au-dessus des Gétules, maintenant, et parallèlement à leur territoire,
s'étend la Garamantide, d'où viennent les pierres dites
carchédoines. La Garamantide, se trouve, dit-on, à neuf
ou dix journées de l'Éthiopie *parocéanitide* et à quinze
journées de l'oasis d'Ammon. Entre la Gétulie et le littoral de notre mer [Intérieure], on rencontre beaucoup
de plaines et beaucoup de montagnes, voire de grands
lacs et des fleuves, et parmi ces derniers quelques-uns
dont le cours est brusquement interrompu et se perd sous
terre. La vie de ces peuples, à en juger par leur nourriture et leur habillement, est extrêmement simple, ils pratiquent la polygamie et ont des enfants en grand nombre. Ils ressemblent d'ailleurs beaucoup aux Arabes nomades. Comparés à ceux des autres pays, leurs chevaux
et leurs bœufs ont le cou plus long². L'élève des chevaux
est pour les rois l'objet de soins particuliers, si bien que
les recensements officiels accusent chaque année la naissance de cent mille poulains. Le bétail, surtout dans les
cantons les plus rapprochés de l'Éthiopie, est nourri de
lait et de viande. Voilà ce qu'on sait de l'intérieur du pays.

---

1. « Κίνυφος post ποταμός add. editt. ante Kr. Ac sane Κίνυψ vel Κίνυφος ante vel
post ποταμὸς excidisse probabile est. » (Müller.) — 2. Voy. les variantes du mot
grec dans l'*Index var. lect.*, de l'édit. de Müller, p. 1043, col. 2, l. 9.

20. La Grande Syrte a quelque chose comme [4]900 stades de tour, son plus grand diamètre mesure [2]500 stades, ce qui est aussi à peu de chose près la largeur de
l'entrée du golfe [1]. Ce qui rend la navigation de la Grande,
comme de la Petite Syrte, particulièrement difficile [2],
c'est le peu de profondeur d'eau qui s'y trouve en maint
endroit, de sorte qu'on risque, lors du flux ou du reflux,
d'être jeté sur des bancs de sable et d'y demeurer échoué,
auquel cas il est bien rare que le bâtiment en réchappe.
Les marins le savent et ils ont soin à cause de cela, lorsqu'ils passent devant cette côte, de se tenir toujours assez
loin de terre dans la crainte d'être surpris par les vents
et entraînés dans l'intérieur des golfes. Mais quel est le
danger que n'affronte pas la témérité des hommes! A ce
titre un semblable périple devait avoir pour eux un attrait
particulier. Or, une fois qu'on a pénétré dans la Grande
Syrte en doublant la pointe Céphales, on aperçoit à sa
droite un grand lac qui peut avoir 300 stades de long sur
70 stades de large et qui s'ouvre dans le golfe en face
d'un groupe d'îlots à l'abri desquels les vaisseaux peuvent
mouiller. Au lac succèdent une localité connue sous le nom
d'Aspis et un port, qui est le plus beau de tous ceux que
renferme la Grande Syrte, puis, tout de suite après, se
présente la tour d'Euphrantas qui formait la séparation
entre l'ancien territoire de Carthage et la Cyrénaïque
telle que l'avaient faite les conquêtes et annexions de
Ptolémée [Apion] [3]. Une autre localité du nom de Charax
succède à Euphrantas, elle possédait naguère un marché
où les Carthaginois venaient échanger leurs vins contre
du silphium apporté en contrebande de Cyrène. On arrive ensuite aux Autels des frères Philènes, puis au fort
d'Automala, lequel a une garnison permanente. Ce

---

1. Voy., sur les nombres contenus dans cette phrase, et empruntés suivant toute
apparence aux calculs d'Ératosthène, une note très-importante de Muller (*Ind.*
var. lect. p. 1043, col. 2). — 2. « Post μικρᾶς excidisse ἐκ τούτου γίνεται, vel tale
quid, monuit Gr. » (Muller.) — 3. « ὑπὸ Πτολεμαίῳ. Hæc sic dicta nihil definiunt·
Post Πτολ. excidisse videtur Ἀπίωνι. Certe hic Ptolemæus Apion († 96 a. C.), Cy-
renes rex, cujus ætato Artemidorus scripsit, intelligendus est. » (Müller.)

fort occupe le point le plus enfoncé de tout le golfe. Le
parallèle qui passe par Automala, plus médidional que le
parallèle d'Alexandrie d'un peu moins de 1000 stades, plus
méridional d'autre part que le parallèle de Carthage de
moins de 2000 stades, doit passer à la fois par Héroopolis, c'est-à-dire par le fond du golfe Arabique, et par
le milieu de la Masæsylic et de la Maurusie. Le reste
de la côte jusqu'à la ville de Bérénice mesure 1500 stades
et correspond exactement au territoire qu'occupe dans
l'intérieur la nation libyque des Nasamons, laquelle
s'étend même jusqu'aux Autels de Philænus. Entre ces
deux limites (le fond de la Grande Syrte et la ville de
Bérénice), la côte ne présente qu'un petit nombre de
ports et que de rares aiguades. La pointe de Pseudopénias [1],
sur laquelle est bâtie Bérénice, a dans son voisinage un
lac connu sous le nom de Tritonis [2], remarquable surtout [3] par cette double circonstance qu'il s'y trouve une
petite île et que dans cette île on a bâti un temple en l'honneur d'Aphrodité. Un autre lac [4], dit des Hespérides, reçoit la rivière du Lathôn. Un peu en deçà de Bérénice
est le petit cap Boréum qui forme avec la pointe Céphales l'entrée de la Syrte. Quant à Bérénice même,
elle correspond exactement aux points extrêmes du
Péloponnèse, c'est-à-dire aux caps Ichthys [et Chélo-
natas [5]], en même temps qu'à l'île Zacynthe dont la
sépare un trajet de 3600 stades [6]. Parti de cette ville à la
tête d'un corps de plus de dix mille hommes, qu'il avait
pris soin de diviser en plusieurs détachements pour éviter qu'il n'y eût d'encombrement aux aiguades, Marcus
Caton mit trente jours à faire par terre le tour de la
Syrte : il avait préféré faire le chemin à pied malgré la

---

1. L'un des mss du Vatican donne la forme Ψευδοπιλίας. — 2. « Pro Τριτωνιάδα,
Τριτωνίδα editt. ante Kr. et Meinekius; recte puto.» (Muller.)—3. Nous avons essayé
de donner un sens raisonnable à ce mot μάλιστα, si étrangement placé ici. Madvig
incline à penser qu'il cache le nom de la petite île elle-même. « Nihil omnino loci
habet μάλιστα (quasi dicas : lacus et est in eo potissimum insula); subest nomen
insulæ ignotum. » (Advers. crit., t. I, p. 137.) — 4. « Pro λιμήν, λίμνη, conj.
Dodwell, probante Kramero. » (Muller.) — 5. Addition nécessaire, due à Groskurd.
— 6. La même distance est évaluée par Strabon lui-même dans un autre passage
(p. 393 de l'édit. de Müller, ligne 32) 3300 stades au lieu de 3600.

profondeur des **sables** et bien qu'il eût à braver des chaleurs torrides. **Passé** Bérénice, on atteint la ville de Tauchira[1] **ou d'Arsinoé** (on lui donne quelquefois aussi ce dernier nom); puis vient l'antique Barcé, qu'on ne connaît plus que sous le nom de Ptolémaïs. Le Phycûs, qui lui succède, est une pointe très basse, mais qui s'avance assez loin vers le nord pour dépasser de beaucoup le reste de la côte de Libye. Ajoutons qu'elle est située sous le même méridien que le cap Ténare de Laconie et qu'elle s'en trouve séparée par une traversée de 2800 stades. Il y a aussi une petite ville qui porte le même nom que le cap. Non loin maintenant du Phycûs, à une **distance** de 170 stades environ, est Apollonias qui sert de **port** aux Cyrénéens. Séparée de Bérénice par une **distance** de 1000 stades, Apollonias[2] n'est qu'à 80 stades de Cyrène, grande ville située dans une plaine, qui, vue de la mer, nous parut unie comme une table.

21. Cyrène doit son origine à une colonie venue de Théra, île qui reconnaît elle-même Lacédémone pour métropole, et qui primitivement s'appelait *Callisté*, comme l'atteste ce vers de Callimaque :

« L'antique Callisté, devenue plus tard Théra, que salue du « nom de mère notre chère patrie tant de fois illustrée par « les victoires de ses coursiers. »

Le port des Cyrénéens se trouve situé juste en **face** du Criû-Métôpon, extrémité occidentale de la Crète : la traversée entre ces deux points est de [2]000 stades et se fait avec le *leuconotus*. Cyrène passe pour une fondation de Battus, et Callimaque revendique Battus comme son ancêtre. Le développement rapide de Cyrène est dû aux ressources infinies de son territoire, qui lui ont permis de devenir pour les autres pays un incomparable haras en même temps qu'un grenier d'abondance. A ce mérite ajoutons celui d'avoir donné naissance à une foule de grands hom-

1. Voy. les variantes de ce nom, p. 1043 de l'édit. de Muller, au bas de la col. 2.
— 2. « Pro Ἀπολλωνίας, Ἀπολλωνία infra ; idem et h. l. reposuit Mein. » (Muller)

mes qui ont su maintenir énergiquement sa liberté intérieure en même temps qu'ils la défendaient les armes à
la main contre les attaques des Barbares ses voisins.
Elle avait commencé en effet par former un État autonome,
mais plus tard les Macédoniens, maîtres de l'Égypte,
voulurent s'étendre à ses dépens : une attaque de Thim-
bron, le meurtrier d'Harpalus, donna le signal des hostilités. Elle était depuis quelque temps gouvernée par des
rois, quand enfin elle tomba au pouvoir des Romains :
actuellement elle forme, unie à la Crète, une des provinces de leur empire et a dans sa dépendance les villes
d'Apollonie, de Barcé, de Tauchira et de Bérénice, sans
compter mainte autre petite place de son voisinage immédiat.

22. A la Cyrénaïque confine le pays qui produit le
silphium et d'où vient par conséquent le suc dit *de
Cyrène* que l'on extrait par incision [de la racine et de
la tige] du silphium[1]. Peu s'en est fallu que cette précieuse plante ne disparût pour jamais, les Barbares (et
sous ce nom je n'entends parler que des Numides) ayant
par esprit d'envie et de haine essayé, dans une de leurs
incursions, de faire périr tous les pieds de silphium. Les
personnages célèbres que Cyrène a vus naître sont Aristippe *le Socratique*, fondateur de l'école cyrénaïque,
Arété, sa fille, qui dirigea l'école après lui; Aristippe *Mé-
trodidacte*, fils d'Arété, héritier et continuateur de leur
double enseignement; Annicéris enfin, fondateur d'une
secte nouvelle qu'on a appelée de son nom l'*Annicérie*,
mais qui paraît n'être qu'une réforme de l'école cyrénaïque. Deux autres Cyrénéens, Callimaque et Ératosthène, fleurirent à la cour des rois d'Égypte, où ils étaient
tenus en grand honneur, le premier comme poète et comme
savant grammairien, le second pour son incontestable supériorité dans les sciences philosophiques et mathémati-
ques. Ce n'est pas tout, il paraît constant que Carnéade, le

1. Voy. Meyer, *Botan. Erläuter. zu Strabons Geogr.*, p. 178-179.

philosophe le plus distingué à coup sûr de tous ceux qui
sont sortis de l'Académie, était, lui aussi, originaire de
Cyrène, et qu'il faut compter de même au nombre des Cyrénéens illustres Cronus Apollonius, le maître du dialecticien Diodore, ou, comme on l'appelle aussi quelquefois, de
Diodorus Cronus, certains auteurs s'étant avisés de transporter au disciple le nom de son maître. L'intervalle
d'Apollonie au Catabathmus qui complète la côte de la
Cyrénaïque mesure 2200 stades et n'est pas sans danger
pour le navigateur, vu le peu de ports, de mouillages, de
lieux habités et d'aiguades qu'on y rencontre. Relevons-y
pourtant les points principaux : Naustathmum d'abord,
puis le mouillage de Zephyrium, une autre localité portant ce même nom de Zephyrium et précédant la pointe de
Chersonèse ainsi que le port qu'elle abrite. De ce port à
[Mata]lum [1], point correspondant de la côte de Crète, la
traversée est de [2]500 stades [2] et se fait avec le Notus
même. On aperçoit ensuite un temple dédié, paraît-il,
à Hercule, et juste au-dessus dans l'intérieur le village de
Paliurus ; plus loin sur la côte est le port Ménélaüs,
suivi du cap Ardanis [3], pointe basse à l'abri de laquelle
les vaisseaux peuvent mouiller ; puis vient un grand
port qui se trouve avoir pour point correspondant en
Crète, à une distance de 3000 stades [4] en ligne droite, la
localité de Chersonesus : l'île de Crète, en effet, étroite et
longue comme elle est, se trouve former une ligne à peu

---

1. « [Pro κατὰ Κύκλον codd.] κατὰ Κώρυκον conj. Cor.; sed hoc boreale Cretæ
prom. hoc loco ferri nequit, ut jam sensit Kramerus. Strabo Libyæ loca locis Creti-
cis opponit prout situ suo invicem sibi respondent. Quum Apolloniæ opponat
Criu-Metopon, Chersoneso portui opposuerit promontorium in meridionali Cretæ
ora maxime conspicuum, cui adjacet Matalum. Itaque legendum puto κατὰ [Μάτα]
 λον. » (Muller.) — 2. « Pro χιλίων legendum δισχιλίων ut recte monet Grosk. Reapse
distantia est 1500 fere stadiorum, quanta est etiam ab Apollonia ad Criu-Metopon ; sed quum hæc ex Strabonis mente esse debeat 2000 stadiorum, Cretæ autem
pars Orientalis non versus meridiem, sed boream versus (ut in Ptolemæi
tabulis) deflectat, nostro loco non 1500, sed 2500 requiri, facile intelligitur.» (Muller.)
— 3. « Pro Ἀρδανίξις, Ἀρδαις de Kr. conj. Meinekius ; legerim Ἀρδανίς τις ἄκρα.
Cf. not. ad p. 33, 35. » (Muller.) — « 4. Pro τρισχιλ., δισχιλίων e Letronnii et Grosk.
conj. dedit Meineke. Perperam. Inspice tab. Ptolemæi. Chersonesum aliunde novi-
mus urbem in Cretæ ora boreali ; nostra Chersonesus, aliunde non nota, in Ery-
thræo, quod Ptolemæus dicit, promontorio sita fuerit, ut cum Kieperto crediderim. » (Muller.)

près parallèle à cette côte de la Cyrénaïque et presque
aussi étendue. Au grand port dont nous venons de parler en succède un autre appelé le port Plynus, qui se
trouve placé juste au-dessous de Tétrapyrgie. Tout ce
canton porte le nom de Catabathmus, et c'est là que finit
la Cyrénaïque. Quant au reste de la côte jusqu'à Parœtonium, et depuis Parœtonium jusqu'à Alexandrie, on se
souvient que nous l'avons décrite tout au long en parlant
de l'Égypte [1].

23. Toute la région intérieure au-dessus de la Grande
Syrte et de la Cyrénaïque, région stérile et desséchée, est
occupée par les différents peuples libyens, lesquels s'y
succèdent dans l'ordre suivant: les Nasamons d'abord,
les Psylles, une partie des Gétules, puis les Garamantes,
et à l'est de ceux-ci les Marmarides, dont le territoire
confine presque partout à la Cyrénaïque et se prolonge
jusqu'à l'oasis d'Ammon. [D'Automala,] maintenant, autrement dit du fond de la Grande Syrte, en marchant
pendant quatre journées toujours dans la direction du
levant d'hiver, on atteint [Augila [2]], pays qui, par son
aspect, ses plantations de palmiers et l'abondance de
ses eaux, ressemble tout à fait à l'oasis d'Ammon.
Augila est situé au-dessus de la Cyrénaïque droit au midi.
A l'entrée du pays, sur un espace de 100 stades, le sol
produit jusqu'à des arbres et de très-grands arbres, mais
les 100 stades qui suivent n'offrent plus que des champs
ensemencés, les racines des arbres ne trouvant plus
apparemment dans le sol assez d'humidité [3]. Juste au-
dessus [d'Augila] est le pays du silphium, puis vient

1. « Quæ sequuntur post vocem Τετραπυργία turbata sunt. Monente Kramero.
transponenda hunc in modum : Καλεῖται δὲ ὁ τόπος Κατάβαθμος, μέχρι δεῦρο ἡ
Κυρηναία. Τὸ δὲ λοιπὸν ἤδη μέχρι Παραιτονίου κόκειθεν εἰς Ἀλεξάνδρειαν εἴρηται ἡμῖν ἐν
τοῖς Αἰγυπτιακοῖς. » (Muller.) — 2. « Post ἀνατολὰς excidisse Augilorum mentio-
nem patet; εἰς τόπον τινὰ τὰ Αὔγιλα καλούμενον suppl. Grosk.; εἰς Αὔγιλα Kram
idque præstat. » (Müller.) — 3. « οὐκ inseruit Cor., Kr., Mein.; mirum tamen istud
οὐκ ὀρυζοτροφεῖ, quum non videas, cur ὀρύζη potissimum hoc loco non provenire
dicatur. Quare Meierus (Botan Erlauter. zu Strabons Geogr., p. 181) leg. pro-
posuit : μόνον ὀλυροτροφεῖ, quod non magis placet. Ex E legi velim : οὐ ῥιζοτροφεῖ,
adeo ut hæc regio non amplius δενδροφόρος sit, sicut est ea, cujus in antece. memi-
nerat. » (Muller). Cf. cependant Cobet, Miscell. crit., p. 205.

une contrée déserte, inhabitée, après laquelle commence
le territoire des Garamantes. La région qui produit le
silphium forme une zone étroite qui se déroule comme
un ruban toute en longueur et qui n'est guère moins
desséchée que le désert : sa longueur de l'ouest à l'est
est d'environ 1000 stades ; quant à sa largeur, elle ne
dépasse guère 300 stades, à en juger du moins par les
parties connues, car il y a lieu de supposer que le reste
du pays situé sous le même parallèle jouit de la même
température et présente d'aussi favorables conditions
pour la végétation du silphium. Malheureusement la
nécessité de franchir [1] plusieurs déserts intermédiaires
a empêché jusqu'à ce jour d'explorer cette région dans
toute son étendue. Ajoutons qu'on ne connaît pas davantage ce qui est au-dessus d'Ammon et des autres *auasis*
jusqu'à l'Éthiopie, et que nous ne saurions dire non plus
quelles sont les vraies limites de l'Éthiopie et de la
Libye même du côté le plus rapproché de l'Égypte, à
plus forte raison du côté de l'Océan.

24. Voilà comment se trouvent distribuées actuellement les différentes parties de la terre habitée. [Mais
ne nous en tenons pas à ce tableau], et, puisque les
Romains, supérieurs à tous les conquérants dont l'histoire
a conservé le souvenir, sont arrivés à posséder ce que la
terre habitée contient de plus riche et de plus célèbre,
rappelons ici encore, ne fût-ce qu'en peu de mots, les
principaux traits de leur histoire. Rappelons ce que nous
avons déjà dit plus haut [2], que, partis d'un point unique,
les Romains, autant par leur habileté politique que par
la force de leurs armes, annexèrent à Rome d'abord
toute l'Italie, puis, de proche en proche et par les mêmes
moyens, toutes les contrées environnantes. Or, aujourd'hui,
des trois continents composant la terre habitée voici
ce qu'ils possèdent : de l'Europe, presque tout, sauf la
région située au delà de l'Ister et la région *parocéanitique*

---

1. « οὐ a Id. Hopperus. » (Muller). — 2. Livre VI, ch. IV, § 3.

comprise entre le Rhin et le Tanaïs; de la Libye, tout le
littoral baigné par notre mer Intérieure, mais rien de
plus, tout le reste étant ou inhabitable ou habité seulement par des populations misérables et nomades ; de
l'Asie, également tout le littoral que baigne notre mer (à
moins pourtant qu'on ne croie devoir tenir compte des
possessions des Achæi, des Zygi, des Héniokhi, quelque
stérile et quelque resserré que soit le territoire de ces
brigands nomades), et, outre le littoral, une partie de
l'intérieur, mais une partie seulement, car le reste relève
soit des Parthes, soit des différents peuples barbares qui
habitent au-dessus des Parthes, tels que les Indiens, les
Bactriens ou les Scythes, au nord et à l'est; les Arabes
et les Ethiopiens [au sud][1]. Encore est-il constant que
les Romains gagnent sans cesse du terrain sur ces peuples
barbares. De tous les pays, maintenant, qui composent
l'empire romain, les uns sont gouvernés par des rois, les
autres sous le nom de *provinces* relèvent de Rome même,
qui y envoie ses préfets et ses questeurs. On compte aussi
dans l'empire un certain nombre de villes libres (ce
sont celles qui les premières ont brigué l'amitié du peuple romain, ou que les Romains d'eux-mêmes et par
considération ont affranchies), un certain nombre enfin
de *dynastes*, de *phylarques* et de *grands prêtres*, qui,
sous l'autorité de l'empereur, vivent et gouvernent
d'après leurs lois et coutumes nationales.

25. La division des provinces a varié à différentes
époques, présentement c'est la division établie par
César Auguste qui est en vigueur. A peine investi par la
patrie et pour toute sa vie de la souveraine puissance et
du droit de faire la paix ou la guerre, Auguste divisa
l'empire en deux parts, réserva l'une pour lui-même et
attribua l'autre au peuple. Dans la sienne étaient comprises toutes les contrées ayant encore besoin d'être
gardées militairement, contrées barbares et limitrophes

1. Addition plausible due à Groskurd.

des peuples encore insoumis, ou contrées stériles et in-
cultes que leur dénuement, joint aux inépuisables
moyens de défense que leur a fournis la nature, encou-
rage à la désobéissance et à la rébellion ; dans la part du
peuple, au contraire, étaient compris tous les pays paci-
fiés et par conséquent faciles à gouverner sans le secours de
la force armée. L'une et l'autre parts furent ensuite divi-
sées par Auguste en plusieurs provinces, appelées les unes
provinces césariennes, les autres *provinces populaires*.
Dans les premières, César envoie des gouverneurs et des
procurateurs ou intendants, les divisant tantôt d'une
façon, tantôt d'une autre, et adaptant leur administration
toujours aux circonstances ; dans ses provinces à lui, le
peuple envoie des préteurs ou des consuls. Disons pourtant que dans celles-là même les divisions sont sujettes à varier, si la raison d'État le commande. Mais, au début, voici
quelle fut la répartition établie [par Auguste] : deux provinces *consulaires*, comprenant toute la partie de la Libye
soumise aux Romains, à l'exception de l'ancien royaume de
Juba passé aujourd'hui aux mains de Ptolémée, son fils,
et toute l'Asie sise en deçà de l'Halys et du Taurus, à
l'exception de la Galatie, du royaume d'Amyntas, voire
de la Bithynie et de la Propontide ; dix provinces préto-
riennes toutes situées en Europe ou dans les îles qui en
dépendent, à savoir l'Ibérie ultérieure ou bassin du Bætis [1],
la Narbonaise en Gaule, une troisième province formée
de la Sardaigne et de Cyrnus ; une quatrième comprenant
la Sicile ; la partie de l'Illyrie qui confine à l'Épire et la
Macédoine formant les cinquième et sixième provinces ;
une septième province formée de l'Achaïe et, sous ce nom,
comprenant la Thessalie, l'Étolie, l'Acarnanie et la partie de l'Épire [non] attribuée à la Macédoine ; pour la
huitième province la Crète unie à la Cyrénaïque ; Cypre
pour neuvième province ; pour dixième enfin la Bithynie,
mais augmentée de la Propontide et de quelques por-

---

1. « Verba καὶ τὸν Ἄταϰα (Ἄτταϰα codd.) recte ej. Meineke. » (Müller.)

tions du Pont. Toutes les autres provinces ne relèvent que de César, qui envoie à titre de gouverneurs dans les unes des personnages consulaires, dans les autres d'anciens préteurs, dans les autres enfin de simples chevaliers. De même tous les États que gouvernent des rois, des dynastes, des décarques, relèvent de l'empereur seul et n'ont jamais relevé que de lui.

FIN DU DIX-SEPTIÈME ET DERNIER LIVRE.

22 615 — Typographie A. Lahure, rue de Fleurus, 9, à Paris.

Lightning Source UK Ltd.
Milton Keynes UK
UKHW021506191218
334272UK00013B/722/P